KB070389

비전공자를 위한

통계분석의 원리와 실제

| 문수백 저 |

PRINCIPLES AND PRACTICE OF
STATISTICAL ANALYSIS
FOR NON-MAJORITY

학지사

머리말

 통계학 비전공자가 자신의 연구자료를 분석하기 위해 적합한 통계분석 방법을 선택하고, 선택된 통계분석 방법을 사용하여 정확히 자료를 분석하고, 그리고 분석된 결과를 타당하게 해석하는 일은 여행지에서 자동차 엔지니어가 아닌 일반인이 여행 목적에 적합한 자동차를 빌려 운행하는 일에 비유할 수 있다. 자신의 여행 목적에 맞는 자동차를 직접 제작하거나 개조할 수 있는 자동차 엔지니어가 아닌 일반 여행자는 자동차 엔지니어들이 제작해 놓은 다양한 자동차 중에서 자신의 여행 목적과 여행지의 도로 조건 등을 고려하여 적합한 특정한 자동차를 직접 선택할 수 있어야 하고, 선택한 자동차의 운행과 관련된 주요 장치들의 작동 원리를 이해하고 정확하게 조작할 수 있어야 하며, 그리고 운행 중 계기판에 나타나는 오작동 표시와 비정상적인 소리와 냄새를 통해 정상적인 작동 여부를 판단할 수 있어야만 사고 없이 자동차를 이용한 여행을 무사히 할 수 있을 것이다.

 통계분석은 제기된 연구문제에 대한 과학적인 답을 얻기 위해 진행되는 일련의 과학적 연구절차 중의 하나이기 때문에 연구자는 전반적인 연구절차 속에서 통계분석 방법을 이해하고 적용할 수 있어야 한다. 비전공자인 연구자에게 특정한 통계적 방법을 사용하여 자료를 분석할 수 있는 능력도 필요하지만, 무엇보다 자신의 연구모델과 연구상황에 적합한 통계분석 방법을 선택할 수 능력과 분석된 자료를 자신의 연구맥락 속에서 타당하게 기술하고 해석할 수 있는 능력이 더 중요하다.

 이 책은 지난 2016년도에 발간된『기초통계학의 이해와 활용』을 비전공자인 연구자들이 통계분석 방법에 좀 더 쉽게 다가갈 수 있도록 개정한 것이며 내용상 크게 세 부분으로 구성되어 있다. 제1장~제4장에서는 특정한 통계분석 방법의 선택을 위해 비전공자인 연구자가 반드시 알고 있어야 할 연구와 관련된 기본 개념과 통계분석을 위해 필요한 기본적인 통계적 개념에 대해 다루고 있다. 제5장~제7장에서는 통계추론을 위한 핵심 개념인 확률과 확률분포, 표집분포의 도출 원리와 특성에 관해 설명하고 있다. 그리고 제8장~제9장에서는 통계적 추정과 통계적 검정의 원리와 절차에 대해 상세히 설명하고 있다. 마지막으로, 제10장~제19장에서는 실제 연구에서 다루어지고 있는 다양한 모델에 따라 수집된 자료를 전반적인 연구절차에 따라 분석하고 해석하는 실전적 절차에 대해 다루고 있다.

통계학 비전공자에게 통계분석 방법을 좀 더 친숙하게 소개하려는 본 저자의 노력이 아직 충분하지 못하고 많이 부족할 것으로 생각한다. 여러분의 충고와 고언을 통해 차후에 점차 부족한 부분이 더 채워질 것으로 믿는다. 무엇보다 본서의 출판을 기꺼이 맡아 주신 도서출판 학지사 김진환 사장님께 감사를 드린다. 그리고 까다롭고 복잡한 원고를 빈틈없이 잘 챙겨 주신 편집부 김준범 부장님과 편집부 선생님들께도 고맙다는 인사를 드린다. 마지막으로, 지난 수십 년간 대학의 강의실에서 그리고 통계학 관련해 여러 workshop 현장에서 나에게 무한한 신뢰를 보여 준 나의 사랑하는 제자들에게 감사와 함께 이 책을 바치고 싶다.

한국심리검사표준화연구소

문 수백

각 장의 [예제 풀이]는 학지사 홈페이지에서 내려받아 확인할 수 있습니다.
→ https://www.hakjisa.co.kr
→ 『비전공자를 위한 통계분석의 원리와 실제』(PPT/도서자료)

차례

제3장 자료의 요약

제4장 표준점수

제7장 표본통계량의 표집분포

제8장 모수추론을 위한 모수추정의 원리 및 절차

제9장 모수추론을 위한 가설검정의 원리 및 절차

제10장 단일 모집단 모평균의 추론

제11장 두 모집단 간 평균 차이의 추론

제12장 단일 모집단 모분산의 추론

제13장 분산분석

제14장 일원분산분석

제17장 상관분석

제18장 단순회귀분석

제19장 중다회귀분석

제1장

통계분석을 위한
연구의 기초

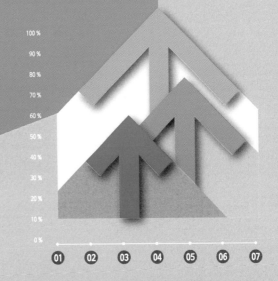

제1장 통계분석을 위한 **연구의 기초**

1 연구자는 무엇에 관심을 가지는가?

우리는 평소 이런저런 많은 것을 관찰하면서 생활하지만, 우리가 의도적으로 관심을 가지고 관찰하는 구체적인 대상은 사람마다 다르다. 어떤 사람은 자동차에, 어떤 사람은 나무나 꽃에, 그리고 어떤 사람은 학생, 교사, 고객, 노인, 환자, 유권자, 아동 등과 같은 사람에게 관심을 가진다. 학생을 가르치는 교사는 개별 학생에 관심을 가지기도 하지만 개별 학생들의 집합인 학급, 학년, 학교, 학군 등 집단에 관심을 가지기도 한다. 우리가 어떤 관찰 대상에 관심을 가지건, 우리가 실제로 관심을 가지는 것은 관찰 대상 그 자체가 아니라 관찰 대상들 간에 다르거나 다를 수 있는 어떤 속성 또는 특성이다. 예컨대, 교사가 학생들을 대상으로 관찰할 경우, 교사는 학생 그 자체가 아니라 학생들 간에 서로 다르거나 다를 수 있는 키, 체중, 코의 높이, 지능, 창의성, 학습동기, 성격, 자아개념, 어휘력, 사회성 등과 같은 특성들에 관심을 가진다. 자동차를 관찰하는 사람은 자동차 그 자체가 아닌 자동차의 가격, 연비, 색상 등을 관찰한다. 그리고 어떤 제품을 판매하는 담당자는 소비자들을 대상으로 소비자의 연령, 사회 계층, 수입, 교육 수준, 직업 유형 등에 관심을 가진다. 그렇다면 사람을 관찰하면서 "코의 높이"에는 누군가가 관심을 가질 수도 있지만 왜 아무도 "코의 개수"에는 관심을 가지지 않는지 생각해 보자. 적어도 현재까지 사람의 코의 개수는 남녀, 노소, 지역 등 어느 경우에도 같으며, 코의 수가 하나라는 정보를 이미 알고 있기 때문에 코의 개수에 대한 어떤 호기심도 의문도 제기하지 않을 것이다. 그러나 "코의 높이"는 사람 간에 다를 수 있고 인종 간에도 다를 수 있으며 연령에 따라 다르거나 다를 수 있기 때문에 코의 높이에 대한 정보를 필요로 하는 사람은 코의 높이에 관심을 가질 수 있을 것이다. 물론 언젠가 오염된 환경으로 인해 코가 하나 이상인 사람들이 태어나고 사회적 관심의 대상이 되기 시작하면 누군가가 코의 개수에 대한 정보를 얻고 싶어 할 수 있을 것이다. 이처럼 우리는 어떤 관찰 대상 간에 질적 또는 양적으로 다르거나 다를 수 있는 어떤 속성 또는 특성에 관심을 가지며 이러한 속성을 변인(variable)이라 부른다.

학문 분야마다 연구자가 관심을 가지는 관찰 대상이 다르고 동일한 학문 분야 내에서도 연구자의 연구 영역에 따라 구체적인 관찰 대상이 다를 수 있다. 어떤 학문 분야에서 어떤 관찰 대상을 관찰하더라도 연구자가 연구를 통해 얻고자 하는 정보는 관찰 대상들 그 자체에 대한 정보가 아니라 관찰 대상 간에 다르거나 다를 수 있는 특성인 변인에 대한 정보이다. 따라서 연구 대상은 관찰 대상이 아니라 관찰 대상 간에 다르거나 다를 수 있는 특성인 변인(들)이다. 예컨대, 학생들을 관찰 대상으로 연구할 경우, 학생들 그 자체가 연구 대상이 되는 것이 아니라 학생들 간에 서로 다르거나 다를 수 있는 변인인 지능, 학습동기, 학업 성취도, 학업적 자아개념, 창의성, 체중, 언어 능력, 사회성 등이 각각 연구 대상이 되는 것이다. 변인은 성질에 따라 질적 변인과 양적 변인으로 나뉜다.

질적 변인(qualitative variables)은 성별, 인종, 종교, 국적, 거주 지역 등과 같이 관찰 대상들 간에 존재하는 개인차의 성질이 질적으로 다른 변인이다. 질적 변인은 범주의 수에 따라 성별(남, 녀)과 같이 두 개의 범주로만 구성된 이항질적 변인과 사회 계층(상, 중, 하)과 같이 두 개 이상의 범주로 구성되는 다항질적 변인으로 구분된다. 질적 변인에 있어서 대상들 간의 차이는 단순히 서로 같거나 다름의 정보만을 제공해 주며, 서로 얼마나 다른지에 대한 양적 차이에 대한 정보를 제공해 주지 않는다. 그래서 질적 변인을 범주변인(categorical variables)이라고도 부른다. 반면, 지능, 키, 체중, 자녀의 수, 은행 잔고 등과 같은 변인에 있어서 관찰 대상들 간에 존재하는 개인차는 서로 양적으로 다르기 때문에 양적 변인(quantitative variable)이라 한다. 양적 변인에 있어서 개인 간의 차이는 서로 같거나 다름의 정보뿐만 아니라 서로 얼마나 다른지에 대한 양적 차이에 대한 정보를 분석해 낼 수 있다. 양적 변인은 다시 변인의 연속성에 따른 성질에 따라 연속변인(continuous variable)과 이산변인(discrete variable)으로 구분된다. 키, 체중, 학습 시간 등과 같은 변인은 실제 측정하기 위해 사용되는 측정자의 성질과 무관하게 변인의 값이 헤아릴 수 없이 무한히 연속적으로 존재하기 때문에 연속변인이라 부른다. 예컨대, 체중을 측정하기 위해 사용하는 체중계의 눈금이 g 단위로 되어 있어 g 이하의 단위로 체중치를 나타낼 수 없어서 체중의 측정치는 비연속적인 것으로 보이지만 그것은 우리가 체중계를 그렇게 만들었기 때문에 나타난 현상이고, 실제의 체중은 우리가 모두 헤아릴 수 없을 만큼 무한히 연속적으로 존재하며 만약 측정자만 개발된다면 65.879037134g과 같이 어떤 값으로도 측정하여 나타낼 수 있다. 반면, "가구별 자녀의 수"나 "가구별 자동차 보유 수" 등과 같은 변인은 실제로 헤아릴 수 있을 뿐만 아니라 인접한 두 변인값 사이에 다른 값이 존재하지 않기 때문에 비연속변인이다. 즉, 자녀의 수는 실제로 1명, 2명, 3명…… 등으로 측정되고 측정치 또한 어떤 자를 이용하여 측정할 경우라도 결코 1.5, 1.8, 1.9879 등과 같은 측정치를 얻을 수 없다. 마찬가지로, 관찰 대상자를 대상으로 소지하고 있는 신용카드의 수를 조사할 경우 어느 누구도 1.3개의 카드를 소지할 수 없고 2.985개의 카드를 소지하고 있는 사람은 없다. 따라서 관찰 대상들로부터 "신용카드의 보유 수" 변인을 측정한 결과는 비연속적 자료로 얻어질 수밖에 없다.

예제　1-1

다음 각 변인들을 양적 변인과 질적 변인으로 분류하시오. 그리고 양적 변인의 경우 다시 연속변인과 이산변인으로 분류하시오.

1. 직업
2. 거주 지역
3. 체중
4. 키
5. 자동차 보유 수

2　변인에 대한 관심과 연구모델

앞에서 연구의 대상은 관찰 대상들 간에 다르거나 다를 수 있는 속성 또는 특성인 변인이라고 했다. 그렇다면 연구자는 연구 대상인 변인에 대해 구체적으로 무엇을 알고 싶어 하는가? 연구자가 어떤 변인에 관심을 가질 경우, 관심의 내용은 크게 세 가지로 나뉜다. 첫째, 관심하의 변인에 있어서 관찰 대상들 간에 실제로 개인차가 존재하는지에 관심을 가질 수 있다(산수 학업 성취도에 있어서 학습자들 간에 차이가 있는가?). 둘째, 만약 관찰 대상들 간에 개인차가 존재한다면 어느 정도의 개인차가 존재하는지를 알고 싶어 할 수 있다(산수 학업 성취도에 있어서 학생들 간에 어느 정도 개인차가 존재하는가? 국민들 간에 소득 격차가 어느 정도 존재하는가?). 셋째, 관심하의 변인들 간에 관계(상관관계, 인과관계)가 있는지에 관심을 가질 수 있다(산수 학업 성취도와 지능 간에 상관이 있는가? 학습자의 학업 성취도로부터 학습동기 수준을 예측할 수 있는가? 학습자의 학습동기는 학업 성취도에 영향을 미치는가?).

첫 번째와 두 번째의 관심은 연구의 필요성에 의해 선택된 특정한 변인(들)에 있어서 관찰 대상들 간에 존재하는 개인차의 유무와 정도를 기술하거나 추론하기 위한 연구모델에서 연구문제로 다루어질 것이다. 그리고 세 번째의 관심은 특정 변인에 있어서 개인차의 유무나 정도를 예측하거나(상관모델/회귀모델) 설명하기 위한(인과 모델) 연구모델에서 연구문제로 다루어질 것이다.

지금까지의 설명을 요약하면, 연구의 대상은 관찰 대상 그 자체가 아니라 관찰 대상들 간에 서로 다르거나 다를 수 있는 속성 또는 특성인 변인이며, 연구자는 연구모델을 통해 변인(들)을 대상으로 관찰 대상들 간에 존재하는 개인차의 현상을 기술(describe)하고, 예측(predict)하고, 통제(control)하고, 그리고 설명(explain)할 수 있는 정보를 알기 위한 다양한 연구문제를 제기한다. 이제 변인에 대한 연구자의 관심에 따라 어떤 연구모델들이 설정될 수 있는지, 그리고 각 연구모델에서 어떤 연구문제들이 제기될 수 있는지 알아보겠다.

1) 변인-독립적 연구모델과 연구문제

어떤 관찰 대상을 대상으로 어떤 변인을 관찰하는 연구자이건, 선택된 변인(들)에 대한 연구자의 주요 관심 중의 하나는 바로 연구자가 선택한 변인에 있어서 "관찰 대상들 간에 과연 개인차가 존재하는지에 대한 정보"이다. 그리고 선택한 변인(들)이 있어서 관찰 대상들 간에 개인차가 존재하는 것으로 이미 이론적으로 또는 경험적으로 확인되었을 경우에는 주어진 변인(들)에 있어서 관찰 대상들 간에 어느 정도의 개인차가 존재하는지에 대한 정보이다. 연구자는 정보의 필요성에 의해 하나 또는 여러 개의 변인을 선택한 다음 각 변인별로 관찰 대상들 간에 존재하는 개인차의 유무와 정도에 대한 연구문제를 제기할 것이다. 이같이 관찰을 위해 선택된 변인의 수와 관계없이 각 변인별로 관찰 대상들 간에 존재하는 개인차의 유무와 정도 대한 연구문제를 제기하는 연구모델을 **변인-독립적 연구모델**(variable-Independent research model)이라 부른다.

변인-독립적 연구모델을 통해 연구자가 얻고자 하는 개인차의 정보는 변인의 성질에 따라 다르다. 첫째, 관심하의 변인이 양적 변인일 경우, 연구자는 주어진 변인에 있어서 주로 관찰 대상들의 평균 또는 표준편차에 대한 정보이다. 예컨대, 어떤 연구자가 지난해 K 시의 가구당 소득 변인에 관심을 가질 경우, 다음과 같은 연구문제를 제기할 수 있을 것이다.

☐ K 시의 가구당 평균 소득은 어느 정도인가? (평균)

    □ K 시의 올해 가구당 평균 소득은 전국 평균 소득 수준보다 높은가? (평균)
    □ 가구당 소득 수준에 있어서 K 시의 가구들 간에 어느 정도의 차이가 존재
       하는가? (표준편차)

  둘째, 관심하의 변인이 질적 변인일 경우, 관찰 대상들 간의 차이는 소속 범주 간의 차이로 나타나는 질적인 차이이기 때문에 연구자는 변인의 범주별 빈도/비율에 대한 연구문제를 제기하게 된다. 예컨대, 어떤 연구자가 올해에 태어난 신생아들의 성별 변인을 관찰할 경우, 다음과 같은 연구문제를 제기할 수 있을 것이다.

    □ 신생아들의 남아의 비율은 몇 %인가? (비율)
    □ 신생아들의 남아와 여아의 비율 차이는 어느 정도인가? (비율)
    □ 신생아들의 남아와 여아의 비율에 차이가 있는가? (비율)
    □ 신생아들의 남아 비율이 여아의 비율보다 높은가? (비율)

2) 변인-관계적 연구모델과 연구문제

  변인-독립적 연구모델의 경우, 연구목적을 위해 선택된 변인의 수와 관계없이 모든 변인을 각각 하나의 독립적 연구 대상으로 설정하고 각 변인의 양적·질적 차이에 대한 정보를 밝혀내기 위한 연구문제를 다룬다.

  어떤 변인에서 관찰된 개인차의 현상이 이론적으로 또는 실제적으로 문제가 될 만큼 심할 경우, 우리는 그러한 현상을 미리 예측하거나 또는 그러한 현상이 왜 일어나게 되었는지 설명할 수 있는 정보를 얻고 싶어 한다. 예컨대, 학생들 간 학업 성취도의 격차가 너무 심한 것으로 관찰될 경우, 교사는 학습자의 학업 성취도를 미리 예측해 볼 수 있거나 학습자 간 학업 성취도의 차이를 설명해 줄 수 있는 원인변인(들)을 알고 싶어 할 것이다. 이와 같이 연구자 자신의 관심 분야에 문제의 개인차 현상(변인)이 존재할 경우, 연구자는 문제의 개인차 현상과 관계가 있는 다른 변인을 탐색하거나 확인하기 위한 연구모델인 상관모델을 설정할 수 있다. 그리고 상관연구를 통해 관심하의 변인과 상관이 있는 어떤 변인이 탐색되거나 확인될 경우, 연구자는 새로 탐색되거나 확인된 변인을 예측변인으로 하고 문제의 변인을 준거변인으로 설정한 다음 예측방정식을 도출하기 위한 연구모델(회귀모델)을 설정하게 된다.

(1) 상관관계 모델
  선행연구를 통해 어떤 변인에 있어서 관찰자들 간에 개인차가 심각하게 큰 것으로 나타

날 경우, 연구자는 문제의 변인에서 관찰된 개인차 현상을 예측하는 데 도움이 될 수 있는 정보를 얻고자 한다. 이를 위해 문제의 변인과 관련된 이론과 선행연구의 고찰을 통해 문제의 변인과 서로 상관이 있을 것으로 추론되는 다른 변인을 선정한 다음, ① 문제의 변인과 선정된 변인 간에 상관이 있는지, ② 상관이 있다면 어느 정도의 상관이 있는지, 그리고 ③ 어떤 성질의 상관이 있는지에 대한 연구문제를 다루기 위한 상관모델을 설정하게 된다. 상관모델에 대해서는 제17장에서 다시 상세하게 설명할 것이다.

> □ 부모의 성취 기대와 자녀의 학업 성취도 간에 상관이 있는가? (유무)
> □ 학습자의 학습동기와 학업 성취도 간 어느 정도의 상관이 있는가? (정도)
> □ 주부들의 시간 관리 능력과 결혼 만족도 간에 정적 상관이 있는가? (성질)

(2) 예측 모델

상관연구를 통해 변인들 간에 상관이 있는 것으로 밝혀지면, 연구자는 두 변인 중 한 변인을 예측변인으로 하고 다른 한 변인을 준거변인으로 설정한 예측 모델, 즉 회귀모델이라는 연구모델을 설정하게 된다. 회귀모델의 준거변인은 주로 개인차 현상이 문제가 되고 있는 변인이고, 그리고 예측변인은 문제의 준거변인과 상관이 있는 것으로 선행연구를 통해 밝혀졌거나 이론적으로 추론되는 변인이 된다. 어떤 연구자가 회귀모델의 연구를 통해 예측변인으로부터 준거변인을 예측할 수 있는 예측방정식을 도출하여 제시하게 되면, 차후에는 관찰자로부터 예측변인만 측정한 다음 측정된 예측변인의 측정치를 예측방정식에 대입하여 준거변인의 측정치를 직접 측정하지 않고서도 준거변인의 예측치를 얻을 수 있게 된다. 회귀모델에 대해서는 제18장과 제19장에서 다시 상세하게 설명하겠다.

> □ 부모의 성취 기대로부터 자녀의 학업 성취도를 예측할 수 있는가? (예측 유무)
> □ 학습자의 학습동기로부터 학업 성취도를 어느 정도 예측할 수 있는가? (예측 정도)
> □ 주부들의 시간 관리 능력으로부터 결혼 만족도를 어느 정도 예측할 수 있는가? (예측 정도)
> □ 주부들의 시간 관리 능력이 높을수록 결혼 만족도가 높은가? (예측 성질)

(3) 인과관계 모델

상관연구모델에서 주어진 변인 간에 상관이 있는 것으로 경험적 연구를 통해 밝혀진 경우, 연구자는 상관관계하의 한 변인을 예측변인으로 그리고 다른 한 변인을 준거변인으로 설정하여 예측의 유무, 정도, 그리고 성질을 알아보기 위한 예측 모델인 회귀모델을 설정할 수 있다고 했다. 회귀모델은 연구자의 연구목적에 따라 두 변인 중 한 변인이 예측변인으로 설정되고 다른 한 변인은 준거변인으로 설정되는 연구모델이므로, 상관관계가 있는 것으로 밝혀진 두 변인 중 어느 변인이 예측변인이 되고 다른 어느 변인이 준거변인으로 설정되어도 모두 타당한 연구모델이다. 예컨대, 아버지의 지능과 아들의 지능 간에 상관이 있는 것으로 밝혀질 경우, 아버지의 지능을 예측변인으로 그리고 아들의 지능을 준거변인으로 설정되는 회귀모델을 설정할 수도 있고, 이와는 반대로 아들의 지능을 예측변인으로 그리고 아버지의 지능을 준거변인으로 설정한 회귀모델을 설정할 수도 있다는 것이다. 회귀모델하의 예측변인과 준거변인 간의 관계는 단순한 상관관계 그 이상도 이하도 아니며 인과관계를 의미하는 것이 아니기 때문에 연구자의 연구목적에 따라 예측변인과 준거변인의 설정이 결정된다는 것이다.

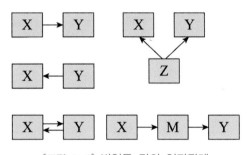

[그림 1-1] 변인들 간의 인과관계

[그림 1-1]에서 볼 수 있는 바와 같이, 두 변인 간에 상관이 존재할 경우 그 이유가 여러 가지 존재할 수 있다. 따라서 상관모델에서는 두 변인 간에 존재하는 인과적 관계에 대한 이론적 근거가 알려져 있지 않다는 전제하에서 단순히 상관 유무, 정도, 그리고 성질에만 관심을 두고 있는 것이다.

선행연구를 통해 이미 상관이 있는 것으로 밝혀진 두 변인 간에 이론적 고찰을 통해 단순한 상관관계를 넘어서 인과적 관계가 추론될 경우, 연구자는 그 이론적 근거를 바탕으로 두 변인 간의 관계에서 원인변인으로 추론되는 한 변인을 외생변인으로 설정하고 결과변인으로 추론되는 다른 변인을 내생변인으로 설정하는 인과적 관계 모델인 경로 모델을 연구모델로 설정한 다음, 외생변인이 내생변인에 미치는 영향의 유무, 크기, 그리고 성질에 대한 연구문제를 제기할 수 있다.

□ 부모의 성취 기대가 자녀의 학업 성취도에 영향을 미치는가? (영향 유무)
□ 학습자의 학습동기가 학업 성취도에 어느 정도의 영향을 미치는가? (영향 정도)
□ 부모의 성취 기대가 자녀의 학업동기에 영향을 미치는가? (영향 유무)
□ 부모의 성취 기대 수준이 자녀의 학습동기를 매개로 학업 성취도에 영향을 미치는가? (영향 유무)

두 변인 간에 상관이 존재할 경우 연구자의 관심과 연구목적에 따라 가능한 두 개의 회귀모델 중 하나를 설정하게 되지만, 경로 모델은 연구자의 관심 또는 연구목적에 의해 설정되는 연구모델이 아니며 두 변인 간의 인과적 관계를 지지하는 이론에 의해서만 타당한 모델로 설정되는 인과적 관계 모델이다. 아버지의 지능(X)과 아들의 지능(Y) 간의 상관관계로부터 X→Y 회귀모델과 Y→X 회귀모델이 모두 타당한 연구모델로 설정될 수 있다. 그러나 두 변인 간의 이론적 인과관계를 고려할 경우, X→Y 모델만이 타당한 경로 모델로 설정될 수 있으나 Y→X 모델은 이론적으로 타당한 인과적 관계가 아니기 때문에 타당한 경로 모델이 될 수 없다는 것이다.

모든 학문 분야의 궁극적 연구목적은 문제의 현상을 인과적으로 설명할 수 있는 원인을 알고 싶어 하고, 그리고 원인변인의 조작을 통해 그러한 현상을 우리가 원하는 방향으로 변화시킬 수 있는 과학적 지식을 얻으려는 데 있다. 우리는 모든 학습자의 학습동기를 높이고 싶고, 고객 만족도를 높이고 싶고, 빈부 격차를 줄이고 싶고, 그리고 결혼 만족도를 높이고 싶어 한다. 그래서 인과 모델하의 연구를 통해 변인 간의 인과적 관계가 밝혀지면 연구자는 인과 모델하의 원인변인(외생변인, 독립변인)으로부터 결과변인(내생변인, 종속변인)을 설명할 수 있게 되고, 원인변인을 이용하여 결과변인을 변화시킬 수 있는 처방을 제시할 수 있게 된다.

일단 연구모델이 설정되면, 다음 단계로 연구자는 변인(들) 또는 변인들 간의 관계에 대한 정보(모수)를 알아내기 위해 관찰 대상들로부터 변인(들)을 관찰하여 자료를 수집한다. 그리고 연구자가 연구모델을 통해 제기한 연구문제에 대한 해답을 얻기 적절한 통계분석 절차를 통해 자료를 분석한다.

연구자가 알고 싶어 하는 정보, 즉 모수에 대한 연구문제를 어떻게 제기하느냐에 따라 통계분석을 위한 구체적인 접근 방법은 추정법과 가설검정법으로 나뉜다.

3 모수에 대한 두 가지 접근 방법

변인에 대한 연구자의 관심에 따라 변인-독립 모델 또는 변인-관계 모델(상관관계 모델, 예측 모델, 인과관계 모델)이 설정되면, 연구자는 변인 또는 변인 간의 관계에 대한 구체적인 연구문제를 제기하게 된다. **연구자가 연구모델을 통해 알고 싶어 하는 것은 모든 관찰 대상 자를 대상으로 변인(들)을 관찰할 경우 기대되는 "변인 또는 변인 간의 관계에 대한 정보"이다.** 만약 연구자가 변인-관계 모델에서 결혼 5년차 이상 주부들의 결혼 만족도와 시간 관리 능력 간의 상관 유무에 대한 연구문제를 제기할 경우[연구자는 결혼 5년차 이상의 모든 주부(모집단)를 대상으로 결혼 만족도와 시간 관리 능력을 관찰할 경우 기대되는 결혼 만족도와 시간 관리 능력 간의 상관 유무, 정도 그리고 성질에 대한 모집단 정보(모수)이다], 즉 연구자는 항상 모집단의 모수에 대한 연구문제를 제기한다.

선행연구를 통해 모집단 모수에 대한 아무런 정보가 알려져 있지 않을 경우, 연구자는 알려져 있지 않는 모집단 모수가 어떤 값을 가지고 있는지 알기 위한 탐색적 연구문제를 제기할 것이다. 반면에 이론 또는 선행연구를 통해 모집단 모수가 어떤 값을 가질 것으로 추론되거나 또는 실제적 이유로 어떤 값을 가져야 할 것으로 기대될 경우, 연구자는 과연 모집단 모수가 가설적으로 설정된 값을 가지는지를 확인(검정)하기 위한 가설검정적 연구문제를 제기할 것이다.

1) 모수 – 탐색적 연구문제

연구자가 연구문제를 통해 알고 싶어 하는 모수는 모집단 자료 속에 어떤 상수값으로 존재하지만, 그 값이 얼마인지 전혀 알려져 있지 않을 경우 연구자는 그 모수가 어떤 값으로 존재하는지를 탐색적으로 알아보고 싶어 할 수 있다. 예컨대, A 대학 재학생들의 평균 토익 성적이 어떤 상수값으로 존재하지만 평균 토익 성적이 어느 정도인지 전혀 알 수 없는 경우, "A 대학 재학생들의 평균 토익 성적은 어느 정도인가?"라고 탐색적인 연구문제를 제기할 것이다. 그리고 대학생들의 토익 성적과 학업 성적 간에 어느 정도의 상관이 있는지 알고 싶을 경우, "대학생들의 토익 성적과 학업 성적 간에 어느 정도의 상관이 있는가?"라고 변인 간의 관계에 대한 탐색적 연구문제를 제기할 것이다. 이와 같이 연구자가 알고 싶어 하는 모수에 대한 아무런 정보가 알려져 있지 않은 경우, 연구자는 모수에 대한 탐색적인 연구문제를 제기하게 된다.

모수 탐색적 연구문제

☐ D 도시의 평균 가계 소득은 얼마인가?

☐ K 지역의 여당 지지율은 몇 %인가?

☐ K 지역의 여당 지지율과 야당 지지율 간 차이는 어느 정도인가?

☐ 주부들의 결혼 만족도와 시간 관리 능력 간 상관은 어느 정도인가?

연구문제가 탐색적일 경우, 연구자는 변인 관찰을 통해 얻어지게 될 모수치에 대한 어떠한 잠정적인 해답도 미리 설정할 수 없다. 그래서 모집단 모수에 대한 잠정적인 해답인 연구가설이 설정되지 않는다. 이러한 경우의 연구문제를 모수–**탐색적 연구문제**라 부르고, 관찰 자료를 통해 연구문제하의 모수를 탐색적으로 분석하기 위한 통계분석적 접근 방법을 **모수추정법**이라 부른다. 모수추정 원리 및 절차에 대해서는 제8장에서 상세하게 다루도록 하겠다.

2) 모수–검정적 연구문제

연구자가 연구문제를 통해 알고 싶어 하는 모수가 어떤 값을 가질 것으로 이론적 근거를 통해 추론되거나 또는 현실적 목적에 따라 어떤 값을 가져야 할 것으로 기대될 경우, 연구자는 과연 모집단의 모수가 기대되는 가설적인 값을 가지는가에 대한 연구문제를 제기하게 된다. 예컨대, 만약 A 대학의 관계자가 재학생들의 취업 능력을 향상시키기 위해 지난 일 년간 전체 재학생을 대상으로 토익 성적 향상 프로그램을 운영했다면, 그 결과 올해 재학생들의 토익 성적이 토익 성적 향상 프로그램을 운영하기 전의 평균 토익 성적 500점보다 더 높아질 것으로 기대할 것이다. 그래서 과연 "올해 재학생들의 평균 토익 성적은 500점보다 높은가?"라고 연구문제를 제기할 수 있을 것이다. 즉, 연구자는 모집단 모수인 평균 토익 성적을 가설적으로 500점 이상으로 설정해 두고, 과연 모수가 가설적으로 설정된 500점 이상의 값을 가지는지를 확인(검정)하고 싶어 하는 것이다. 이러한 경우의 연구문제는 모집단의 모수가 어떤 가설적인 값을 가질 것인지 설정된 상황하에서 제기되기 때문에 모수–검정적 연구문제라 부르고, 관찰 자료를 통해 가설적인 모수를 확인하기 위한 통계분석적 접근 방법을 **가설검정법**이라 부른다.

모수-검정적 연구문제

☐ 주부들의 결혼 만족도와 시간 관리 능력 간에 상관이 있는가?

☐ A 지역의 여당 지지율은 30%보다 높은가?

□ D 도시의 평균 가계 소득은 전국 평균 350만 원보다 낮은가?
□ 이직 의도에 있어서 사립 교사와 공립 교사 간에 차이가 있는가?

모수-탐색적 연구문제의 경우, 모집단 모수에 대한 아무런 정보도 알려져 있지 않고 변인 관찰을 통해 모수가 어떤 값으로 얻어질 것인지 기대할 수 없기 때문에 제기된 모수에 대한 어떤 잠정적인 해답도 설정할 수 없다고 했다. 그러나 모수-검정적 연구문제의 경우, 연구자가 이론적 · 경험적 근거에 의해 모집단 모수가 어떤 값을 가질 것인가에 대한 구체적인 의문을 제기하기 때문에 제기된 연구문제에 대한 잠정적인 해답이 논리적으로 도출될 수 있다. 예컨대, "주부들의 결혼 만족도와 시간 관리 능력 간에 상관이 있는가?"와 같이 모수 검정 연구문제가 제기될 경우, 연구자는 논리적으로 다음과 같은 두 개의 잠정적인 해답인 가설들을 도출할 수 있다.

잠정적 해답(가설)

□ 가설 1: 주부들의 결혼 만족도와 시간 관리 능력 간에 상관이 있을 것이다.
□ 가설 2: 주부들의 결혼 만족도와 시간 관리 능력 간에 상관이 없을 것이다.

도출된 두 개의 가설은 제기된 연구문제의 모수에 대한 모든 잠정적인 해답을 포함하고 있고 서로 배타적인 관계이다. 그래서 연구자는 두 개의 가설 중에서 이론적 · 경험적 근거에 의해 지지를 많이 받고 있는 것으로 확인된 가설을 선택하여 연구자 자신의 해답, 즉 연구가설로 설정한다.

연구가설

□ 주부들의 결혼 만족도와 시간 관리 능력 간에 상관이 있을 것이다.

연구자는 가설검정법이라 부르는 통계적 분석 방법을 통해 연구자 자신이 설정한 연구가설의 진위 여부를 통계적으로 검정한 다음, 연구문제에서 제기한 모수에 대한 질문에 대한 답을 제시하게 된다.

연구가설검정 결과

□ 주부들의 결혼 만족도와 시간 관리 능력 간에 유의수준 .05에서 통계적으로 유의한 상관이 있는 것으로 나타났다.

구체적인 가설검정의 원리 및 절차에 대해서는 제9장에서 상세하게 다루도록 하겠다.

4   모수의 기술과 추론

변인 또는 변인들 간의 관계에 대한 추정적 또는 가설검정적 연구문제가 제기되면, 연구자는 구체적으로 누구를 대상으로 변인을 관찰할 것인가를 결정해야 한다. 예컨대, A 기업의 홍보 담당자가 자사에서 생산하여 국내에서 시판하고 있는 K 제품에 대한 소비자들의 만족도를 알아보려고 한다고 가정하자. 이 경우 소비자란 K 제품을 사용하고 있거나 사용해 본 경험이 있는 모든 사람을 의미할 것이다. 홍보 담당자의 의도에 따라 실제 현재 대한민국에 거주하고 있는 모든 사람이 K 제품에 대해 가지고 있는 만족도에 관심을 가질 수도 있고, 경우에 따라 특정 지역(서울)과 특정 연령(40~50대), 그리고 특정 직업(사무직)을 가진 고객들에 한정하여 제품의 만족도를 알아보려고 할 수도 있을 것이다. 이렇게 연구자의 연구목적에 따라 특정한 자료 수집 대상들이 결정되면, 결정된 대상들로부터 연구자가 관심을 두고 있는 변인(들)을 관찰하게 된다. 만약 이 예에서 홍보 담당자가 서울에 거주하고 있는 40~50대의 소비자들이 지니고 있는 제품의 만족도에 대한 정보를 얻고자 한다고 가정해 보자. 만약 홍보 담당자가 50만 명 고객으로부터 수집된 K 제품에 대한 소비자 만족도의 정보가 50만 명을 대상으로 만족도를 조사하기 위해 지불해야 할 시간과 비용보다 더 가치 있고 경제적이라고 판단하면 50만 명 모두를 대상으로 만족도를 관찰(조사)할 수도 있을 것이다. 이를 전수조사(population survey) 또는 전수관찰이라 부른다. 전수조사를 통해 고객 만족도를 관찰할 경우, 고객 만족도 관찰을 위한 측정 도구만 완벽하다면 고객들의 제품 만족도를 나타내는 모수치를 측정 오차 없이 정확하게 파악할 수 있기 때문에 고객 만족도를 추론 없이 기술할 수 있을 것이다.

모집단을 대상으로 연구문제하의 변인들을 전수관찰하게 될 경우, 자료 수집을 위해 지불해야 할 비용과 시간이 현실적으로 감당하기 어렵거나 모집단의 모든 요소를 명확하게 파악할 수 없을 경우에는 실제로 모집단을 대상으로 자료를 수집하는 것이 불가능할 수 있다. 그래서 현실적인 이유로 연구자는 모집단으로부터 시간과 비용을 고려하여 감당할 수 있을 만큼 표집(sampling)하여 표본(sample)을 구성한 다음, 표본으로부터 관심하의 변인에 대한 정보를 수집할 수밖에 없다. 이를 표본조사(sampling survey)라 부르며, 표본에서 얻어진 변인의 정보를 통계량(statistics)이라 부른다.

표본조사의 경우, 자료 수집을 위한 시간과 비용을 절감할 수는 있으나 표집에 따른 오차 (sampling error)가 생기기 때문에 표본으로부터 얻어진 변인에 대한 정보는 연구자가 연구 문제를 통해 제기한 모수에 대한 정확한 정보가 아닐 수 있다. 그래서 연구자는 표본에서 분석된 통계량(정보)으로부터 모집단의 모수(정보)를 정확히 기술할 수 없기 때문에 표집에 따른 오차를 고려하여 표본에서 얻어진 통계치로부터 모집단의 모수치를 추론할 수밖에 없다.

전수조사의 경우에는 수집된 모집단 자료를 분석하여 모수치(예컨대, 평균, 분산, 비율 등)에 대한 정보를 단순히 기술하면 된다. 모집단 모수를 기술하기 위해 모집단으로부터 수집된 자료를 이해하기 쉽게 도표나 그래프 또는 수치로 요약하기 위해 사용되는 여러 가지 통계 기법을 기술통계(descriptive statistics)라 부른다. 표본조사의 경우에도 물론 일차적으로 기술통계적 분석을 통해 수집된 표본 자료의 성질을 이해하기 쉽게 도표나 그래프 또는 수치로 요약/기술할 수도 있다. 그러나 표본조사의 본래 목적은 표본 자료를 통해 모집단의 모수를 추론하려는 데 있기 때문에 표본으로부터 수집된 자료를 단순히 요약/기술하지 않고 표집에 따른 오차를 고려하여 표본의 통계치로부터 모집단의 모수를 확률적으로 추론하게 된다. 이와 같이 표본통계치로부터 표집오차를 고려하여 모집단 모수치를 확률적으로 추론하기 위해 사용되는 다양한 통계 기법을 추론통계(inferential statistics)라 부른다.

예제 1-2

다음에 제시된 연구상황에서 연구자가 얻고자 하는 정보를 얻기 위해 적용되는 통계적 기법이 기술통계인지 또는 추론통계인지 판단하시오.

1. 한 연구자는 K 시에 소재해 있는 150개의 유치원 중 50개를 표집한 다음, 표집된 유치원의 모든 교사를 대상으로 교사 효능감의 정도를 알아보려고 한다.
2. K 대학의 A 교수는 자신이 개설한 기초통계학 과목을 수강하고 있는 학생 20명을 대상으로 강의 만족도를 측정해 보려고 한다.
3. K 대학의 C 학과 학과장은 4학년에 재학 중인 모든 학생을 대상으로 졸업을 앞둔 4학년 학생들의 학과 만족도를 조사해 보려고 한다.

제2장 변인의 측정과 변수

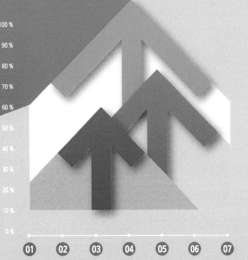

제2장 변인의 측정과 변수

1 측정의 의미

　연구자의 연구목적에 따라 특정한 연구모델이 설정되고 연구모델하의 변인(들)을 관찰하기 위한 관찰 대상들이 선정되면, 연구자는 연구모델하에서 변인 또는 변인들 간의 관계에 대해 제기된 연구문제에 대한 답을 경험적으로 탐색하거나 검정하기 위해서 관찰 대상자들로부터 관심하의 변인(들)을 측정해야 한다. 변인을 측정(measurement)한다는 것은 관찰 대상들이 지니고 있는 변인의 양적 또는 질적 상태를 관찰한 다음, 어떤 정해진 규칙에 따라 관찰된 결과에 수치를 부여하는 행위를 말한다. 예컨대, 일정한 규칙(1g=한 단위의 눈금)에 따라 만들어진 체중계를 이용하여 관찰 대상자들의 몸무게에 g 단위의 수치를 부여하거나 남자=1, 여자=2라는 임의로 정해진 규칙에 따라 관찰된 성별 유형에 따라 수치를 부여하는 행위를 "측정한다."라고 말한다. 측정을 통해 양적 또는 질적 변인이 변수로 변환되며 변수로 변환된 관찰치(observed scores)를 자료(data) 또는 측정치(measures)라 부른다.

　제1장에서 언급한 바와 같이, 변인 또는 변인들 간의 관계에 대한 연구문제를 제기하고 제기된 연구문제에 대한 해답을 얻기 위해 연구자는 관찰 대상자들로부터 연구문제하의 변인들을 측정하여 변인을 변수로 변환한다. 그리고 변수들을 통계적으로 분석하여 변인 또는 변인들 간의 관계를 보여 주는 모수를 추정하거나 검정하게 된다. 변수를 분석하여 변인 또는 변인들 간의 관계에 대한 정확하고 타당한 정보를 얻을 수 있기 위해 변인이 측정 오차 없이 완벽하게 측정되어야 하기 때문에, 전통적인 통계분석에서는 모든 변인에 대한 측정은 완벽하게 신뢰롭고 타당한 측정 도구를 통해 측정된 것으로 가정한다. 최근에 많은 관심을 받고 있는 통계분석 기법인 구조방정식 모델링에서는 변인을 측정 오차 없이 완벽하게 측정할 수 있는 측정 도구를 직접 개발하는 것이 현실적으로 불가능한 것으로 보고, 측정된

변수에 오염된 측정 오차를 확인적 요인분석 방법을 적용하여 간접적으로 제거한 구조 변수를 수학적으로 추출한 다음 변인 또는 변인 간의 관계를 분석하고 있다(문수백, 2009).

2 측정 규칙의 수준과 변수의 유형

변인의 양적·질적 속성이 측정이라는 과정을 거쳐 변수로 전환될 때 네 가지 종류의 측정 규칙이 적용되며, 네 가지 측정 규칙에 따라 명명척도, 서열척도, 등간척도, 그리고 비율척도의 네 가지 종류의 측정치가 생겨난다(Stevens, 1951). 각 측정 규칙은 변인의 속성에 특유의 수리적 정보를 부여함으로써 특유의 수리적 정보를 지닌 측정치로 바꾸어 놓는다. 즉, 명명화 규칙은 명명성이라는 수리적 정보를 지닌 명명성 측정치를 낳고, 서열화 규칙은 명명성의 정보뿐만 아니라 서열성의 수리적 정보를 지닌 서열성 측정치를, 등간화 규칙은 명명성 정보, 서열성 정보와 더불어 등간성의 정보를 지닌 측정치를, 그리고 비율화 규칙은 명명성, 서열성, 등간성 그리고 비율에 관한 정보를 포함하는 비율성 측정치를 낳는다.

1) 명명척도

변인의 종류가 성별, 종교, 국적, 피부색, 지역 등과 같은 질적 변인일 경우, 변인은 서로 질적으로 다른 몇 개의 범주(category)로 구성되어 있다. 질적 변인을 변수로 변환하기 위해 주어진 질적 변인의 각 범주에 연구자가 임의적으로 정한 측정 규칙(명명 규칙)에 따라 각 범주에 숫자를 부여한다. 예컨대, 주어진 질적 변인이 성별일 경우, 연구자가 남자 범주에 속한 관찰 대상자에게 1을 부여하기로 하고 여자 범주에 속한 관찰 대상자에게 2를 부여하기로 규칙을 정한다면, 물론 남자=2000, 여자=1.5라고 측정 규칙을 정할 수도 있지만 연구 대상에 포함된 모든 관찰자에게 남자 또는 여자라는 이름 대신 임의로 설정된 측정 규칙에 따라 1 또는 2라는 숫자를 부여하게 된다. 이러한 측정 규칙의 결과로서 어떤 피험자에게 부여된 숫자만 보아도 쉽게 남자 또는 여자로 구분하여 분류할 수 있게 된다. 즉, 숫자 1 또는 2는 남자 또는 여자라는 유목의 이름을 대신하여 사용될 수 있는 명명성을 지니게 된다. 따라서 어떤 숫자가 명명성을 지니게 되면 분류의 기능을 가지게 됨을 알 수 있다. 명명성을 지닌 숫자는 단순히 이름 대신 부여된 임의적인 숫자이기 때문에 숫자에 어떤 양적 개념이 없으며, 따라서 어떠한 산술적 조작도 불가능하다. 남자는 1이고 여자는 2이기 때문에 남자가 먼저이고 여자는 나중이라고 해석할 수 있는 숫자 간의 서열성에 대한 정보도 없고, 2(여자)−1(남자)=1(남자)이므로 남녀 간의 차이는 1이라는 차이 정보도 의미가 없으며, 2(여자)는 1(남자)의 두 배이므로 여자는 남자의 두 배라는 비율적 해석도 할 수 없다.

따라서 명명화 측정 규칙에 따라 생겨난 명명성 척도치는 단순히 분류적 기능만을 지닌 가장 단순한 수준의 수리적 정보를 지닌 숫자이기 때문에 측정치의 크기, 측정치 간의 순서, 측정치 간의 차이, 그리고 측정치 간의 비율적 해석을 할 수 없다.

2) 서열척도

명명화 규칙에 따라서 얻어진 측정치와는 달리 서열화 규칙에 따라 얻어진 측정치는 서로 다른 범주로 구분할 수 있는 구별성에 대한 정보뿐만 아니라 측정치 간 대소 관계가 성립되기 때문에 서열적 정보를 갖는다. 예컨대, 일련의 피험자들에게 시험 불안 검사를 실시하여 얻은 원점수를 크기에 따라 내림차순으로 정리한 다음 가장 높은 점수를 받은 피험자에게 "1", 그다음 학생에게 2, 3 … 과 같은 순위 또는 등수에 해당되는 숫자를 부여하게 되면, 이들 숫자들은 바로 서열을 나타내게 된다. 서열척도로 측정된 수치들은 수치의 크기에 따라 상대적 순서를 정할 수 있어도 수치 간의 동일한 차이가 나타내는 양적 정보가 다를 수 있다. 예컨대, 영어 시험에서 1등=95점, 2등=90점 그리고 3등=80점일 경우, 1등(95점)과 2등(90점) 간 등수의 차이(1)와 2등과 3등(80점) 간 등수의 차이는 똑같은 1이지만, 실제 1등과 2등 간 점수 차이는 5점이고 2등과 3등 간 점수 차이는 10점이다. 따라서 서열척도로 측정된 측정치들 간의 동일한 차이가 동일한 양적 의미를 가질 수 없기 때문에(등간성이 인정되지 않으며) 서열 측정치를 비교하여 어느 것이 어느 것보다 "더 크다." 또는 "더 작다."라고 서열적 해석은 할 수 있어도 차이값의 계산은 의미가 없다. 서열화 규칙에 따라 얻어진 측정치는 부등호를 사용하여 측정치 간의 상대적 크기를 구별할 수는 있으나, 서열척도치를 비교하여 어느 것이 어느 것보다 "얼마만큼 더 크다." 또는 "얼마만큼 더 작다."와 같은 차이적 정보를 얻을 수는 없다.

3) 등간척도

등간 규칙에 따라 측정된 등간척도치는 명명척도의 구별성에 대한 정보와 서열척도의 크기와 순서에 대한 정보 이외에 등간성에 대한 정보를 갖는다. 예컨대, 어휘력 검사에서 80점과 85점 간 5점의 차이가 90점과 95점 간 5점과 어휘력에 있어서 같은 정도의 차이를 나타 낸다면 이 척도는 바로 등간성을 갖는다고 할 수 있다. 섭씨온도계로 기온을 측정한 결과, 대구가 30℃, 서울 20℃ 그리고 부산이 10℃이었다면 대구와 서울 간의 온도 차이는 10℃ (30-20=10)이고 서울과 부산 간의 온도 차이도 10℃(20-10=10)이며 대구와 서울 간의 온 도 차이 10℃와 서울과 부산 간의 온도 차이 10℃가 같은 양적 의미를 갖는다. 즉, 등간척도 로 측정된 측정치들 간에는 등간성이 인정되기 때문에 측정치 간 차이점수를 계산해 낼 수 있고, 그리고 차이점수를 이용한 해석이 타당하다.

  등간척도치의 경우, 척도치 간에 차이값을 계산할 수 있고 계산된 차이값이 의미 있게 해 석될 수 있기 때문에 앞의 예에서 "대구의 기온(30℃)이 부산(10℃)보다 20℃ 더 높다."라는 해석은 타당하지만, "대구의 기온(30℃)이 부산의 기온(10℃)보다 세 배(30/10=3) 더 높다." 라는 해석은 타당하지 않다. 기온과 같은 변인을 측정할 경우, 0℃는 실제로 온도가 0임을 나타내는 것이 아니라 어느 정도의 온도를 임의로 0℃라고 정하고 임의로 0℃라고 정한 그 지점으로부터 온도를 나타내는 측정치가 결정되기 때문에 측정치의 0이 실제로 변인의 측 정치가 0임을 의미하지는 않는다. 즉, 0이 절대영점을 의미하지는 않는다. 절대영점이 없는 측정치들 간에는 상대적인 차이값을 계산할 수 있어도 측정치들 간의 절대적 차이값을 계 산할 수 없기 때문에 측정치들을 서로 비교하여 비율적 해석을 할 수 없다.

  사회과학 분야의 연구자들이 주로 관심을 가지는 많은 변인은 실제로 비율척도에 속하는 것들이기 때문에 절대영점이 없는 측정치의 기능과 의미를 정확히 이해할 수 있어야 한다. 등간척도로 측정된 측정치 간의 차이를 왜 비율적으로 해석할 수 없는지 이해를 돕기 위해 실제적인 예를 하나 들어 설명해 보도록 하겠다.

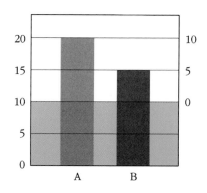

[그림 2-1] 임의 0점 설정에 따른 비교

  [그림 2-1]에서 두 막대의 실제 길이는 A는 20cm 그리고 B는 15cm이다. 따라서 실제로

A가 B보다 5cm 더 길다. 만약 두 막대의 길이를 비교하기 위해 임의의 지점([그림 2-1]에서 지상에서 높이가 10cm가 되는 지점)을 0으로 설정한 다음 각 막대의 길이를 임의로 정한 0점에서의 길이로 측정한다면, A=10cm, B=5cm로 나타날 것이다. 따라서 두 막대의 길이의 차이는 여전히 5cm이기 때문에 "두 막대 길이의 차이는 5cm이며 A가 B보다 5cm 더 길다."라는 해석이 타당하다. 그러나 임의의 지점을 0으로 하여 측정된 막대 A의 길이가 10cm이고 막대 B의 길이가 5cm이기 때문에 "막대 A가 막대 B보다 두 배(10은 5의 두 배이기 때문에) 더 길다."라는 비율적 해석은 타당하지 않음을 알 수 있다. [그림 2-1]에서 볼 수 있는 바와 같이 실제 막대 A의 길이는 막대 B의 길이의 두 배가 아니기 때문에 임의의 0점에서 측정된 측정치를 비교하여 얻어진 두 막대의 길이를 두 배의 차이가 있는 것으로 해석하는 것은 타당하지 않음을 쉽게 알 수 있다. 이와 같이 어떤 변인의 측정을 절대적 0점이 아닌 임의의 0점으로부터 측정할 경우에 얻어진 측정치 간에 존재하는 차이를 개인 간 차이의 정도로 해석하는 것은 타당하나 측정치 간의 개인차를 비율적으로 해석하는 것은 타당치 않다는 것이다. 사회과학 분야에서 다루는 많은 변인의 측정치 중에서 측정치 0을 절대적 0으로 해석할 수 없는 경우가 많기 때문에, 연구자는 자신이 관심을 가지고 측정한 변인의 측정치에서 0이 절대적 0을 의미할 수 없을 경우 측정치에 대한 비율적 해석을 하지 않도록 조심해야 한다.

4) 비율척도

비율척도화 규칙에 따라 측정된 측정치는 등간척도치와 달리 구별성, 서열성, 등간성 이외에 측정치 간의 차이를 비율적으로 해석할 수 있는 비율적 정보를 갖는 최상위 수준의 측정치이다. 따라서 측정치가 0인 경우, 실제로 측정된 특성이 0임을 의미하기 때문에 개념적으로 의미 있는 절대영점을 가진다.

일련의 피험자들을 대상으로 키를 측정했다면 "키가 150cm인 사람의 키는 키가 100cm인 사람의 키보다 50cm가 더 크다."라고 등간적 해석을 할 수 있을 뿐만 아니라, 사물의 길이에 대한 측정치 0은 실제 길이가 0임을 의미하기 때문에 "키가 150cm인 사람은 키가 100cm인 사람보다 키가 1.5배 더 크다."라고 비율적 계산에 따른 비율적 해석을 할 수 있다.

실제 사회과학연구 분야에서 다루어지고 있는 구성 개념(construct)은 모두 등간척도 수준에 속하는 측정치라고 할 수 있다. 예컨대, 우리는 지능을 직접 관찰할 수 없기 때문에 지능검사를 통해 결코 지능의 절대 0을 확인할 수 없으며 지능검사에서의 0점을 절대적인 0으로 해석할 수도 없다. 마찬가지로, 구성 개념을 측정하는 대부분의 검사에서 유의미한 0점을 생각할 수 있는 경우가 거의 없지만 마치 유의미한 0점을 지닌 척도치를 가질 수 있는 것으로 가정하고 사용하고 있을 뿐이다(Bausell, 1986). 그래서 등간척도와 비율척도로 측정된 자료를 하나로 묶어서 구간 자료라고 부르기도 한다.

앞에서 살펴본 바와 같이, 연구자가 관심을 두고 있는 변인의 종류가 질적 변인일 경우 명명척도에 따라 변인이 측정되고, 그 결과 범주 자료가 얻어진다. 그리고 연구자가 관심을 두고 있는 변인의 종류가 양적 변인일 경우, 양적 변인이 지니고 있는 수리적 정보의 수준에 따라 서열척도, 등간척도 그리고 비율척도에 따라 변인이 측정되고, 그 결과 서열 자료, 등간 자료 그리고 비율 자료가 얻어진다. 명명척도에 의해 얻어진 자료를 범주 자료라 부르고, 서열척도에 의해 얻어진 자료를 서열 자료라 부르며, 등간척도와 비율척도에 의해 얻어진 자료를 구간 자료라 부른다.

한 가지 중요한 사실은 수리적 정보의 수준이 높은 변인은 연구목적에 따라 보다 낮은 수준의 척도를 사용하여 변인을 측정할 수 있으나, 역으로 보다 낮은 수준의 수리적 정보를 지닌 변인을 보다 높은 수준의 척도를 사용하여 변인을 측정할 수 없다는 것이다. 예컨대, 체중과 같은 변인은 비율적 수준의 정보를 지닌 변인이기 때문에 보다 낮은 수준인 서열척도나 명명척도로 변인을 측정하여 서열 자료나 명명 자료로 사용할 수 있다. 일련의 관찰 대상들에게 체중을 측정한 다음(비율척도 자료), 체중치의 크기에 따라 순위를 부여하게 되면 원자료인 비율척도 자료가 서열척도 자료로 변환된다. 그러나 서열척도로 측정된 서열 자료를 상위 수준의 등간 또는 비율 자료로 변환할 수는 없다.

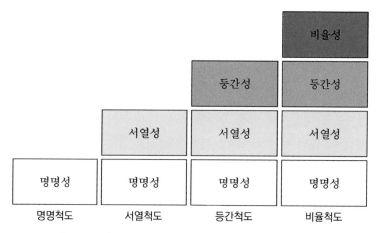

[그림 2-2] 척도 수준별 수리적 정보의 내용과 수준

예제 2-1

한 연구자가 A 제품을 구매한 홈쇼핑 고객 중 100명을 표집한 다음, 고객들을 대상으로 다음과 같은 질문에 답하도록 하였다.

---

1. 각 질문을 통해 얻어진 정보가 범주 자료, 서열 자료, 등간 자료, 비율 자료 중 어떤 형태의 자료에 속하는지 결정하시오.

2. 각 질문에서 측정된 변인이 양적 변인 또는 질적 변인인지 판단하시오.

> 문항 1. 당신의 결혼 상태는?
> 문항 2. 당신의 연령은 만 나이로 몇 세입니까?
> 문항 3. 당신의 연간 소득은 얼마입니까?
> 문항 4. 당신의 지능지수는 어느 정도입니까?
> 문항 5. 구독하는 잡지의 수는?
> 문항 6. 당신의 시력은?
>   ① 좌(　　)　　② 우(　　)
> 문항 7. 당신의 체중은?
>   ① 50kg 미만　② 50kg~59kg　③ 60kg~75kg　④ 76kg 이상

예제 2-2

다음 질문에 대한 여러분의 반응이 어느 척도에 속하는지 결정하시오.

---

1. 당신의 직장은 집에서 몇 km 정도 떨어져 있는가?

2. 당신은 최근 5년 이내에 건강검진을 받아본 적이 있는가?

3. 만약 당신이 새로운 노트북 컴퓨터를 구입한다면, ① 가격, ② 서비스, ③ 디자인, ④ 성능 중에서 어떤 측면에 가장 관심을 가지고 살펴보겠는가?

4. 지금 사용 중인 휴대폰의 통화품질에 대해 만족도를 평가한다면,
   ① 아주 만족한다.
   ② 만족한다.
   ③ 모르겠다.
   ④ 만족하지 않는다.
   ⑤ 전혀 만족하지 않는다.

제3장 자료의 요약

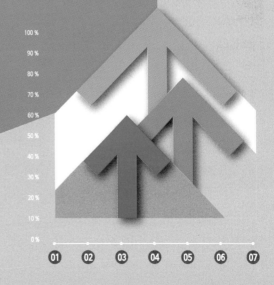

제3장 자료의 요약

　모집단이나 표본으로부터 연구자가 관심을 두고 있는 변인(들)을 측정하여 얻어진 자료를 원자료(raw data)라 한다. 원자료는 어떤 규칙에 따라 정리된 자료가 아니고 무질서하게 모여 있는 하나의 자료 덩어리에 불과하며, 특히 자료의 크기가 방대할 경우 원자료로부터 원하는 정보를 파악하기가 어렵다. 모집단을 대상으로 자료를 수집하건 또는 표본으로부터 자료를 수집하건 원자료를 요약·정리해야 자료로부터 의미 있는 정보를 보다 쉽게 찾아낼 수 있고, 의미 있는 결과를 다른 사람들에게 제시하고 공유할 수 있게 된다.

　수집된 자료를 가장 간단하고 효과적으로 요약하면서도 원자료의 성질을 가능한 한 유지하기 위한 방법은 측정치의 수준에 따라 다르기 때문에, 원자료를 요약/정리하는 방법은 얻어진 자료의 수리적 정보의 수준(측정치의 수준)에 따라 다소 다를 수 있다. 자료의 요약/정리는 대체로, ① 도표로 정리/요약하기, ② 그래프로 요약하기, 그리고 ③ 수치의 세 가지 방법으로 이루어진다.

1 도표를 이용한 자료의 요약과 정리

　수집된 자료의 측정치가 어떤 수준의 측정치이건 측정치들을 범주별로 정리하거나(명명척도의 경우) 자료의 크기(서열척도, 등간척도, 비율척도의 경우)에 따라 내림차순 또는 오름차순으로 정리한 다음, 동일한 유목이나 크기가 같은 여러 개의 측정치를 반복적으로 나열하지 않고 같은 유목으로 묶어 정리해서 복잡한 자료를 간단하면서 동시에 원자료의 정보 손실이 최소가 될 수 있도록 간명하게 축소하여 도표로 정리할 필요가 있다.

1) 명명척도 또는 서열척도 자료의 경우

변인이 명명척도나 서열척도로 측정될 경우, 연구자의 관심은 수집된 자료 속에 존재하는 범주(유목)와 각 범주별 도수에 대한 정보이다. 예컨대, 한 연구자가 K 대학의 수시에 합격한 신입생 1,000명 중 100명을 무선표집하여 성별을 조사한 결과 〈표 3-1〉과 같은 자료를 얻었다고 가정하자. 이 경우 연구자의 관심은 신입생들의 성별의 분포, 즉 성별에 따른 신입생들의 도수에 대한 정보를 알고 싶어 할 것이다(범주별 도수).

〈표 3-1〉 $n=100$을 대상으로 성별을 측정한 결과

남자, 여자, 남자, 남자, 여자, 여자, 남자, 남자, 여자, 여자
남자, 남자, 여자, 여자, 남자, 남자, 여자, 여자, 남자, 남자
여자, 남자, 남자, 여자, 여자, 남자, 남자, 여자, 여자, 남자
남자, 여자, 여자, 남자, 남자, 여자, 여자, 남자, 남자, 여자
여자, 여자, 남자, 남자, 여자, 여자, 남자, 남자, 여자, 남자
남자, 여자, 남자, 남자, 여자, 여자, 남자, 남자, 여자, 여자
남자, 남자, 여자, 여자, 남자, 남자, 여자, 여자, 남자, 남자
여자, 남자, 남자, 여자, 여자, 남자, 남자, 여자, 여자, 남자
남자, 여자, 여자, 남자, 남자, 여자, 여자, 남자, 남자, 여자
여자, 여자, 남자, 남자, 여자, 여자, 남자, 남자, 여자, 남자

〈표 3-1〉의 자료는 관찰 대상자 100명의 성별을 조사하여 단순히 나열해 놓은 것이기 때문에 100명 중 남자가 몇 명이고 여자가 몇 명인지 또는 남녀의 수에 차이가 있는지 등과 같은 성별에 대한 체계적인 정보를 읽어 내기가 어렵다. 따라서 연구목적에 적합한 정보를 얻기 위해서 성별에 따른 유목별 ① 도수를 조사하여 다음과 같이 도표로 간단하게 정리하고, 연구자의 관심에 따라 범주별 ② 상대도수와 ③ 백분율을 파악하여 다음 〈표 3-2〉와 같이 정리한다.

〈표 3-2〉 성별 변인의 도수분포

성별	도수	상대도수	백분율(%)
남자	98	.49	49
여자	102	.51	51
전체	200	1.00	100

(1) 도수(Frequency)

명명척도로 측정된 복잡하고 산발적인 자료를 정리하는 가장 일차적인 방법은 동일한 범주에 속하는 자료를 동일한 범주하에 통합하여 도수로 처리하는 것이다. 이 도수분포표에서 볼 수 있는 바와 같이 도수는 각 범주에 속해 있는 모든 구성원의 수를 나타내며, 절대도수(absolute frequency) 또는 그냥 도수(frequency)라고 부른다.

관찰 대상자 200명 중에서 성별에 따라 도수를 정리한 결과, 남자가 98명이고 여자가 102명으로 나타났다. 즉, 관찰 대상자가 200일 경우 남자 98, 여자 102이며, 만약 관찰 대상이 200명 이상이거나 이하일 경우 남녀의 수가 몇 명이 될 것인지 말할 수 없으며 주어진 자료(여기서 $N=200$의 경우에 한해)에 한해서만 절대적 의미를 지니기 때문에 남자 98, 여자 102의 절대도수 정보는 주어진 자료의 크기에 한해서만 절대적인 의미를 갖는다. 따라서 절대도수는 모집단을 대상으로 자료를 수집할 경우 절대적 의미를 가지는 유용한 정보로 활용할 수 있으나, 표본 자료의 경우에는 표본의 크기가 달라질 때마다 유목별 도수가 달라질 수 있기 때문에 주어진 표본에서 얻어진 유목별 도수는 표집의 크기가 다른 표본 자료에 일반화해서 사용할 수 없으며, 모집단에서 해당 유목의 도수를 유추하기 위한 직접적인 정보로도 활용할 수도 없다. 절대도수의 이러한 약점을 보완하기 위해 상대도수를 계산하여 사용한다.

(2) 상대도수(Relative frequency)

만약 모집단이 아닌 표본을 대상으로 자료를 수집할 경우, 표본 자료에서 관찰된 절대도수는 주어진 유목에 대한 모집단에서의 도수를 유추해 보기 위해 사용될 수 있는 불완전한 단서에 불과하기 때문에 도수가 직접적인 해석의 대상이 되지 않는다. 실제 연구자가 원하는 것은 모집단에서의 주어진 유목에 대한 도수에 대한 정보이기 때문에, 이를 위해 각 범주의 절대도수를 전체 도수로 나누면 모집단에서의 유목별 도수를 유추해 낼 수 있는 상대도수를 얻게 된다. 즉, 상대도수는 전체 도수(N)에 대한 범주별 도수의 비율을 나타낸다. 예컨대, 범주 A의 상대도수 rf_A는 전체 도수 N에 대한 범주 A의 절대도수 f_A의 비율이며 계산공식은 다음과 같다.

$$rf_A = \frac{f_A}{N} \qquad\qquad \cdots\cdots(3.1)$$

〈표 3-2〉에서 남자의 상대도수는 98/200=.49이며 여자의 상대도수는 102/200=.51이다. 상대도수에 100을 곱하면 전체 도수에 대한 각 범주별 도수의 백분율(percentage)을 얻

을 수 있다. 상대도수는 전체 사례를 1로 볼 때 각 범주별 도수의 상대적 비율을 나타내는 반면, 백분율은 전체를 100으로 볼 때 각 범주별 도수의 상대적 비율을 의미한다. 따라서 각 범주별 상대도수의 합은 항상 1이고 백분율의 합은 항상 100이다(절단 오차 때문에 상대도수의 합이 정확하게 1 또는 백분위수의 합이 100이 아닐 수 있으나 근사값이 1 또는 100이 된다는 것이다).

　　모집단 자료가 아닌 표본 자료의 경우, 각 범주별 백분율을 알면 모집단의 크기와 관계없이 모집단에서 각 범주별 도수를 백분율로 추측하여 기술할 수 있다. 〈표 3-2〉에서 전체 모집단에서 남자들이 차지하는 비율이 49% 정도이고 여자들의 비율이 51% 정도가 될 것으로 추측해 볼 수 있다. 물론 표본 자료일 경우 표집의 오차 때문에 얻어진 모집단에서의 여자 비율이 정확히 49%라고 단정할 수 없으며 "49%±표집오차"이며 표집오차의 크기는 표집의 크기에 따라 달라진다. 따라서 모집단에서의 여자의 실제 비율은 49%보다 더 클 수도 있고 더 작을 수도 있기 때문에 "약 49% 정도 될 것으로 예측된다."라고는 말할 수 있다. 이와 같이 표본 자료로부터 얻어진 상대도수에 대한 정보는 모집단에서의 유목별 도수를 추론해 볼 수 있는 유용한 정보로 활용할 수 있다.

　　결론적으로, 명명척도나 서열척도로 수집한 자료가 모집단 자료일 경우 상대도수와 절대도수가 모두 자료의 성질을 해석하기 위해 사용할 수 있는 유용한 정보가 될 수 있다. 그러나 표본 자료일 경우에는 절대도수로부터 자료의 성질에 대한 유용한 해석적 정보를 얻을 수 없으며, 상대도수만이 모집단의 정보를 유추해 낼 수 있는 유용한 정보가 된다.

2) 등간척도 또는 비율척도의 자료의 경우

　　등간척도나 비율척도로 측정된 자료에서 측정치들 간의 차이값이 같을 경우 모두 같은 의미로 해석될 수 있기 때문에 구간 자료(interval data)라고도 부른다. 측정된 자료가 구간 자료의 경우에도 자료의 성질 속에 명명성과 서열성이 내포되어 있기 때문에 명명척도/서열척도의 경우와 마찬가지로 절대도수, 상대도수, 백분율을 파악할 수 있으며, 그 의미와 유용성도 앞에서 언급한 명명척도/서열척도의 내용과 같다. 그리고 구간 자료에서는 추가적으로 누적도수와 누적백분율을 파악할 수 있다. 명명척도나 서열척도 자료의 경우에는 자료의 범위가 측정변인의 범주의 수나 서열의 수에 따라 자동적으로 결정되며, 실제 연구에서 각 범주나(성별=남자, 여자) 서열(학점=A, B, C, F) 자체가 의미 있는 해석 단위가 된다. 그러나 등간척도나 비율척도의 경우 극단적으로 자료 수집 대상자 수만큼의 다른 값을 가지는 자료가 얻어질 수도 있으며, 각 측정치들이 마치 명명척도에서 하나의 범주와 같은 의미 있는 해석 단위로 다룰 수도 있고, 경우에 따라 측정치를 일정한 급간(class interval)으로 묶어서 원자료를 보다 간명한 묶음 자료로 만든 다음 급간을 하나의 의미 있는 해석 단위로 다룰 수도 있다.

구간 자료는 명명척도/서열척도 자료의 경우와 달리 측정치의 크기에 따른 자료 간의 차이가 유의미한 정보가 되기 때문에 자료를 요약하기 위해 원자료를 일차적으로 내림차순 또는 오름차순으로 먼저 정리하게 된다. 내림차순 또는 오름차순 중에서 어느 방법으로 정리할 것인가는 자료 해석의 용이성과 자료 수집의 목적에 따라 연구자가 결정하면 된다. 어떤 방법을 사용하더라도 그것은 오직 자료 해석의 편리성과 관계있는 것이기 때문에 동일한 정보를 해석해 낼 수 있다.

〈표 3-3〉의 자료는 아동들의 영재교육에 관심을 가지고 있는 초등학교의 한 교사가 아동들의 지능에 대한 정보를 얻기 위해 자신이 담임을 맡은 1학년 아동 50명의 지능을 측정하여 얻어진 가상적인 자료이다.

〈표 3-3〉 $n = 50$명에 대한 지능 측정 결과

```
121 101  99 139 125 117 105 102 113 129
133 148 101 100  98 140 132 128 119 113
123 115 102 100 145 149 107 102 113 119
126 124 131 132 119 101  99 139 125 117
105 102 113 129 133 148 101 100  98 102
```

(1) 누적도수와 누적백분율
〈표 3-3〉의 자료를 보다 이해하기 쉽게 도수분포표로 정리할 수 있다. 도수분포표에는 명명척도나 서열척도와 마찬가지로 절대도수, 상대도수, 백분율에 대한 정보가 포함되고, 등간척도나 비율척도의 경우에는 측정치의 성질상 추가적으로 누적도수와 누적백분율에 대한 정보를 요약해서 다음 〈표 3-4〉와 같이 상대누적도수분포로 정리하여 제시한다.

(2) 백분위점수와 백분위
〈표 3-4〉의 도수분포표는 〈표 3-3〉의 자료를 오름차순으로 정리한 다음 각 측정치별 도수, 상대도수, 백분율, 누적도수, 상대누적도수, 누적백분율을 구한 것이다. 명명척도나 서열척도의 경우와는 달리, 수집된 자료가 등간척도 또는 비율척도치일 경우에는 측정치가 증가하거나 감소함에 따른 누적백분율(cumulative percentage)을 추가적으로 계산해 낼 수

있으며, 누적백분율로부터 자료의 상대적 위치에 대한 유용한 의미를 해석해 낼 수 있다. 계산된 누적백분율은 자료를 오름차순으로 정리했을 때, 전체 피험자 중에서 주어진 원점수 이하의 값을 받은 피험자들의 백분율을 의미한다.

〈표 3-4〉 지능 변인의 도수분포

지능점수	도수	상대도수	백분율	누적도수	상대누적도수	누적백분율
98	2	0.04	4.0	2	.04	4.0
99	2	0.04	4.0	4	.08	8.0
100	3	0.06	6.0	7	.14	14.0
101	4	0.08	8.0	11	.22	22.0
102	5	0.10	10.0	16	.32	32.0
105	2	0.04	4.0	18	.36	36.0
107	1	0.02	2.0	19	.38	38.0
113	4	0.08	8.0	23	.46	46.0
115	1	0.02	2.0	24	.48	48.0
117	2	0.04	4.0	26	.52	52.0
119	3	0.06	6.0	29	.58	58.0
121	1	0.02	2.0	30	.60	60.0
123	1	0.02	2.0	31	.62	62.0
124	1	0.02	2.0	32	.64	64.0
125	2	0.04	4.0	34	.68	68.0
126	1	0.02	2.0	35	.70	70.0
128	1	0.02	2.0	36	.72	72.0
129	2	0.04	4.0	38	.76	76.0
131	1	0.02	2.0	40	.78	78.0
132	2	0.04	4.0	42	.82	82.0
133	2	0.04	4.0	44	.86	86.0
139	2	0.04	4.0	48	.90	90.0
140	1	0.02	2.0	49	.92	92.0
145	1	0.02	2.0	50	.94	94.0
148	2	0.04	4.0	51	.98	98.0
149	1	0.02	2.0	52	1.00	100.0

일단 〈표 3-4〉와 같이 원점수와 각 원점수에 해당하는 누적백분율이 파악된 도수분포표
가 작성되면, 주어진 누적백분율에 해당하는 원점수를 파악하거나 주어진 원점수에 해당하
는 누적백분율을 파악할 수 있다. 상대누적도수분포에서 주어진 누적백분율 P에 해당하는
점수를 백분점수(percentile score) 또는 백분위수(percentile 또는 centile)라 부르며 C_p로 나타
낸다. 예컨대, 철수가 A 지능검사에서 받은 IQ가 115이고 표준화 집단의 IQ 점수분포에서
IQ=115까지의 누적백분율이 85라면, "85 백분위점수 또는 85 백분위수는 115이다."라고
기술하고 C_{85} =115로 나타낸다. 그리고 주어진 점수 X에 대응하는 누적백분율을 백분위
(percentile rank)라 부르며 PR_X 또는 P_X 로 나타낸다. 따라서 철수가 A 지능검사에서 받은
"IQ 점수 115의 백분위는 85이다."라고 기술하고 PR_{115} =85로 나타낸다.

구간 자료(등간/비율 척도)는 양적 변인을 측정하여 얻어진 자료이기 때문에 명명척도나
서열척도 자료에서 얻을 수 없는 누적백분율이라는 특유의 정보를 얻을 수 있다. 앞의 〈표
3-4〉 도수분포표에서 전체 아동 중에서 2명이 지능지수 105를 받았고 이는 전체 아동의
4%에 해당된다. 그리고 지능지수 105의 누적백분율은 36%이며 이는 전체 아동 중에서 지능
지수가 105 이하의 아동들 비율이 전체 피험자의 36%가 된다는 의미이다. 지능점수 124의
누적백분율이 64%이기 때문에 C_{64} = 124라고 나타내고 "64 백분위수는 124이다."라고 기
술하고, P_{124} =64로 나타내고 "124의 백분위는 64이다."라고 기술한다.

일단 수집된 자료를 누적도수분포로 정리하고 나면, 연구자는 연구목적에 따라 자료에
나타난 여러 백분위와 백분위점수에 대한 정보에 관심을 가질 수 있다. 물론 정리된 상대누
적도수분포에 연구자가 관심을 가지고 있는 백분위나 백분위점수가 나타나 있을 경우에는
관심하의 백분위에 해당되는 백분위점수나 또는 원점수에 해당되는 백분위를 자료에서 직
접 찾아 읽으면 된다.

예제 3-1

〈표 3-4〉의 빈도분포표에서 백분위수 또는 백분위를 파악하시오.

1. C_{48}은?
2. C_{76}은?
3. P_{131}은?
4. P_{133}은?

(3) 묶지 않은 자료의 백분위 및 백분위점수 계산

〈표 3-4〉에서 볼 수 있는 바와 같이 도수분포표에 연구자가 알고 싶어 하는 백분위가 없거나 백분위점수가 없을 수도 있다. 예컨대, 누적백분율을 보면 71 백분위가 없음을 알 수 있을 것이다. 그리고 백분위점수 130도 없음을 알 수 있다. 만약 연구자가 연구목적상 71 백분위점수(C_{71})가 얼마인지 알고 싶을 수도 있고 거꾸로 130의 백분위(P_{130})에 대한 정보를 필요로 할 수도 있다. 이와 같이 누적도수분포표에 나타나지 않는 특정한 P 백분위에 해당되는 백분위점수를 알고 싶거나 특정한 백분위점수에 해당되는 백분위를 알고 싶을 때, 연구자는 보간법을 사용하여 백분위나 백분위점수를 계산해야 한다. 백분위와 백분위점수의 계산 방법은 자료의 형태가 묶음 자료일 경우와 묶지 않은 자료일 경우에 따라 다르다.

• 백분위 계산: 만약 연구자가 원점수 104에 해당되는 백분위 P_{104}를 알고 싶을 경우, [그림 3-1]에서 처럼 연구자가 관심을 가지고 있는 원점수에 인접해 있는 상/하 두 개의 원점수와 함께 도수분포표에서 각 원점수에 해당되는 백분위를 파악한다. 〈표 3-4〉의 도수분포표에서 볼 수 있는 바와 같이, 원점수 104를 포함하는 두 개의 상하 원점수는 바로 102와 105임을 알 수 있다. 그리고 각 원점수에 해당되는 백분위는 각각 32, 36이다. [그림 3-1]에서 볼 수 있는 바와 같이 원점수 102에서 105로 변화할 때, 즉 원점수 3점이 증가할 때 백분위수는 32에서 36로 4% 증가하는 것으로 나타났다. 따라서 원점수 단위 증가량에 따른 백분위수 증가량 ΔP는 다음과 같다.

$$\Delta P = \frac{\text{백분위 구간 증가량}}{\text{원점수 구간 증가량}} = \frac{4}{3} = 1.3$$

원점수 104는 원점수 102보다 2단위가 증가된 경우이므로 원점수 104에 해당되는 백분위는 다음과 같다.

$$P_{104} = P_{102} + (2 \times \Delta P)$$
$$= 32 + (2 \times 1.3)$$
$$= 34.6$$

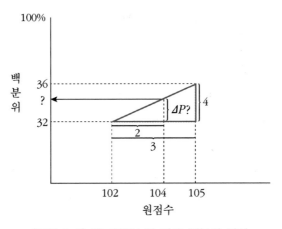

[그림 3-1] 백분위점수에 따른 백분위 파악

• 백분위점수 계산: 만약 35 백분위에 해당되는 원점수를 구하고자 할 경우, 백분위 35에 상하로 인접한 두 개의 백분위를 파악한다. 앞의 〈표 3-4〉에서 볼 수 있는 바와 같이 우리가 구하고자 하는 백분위 35에 가장 인접한 상하 두 백분위는 32와 36이며 각각의 백분위에 해당되는 원점수는 102와 105이다. 따라서 [그림 3-2]에서 볼 수 있는 바와 같이 백분위 단위 증가량에 따른 원점수 증가분 Δx는 다음과 같다.

$$\Delta x = \frac{3}{4} = .75$$

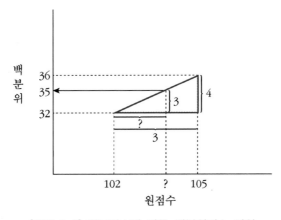

[그림 3-2] 백분위수에 따른 백분위점수 파악

백분위 35는 백분위 32보다 3단위 증가한 경우이므로 백분위가 3단위 증가함에 따른 원점수 증가분은 $\Delta X = 3 * .75 = 2.25$가 된다. 따라서 35 백분위에 해당되는 원점수는 다음과 같다.

$$C_{35} = C_{32} + \Delta X = 102 + 2.25 = 104.25$$

　지능을 측정한 다음 학생들의 지능에 대한 정보를 필요로 하는 사람들에게, ① 주어진 학생의 지능점수(예컨대, IQ=126)에 대한 정보를 제공하거나, ② 주어진 학생의 실제 지능점수가 아닌 백분위(예컨대, 또래 학생들의 지능과 비교해 볼 때 상위 30%에 속한다.)를 제공하거나, ③ 주어진 학생이 받은 실제 지능점수와 함께 백분위(예컨대, 영철이의 IQ는 126이며 이 정도의 지능점수는 같은 반 학생들과 비교하여 상위 30%에 속한다.)를 제공할 수도 있다.

예제 3-2

〈표 3-4〉의 빈도분포표에서

1. P_{147}를 계산하시오.
2. C_{80}을 계산하시오.

SPSS를 이용한 도수분포 작성하기

1. ① <u>A</u>nalyze → ② Descriptive Statistics → ③ <u>F</u>requencies 순으로 메뉴를 클릭한다.

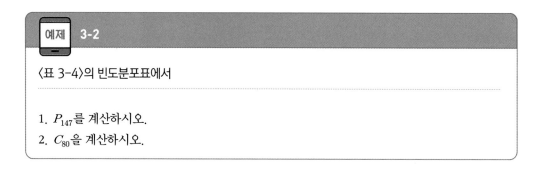

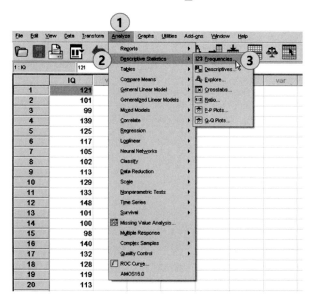

2. 다음 대화 상자의 ④ **변인 목록창**에서 변인을 선택하여 ⑤ **변인 선택창**(Variables)으로 이동시킨 다음
   ⑥ **OK** 단추를 클릭한다.

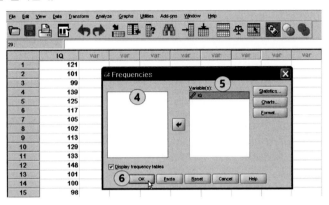

3. **Output** 창에서 분석 결과를 확인한다.

산출 결과

Statistics

IQ		
N	Valid	50
	Missing	0
Percentiles	35	105.00

		Frequency ①	Percent ②	Valid Percent	Cumulative Percent ③
Valid	98	2	4.0	4.0	4.0
	99	2	4.0	4.0	8.0
	100	3	6.0	6.0	14.0
	101	4	8.0	8.0	22.0
	102	5	10.0	10.0	32.0
	105	2	4.0	4.0	36.0
	107	1	2.0	2.0	38.0
	113	4	8.0	8.0	46.0
	115	1	2.0	2.0	48.0
	117	2	4.0	4.0	52.0
	119	3	6.0	6.0	58.0
	121	1	2.0	2.0	60.0
	123	1	2.0	2.0	62.0
	124	1	2.0	2.0	64.0
	125	2	4.0	4.0	68.0
	126	1	2.0	2.0	70.0
	128	1	2.0	2.0	72.0
	129	2	4.0	4.0	76.0
	131	1	2.0	2.0	78.0
	132	2	4.0	4.0	82.0
	133	2	4.0	4.0	86.0
	139	2	4.0	4.0	90.0
	140	1	2.0	2.0	92.0
	145	1	2.0	2.0	94.0
	148	2	4.0	4.0	98.0
	149	1	2.0	2.0	100.0
	Total	50	100.0	100.0	

이 도수분포 산출 결과에는 원점수별, ① 절대도수, ② 백분율, 그리고 ③ 누적백분율에 대한 분석 결과가 제시되어 있다.

Statistics

IQ

N	Valid	50
	Missing	0
Percentiles	35	105.00

이 산출 결과에서 볼 수 있는 바와 같이, 입력된 전체 사례 수가 50임을 보여 주고 있으며 누적백분율 35%에 해당되는 백분점수가 105인 것으로 제시되어 있다. 도수분포표에는 측정치를 오름차순으로 정리한 다음 각 측정치별 도수, 백분율 그리고 누적백분율이 파악되어 정리되어 있다.

SPSS를 이용한 백분위 및 백분위점수 계산하기

1. ① **Analyze** → ② **Descriptive Statistics** → ③ **Frequencies** 순으로 메뉴를 클릭한다.

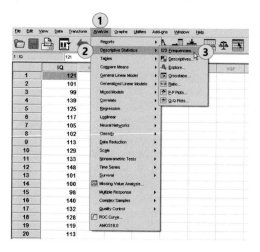

2. 다음 대화 상자의 ④ **변인 목록창**에서 변인을 선택하여 ⑤ **변인 선택창**(Variables)으로 이동시킨 다음 ⑥ **Statistics** 명령어를 클릭한다.

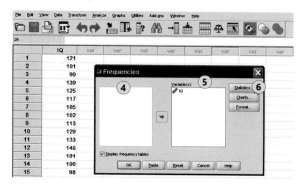

3. 대화창에서 ⑦ **Percentile**를 선택한 다음 ⑧ **백분위 입력란**에 연구자가 관심을 가지고 있는 백분위를 직접 입력한 다음 ⑨ **Add** 명령어를 클릭하고 그리고 ⑩ **Continue** 명령어를 클릭한다.

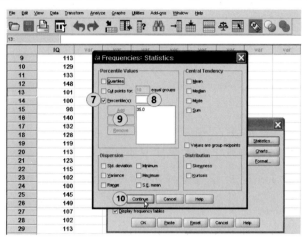

4. 대화 상자에서 **OK** 명령어를 누른다.

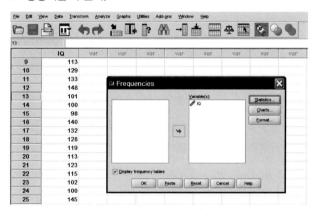

3) 묶음 자료의 도수분포표 작성하기

〈표 3-4〉의 도수분포표는 원자료를 그대로 내림차순으로 정리하여 도수분포표로 작성한 것이다. 지능을 측정하여 실제로 얻어진 각 원점수 그 자체가 연구자의 자료 수집 목적에 부합되고 의미 있는 해석적 정보가 된다면, 비록 도수분포표로 정리된 자료가 길고 복잡해도 문제가 될 수 없다. 그러나 만약 앞의 경우처럼 원점수 단위로 표현된 지능지수에 대한 정보가 연구목적에 비추어 절대적으로 필요한 정보가 아닐 경우, 원점수들을 보다 간편하게 몇 개의 묶음으로 간명하게 정리할 수도 있다. 예컨대, 50명을 대상으로 지능을 측정할 경우 50명 모두가 서로 다른 지능점수를 얻을 수 있다. 이 경우 각 IQ 점수, 즉 113, 114,

119, 123, 130, 139, 141…… 에서 각 점수 하나하나가 의미 있는 정보가 될 수도 있다. 그러나 경우에 따라 각 점수를 100-115, 115-120…… 등과 같이 의미 있는 점수단위로 묶어서 정리해야 할 경우도 있다. 이러한 이유로 인해 등간척도/비율척도의 원자료가 명명척도/서열척도의 원자료에 비해 훨씬 복잡하며, 의미 있는 자료로 요약하기 위한 방법도 더 복잡할 수밖에 없다.

단계1 자료의 구간 수의 결정

원자료를 묶음 자료로 정리하기 위해 우선 전체 자료를 몇 개의 구간, 즉 묶음으로 나눌 것인지를 결정해야 한다. 구간의 수가 적어질수록 원자료의 간단성이 증가하게 되며, 자료가 간단해질수록 자료의 해석이 쉬워진다. 그러나 자료가 너무 간단해지면 원자료가 가지고 있는 정보가 지나치게 손실되어 자료의 의미가 위협을 받을 수 있기 때문에, 연구자는 자료를 간단하게 하면서 동시에 자료의 의미를 유지할 수 있도록 간명성(parsimonious)을 최대화하는 방향으로 자료를 요약해야 한다.

많은 기초통계학 교재에서 원자료를 묶음 자료로 정리하기 위한 절차와 공식을 제시하고 있다. 이는 주어진 자료가 어떤 크기의 자료로 묶여도 관계가 없을 경우, 가능한 한 원자료의 정확성(정보)을 크게 손상하지 않으면서 동시에 자료의 간명성을 얻기 위한 방법이다. 그러나 어떤 자료라도 반드시 연구목적에 따라 수집되며 얻어진 측정치의 단위는 연구결과의 의미와 직결된다. 따라서 원자료를 어떻게 묶음 자료로 정리할 것인가는 연구의 목적과 자료의 성격에 따라 결정되어질 수 있는 것이며 어떤 획일적인 통계적 공식에 따라 정해질 수 있는 성질의 것이 아니다. 앞의 지능점수에 대한 자료를 어느 정도의 크기의 단위로 묶어서 정리할 것인지 그 이유를 생각해 보라. 아마 동일한 원자료라도 연구목적에 따라 달라져야 함을 알 수 있을 것이다. 여기서 자료의 간단성에만 관심을 둘 경우, 원자료를 묶음 자료로 정리하기 위해 제안된 일반적인 통계적 기준과 절차를 소개하고자 한다.

수집된 원자료를 몇 개의 구간, 즉 묶음으로 나눌 것인가는 우선 수집된 관찰치(자료)의 수에 따라 달라진다. 관찰치의 수가 많을수록 구간의 수가 많아진다. 이때 구간의 측정치 간격을 계급(class)이라 한다. 구간의 수가 결정되면 전체 자료는 일정한 계급으로 묶인 구간들로 정리된다. 다음 〈표 3-5〉는 관찰치의 수에 따른 도수분포표의 적절한 구간 수를 나타낸다.

〈표 3-5〉 관찰치의 수에 따른 도수분포표의 구간 수

관찰치의 수	구간 수
50 미만	5~7
50~200	7~9
200~500	9~10
500~1000	10~11
1000~5000	11~13
000~50,000	13~17
50,000 이상	17~20

• Sturges의 공식: Sturges는 자료의 구간 수를 결정하기 위해 다음과 같은 공식을 사용할 것을 제안하고 있다.

$$계급 \ 구간의 \ 수 = 1 + 3.3 \log(n)$$
여기서, n = 관찰치의 수

이 자료의 경우 n = 50이기 때문에 Sturges의 공식을 적용하여 계급 구간의 수를 계산하면 다음과 같다.

$$
\begin{aligned}
계급 \ 구간의 \ 수 &= 1 + 3.3 \log(50) \\
&= 1 + 3.3(1.7) \\
&= 6.6
\end{aligned}
$$

단계 2 계급의 간격 결정하기

전체 자료를 몇 개의 구간으로 나눌 것인지 구간의 수가 결정되면 구간 내 계급의 간격, 즉 급간(class interval)을 어떻게 할 것인지를 결정해야 한다. 급간을 계산하기 위한 공식은 다음과 같다.

$$급간 = \frac{관찰치의 \ 최대치 - 관찰치의 \ 최소치}{구간의 \ 수}$$

이 산출 결과에서 얻어진 도수분포의 경우 최대치 = 149, 최소치 = 98이므로,

$$급간 = \frac{149 - 98}{7} = 7.3$$

이 된다. 따라서 급간은 약 7로 하면 된다. 계급의 간격은 가능한 한 홀수로 결정하는 것이 좋다. 계급의 간격이 짝수이면 차후에 각 계급별 중앙치를 이용하여 그래프를 작성할 경우 얻어진 값이 소수점을 지닌 값으로 얻어지기 때문에, 홀수로 정할 경우 중앙치가 정수로 얻어지고 자료 역시 간단하고 다루기가 편리해진다.

예제 3-3

한 연구자가 $n = 80$을 대상으로 지능을 측정한 결과는 최대치=145, 최소치=75로 나타났다. 이 자료를 간단히 하기 위해 묶음 자료로 정리하고자 한다.
1. Sturges의 공식을 이용하여 묶음 자료로 변환하기 위한 적절한 구간 수를 계산하시오.
2. 묶음 자료의 급간을 계산하시오.

---

4) 묶음 자료에서 백분위 및 백분위점수 계산

수집된 자료는 자료 제시의 간명성을 위해 〈표 3-6〉과 같이 묶음 자료의 형태로 정리될 수 있다. 묶음 자료에서 연구자가 관심을 두고 있는 누적백분위가 제시될 경우에는 주어진 누적백분위에 해당되는 백분위점수를 직접 파악할 수 있다. 그리고 도표에 제시된 특정한 구간에 대한 백분위도 직접 파악할 수 있다. 도표에 나타나 있지 않은 특정한 누적백분위에 해당되는 백분위점수나, 도표에 나타나 있지 않은 특정한 원점수에 대한 백분위는 보간법을 사용하여 계산해야 한다.

(1) 백분위점수의 계산

〈표 3-6〉에서 25 백분위점수(C_{25})를 알고 싶어 한다고 하자. 그러나 도표에서 누적백분율 25를 직접 파악할 수 없기 때문에 25 백분위점수(C_{25})를 보간법으로 계산해야 한다. C_{25}는 본 자료의 사례 수가 100이므로 아래에서부터 25번째에 해당되는 점수이다. 25번째의 점수는 〈표 3-6〉에서 표시된 57.5~60.5 구간에 포함된 어떤 점수일 것이다. 즉, 54.5~57.5 구간의 사례 수가 20이므로 이 구간으로부터 위로 다섯 번째에 해당되는 점수가 바로 C_{25}가 된다. C_{25}가 포함되어 있는 57.5~60.5 구간에는 18개의 사례가 포함되어 있으며

18개의 사례가 골고루 분포되어 있다고 가정한다. 이 구간 내에서 5개의 사례가 차지하는 점수는 $\frac{3}{18} \times 5 = 0.85$가 된다. 따라서 57.5~60.5 구간에서 정확하한계인 57.5보다 위로 다섯 번째에 해당하는 점수는 57.5+0.85=58.35가 됨을 알 수 있다.

〈표 3-6〉 묶음 자료의 도수분포

점수한계	정확하한계	도수	누적도수	상대누적도수	누적백분율
73-75	72.5-75.5	8	100	1.00	100
70-72	69.5-72.5	10	92	.92	92
67-69	66.5-69.5	12	82	.82	82
64-66	63.5-66.5	15	70	.70	70
61-63	60.5-63.5	17	55	.55	55
58-60	57.5-60.5	18	38	.38	38
55-57	54.5-57.5	20	20	.20	20

지금까지 설명된 과정을 단계별로 정리하면 다음과 같다.

단계 1 도표의 누적백분율에서 C_p의 백분위(p)가 포함된 점수 구간을 찾는다.
예컨대, C_{25}일 경우 누적백분율 25이고 누적백분율을 포함하는 점수 구간은 57.5~60.5이다.

단계 2 전체 사례 수에서 C_p의 p에 해당되는 사례 수 N을 계산한다.
전체 사례 수=100, 백분위=25이므로 사례 수 $N = 100 \times .25 = 25$이다.

단계 3 단계 1에서 파악된 점수 구간의 정확하한계까지의 누적도수를 도표에서 파악한다.
도표에서 구간 57.5~60.5의 정확하한계 57.5까지의 누적도수는 20이다.

단계 4 점수 구간 내에서 C_p에 해당되는 사례 수를 계산한다.
단계 2에서 계산된 사례 수와 단계 3에서 파악된 누적도수 간의 차이를 계산한다.
25-20=5

단계 5 점수 구간의 도수를 파악한다.
단계 3에서 파악된 점수 구간의 도수를 파악한다.
점수 구간 57.5~60.5의 도수는 18이다.

단계 6 점수 구간 내 단위점수를 계산한다.
점수 구간 넓이(3)를 점수 구간도수(18)로 나누어 준다.

3/18=0.17

단계 7 점수 구간 내에서 C_p에 해당되는 사례 수가 차지하는 점수를 계산한다.

5×0.17=0.85

단계 8 C_p에 해당되는 백분위점수를 계산한다.

점수 구간의 정확하한계값과 단계 7에서 파악된 점수를 더한다.

C_{25} =57.5+0.85=8.35

(2) 백분위의 계산

연구자의 관심이 도표 내의 어떤 점수 구간에 해당되는 백분위에 있을 경우, 주어진 점수 구간에 대응되는 백분위를 직접 파악할 수 있다. 그러나 연구자의 관심이 구간 점수가 아닌 특정 원점수에 해당되는 백분위를 알아보려는 데 있을 경우, 이미 도표로 정리된 자료는 모두 구간 점수로 처리되어 있기 때문에 특정 점수에 대한 백분위는 보간법으로 추정할 수밖에 없다. 대부분의 경우, 특정한 백분위에 해당되는 백분위점수보다 특정한 점수에 해당되는 백분위에 대한 정보에 더 많은 관심을 가지고 있다. 백분위를 구하는 절차는 백분위점수를 계산하는 절차와 거의 동일하다. 예컨대, 〈표 3-6〉의 묶음 자료에서 원점수 65에 해당되는 백분위를 구한다고 가정하자.

단계 1 묶음 자료가 정리된 도표에서 관심하의 원점수가 포함된 점수 구간을 파악한다. 앞의 도표에서 점수 65가 포함된 구간은 63.5-66.5임을 알 수 있다. 따라서 관심하의 점수 65는 해당 구간의 정확하한계점수 63.5보다 1.5가 더 높은 점수이다.

단계 2 해당 점수 구간의 크기를 파악한다. 점수 구간의 크기는 66.5-63.5=3이다.

단계 3 해당 점수 구간(크기가 3인 구간)에서 점수 1.5가 차지하는 비율을 계산하고, 해당 점수 구간 내에서 계산된 비율에 해당되는 사례 수를 계산한다.

〈표 4-4〉에서 볼 수 있는 바와 같이 해당 구간의 사례 수가 15이므로 15개의 사례 수가 해당 점수 구간 내에 골고루 분포되어 있다고 가정할 때 해당 점수 구간 내에서 점수 1.5에 해당되는 사례 수는 (1.5/3)*15=7.5개이다. 즉, 점수 65에 해당되는 사례는 해당 점수 구간 아래에서부터 위로 7.5번째가 된다.

단계 4 단계 3에서 파악된 사례 수의 백분율을 계산한다. 전체 사례 수가 100이기 때문에 사례 수 7.5의 백분율은 (7.5/100)×100=7.5이다.

단계 5 관심하의 점수에 해당되는 백분위를 계산한다. 원점수 65점에 해당되는 백분위를 계산하기 위해 도표에서 해당 점수 구간 아래까지의 누적백분율을 파악한 다음(55%) 앞에서 계산된 사례 수의 백분율을 더한다. 따라서 점수 65점에 해당되는 백분위는 $55+7.5=62.5$이다.

예제 3-4

〈표 3-6〉의 묶음 자료 빈도분포에서

1. C_{60}를 파악하시오.
2. P_{68}을 파악하시오.

---

2 그래프를 이용한 자료 요약

자료를 요약하는 또 다른 방법 중의 하나는 시각적으로 이해하기 쉽게 다양한 그래프로 요약해서 나타내는 것이다. 자료를 요약하기 위한 그래프의 유형은 자료의 특성에 따라, 그리고 제공하고자 하는 정보의 내용에 따라 다르다.

1) 범주 자료의 경우

질적 변인을 측정하여 얻어진 범주 자료의 특성을 가장 잘 요약하기 위해 주로 사용되는 그래프는, ① 막대그래프(bar chart), ② 원그래프(phi chart)이다.

(1) 막대그래프
막대그래프는 도수분포표로 정리된 자료에서 횡축을 유목 변인으로 하고 종축을 절대도수 또는 상대도수로 하여 자료를 시각적으로 나타낸 것이다. 다음 자료를 보면 한 유치원의 원장이 아동들이 무지개에 홍미를 가지고 있음을 알고 일곱 개의 무지개 색깔(빨간색, 주황색, 노란색, 초록색, 파란색, 남색, 보라색) 중에 아동들이 가장 좋아하는 색상으로 자신의 유치원용 가방 제작을 의뢰하기로 하였다. 이를 위해 현재 재학 중인 100명의 아동들에게 일곱 가지 무지개 색상으로 각각 제작된 종이 가방을 제시한 다음, 가장 좋아하는 가방을 하나씩 선택하도록 하였다. 그리고 관찰된 결과를 명명척도로 변환시키기 위해 임의로 설정된 측정 규칙(빨간색=1, 주황색=2, 노란색=3, 초록색=4, 파란색=5, 남색=6, 보라색=7)에 따라 관찰된 변인의 속성을 측정한 결과는 〈표 3-7〉과 같다.

〈표 3-7〉 아동 100명을 대상으로 한 선호 색상 측정 결과

```
1 3 3 5 5 1 7 7 5 3 3 7 7 5 6 2 3 3 7 4
7 3 7 1 5 3 5 3 7 4 1 5 3 1 2 4 6 7 5 1
3 1 7 3 3 5 2 4 1 3 4 5 3 7 5 6 2 3 3 3
7 7 3 7 1 5 3 1 7 3 3 5 2 4 1 3 4 5 3 7
5 1 7 7 5 3 3 7 7 5 6 2 5 3 1 2 4 6 7 3
5 3 1 7 3 3 7 7 3 7 1 5 3 1 3 7 4 1 5 3
```

이 자료를 막대그래프로 나타내기 위해 먼저 도수분포표로 정리한 결과는 〈표 3-8〉과 같다.

〈표 3-8〉 색상 선호에 대한 도수분포표

색상	도수	상대도수	백분율
빨간색	17	.142	14.2
주황색	7	.058	5.8
노란색	35	.292	29.2
초록색	9	.075	7.5
파란색	21	.175	17.5
남색	5	.042	4.2
보라색	26	.217	21.7
전체	120	1.00	100.0

〈표 3-8〉의 도수분포표 자료를 막대그래프로 나타내기 위해 [그림 3-3]과 같이 일반적으로 횡축에 변인을 두고 종축에 변인의 유목별 도수, 상대도수 또는 백분율을 둔다. 그리고 질적 변인은 유목이 서로 질적으로 다르기 때문에 자료 간의 비연속성을 나타내기 위해 막대 간 간격을 약간 두어 작성한다.

(A) 종축이 도수를 나타낼 경우

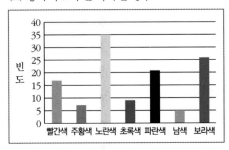

(B) 종축이 상대도수를 나타낼 경우

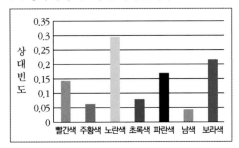

(C) 종축이 백분율을 나타낼 경우

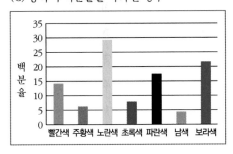

[그림 3-3] 막대그래프

(2) 원그래프

원그래프는 원의 전체 면적을 1 또는 100으로 보고 각 유목별 상대도수 또는 백분율에 따라 원의 면적을 나누어 나타낸 그래프를 말한다. 〈표 3-8〉의 도수분포표 자료를 원그래프로 나타내기 위해 각 유목별 상대도수를 이용하여 각 유목이 360°의 원에서 차지하는 상대적 면적을 구해야 한다. 이를 위해 각 유목별로 [상대도수×360°]의 계산을 통해 상대적 면적을 나타내는 각도를 구하면 〈표 3-9〉와 같다.

〈표 3-9〉 범주별 상대도수 및 각도 크기

선택 색깔	도수	상대도수	각도 크기
빨간색	17	.142	.142×360°=51°
주황색	7	.058	.058×360°=21°
노란색	35	.292	.292×360°=105°
초록색	9	.075	.075×360°=27°
파란색	21	.175	.175×360°=63°
남색	5	.042	.042×360°=15°
보라색	26	.217	.217×360°=78°
전체	120	1.00	360°

앞의 도수분포표의 각도 크기를 이용하여 원그래프를 그린 결과는 다음 [그림 3-4]와 같다.

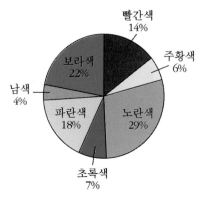

[그림 3-4] 색상 선호 비율을 나타내는 원그래프

예제 3-5

한 연구자가 100명의 5세 아동을 대상으로 다섯 가지 색상(1=빨강, 2=노랑, 3=파랑, 4=보라, 5=주황)의 모자를 제시한 다음 좋아하는 색상의 모자를 선택하도록 한 결과, 다음과 같이 나타났다.

1	1	1	3	4
2	3	2	1	5
1	4	2	2	1
1	5	1	2	2
2	1	2	1	1
1	4	1	2	3
2	3	2	1	1
2	1	2	2	4
1	5	1	1	1
2	1	2	3	5

1. 위의 자료를 도수분포로 요약하시오.
2. 도수분포의 자료를 막대그래프와 파이그래프로 요약하시오.

---

2) 구간 자료의 경우

측정변인이 등간척도 또는 비율척도로 측정된 구간 자료일 경우, 주로 ① 히스토그램, ② 도수분포 다각형, ③ 줄기-잎 그림 등의 그래프를 이용하여 자료를 요약한다.

(1) 히스토그램

히스토그램은 등간척도 또는 비율척도로 측정된 자료를 원점수 또는 원점수를 몇 개의 급간으로 나눈 구간 점수를 횡축으로 하고 종축을 각 점수 또는 구간 점수의 절대도수 또는 상대도수(비율, 백분율)로 하여 종축과 횡축의 길이의 비율을 3:4로 하여 나타낸 막대그래프이다.

측정치가 연속적이기 때문에 막대 간 간격은 없이 나타낸다. 특히 횡축의 점수가 묶음 자료로 정리된 도수분포를 히스토그램으로 나타낼 경우, 점수한계를 횡축으로 나타내거나 정확한계 횡축으로 나타내거나 간단하게 급간(점수한계)의 중간값을 사용하여 나타낼 수도 있다. 물론 이 경우에는 각 점수 구간에 속한 점수들이 골고루 분포된 것으로 가정할 수 있어야 한다. 각 급간의 중간값을 파악하여 히스토그램을 그릴 경우, 모든 중간값을 연결하면 급간 점수의 변화에 따른 도수의 변화에 대한 정보를 시각적으로 쉽게 파악할 수 있기 때문에 도수분포를 도수분포 다각형 그래프로 나타내고자 할 때 이 방법을 사용한다.'

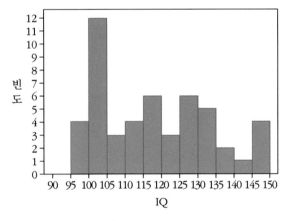

[그림 3-5] 지능점수의 도수분포

(2) 도수분포 다각형

점수의 변화에 따른 절대도수 또는 상대도수의 변화의 경향을 그래프로 나타내고자 할 경우, 횡축을 각 구간의 중간값으로 하고 종축을 절대도수 또는 상대도수로 하여 만난 점을 연결하면 도수분포 다각형이 만들어진다.

도수분포 다각형의 그래프에서 특수한 경우를 제외하고는 분포의 양 끝점을 횡축에 닿도록 그린다. 즉, 최초 구간 바로 직전의 구간과 마지막 구간의 바로 직후 구간의 중간점에 대한 도수를 0으로 처리한다.

〈표 3-10〉 묶음 자료의 도수분포표

점수한계	정확한계	도수	누적도수	상대누적도수	누적백분율
73-75	72.5-75.5	8	100	1.00	100
70-72	69.5-72.5	10	92	.92	92
67-69	66.5-69.5	12	82	.82	82
64-66	63.5-66.5	15	70	.70	70
61-63	60.5-63.5	17	55	.55	55
58-60	57.5-60.5	18	38	.38	38
55-57	54.5-57.5	20	20	.20	20

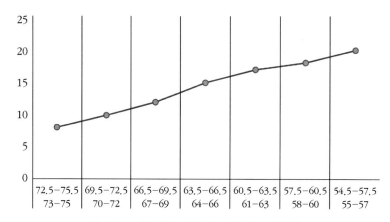

[그림 3-6] 묶음 자료의 도수분포 다각형

3) 시 계열 자료를 그래프로 요약하기

　지금까지는 일련의 관찰 대상자들로부터 동시에 관심하의 변인을 측정한 다음, 얻어진 자료를 도수분포 또는 그래프로 요약하는 방법에 대해 알아보았다. 그러나 한 개인 또는 한 집단을 대상으로 관심하의 변인을 일정한 시간적 간격에 따라 연속적으로 측정한 다음, 측정된 자료가 시간적 흐름에 따라 어떻게 변화되는지에 관심을 가질 수 있을 것이다. 이와 같이 시간적 흐름에 따라 관심하의 변인의 측정치가 어떻게 변화하는지를 알아보기 위한 목적으로 종단적 자료 수집 절차에 따라 측정된 자료를 시 계열 자료(time-series data)라 부른다. 다음 〈표 3-11〉의 자료는 최근 10년간(2004~2014년) K 대학 졸업생들의 취업률을 조사한 가상적인 시 계열 자료이다.

〈표 3-11〉 최근 10년간 K 대학 졸업생 취업률

연도	취업률(%)
2004	50
2005	53
2006	54
2007	56
2008	59
2009	61
2010	62
2011	64
2012	67
2013	65
2014	63

시 계열 자료를 그래프로 요약하기 위해 주로 사용되는 방법은 선그래프(line chart)이다. 선그래프에서는 시간을 나타내는 변수를 횡축으로, 변인의 값을 종축으로 나타낸다.

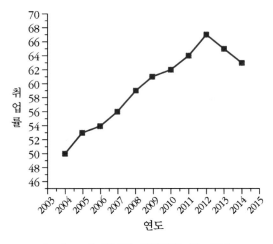

[그림 3-7] 연도별 취업률의 선그래프

4) 두 변수의 관계를 도표나 그래프로 요약하기

연구자는 연구목적에 따라 한 연구에서 하나의 변인만을 측정할 수도 있고 동일한 연구 대상들로부터 하나 이상의 변인들을 측정할 수도 있다. 앞에서 설명한 도표 요약 방법은 연구자가 연구의 목적을 위해 측정한 변인이 몇 개이냐와 관계없이 각 변인별로 자료를 도표로 요약 · 정리하는 소위 일변량 자료 요약법이었다. 따라서 측정된 변인의 수만큼 도표나 그래프가 만들어지게 된다.

   연구자가 동일한 관찰 대상들로부터 하나 이상의 변인을 측정할 경우, 측정된 변인들 간의 관계에 대한 관심을 가지고 있을 수 있다. 이러한 경우에는 앞에서 적용한 일변량 도표 기법이 아닌 소위 이변량 자료 요약 기법을 사용해야 한다. 관심하의 변인이 범주변인일 경우에는 도표화 기법이 사용되며, 이를 분할표(contingency table), 교차분류 도표법(cross classification table) 또는 교차제표법(corss tabulation table)이라 부른다. 그리고 관심하의 변인이 구간변인일 경우에는 산포도와 같은 그래프 기법이 주로 사용된다.

(1) 두 범주변인의 관계를 분할표로 요약하기

   두 변수가 명명척도로 측정된 범주 자료이기 때문에 각 변수별 도수 정보만 파악할 수 있다. 따라서 두 범주 변수의 관계를 나타내는 도표 역시 두 변수의 범주 간 교차적 관계에 따른 조합별 도수를 다음과 같은 절차에 따라 파악하여 정리하면 된다.

단계 1 두 변인을 종렬과 횡렬에 각각 배치한다.
예컨대, 관심하의 두 변인이 A, B라고 가정할 때,
변인 A=횡렬, 변인 B=종렬

단계 2 각 변인별 범주를 파악한다.
예컨대, 변인 A의 범주가 a1, a2, a3, a4이고 변인 B의 범주가 b1, b2, b3라고 가정할 때,
변인 A=a1 a2 a3 a4, 변인 B=b1 b2 b3

단계 3 두 변인의 범주를 이용하여 A×B에 의한 이원분류표를 작성한다.

구분		A				합계
		a1	a2	a3	a4	
B	b1					
	b2					
	b3					
합계						전체

단계 4 이원분류표의 각 교차란에 결합도수를 파악하여 정리한다.

구분		A				합계
		a1	a2	a3	a4	
B	b1	a1b1	a2b1	a3b1	a4b1	
	b2	a1b2	a2b2	a3b2	a4b2	
	b3	a1b3	a3b3	a3b3	a4b3	
합계						전체

단계 5 각 변인의 범주별 합계를 계산한다.

구분		A				합계
		a1	a2	a3	a4	
B	b1	a1b1	a2b1	a3b1	a4b1	B1
	b2	a1b2	a2b2	a3b2	a4b2	B2
	b3	a1b3	a3b3	a3b3	a4b3	B3
합계		A1	A2	A3	A4	전체

다음 분할표는 D 대학에서 신입생들을 대상으로 신입생들의 성별과 계열 간에 관계가 있는지를 알아보기 위해 신입생들로부터 성별과 입학 계열을 측정한 다음, 성별과 입학 계열별로 분류한 가상적인 자료이다.

구분		계열				합계
		사회	예체능	자연	인문	
성별	남자	25	35	40	55	155
	여자	20	40	15	60	135
합계		45	75	55	115	290

(2) 두 범주변인의 관계를 막대그래프로 나타내기

이 분할표에 요약된 두 범주 변수 간의 관계를 2차원 막대그래프로 나타낼 수 있다. 이를 위해 두 범주 변수 중 한 변수는 그래프의 세로축에, 나머지 한 변수는 가로축에 나타낸다.

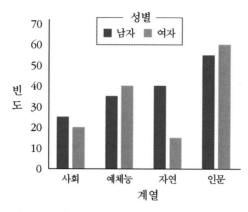

[그림 3-8] 두 범주변인 자료의 막대그래프

SPSS를 이용한 막대그래프 작성

1. ① Graphs → ② Legacy Dialogs → ③ Bar… 순으로 메뉴를 클릭한다.

2. ④ Bar Charts메뉴에서 ⑤ Clustered를 선택한다. 그리고 ⑥ Define 아이콘을 클릭한다.

3. ⑦ Bar Represent 메뉴에서 ⑧ ◎ N of cases를 선택한다. 그리고 ⑨ 범주축으로 사용하길 원하는 범주변인을 ⑩ Category Axis:로, 나머지 한 변인을 ⑪ Define Clusters by:로 이동시킨 다음 ⑫ OK를 클릭한다.

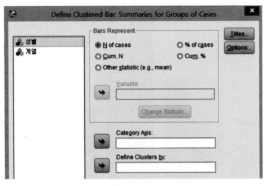

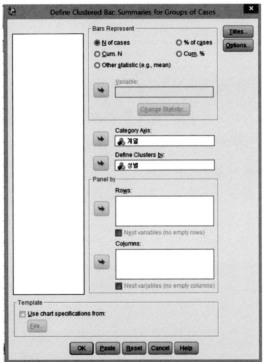

산출 결과

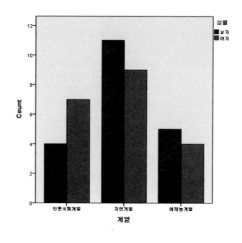

(3) 두 구간변인 간의 관계를 산포도로 나타내기

두 변수가 모두 구간 자료로 측정되었을 경우, 한 변인의 자료가 증가하거나 감소할 때 다른 구간변인의 자료가 어떻게 변화하는지를 알고 싶어 할 수 있다. 예컨대, 일련의 학생들로부터 지능과 학업 성적을 측정한 다음 학생들의 지능점수와 학업 성적이 관계가 있는지 또는 관계가 있다면 어떤 성질의 관계를 가지는지 알고 싶어 할 수 있다. 이러한 경우, 가장 간단한 방법은 두 변인 중 한 변인을 X축으로 하고 다른 한 변인을 Y축으로 설정하여 각 관찰대상자마다 두 변인(X, Y)에서 받은 점수가 만나는 지점에 점을 찍으면 다음 [그림 3-9]와 같은 모양의 산점도 또는 산포도(scatter plot)를 얻게 된다.

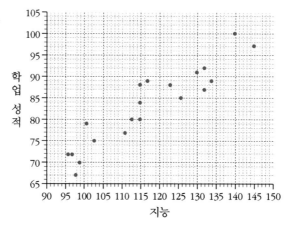

[그림 3-9] 지능×학업 성적의 산포도

산포도의 모양은 두 변인 간의 관계 유무와 성질에 따라 다르게 나타나며, [그림 3-10]과 같이 크게 세 가지 유형으로 관찰된다.

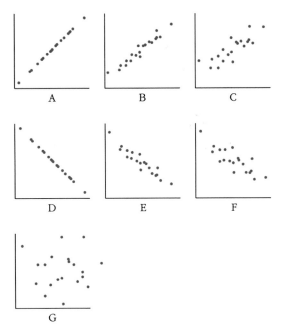

[그림 3-10] 변인 X와 변인 Y 간의 관계를 나타내는 산포도의 예

산포도의 형태가 그림 A와 같이 나타날 경우, 변인 X에서 높은 점수를 받은 조사 대상자들은 변인 Y에서의 점수도 높고 변인 X에서 낮은 점수를 받은 조사 대상자들은 변인 Y에서도 낮은 점수를 받고 있으며, 산포도상의 자료들이 일직선을 이루고 있기 때문에 변인 X의 점수를 알면 변인 Y의 점수를 정확하게 예측할 수 있음을 알 수 있다. 즉, 두 변인 X, Y 간에 완벽한 직선적 상관을 보여 주고 있다. 산포도 B, C의 경우에는 산포도 A의 경우와는 달리 산포도 모양이 완전한 직선을 이루지 않고 다소 퍼져 있는 형태를 보이고 있다. 이 경우, 변인 X에서 높은 점수를 받은 대부분의 학생이 변인 Y에서도 대부분 높은 점수를 받고, 변인 X에서 낮은 점수를 받은 대부분의 학생이 변인 Y에서도 대부분 낮은 점수를 받는 경향을 보이고 있다. 그래서 변인 X의 점수가 주어져도 변인 Y의 점수를 정확하게 예측할 수 없음을 알 수 있을 것이다. 즉, 두 변인 간에 어느 정도의 상관은 기대할 수 있으나 완벽한 상관을 기대할 수는 없음을 보여 주고 있다. 그러나 산포도 A, B, C 모두 변인 X의 편차점수가 큰(개인차가 큰) 학생일수록 변인 Y의 편차점수도 크고, 그리고 변인 X의 편차점수가 작을수록 변인 Y의 편차점수가 작은 경향을 볼 수 있다. 따라서 모든 관찰 대상자로부터 관찰

된 두 변인의 개인차를 동시에 살펴볼 때, 전반적으로 변인 X가 증가할 때 변인 Y도 증가하고 변인 X가 감소할 때 변인 Y도 감소하는 경향이 있는 것으로 요약해서 기술할 수 있다. 두 변인 간에 이와 같은 성질의 관계(association)를 가질 때 두 변인이 동일한 방향으로 같이 변이하기 때문에 두 변인 간에 정적 상관(positive correlation)이 있다고 말한다. 반면, 산포도 D, E, F의 경우는 변인 X가 증가하면 변인 Y는 감소하고, 그리고 변인 X가 감소하면 변인 Y는 증가하는 경향이 있음을 관찰할 수 있다. 즉, 두 변인의 변이가 서로 반대 방향으로 일어남을 관찰할 수 있다. 두 변인 간의 관계가 산포도 D, E, F와 같은 경향을 보일 때 우리는 두 변인 간에 부적 상관(negative correlation)이 있다고 말한다.

산포도 G의 경우, 변인 X의 변이 방향과 변인 Y의 변이 방향 간에 어떤 경향도 관찰할 수 없다. 즉, 두 변인 간에 아무런 관계가 없기(Zero correlation) 때문에 변인 X의 개인차에 대한 정보로부터 변인 Y의 개인차를 기술하거나 예측할 수 없다는 것이다. 만약 두 변인 간 관계의 성질이 정적이든 부적이든 상관이 있다면, 우리가 한 변인의 개인차(편차 또는 분산)에 대한 정보를 안다면 다른 변인의 개인차(편차 또는 분산)를 기술하고 예측할 수 있을 것이다.

산포도로부터 우리는 두 변인 간의, ① 관계의 유무에 대한 개략적인 정보, ② 관계의 성질에 대한 정보를 얻을 수는 있어도 정확히 두 변인 간에 어느 정도의 상관이 있는지 말할 수 있는 객관적인 계량적 정보를 얻을 수 없다. 특히 산포도를 통한 변인 간의 상관의 정도에 대한 판단은 다소 주관적일 수 있기 때문에 동일한 산포도로부터 판단된 두 변인 간의 상관의 정도가 사람마다 다를 수 있고, 경우에 따라 산포도의 모양이 애매할 경우 상관의 유무에 대한 판단도 다를 수 있다. 따라서 우리는 두 변인 간의 관계의 성질과 정도를 보다 객관적으로, 그리고 계량적으로 요약해서 말해 줄 수 있는 어떤 척도가 필요하다. 변인 간의 상관 정도를 계량적으로 요약해 주는 척도에는 공분산과 상관계수가 있으며, 이에 대해서는 차후 제17장에서 상세하게 설명하도록 하겠다.

SPSS를 이용한 두 변인 간 산포도 작성

1. ① Graphs → ② Legacy Dialogs → ③ Scatter/Dot… 순으로 메뉴를 클릭한다.

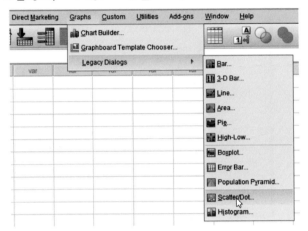

2. ④ Scatter/Dot 메뉴에서 ⑤ Simple Scatter 그래프를 선택한다. 그리고 ⑥ Define을 클릭한다.

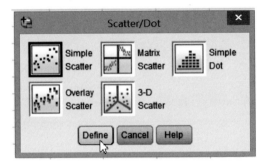

3. ⑦ Simple Scatterplot 메뉴에서 두 변인 중 한 변인을 ⑧ X Axis:로, 그리고 다른 한 변인을 ⑨ Y Axis:로 이동시킨 다음 ⑩ OK를 클릭한다.

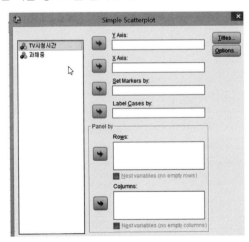

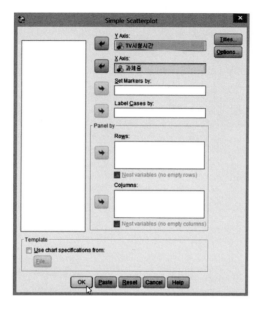

산출 결과

Graph

[DataSet3] D:₩WORK₩통계학교재집필원고₩자료₩제18장자료₩단순회귀.sav

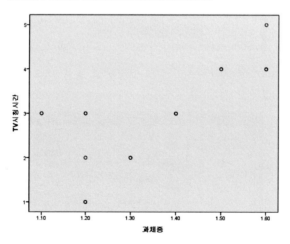

3 수치를 이용한 자료의 요약

수집된 원자료를 앞에서 언급한 바와 같이 도수분포표로 요약하거나 그래프로 요약할 수 있다. 그러나 우리가 자료를 수집하는 목적에 따라 도수분포표나 그래프로 요약된 자료로부터 얻고자 하는 구체적인 정보를 얻을 수 없는 경우가 있다. 예컨대, 어떤 연구자가 ○○년도에 K 회사에 입사한 1,000명의 신입 사원들의 영어 능력에 대한 여러 가지 정보를 얻기 위해 토익 시험을 실시하였다. 그리고 구체적으로 다음과 같은 여러 가지 정보를 얻고자 한다고 가정하자. ① 신입 사원들의 평균 토익 성적은 어느 정도나 될까? ② 토익 성적에 있어서 신입 사원들 간에 개인차가 어느 정도 존재하는가? 이러한 정보는 앞에서 언급한 도수분포표나 그래프로부터 얻을 수 없으며, 방대한 자료를 대표할 수 있는 하나의 수치로 요약하거나 자료 속에 존재하는 다양한 개인차의 정도를 하나의 수치로 요약할 수 있어야 가능하다.

1) 집중경향치

일련의 관찰 대상자들로부터 키, 체중, 지능과 같은 변인을 측정할 경우, [그림 3-11]에서 볼 수 있는 바와 같이 측정치들이 어느 특정한 하나의 측정치를 중심으로 집중되는 경향을 관찰할 수 있다. 특히 측정 자료의 수가 증가할수록 특정한 측정치를 중심으로 관찰도수가 상대적으로 더 증가하는 경향과 함께 특정한 관찰치에서 도수가 가장 높게 나타나는 경향을 보이면서 특정한 측정치를 중심으로 좌우로 측정치들이 골고루 분포되는 경향을 관찰할 수 있다. 그리고 모든 측정치의 자료의 중심에 해당되는 측정치를 중심으로 자료가 집중되는 경향이 있기 때문에 이를 집중경향치라 부른다. 〈표 3-12〉는 한국판 KABC-II 관계 유추 하위 검사를 2,411명의 아동에게 실시하여 얻어진 표준화 자료를 도수분포표와 히스토그램으로 요약·정리한 것이다.

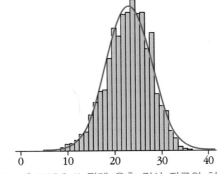

[그림 3-11] KABC-II 관계 유추 검사 자료의 히스토그램

　　일련의 관찰 대상자들로부터 관심하의 변인을 측정할 경우, 각 관찰 대상들의 변인에 대한 측정치를 직접 확인할 수 있고 징확히 측정치를 기술할 수도 있다. 그러나 만약 주어진 변인에 있어서 집단 전체가 어느 정도의 값을 지니고 있는지를 가장 간단하게 하나의 측정치로 기술하면서 동시에 집단 속의 모든 개개인의 지능에 대한 정보를 가능한 한 유사하게 기술할 수 있는 방법은 무엇인가? 그것은 집단 속의 모든 개개 측정치를 가장 닮은 어떤 대표적인 측정치를 찾아내는 것이다. 대표적인 측정치는 집단 속의 모든 측정치를 가장 유사하게 기술할 수 있으면서 동시에 가장 간단하게 전체 측정치를 요약해서 기술하는 기능을 지니고 있는 간명한 측정치이다. 자료 속의 어떤 측정치가 이러한 간명성을 지니고 있을까? 첫째, 어떤 집단 자료에서 도수의 수가 가장 높은 측정치가 다른 측정치들에 비해 대표성이 높기 때문에 간명한 측정치일 확률이 높다. 이를 최빈치(Mode)라 부른다. 둘째, 측정치들을 내림차순 또는 오름차순으로 정리하였을 때 점수분포에서 양극단의 위치에 놓여 있는 측정치에 비해 중앙 또는 중앙의 위치에 놓여 있는 측정치가 다른 측정치들에 비해 대표성이 높기 때문에 간명한 측정치일 확률이 높으며 이를 중앙치(Median)라 부른다. 마지막으로, 측정치들을 내림차순 또는 오름차순으로 정리할 경우 측정값들의 무게의 중심에 위치하는 값이 가장 대표성이 높기 때문에 간명한 측정치일 확률이 높으며 이를 평균치라 부른다. 이제 이들 세 가지 대표치를 찾는 방법, 측정치의 수준과 대표치와의 관계, 그리고 각 대표치들이 지니는 장점 및 단점에 대해 알아보도록 하자.

　　〈표 3-12〉 도수분포표와 [그림 3-11] 히스토그램에서 볼 수 있는 바와 같이 2,411개의 측정치들이 측정치 "24점대"를 중심으로 집중되어 있음을 볼 수 있으며, 24점대의 측정치의 도수가 상대적으로 가장 높은 도수를 가지는 것으로 나타나고 있다. 그리고 24점대의 측정치를 중심으로 측정치들의 분포가 대체로 좌우 대칭의 모습을 보이고 있기 때문에 이 자료에서 24점대의 어떤 측정치는 위치상으로도 자료의 중심에 놓이고, 그리고 모든 측정치의 무게중심이 될 수 있을 것으로 추정해 볼 수 있다.

〈표 3-12〉 KABC-II 관계 유추 하위 검사점수의 도수분포표

점수	도수	상대도수	백분율
5	2	.1	.1
6	2	.1	.2
7	2	.1	.2
8	1	.0	.3
9	4	.2	.5

10	9	.4	.8
11	11	.5	1.3
12	16	.7	1.9
13	24	1.0	2.9
14	27	1.1	4.1
15	50	2.1	6.1
16	68	2.8	9.0
17	84	3.5	12.4
18	86	3.6	16.0
19	130	5.4	21.4
20	174	7.2	28.6
21	162	6.7	35.3
22	191	7.9	43.3
23	194	8.0	51.3
24	214	8.9	60.2
25	194	8.0	68.2
26	196	8.1	76.4
27	144	6.0	82.3
28	167	6.9	89.3
29	81	3.4	92.6
30	64	2.7	95.3
31	56	2.3	97.6
32	29	1.2	98.8
33	17	.7	99.5
34	6	.2	99.8
35	3	.1	99.9
36	2	.1	100.0
38	1	.0	100.0
Total	2411	100.0	

(1) 최빈치(Mode)

최빈치는 자료 중에서 도수가 가장 높은 측정치가 된다. 자료의 수가 아무리 많은 경우라도 일단 자료를 도수분포표로 정리하면 최빈치를 쉽게 파악할 수 있기 때문에 세 개의 대표치 중에서 비교적 파악하기가 가장 쉽다는 것과 척도의 수준과 관계없이 모든 척도치(명명척도, 서열척도, 등간척도, 비율척도)에서 최빈치를 구할 수 있다는 것이 장점이다.

척도	지역	도수	최빈치
명명척도	1	32	4
	2	15	
	3	14	
	4	81	
	5	15	
	6	29	
	7	14	
	합계	200	

1=대구 2=경남 3=부산 4=서울
5=광주 6=충남 7=전북

척도	지역	도수	최빈치
서열척도	1	81	1
	2	15	
	3	14	

1=상 2=중 3=하

척도	지역별 온도	도수	최빈치
등간척도	10	2	18
	15	1	
	18	5	
	19	2	
	21	1	
	23	2	
	24	1	

척도	체중	도수	최빈치
비율척도	56	20	60
	58	27	
	60	45	
	62	26	
	63	23	
	68	19	
	79	15	

그러나 경우에 따라 자료 속에 최빈치가 하나 이상 존재할 수 있거나 최빈치가 없는 경우도 있을 수 있으며, 최대 도수에 의해 대표치가 결정되기 때문에 동일한 모집단으로부터 동일한 표집의 크기(n)로 표집된 표본 자료에서 파악된 최빈치가 표본 자료 간에 다르게 나타날 확률이 높다는 단점을 지니고 있다.

• **최빈치가 두 개인 자료의 예**

지역	도수	최빈치
1	32	4와 5
2	15	
3	14	
4	52	
5	52	
6	29	
7	14	

1=대구 2=경남 3=부산 4=서울 5=광주 6=충남 7=전북

• **최빈치가 없는 자료의 예**

사회 계층	도수	최빈치
1	30	없음
2	30	
3	30	

예제 3-6

한 연구자가 9명의 아동을 대상으로 세 개의 변인(키, 체중, 좋아하는 색상)을 측정한 결과, 다음과 같이 나타났다. 각 변인별로 최빈값을 파악하시오.

키	135	139	140	141	138	140	139	138	139	
몸무게	35	36	39	40	37	39	40	39	38	
색상	3	2	2	1	2	1	2	2	3	
	1=빨강 2=노랑 3=파랑									

(2) 중앙치(Median)

중앙치는 자료를 상대적 크기에 따라 내림차순 또는 오름차순으로 나열할 경우 위치상 중앙에 위치하는 측정치이다. 예컨대, 자료의 크기가 n개라 하면, n이 홀수이면 중앙치는 $(n+1)/2$ 번째의 측정치가 되며 n이 짝수이면 중앙치는 $n/2$ 번째의 측정치와 $n/2+1$ 번째 측정치의 평균값이 된다.

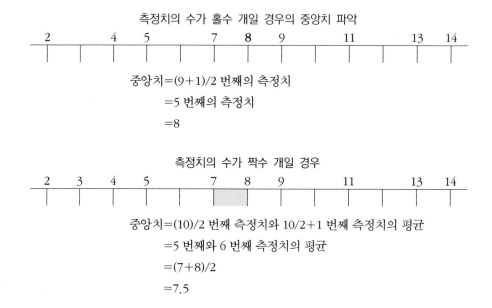

중앙치를 구하기 위해서는 측정된 자료를 크기에 따라 내림차순 또는 오름차순으로 나열할 수 있어야 하기 때문에 척도치의 수준이 적어도 서열성 정보를 지니고 있어야 한다. 따라서 측정치 간에 서열성에 대한 정보가 없는 명명척도에서는 대표치로서 중앙치를 구할 수

없으며, 서열척도, 등간척도 그리고 비율척도 자료에서만 중앙치를 찾아 자료의 대표치로 사용할 수 있다.

앞에서 알 수 있는 바와 같이, 중앙치는 측정치의 상대적 크기에 대한 정보만을 고려하여 얻어진 서열적 위치를 이용하여 대표치를 파악하기 때문에 실제로 각 측정치의 절대적 크기 그 자체가 중앙치 결정에 영향을 미치지 않는다. 이런 이유 때문에 다음에서 볼 수 있는 바와 같이, 자료의 극단에 놓인 측정치가 정상적인 측정치가 아닌 이상치일 경우라도 중앙치에 영향을 미치지 않는다는 장점이 있다.

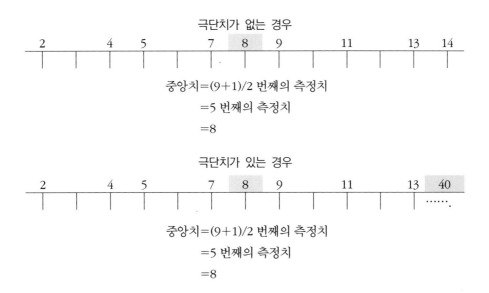

극단치가 없는 경우

중앙치=(9+1)/2 번째의 측정치
=5 번째의 측정치
=8

극단치가 있는 경우

중앙치=(9+1)/2 번째의 측정치
=5 번째의 측정치
=8

예제 3-7

한 연구자가 10명의 아동을 대상으로 키를 측정한 결과, 다음과 같이 나타났다. 중앙치를 파악하시오.

키	135	141	146	139	140	137	142	143	144	138

(3) 평균(Mean)

평균이란 산술평균(Arithmetic mean)을 말하며 모든 측정치의 합을 사례 수로 나눈 값이다. 중앙치와는 달리 평균치는 모든 측정치의 값(무게)의 크기에 대한 정보를 고려하여 얻어진 대표치이기 때문에 평균치는 측정치들을 크기의 순서에 따라 일렬로 나열했을 때 바로 무게의 중심에 해당되는 값이 된다. 즉, 중앙치의 경우에는 중앙치를 중심으로 좌우로 사례 수가 동일하나, 평균치의 경우에는 평균치를 중심으로 좌우 측정치들의 무게의 합이 동일하다. 측정된 자료가 모집단 자료(N)일 경우에는 모집단 평균을 μ로 표시하고, 표본 자료(n)일 경우 표본의 평균을 $\overline{X}$로 표시한다.

$$\bullet \text{ 모평균: } \mu = \sum_{i}^{N}(X_i)/N \qquad \cdots\cdots(3.2)$$

2	3		6	7	8	9		11	12		14

▲

$$\mu = \sum_{i=1}^{9} X_i/9$$

$$\mu = (2+3+6+7+8+9+11+12+14)/9 = 8$$

$$\bullet \text{ 표본평균: } \overline{X} = \sum_{i}^{n}(X_i)/n \qquad \cdots\cdots(3.3)$$

2	3		6	7	8	9		11	12		14

▲

$$\overline{X} = \sum_{i=1}^{9} X_i/9$$

$$= (2+3+6+7+8+9+11+12+14)/9 = 8$$

예제 | **3-8 무게중심**

한 연구자가 A 지역의 주유소 132개 중에서 10개의 주유소를 무작위로 표집한 다음 표집된 주유소를 대상으로 총선 당일 주유를 위해 방문한 차량의 수를 조사한 결과, 다음과 같이 나타났다. 평균 차량 대수를 계산하시오.

주유소	방문 차량 대수
A	135
B	141
C	146
D	139
E	140
F	137
G	142
H	143
I	144
J	138

• 대표치로서 평균의 의미: 주어진 자료에서 평균치가 대표치로서 지니는 의미를 한번 생각해 보자. 평균을 계산한다는 것은 무엇을 의미하며 그리고 평균이 자료를 대표한다는 의미는 구체적으로 무엇을 의미하는가. 예컨대, 어떤 연구자가 A 유치원에 재학 중인 만 4세 아동의 어휘력에 있어서 남녀 아동 간에 차이가 있는지를 알아보고자 한다고 가정하자. 그렇다면 남녀 아동 누구의 어휘력을 비교하면 해답을 얻을 수 있겠는가. 남자 아동 중에서 무작위로 한 명을 표집하고 여자 아동 중에서 무작위로 한 명을 표집한 다음 두 아동의 어휘력을 비교한다면 얻어진 결과에 어떤 문제점이 있겠는가. 만약 우연히 표집된 두 아동이 남녀 아동을 각각 대표하는 아동이라면 어휘력의 차이에 대한 결과의 타당성에 아무런 문제가 없을 것이다. 문제는 무작위로 한 명씩 표집된 두 아동이 남녀 아동을 각각 대표할 수 있다는 근거를 제시할 수 없다는 것이다. 남녀 아동 중에서 누구를 어떤 방법으로 한 명씩 표집해도 표집된 아동이 각각의 성별을 대표할 수 있다는 근거를 제시할 수 없기 때문에, 어휘력 비교를 통해 얻어진 결과는 항상 특이한 표집의 문제로부터 자유로울 수 없다. 따라서 어휘력의 차이는 남녀 아동 간의 차이라기보다 특정한 남자 아동과 특정한 여자 아동 간의 차이로만 해석할 수밖에 없다. 이는 실제로 남녀 아동을 대표할 수 있는 아동이 존재할 수 있어도 그 아동을 표집했다는 증거를 제시할 방법이 없다는 것이다. 그렇다면 각 성별을 대표할 수 있는 아동을 어떻게 찾을 수 있는가. 정확히 말하면 대표적인 아동을 실제로 한 명씩 찾아서 어휘력을 비교하는 방법이 아니라 수학적으로 대표적인 아동을 한 명씩 만들어서 비교하는 방법을 생각해 보자. 실제로는 존재하지 않지만 평균이라는 이름을 가상적인 남자 아동 한 명과 평균이라는 이름을 가진 가상적인 여자 아동 한 명을 각각 수학적으로 만들 수 있다면, 두 남녀 아동 간의 어휘력의 차이를 전체 남자 아동과 여자 아동 간의 차이로 일반화하여 해석할 수 있을 것이다.

앞에서 언급한 바와 같이, 대표치란 주어진 자료 속의 모든 측정치의 특성을 모두 골고루 반영할 수 있어야 한다. 그러나 측정치들이 모두 똑같지 않고 서로 어느 정도 다르기 때문에 (물론 모든 측정치가 똑같다면 실제로 대표치가 필요 없지만) 모든 측정치의 정보를 고려하기 위해 모든 측정치(각 측정치의 무게)를 합하여 총점을 계산한다. 그리고 계산된 총점을 전체 측정치의 수, 즉 사례 수로 나누어 주면 평균치를 얻게 된다. 총점을 전체 사례 수로 나누는 과정을 통해 각 측정치의 특이성이 조정되어 결국 얻어진 평균은 자료의 모든 측정치를 가장 닮은 측정치로 나타나게 된다.

2	3	4	5	6	7	8	9	10

총점＝54, 사례 수＝9, 평균＝6

이 자료에서 평균＝6을 대표치로 사용할 경우 자료 속의 모든 측정치가 6으로 취급되기 때문에, 예컨대 측정치 2의 경우는 평균보다 4만큼 작지만(2−6＝−4) 6으로 취급되어 해석되기 때문에 실제의 크기보다 4만큼 과대 해석되는 오류를 범하게 된다. 마찬가지로, 측정치 9는 평균보다 3만큼 크기(9−6＝3) 때문에 3만큼 과소 해석되는 오류를 범하게 된다. 그래서, 예컨대 2를 대표치로 사용할 경우 모든 사례가 2로 취급되어 결국 전체 사례에 대해 36만큼의 대표 오류를 범하게 된다. 그러나 평균＝6을 대표치로 사용할 경우에는 오류량이 20이 된다. 중요한 것은 평균치가 자료 속의 어떤 측정치를 대표치로 사용할 경우보다 이러한 대표성의 오류가 최소가 된다는 것이며, 그렇기 때문에 평균치가 주어진 자료 속의 다른 어떤 측정치보다 모든 자료를 가장 닮은 대표치가 된다는 것이다. 이를 실제 자료를 통해 직접 확인해 보기 위해 대표성의 오류를 계산해 본 결과 〈표 3−13〉과 같이 나타났다.

〈표 3−13〉 가상대표치별 대표성 오류 정도

구분		측정치별 오류									오류 정도		
		2	3	4	5	6	7	8	9	10	과대	과소	총 오류
가상대표치	2	0	1	2	3	4	5	6	7	8	0	36	36
	3	−1	0	1	2	3	4	5	6	7	−1	28	29
	4	−2	−1	0	1	2	3	4	5	6	−3	21	24
	5	−3	−2	−1	0	1	2	3	4	5	−6	15	21
	6	−4	−3	−2	−1	0	1	2	3	4	−10	10	20
	7	−5	−4	−3	−2	−1	0	1	2	3	−15	6	21
	8	−6	−5	−4	−3	−2	−1	0	1	2	−21	3	24
	9	−7	−6	−5	−4	−3	−2	−1	0	1	−28	1	29
	10	−8	−7	−6	−5	−4	−3	−2	−1	0	−36	0	36

〈표 3−13〉에서 볼 수 있는 바와 같이, 측정치 중에서 평균치 6을 대표치로 사용할 경우 대표성의 오류 정도가 20 정도 되지만, 상대적으로 자료 중의 다른 어떤 측정치를 대표치로 사용할 경우보다 대표성의 오류가 가장 작다는 것을 알 수 있다. 즉, 평균치가 모든 측정치를 가장 많이 닮은 대표치이며, 평균에서 멀리 떨어진 측정치일수록 대표성의 오류 정도가

증가함을 알 수 있다. 이는 평균에 가까운 값일수록 자료를 대표할 수 있는 능력이 높아짐을 알 수 있다. 물론 여기서 우리가 인지해야 할 중요한 한 가지 사실은 평균치가 가장 좋은 대표치이지만 항상 어느 정도의 대표성의 오류를 지니고 있기 때문에, 평균이 계산되는 자료의 이질성 정도에 따라 대표치로서의 평균의 실질적 유용성이 달라진다는 것이다. 극단적인 예로, 만약 모든 측정치가 동일한 값을 가질 경우 대표치로서 평균이 필요 없을 것이다. 그리고 모두 똑같지는 않지만 무시할 수 있을 만큼 동질적이라면 어떤 값을 대표치로 사용해도 대표성의 오류량이 비슷하기 때문에 역시 대표치로서 평균이 굳이 필요 없을 것이다. 반대로, 만약 자료가 아주 이질적이라면 대표치로서 평균치가 범하는 오류량이 너무 크기 때문에 대표치로서 평균을 사용하여 자료를 해석할 경우 해석의 정확성과 타당성이 문제가 될 수 있다. 예를 들어, 어떤 사람이 한쪽 손에는 얼음을 들고 다른 한쪽 손에는 뜨거운 불을 들고, 평균적으로 "미지근하기 때문에 기분이 좋다."라고 말하는 경우와 같을 것이다. 따라서 자료의 대표치로서 평균을 사용할 경우, 자료의 이질성 정도를 고려하지 않는다면 우리는 통계적 분석이 지니고 있는 소위 합리성과 객관성을 빙자하여 거짓말을 하게 되는 결과가 될 것이다. 우리가 통계학을 배우는 목적 중의 하나는 통계학의 객관성과 합리성의 이미지를 이용하여 제공되는 잘못된 정보로부터 우리 자신을 보호하고, 그리고 우리 자신도 모르게 이러한 잘못된 주장을 하지 않기 위해서이다.

• 평균의 성질: 가끔 수집된 원점수분포의 자료를 연구자가 원하는 평균과 표준편차를 지닌 분포의 자료로 변환할 필요가 있다. 예컨대, 영어 시험의 원점수 50점과 수학 시험의 원점수 50점을 비교하고자 할 경우 만약 두 검사점수가 속해 있는 점수분포의 평균과 표준편차가 다르면(정확히 같지 않다면) 두 검사의 원점수를 직접 비교할 수 없다. 이 경우, 두 검사 점수를 비교하기 위해 우선 각 검사의 원점수 50점을 동일한 평균과 표준편차를 지닌 분포하의 점수로 변환해야 한다. 이와 같이 원점수분포를 우리가 원하는 평균을 지닌 분포하의 점수로 변환하기 위해 평균의 성질을 알아야 한다.

첫째, 평균이 μ인 원점수분포의 모든 사례의 점수에 상수 C만큼 더하면 원점수분포의 평균은 $\mu + C$를 지닌 분포로 바뀐다.

$$\frac{\sum(X+C)}{N} = \frac{\sum X + \sum C}{N} = \frac{\sum X + NC}{N} = \frac{\sum X}{N} + \frac{NC}{N} = \frac{\sum X}{N} + C = \mu + C$$

2	3	4	5	6	7	8	9	10

▲

$\mu = 6$

예컨대, 평균이 6인 위의 점수분포의 모든 원점수에 상수 3만큼 더하면 변환된 분포는 평균이 6+3=9의 분포로 변환된다.

2+3	3+3	4+3	5+3	6+3	7+3	8+3	9+3	10+3
5	6	7	8	9	10	11	12	13

▲

$\mu = 6+3 = 9$

둘째, 평균이 μ인 원점수분포의 모든 사례 수에 상수 C만큼 빼면 원점수의 분포는 평균이 $\mu - C$인 분포로 바뀐다. 예컨대, 평균이 6인 위의 점수분포의 모든 원점수에 상수 2만큼 빼면 변환된 분포는 평균이 (6-3)=4의 분포로 변환된다.

2-2	3-2	4-2	5-2	6-2	7-2	8-2	9-2	10-2
0	1	2	3	4	5	6	7	8

▲

$\mu = 6-2 = 4$

셋째, 평균이 μ인 원점수분포의 모든 사례 수에 상수 C만큼 곱하면 원점수의 분포는 평균이 $c\mu$를 지닌 분포로 바뀐다. 예컨대, 평균이 6인 위의 점수분포의 모든 원점수에 상수 2만큼 곱하면 변환된 분포는 평균이 (2*6)=12의 분포로 변환된다.

2*2	3*2	4*2	5*2	6*2	7*2	8*2	9*2	10*2
4	6	8	10	12	14	16	18	20

▲

$\mu = 6*2 = 12$

넷째, 평균이 μ인 원점수분포의 모든 사례 수에 상수 C만큼 나누면 원점수의 분포는 평균이 μ / C를 지닌 분포로 바뀐다. 예컨대, 평균이 6인 위의 점수분포의 모든 원점수에 상수 2만큼 나누면 변환된 분포는 평균이 (6/2)=3의 분포로 변환된다.

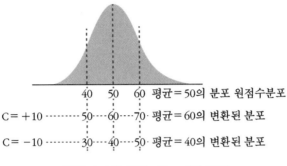

2/2	3/2	4/2	5/2	6/2	7/2	8/2	9/2	10/2
1	1.5	2	2.5	3	3.5	4	4.5	5

$\mu = 6/2 = 3$

[그림 3-12] 모든 $X_i \pm C$의 분포

[그림 3-12]에서 알 수 있는 바와 같이, 분포하의 모든 측정치에 상수 C(위의 경우, 10)만큼 더하거나 빼면 분포의 평균도 C(위의 경우, 10)만큼 증가하거나 감소하지만 측정치들 간의 차이는 여전히 변하지 않고 동일하게 유지됨을 알 수 있을 것이다.

그리고 분포하의 모든 측정치에 상수 C만큼 곱하거나 나누면 분포의 평균도 C배만큼 증가하거나 1/C배만큼 감소하는 변화를 가져왔지만 더불어 점수들 간의 차이(표준편차: 차후에 상세히 설명하도록 하겠다.)도 C배만큼 증가하거나 1/C배만큼 변화됐음을 알 수 있다. 이러한 평균의 성질을 알면, 연구자는 원점수의 분포를 항상 자신이 원하는 평균을 지닌 새로운 분포로 변환할 수 있을 것이다.

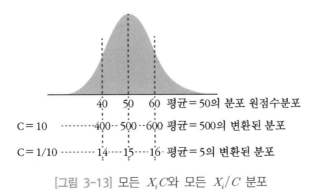

[그림 3-13] 모든 X_iC와 모든 X_i/C 분포

SPSS를 이용한 대표치 계산

한 연구자가 20명의 아동을 대상으로 언어 능력과 지능을 측정한 결과, 다음과 같이 나타났다.
SPSS 프로그램을 이용하여 다음의 가상적인 자료의 세 개의 대표치를 계산하기 위한 방법과 절차
에 대해 설명하겠다.

아동	언어 능력	IQ
1	65	98
2	78	92
3	79	100
4	80	101
5	81	106
6	85	121
7	90	132
8	99	122
9	98	113
10	96	119
11	84	120
12	78	90
13	80	99
14	89	101
15	86	104
16	98	145
17	97	132
18	94	124
19	92	119
20	83	105

1. ① **Analyze** → ② **Descriptive Statistics** → ③ **Frequencies** 순으로 클릭한다.

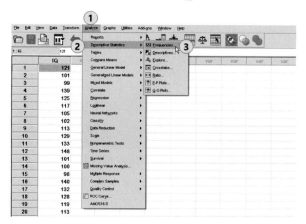

2. ④ 분석 대상 변인을 ⑤ **Variable(s)** 영역으로 이동시킨 다음 ⑥ **Statistics** 아이콘을 클릭한다.

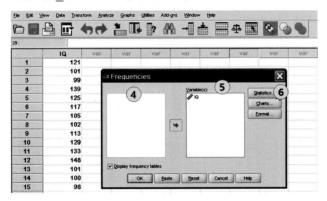

3. ⑦ **Frequencies Statistic** 메뉴의 ⑧ **Central tendency** 선택항목에서 □ **Mean** □ **Median** □ **Mode** 항목을 선택한다. 그리고 ⑨ **Continue** 아이콘을 클릭한다.

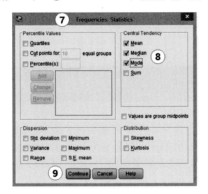

4. ⑩ **OK** 아이콘을 클릭한다.

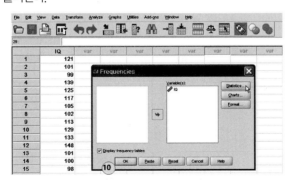

산출 결과

Statistics

		언어능력	IQ
N	Valid	20	20
	Missing	0	0
Mean		86.60	112.15
Median		85.50	109.50
Mode		78[a]	101[a]

a. Multiple modes exist. The smallest
value is shown

산출 결과에서 볼 수 있는 바와 같이, 20명을 대상으로 측정된 언어 능력의 경우 평균=86.60, 중앙치=85.50, 최빈치=78로 나타나 있다. 그리고 IQ의 경우 평균=112.15, 중앙치=109.50, 최빈치=101로 나타나 있다. 두 변인 모두에서 최빈치가 여러 개 존재하기 때문에, 그중에서 가장 작은 값이 보고되어 있음을 표시해 주고 있다.

예제 3-9

어느 고등학교의 진학 담당 교사가 수능 시험의 영어 과목에서 만점을 받은 60명의 대입 수험생 중 10명을 무작위로 표집한 다음 모의 토플 시험을 실시한 결과, 토플 성적이 다음과 나타났다. 평균 토플 성적을 계산하시오. 그리고 10명의 토플 성적 평균이 100이 되도록 하기 위해 수험생들의 토플 성적 원점수분포를 변환하시오.

수험생	모의 토플 성적
A	91
B	88
C	93
D	91
E	89
F	87
G	90
H	90
I	100
J	103

2) 자료분포의 형태와 대표치들 간의 관계

네 개의 척도치(명명척도, 서열척도, 등간척도, 비율척도) 중에서 세 개의 대표치를 모두 구할 수 있는 등간척도 또는 비율척도의 자료를 통해 자료분포의 형태에 따른 대표치들 간의 관계를 알아보도록 하겠다. 만약 등간척도 또는 비율척도로 측정된 자료를 이용하여 히스토그램을 그리면 다양한 형태의 분포를 관찰할 수 있으며, 분포의 형태를 구분하면 크게 정규분포, 정적 편포 그리고 부적 편포의 세 가지 형태로 구분할 수 있다.

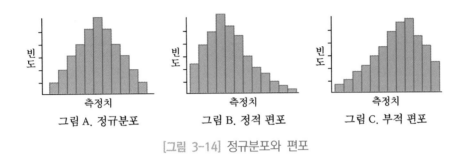

[그림 3-14] 정규분포와 편포

자료의 분포가 [그림 3-14]의 A와 같은 형태의 분포를 보일 경우, 자료의 분포가 정규분포(normal distribution)의 형태를 지닌다고 말한다(정규분포의 성질에 구체적 특성에 대해서는 차후에 제7장에서 상세히 다루도록 하겠다). 자료의 분포가 [그림 3-14]의 히스토그램 B와 같이 왼쪽으로 기울어진 형태의 분포를 보일 경우 정적 편포를 나타낸다고 말하고, 그림 C와 같이 오른쪽으로 기울어진 형태의 분포를 보일 경우 부적 편포를 나타낸다고 말한다. 분포의 모양이 왼쪽으로 기울어진 분포를 부적 편포라 부르지 않고 정적 편포라 부르는 것은 정적 편포의 오른쪽 꼬리에 해당되는 측정치를 제거하면 그림 A와 같은 정규분포를 닮은 분포로 바뀔 수 있음을 알 수 있을 것이다. 그래서 그림 B에서 오른쪽, 즉 정적 부분이 전체 자료가 편포되게 만든 원인이기 때문에 정적 편포라 부르는 것이며, 부적 편포도 같은 이유로 설명될 수 있다.

그림 A와 같은 정규분포의 경우, 대표치들 간의 관계는 평균치＝중앙치＝최빈치가 된다. 그리고 그림 B와 같은 정적 편포의 경우 대표치들 간의 관계는 그림에서 알 수 있는 바와 같이 최빈치＜중앙치＜평균치가 되고, 그림 C와 같은 부적 편포의 경우에는 세 개의 대표치가 최빈치＞중앙치＞평균치의 관계를 지니게 된다. 그래서 만약 어떤 주어진 자료에서 파악된 세 개의 대표치가 정확하게 같지 않은 것으로 나타난다면, 주어진 자료의 분포는 정확한 정규분포가 아님을 말해 준다.

다음 자료는 만 13~18세 아동 1,318명에게 한국판 KABC-II의 동시처리 능력을 측정한 다음 SPSS 프로그램을 이용하여 계산된 세 개의 대표치와 히스토그램 그래프이다.

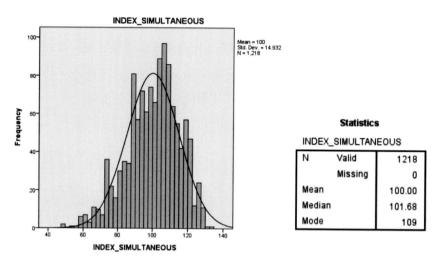

[그림 3-15] KABC-II 동시처리 지수의 히스토그램

히스토그램의 형태가 약간 오른쪽으로 기울어진 부적 편포를 보이고 있으며 실제로 계산된 세 대표치들 간의 관계를 파악한 결과, 평균(100) < 중앙치(101.68) < 최빈치(109)의 관계로 나타났다.

3) 대표치들 간의 상대적 신뢰도

주어진 자료의 특성을 기술하기 위해 대표치를 사용하고자 할 경우, 연구자는 먼저 측정된 자료의 성질을 살펴보아야 한다. 측정치가 명명척도, 서열척도, 등간척도, 비율척도 중에서 어느 척도에 속하는가에 따라 우리가 선택해야 할 대표치가 달라질 수 있기 때문이다. 측정치가 명명척도일 경우, 선택의 여지가 없이 최빈치만을 대표치로 사용할 수밖에 없다. 측정치가 서열척도일 경우, 최빈치와 중앙치 중 하나를 선택하여 사용할 수 있다. 측정치가 등간척도나 비율척도일 경우, 최빈치, 중앙치 그리고 평균치 모두를 대표치로 사용할 수 있기 때문에 세 가지 대표치 중에서 어느 하나를 선택하여 사용할 수 있다. 문제는 두 개 또는 세 개의 대표치 중에서 어느 하나를 선택할 수 있는 경우, 우리는 상대적으로 더 좋은 대표치를 선택해야 한다는 것이다. 그렇다면 선택의 기준은 무엇인가? 첫째, 연구자가 어떤 정보를 원하느냐이다. 만약 20대 젊은이들을 위한 기성복을 제작해서 판매하는 사업가가 전국의 20대 청년들을 대표할 수 있는 1,000명의 표본을 대상으로 키를 측정한 다음, 측정치별 도수의 비율에 맞추어 기성복을 제작하기로 했다고 가정하자. 이 경우, 연구자는 대표치로서 최빈치에 대한 정보를 얻고자 할 것이다. 왜냐하면 최빈치와 최빈치를 중심으로 한 측정치들이 바로 가장 높은 수요를 나타내기 때문이다. 이와 같이 어떤 대표치를 사용할 것인가는 우선 연구의 목적이 고려되어야 한다. 둘째, 표본에서 계산된 대표치를 가지고 모집단의 대표치를 추정하는 경우, 표집의 오차에 상대적으로 덜 민감한 것이 좋다. 모집 자료(N)에서 일정한 표집의 크기(n)로 반복적으로 표집하면서 각 표본의 최빈치, 중앙치, 평균치를 계산할 경우, 표집의 오차로 인해 모집대표치와 표본대표치 간에 차이가 있는 것으로 나타날 것이다. 그리고 그 차이값의 크기도 표본마다 다르게 나타날 것이다. 신뢰로운 대표치란 몇 번을 반복해도 일관성 있게 모수치와 유사한 값으로 나타나는 대표치일 것이다. 통계적 실험을 통해 세 대표치의 일관성 정도를 추정해 본 결과, 변동성이 상대적으로 최빈치 > 중앙치 > 평균치 순으로 큰 것으로 나타났다. 즉, 표본에서 세 개의 대표치를 계산할 경우가 상대적으로 평균이 모집단 평균과 가장 유사하고, 그리고 몇 번을 반복해도 평균이 가장 일관성 있게 같은 값으로 얻어질 확률이 높다는 것이다. 그래서 세 가지 대표치 중에서 평균이 가장 신뢰로운 대표치이기 때문에 가능하다면 평균을 대표치로 사용하길 권장하는 것이다.

4) 자료의 변산도

앞에서 언급한 바와 같이, 우리가 어떤 변인에 대한 자료를 수집하여 분석하는 목적 중의 하나는 관심하의 변인에 있어서 관찰 대상들 간에 존재하는 개인차에 대한 정보를 얻기 위해서이다. 그래서 연구자의 관심에 따라 관심하의 변인에 있어서 특정 관찰 대상자 간에 개인차가 존재하는지, 그리고 어느 정도의 개인차가 존재하는지를 알아보려 할 수도 있고(철수와 영희 간에 어휘력에 있어서 차이가 있는가? 철수와 영희 간에 어휘력에 있어서 어느 정도의 차이가 있는가? 철수는 다른 아동들에 비해 어느 정도의 개인차를 보이는가?) 그리고 특정 개인 간의 개인차보다 특정 관찰 대상 집단에 있어서 전반적으로 어느 정도의 개인차가 존재하는지를 알아보려는 데 관심을 가질 수도 있다(5세 아동들 간에 조망수용 능력에 있어서 어느 정도의 개인차가 존재하는가?). 마지막으로, 앞에서 집중경향치인 평균치를 다루면서 언급한 바와 같이 일련의 관찰 대상자들로부터 측정된 집단 자료의 특성을 이해하기 위해 전체 자료를 대표할 수 있는 집중경향치와 함께 자료의 이질성 정도, 즉 변산성에 대한 정보가 필요하다. 자료의 이질성이 증가할수록 주어진 변인에 있어서 관찰 대상들 간에 개인차가 심하다는 의미이기 때문에 연구자의 관심이 개인차의 유무나 개인차의 정도에 대한 정보를 얻고자 할 경우, 자료의 동질성(또는 이질성) 정도에 대한 정보를 분석하게 된다.

• 원점수: 일련의 관찰 대상자들을 대상으로 측정 도구를 사용하여 관심하의 변인(들)을 측정하면 측정된 변인에 대한 자료를 얻게 된다. 이를 원자료(raw data) 또는 원점수라 부른다. 원점수는 관심하의 변인을 측정하기 위해 사용된 측정 도구의 척도의 성질을 그대로 반영하고 있는 자료이다. 그래서 체중을 측정하기 위해 g 단위로 표시된 체중계를 사용할 경우 측정된 자료는 g 단위의 체중의 정도를 나타내고, mm 단위로 표시된 신장계를 사용하여 키를 측정할 경우 얻어진 자료는 mm 단위의 신장을 나타낸다. 원점수 자체로부터 어떤 정보도 해석해 낼 수 없다. 예컨대, 어떤 학생이 영어 어휘력 시험에서 원점수 90점을 받았다고 가정하자. 우리는 학생의 영어 어휘력 원점수 90으로부터 학생의 영어 어휘력에 대한 어떤 해석도 할 수 없다는 것이다. 원점수를 해석하기 위해서, ① 영어 어휘력 시험의 난이도와 함께 만점에 대한 정보가 주어지거나, ② 같은 영어 어휘력 시험을 친 피검사자 집단의 평균 어휘력 점수에 대한 정보가 주어지면 원점수 90의 수행 정도를 절대적 비교 또는 상대적 비교를 통해 해석할 수 있다. 즉, 100점 만점의 시험에서 90점은 상당히 높은 점수로 해석할 수 있을 것이다. 그러나 500점 만점에서 원점수 90은 상당히 낮은 점수로 해석할 수 있다. 비록 100점 만점의 시험에서 90점을 받았지만 대부분의 응시자가 90점 이상을 받았다면 90점은 결코 다른 응시자들에 비해 높다고 해석할 수 없을 것이다. 이와 같이 원점수에 대한 해석은 반드시 원점수와 함께 비교 기준이 함께 제시될 경우에만 가능하기 때문에 연구자는 반드시 해석을 위해 사용한 기준을 원점수와 함께 제시할 필요가 있다.

• 차이점수(Difference score): 특정한 관찰 대상자 간에 존재하는 개인 간 차에 관심을 가질 경우, 자료 수집 목적을 구체적으로 두 가지로 나누어 볼 수 있다. 즉, ① 특정한 관찰 대상들 간에 존재하는 개인차의 유/무와 정도에 대한 정보, ② 특정한 관찰 대상자의 점수가 다른 관찰 대상들에 비해 어느 정도 다른지에 대한 정보이다.

첫째, 관심하의 변인(예: 어휘력)에 있어서 특정한 개인들 간의 차이(예: 철수와 영철)에 대한 정보를 얻고자 할 경우는 차이점수를 계산하면 된다. 차이점수란 자료 속의 특정한 측정치와 측정치 간의 차이를 말한다.

〈표 3-14〉의 자료는 K 유치원의 장미반에 재학 중인 18명의 아동들을 대상으로 어휘력을 측정한 가상적인 결과이다.

〈표 3-14〉 어휘력 측정 결과

아동	어휘력 점수
A	85
B	76
C	78
D	69
E	90
F	88
G	74
H	56
I	76
J	76
K	65
L	57
M	68
N	98
O	90
P	82
Q	69
R	77

어휘력 검사를 실시한 담임교사가 어휘력 검사 원점수에 있어서 아동 D와 아동 F 간에 차이가 있는가 또는 차이가 어느 정도인가에 특별히 관심을 가질 수 있다. 이 경우, 두 아동의 어휘력 원점수 간의 차이점수를 계산하면 두 아동 간의 어휘력에 있어서 개인 간 차에 대한 정보(69-88=19점의 차이)를 얻을 수 있으며 "아동 F가 아동 D보다 어휘력 검사에서 19점을 더 받았다."라고 기술하게 된다.

차이점수= | 측정치(갑)-측정치(을) |

집단 속의 특정한 개인과 개인 간에 존재하는 원점수 차이는 단순히 두 개인으로부터 측정된 측정치의 차이를 계산하면 쉽게 파악된다. 그리고 특정한 개인 간의 차이의 정도는 비교되는 두 측정치에 한해서만 절대적 의미를 가지며, 다른 측정치들 간의 차이에 일반화할 수 없는 비교-구체적 정보에 불과하다. 그리고 점수 간 차이를 실제 척도의 단위로 해석한다. 예컨대, 영철이와 철수 간에 몸무게의 차이를 계산한 결과가 5.3으로 나타날 경우, "영철이가 철수보다 5.3g(g 단위로 몸무게를 측정할 경우) 더 무겁다."라고 실제의 측정단위를 사용하여 차이의 정도와 의미를 해석한다.

• 편차점수(Deviation score): 차이점수는 원점수에 있어서 특정한 개인과 개인 간에 존재하는 개인 간 차를 나타낸다. 그러나 차이점수는 모든 사례의 원점수를, ① 만점과의 차이점수로 나타낼 수도 있고, ② 최고점수 또는 최하점수와의 차이점수로 나타낼 수도 있고, ③ 집단의 평균과의 차이점수로도 나타낼 수 있다. 원점수를 어떤 형태의 차이점수로 나타낼 것인가는 연구자가 어떤 정보를 얻고자 하는가에 달려 있다. 〈표 3-14〉의 자료는 7명의 피검사자들을 대상으로 속도지각 검사를 실시하여 얻어진 가상적인 자료이다. 예컨대, 피검사자 B의 경우 속도지각 검사에서 원점수 4점을 받았지만 4점의 원점수가 어느 정도의 속도지각 능력을 나타내는지 알 수 없다. 그래서 속도지각 검사의 만점을 이용하여 모든 피검사자의 원점수를 차이점수로 변환한 결과, 피검사자 B는 −6점의 차이점수를 받은 것으로 나타났다. 척도 만점과의 차이점수는 다른 피험자들의 수행과 관계없이 변인을 측정하기 위해 사용하는 척도가 지니고 있는 내재적인 절대적 기준과 비교를 통해서 얻어진 점수이기 때문에 각 피검사자들의 차이점수를 기술하기는 비교적 쉽다. 그러나 차이점수가 지니는 실제적 의미에 대한 해석은 측정된 변인의 성질과 사용된 척도에서 단위 차이가 지니는 의미를 고려해야 한다.

어떤 피검자의 원점수를 절대적 기준이 아닌 다른 피검사자들의 점수와 비교해서 상대적으로 해석할 수 있다. 이를 위해 다른 피검사자를 누구로 정하느냐에 따라 원점수를 상대적으로 평가하기 위해 여러 가지 형태의 차이점수로 변환하여 나타낼 수 있다. 〈표 3-15〉에서 볼 수 있는 바와 같이, 최고점수를 받은 피검사자를 비교 기준으로 정할 경우 모든 피검사자의 원점수는 최고점수와의 차이점수로 변환된다. 피검사자의 최고점수와의 차이점수는 −2로 나타났다. 따라서 피검사자 B는 7명의 피검사자 중 최고의 속도지각력을 가진 사람에 비해 속도지각력이 2점 정도 낮은 것으로 기술할 수 있다. 그러나 최하점수를 받은 피검사자의 속도지각점수와 비교할 때는 +1점 정도의 속도지각력을 보이고 있는 것으로 기술할 수 있다.

〈표 3-15〉 다양한 경우의 차이점수

피검사자	X_i	X_i-만점	X_i-평균	X_i-최고점수	X_i-최하점수
A	3	3−10=−7	3−6=−3	3−9=−6	3−3=0
B	4	4−10=−6	4−6=−2	4−9=−5	4−3=+1
C	5	5−10=−5	5−6=−1	5−9=−4	5−3=+2
D	6	6−10=−4	6−6=0	6−9=−3	6−3=+3
E	7	7−10=−3	7−6=+1	7−9=−2	7−3=+4
F	8	8−10=−2	8−6=+2	8−9=−1	8−3=+5
G	9	9−10=−1	9−6=+3	9−9=0	9−3=+6

마지막으로, 원점수를 집단의 평균으로부터의 차이점수로 나타낼 수 있다. 경우에 따라 연구자의 관심이 특정한 개인과 집단 속의 다른 모든 대상과 어느 정도 다른지를 알아보려는 데 있을 수도 있다(예컨대, 아동 B의 속도지각력은 다른 아동들에 비해 높은가? 아동 B의 속도지각력은 다른 아동들에 비해 얼마나 높은가?). 이러한 정보를 분석해 내기 위해서는 "다른 아동들의 속도지각력"을 설정해야 한다. 여기서 말하는 다른 아동들의 속도지각력이란 특정한 개인의 속도지각력이 아니고 집단 내 모든 아동의 속도지각력에 대한 정보를 대표할 수 있는 평균과 같은 대표치를 말한다. 따라서 모든 측정치의 평균을 계산한 다음 아동 B의 속도지각력점수와 평균속도지각력점수 간의 차이를 계산하면 된다. 이와 같이, 집단 속의 각 개인별 점수와 평균점수 간의 차이점수를 특히 편차점수라 부르며 중심화 점수(centered score)라고도 부른다.

편차점수는 주어진 사례가 속해 있는 집단의 다른 사례들과 어느 정도 다른지를 평균이라는 기준(또는 규준)을 중심으로 표현된 개인차의 정도라 할 수 있다. 변환된 편차점수를 원점수 X_i와 구별하기 위해 x_i로 나타낸다.

$$x_i = X_i - Mean$$

〈표 3-15〉에서 아동 B의 속도지각력(X=4)은 평균속도지각력(6)보다 2점 낮은 수준이라고 기술할 수 있고, 아동 G(X=9)는 평균보다 3점 높은 수준이라고 기술할 수 있다. 편차점수는 원점수에서 평균을 뺀 점수이기 때문에 원점수의 의미는 사라지고 오직 상대적 차이를 나타내는 점수로 변해 버린 것이다. 즉, 평균을 척도의 임의의 0점으로 설정함으로써 모든 원점수가 절대영점이 없는 등간척도의 측정치로 변환된 것이다. 따라서 동일 점수분포

에서 편차점수 간 차이를 계산하고 그 차이를 실제 측정단위로 해석할 수 있으나, 편차점수를 비교하여 비율적 해석은 할 수 없다. 예컨대, 〈표 3-15〉에서 피검사자 F의 편차점수가 3이고 피검사자 E의 편차점수가 1이기 때문에 피검사자 F가 E보다 속도지각력점수가 2점 더 높다고 말할 수 있으나, 피검사자 F가 E보다 속도지각력이 3배가 높다고 말할 수는 없다. 왜냐하면 편차점수는 변인을 측정하기 위해 사용된 척도가 비록 비율척도라 할지라도 모든 원점수를 임의의 점수(평균)를 0으로 두고 변환하여 얻어진 등간척도이기 때문에 편차점수 간 비율적 해석이 불가능하게 되었기 때문이다. 편차점수를 이용하여 사례 간 차이를 해석할 경우 이 점을 주의해야 한다.

차이점수와 편차점수는 자료 속의 특정한 개인의 개인차에 관심을 두고 개인차를 기술하기 위한 수리적 정보를 분석·기술하기 위한 방법이었다. 그러나 대개의 경우, 특정 개인의 개인차에 대한 관심보다 집단 전체의 개인차 정도에 관심을 가진다. 예컨대, "국민들 간에 소득의 개인차가 어느 정도 심한가? 학생들 간에 영어 어휘력에 있어서 개인차가 어느 정도 존재하는가? 소비자들 간에 제품의 만족도에 있어서 개인차가 어느 정도 존재하는가? 초등학교 입학생들 간에 기초 학습 능력에 있어서 개인차가 어느 정도 심한가?" 등과 같이 관심 하의 특정한 집단 속에 존재하는 개인차의 유무와 정도를 분석·기술해야 할 경우가 더 많다. 집단 자료의 이질성(변산도)을 분석하기 위해 여러 가지 방법이 소개되고 있으며, 범위, 사분위 간 범위, 편사분위 범위, 분산, 표준편차 등이 있다.

(1) 범위(Range)

집단 자료 속에 존재하는 개인차의 정도(변산도)를 수치로 요약하기 위한 방법 중 가장 간단한 방법은 범위값을 계산하는 것이다. 범위란 자료 중에서 가장 큰 값을 가진 측정치와 가장 작은 값을 가진 측정치 간의 차이값을 계산하여 얻어진 값이며 R로 나타낸다. 차이값은 다음과 같은 두 가지 방법으로 계산된다.

① 측정치의 연속성을 교정한 다음 최소값의 하한계값과 최대값의 상한계값의 차이값을 계산하는 방법

$$R = (최대값 + \frac{측정단위}{2}) - (최소값 - \frac{측정단위}{2})$$

② 측정치의 연속성을 교정하지 않고 단순히 최대값과 최소값의 차이값을 계산하는 방법

$$R = 최대값 - 최소값$$

35	39	44	47	48	51	54	59
34.5~35.5	38.5~39.5	43.5~44.5	46.5~47.5	47.5~48.5	50.5~51.5	53.5~54.5	58.5~59.5

앞의 8개 측정치를 보면, 측정된 값들이 서로 다르기 때문에 측정치 간에 개인차가 존재함을 알 수 있다. 이 자료들이 어느 정도 이질적인지를 수치로 요약·기술하기 위해 측정치 중에서 가장 큰 값과 가장 작은 값의 차이를 계산하여 그 차이값으로 전체 자료의 이질성 정도(변산도)를 기술하는 것이 바로 범위를 이용한 기술통계적 방법이다. 측정치의 연속성을 고려할 경우, 측정단위가=1이므로 교정치는 0.5이기 때문에 최저값의 하한계는 34.5이고 최고값 상한계는 59.5이므로 범위는 25(59.5-34.5)가 된다. 그리고 연속성을 고려하지 않을 경우, 범위는 24(59-35)가 된다. 범위는 자료 속에서 최대값과 최소값 간의 차이이기 때문에 만약 범위값이 작다면 다른 나머지 측정치들 간에도 개인 간 차가 작을 것이고, 그 결과 자료 전체의 변산도가 작은(자료가 동질적인) 것으로 기술하게 된다. 앞의 자료의 경우, 범위=24이기 때문에 양극단치 간의 차이가 24가 된다는 것이며, 다른 측정치들 간에는 차이가 최소한 24 이하가 될 수 있음을 미루어 짐작할 수 있다.

범위는 비교적 계산하기 쉽다는 장점이 있으나 많은 약점을 지닌 변산도 지수이다. 첫째, 많은 측정치 중에서 오직 양극단에 놓여 있는 두 측정치 간의 차이점수를 통해 자료 전체의 변산도를 요약/기술하고 있기 때문에 다른 측정치들 간의 차이에 대한 정보가 범위값 속에 충분히 고려되지 않는다는 것이다. 둘째, 자료 수집 과정에서 이상치가 생길 경우 대체로 자료의 양극단값이 될 확률이 높다. 변산도 지수로서 범위는 양극단의 두 측정치에 의해 정해지기 때문에 이상치에 의해 자료의 실제 변산 정도가 과대 요약·기술될 수 있다. 이러한 이유 때문에 범위값을 통해 자료의 변산도를 요약/기술하고자 할 경우, 먼저 얻어진 자료의 극단치가 이론적으로 의미 있는 측정치인지 아니면 단순한 입력 오류나 피험자들이 성실하고 솔직하게 반응하지 않아서 생긴 것인지를 살펴보아야 한다.

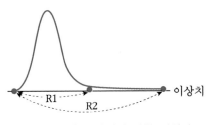

[그림 3-16] 이상치에 의한 범위값

예제 3-10

고급통계학 코스에 등록한 12명의 수강생들을 대상으로 기초통계학 시험을 실시한 결과, 다음과 같이 나타났다. 기초통계학 개념에 대한 이해도에 있어서 수강생들 간에 어느 정도의 개인 간 차가 존재하는지 알아보기 위해 범위를 계산하고자 한다.

수강생	성적	수강생	성적
A	60	G	75
B	76	H	64
C	66	I	77
D	78	J	67
E	82	K	70
F	72	L	90

(2) 사분위 간 범위(Inter-quartile Range)

앞에서 집중경향치를 다루면서 자료의 분포상에서 중심에 위치하는 집중경향치를 중심으로 관찰치의 도수가 집중되고 전체 자료를 대표할 수 있는 능력도 증가(대표성의 오류 감소)한다고 언급했다. 이는 자료의 중심에 있는 측정치들이 집단의 성질에 대한 더 신뢰로운 정보를 제공함을 말해 준다. 물론 자료의 중심에서 멀리 떨어져 있는 극단치들이 반드시 잘못된 측정치라는 말은 아니며, 그러한 값이 중심에 위치해 있는 측정치보다 상대적으로 전체 측정치를 대표할 수 있는 능력이 낮다는 말이다.

25%	25%	25%	25%
25th Q1	50th Q2	75th Q3	

그래서 자료의 주류를 이루고 있는 측정치들만을 고려하여 변산도를 요약하는 방법을 생각해 볼 수 있다. 이를 위한 한 가지 방법은 전체 자료를 오름차순으로 정리한 다음 25%씩 4등분한다. 그리고 백분위수 25%에 해당되는 위치의 측정치를 제1사분점이라 부르고 Q1으로 표시하고, 백분위수 50%에 해당되는 지점의 측정치를 제2사분점이라 부르고 Q2로 표시한다. 그리고 백분위수 75%에 해당되는 지점의 측정치를 제3사분점이라 부르고 Q3로 표기한다. 따라서 Q2는 바로 전체 사례 수가 상하 50%로 나뉘는 중앙치가 됨을 알 수 있다.

범위의 계산에 자료의 극단치가 미치는 불안정한 영향을 줄이기 위해 자료 중에서 하위

25%와 상위 25%의 사례들을 제외하고 자료의 대표치인 중앙치를 중심으로 좌우 25% 범위에 속하는 주류의 측정치들만을 대상으로 자료의 변산 정도를 계산하는 방법을 생각해 볼수 있다. 이를 위해, 먼저 전체 측정치 중에서 양극단의 측정치를 25%씩 제외한 다음 나머지 중에서 최대치인 Q3와 최소치 Q1 간의 차이값을 계산하여 얻어진 범위값을 사분위 간범위라 부르며 IRQ로 나타낸다. 사분위 간 범위값이 크면 자료가 이질적이고, 사분위 간범위값이 작으면 자료가 동질적인 것으로 해석한다.

$$IRQ = Q_3 - Q_1 \qquad \qquad \cdots\cdots\cdots(3.4)$$

예제 3-11

고급통계학 코스에 등록한 12명의 수강생들을 대상으로 기초통계학 시험을 실시한 결과, 다음과 같이 나타났다. 기초통계학 개념에 대한 이해도에 있어서 수강생들 간에 어느 정도의 개인 간 차가 존재하는지 알아보기 위해 사분위 간 범위를 계산하고자 한다.

수강생	성적	수강생	성적
A	60	G	75
B	76	H	64
C	66	I	77
D	78	J	67
E	82	K	70
F	72	L	90

---

(3) 사분위편차(Semi-Interquartile Range)

사분위 간 범위값을 다시 2로 나누면 자료의 변산도를 기술하기 위해 유용하게 사용할 수 있는 또 다른 의미의 범위값을 얻을 수 있다. 이를 사분위편차라 부르며 Q로 나타낸다. 즉, Q는 Q3와 Q1 간의 범위(거리)의 반에 해당되는 범위이다.

$$Q = \frac{Q_3 - Q_1}{2} \qquad \qquad \cdots\cdots\cdots(3.5)$$

Q값은 비교적 쉽게 계산을 통해 얻을 수 있는 변산도 지수이며, 대부분의 기술적 목적을위해 범위(R)보다 우수한 변산도 지수이다. 만약 두 집단의 자료로부터 각각 Q값과 R값을

계산한 결과, 두 집단 간에 Q값이 같을 경우가 R값이 같을 경우에 비해 자료의 동질성이 높을 확률이 더 높다. 자료의 분포가 중앙치를 중심으로 좌우 대칭을 이루는 경우, 전체 측정치의 50%가 [중앙치 ± Q] 범위에 속하는 값을 가진다고 기술할 수 있다.

예제 3-12

고급통계학 코스에 등록한 12명의 수강생들을 대상으로 기초통계학 시험을 실시한 결과, 다음과 같이 나타났다. 기초통계학 개념에 대한 이해도에 있어서 수강생들 간에 어느 정도의 개인 간 차가 존재하는지 알아보기 위해 사분위편차를 계산하고자 한다.

수강생	성적	수강생	성적
A	60	G	75
B	76	H	64
C	66	I	77
D	78	J	67
E	82	K	70
F	72	L	90

---

(4) 분산(Variance)

앞에서 다룬 범위, 사분위 간 범위, 사분위편차는 모두 자료 속의 오직 두 측정치 간의 차이를 통해 얻어진 값을 전체 자료의 변산도를 기술하기 위해 사용되는 지수이기 때문에 모든 측정치의 이질성 정도에 대한 정보를 고려하지 않는다는 점에서 동일한 약점을 지니고 있다.

모든 측정치의 개별적 이질성 정도에 대한 정보를 고려한 변산도 지수를 얻기 위해 우선 각 측정치들이 자료 속의 다른 자료들과 어느 정도 다른지를 나타내는 편차점수($x_i = X_i -$ 평균)를 계산한 다음 모든 편차점수를 합산하면 자료 속에 존재하는 변산도의 총량에 대한 정보를 얻을 수 있을 것이다. 여기서 편차점수를 계산하기 위해 평균을 사용하는 것은 개인차를 계산하기 위해서 측정치 간에 차이점수의 계산이 가능해야 하고 차이값이 의미 있는 것이어야 하기 때문에 측정치의 수준이 최소한 등간척도 이상이어야 한다. 그리고 측정치의 수준이 등간척도 이상일 경우, 평균만이 대표치로 사용될 수 있기 때문이다.

〈표 3-16〉의 자료는 19명의 신생아들을 대상으로 시각자극에 대한 반응잠시(초)를 측정한 가상적인 자료이다. 〈표 3-16〉의 편차점수에서 볼 수 있는 바와 같이, 신생아들의 반응

잠시에 있어서 개인차의 정도가 서로 다름을 알 수 있다. 예컨대, 신생아 A는 다른 아동들 (평균)에 비해 9초 정도 빨리 반응하는 개인차를 보이고 있고, 그리고 신생아 O도 평균을 중심으로 볼 때 역시 9초 정도 늦게 반응하는 개인차를 보이고 있다. 두 신생아 모두가 개념적으로는 9초 정도의 동일한 개인차를 보이고 있으나 신생아 A의 편차점수는 −9이고 신생아 B의 편차점수는 +9이기 때문에, 개인차의 정도는 동일하나 개인차의 개념적 의미는 반대이다. 즉, −9는 평균보다 9점이 작은 개인차를 의미하고 +9는 평균보다 9점이 많은 개인차를 의미하지만 +9와 −9는 수학적으로는 동일한 정도의 개인차를 나타내며 개인차의 방향만 다를 뿐이다.

연구자의 목적은 이들 19명의 신생아들의 시각자극에 대한 반응잠시에 있어서 어느 정도의 개인차를 보이는지를 알고자 하는 것이다. 따라서 개념적으로는 모든 개인차의 합을 구하면 된다. 즉, 모든 편차점수의 합을 계산하면 주어진 집단 속의 존재하는 개인차 정도를 나타내는 어떤 값을 얻게 된다. 그러나 편차점수의 합(개인차의 합)이 항상 0이 되어 산술적으로 편차점수의 합을 구할 수 없기 때문에 개념적으로 우리가 얻고 싶어 하는 정보를 산술적으로 계산할 수 없게 된다.

$$\sum_{i=1}^{9} x_i = 0$$

이는 동일한 정도의 개인차를 나타내는(예컨대, −5와 +5는 개념적으로는 서로 같은 정도의 개인차를 나타낼 뿐이다.) 두 편차점수의 산술적 부호가 다르기 때문에 산술적으로 서로 다르게 취급되므로 인해 생긴 결과이기 때문이다. 부호가 다르기 때문에 생긴 상쇄 효과의 문제를 해결하기 위해, ① 편차점수의 절대값을 취한 다음 절대편차의 합(sum of absolute deviations)을 구하거나, ② 부호를 없애기 위해 각 편차점수를 자승화한 다음 자승화의 합(sum of squares of deviations)을 구하는 방법을 생각해 볼 수 있다.

전자의 방법은 산술적으로 아무런 문제가 되지 않으나 절대값을 계산기나 프로그램에서 공학적으로 다루기가 불편하기 때문에 제한적으로만 사용하고 후자의 경우를 주로 사용한다. 후자의 경우, 개인차의 정도는 같으나 부호가 다를 경우에 자승화를 통해 모두 동일한 정도의 개인차를 나타내는 수치로 바뀌기 때문에(예컨대, −5와 +5가 모두 25로 변환되기 때문에) 개념적으로 존재하는 개인차의 정도가 동일하게 다루어지게 되고, 그리고 산술적으로 개인차들의 합을 구할 수 있게 된다.

$$SS = (X_i - Mean)^2$$

〈표 3-16〉 편차점수 및 편차점수의 합

신생아	반응잠시	평균	편차점수	편차점수 합
A	11		−9	
B	12		−8	
C	13		−7	
D	14		−6	
E	15		−5	
F	16		−4	
G	17		−3	
H	18		−2	
I	19		−1	
J	20	20	0	0
K	21		+1	
L	22		+2	
M	23		+3	
N	24		+4	
O	25		+5	
P	26		+6	
Q	27		+7	
R	28		+8	
S	29		+9	

　편차점수의 자승화의 합(Sum of Square of deviation scores: SS)은 자료 속에 존재하는 모든 개인차의 합이기 때문에 주어진 집단 자료가 어느 정도의 개인차를 지니고 있는지(어느 정도 이질적인지) 말해 준다. 즉, $SS = 0$이면 자료 속에 개인차가 전혀 존재하지 않는다는 것이며, $SS > 0$이면 자료 속에 개인차가 존재한다는 것이다. SS값을 통해 우리는 주어진 자료 속에 존재하는 개인차의 존재 유무에 대한 정보를 얻을 수 있으나, SS의 특성상 사례 수가 증가할수록 SS값도 무한히 증가할 수 있기 때문에 SS값의 크기로부터 주어진 집단 속에 존재하는 개인차가 어느 정도 큰 것인지 해석할 수 없다. 동일한 변인을 동일한 척도로 측정하여 집단 간의 개인차의 정도를 비교하고자 할 경우라도 사례 수가 많은 집단의 SS가 사례

수가 적은 집단의 SS보다 크게 추정되기 때문에 사례 수가 다른 집단 간에 자료의 분산 정도(이질성 정도)를 SS값으로 직접 비교할 수 없다.

집단 A($n=6$)	집단 B($n=7$)
1, 1, 2, 2, 3, 3	1, 1, 2, 2, 2, 3, 3
$SS(A) = \sum_{i=1}^{6}(X_i - \overline{X})^2$	$SS(B) = \sum_{i=1}^{7}(X_i - \overline{X})^2$

집단 A와 집단 B는 측정치가 모두 1, 2, 3으로 구성되어 있기 때문에 실제 자료 속에 존재하는 이질성(개인차)의 정도가 동일하지만, SS값을 계산하여 비교할 경우 $SS(A) < SS(B)$가되어 집단 B의 자료가 집단 A보다 개인차가 더 심한 것(더 이질적인 것)으로 해석하게 된다. 즉, 실제 자료의 성질(논리적 판단)과 산술적 계산을 통해 얻어진 정보(경험적 증거)가 일치하지 않게 나타남을 보여 준다. 이는 사례 수의 차이에서 생긴 문제이기 때문에 이 문제를 해결할 수 있는 방법은 산술적으로 집단의 사례 수와 관계없이 변산도를 비교할 수 있는 변산치를 계산해 내면 된다. 즉, SS값을 사례 수(N)로 나뉘어 평균 개인차의 정도를 구하면 사례 수와 관계없는 변산치를 얻을 수 있게 된다.

앞에서 기술한 바와 같이, 평균이란 주어진 집단의 사례 수가 얼마이건 관계없이 전체 자료를 하나의 값으로 가장 잘 요약해 주는 대표치이다. 따라서 SS값을 사례 수 N으로 나눌 경우, 산술적으로는 개개 사례들의 개인차의 정도를 가장 잘 요약해서 대표적으로 기술해 줄 수 있는 "편차점수 자승화의 평균"에 대한 값을 얻게 되고, 개념적으로는 자료 속에 존재하는 사례들 간의 평균 개인차 정도를 나타내는 값을 얻게 된다. 이렇게 얻어진 값을 변량 또는 분산(variance)이라 부른다. 그리고 차후에 다루게 될 분산분석(ANOVA)이나 회귀분석(regression analysis)과 같은 통계적 분석 방법에서는 분산이 산술적으로는 편차점수의 자승화의 평균(Mean of the Squared Deviation from the mean)이기 때문에 약자로 MS라고 나타내기도 한다.

$$\sigma^2 = \frac{\sum_{i=1}^{N}(X_i - \mu)^2}{N} = \frac{SS}{N} = MS \qquad \cdots\cdots(3.6)$$

따라서 분산이란 개념적으로는 바로 주어진 집단 자료 속에 존재하는 수많은 개개 사례들의 개인차를 가장 간명하게, 그리고 상대적으로 가장 정확하게(오차가 최소가 되는) 기술해 줄 수 있는 개인차의 대표치라 할 수 있다. 그리고 산술적으로는 일련의 자료 속에 존재하는 개인차의 정도(면적)를 평균하여 얻어진 평균 개인차의 정도를 의미한다. 분산값이 클수록 개인차가 심하고 자료가 보다 이질적이며, 분산이 0에 가까워질수록 개인차의 정도가 작고 그리고 자료가 보다 동질적임을 나타낸다. 따라서 우리가 어떤 변인을 설명한다는 것은 변인에 있어서 관찰 대상들 간에 존재하는 개인차를 설명한다는 것이며, 수학적으로는 분산을 설명한다는 말과 동일하다. 예컨대, 학생의 지능점수의 개인차를 설명한다는 것은 수학적으로는 지능점수의 변량을 설명한다는 의미이며, 지능점수로부터 영어 성적을 설명/예측한다는 것은 영어 성적의 개인차(변량)를 지능점수의 개인차(변량)로부터 예측/설명한다는 것이다.

　주어진 집단의 분산을 계산하는 공식은 변량에 대한 정보를 사용하는 목적과 자료 수집 대상에 따라 다르다. 분산에 대한 정보는 기술(description)과 추론(inference)의 두 가지 목적으로 사용된다. 분산을 기술의 목적으로 계산할 경우, 주로 모집단을 대상으로 관심하의 변인을 측정한 다음 얻어진 측정치들로부터 공식을 사용하여 분산을 계산한 후 모집단을 구성하는 관찰 대상자들 간에 존재하는 개인차의 유무나 정도를 기술하게 된다. 모집단 분산은 σ^2으로 나타내며 계산 공식은 (3.6)과 같다. 그러나 표본 자료(n)의 경우라도 단순히 표본 자료에 존재하는 개인차의 유무나 정도를 기술할 목적으로 사용할 경우에는 모집단과 동일한 공식을 사용하여 분산을 계산한다. 그리고 모집단 분산과 구분하기 위해 표본분산을 S^2으로 나타내며 표본분산 계산 공식은 다음과 같다.

$$S^2 = \frac{\sum_{i=1}^{n}(X_i - \overline{X})^2}{n-1} \qquad \cdots\cdots(3.7)$$

　연구자의 궁극적 관심은 항상 모집단 분산을 기술하려는 데 있기 때문에, 시간과 비용을 줄이기 위해 일단 표본 자료로부터 모집단 분산에 대한 추정치를 구한 다음 추정치를 사용하여 모집단 분산을 추정적으로 기술한다. 앞의 모분산 계산 공식과 표본분산 계산 공식을 비교해 보면 두 가지 차이점을 발견할 수 있을 것이다. 첫째, SS값을 계산하기 위해 모분산 공식에서는 μ를 사용하고 있고, 표본분산 공식에서는 $\overline{X}$를 사용하고 있다. 둘째, 모분산 공식에서는 분모를 N으로 사용하고 있고, 표본분산의 경우에는 $n-1$을 사용하고 있다. 표본분산 공식의 분모인 $n-1$을 자유도(degree of freedom)라 부른다. 그렇다면 표본분산의 경우, 분산을 계산하기 위해 모분산처럼 분모에 n을 사용하지 않고 왜 $n-1$을 사용하느냐이다. 표본분산을 계산하기 위해서 원칙적으로 $\overline{X}$ 대신 μ를 사용해야 하나, 표본을 대상으로 자료를 수집했기 때문에 $\overline{X}$를 사용할 수밖에 없다. 그러나 모분산 추정치로서 표본분산을 얻기 위해서는 $\overline{X}=\mu$가 되어야 한다. 따라서 만약 n개의 사례 중 $n-1$개의 사례가 어떤 값을 가지더라도 마지막 한 개의 값을 결정해서 계산에 넣을 수 있다면 $\overline{X}$가 μ의 값을 가질 수 있게 할 수 있을 것이다. 즉, 표본의 평균 $\overline{X}$가 μ가 되어야 한다는 제약 때문에 $n-1$개의 값만 확률적으로 자유롭게 얻어질 수 있다. 표본에서 계산된 통계치인 분산은 반드시 모집단의 모수치인 분산을 추정할 수 있기 위해 불편향성(unbiasedness)의 특성을 지니고 있어야 한다. 추정치의 불편향성에 대해서는 제8장에서 상세하게 설명하도록 하겠다.

예제 3-13

고급통계학 코스에 등록한 12명의 수강생들을 대상으로 기초통계학 시험을 실시한 결과, 다음과 같이 나타났다. 기초통계학 개념에 대한 이해도에 있어서 수강생들 간에 어느 정도의 개인 간 차가 존재하는지 알아보기 위해 분산값을 계산하고자 한다.

수강생	성적	수강생	성적
A	60	G	75
B	76	H	64
C	66	I	77
D	78	J	67
E	82	K	70
F	72	L	90

---

(5) 표준편차(Standard Deviation)

앞에서 설명한 분산은 자료 속에 존재하는 개인차의 정도를 수학적으로 요약한 지수이기 때문에 개인차의 존재나 개인차의 정도를 수학적으로 표현하고 다루기 위해 필요한 개념이다. 그러나 분산을 통해 개인차의 정도를 수학적으로는 표현할 수 있어도 계산된 분산값을 실제적 의미로 해석할 수는 없다. 예컨대, 100명의 신입생을 대상으로 토익 시험을 실시한 다음, 토익 성적에 있어서 100명 간에 어느 정도의 개인차가 존재하는지를 알아보기 위해 분산을 계산한 결과가 400으로 나타났다고 하자. 분산=400은 100명의 피험자 간에 토익점수에 있어서 평균적으로 400 정도의 개인차가 존재함을 말해 주나, 400이 토익점수에 있어서 학생들 간에 평균 400점 정도의 개인차가 존재하는 것으로 해석할 수는 없다는 것이다.

　앞에서 설명한 바와 같이, 집단 수준의 개인차를 알아내기 위해 먼저 편차점수를 계산하였다. 편차점수란 한 개인의 토익점수가 평균 토익점수로부터 어느 정도 차이가 있는지를 말해 준다. 그리고 편차점수의 합이 산술적으로 항상 0이 되기 때문에 이 문제를 해결하기 위해 편차점수를 자승화하였다. 편차점수를 자승화하는 순간, 우리는 토익 성적의 개인차를 실제적인 의미(실제의 측정단위)로 해석할 수 있는 실제 단위를 잃어버린 것이다. 예컨대, 홍길동의 토익 성적이 평균보다 10점 더 높을 경우, 편차점수는 10이 된다. 편차점수 10은 바로 홍길동의 토익 성적이 평균보다 10점 정도 높은 개인차를 의미한다. 그러나 10을 자승화하여 얻어진 100은 역시 홍길동의 개인차를 나타내지만, 100을 더 이상 토익 성적의 단위(의미)로 해석할 수 없게 된다는 것이다.

　분산으로 표현된 개인차의 정도를 실제 측정치의 의미로 환원시킬 수 있는 방법은 바로 분산의 제곱근을 구하는 것이다. 이렇게 얻어진 값을 표준편차(SD)라 하며, 모집단 자료일 경우 σ로 나타내고 표본일 경우 S로 나타낸다.

$$SD = \sqrt{Variance} = \sqrt{\frac{SS}{N}}$$

　앞의 예에서 100명의 토익 성적으로부터 계산된 분산이 400일 경우, 표준편차는 $\sqrt{400} = 20$이 된다. 즉, 100명의 학생들 간에 토익 성적이 서로 다르나 집단 전체로 볼 때 100명 간에 평균 20점 정도의 개인차가 존재하는 것으로 해석할 수 있다. 만약 표준편차=20이 g 단위로 측정된 무게라면 평균 20g 정도의 차이가 있다는 의미이고, 그리고 cm 단위로 측정된 길이라면 평균 20cm 정도의 개인차가 존재한다는 말이다. 이와 같이 자료의 변산 정도에 대한 산술적 기술은 분산값을 사용할 수도 있고 표준편차를 사용할 수도 있지만, 표준편차는 개인차의 정도를 본래의 측정치의 단위로 나타낸 값이기 때문에 개인차의 의미를 실제의 측정단위를 가진 의미로 해석하기 위해서는 표준편차를 사용해야 한다.

　모집단 표준편차 σ는 공식 (3.8)과 같이 모분산의 제곱근이고 표본의 표준편차는 공식 (3.9)와 같이 표본분산의 제곱근을 구하면 된다.

$$모집단\ 표준편차\ \sigma = \sqrt{\frac{\sum_{i=1}^{N}(X_i - \mu)^2}{N}} \qquad \cdots\cdots\cdots(3.8)$$

$$\text{표본 표준편차 } S = \sqrt{\dfrac{\sum\limits_{i=1}^{n}(X_i - \overline{X})^2}{n-1}} \qquad \cdots\cdots(3.9)$$

• 표준편차의 성질: 앞에서 평균의 성질을 설명하면서 원점수분포하의 모든 사례에 일정한 상수 C만큼 더하거나 빼면 원점수분포의 평균도 C만큼 증가하거나 감소하고, 원점수분포하의 모든 사례에 일정한 상수 C만큼 곱하거나 나누면 원점수분포의 평균도 C배만큼 증가하거나 1/C배만큼 감소한다고 했다. 그렇다면 만약 원점수분포하의 모든 사례에 일정한 상수 C만큼 더하거나 빼면 원점수분포의 표준편차는 어떻게 될 것인지, 그리고 원점수분포하의 모든 사례에 일정한 상수 C만큼 곱하거나 나누면 원점수분포의 표준편차는 어떻게 변하는지 알아보도록 하겠다.

첫째, 표준편차란 개념적으로 각 사례들이 평균으로부터 떨어져 있는 정도를 나타내는 편차점수의 평균이기 때문에 모든 사례에 상수를 더하거나 빼도 원점수들 간의 상대적 크기를 나타내는 편차점수는 변하지 않는다. 따라서 원점수분포의 평균은 C만큼 증가하거나 감소해도 표준편차는 당연히 변하지 않는다.

둘째, 원점수분포하의 모든 사례에 일정한 상수 C만큼 곱하거나 나누면 원점수분포의 표준편차는 C배만큼 증가하거나 1/C배만큼 감소한다. 개념적으로 원점수에 일정한 상수 C를 곱할 경우 각 원점수의 크기도 C배만큼 증가하게 되기 때문에 원점수들 간의 차이도 C배만큼 증가하게 된다. 예컨대, 원점수 5와 8에 각각 3을 곱할 경우 원점수는 15와 24로 되고 그 차이값도 3에서 9로 변한다. 즉, 원점수 간의 차이가 3(원점수 차이=3)배만큼 증가하게 됨을 알 수 있다. 원점수에 일정한 상수 C를 나누어도 산술적으로 결국 1/C을 곱하는 것이므로 원점수분포의 표준편차는 1/C배로 감소하는 것으로 나타난다. 예컨대, 원점수 6과 9에 각각 3을 나누면 원점수는 2와 3이 되고 그 차이값도 3에서 1로 변한다. 즉, 원점수 간의 차이가 1/3(원점수 차이=3)만큼 작아짐을 알 수 있다.

예제 **3-14**

고급통계학 코스에 등록한 12명의 수강생들을 대상으로 기초통계학 시험을 실시한 결과, 다음과 같이 나타났다. 기초통계학 개념에 대한 이해도에 있어서 수강생들 간에 어느 정도의 개인 간 차이가 존재하는지 알아보기 위해 표준편차를 계산하고자 한다.

수강생	성적	수강생	성적
A	60	G	75
B	76	H	64
C	66	I	77
D	78	J	67
E	82	K	70
F	72	L	90

(6) 표준오차(Standard Error)

표준편차 SD는 주어진 변인의 측정치에 있어서 집단 속의 서로 다른 개인들 간에 존재하는 개인 간 차이의 평균 정도를 나타내는 값이다. ① 동일한 개인에게 동일한 변인을 수백 번 반복해서 측정하는 경우나, ② 모집단으로부터 동일한 크기의 표본을 수백 번 반복해서 표집한 다음 매번 표집된 표본 자료로부터 평균이나 비율과 같은 통계치를 계산하여 얻어지는 자료를 생각해 보자. 첫 번째의 경우, 얻어진 측정치 간의 차이는 개인 간 차이가 아니라 측정 오차에 따른 개인 내 차를 의미한다. 즉, 표준편차 공식을 통해 계산된 값이 바로 평균적인 측정 오차를 나타낸다. 두 번째의 경우, 반복적 표집을 통해 얻어진 통계치들의 표준편차는 바로 [평균 표집오차의 정도+평균적인 측정 오차]의 정도를 나타낸다. 만약 후자의 경우 측정 도구가 완벽하게 신뢰롭고 타당한 것이라면 표준편차는 바로 평균적인 표집오차의 정도를 나타낸다. 앞의 두 경우에서 계산된 표준편차는 모두 무작위로 발생되는 오차 정도를 나타내기 때문에 표준편차와 수학적으로는 동일한 계산 공식을 통해 얻어지지만 표준편차라 부르지 않고 표준오차라 부른다.

$$SE = \sqrt{\frac{\sum_{i=1}^{N}(X_i - \overline{X})^2}{N}} \qquad \cdots\cdots(3.10)$$

예제 3-15

한 연구자가 실험실용으로 구입한 저울의 오차 정도를 알아보기 위해 동일한 사물의 무게를 반복적으로 20번 측정한 결과, 다음과 같이 나타났다. 측정의 표준오차를 계산하시오.

시행	무게	시행	무게
1	20.3	11	21.3
2	19.9	12	21.0
3	20.2	13	20.0
4	21.1	14	20.2
5	20.2	15	20.3
6	20.0	16	20.1
7	21.2	17	20.0
8	20.3	18	20.4
9	19.0	19	20.0
10	20.0	20	19.9

4 평균과 표준편차를 이용한 원자료의 기술

앞에서 평균과 표준편차를 이용하여 집단 자료의 두 가지 성질을 가장 잘 요약할 수 있음을 알았다. 첫째, 평균은 집단 속의 모든 측정치의 크기를 하나의 측정치로 가장 잘 요약해서 기술해 줄 수 있는 요약치이다. 둘째, 표준편차는 집단 속의 측정치들이 집단의 평균을 중심으로 평균적으로 서로 얼마나 다른지를 기술해 주는 변산 정도의 요약치이다. 만약 평균과 표준편차 속에 집단 자료의 측정치들의 크기와 차이에 대한 성질이 가장 잘 축약되어 있다면, 평균과 표준편차로부터 역으로 원래의 집단 자료 속의 측정치들을 재생할 수 있어야 할 것이다.

평균과 표준편차로부터 원자료를 역으로 재생하는 방법은 원자료분포의 히스토그램의 형태에 따라 다르다. 도수분포표를 이용하여 히스토그램을 작성할 경우 [그림 3-17]과 같이 평균을 중심으로 좌우 대칭을 이루는 종 모양의 분포로 얻어질 경우에는 정규분포의 성질(경험의 규칙)을 적용하여 원자료를 대략적으로 기술할 수 있고, 그리고 히스토그램의 모양이 좌·우 어느 한쪽으로 기울어져 정규분포에서 벗어날 경우에는 체비셰프(Chebysheff)의 정리를 적용하여 원자료를 기술할 수 있다.

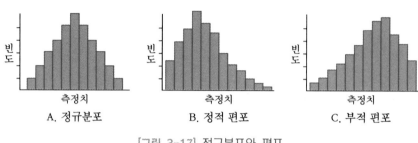

[그림 3-17] 정규분포와 편포

1) Chebysheff 정리에 의한 자료 재생

히스토그램으로 요약된 자료의 분포 모양이 종 모양의 정규분포를 나타내지 않을 경우, 다음과 같은 Chebysheff의 정리에 따라 평균과 표준편차를 이용하여 원자료를 개략적으로 기술할 수 있다. Chebysheff의 정리에 따르면, 평균으로부터 ±K표준편차 (K>1)이내에 속하는 측정치들의 최소한의 비율은 다음과 같다.

평균±K*SD 이내에 속하는 측정치들의 최소 비율

$(1 - \dfrac{1}{K^2})\%$

단, $K > 1$일 때

만약 $K = 2$일 경우, Chebysheff의 정리에 따라 전체 측정치 중 적어도 75%는 평균 ±2SD 이내의 값을 가지고 있다고 기술할 수 있다. 그리고 $k = 3$일 경우에는 적어도 88.9%의 측정치들이 평균 ±3SD 구간에 속하는 것으로 기술할 수 있다. 이와 같이 Chebysheff의 정리는 주어진 집단의 측정치들 중에서 평균 ±kSD 이내에 속하는 값을 가지는 측정치들의 최소한의 비율을 기술할 수 있도록 해 준다.

예제 3-16

K 대학원 신입생 1,000명을 대상으로 모의 토플 시험을 실시한 결과, 시험점수의 분포가 평균=50, 표준편차=5의 분포를 지니는 것으로 나타났다. 그리고 모의 토플점수의 분포가 정규분포를 이루는지 모른다고 가정할 때, Chebysheff의 정리에 따라,

1. 몇 명의 학생들이 토플 성적 40~60점의 범위에 속할 것으로 기대할 수 있는가?
2. 몇 명의 학생들이 토플 성적 35~65점의 범위에 속할 것으로 기대할 수 있는가?

2) 경험의 규칙에 의한 자료 재생

히스토그램으로 요약된 자료의 분포 모양이 평균을 중심으로 좌우 대칭을 이루는 종 모양의 정규분포로 나타날 경우, 평균과 표준편차를 다음과 같은 경험의 규칙(empirical rule)을 적용하여 원자료를 개략적으로 기술할 수 있다.

- 전체 측정치의 **약 68.26%가 평균 ±1SD 이내의 구간에** 속하는 값을 가진다.
- 전체 측정치의 **약 95.44%가 평균 ±2SD 이내의 구간에** 속하는 값을 가진다.
- 전체 측정치의 **약 99.72%가 평균 ±3SD 이내의 구간에** 속하는 값을 가진다.

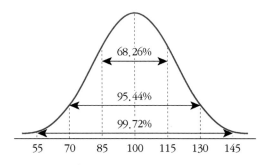

[그림 3-18] 경험의 규칙에 따른 측정치의 비율

예제 **3-17**

아동 1,000명을 대상으로 표준화 지능검사를 이용하여 지능을 측정한 결과, 자료의 분포가 평균=100, 표준편차=15의 정규분포를 이루는 것으로 나타났다고 가정하자. 경험의 규칙을 적용할 경우,

1. 경험의 규칙을 적용할 경우 아동의 지능이 85~115 범위 속에 몇 명의 아동이 속할 것으로 기대할 수 있는가?
2. 경험의 규칙을 적용할 경우 아동의 지능이 70~130의 범위 속에 몇 명의 아동이 속할 것으로 기대할 수 있는가?

제4장 표준점수

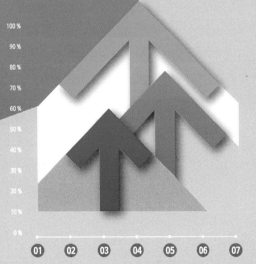

제4장 표준점수

    우리는 앞에서 동일한 집단 내에 속해 있는 사례들 간의 점수를 비교하기 위해 편차점수를 포함하여 여러 가지 형태의 차이점수를 생각해 보았다. 그러나 어떤 관찰 대상자의 지능점수와 창의성 검사점수를 비교한다든가, 기말 시험의 영어 성적과 수학 성적을 비교한다든가, 문항 수가 다른 어떤 심리검사의 하위 검사 간 점수를 비교하는 등과 같이 동일한 집단에 서로 다른 검사를 실시하여 얻어진 점수를 비교하거나 또는 서로 다른 집단에 동일한 검사를 실시하여 얻어진 점수를 비교해야 할 경우가 많다.

    예컨대, A 학생이 모의고사의 영어 과목에서 70점을 받았고 수학 과목에서 80점을 받았다. 만약 [그림 4-1]과 같이 각 과목 시험에서 두 집단 모두가 동일한 정도의 분산을 가질 경우(영어 과목의 경우 평균=60, 표준편차=10이고 수학 과목의 경우 평균=70, 표준편차=10이라고 가정하자.)에는 상대적 수행 정도가 동일한 것으로 해석할 수 있으나, [그림 4-2]와 같이 두 과목점수의 분산이 다를 경우(영어 과목의 경우 평균=60, 표준편차=10이고 수학 과목의 경우 평균=70, 표준편차=5라고 가정하자.)에는 동일한 편차점수의 상대적 위치가 다르기 때문에 편차점수를 직접 비교하여 상대적 비교를 할 수 없음을 알 수 있다.

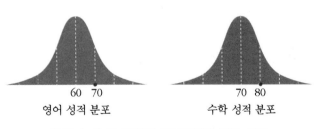

| 60 70 | 70 80 |
| 영어 성적 분포 | 수학 성적 분포 |

[그림 4-1] 두 집단의 표준편차가 같을 경우

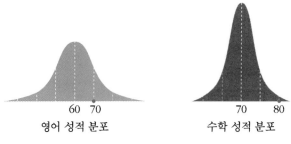

60 70   70 80

영어 성적 분포   수학 성적 분포

[그림 4-2] 두 집단의 평균과 표준편차가 다를 경우

    따라서 평균과 표준편차가 다른 두 집단의 원점수를 비교하기 위해서는 동일한 평균과 표준편차를 지닌 분포하의 점수로 변환한 다음 변환된 점수를 서로 비교해야 한다. 즉, 비교 조건을 동일하게 변환해야 한다. 제3장에서 설명된 평균과 표준편차의 성질을 이용하면 원점수의 분포를 연구자가 원하는 평균과 표준편차를 지닌 새로운 점수의 분포로 선형변환시킬 수 있다. 그래서 연구자가 자신의 원점수분포를 어떤 표준적인 평균과 표준편차를 지닌 분포하의 점수로 선형변환한 점수를 표준점수(standardized score)라 부른다.

1 Z점수

    표준적인 평균과 표준편차를 얼마로 설정하느냐에 따라 수많은 형태의 표준점수가 있을 수 있으며, 그중에서 특히 평균＝0, 표준편차＝1의 표준으로 변환된 표준점수분포를 Z점수 분포라 부르고 Z점수분포하의 표준점수를 Z점수라 부른다. 그리고 정규분포를 따르는 Z점수분포를 단위정규분포(unit normal distribution)라 부른다. 그럼 먼저 표준점수인 Z점수에 대해 알아보자.

    [그림 4-2]의 경우와 같이, 평균과 표준편차가 다른 두 집단의 원점수를 비교하기 위해서는 두 원점수를 모두 동일한 평균과 표준편차를 지닌 분포하의 점수로 변환하여 동일한 비교 단위로 통일해야 한다. 첫째, 동일한 평균값은 연구자의 의도에 따라 어떤 값으로도 설정할 수 있다. 예컨대, 평균을 0으로도 설정할 수 있고 0이 아닌 0.111, 0.34, 12, 345, 1005 등 어떤 값으로도 설정할 수 있다. 연구자가 원하는 평균을 가진 분포하의 점수로 변환하기 위해 제3장에서 설명한 평균의 성질을 이용하여 비교하고자 하는 두 원점수에 대하여 각 원점

수분포의 평균을 빼면 평균이 0인 분포하의 점수로 변환될 것이다. 따라서 평균이 달라도 서로 비교할 수 있는 평균-무관성점수로 변환된다. 이 과정을 통해 두 비교점수는 각각 평균이 0인 분포하의 점수로 통일되었지만, 평균의 성질에서 언급한 바와 같이 표준편차에는 영향을 주지 않기 때문에 여전히 서로 다른 표준편차를 지닌 점수로 남아 있게 된다. 둘째, 평균이 0인 점수로 변환된 편차점수를 각자의 표준편차로 나누어 주면 표준편차의 성질에 의해 각 분포의 원점수는 모두 표준편차=1인 분포하의 점수로 변환될 것이다. 즉, 각 집단의 편차점수들을 각자의 표준편차로 나누어 원점수의 표준편차가 달라도 서로 비교할 수 있는 척도-무관성점수(scale free score)로 변환시키는 것이다. 이런 과정을 통해 평균=0이고 표준편차=1인 표준점수분포하의 점수로 변환된 점수를 Z점수라 부른다. 원점수를 Z점수로 변환시키는 공식은 다음과 같다.

$$Z = \frac{X - \mu}{\sigma} \qquad \cdots\cdots\cdots(4.1)$$

앞의 공식 (4.1)에서 알 수 있는 바와 같이, Z점수는 ① 원점수가 아닌 편차점수($X - \mu$)로 변환된 평균-무관성점수이기 때문에 비교되는 두 집단의 평균이 달라도 관계없이 서로 비교할 수 있는 점수이며, 그리고 ② 편차점수를 다시 표준편차(σ)로 나누어 얻어진 척도-무관성점수이기 때문에 표준편차가 달라도 서로 비교할 수 있는 성질을 지니게 된다. 대개의 경우, 서로 다른 두 변인(예컨대, 지능과 창의성, 영어와 수학, 체중과 신장)을 측정하는 검사는 내용은 물론 문항 수가 다르고 척도의 단위가 다른 경우가 많기 때문에, 두 집단의 점수를 비교하고자 할 경우 원점수를 Z점수로 변환하여 평균-무관성과 척도-무관성으로 변환된 Z점수를 비교해야 한다.

예제 4-1

철수는 기말 시험에서 영어=80, 수학=75점을 받았다. 두 과목의 반 평균과 표준편차는 다음과 같다.

구분	영어	수학
원점수	80	75
평균	70	65
표준편차	10	5

철수는 영어 시험과 수학 시험 중 어느 시험에서 같은 반 학생들보다 더 높은 성적을 받았는가?

1) Z점수의 성질

Z점수 변환 공식에서 설명한 바와 같이, 원점수를 Z점수로 변환하는 과정에서 모든 원점수로부터 상수인 평균점수를 빼기 때문에 평균의 성질에 따라 원점수분포는 평균이 0인 분포로 변환된다. 그러나 평균의 성질에 따라 평균이 0으로 변환된 분포의 표준편차는 여전히 원점수분포의 표준편차를 그대로 지니게 된다. 그리고 평균이 0이고 표준편차가 원점수분포의 표준편차를 지닌 분포하의 점수로 변환된 모든 점수를 다시 원점수분포의 표준편차로 나누어 주기 때문에 원점수분포는 평균=0, 표준편차=1을 지닌 새로운 Z점수분포로 변환된다.

원점수분포에서 평균보다 작은 원점수의 경우는 Z점수분포에서 음(−)의 편차점수로 변환되기 때문에 음(−)의 Z점수로 변환되고, 반대로 원점수가 평균보다 큰 경우는 양(+)의 편차점수로 변환되기 때문에 양(+)의 Z점수로 변환된다. 그리고 원점수분포에서 원점수가 분포의 평균에 해당될 경우, 편차점수가 0이기 때문에 Z점수도 0의 값으로 변환된다. 〈표 4−1〉은 10명의 학생들에게 지능검사를 실시하여 얻어진 가상적인 원점수분포를 편차점수 및 Z점수로 각각 변환한 결과이다. 〈표 4−1〉에서 확인할 수 있는 바와 같이, 원점수분포를 Z점수분포로 변환할 경우 변환된 Z점수의 분포는 항상 평균=0, 표준편차=1을 지니게 된다. 물론 원점수분포를 Z점수분포로 변환해도 평균과 표준편차만 변화되고 분포의 모양은 그대로 유지되기 때문에 Z점수분포의 모양은 원점수분포의 모양과 동일하게 그대로 유지된다. 즉, 원점수분포가 사각분포이면 Z점수분포도 똑같은 사각분포를 나타내고, 원점수분포가 평균을 중심으로 좌우 대칭을 이루는 종 모양의 정규분포이면 Z분포도 역시 평균=0을 중심으로 좌우 대칭을 이루는 종 모양의 정규분포로 나타난다.

〈표 4-1〉 원점수의 편차점수 및 Z점수로 변환 결과

사례 번호	원점수 (X)	편차점수 $(X-\mu)$	Z점수 $(X-\mu)/\sigma$
1	99	−16.2	−1.05
2	100	−15.2	−.99
3	101	−14.2	−.92
4	108	−7.2	−.47
5	109	−6.2	−.40
6	112	−3.2	−.21
7	121	5.8	.38

8	123	7.8	.51
9	134	18.8	1.22
10	145	29.8	1.94
평균	115.2	0	0
표준편차	15.38975	15.38975	1.00

2) Z점수분포를 원점수분포로 변환하기

연구상황에 따라 주어진 Z점수로부터 역으로 원점수를 알아볼 필요가 있을 수 있다. 만약 원점수분포의 평균과 표준편차를 알면, 원점수를 Z점수로 변환하기 위해 사용했던 평균과 표준편차의 성질을 역으로 이용하면 주어진 Z점수를 원점수분포하의 점수로 쉽게 역변환할 수 있다.

단계 1 Z점수분포($\mu=0$, $\sigma=1$)하의 모든 Z점수에 원점수의 표준편차를 곱하면 Z점수분포는 원점수의 표준편차를 지닌 분포하의 점수로 변환된다. 예컨대, 원점수분포의 $\mu=50$, $\sigma=5$일 경우, 모든 Z점수에 5를 곱하면 Z점수분포는 일단, $\sigma=5$ 그리고 $\mu=0$인 분포로 변환된다(평균이 0인 Z점수에 5를 곱해도 여전히 평균은 0이기 때문).

단계 2 $\mu=0$, $\sigma=5$로 변환된 분포상의 모든 점수에 원점수분포의 평균에 해당되는 점수를 더하면 평균과 표준편차의 성질에 따라 $\mu=50$, $\sigma=5$인 원점수의 분포로 변환된다(평균과 표준편차의 성질).

$$X=5Z+10$$

〈표 4-1〉의 자료를 이용하여 앞에서 설명한 단계에 따라 변환한 결과는 〈표 4-2〉와 같다. 〈표 4-2〉에서 볼 수 있는 바와 같이, 평균=0, 표준편차=1인 Z점수분포상의 모든 점수에 원점수분포의 표준편차 15.38975를 곱한 결과, 모든 Z점수가 평균=0, 표준편차=15.38975를 가진 분포로 변환되었음을 알 수 있다. 그리고 다시 단계 1에서 변환된 모든 점수에 원점수분포 평균의 115.2를 더한 결과, 평균=115.2, 표준편차=15.38975를 지닌 원점수분포로 변환되었음을 알 수 있다. 예컨대, $Z=.38$을 평균=115.2, 표준편차=15.38975인 분포로 변환한 결과, $X=121$로 변환된 것으로 나타났다.

〈표 4-2〉 *Z*점수를 원점수로 변환 결과

사례	*Z*점수	단계 1	단계 2
1	−1.05	−16.2	99
2	−.99	−15.2	100
3	−.92	−14.2	101
4	−.47	−7.2	108
5	−.40	−6.2	109
6	−.21	−3.2	112
7	.38	5.8	121
8	.51	7.8	123
9	1.22	18.8	134
10	1.94	29.8	145
평균	0	0	115.2
표준편차	1.00	15.38975	15.38975

지금까지 *Z*점수분포를 특정한 평균과 표준편차를 지닌 원점수분포로 변환하는 절차에 대해 설명하였다. 이 절차를 응용하면 원점수분포를 연구자가 원하는 평균과 표준편차를 지닌 또 다른 표준점수로 변환할 수 있다.

2 다른 표준화 점수들

지금까지 원점수분포를 평균=0, 표준편차=1인 *Z*점수분포로 변환하는 절차와 *Z*점수분포를 다시 원점수분포로 변환하는 방법과 절차에 대해 알아보았다. 이 두 절차를 이용하면 기존의 원점수분포를 연구자가 원하는 특정한 평균과 표준편차를 지닌 표준점수분포로 변환할 수 있다. 이때, 연구자가 설정한 특정한 평균과 표준편차는 측정된 원점수를 특별히 표현하기 위해 설정되는 하나의 표준(standard)이기 때문에, 이러한 표준에 따라 변환된 점수를 표준화 점수(standardized score)라 부른다. *Z*점수도 역시, 평균=0, 표준편차=1로 변환된 표준점수 중의 하나이며, 주로 통계적 목적으로 많이 사용된다. 지능검사는 검사마다 문항 수가 다르고 하위 검사의 수가 다르다. 그러나 거의 모든 지능검사는 평균=100, 표준편차=15인 편차 IQ(Deviation IQ) 시스템을 표준으로 정하고 모든 지능검사의 원점수분포를 평균=100, 표준편차=15인 표준점수분포로 변환하여 보고함으로써 서로 다른 지능검사의 점수를 비교할 수 있도록 하고 있다. 정의적 특성을 측정하는 심리검사 분야에서는 대부분의 경우 원점수를 평균=50, 편차점수=10으로 변환된 표준점수로 나타내도록 약속하고 있으며, 이렇게 표현된 표준점수를, 특히 T점수라 부른다. 그리고 영어 공인 시험인 TOEFL, TOEIC, TEPS 등은 각자 고유의 표준점수 시스템으로 나타내고 있다.

지금부터 실제 자료를 이용하여 원점수분포를 연구자가 원하는 특정한 표준점수로 변환하는 절차와 방법에 대해 알아보도록 하겠다. 다음 자료는 한국판 KABC-II(문수백, 2014)를 한국판으로 표준화하기 위해 수집된 자료 중 〈하위 검사 1: 이름기억 원점수분포 자료〉이다. 이제 이 하위 검사의 원점수를 평균=10, 표준편차=3의 표준점수로 변환하는 절차를 보여 주도록 하겠다.

단계 1 원점수분포의 평균과 표준편차를 파악한다.
평균=33.8538, 표준편차=9.39402

단계 2 원점수분포를 평균=0, 표준편차=1인 Z점수분포로 변환한다.
원점수에서 평균을 빼고, 그리고 표준편차로 나눈다.
$Z = (X - 33.8538) / 9.39402$

단계 3 Z점수분포를 다시 평균=10, 표준편차=3인 표준점수분포로 변환한다.
Z점수에 표준편차=3을 곱하고, 그리고 평균=10을 더한다.
표준점수=(3*Z)+10

X	빈도	Z점수 평균=0 표준편차=1	표준점수 평균=10 표준편차=3	X	빈도	Z점수 평균=0 표준편차=1	표준점수 평균=10 표준편차=3
3	2	−3.30	.09	33	86	−.09	9.72
5	2	−3.09	.74	34	83	.01	10.04
8	1	−2.77	1.70	35	88	.12	10.36
9	4	−2.66	2.02	36	64	.23	10.68
10	3	−2.55	2.34	37	98	.33	11.00
11	3	−2.45	2.66	38	79	.44	11.32
12	9	−2.34	2.98	39	84	.55	11.64

13	10	−2.23	3.30	40	74	.65	11.96
14	9	−2.13	3.62	41	78	.76	12.28
15	13	−2.02	3.94	42	62	.87	12.60
16	15	−1.91	4.26	43	93	.98	12.93
17	17	−1.81	4.58	44	63	1.08	13.25
18	25	−1.70	4.91	45	90	1.19	13.57
19	16	−1.59	5.23	46	38	1.30	13.89
20	41	−1.48	5.55	47	45	1.40	14.21
21	49	−1.38	5.87	48	41	1.51	14.53
22	49	−1.27	6.19	49	22	1.62	14.85
23	56	−1.16	6.51	50	20	1.72	15.17
24	68	−1.06	6.83	51	24	1.83	15.49
25	68	−.95	7.15	52	18	1.94	15.81
26	74	−.84	7.47	53	16	2.04	16.13
27	72	−.74	7.79	54	11	2.15	16.45
28	121	−.63	8.11	55	5	2.26	16.78
29	80	−.52	8.43	56	9	2.37	17.10
30	137	−.41	8.76	58	4	2.58	17.74
31	95	−.31	9.08	60	1	2.79	18.38
32	77	−.20	9.40	Total	2412		

　　연구자의 연구목적에 따라 원점수분포를 다양한 평균과 표준편차를 지닌 표준점수분포로 변환할 수 있으며, 표준점수는 원점수를 선형변환하여 얻어진 변환점수이기 때문에 원점수분포하의 원점수 간 상대적 위치는 [그림 4-3]에서 볼 수 있는 바와 같이 어떤 표준점수분포로 변환하건 관계없이 동일하게 유지됨을 알 수 있다.

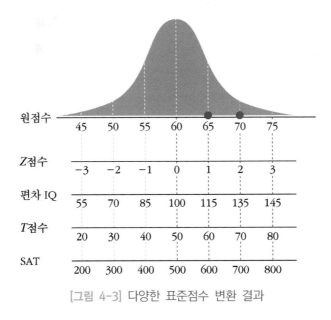

[그림 4-3] 다양한 표준점수 변환 결과

3 표준점수 간의 비교

앞에서 비록 동일한 모양의 정규분포라도 평균과 표준편차에 따라 서로 다른 정규분포가 존재하며, 평균과 표준편차가 달라도 동일한 수학적 특성을 지닌다고 했다. 수많은 정규분포 중에는 평균이 $\mu=200$, $\sigma=1.369$인 것도 있고 $\mu=0.38$, $\sigma=2.5$인 것도 있을 것이다. 그리고 $\mu=0$, $\sigma=1$인 정규분포도 있을 것이다. 수많은 정규분포 중에서, 특히 $\mu=0$, $\sigma=1$인 정규분포를 단위정규분포(unit normal distribution)라 부르며 $Z \sim n(0,1)$로 나타내고, 그리고 "Z는 평균=0, 표준편차=1인 정규분포를 따른다."라고 읽는다. 물론 단위정규분포하의 점수는 Z점수로 변환된 측정치이기 때문에 단위정규분포하의 모든 측정치는 당연히 Z점수라 부른다. n은 normal distribution을 나타내는 약자이며 (0, 1)은 분포의 평균=0, 표준편차=1임을 나타낸다.

많은 사람이 흔히 잘못 이해하고 혼동하고 있는 것은 원점수분포를 평균=0, 표준편차=1인 Z점수분포로 변환하면, 변환된 Z점수분포가 정규분포를 이룬다고 생각하는 것이다. 원점수분포가 Z점수분포로 변환되는 것과 원점수분포가 정규분포로 되는 것은 서로 아무 관련이 없다. 정규분포를 이루는 모든 분포의 점수가 Z점수가 아니듯이 Z점수분포가 모두 정규분포를 따르는 것도 아니다. 표준정규분포도 수많은 정규분포 중의 하나일 뿐이고,

단지 분포의 측정치가 Z점수라는 표준점수 체제를 지니고 있다는 점에서 다른 정규분포와 구별된다.

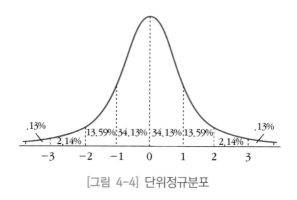

[그림 4-4] 단위정규분포

Z점수분포와 정규분포 간의 관련성에 대해 이러한 오해가 생기는 이유는 통계학자들이 도표로 제공해 주는 정규분포가 모두 Z점수로 변환된 표준정규확률분포이기 때문일 것이다. 단위정규분포를 사용하는 이유는 단위정규분포가 다른 정규분포와 구별되는 어떤 특별한 수학적 특성을 지니고 있기 때문이 아니고, 단순히 편리성 때문이다. 앞에서 언급한 바와 같이, 단위정규분포가 가지는 수학적 특성은 다른 수많은 정규분포와 다르지 않다. 다만, 가장 간단한 평균=0과 표준편차=1을 지닌 정규분포이기 때문에 다루기 쉽고 표현된 값들이 비교적 작고 간단하기 때문이다. 실제 연구에서 여러 개의 변인을 측정하거나 동일한 변인을 서로 다른 집단에서 측정할 경우, 얻어진 측정치의 분포들이 정규분포를 이룬다고 하더라도(물론 정확히 동일한 정규분포를 이루지를 않는다.) 평균과 표준편차가 서로 다른 분포로 얻어지게 된다. 측정치분포의 평균과 표준편차가 다를 경우, 서로 다른 분포의 점수를 직접 비교할 수 없기 때문에 어떤 동일한 평균과 표준편차를 지닌 표준점수분포하의 점수로 변환한 다음 측정치의 상대적 크기에 대한 비교를 할 수밖에 없다. 비교할 때마다 원점수분포를 특정한 평균과 표준편차를 지닌 표준점수분포로 변환하여 비교할 수는 있다. 그러나 비교할 때마다 표준점수분포를 다르게 설정하는 것은 불가능한 일은 아니지만 대단히 비실용적이고 비효율적이다. 만약 다양한 변인과 집단에 따라 얻어진 분포를 모두 어떤 특정한 표준점수분포로 변환한다면, 그리고 그 표준점수분포가 평균=0, 표준편차=1의 Z점수분포라면 비교할 때마다 비교를 위해 여러 개의 표준점수분포로 변환할 필요도 없이 가장 간단한 하나의 표준점수 체제를 가지고 서로 효율적으로 비교할 수 있을 것이다.

집단 간 표준점수의 비교와 관련하여 주의해야 할 것이 있다. 서로 다른 집단의 원점수분포를 동일한 평균(0)과 표준편차(1)를 가지는 Z점수분포로 변환해도 항상 서로 비교할 수 있는 것은 아니다. 비교되는 집단의 원점수분포가 모두 정규분포이거나 또는 동일한 모양의 분포를 이룰 경우에는 원점수분포를 Z점수분포로 변환해도 특정한 Z점수의 상대적 위치가 동일하기 때문에 Z점수를 서로 비교할 수 있으나, 분포의 모양이 다를 경우에는 동일한 Z점수라도 분포상의 위치가 다르기 때문에 비교 결과가 타당하지 않을 수 있다는 것이다.

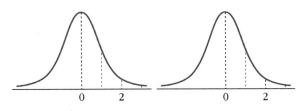

[그림 4-5] 두 분포의 형태가 동일한 경우

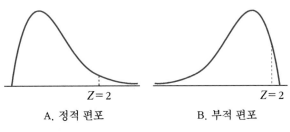

A. 정적 편포   B. 부적 편포

[그림 4-6] 두 분포의 형태가 다를 경우

[그림 4-6]의 A분포는 정적 편포를 보이고 있고 B분포는 부적 편포를 보이고 있다. 분포 A에서 $Z=+2$는 상대적으로 분포의 아주 높은 위치에 속해 있는 반면, 동일한 $Z=+2$가 분포 B에서는 역시 분포의 상위에 속하지만 분포 A에 비해 더 많은 점수가 $Z=2$보다 상위에 속해 있음을 알 수 있다. 따라서 Z점수를 이용하여 두 분포상의 점수를 비교하고자 할 경우, 연구자는 먼저 비교되는 두 Z점수의 분포가 얼마나 유사한지 반드시 확인해 보아야 한다.

예제 4-2

철수는 종합심리검사의 지능검사에서 원점수 324점을 받았고 사회성 검사에서 원점수 23점을 받았다. 철수와 같은 또래 집단인 표준화 집단에 있어서 두 심리검사의 원점수 평균과 표준편차는 다음과 같다.

구분	지능검사	사회성 검사
평균	300	20
표준편차	12	3

1. 지능검사 원점수 324를 평균=100, 표준편차=15의 편차 IQ점수로 변환하시오.
2. 사회성 검사 원점수 23을 평균=50, 표준편차=10의 T점수로 변환하시오.

제5장 확률의 이해

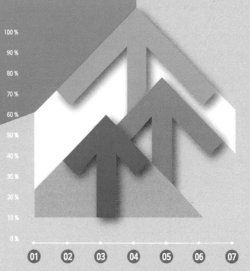

제5장 제5장 확률의 이해

1 확률의 기본 개념

우리는 일상생활 속에서 어떤 일이 일어날 가능성이나 확률에 대한 다양한 정보를 주고 받는다. 예를 들면, 일기 예보에서 내일 비가 올 확률이 60%라는 말을 듣기도 하고, 친구에게 당첨될 확률이 거의 없는 복권을 사느니 그 돈으로 커피 한잔을 사 먹는 것이 낫다고 말하기도 한다. 그리고 경마에서 자신이 선택한 말이 우승할 확률이 높다거나 대선에서 특정 후보의 당선 가능성에 대해 서로 이야기를 나누기도 한다. 이와 같이 어떤 사건이 주어진 조건하에서 일어날 가능성 또는 일어나지 않을 가능성을 확률(probability)이라고 한다.

관심하의 변인(들)에 대한 정보를 얻기 위해 전수조사가 아닌 표본조사를 하게 될 경우, 연구자는 표본 자료로부터 계산된 통계치로부터 모수치를 확률적으로 추론할 수밖에 없다. 대부분의 연구에서 연구자는 확률 이론을 통해 표본 자료로부터 계산된 통계량으로부터 모수를 추론하여 모집단의 특성을 기술하게 된다. 따라서 확률의 개념은, 특히 표본통계량을 통해 모집단의 모수를 추정하려는 추론통계에서 가장 중요한 핵심적 개념이다. 따라서 이 장에서는 차후에 다루게 될 확률분포와 추론통계의 논리를 이해하기 위해 필요한 확률과 관련된 기본적인 개념인 확률 실험, 표본공간, 요소 그리고 사상의 의미에 대해 알아보겠다.

1) 확률 실험

우리가 어떤 사건이나 현상이 일어날 가능성이나 확률에 대해 다른 사람에게 말하거나 또는 다른 사람이 말하는 확률의 의미를 이해하려면, 확률과 관련하여 적어도 두 가지 정보인 표본공간과 요소를 알 수 있어야 한다. 주사위를 던지거나 동전을 던져서 연구자가 기대하는 어떤 결과가 얻어질 수 있는 확률을 알기 위한 행위 또는 활동을 확률 실험(random experiment)이라 한다. 확률 실험을 통해 연구자가 기대하고 있는 어떤 결과에 대한 확률을 정의하기 위해서, 연구자가 원하는 결과를 얻기 위한 행동 또는 활동을, ① 적어도 이론적으로 무한히 반복해서 할 수 있어야 하고, ② 활동을 통해 관찰할 수 있는 모든 가능한 결과를 정의할 수 있어야 하며, 그리고 ③ 각 확률 실험에서 구체적으로 어떤 결과가 발생될지 알수 없어야 한다. 예컨대, 어떤 균형 잡힌 주사위를 던질 경우 짝수가 나올 수 있는 확률을 알기 위해서 행해지는 확률 실험은 적어도 이론적으로 주사위를 던지는 활동을 무한히 반복할 수 있고(충분한 수의 반복적 행동), 각 확률적 실험에서 관찰 가능한 결과들(짝수=2, 4, 6, 홀수=1, 3, 5)을 정의할 수 있으며, 그리고 각 확률 실험에서 어떤 결과가 나올지 확실히 알 수 없다.

2) 표본공간과 요소

주어진 확률 실험을 통해 얻어질 수 있는 모든 가능한 결과의 집합을 표본공간이라 하고, 주어진 표본공간을 구성하는 각 결과들을 요소 또는 표본점(sample point)이라 부른다. 예컨대, 주사위를 던졌을 때 숫자 3이 나올 확률에 대해 말하려면, 첫째, 주사위를 던졌을 때 나올 수 있는 모든 결과(1, 2, 3, 4, 5, 6), 즉 표본공간을 알아야 한다. 둘째, 주사위에 표시된 숫자 3이 몇 개인지를 알아야 한다.

3) 사상

표본공간에 속해 있는 여러 결과 중에서 연구자가 특별히 확률을 알기 위해 관심을 가질 수 있는 결과를 사상 또는 사건이라 한다. 연구자는 표본공간을 구성하고 있는 특정한 하나의 요소(결과)의 확률에만 관심을 가질 수도 있고(주사위를 한 번 던졌을 때 숫자 4가 나올 확률) 또는 하나 이상의 요소들이 나올 확률에 관심을 가질 수 있다(주사위를 한 번 던졌을 때 숫자 3 또는 4가 나올 확률). 전자를 단순사상(simple event)이라 부르고, 후자를 복합사상(compound event)이라 부른다. 따라서 연구자가 관심을 가지고 확률을 알고자 하는 사상은 표본공간의 부분집합이라 할 수 있다. 이와 같이 주어진 확률 실험하에서 기대할 수 있는 모든 가능한 결과 중에서 (표본공간) 연구자가 관심을 두고 있는 특정한 결과(사상)가 일어날 가능성을 척도로 나타난 수치를 확률(probability: P)이라 하고, 단순사상 E_i가 일어날 확률은 $P(E_i)$로 나타내며, 복합사상 C가 일어날 확률은 $P(C)$로 나타낸다.

〈표 5-1〉 한 개의 주사위를 던지는 확률 실험의 표본공간

확률 실험	가능한 실험 결과	표본공간	단순사상의 예	복합사상의 예
주사위 던지기	1, 2, 3, 4, 5, 6	$S=\{1, 2, 3, 4, 5, 6\}$	$P(3)$	$P(홀수=1, 3, 5)$, $P(짝수=2, 4, 6)$, $P(1, 2)$

　지금까지 언급한 표본공간, 표본점 그리고 사상들의 관계를 이해하기 쉽게 벤 도표(Venn diagram)나 나무 도표(Tree diagram)를 통해 시각적으로 나타낼 수도 있다. [그림 5-1]의 예는 동전을 한 번 던지는 실험에서 나타나는 결과를 벤 도표와 나무 도표로 나타낸 것이다.

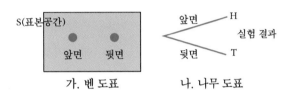

[그림 5-1] 동전 한 개를 한 번 던지는 확률 실험의 벤 도표 및 나무 도표

　동전 한 개를 한 번 던지는 확률 실험의 경우, 가능한 모든 실험 결과는 앞면(Head)과 뒷면(Tail)뿐이기 때문에 표본공간은 S={H, T}가 된다. 그렇다면 동전 한 개를 두 번 던지는 실험의 경우에 가능한 모든 결과를 생각해 보자. 첫 번째 실험에서 동전의 앞면 또는 뒷면이 나올 수 있을 것이다. 그리고 두 번째 실험에서도 역시 앞면과 뒷면이 나올 수 있을 것이다. 따라서 두 번 실험에서 모두 앞면이 나올 수도 있고 뒷면이 나올 수도 있으며, 또한 첫 번째 실험에서 앞면이, 그리고 두 번째 실험에서 뒷면이 나오거나 반대로 첫 번째 실험에서 뒷면이, 그리고 두 번째 실험에서 앞면이 나올 수도 있다. 따라서 동전 한 개를 두 번 던지는 실험을 할 경우 모두 네 가지 결과를 기대할 수 있으며, 표본공간은 S={HH, TT, HT, TH}가 된다. 이를 벤 도표와 나무 도표로 나타내면 다음과 같다.

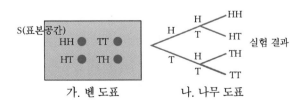

[그림 5-2] 동전 한 개를 두 번 던지는 확률 실험의 벤 도표 및 나무 도표

연구자가 동전 한 개를 두 번 던지는 실험에서 기대되는 표본공간 속의 네 개의 결과들 중에서 특정한 한 개의 결과가 얻어질 가능성에 관심을 가질 수도 있고(예: 두 번 모두 앞면이 나올 확률–단순사상 확률) 또는 한 개 이상의 결과가 얻어질 가능성에 관심을 가질 수도 있다(예: 두 번 모두 앞면이 나오거나 또는 두 번 모두 뒷면이 나올 확률–복합사상 확률).

확률 실험을 통해 발생되는 사상들 간의 관계를 고려할 때, 만약 두 사상 중에서 어느 한 사상의 발생 여부가 다른 사상의 발생 여부에 영향을 미칠 수도 있고 영향을 미치지 않을 수도 있다. 전자를 확률사상 간의 의존적 관계라 부르고, 후자를 확률사상 간의 독립적 관계라 부른다. 표본공간 속의 사상들 간의 독립성 여부는 특정한 사상의 발생확률을 계산할 때 중요한 조건이 된다.

두 개의 사건 중에서 어느 한 사건이 발생되면 다른 사건이 절대로 발생될 수 없는 경우, 두 사건은 서로 배타적 관계라 부른다. 예컨대, 성별은 관찰 대상자 간에 서로 배타적이다. 어느 관찰자의 성별이 여자이면 그 관찰 대상자는 동시에 남자일 수 없기 때문이다. 표본공간 속 사상들 간 관계의 배타성 여부는 특정한 사상의 발생확률을 계산할 때 역시 중요한 조건이 된다.

2 확률을 부여하는 세 가지 방법

주어진 확률 실험하의 표본공간이 주어지면, 한 실험에서 결과들에 부여되는 확률은 다음과 같은 두 가지 조건(성질)을 충족시켜야 한다.

첫째, 표본공간 속의 어떤 사상이라도, 그 사상이 단순사상이건 복합사상이건, 일어날 확률은 0과 1 사이에 있다.

$$0 \leq P(E_i) \leq 1$$
$$0 \leq P(C) \leq 1$$

둘째, 주어진 확률 실험에서 일어날 수 있는 모든 단순사상의 확률의 합은 항상 1.00이다.

$$\sum_{i=1}^{n} P(E_i) = P(E_1) + P(E_2) + P(E_3) + \cdots\cdots P(E_n) = 1.0$$

주어진 사상의 확률을 구하는 방법은 확률 실험 조건에 따라 달라진다. 첫째, 동전의 경우처럼 만약 동전이 찌그러져 있지 않다면 앞면 또는 뒷면의 각 단순사상이 일어날 가능성이 동일한 조건일 경우와, 둘째, 동전이 찌그러져 있거나 또는 두 번째 태어날 아기가 딸일 확률과 같이 특정한 사상이 일어날 확률을 어떤 규칙을 통해 구할 수 없는 경우이다. 이제 두 경우의 확률 조건으로 나누어 확률 계산 방법에 대해 알아보겠다.

1) 고전적 방법

고전적 접근 방법은 표본공간하의 각 단순사상이 일어날 확률이 동일한 실험 조건하에서의 확률을 계산하기 위한 접근 방법이다. 실험에서 기대되는 모든 단순사상이 일어날 확률이 동일할 것으로 예상될 경우, 특정한 사상이 일어날 확률 $P(E_i)$은 예상되는 사상의 횟수에 대한 표본공간에 속하는 전체 단순사상의 수에 대한 비율로서 다음과 같이 계산될 것이다.

$$P(E_i) = \frac{\text{예상되는 단순사상의 수}}{\text{표본공간에 속해 있는 단순사상의 전체 개수}}$$

따라서 단순사상 E_i가 일어날 확률 $P(E_i)$를 구하는 공식은 다음과 같다.

$$P(E_i) = \frac{1}{\text{표본공간에 속해 있는 단순사상의 전체 개수}}$$

한 개의 동전을 한 번 던지는 실험에서 동전 앞면이 나올 확률은 $P(H) = 1/2 = 0.50$이 된다. 그리고 한 개의 동전을 두 번 던지는 실험에서 두 번 모두 동전의 앞면이 나올 확률은 $P(HH) = 1/4 = 0.25$가 된다. 물론 동전의 면이 찌그러져 있다면 동전 던지기 실험에서 동전의 앞면과 뒷면이 한 번씩 나올 확률이 동일할 것이라는 규칙을 가정할 수 없을 것이다. 다른 예를 들어보면, 남자 30명과 여자 70명으로 구성되어 있는 학급에서 출석부를 이용하여 한 명을 무선적으로 표집하여 반의 대표로 세우려고 할 경우, 표본공간 $S = \{$남자$=30$, 여자=70이며 남학생이 반의 대표가 될 확률은 $P(\text{남자}) = 30/100 = .30$가 되고 여학생이 대표가 될 확률은 $P(\text{여자}) = 70/100 = .70$이 될 것으로 기대할 수 있을 것이다. 복합사상 C가 일어날 확률 $P(C)$를 구하는 공식은 다음과 같다.

$$P(C) = \frac{\text{복합사상 } C\text{에 속하는 단순사상의 개수}}{\text{표본공간에 속해 있는 단순사상의 개수}}$$

주사위를 한 번 던지는 실험에서 홀수의 눈$(1, 3, 5)$이 나올 복합확률은 복합사상에 대한 확률로서 $P(C) = (1 + 1 + 1)/6 = 0.50$가 된다. 또 다른 예를 들면, 한 학급이 도시 출신 18명, 농촌 출신 30명, 그리고 어촌 출신 12명의 모두 60명의 학생으로 구성되어 있다고 하자. 60명 중에서 한 명을 뽑아 장학금을 지급하려고 할 경우, 농촌 출신이나 어촌 출신의 학생이 장학금을 받을 확률은 $P(C) = (30 + 12)/60 = .70$이 된다.

 5-1

균형 잡인 주사위를 던지는 실험을 100번 반복할 경우, 짝수의 눈$(2, 4, 6)$이 몇 번 나올 것으로 기대할 수 있는가?

예제 **5-2**

고급통계학 코스에 수강 신청을 한 대학원생 50명을 대상으로 기초통계학 코스 수강 여부를 조사한 결과, 다음과 같이 나타났다.

기초통계학 수강	기초통계학 미수강
28	22

수강생 중 한 명을 무작위로 뽑아 한 학기 동안 수업 조교로 활용하면서 면학장학금 대상자로 추천하려고 한다. 무작위로 뽑힌 한 명이 기초통계학 과목을 수강한 학생일 확률은?

2) 상대도수 방법

상대도수접근법은 상대도수의 수렴값을 통한 확률 계산 방법이다. 동전의 면이 찌그러지지 않을 경우, 동전 던지기 실험에서는 앞면과 뒷면이 나올 확률이 각각 0.50이라는 기대 규칙을 설정할 수 있었다. 그러나 만약 동전의 면이 찌그러진 경우, 동전 던지기 실험에서 동전의 찌그러진 조건에 따라 앞면과 뒷면이 나올 확률이 0.50이 아닌 다른 어떤 확률값으로 나타날 것이다. 이러한 경우, 확률값을 구하기 위해서는 찌그러진 동전을 실제로 여러 번 던지기를 실시한 다음, 동전의 앞면과 뒷면의 사상이 일어난 도수를 파악해야 한다. 그리고 파악된 도수를 전체 실험횟수에 대한 횟수로 나누어 얻어진 상대도수를 추정하면 된다.

이와 같이 동일한 실험을 n회 반복한 결과 연구자가 관심을 가지고 있는 사상 A가 일어난 결과가 f회 관찰되었다면, 사상 A의 확률은 다음과 같이 상대도수를 통해 구할 수 있다.

$$P(A) = \frac{f}{n} \qquad \cdots\cdots(5.1)$$

실험횟수 n이 증가할수록 상대도수의 값이 사상 A의 이론적 확률값에 수렴되기 때문에, 상대도수를 통해 특정한 사상의 확률을 정확하게 구하기 위해서는 사상을 관찰할 수 있는 충분한 횟수의 실험이 필요하다.

예제 5-3

LCD TV 제조 회사인 A 회사의 품질관리기사가 하루 동안 보조 작업라인에서 생산되는 TV 100대를 임의로 표집하여 품질을 검토한 결과, 10대가 불량품으로 판정되었다. A 회사의 보조 작업라인에서 생산되고 있는 TV를 임의로 한 대를 구입할 경우, 구입한 TV가 불량품일 확률은 얼마인가?

3) 주관적 방법

고전적 방법이나 상대도수 방법을 적용하여 확률을 계산할 수 없는 경우도 있다. 예컨대, 한 투자자가 신생 기업인 K 기업의 주식 가치가 증가할 확률을 알고 싶어 한다고 가정하자. 이 경우, 특정한 K 기업의 주식 가치 상승을 예측할 수 있는 이론이 존재하지도 않고 경험적 결과들에게 대한 기록이 존재하지도 않기 때문에, 유일한 방법은 투자자 자신의 다양한 경험과 일반적인 주식 시장에 대한 주관적 분석에 근거하여 특정한 기업의 주식 가치 변화에 대한 주관적인 예측을 할 수밖에 없다.

이 방법은 주로 베이시안 통계학자들이 확률을 부여하기 위해 사용하는 방법이며, 연구자의 주관적 판단에 따라 어떤 사상이 발생될 가능성을 0과 1 사이의 확률값으로 부여한다. 주관적이라고 해서 단순히 자신의 기분이나 느낌에 따라 확률을 부여하는 것이 아니라, 일련의 경험이나 관련 자료들을 검토한 근거에 따라 설정하기도 하고 또는 간단한 기초확률 실험을 통해 관찰된 확률을 사전확률(prior probability)로 설정한다. 그리고 실제 확률 실험을 통해 관찰된 사후확률(posterior probability)을 파악한 다음 수학적 조정 과정을 통해 최종 확률을 추정하게 되며, 여기서 사전확률이 바로 주관적 확률에 해당된다.

지금까지 주어진 사건에 확률을 부여하기 위해 사용된 세 가지 접근 방법에 대해 설명을 하였다. 연구자가 어떤 방법을 사용하여 사건에 확률을 부여하건 부여된 확률은 우리가 확률 실험을 무한히 반복하여 얻어진 자료로부터 구해진 상대도수로 추정된 것으로 해석하게 된다. 예컨대, 균형 잡힌 주사위를 던지는 실험에서 3이 나올 확률은 고전적 방법에 따라 $P(3) = 1/6$로 부여한다. 그러나 $P(3) = 1/6$에 대한 해석은 "균형 잡힌 주사위를 무한히 반복해서 던질 경우 숫자 3이 관찰될 수 있는 비율이 1/6이다."라고 해석한다. 어떤 주식 투자 전문가가 A 회사의 주식 가격이 다음 달에 상승할 확률이 80%라고 말할 경우, 비록 주관적 방법에 따라 주식 가격의 상승 확률을 부여했지만, A 회사의 주식 가격 상승확률 80%에 대한 해석은 "A 회사 주식과 정확히 같은 경제적 및 시장 특성을 가진 무한개의 주식들 중에서 80%의 주식이 다음 달에 상승할 것이다."라는 의미로 해석한다. 확률에 대한 상대도수적 해석은 차후에 표본통계량으로부터 모집단의 모수를 추론할 수 있도록 해 주는 가교 역할을 하는 중요한 개념이다.

예제 5-4

K 회사 입사 시험의 면접에서 문제가 주어지고 5개의 선택답지가 주어졌다. 한 응시자는 주어진 문제에 대한 아무런 지식이 없기 때문에 주어진 5개의 선택지 중 하나를 무작위로 선택할 수밖에 없다고 가정하자.

1. 주어진 질문의 표본공간을 나타내시오.
2. 표본공간에 있는 단순사건들에 대하여 확률을 부여하시오.
3. 부여한 확률을 해석하시오.

3 확률의 계산

지금까지 표본공간을 파악하고 파악된 표본공간에 있는 단순사건에 확률을 부여하는 방법에 대해 알아보았다. 이 절에서는 보다 복잡한 결합사건의 확률을 계산하는 방법에 대해 알아보겠다.

1) 교사건과 결합확률

한 개의 균형 잡힌 주사위를 던지는 확률 실험의 경우, 앞에서 설명한 바와 같이 다음과 같은 표본공간을 가지게 된다.

$$S = \{1, 2, 3, 4, 5, 6 \}$$

"균형 잡힌 주사위"를 던지는 실험이기 때문에 표본공간 속의 각 단순사건에 대해 고전적 방법에 따라 확률을 부여하면 다음과 같다.

$$P(1) = 1/6$$
$$P(2) = 1/6$$
$$P(3) = 1/6$$
$$P(4) = 1/6$$
$$P(5) = 1/6$$
$$P(6) = 1/6$$

실제 생활 속에서 우리는 주사위를 하나가 아닌 두 개를 동시에 던지는 것과 같은 실험에서 발생되는 어떤 사건에 대한 확률을 알고 싶어 하는 경우가 흔히 있을 수 있다. 이와 같은 확률은 단순사건들을 결합시킴으로써 도출된다. 사건 A와 사건 B가 동시에 발생하는 사건을 사건 A와 사건 B의 교사건(intersection)이라 부르며, 교사건이 일어날 확률을 결합확률(joint probability)이라 부른다.

예컨대, 고급통계학 코스에 등록한 학생들 중에서 한 학생을 무선적으로 표집할 경우 표집된 학생의 성별이 여자이고 그리고 기초통계학 코스를 이수한 학생일 확률을 알고 싶거나 또는 두 개의 주사위를 던져서 나오는 숫자의 합이 5가 되는 사상의 확률에 관심을 가질 경우, 이는 단순사건을 결합하여 얻어질 수 있는 확률이며 각 확률 실험별 표본공간과 단순사건별 확률은 〈표 5-2〉와 같다.

〈표 5-2〉 표본공간 및 단순사건별 확률

실험	표본공간	단순사건별 확률
주사위 1	$S_1=\{1, 2, 3, 4, 5, 6\}$	$P(1)=1/6$ $P(2)=1/6$ $P(3)=1/6$ $P(4)=1/6$ $P(5)=1/6$ $P(6)=1/6$
주사위 2	$S_2=\{1, 2, 3, 4, 5, 6\}$	$P(1)=1/6$ $P(2)=1/6$ $P(3)=1/6$ $P(4)=1/6$ $P(5)=1/6$ $P(6)=1/6$

이 확률 실험에서, 예컨대 연구자가 주사위 1과 주사위 2에서 얻어진 숫자의 합이 5가 될 확률에 대해 알고 싶다면 두 단순사건이 동시에 발생되는 교사건에 대한 결합확률을 계산할 수 있어야 한다.

〈표 5-3〉 두 단순사건이 동시에 발생되는 교사건의 결과

구분		사건 A					
		1	2	3	4	5	6
사건 B	1	1,1	2,1	3,1	4,1	5,1	6,1
	2	1,2	2,2	3,2	4,2	5,2	6,2
	3	1,3	2,3	3,3	4,3	5,3	6,3
	4	1,4	2,4	3,4	4,4	5,4	6,4
	5	1,5	2,5	3,5	4,5	5,5	6,5
	6	1,6	2,6	3,6	4,6	5,6	6,6

(1) 주변확률

　고급통계학을 강의하는 어떤 교수가 새 학기에 개설된 고급통계학 코스에 등록한 100명의 학생 중에서 임의로 한 학생을 표집한 다음, 표집된 학생이 남자일 확률, 표집된 학생이 기초통계학 과목을 수강한 학생일 확률, 표집된 학생이 여자이면서 동시에 기초통계학 과목을 수강한 학생일 확률을 알고 싶어 한다고 가정하자. 이 경우, 고급통계학 코스에 등록하는 학생의 성별과 기초통계학 코스 수강 여부는 균형 잡힌 동전을 던지는 실험에서 동전의 앞면이 나타날 확률을 계산하는 경우와 다르기 때문에, 고전적 확률 방법에 의해 확률을 계산할 수 없으며 상대도수 방법에 의해 계산할 수밖에 없다. 따라서 100명의 학생을 대상으로 실제 성별과 기초통계학 과목 수강 여부에 대한 정보를 경험적으로 수집한 후, 다음과 같은 이원분류표를 작성해야 한다. 그리고 이를 이용해 〈표 5-4〉와 같은 결합확률표를 만든다.

〈표 5-4〉 학생들의 성별과 기초통계학 수강 여부에 따른 이원분류표

구분	기초통계학 수강	기초통계학 미수강	계
남자	20	40	60
여자	10	30	40
계	30	70	100

〈표 5-5〉 학생들의 성별과 기초통계학 수강 여부에 따른 결합확률표

구분	기초통계학 수강	기초통계학 미수강	계
남자	.20	.40	.60
여자	.10	.30	.40
계	.30	.70	1.00

　〈표 5-5〉의 결합확률표로부터 여러 가지 확률적 정보를 읽어 낼 수 있다. 첫째, 100명 중에서 한 학생을 무선표집할 경우 표집된 학생이 기초통계학 과목을 수강한 학생일 확률이나 기초통계학 과목을 수강하지 않은 학생일 확률을 알 수 있다. 즉, 성별을 무시할 경우 기초통계학 과목을 수강한 학생들의 상대도수는 30/100＝.30이고 기초통계학 과목을 수강하지 않은 학생들의 상대도수는 70/100＝.70이다. 그리고 기초통계학 과목 수강 여부를 무시할 경우, 남자의 상대도수는 60/100＝.60이고 여자의 상대도수는 40/100＝.40이다. 이와 같이 다른 사상을 무시한 조건에서 오직 단일사상에 대한 확률을 주변확률 또는 한계확률

(marginal probability)이라 한다. 주변확률이란 이름은 결합확률표의 왼쪽과 아래쪽의 여백에서 계산되기 때문에 붙여진 이름이다. 일반적으로 이원분류표의 두 단일사상을 A, B라 할 때, 단일사상 A와 단일사상 B가 일어날 주변확률을 각각 P(A), P(B)로 나타낸다. 〈표 5-6〉은 결합확률표에서 기초통계학 수강 사상을 무시할 경우, 성별 사상의 주변확률을 보여 주는 확률표이다.

〈표 5-6〉 학생들의 성별에 따른 주변확률

구분	기초통계학 수강()	기초통계학 미수강()	주변확률
남자	.20	.40	.60
여자	.10	.30	.40

P(남자)$=P$(남자/기초통계학 수강)$+P$(남자/기초통계학 미수강)
　　　$=.20+.40=.60$
P(여자)$=P$(여자/기초통계학 수강)$+P$(여자/기초통계학 미수강)
　　　$=.10+.30=.40$

〈표 5-5〉의 결합확률표에서 성별 사상을 무시할 경우, 기초통계학 코스 수강 사상의 주변확률을 보여 주는 〈표 5-7〉과 같은 확률표를 얻을 수 있다.

〈표 5-7〉 학생들의 기초통계학 수강 여부에 따른 주변확률

구분	기초통계학 수강	기초통계학 미수강
남자	.20	.40
여자	.10	.30
주변확률	.30	.70

P(기초통계학 수강)$=P$(기초통계학 수강자의 수/전체 학생의 수)$=.30$
P(기초통계학 미수강)$=P$(기초통계학 미수강자의 수/전체 학생의 수)$=.70$

예제 **5-5**

한 연구자가 K 대학에 재학 중인 대학생 중 100명을 표집한 다음 낙태에 대한 찬반 의견을 조사한 결과, 남녀별로 다음과 같이 나타났다. 성별과 낙태 찬반 의견의 주변확률을 파악하여 결합확률표를 완성하시오.

〈표 A〉 낙태에 대한 대학생들의 성별에 따른 찬반 의견

구분	찬성	반대
남자	.20	.40
여자	.10	.30

(2) 조건확률(Conditional probability)

앞에서 설명된 주변확률은 두 사상 중 어느 한 사상을 고려하지 않은 상태에서 다른 한 사상의 확률을 나타내는 것이었다. 그러나 두 사상 모두를 고려할 경우, 조합에 의해 생기는 다양한 사상에 대한 결합확률을 구할 수 있다. 〈표 5-5〉의 연구에서 어느 한 학생을 무선표집한다고 가정하자. 그리고 표집된 학생이 기초통계학 과목을 수강한 학생임을 이미 안다고 가정하자. 이러한 조건하에서 표집된 한 학생의 성별이 여자일 확률을 알고 싶을 경우를 생각해 보자. 이 경우는 주변확률과 달리 어느 한 사상을 고려한 조건하에서의 다른 사상의 확률을 나타내기 때문에 조건확률이라 부른다.

일반적으로 결합확률표의 두 사상을 A_1, B_1라 할 때, 사상 A_1의 주변확률은 $P(A_1)$, 사상 B_1의 주변확률은 $P(B_1)$, 그리고 사상 A_1와 B_1의 결합확률을 $P(A_1 \text{ and } B_1)$로 나타낸다. 사상 B_1가 일어난 조건하에서 사상 A_1가 일어날 조건확률을 $P(A_1 \mid B_1)$로 나타내고, 사상 A_1이 일어난 조건하에서 사상 B_1이 일어날 조건확률을 $P(B_1 \mid A_1)$로 나타내며, 조건확률을 구하는 공식은 각각 다음과 같다.

구분	B_1	B_2	주변확률
A_1	$P(A_1 \text{ and } B_1)$	$P(A_1 \text{ and } B_2)$	$P(A_1)$
A_2	$P(A_2 \text{ and } B_1)$	$P(A_2 \text{ and } B_2)$	$P(A_2)$
주변확률	$P(B_1)$	$P(B_2)$	1.00

$$P(A_1 \mid B_1) = \frac{P(A_1 \text{ and } B_1)}{P(B_1)} \qquad \cdots\cdots\cdots(5.2)$$

$$P(B_1 \mid A_1) = \frac{P(A_1 \text{ and } B_1)}{P(A_1)} \qquad \cdots\cdots\cdots(5.3)$$

결합확률과 주변확률이 〈표 5-8〉과 같이 주어질 경우, $P(A_1|B_1)$, $P(A_1|B_2)$, $P(A_2|B_1)$, $P(A_2|B_2)$, $P(B_1|A_1)$, $P(B_1|A_2)$, $P(B_2|A_1)$, $P(B_2|A_2)$의 8개의 조건확률을 생각해 볼 수 있다. 각 조건확률은 다음과 같이 구한다.

〈표 5-8〉 결합확률과 주변확률표

구분	B_1	B_2	주변확률
A_1	$P(A_1 \text{ and } B_1) = .20$	$P(A_1 \text{ and } B_2) = .15$	$P(A_1) = .35$
A_2	$P(A_2 \text{ and } B_1) = .25$	$P(A_2 \text{ and } B_2) = .40$	$P(A_2) = .65$
주변확률	$P(B_1) = .45$	$P(B_2) = .55$	1.00

$$P(A_1|B_1) = P(A_1 \text{ and } B_1)/P(B_1) = .20/.45 = .44$$
$$P(A_1|B_2) = P(A_1 \text{ and } B_2)/P(B_2) = .15/.55 = .27$$
$$P(A_2|B_1) = P(A_2 \text{ and } B_1)/P(B_1) = .25/.45 = .56$$
$$P(A_2|B_2) = P(A_2 \text{ and } B_2)/P(B_2) = .40/.55 = .73$$
$$P(B_1|A_1) = P(A_1 \text{ and } B_1)/P(A_1) = .20/.35 = .57$$
$$P(B_1|A_2) = P(A_1 \text{ and } B_2)/P(A_2) = .15/.35 = .43$$
$$P(B_2|A_1) = P(A_2 \text{ and } B_1)/P(A_1) = .25/.65 = .38$$
$$P(B_2|A_2) = P(A_2 \text{ and } B_2)/P(A_2) = .40/.65 = .62$$

예제 5-6

〈표 A〉의 자료에서 한 명의 학생을 무선표집한 결과, 표집된 학생의 성별이 여자였다. 그렇다면 표집된 여학생이 기초통계학 과목을 수강했을 확률은 얼마인가?

〈표 A〉 학생들의 기초통계학 수강 여부에 따른 주변확률

구분	수강	미수강	합계(주변확률)
남자	.20	.40	.60
여자	.10	.30	.40
합계(주변확률)	.30	.70	1.00

2) 합사건

두 사건 가운데 적어도 하나의 사건이 발생하는 경우의 사건을 합사건(union)이라 부른다. 사건 A와 사건 B의 합사건은 사건 A 또는 사건 B가 발생하거나 또는 사건 A와 사건 B가 모두 발생하는 사건이며 다음과 같이 나타낸다.

P(A or B)

〈표 5-9〉 학생들의 성별과 기초통계학 수강 여부에 따른 이원분류표

구분	수강	미수강	계
남자	20	40	60
여자	10	30	40
계	30	70	100

〈표 5-9〉의 자료에서 한 명을 무선표집할 경우, 표집된 학생이 여자이거나 또는 기초통계학 코스를 수강한 학생일 확률을 알고 싶어 할 수 있다. 이는 두 사건의 합사건이기 때문에 P(여자 or 수강)를 계산해야 한다. 합사건 P(여자 or 수강)는 다음과 같은 3개의 결합사건으로 구성되며, 이들 결합사건들 중에서 어느 하나가 발생해도 합사건이 발생한다.

P(여자 and 수강)
P(여자 and 미수강)
P(남자 and 수강)

따라서 합사건 P(여자 or 수강)의 확률은 이들 세 결합사건의 확률의 합을 계산하면 된다.

P(여자 or 수강)
$= P$(여자 and 수강)$+ P$(여자 and 미수강)$+ P$(남자 and 수강)
$= .20 + .10 + .30$
$= .60$

• **독립사상과 합사건**: 조건확률을 계산하는 목적 중의 하나는 두 사건이 서로 관련이 있는

지 알아보기 위해서이다. 즉, 두 사건의 독립성 여부를 판단하기 위해서 조건확률을 계산해 보면 알 수 있다. 예컨대, 〈표 5-9〉의 예에서 성별이 "여자"라는 사상과 "기초통계학 코스 수강"이라는 사상 간에 관련이 있는지에 관심을 가질 수 있다. 즉, 한 사상의 확률이 다른 사상의 발생으로 인해서 영향을 받지 않는 것으로 확인되면 두 사상은 서로 독립적이라고 말한다. 사상 A와 사상 B가 독립적이기 위해 주변확률과 조건확률을 계산하여 비교한 결과, 다음의 조건을 만족하면 두 사상이 독립적이라고 판단할 수 있다.

$$P(A|B) = P(A) \text{ 또는 } P(B|A) = P(B)\text{이면,}$$

〈표 5-9〉의 결합확률분포에서 "여자"라는 사상과 "기초통계학 코스 수강" 사상 간에 관련이 있는지 또는 독립인지 알아보기 위해 무선표집된 학생이 여자라는 조건하에서 기초통계학 코스 수강했을 확률을 나타내는 주변확률과 조건확률을 구한 결과 다음과 같이 나타났다.

$$\text{주변확률 } P(\text{여자}) = .40$$
$$\text{조건확률 } P(\text{기초통계학 수강}|\text{여자}) = .10/.40 = .25$$

이 계산 결과에서 $P(\text{기초통계학 수강}|\text{여자}) = .25$와 $P(\text{여자}) = .40$과 같지 않는 것으로 확인되었기 때문에 두 사건은 독립적이 아닌 것으로 판단할 수 있다.

예제 5-7

최근 K 대학의 재학생을 대상으로 성별과 낙태에 대한 찬반 여부를 조사한 다음 성별과 찬반 여부에 따른 결합확률표를 작성한 결과, 다음과 같이 얻어졌다. 한 명을 무선표집했을 경우, 표집된 학생이 남자이거나 또는 낙태에 대해 찬성한 학생일 확률을 계산하시오.

〈표 A〉 학생들의 성별과 낙태 찬반 여부에 따른 이원분류표

구분	찬성	반대
남자	.28	.54
여자	.15	.03

예제 5-8

최근 K 대학의 재학생을 대상으로 성별과 낙태에 대한 찬반 여부를 조사한 다음 성별과 찬반 여부에 따른 결합확률표를 작성한 결과, 다음과 같이 얻어졌다. 남자라는 사상과 낙태에 찬성한다는 사상 간에 관련이 있는지 판단하시오.

〈표 A〉 학생들의 성별과 낙태 찬반 여부에 따른 이원분류표

구분	찬성	반대	주변확률
남자	.28	.54	.82
여자	.15	.03	.18
주변확률	.43	.57	1.00

4 확률 계산을 위한 확률 법칙

앞에서 합사건과 교사건에 대한 소개와 함께 두 사건의 교사건과 합사건의 확률을 계산하는 방법에 대해 설명하였다. 이 절에서는 단순사건의 확률로부터 더 복잡한 사건의 확률을 계산하기 위한 세 가지 확률 법칙인, ① 여사건 법칙, ② 곱셈 법칙, 그리고 ③ 덧셈 법칙에 대해 설명하겠다.

1) 여사건 법칙

사건 A의 여사건(complement)은 사건 A가 발생하지 않은 사건이며 A^C로 나타낸다. 여사건 법칙은 한 사건의 확률과 여사건의 확률의 합은 1이어야 한다는 것이다. 여사건 A^C의 확률은 다음과 같이 계산된다.

$$P(A^C) = 1 - P(A) \qquad\qquad \cdots\cdots\cdots(5.4)$$

2) 곱셈 법칙

사건 A와 사건 B의 교사건의 결합확률을 계산하기 위해 사용되는 확률 법칙인 곱셈 법칙 (multiplication rule)은 앞에서 소개된 조건확률 계산 공식으로부터 도출된 것이다. 조건확률 계산 공식에서

$$P(A|B) = \frac{P(A \text{ and } B)}{P(B)} \qquad \cdots\cdots(5.5)$$

양변에 $P(B)$를 곱하게 되면, 사건 A와 사건 B의 결합확률 $P(A \text{ and } B)$는 다음과 같다.

$$P(A \text{ and } B) = P(A|B)P(B) \quad \text{또는}$$
$$P(A \text{ and } B) = P(B|A)P(A) \qquad \cdots\cdots(5.6)$$

• 독립사건의 곱셈 법칙: 만약 사건 A와 사건 B가 서로 독립적이면, $P(A|B) = P(A)$이고 $P(B|A) = P(B)$가 된다. 따라서 두 독립사건의 결합합률은 두 사건을 단순히 곱한 것과 같음을 알 수 있으며 이것은 곱셈 법칙의 특수한 경우로 다음과 같이 나타낼 수 있다.

$$P(A \text{ and } B) = P(A)P(B) \qquad \cdots\cdots(5.7)$$

📱 **예제 5-9**

한 학과에서 성적 장학생을 선발하기 위해 학기말 성적 평균이 90점 이상의 학생들을 조사한 결과, 평균 90점 이상을 받은 학생이 20명이며 그중에서 여학생이 14명, 남학생이 6명인 것으로 확인되었다. 담당 교수는 20명 중 3명을 무작위로 선발하여 전면 장학금을 주기로 하였다. 선택된 2명의 학생이 남학생일 확률은 얼마인가?

---

3) 덧셈 법칙

두 사건 중 적어도 하나의 사건이 발생되는 사건이 합사건이며, 사건 A와 사건 B의 합사건이란 사건 A 또는 사건 B가 발생하거나 또는 사건 A와 B가 모두 발생하는 사건이라고 앞

에서 설명하였다. 합사건은 $P(A \text{ or } B)$로 표시하기 때문에,

$$P(A \text{ or } B) = P(A) + P(B) - P(A \text{ and } B) \qquad \cdots\cdots\cdots(5.8)$$

가 된다. 앞의 덧셈 규칙(Addition rule)에서 왜 사건 A와 사건 B의 확률의 합에서 결합확률 $P(A \text{ and } B)$를 빼야 하는지 알아야 한다.

〈표 5-10〉 두 사건의 결합확률과 주변확률표의 예시

구분	찬성(B_1)	반대(B_2)	합계
남자(A_1)	$P(A_1 \text{ and } B_1) = .28$	$P(A_1 \text{ and } B_2) = .54$	$P(A_1) = .82$
여자(A_2)	$P(A_2 \text{ and } B_1) = .15$	$P(A_2 \text{ and } B_2) = .03$	$P(A_2) = .18$
합계	$P(B_1) = .43$	$P(B_2) = .57$	1.00

〈표 5-10〉의 가상적인 결합확률과 주변확률 도표에서 볼 수 있는 바와 같이, 예컨대 주변확률 $P(A_1)$과 주변확률 $P(B_1)$은 다음과 같이 계산됨을 알 수 있다.

$$P(A_1) = P(A_1 \text{ and } B_1) + P(A_1 \text{ and } B_2) = .28 + .54$$
$$P(B_1) = P(A_1 \text{ and } B_1) + P(A_2 \text{ and } B_1) = .28 + .15$$

만약 A_1과 B_1의 합사건 확률을 계산하기 위해 단순히 각 사건의 확률을 합하게 되면,

$$P(A_1) + P(B_1) = .28 + .54 + .28 + .15$$

가 된다. 여기서 $P(A_1 \text{ and } B_1) = .28$이 두 번 중복되어 합해지고 있음을 알 수 있다. 이러한 중복된 계산을 교정하기 위해 $P(A_1)$와 $P(B_1)$의 합으로부터 결합확률 $P(A_1 \text{ and } B_1)$를 한 번 빼 주면 합사건 확률값을 얻게 된다.

$$P(A_1 \text{ or } B_1) = P(A_1) + P(B_1) - P(A_1 \text{ and } B_1)$$
$$= (.28 + .54) + (.28 + .15) - .28$$
$$= .94$$

만약 두 사건이 상호 배타적일 경우(즉, 두 사건이 동시에 발생하지 않을 경우), 두 사건 A와 B의 합사건 확률을 계산하기 위한 특별한 형태의 덧셈 법칙은 다음과 같다.

$$P(A \text{ or } B) = P(A) + P(B) \qquad \cdots\cdots(5.9)$$

예제 5-10

최근 K 대학의 재학생을 대상으로 성별과 낙태에 대한 찬반 여부를 조사한 다음 성별과 찬반 여부에 따른 결합확률표를 작성한 결과, 다음 이원분류표와 같이 얻어졌다. 한 명을 무선표집했을 경우, 표집된 학생이 남자이거나 또는 낙태에 대해 찬성한 학생일 확률을 계산하시오.

〈표 A〉 낙태에 대한 남녀 찬반 비율

구분	찬성	반대
남자	.28	.54
여자	.15	.03

---

5 확률나무와 확률 법칙

앞에서 단순사건과 복합사건의 발생확률을 계산하기 위해 적용되는 여사건 법칙, 곱셈 규칙 그리고 덧셈 규칙에 대해 알아보았다. 확률을 계산하기 위해 확률 법칙을 쉽게, 그리고 간단하게 적용할 수 있는 방법은 확률나무(probability tree)를 사용하는 것이다. 확률 실험이 진행되면서 발생될 수 있는 다양한 경우의 사건들을 하나의 선으로 나타내면 마치 나무줄기에서 나뭇가지가 뻗어져 나가는 모습으로 얻어지기 때문에 확률나무라 부르게 된 것이다.

1) 덧셈 법칙과 확률나무

두 사건 가운데 적어도 하나의 사건이 발생하는 합사건에 대한 확률을 계산하기 위해 적용한 덧셈 법칙을 확률나무를 이용해 나타내고, 확률나무에 나타난 결과를 이용해 확률을 계산하는 과정을 알아보겠다.

⟨표 5-11⟩ 학생들의 성별과 기초통계학 수강 여부에 따른 이원분류표

구분	기초통계학 수강(B_1)	기초통계학 미수강(B_2)	계
남자(A_1)	20	40	60
여자(A_2)	10	30	40
계	30	70	100

　만약 이 확률 실험 상황에서 한 명을 무선표집할 경우, 표집된 학생이 여자(A_2)이거나 또는 기초통계학 코스를 수강한 학생(B_1)일 확률 $P(A_2\text{ or }B_1)$를 알고 싶어 한다고 하자. [그림 5-3]은 합사건의 결합확률을 파악하기 위한 확률나무이다.

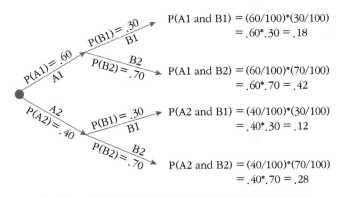

[그림 5-3] 합사건의 결합확률 파악을 위한 확률나무

　첫 번째 단계에서 첫 번째 가지는 남자일 확률 $P(A_1)=.60$을 나타내고, 두 번째 가지는 여자일 확률 $P(A_2)=.40$을 나타낸다. 그리고 두 번째 선택의 첫 번째 가지는 선발된 학생이 성별과 관계없이 기초통계학 과목을 수강한 학생일 확률 $P(B_1)=30/100=.30$을 나타내고, 두 번째 선택의 두 번째 가지는 성별과 관계없이 선발된 학생이 미수강생일 확률 $P(B_2)=70/100=.70$을 나타낸다. 두 번째 선택의 세 번째 가지는 역시 선발된 학생이 성별과 관계없이 수강생일 확률 $P(B_1)=30/100=.30$을 나타내고, 두 번째 선택의 네 번째 가지는 성별과 관계없이 선발된 학생이 미수강생일 확률 $P(B_2)=70/100=.70$을 나타낸다.

　일단 합사건의 결합확률 계산을 위한 확률나무가 완성되면, 연구자가 원하는 경우의 확률을 쉽게 파악하여 계산할 수 있다. 예컨대, 합사건의 결합확률 $P(A_2\text{ or }B_1)$은 $P(A_2\text{ or }B_1)=P(A_2)+P(B_1)-P(A_2\text{ and }B_1)$이므로 확률나무에서 $P(A_2)$, $P(B_1)$, $P(A_2\text{ and }B_1)$을 파악한 다음 $P(A_2\text{ or }B_1)$값을 계산하면 된다. 확률나무에서 $P(A_2)=$

.40, $P(B_1) = .30$, $P(A_2 \text{ and } B_1) = .12$이므로 $P(A_2 \text{ or } B_1)$은 다음과 같이 계산할 수 있다.

$$P(A_2 \text{ or } B_1) = .40 + .30 - .12 = .58$$

2) 곱셈 법칙과 확률나무

사건 A와 사건 B의 교사건의 결합확률을 계산하기 위해 적용한 곱셈 법칙을 확률나무를 이용해 나타내고, 확률나무에 나타난 결과를 이용해 확률을 계산하는 과정을 알아보겠다.

〈표 5-12〉 학생들의 성별과 기초통계학 수강 여부에 따른 이원분류표

구분	기초통계학 수강(B_1)	기초통계학 미수강(B_2)	계
남자(A_1)	20	40	60
여자(A_2)	10	30	40
계	30	70	100

만약 이 확률 실험 상황에서 한 명을 무선표집할 경우, 표집된 학생이 여자(A_2)이면서 동시에 기초통계학 코스를 수강한 학생(B_1)일 확률 $P(A_2 \text{ and } B_1)$를 알고 싶어 한다고 가정하자. 이 경우, 두 사건이 교사건이기 때문에 곱셈 법칙에 따라 $P(A_2 \text{ and } B_1) = P(B_1|A_2) * P(A_2)$가 된다. 확률사건의 발생 과정을 확률그림으로 나타내면 [그림 5-4]와 같다.

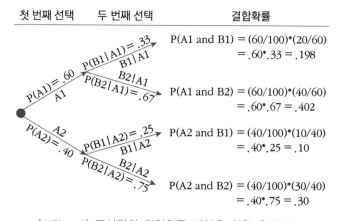

[그림 5-4] 교사건의 결합확률 파악을 위한 확률나무

[그림 5-4]에서 볼 수 있는 바와 같이, 첫 번째 단계에서 첫 번째 가지는 남자일 확률 $P(A_1)=.60$을 나타내고, 두 번째 가지는 여자일 확률 $P(A_2)=.40$을 나타낸다. 그리고 두 번째 선택의 첫 번째 가지는 선발된 학생이 남자이면서 수강생일 확률 $P(B_1|A_1)=20/60=.33$을 나타내고, 두 번째 선택의 두 번째 가지는 선발된 학생이 남자이면서 미수강생일 확률 $P(B_2|A_1)=40/60=.67$을 나타낸다. 두 번째 선택의 세 번째 가지는 선발된 학생이 여자이면서 수강생일 확률 $P(B_1|A_2)=10/40=.25$를 나타내고, 두 번째 선택의 네 번째 가지는 선발된 학생이 여자이면서 미수강생일 확률 $P(B_2|A_2)=30/40=.75$를 나타낸다. 일단, [그림 5-4]와 같이 확률나무가 완성되면, 연구자가 원하는 경우의 확률을 쉽게 파악하여 계산할 수 있다. 예컨대, 합사건의 결합확률 $P(B_1 \text{ and } A_2)$는 $P(B_1 \text{ and } A_2)=P(B_1|A_2)*P(A_2)$이므로 확률나무에서 $P(B_1|A_2), P(A_2)$를 파악한 다음 곱하게 되면 다음과 같이 쉽게 $P(B_1 \text{ and } A_2)$값을 계산해 낼 수 있다.

$$P(B_1 \text{ and } A_2)=P(B_1|A_2)*P(A_2)=.40*.25=.102$$

제6장 확률분포

제6장 확률분포

1 확률분포의 의미

다양한 확률적 질문에 답을 얻기 위해서는 연구자가 알고 싶어 하는 특별한 사건을 포함한 모든 각각의 사건에 대한 확률이 정의되어 있는(파악되어 있는) 확률분포가 있어야 한다. 어떤 변수가 이론적 또는 경험적 확률 실험을 통해 가질 수 있는 여러 가지 값에 대한 확률이 정의될 경우, 주어진 변수를 확률변수(random variable)라 부른다. 예컨대, 주사위를 던질 때 나오는 모든 가능한 눈의 수(1, 2, 3, 4, 5, 6)에 대한 확률을 정의할 경우, 주사위를 던지는 행위는 확률 실험(random experiment)이고, 확률 실험을 통해 얻어진 눈의 수로 정의된 변수는 확률변수(X)이며, 무한히 반복된 확률 실험을 통해 얻어지는 결과인 확률변수의 값들(x_i)에 대한 확률 $P(x_i)$을 파악하여 정리한 표, 그래프 또는 공식을 확률분포라 부른다. 그래서 확률 실험의 각 결과에 하나의 실수를 부여하는 함수를 확률변수(random variable)라 정의할 수 있다. 예컨대, 두 개의 균형 잡힌 동전을 던지는 확률 실험을 할 경우 나타날 수 있는 앞면의 수를 관찰해 보자. 확률 실험을 통해 얻어질 수 있는 가능한 사건들은 다음의 네 가지로 나타낼 수 있을 것이다.

확률 실험 결과	앞면의 수
앞면, 앞면	2
앞면, 뒷면	1
뒷면, 앞면	1
뒷면, 뒷면	1

이 확률 실험에서 앞면의 수는 확률변수가 된다. 만약 이론적인 또는 실제적인 모집단을 대상으로 확률 실험을 통해 관심하의 변인을 관찰하고, 그리고 관찰될 수 있는 모든 가능한 결과와 각 결과에 대한 확률이 정의된 〈표 6–1〉과 같은 확률분포표가 주어지면, 우리는 주어진 확률분포표를 이용하여 확률변수(X)의 특정한 관찰 결과(x_i)에 대한 확률적 판단을 할 수 있다.

〈표 6–1〉 확률변수 X의 확률분포

확률변수(x_i)	$P(x_i)$
x_1	$P(x_1)$
x_2	$P(x_2)$
x_3	$P(x_3)$
⋮	⋮
x_k	$P(x_k)$

$$\sum_{i=1}^{k} P(x_i) = 1.00$$

2 확률분포의 도출 방법

확률분포를 얻기 위한 방법에는, ① 이론적 도출 방법, ② 경험적 도출 방법 두 가지가 있다. 이론적 도출 방법은 확률 실험을 실제로 실시하지 않고 이론적으로 확률분포를 도출하는 방법이고, 경험적 도출 방법은 확률 실험을 실제로 실시하여 얻어진 경험적 자료로부터 확률분포를 도출하는 방법이다.

1) 이론적으로 도출된 확률분포

확률 실험을 실제로 실시하지 않고 이론적으로 확률분포를 도출할 수 있는 경우를 생각해 보자. 예컨대, 정확하게 균형 잡힌 주사위를 10번을 던질 경우 눈의 수 3이 7번 나타날 확률을 알고 싶다거나, 정확하게 앞면과 뒷면이 균형 잡힌 동전을 10번 던질 경우 앞면이 6번 나타날 확률을 알고 싶을 경우를 생각해 보자. 이를 위해 연구자는 주사위를 던질 경우 무작위로(확률적으로) 나타나는 모든 경우의 눈의 수에 대한 확률이 정의(파악)된 확률분포를 도출할 수 있어야 하고, 그리고 동전을 던질 경우 무작위로 나타나는 모든 경우의 앞면의 수에 대한 확률이 정의된 확률분포를 알 수 있어야 한다. 이 경우, 주사위를 던지는 확률 실험을 통해 얻어진 눈의 수로 정의된 확률변수(X)는 만약 주사위의 모든 면이 정확하게 균형을 이루고 있다면 주사위를 던질 때마다 확률변수 X는 1, 2, 3, 4, 5, 6 중의 어느 하나의 값으로 나타날 것이며, 그리고 확률변수X의 각 측정치인 눈의 수(x_i)에 대한 확률$P(x_i)$은 실제로 주사위를 무한히 반복해서 던져 보지 않아도 이론적으로 〈표 6-2〉와 같은 확률분포를 가질 것으로 기대할 수 있다.

〈표 6-2〉 확률변수 X의 확률분포

확률변수(X)	$P(x_i)$
1	1/6
2	1/6
3	1/6
4	1/6
5	1/6
6	1/6

$$\sum P(x_i) = 1.00$$

실제로 균형 잡힌 주사위를 수백 번 반복해서 던질 경우, [그림 6-1]에서 볼 수 있는 바와 같이 〈표 6-2〉와 같은 확률분포가 정확하게 나타나지 않을 수도 있다. [그림 6-1]에서 볼 수 있는 바와 같이 주사위를 실제로 100번 던져서 얻어진 경험적 분포가 이론적인 분포의 모습으로 나타나지 않음을 알 수 있다. 그러나 주사위를 던지는 횟수가 증가할수록 점점 더 앞의 이론적 확률분포에 접근해 가면서 어느 시점에서 결국 앞의 분포와 동일한 확률분포를 이루게 될 것으로 기대할 수 있다는 것이다.

[그림 6-1]에서 볼 수 있는 바와 같이, 무려 40,000번을 반복한 결과 거의 이론적 분포에 근접하는 모습을 보여 주고 있다. 그래서 이론적으로 도출된 확률분포는 (실제로는 확률 실험을 무한히 반복해서 실행하지 않지만) 만약 확률 실험을 무한히 반복적으로 실행할 경우, 어떤 모습의 확률분포를 이룰 것인지 이론적으로 기대할 수 있을 때 논리적으로 도출되는 확률분포이다. 동전을 던지는 확률 실험에서도 동전의 앞면과 뒷면이 정확하게 평형을 이루고

있다는 가정하에서 앞면이 나타날 확률이 .5임을 이론적으로 기대할 수 있으며, 실제로 동전을 무한히 반복해서 던질 경우 관찰되는 앞면의 비율은 결국 .5에 도달하게 된다. 그래서 이론적 확률은 실제로는 확률 실험을 하지 않지만 확률 실험을 실제로 무한히 반복해서 실행할 경우 기대되는 기대확률이라 할 수 있다.

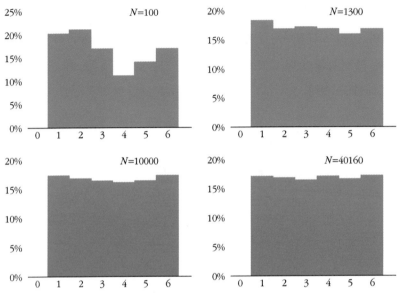

[그림 6-1] 시행 횟수의 증가에 따른 확률분포의 변화

2) 경험적으로 도출된 확률분포

앞에서 이론적 확률분포의 도출을 설명하기 위해 예로 든 주사위의 경우와 달리, K 대학에 재학 중인 학생 한 명을 무선표집할 때 표집된 학생이 0개의 신용카드를 소지하고 있을 확률이 얼마인지, 1개의 신용카드를 소지하고 있을 확률이 얼마인지, 2개의 신용카드를 소지하고 있을 확률이 얼마인지, 또는 3개의 신용카드를 소지하고 있을 확률이 얼마인지, 2개 이상의 카드를 소지하고 있을 확률이 얼마인지 등 여러 가지 확률에 대한 정보를 알고 싶다고 가정하자. 이 경우, K 대학 재학생들의 신용카드 소지 수에 대한 확률분포가 어떤 분포를 이룰 것인지 이론적으로 기대할 수 없기 때문에 연구자는 실제로 K 대학에 재학 중인 1만 명의 학생들을 대상으로 신용카드 보유 수를 직접 조사하여 얻어진 경험적 자료를 이용하여 확률분포를 도출해야 한다. 설명의 편의를 위해 한 사람이 발급받을 수 있는 신용카드의 수가 법적으로 3개 이하로 제한되어 있다고 가정하자. 여기서 신용카드 보유 수는 확률변수

3. 확률변수의 종류와 확률분포

(X)이고 대학생을 대상으로 신용카드 보유 수를 조사하는 행위는 확률 실험이며 확률변수의 값(x_i)은 0~3의 범위를 가질 것이다. 확률변수의 모든 값$(0, 1, 2, 3)$에 대한 확률값 $P(x_i)$을 파악하여 정리한 〈표 6-3〉은 바로 대학생의 신용카드 소지 수에 대한 경험적 확률분포표이다.

〈표 6-3〉 대학생의 신용카드 소지 수의 경험적 확률분포

신용카드 보유 수(X)	도수	상대도수 $P(x_i)$
0	400	0.04
1	5000	0.50
2	4000	0.40
3	600	0.06
	$N=10,000$	$\sum P(x_i)=1$

이 경우 확률변수 X의 각 변수값(x_i)에 해당되는 확률 $P(x_i)$에 대한 어떤 이론적 추론도 불가능하기 때문에 모집단을 대상으로 실제로 변수인 신용카드 소지 수를 측정한 다음, 측정된 경험적 자료로부터 변수값과 각 변수값에 대한 비율(proportion)을 계산한 다음 얻어진 비율을 확률로 사용할 수 있다.

만약 주사위나 동전이 정확하게 균형 잡힌 것이 아닐 경우, 이론적으로 확률분포를 추론해 낼 수 없으며 실제로 주사위나 동전을 충분히 반복해서 던지는 확률 실험을 실시한 다음 관찰된 확률 실험 결과로부터 확률분포를 경험적으로 만들어 낼 수밖에 없다.

3 확률변수의 종류와 확률분포

확률 실험을 통해 도출되는 확률분포의 성질은 확률변수의 종류에 따라 다르다. 따라서 연구자는 관심하의 확률변수를 관찰하여 얻어질 수 있는 특정한 관찰 결과에 대한 확률적 해석을 정확하게 하기 위해 관심을 두고 있는 변수가 어떤 종류의 확률변수인지, 그리고 그러한 확률변수에 의해 도출되는 확률분포는 어떤 성질을 지니고 있는지 정확히 알고 있어야 한다.

많은 경우의 확률 실험에서 확률 실험의 결과들은 그 자체가 실수로 얻어지는 경우가 있다. 예컨대, 영어단어 100개를 외우는 데 걸리는 시간이나 서울에서 부산까지 자동차로 가는 데 걸리는 시간을 측정하는 확률 실험의 경우, 확률 실험 그 자체가 실수인 사건 등을 생성한다. 확률변수의 값이 실수로 얻어지는 확률변수는 다시 이산확률변수(discrete random variable)와 연속확률변수(continuous random variable)의 두 가지 형태로 나뉜다. 확률변수가 세대별 보유 자동차의 수, 개인별 보유 신용카드의 수, 동전을 두 번 던져서 나오는 앞면의 수 등과 같이 얻어지는 확률변수의 값이 유한개로서 셀 수 있는 개수의 실수를 가지는 경우를 이산확률변수라 부른다. 예컨대, 이산확률변수인 카드 소지 수는 최소값이 0이고 그다음 값이 1이며, 그리고 그다음 값이 2, 그리고 3…… 등으로 실수값으로 얻어지고, 그리고 실제로 셀 수가 있다. 반면에 키, 몸무게, 100m를 달리는 데 걸리는 시간 등과 같은 변인은 어떤 구간 내에도 무한히 많은 값을 가질 수 있기 때문에 결코 전체 개수를 셀 수 없다. 예컨대, 키를 나타내는 확률변수 X를 측정한다고 가정하자. X값을 셀 수 있기 위해서는 특정한 X값(예컨대, 150cm) 다음에 어떤 값이 오는지 알 수 있어야 한다. 150cm 다음 값은 150.1cm인가? 150.0000001cm인가? 어떤 값도 150cm 다음의 가능한 값이 아니다. 왜냐하면 150cm보다 크고 150.0000001cm보다 작은 값들이 무한히 많이 존재하기 때문에 150cm 다음에 오는 어떤 값도 알 수 없고 그래서 셀 수 없기 때문에 키와 같은 이산확률변수가 가질 수 있는 실수들의 개수를 셀 수 없다. 이러한 성질의 변인을 연속확률변수라 부른다.

확률변수의 성질이 비연속적인지 또는 연속적인지에 따라 확률분포의 성질이 달라지기 때문에 연구자는 이산확률변수로부터 도출되는 이산확률분포와 연속확률변수로부터 도출되는 연속확률분포의 성질을 정확히 이해하고 있어야 한다.

1) 이산확률변수와 이산확률분포

사회과학연구에서 다루어지고 있는 많은 변수는 이산확률변수이며, 이산확률변수는 이산확률분포라 불리는 확률분포를 가진다. 앞에서 언급한 바와 같이, 이산확률변수는 확률 실험을 통해 얻어지는 확률변수의 값이 유한개이고, 그리고 셀 수 있는 개수의 실수를 가진다.

이산확률분포표에서 확률변수 X가 x_i값을 가질 확률은 $P(X=x_i)$ 또는 $P(x_i)$로 표시한다. 〈표 6-4〉의 이산확률분포표에서 알 수 있는 바와 같이, 이산확률변수 X의 확률함수 $P(x_i)$는 다음과 같은 두 가지 필수 조건을 지니고 있다.

〈표 6-4〉 이산확률변수 X의 확률분포 모형

확률변수(x_i)	$P(x_i)$
x_1	$P(x_1)$
x_2	$P(x_2)$
⋮	⋮
x_N	$P(x_N)$

$$\sum P(x_i) = 1.00$$

이산확률분포의 필수 조건

1. 각 x_i값의 확률은 항상 $0 \leq P(x_i) \leq 1.00$이다.
2. 모든 x_i값들의 확률의 합 $\sum P(x_i) = 1.00$이다.

첫째, 이산확률변수 X의 각 x_i값의 확률 $P(x_i)$은 항상 0과 1 사이에 있고, 둘째, 모든 x_i값의 확률의 합은 1.00이다. 이는 이산확률변수의 확률분포의 두 가지 필수 조건이다. 〈표 6-4〉와 같이 이산확률분포표가 정리되면 이산확률변수의 각 값에 대한 확률은 물론 확률변수의 구간값에 대한 다양한 확률적 정보를 파악할 수 있다.

확률변수에 대한 확률분포가 이론적으로 정의될 수 없는 경우, 실제로 관찰된 결과로부터 확률분포를 만들어야 한다고 했다. 이산확률분포를 만드는 방법에는 상대도수를 이용한 방법과 확률나무를 이용한 방법이 있다.

(1) 상대도수를 이용한 이산확률분포의 작성

이론적으로 확률분포를 도출할 수 없을 경우, 실제로 모집단을 대상으로 확률변수를 측정한 다음 관찰된 경험적 자료로부터 확률분포를 만들어야 한다. 〈표 6-5〉는 대학생들을 대상으로 이산확률변수(X)인 신용카드 소지 수를 조사한 결과 얻어진 확률변수 x_i값과 각 x_i값에 대응하는 확률값 $P(x_i)$을 상대빈도값으로 계산하여 정리한 이산확률분포표이다. 여기서 각 x_i의 상대빈도는 바로 전체 사례 수(N)에 대한 x_i의 비율(proportion)을 나타낸다.

비율이 확률과 같은 의미로 해석되지만, 실제 두 개념은 서로 다르다. 확률은 어떤 사건이 발생될 가능성, 즉 불확실성의 정도를 의미하는 개념이기 때문에 연구자가 확실히 알 수 없는 모집단에 대한 해석이다. 왜냐하면 대개의 경우 우리는 모집단을 결코 전부 관찰할 수 없기 때문에 발생될 수 있는 여러 사건으로 이루어진 모집단에서 어느 특정 사건의 발생에 대해 확실히 알 수 없으며 이론적으로 도출된 가능성만을 말할 수 있기 때문이다. 반면에 비율은 대개의 경우 작은 모집단이나 표본 자료에서 실제로 관찰된 결과의 상대빈도를 가리키는 말이기 때문에 가능성이 아니고 확실한 결과이다. 모집단에서의 비율은 바로 확률과 같은 의미로 해석되지만, 표본의 경우에는 표본에서 관찰된 사건 발생의 확실한 결과를 나타내는 비율을 모집단으로 일반화하여 기술하고자 할 때 만 확률적 의미를 가지게 된다.

〈표 6-5〉는 대학생들로부터 이산확률변수인 신용카드 소지 수를 조사한 다음 신용카드 보유 수별 상대도수를 계산한 결과이다.

〈표 6-5〉 대학생의 신용카드 소지 수의 확률분포표

신용카드 보유 수(X)	빈도(f)	상대빈도=확률 $P(x)$
0	1,103	1,103/259,569=.004
1	113,476	113,476/259,569=.437
2	98,753	98,753/259,569=.381
3	45,239	45,239/259,569=.174
4	998	998/259,569=.004
	N=259,569	$\sum P(x)$=1.000

〈표 6-5〉에서 알 수 있는 바와 같이, 모든 x_i의 확률값 $P(x_i)$가 ① $0 \leq P(x_i) \leq 1$이고, 그리고 ② $\sum P(x) = 1$임을 알 수 있다. 이와 같은 이산확률분포가 주어지면, 확률분포표를 이용하여 대학생들 중에서 무작위로 한 명의 학생을 표집한 다음 표집된 학생이 소지하고 있는 신용카드의 수에 따른 다음과 같은 여러 가지 확률에 대한 정보를 얻을 수 있다.

- 표집된 학생이 신용카드를 2개 소지하고 있는 학생일 확률은?

  $P(X = 2) = .381$

- 표집된 학생이 신용카드를 1개 이상 소지하고 있는 학생일 확률은?

  $P(X \geq 1) = P(X=1) + P(X=2) + P(X=3) + P(X=4)$

  $= .437 + .381 + .174 + .004 = .996$

- 표집된 학생이 신용카드를 2개 이하 소지하고 있는 학생일 확률은?

  $P(X \leq 2) = P(X=2) + P(X=1) + P(X=0)$

$$= .381 + .437 + .004 = .822$$

〈표 6-5〉의 확률분포를 보다 쉽게 이해하기 위해 히스토그램으로 나타내면 확률히스토그램이 된다.

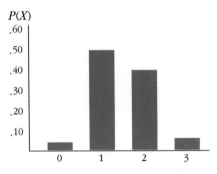

[그림 6-2] 이산확률분포의 히스토그램

(2) 확률나무를 이용한 확률분포의 작성

확률 실험을 통한 결과에 대한 확률을 계산하기 위해 얻어진 자료로부터 상대도수를 직접 이용할 수 없는 경우가 있다. 이 경우, 확률나무를 이용하여 확률변수의 x_i값과 $P(x_i)$를 계산하여 확률분포표를 작성할 수 있다. 예컨대, 전화 방문을 통해 건강식품을 판매하고 있는 판매원이 오늘 3명의 잠정고객에게 제품을 판매하기 위해 전화를 하려고 한다고 가정하자. 평소의 제품 판매 실적을 고려할 때, 이 판매원이 전화를 통해 건강제품을 성공적으로 판매를 성사시키는 비율은 10명 중 3명 정도이다. 즉, 성공적인 판매 성사 확률이 .30이다. 이 판매원이 오늘 3명의 고객에게 전화 판매를 실시할 경우, 판매를 성공적으로 성사시키는 수를 확률변수(X)로 정의하면 확률변수 X는 이산확률변수이다. 그러면 확률나무를 이용하여 이산확률변수 X의 이산확률분포를 작성하는 절차에 대해 알아보도록 하겠다.

판매성공을 S라 표시하고 실패를 F라 표시하면, 판매성공확률 $P(S) = .30$이고 $P(S) + P(F) = 1$이기 때문에 판매실패확률 $P(F)$는 $1 - .30 = .70$이 된다.

고객 1	고객 2	고객 3	사건	x	$P(x)$
		S(.30)	S S S	3	.027
	S(.30)	F(.70)	S S F	2	.063
S(.30)		S(.30)	S F S	2	.063
	F(.70)	F(.70)	S F F	1	.147
		S(.30)	F S S	2	.063
	S(.30)	F(.70)	F S F	1	.147
F(.70)		S(.30)	F F S	1	.147
	F(.70)	F(.70)	F F F	0	.343

[그림 6-3] 이산확률분포의 확률나무

[그림 6-3]의 확률나무에서 볼 수 있는 바와 같이, 확률 실험에서 확률변수가 8가지 가능한 결과로 나타나며 각 결과에 대해 확률은 다음과 같이 계산할 수 있다.

사건	x_i	$P(x_i)$
P(SSS)	3	.30*.30*.30=.027
P(SSF)	2	.30*.30*.70=.063
P(SFS)	2	.30*.70*.30=.063
P(SFF)	1	.30*.70*.70=.147
P(FSS)	2	.70*.30*.30=.063
P(FSF)	1	.70*.30*.70=.147
P(FFS)	1	.70*.70*.30=.147
P(FFF)	0	.70*.70*.70=.343

이 확률 실험 결과들을 요약하면 다음 〈표 6-6〉과 같은 이산확률분포를 얻을 수 있다.

〈표 6-6〉 이산확률분포

확률변수(X)	확률$P(x_i)$
0	.343
1	.441
2	.189
3	.027

일단 〈표 6-6〉과 같은 이산확률분포가 만들어지면, 이산확률분포표를 바탕으로 고객들에게 성공적으로 건강식품의 판매를 할 수 있을 다양한 경우의 확률을 계산해 낼 수 있다. 예컨대, 판매사원이 전화 방문을 통해 3명의 잠정고객에게 전화를 할 경우 3명 중 1명에게만 판매를 성사시킬 확률은 $P(1) = .441$ 정도 될 것으로 기대할 수 있다. 그리고 3명 중 1명에게도 건강식품을 판매하지 못할 확률도 $P(0) = .343$가 될 것으로 기대할 수 있다. 두 명이상에게 성공적으로 판매가 이루어질 확률은 $P(x_i \geq 2) = .189 + .027 = .216$이 될 것으로 기대할 수 있다.

예제 6-1

S 대학의 재학생 중 70%가 영어로 진행되는 전공 강의 때문에 스트레스를 받고 있는 것으로 조사되었다. 이 대학교 재학생 중 2명을 무작위로 표집하여 영어 전공 강의로 인해 스트레스를 받고 있는지를 조사하려고 한다. 영어 전공 강의로 인해 스트레스를 받고 있는 학생의 수를 확률변수 X라 하자. 확률나무를 작성하고 작성된 확률나무를 이용하여 확률분포를 구하시오.

---

(3) 이산확률분포의 평균과 표준편차

우리는 제3장에서 크기가 작은 모집단이나 표본을 대상으로 관심하의 변인을 측정하여 얻어진 원자료를 수치로 요약/기술하는 방법을 설명하면서 평균(μ), 분산(σ^2) 그리고 표준편차(σ)를 계산하는 방법을 다루었다.

$$\mu = \frac{\sum_{i=1}^{N} X_i}{N}$$

$$\sigma^2 = \frac{\sum_{i=1}^{N}(X_i - \mu)^2}{N}$$

$$\sigma = \sqrt{\frac{\sum_{i=1}^{N}(X_i - \mu)^2}{N}}$$

앞의 공식을 이용하여 평균, 분산, 표준편차를 계산할 수 있기 위해서는 N명을 대상으로 확률변수 X를 측정하여 얻어진 모든 X_i의 값을 알 수 있어야 한다. 그러나 사회과학연구의 경우, 대부분의 모집단이 방대하기 때문에 모든 X_i값을 알 수 없는 경우가 많다. 그리고 모집단의 크기를 알 수 있는 경우라도 할지라도 몇 천 명 또는 수십만 명으로부터 측정된 X_i들을 그대로 기록하는 경우도 드물 뿐만 아니라 비효율적이기 때문에, 방대한 모집단 자료는 대개의 경우 〈표 6-7〉과 같은 확률분포의 형태로 정리하여 제시될 경우가 많다. 그리고 이론적으로 도출된 확률분포 역시 확률변수값 x_i과 확률 $P(x_i)$으로 이루어진 확률분포로 주어진다.

〈표 6-7〉 확률변수 X의 확률분포 모형

확률변수(x_i)	$P(x_i)$
x_1	$P(x_1)$
x_2	$P(x_2)$
$\vdots$	$\vdots$
x_N	$P(x_N)$

$$\sum P(x_i) = 1.00$$

이 확률분포에서 $P(x_i)$는 각 확률변수값 x_i가 실현될 확률을 나타낸다. 예컨대, 임의로 한 사례를 선택할 경우 선택된 사례가 확률변수 X에서 x_2값을 가질 확률은 $P(x_2)$이다. 자료가 〈표 6-7〉과 같이 확률분포로 정리되어 있을 경우, 모집단의 평균과 표준편차를 다음과 같은 공식을 사용하여 계산할 수 있다.

• 모평균의 계산: 이산확률분포의 모집단 평균 μ는 확률변수가 가질 수 있는 값(x_i)들의 가중평균(weighted mean)이기 때문에 확률변수 X의 기대치(expected value)가 모집단 평균이 된다.

$$\mu = E(X) = \sum_{\text{모든 } x} x_i P(x_i) \qquad \cdots\cdots\cdots(6.1)$$

기대치의 법칙

확률론에서 확률변수의 **기대값**(Expected value)은 각 사건이 벌어졌을 때의 이득과 그 사건이 벌어질 확률을 곱한 것을 전체 사건에 대해 합한 값이다. 이것은 어떤 확률적 사건에 대한 평균의 의미로 생각할 수 있다.

예를 들어, 주사위를 한 번 던졌을 때 각 눈의 값이 나올 확률은 1/6이고, 주사위값의 기대값은 각 눈의 값에 그 확률을 곱한 값의 합인,

$1 \cdot \dfrac{1}{6} + 2 \cdot \dfrac{1}{6} + 3 \cdot \dfrac{1}{6} + 4 \cdot \dfrac{1}{6} + 5 \cdot \dfrac{1}{6} + 6 \cdot \dfrac{1}{6} = 3.5$가 된다.

• 모분산의 계산: 모집단 분산도 모집단 평균과 마찬가지로 편차점수 제곱의 가중평균이 된다.

$$\sigma^2 = \sum_{\text{모든 } x} (x - \mu)^2 P(x) \qquad \cdots\cdots(6.2)$$

모집단 분산을 편차점수가 아닌 원점수를 이용하여 보다 간단한 방법으로 계산할 수 있다.

$$\sigma^2 = \sum_{\text{모든 } x} x^2 P(x) - \mu^2 \qquad \cdots\cdots(6.3)$$

• 모집단 표준편차:

$$\sigma = \sqrt{\sigma^2} = \sqrt{\sum_{\text{모든 } x} (x - \mu)^2 P(x)} \qquad \cdots\cdots(6.4)$$

또는

$$= \sqrt{\sum_{\text{모든 } x} x^2 P(x) - \mu^2} \qquad \cdots\cdots(6.5)$$

예제 6-2

다음 확률분포 D는 K 도시 시민들을 대상으로 확률변수인 "가구당 자동차 보유 수 X"를 조사하여 정리한 가상적인 자료이다. 가구당 자동차 보유 수의 모집단 평균, 분산, 표준편차를 구하시오.

〈표 A〉 K 도시 가구당 자동차 보유 수의 확률분포

확률변수(x)	$P(x)$
0	.25
1	.45
2	.20
3	.10

$$\sum P(x) = 1.00$$

2) 이항확률변수와 이항확률분포

어떤 확률 실험의 결과가 동전 던지기 실험의 경우와 같이 앞면 또는 뒷면의 오직 두 가지의 경우로만 나타나거나, 또는 주사위를 던지는 실험에서 나타나는 수가 1, 2, 3, 4, 5, 6이지만 홀수 또는 짝수의 두 가지 결과로 분류한 다음 두 가지 결과 중 어느 한 결과의 확률에 관심을 가질 경우를 생각해 보자.

예컨대, 동전을 10번 던질 경우 앞면이 나타날 다양한 횟수(0, 1, 2, 3, 4, 5, 6, 7, 8, 9, 10)의 확률에 대해 알고 싶다고 가정해 보자. 이 경우, 확률을 알기 위해 동전을 10번 던지는 확률 실험을 실시한 다음 얻어진 관찰 결과로부터 앞면의 수에 대한 확률분포를 만들 수 있어야 한다. 확률분포를 얻기 위해 실시되는 확률 실험에서, ① 동전을 던지는 각 확률 실험의 결과가 항상 앞면 또는 뒷면의 두 가지 가능한 결과로 나타난다. 그리고 ② 두 개의 가능한 결과 중에서 연구자가 관심을 가지는 결과인 앞면을 성공(S) 그리고 나머지 다른 결과인 뒷면을 실패(F)로 나타낸다고 할 때, 각 확률 실험에서 성공(앞면)의 확률을 P로 나타내고 실패(뒷면)의 확률은 $1 - P$로 나타낼 수 있으며 두 확률의 합은 항상 1이다. 마지막으로, ③ 각 확률 실험들이 서로 독립적으로 실시되기 때문에 한 확률 실험의 결과가 다른 확률 실험의 결과에 영향을 미치지 않는다. 이와 같이 일련의 확률 실험들이 앞의 세 가지 조건을 충족하는 조건하에서 실시될 경우, 이러한 확률 실험 과정을 베르누이 과정(Bernoulli process)이라 한다. 베르누이 과정의 세 가지 조건을 충족하는 조건하에서 확률 실험이 고정된 수의 시행

N으로 구성될 경우, 이러한 확률 실험을 이항 실험(binomial experiment)이라 부른다.

이항 실험에서 확률변수 X는 N회 시행에서 관찰되는 성공의 횟수로 정의되며, 이를 이항확률변수(binomial random variable)라 부른다. 여기서 성공이란 두 가지 가능한 실험 결과 중에서 연구자가 관심을 가지고 확률을 알고 싶어 하는 결과를 지칭하는 말이다. 그래서 연구자는 N번 시행에서 성공의 횟수가 x_i번 나타날 확률에 관심을 가지게 된다. 이항 실험에서 확률변수는 N회 시행에서 나타나는 성공의 횟수로 정의되기 때문에, 이항확률변수의 값은 0, 1, 2, 3, 4, 5, 6······ N의 값을 가지는 이산확률변수라 할 수 있다. 그리고 가능한 모든 이항확률변수의 각 값에 대한 확률이 정의되면 이항확률분포를 얻게 된다.

그러면 설명의 편의를 위해, 동전을 5회 던지는 확률 실험에서 동전의 앞면이 나오는 경우를 성공(S)으로, 뒷면이 나오는 경우를 실패(F)로 정의된 이항 실험에서 확률나무를 사용하여 이항확률분포를 얻는 절차와 방법에 대해 알아보도록 하겠다. [그림 6-4]의 확률나무에서 볼 수 있는 바와 같이, 각 시행에서 두 개의 결과가 얻어지고 두 결과를 나타내는 두 개의 나무줄기가 만들어진다. N번 시행에서 성공이 x번 존재하면 실패는 $(N-x)$번 존재하게 된다. 그래서 각 시행에서 성공의 경우에는 P를 곱하고 실패의 경우에는 $1-P$를 곱하면 확률값이 얻어진다. 즉, x번의 성공과 $(N-x)$번의 실패가 발생된 나무줄기의 확률은 다음과 같다.

$$P^x(1-P)^{N-x} \qquad\qquad \cdots\cdots(6.6)$$

[그림 6-4]의 확률나무에서, 네 번째 나무줄기의 경우 5번의 시행에서 성공의 횟수는 3번이고 실패의 횟수는 $(5-3)=2$이다. 따라서 네 번째 나무줄기의 확률은 $P^x(1-P)^{N-x}=.5^3(.5)^2=.03125$가 된다. 동일한 공식을 이용하여 〈표 6-8〉과 같이 각 나무줄기에 해당되는 확률을 각각 계산할 수 있다.

이 확률나무줄기에서 볼 수 있는 바와 같이, 이항확률 실험에서 x번의 성공과 $(N-x)$번의 실패가 발생되는 경우가 한 번 이상 존재할 수 있다. 예컨대, 4번의 성공과 1번의 실패가 발생되는 경우가 $P(S, S, S, S, F), P(S, S, S, F, S), P(S, F, S, S, S), P(S, F, S, S, S), P(S, F, S, S, S)$로서 5번임을 알 수 있다. 따라서 이항확률 실험에서 N번의 시행 중 x번의 성공이 발생될 수 있는 확률을 알기 위해서는 이항확률 실험 결과에서 동일한 결과를 나타내는 나무줄기의 수를 파악할 수 있어야 한다.

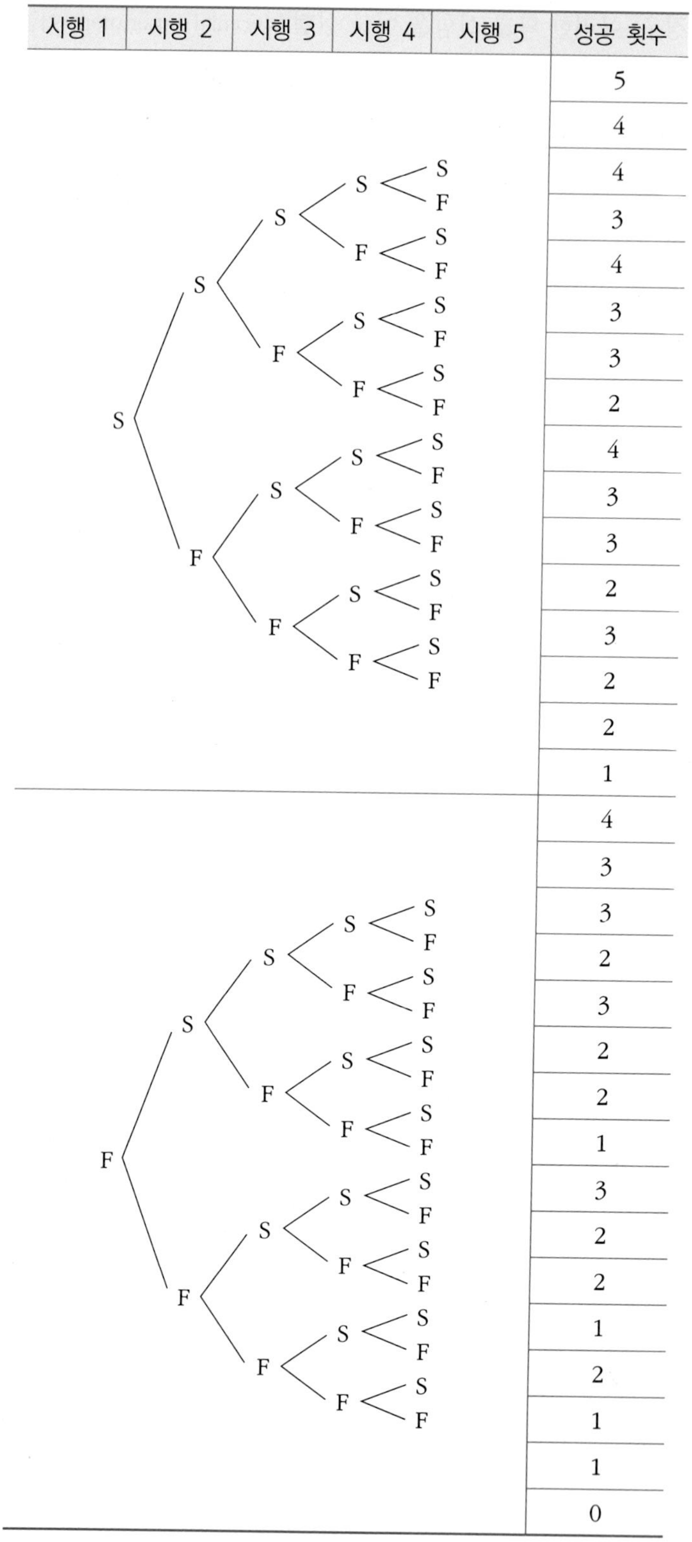

시행 1	시행 2	시행 3	시행 4	시행 5	성공 횟수

성공 횟수 (위에서부터): 5, 4, 4, 3, 4, 3, 3, 2, 4, 3, 3, 2, 3, 2, 2, 1

4, 3, 3, 2, 3, 2, 2, 1, 3, 2, 2, 1, 2, 1, 1, 0

[그림 6-4] 이항 실험을 위한 확률나무

〈표 6-8〉 사건별 성공 횟수 및 성공확률

사건	성공 횟수 x	성공확률 $P(x)$	사건	성공 횟수 x	성공확률 $P(x)$
$P(\text{S S S S S})$	5	.03125	$P(\text{F S S S S})$	4	.03125
$P(\text{S S S S F})$	4	.03125	$P(\text{F S S S F})$	3	.03125
$P(\text{S S S F S})$	4	.03125	$P(\text{F S S F S})$	3	.03125
$P(\text{S S S F F})$	3	.03125	$P(\text{F S S F F})$	2	.03125
$P(\text{S S F S S})$	4	.03125	$P(\text{F S F S S})$	3	.03125
$P(\text{S S F S F})$	3	.03125	$P(\text{F S F S F})$	2	.03125
$P(\text{S S F F S})$	3	.03125	$P(\text{F S F F S})$	2	.03125
$P(\text{S S F F F})$	2	.03125	$P(\text{F S F F F})$	1	.03125
$P(\text{S F S S S})$	4	.03125	$P(\text{F F S S S})$	3	.03125
$P(\text{S F S S F})$	3	.03125	$P(\text{F F S S F})$	1	.03125
$P(\text{S F S F S})$	3	.03125	$P(\text{F F S F S})$	1	.03125
$P(\text{S F S F F})$	2	.03125	$P(\text{F F S F F})$	1	.03125
$P(\text{S F F S S})$	3	.03125	$P(\text{F F F S S})$	2	.03125
$P(\text{S F F S F})$	2	.03125	$P(\text{F F F S F})$	1	.03125
$P(\text{S F F F S})$	2	.03125	$P(\text{F F F F S})$	1	.03125
$P(\text{S F F F F})$	1	.03125	$P(\text{F F F F F})$	0	.03125

시행 횟수가 적을 경우에는 이와 같이 직접 세어서 파악할 수 있지만, 시행 횟수가 많을 경우에는 실제로 나무줄기의 수를 세는 것이 복잡하고 비효율적이기 때문에 다음과 같이 수학적으로 도출된 조합 공식을 사용하여 쉽게 파악할 수 있다.

$$C_x^N = \frac{N!}{x!(N-x)!} \qquad \cdots\cdots\cdots(6.7)$$

여기서, $N \neq N(N-1)(N-2)\cdots(2)(1)$

예컨대, 동전을 5번 던지는 경우 $5! = 5(4)(3)(2)(1) = 120$이기 때문에 5번 시행에서 3번의 성공과 2번의 실패를 나타내는 나뭇가지의 수는 다음과 같다.

$$C_3^5 = \frac{5!}{3!(5-3)!} = \frac{120}{6(2)} = 10$$

실제 확률나무에서도 성공 횟수 $x = 3$인 나뭇가지의 수가 10개임을 확인할 수 있다. 앞의 두 가지 요소를 결합하면 N번 시행되는 이항확률 실험에서 각 시행에서의 성공확률이 P일 경우 x번의 성공이 발생될 확률을 쉽게 계산할 수 있는 공식을 만들 수 있다.

$$P(x) = \frac{N!}{x!(N-x)!} P^x (1-p)^{N-x} \qquad \cdots\cdots(6.8)$$

여기서 x는 성공 횟수를 나타내며 N번 시행의 경우 0, 1, 2, 3······ N의 값을 가진다. 예컨대, 5번 시행되는 이항확률 실험에서 각 시행에서의 성공확률이 .5이기 때문에 3번의 성공이 발생될 확률은,

$$P(3) = \frac{5!}{3!(5-3)!} .50^3 (1-.50)^{5-3} = .3125 \text{ 이다.}$$

즉, 5번 시행에서 3번의 성공이 발생될 확률이 .3125이다. 동일한 절차에 따라 각 성공 횟수에 대한 확률을 계산하면 〈표 6-9〉와 같은 이항확률분포를 만들 수 있으며, 만들어진 이항확률분포표를 이용하여 다양한 경우의 성공 횟수에 대한 확률을 계산해 낼 수 있다.

〈표 6-9〉 5번 시행 확률 실험의 성공확률을 나타내는 이항확률분포

성공 횟수(x)	성공확률 $P(x)$	비고
0	.0313	$P(0) = \dfrac{5!}{0!(5-0)!} .50^0 (1-.50)^{5-0}$
1	.1562	$P(1) = \dfrac{5!}{1!(5-1)!} .50^1 (1-.50)^{5-1}$
2	.3125	$P(2) = \dfrac{5!}{2!(5-2)!} .50^2 (1-.50)^{5-2}$
3	.3125	$P(3) = \dfrac{5!}{3!(5-3)!} .50^3 (1-.50)^{5-3}$
4	.1562	$P(4) = \dfrac{5!}{4!(5-4)!} .50^4 (1-.50)^{5-4}$
5	.0313	$P(5) = \dfrac{5!}{5!(5-5)!} .50^5 (1-.50)^{5-5}$

이 이항확률분포를 히스토그램으로 나타내면 다음 [그림 6-5]와 같다.

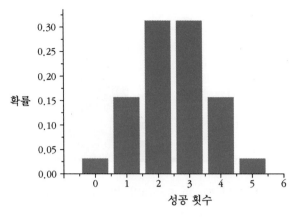

[그림 6-5] 확률 $\pi = .5$일 경우의 성공 횟수와 성공확률

(1) P와 N에 따른 이항분포의 모양

N을 고정한 후 P의 크기에 따른 이항확률분포의 변화를 알아보기 위해 $N = 10$인 경우 P값을 .50, .30, .70으로 변화시킨 결과, 이항확률분포의 모양이 다음과 같이 나타났다.

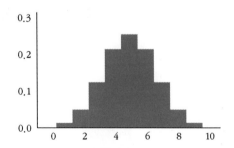

[그림 6-6] $N = 10, P = .50$인 경우의 이항확률분포

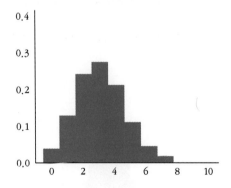

[그림 6-7] $N = 10, P = .30$인 경우의 이항확률분포

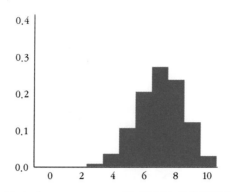

[그림 6-8] $N=10, P=.70$인 경우의 이항확률분포

[그림 6-6], [그림 6-7], [그림 6-8]에서 볼 수 있는 바와 같이, N이 고정된 조건에서 P값이 .50일 경우에는 이항확률분포가 좌우 대칭을 이루는 정규분포의 형태를 보이나 $P<.50$이면 오른쪽 꼬리가 긴 모양의 정적 편포를 보이고, 반면에 $P>.50$이면 왼쪽 꼬리가 긴 모양의 부적 편포를 지니는 것으로 나타난다.

P를 고정한 후 N의 크기에 따른 이항확률분포의 변화를 알아보기 위해 $P=.50$인 경우와 $P=.70$인 경우로 나누어 N의 크기를 10, 30, 60, 100으로 변화시킨 결과, 이항확률분포의 모양이 다음과 같이 나타났다.

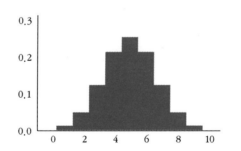

[그림 6-9] $N=10, P=.50$인 경우의 이항확률분포

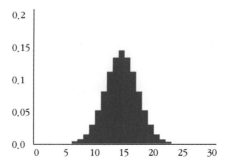

[그림 6-10] $N=30, P=.50$인 경우의 이항확률분포

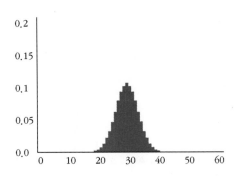

[그림 6-11] $N=60, P=.50$인 경우의 이항확률분포

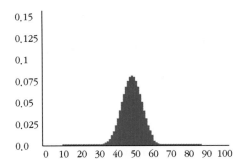

[그림 6-12] $N=100, P=.50$인 경우의 이항확률분포

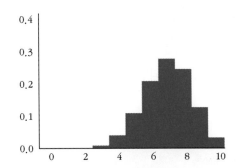

[그림 6-13] $N=10, P=.70$인 경우의 이항확률분포

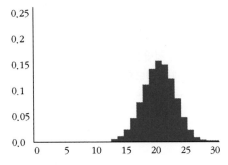

[그림 6-14] $N=30, P=.70$인 경우의 이항확률분포

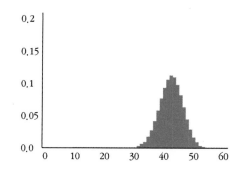

[그림 6-15] $N = 60, P = .70$인 경우의 이항확률분포

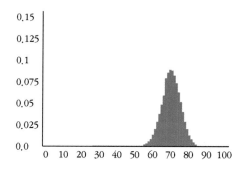

[그림 6-16] $N = 100, P = .70$인 경우의 이항확률분포

이 실험 결과에서 볼 수 있는 바와 같이, $P = .50$인 경우는 물론 부적 편포인 $P = .70$인 경우에도 N이 증가할수록 이항확률분포의 모양이 점점 더 정규분포에 근접해 간다는 것이다. 이항분포에서 N이 무한대로 확대되면 바로 정규분포가 되기 때문에 정규분포는 이항분포의 확장으로 볼 수 있다.

예제 6-3

스페인어를 전혀 모르는 어떤 학생이 10문항으로 된 사지선다형 스페인어 어휘력 시험을 치려고 한다.

1. 이 학생이 어휘력 시험에서 5개의 정답을 맞힐 확률은 얼마인가?
2. 이 학생이 어휘력 시험에서 한 개의 정답도 맞히지 못할 확률은 얼마인가?

(2) 누적확률

지금까지는 이항확률분포 공식을 이용하여 이항확률 실험하에서 연구자가 원하는 특정한 x값의 발생확률을 파악하는 방법만을 다루었다. 그러나 실제 연구에서는 이항확률분포에서 특정한 "x_i값 이하 ($P(X \leq x_i)$)"또는 "x_i값 이상($P(X \geq x_i)$)"의 확률값에 대한 정보를 얻고자 할 경우가 많다.

이를 위해 연구자는 가능한 한 모든 x값에 대한 확률을 추정/정리하여 다음과 같이 이항확률분포표를 작성한 다음 누적확률(cumulative probability)을 계산해야 한다. 다음의 이항확률분포는 예제 6–3의 $n = 10$, $p = .25$인 이항확률 실험의 결과를 정리한 것이다.

〈표 6-10〉 $n = 10$, $p = .25$인 경우의 누적이항확률분포

x_i	$P(X = x_i)^*$	$P(X \leq x)$
0	.056	$P(X \leq 0) = .056$
1	.188	$P(X \leq 1) = .244$
2	.282	$P(X \leq 2) = .526$
3	.250	$P(X \leq 3) = .776$
4	.146	$P(X \leq 4) = .922$
5	.058	$P(X \leq 5) = .980$
6	.016	$P(X \leq 6) = .996$
7	.004	$P(X \leq 7) = 1.00$
8	.000	$P(X \leq 8) = 1.00$
9	.000	$P(X \leq 9) = 1.00$
10	.000	$P(X \leq 10) = 1.00$

앞의 누적이항확률분포에서 학생이 3개 이하의 정답을 선택할 확률은 $P(X \leq 3)$이므로,

$$P(X \leq 3) = P(X = 0) + P(X = 1) + P(X = 2) + P(X = 3)$$
$$= .056 + .188 + .282 + .250 = .776$$

가 된다. 마찬가지로, 학생이 7개 이상의 정답을 선택할 확률은 확률의 여사건 법칙을 이용하여 쉽게 계산할 수 있다.

$$P(X \geq 7) = 1 - P(X \leq 6)$$이므로,

$P(X \geq 7) = 1 - .996 = .004$이 된다.

(3) 이항확률분포의 평균과 표준편차의 계산

앞에서 관찰한 바와 같이, 이항확률분포는 N과 P에 따라 상이한 모양의 분포를 가지며 P와 관계없이 N이 증가할수록 정규분포에 근접해 감을 알 수 있었다. 이항확률분포의 모양이 어떤 모습이든 관계없이 자료의 평균과 표준편차를 계산하기 위한 공식은 다음과 같다.

$$E(p) = \mu_p = Np \qquad\qquad \cdots\cdots(6.9)$$

$$\sigma_p^2 = Np(1-p) \qquad\qquad \cdots\cdots(6.10)$$

$$\sigma_p = \sqrt{\sigma_p^2} = \sqrt{Np(1-p)} \qquad\qquad \cdots\cdots(6.11)$$

예제 6-4

스페인어 코스에 등록한 20명의 학생들을 대상으로 사지선다형으로 만들어진 스페인어 어휘력 검사를 실시하였다. 만약 스페인어 코스에 등록한 학생들이 모두 스페인어를 전혀 모르는 학생들이라면 스페인어 어휘력 검사점수의 평균과 표준편차는 얼마로 얻어지겠는가?

---

3) 포아송확률변수와 포아송확률분포

앞에서 설명한 이항확률분포의 경우와 다르게, 만약 새로 발간된 초판 교재의 경우 대개 10쪽당 평균오타의 수가 2.5개 정도인 것으로 보고되고 있다고 가정하자. 그리고 새로 출판된 500쪽 분량의 초판 교재에서 오타(공간)가 4개 이하로 나올 확률은 얼마인가를 알고 싶어 한다거나(오타가 4개 이상 나오면 출판을 보류해야 할 경우) 또는 새로 개통된 고속도로의 한 특정 구간에서 하루에 발생되는 교통사고의 수(시간)와 같이 실제 생활 속에서 발생되는 많은 사건이 성공과 실패의 경우로 발생되나 이항확률변수와 같이 사건 발생의 확률을 일정한 시행에서 발생되는 성공 횟수가 아닌 일정한 시간 또는 공간에서 발생되는 횟수로 정의한 다음 특정한 성공 횟수에 대한 확률을 알고자 할 경우를 생각해 보자.

이러한 경우는 앞에서 다룬 이항확률분포를 통해 확률을 파악할 수 없기 때문에 포아송확률분포라는 특별한 확률분포를 이용하여 확률을 추정한다. 그렇다면 포아송확률분포란

어떤 분포인지 알아보자. 만약,

① 임의의 일정한 구간(시간 구간 또는 공간 구간)에서 발생되는 성공 횟수가 다른 구간(시간 구간 또는 공간 구간)에서 발생되는 성공 횟수에 영향을 미치지 않고(서로 독립적이고),

② 한 일정 구간(일정한 시간 구간 또는 일정한 공간 구간)에서 한 번의 성공이 발생할 확률이 모든 동일한 구간에 걸쳐 동일하며,

③ 한 일정한 구간(시간 구간 또는 공간 구간)에서 한 번의 성공이 발생할 확률은 구간의 크기에 따라 비례하고,

④ 구간이 작아짐에 따라 주어진 구간에서 한 번의 성공이 발생할 확률이 점차적으로 0에 접근하는 조건을 모두 만족할 경우의 확률 실험을 포아송 실험(Poisson experiment)이라 부른다.

포아송 실험에서 일정한 구간(시간 구간 또는 공간 구간)에서 발생되는 성공 횟수를 포아송 확률변수(Poisson random variable)라 부른다. 예컨대, 새로운 무선 마우스를 개발하여 판매하고 있는 어떤 회사의 고객 서비스 센터에 제품의 고장 신고 건수가 월별(시간 구간) 평균 4.5건 접수되고 있다. 고장 신고가 비교적 드물게 그리고 무작위로 접수되고, 각 고장 신고 간에는 서로 아무런 영향을 주지 않기 때문에 특정한 달의 고장 신고의 수가 다른 달의 고장 신고 수에 영향을 미치지 않는다. 그리고 주별, 일별로 나누어 고장 신고 건수를 계산할 경우 점점 0건에 가까워진다. 따라서 새로운 무선 마우스를 개발하여 판매하고 있는 어떤 회사의 고객 서비스 센터에 접수되는 제품의 고장 신고 건수는 월별 평균 4.5건인 포아송분포를 따른다고 할 수 있다.

이와 같이 포아송 실험의 포아송확률변수는, ① 무작위로, ② 비교적 드물게, 그리고 ③ 독립적으로 발생되는 성공사건의 발생 횟수로 정의되기 때문에, 예컨대 일정한 시간 구간 동안 영화관에 들어오는 관객의 수는 포아송확률변수의 조건을 만족할 수 없다. 왜냐하면 영화관을 방문하는 관객들은 짝을 지어 오던가 단체로 오는 경우가 일반적이기 때문에 사건 발생 간의 독립성과 성공사건이 드물게 무작위로 발생되어야 한다는 조건에 위배될 수 있기 때문이다. 그러나 어떤 고속도로상의 사건 발생은 비교적 무작위로 드물게 일어나고, 그리고 사건 간에 독립성이 인정될 수 있기 때문에 포아송분포를 따른다고 가정할 수 있다.

연구자가 관심을 두고 있는 확률변수가 포아송확률 실험의 네 가지 기본 조건을 만족하는 포아송확률변수일 경우, 포아송확률변수가 특정한 x값을 가질 확률은 다음과 같다.

$$P(x) = \frac{e^{-\mu}\mu^x}{x!}$$ ······(6.12)

여기서 x는 성공 횟수로서 0, 1, 2, 3······ 값을 가지며 이론적으로 무한대의 값을 가질 수 있는 것으로 본다. μ는 일정한 구간(시간 또는 공간)에서 발생되는 성공 횟수의 평균이며, e는 자연로그의 밑수이며 약 2.71828이다.

앞에서 언급한 바와 같이, 포아송확률변수가 가질 수 있는 값의 상한값은 없다. 따라서 임의의 일정한 구간에서 발생되는 성공 횟수의 평균값만 주어지면 확률변수값을 0, 1, 2, 3······ 차례대로 앞의 공식에 대입하여 확률값을 계산하면 포아송확률분포표를 얻게 된다. 이항확률분포와 마찬가지로 특정한 x값에 대한 확률과 함께 실제에서는 대개의 경우 누적확률에 대한 정보를 필요로 한다. 포아송누적확률분포는 이항누적확률분포와 같은 방법으로 x에 따라 오름차순으로 정리한 다음 누가적으로 합산해 가면서 누적확률값이 1.00이 될 때까지 누적확률값을 파악하여 정리하면 된다. 통계학자들이 다양한 μ값에 따른 포아송확률분포를 수학적으로 생성한 다음 누적확률을 구하여 부록 F와 같은 도표로 제시해 주고 있다. 연구자는 이 도표를 이용하여 x에 대한 확률은 물론 누적확률값을 파악할 수 있다. 〈표 6-11〉의 확률표는 누적포아송분포에서 $\mu=3$인 경우에 해당되는 부분만 보여 주고 있다. 누적확률분포표는 누적확률이 1.000(소수점 이하 세 자리)이 될 때까지의 x값에 대한 누적확률을 계산하여 제공해 주고 있다.

〈표 6-11〉 $\mu=3$인 경우의 누적포아송확률

X	$P(X \leq x)$
0	.050
1	.199
2	.423
3	.647
4	.815
5	.916
6	.966
7	.988
8	.996
9	.999
10	1.000

〈표 6-11〉의 누적포아송확률표를 이용하면 $P(X=x)$에 대한 확률값도 쉽게 파악할 수 있다. 예컨대, $x=4$인 경우의 확률값 $P(X=4)$는 $P(X \leq 4) - P(X \leq 3)$이기 때문에 $.815 - .647 = .168$임을 알 수 있다. 이와 같은 방법으로 모든 x값에 대한 $P(X=x)$를 쉽게 계산할 수 있다.

$$P(X=x) = P(X \leq x) - P(X \leq [x-1])$$

〈표 6-11〉의 누적포아송분포에서 $P(X \geq 5)$값을 알고자 할 경우, $P(X \geq 5) = 1 - P(X \leq 4)$이므로 $1 - .815 = .185$가 된다. 부록 B의 누적포아송분포를 사용하여 $P(X=x)$ 또는 $P(X \geq x)$를 구하는 방법은 다음과 같다.

$$P(X \geq x) = 1 - P(X \leq x-1)$$

예제 **6-5**

새로운 무선 마우스를 개발하여 판매하고 있는 회사의 고객 서비스 센터에 신고되고 있는 제품의 고장 신고 건수가 주당 평균 2.5건인 포아송분포를 따른다. 부록에 제시된 포아송확률분포표를 이용하여 다음 사건의 확률을 구하시오.

1. 일주일에 고장 신고가 한 건도 없을 확률
2. 일주일에 네 건 이상의 고장 신고가 접수될 확률
3. 오늘 한 건의 고장 신고가 접수될 확률

예제 **6-6**

A 교수는 자신이 가르치고 있는 기초통계학 코스에서 매 학기마다 성적 이의 신청을 해 오는 학생의 수가 평균 3.5명인 포아송분포를 따른다. 이번 학기에도 A 교수가 기초통계학 코스가 개설되어 성적 입력을 완료하고 학생들의 성적 이의 신청을 기다리고 있다. 그리고 성적 이의 신청이 다섯 건 이상일 경우 대학으로부터 경고를 받게 되어 있기 때문에 A 교수는 이번 학기에, 특히 성적 이의 신청 건수가 한 건도 없을 확률과 다섯 건의 이의 신청이 발생할 확률에 관심을 가지고 있다. 부록에 제시된 포아송확률분포표를 이용하여 다음 사건의 확률을 구하시오.

1. 이번 학기에 성적 이의 신청 건수가 한 건도 없을 확률은?
2. 이번 학기에 다섯 건의 성적 이의 신청이 발생할 확률은?

4) 연속확률변수와 연속확률분포

지금까지 이산확률변수의 확률값을 계산하기 위해 필요한 여러 가지 경우의 이산확률분포에 대해 알아보았다. 이산확률분포는 범주변인의 표본과 모집단을 연결시켜 주는 기능을 한다. 확률변수가 등간척도 또는 비율척도로 측정되는 연속확률변수일 경우, 확률분포의 성질이 앞에서 다룬 이산확률분포와 전혀 다른 성질을 가진다. 앞에서 언급한 바와 같이, 이산확률변수는 셀 수 있는 개수의 값을 가지나 연속확률변수의 값은 무한개로 존재할 수 있기 때문에 셀 수 없다. 이산 확률변수와 같이 확률변수가 가질 수 있는 값을 셀 수 있다는 것은 확률변수 X의 주어진 x_i값에 대한 확률을 계산할 수 있다는 의미이다. 그러나 연속확률변수의 값은 무한개이기 때문에 연속확률변수가 가질 수 있는 무한개의 값들 중에서 특정한 x_i값의 확률은 $1/\infty$로서 결국 0이 되기 때문에 특정한 x값에 대한 확률값을 계산할 수 없다. 따라서 연속확률변수의 경우에는 연속확률변수가 가질 수 있는 어떤 구간값에 대한 확률만을 계산할 수 있다. 그래서 연속확률변수의 특정한 구간값에 대한 확률값을 파악하기 위해서는 확률밀도함수의 개념에 대한 이해가 필요하다.

• 확률밀도함수: 연속확률변수의 주어진 어떤 구간값에 대한 확률을 구하기 위해서는 확률밀도함수(probability density function) 개념에 대한 이해가 필요하다. 다음 〈표 6-12〉의 자료는 확률밀도함수의 개념을 설명하기 위해 D 학교 재학생 100명을 대상으로 매월 지불하는 통신비를 조사한 가상적인 자료이다.

〈표 6-12〉 통신비 묶음 자료의 빈도분포표

구간	도수	상대도수
$0 \leq x \leq 20,000$	1	1/100
$20,000 < x \leq 40,000$	5	5/100
$40,000 < x \leq 60,000$	25	25/100
$60,000 < x \leq 80,000$	45	45/100
$80,000 < x \leq 100,000$	20	20/100
$100,000 < x \leq 120,000$	4	4/100
합계	100	1.00

〈표 6-12〉에서 볼 수 있는 바와 같이, 각 구간별 상대도수로 파악된 모든 비율, 즉 확률값을 합하면 1.00이 된다. 그리고 상대도수를 이용하여 이 빈도확률분포를 히스토그램으로

나타내면 다음 [그림 6-17]과 같다.

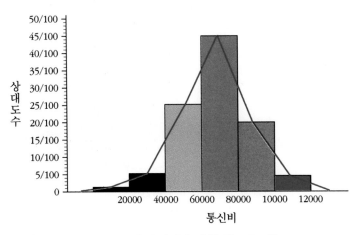

[그림 6-17] 통신비에 대한 히스토그램

[그림 6-17]의 히스토그램에서, 각 구간별 직사각형의 높이는 각 구간의 상대도수를 나타내기 때문에 각 구간의 상대도수를 구간의 길이를 나타내는 20,000으로 나누어 주면 상대도수밀도(relative frequency density)값을 얻게 되고 모든 직사각형의 면적 총합이 1.00이 된다.

〈표 6-13〉 구간 점수별 상대도수밀도 및 상대도수

구간	사각형의 높이 (상대도수밀도)	사각형의 넓이 (상대도수/구간넓이)
$0 \leq x \leq 20{,}000$	$1/(100 \times 20000) = .0000005$	$.0000005 \times 20000 = .01$
$20{,}000 < x \leq 40{,}000$	$5/(100 \times 20000) = .0000025$	$.0000025 \times 20000 = .05$
$40{,}000 < x \leq 60{,}000$	$25/(100 \times 20000) = .0000125$	$.0000125 \times 20000 = .25$
$60{,}000 < x \leq 80{,}000$	$45/(100 \times 20000) = .0000225$	$.0000225 \times 20000 = .45$
$80{,}000 < x \leq 100{,}000$	$20/(100 \times 20000) = .00001$	$.0000100 \times 20000 = .20$
$100{,}000 < x \leq 120{,}000$	$4/(100 \times 20000) = .000002$	$.0000020 \times 20000 = .04$

〈표 6-13〉의 상대도수밀도를 이용하여 히스토그램을 그린 다음 빈도다각형 그래프로 나타내면 [그림 6-18]과 같다.

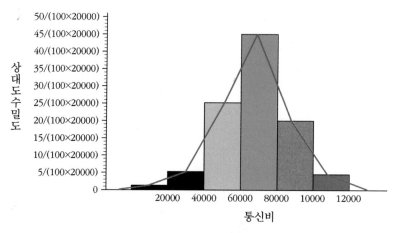

[그림 6-18] 통신비에 대한 빈도다각형

〈표 6-13〉이나 [그림 6-18]의 히스토그램을 이용하면 주어진 특정한 구간에 대한 확률을 쉽게 읽어 낼 수 있다. 예컨대, 임의로 한 학생을 표집할 경우 표집된 학생이 통신비로 지출하는 돈이 월 평균 60,000~80,000원에 속하는 학생일 확률은 .45이며 이는 히스토그램에서 60,000~80,000 구간의 면적과 같다. 일단 빈도확률분포표를 이용하여 히스토그램이 만들어지면 임의의 구간값에 대한 확률도 확률분포곡선하의 면적을 계산하여 쉽게 구할 수 있다. 예컨대, 임의로 한 학생을 표집했을 때 표집된 학생이 통신비로 지출하는 비용이 50,000~90,000원 사이에 속하는 학생일 확률을 구한다고 가정하자.

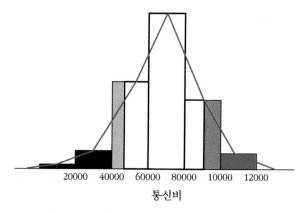

[그림 6-19] 통신비에 대한 확률분포곡선

구간	사각형의 높이 (상대도수밀도)	사각형의 넓이 (상대도수/구간넓이)
① $50000 < X \leq 60000$	$25/(100 \times 20000) = .0000125$	$(60000 - 50000) \times .0000125 = .125$
② $60000 < X \leq 80000$	$45/(100 \times 20000) = .0000225$	$(80000 - 60000) \times .0000225 = .225$
③ $80000 < X \leq 90000$	$20/(100 \times 20000) = .00001$	$(90000 - 80000) \times .00001 = .10$

합계$= .125 + .225 + .10 = .450$

히스토그램에서 구간들이 더 작게 설정되고 더 많은 구간으로 이루어질 경우, 히스토그램을 연결하여 얻어진 빈도다각형의 모양은 다음과 같이 다양한 곡선 모양으로 나타날 것이며, 모양은 달라도 모든 곡선하의 면적은 동일하게 1.00이 된다.

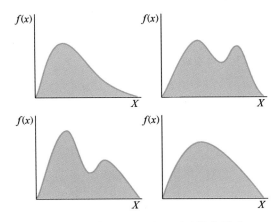

[그림 6-20] 다양한 빈도 다각형의 형태

대부분의 경우 이러한 곡선 모양을 함수 $f(x)$로 나타낼 수 있으며, 이러한 함수 $f(x)$를 확률밀도함수라 부른다. 주어진 함수 $f(x)$가, 예컨대 다음 [그림 6-21]에서와 같이 $a \leq x \leq b$의 범위를 가지는 함수라고 가정하자.

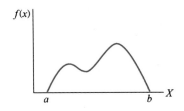

[그림 6-21] 확률밀도함수

모든 확률밀도함수는 다음과 같은 두 가지 필요조건을 충족시켜야 한다.

첫째, a와 b 사이에 있는 함수 $f(x)$ 아래의 총면적은 1이다.

둘째, a와 b 사이에 있는 모든 x에 대하여 $f(x) \geq 0$이다.

즉, 확률변수 X가 어떤 구간 $x_1 \sim x_2$에 속할 확률 $P(x_1 < X < x_2)$은 0과 1 사이고, 그리고 확률변수 X가 값을 가질 수 있는 서로 배반인 모든 구간의 확률을 합하면 1.00이 된다. 확률밀도함수를 나타내는 곡선 아래의 면적을 구하기 위해 적분을 사용할 수 있으나, 사회과학연구에서 흔히 다루어지고 있는 연속확률분포는 확률을 계산하기 위해 적분을 사용할 만큼 복잡하지 않다.

확률밀도함수하의 주어진 구간에 대한 면적을 구하는 방법에 대해 보다 쉽게 설명하기 위해 어떤 확률변수의 분포가 다음 [그림 6-22]와 같은 가장 단순한 형태의 일양확률분포인 직사각형확률분포를 이룬다고 가정하자.

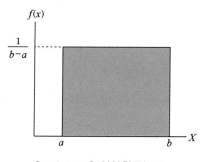

[그림 6-22] 일양확률분포

이 일양확률분포의 확률밀도함수 $f(x)$는 다음과 같다.

$$f(x) = \frac{1}{b-a}$$

여기서, $a \leq x \leq b$이다.

만약 연구자가 위의 일양확률밀도함수에서 [그림 6-23]에서와 같이 확률변수 X가 임의의 구간 $x_1 \sim x_2$에 속할 확률을 알고 싶어 할 경우, x_1과 x_2 사이의 면적을 구하면 된다.

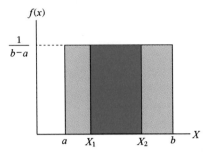

[그림 6-23] 일양확률분포

즉, $P(x_1 < X < x_2)$는 빗금친 직사각형의 면적과 같다. 직사각형의 면적은 밑변×높이 이므로 다음과 같이 계산하면 된다.

$$P(x_1 < X < x_2) = (x_2 - x_1)\frac{1}{b-a}$$

예제   6-7

한 학생이 토플 시험에서 작문 영역의 문제를 모두 완료하는 데 걸리는 시간이 30~60분 사이의 일양분포를 따른다고 가정하자.

1. 토플 시험에 응시한 A 학생이 작문 영역을 마치는 데 걸리는 시간이 50분 이상 걸릴 확률을 계산하시오.
2. 토플 시험에 응시한 A 학생이 작문 영역을 마치는 데 걸리는 시간이 40분~50분 사이일 확률을 계산하시오.
3. 토플 시험에 응시한 A 학생이 작문 영역을 정확히 55분에 완료할 확률을 계산하시오.

5) 정규분포

독일의 천체물리학자인 가우스(Carl Friedrich Gauss, 1777~1855)가 특정한 천체를 반복적으로 관찰하면서 관찰을 통해 얻어진 측정치들은 측정의 오차로 인해 관찰할 때마다 다르게 얻어지는 것으로 관찰되었고, 그리고 다른 수많은 관측 자료를 분석한 결과 모두 일관성 있게 다음과 같은 특정한 형태를 가지는 것으로 관찰되었다.

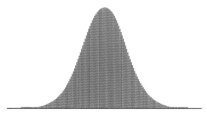

[그림 6-24] 정규확률분포

이는 마치 오차 상자로부터 무작위로 복원표집 방법을 통해 표집할 때 관찰될 수 있는 분포와 매우 유사하며 특정한 수학적 함수 관계로 나타낼 수 있음을 알았다. Gauss가 발견한 오차분포를 함수로 나타낸 것을 정규분포 또는 Gauss분포(Gaussian distribution)라 부르게 되었다. Gauss가 발견한 정규분포곡선의 함수식은 공식 (6.13)과 같다.

$$f(x) = \frac{1}{\sqrt{2\pi}} e^{-\frac{1}{2}(\frac{x-\mu}{\sigma})^2} \qquad \cdots\cdots(6.13)$$

여기서, $-\infty < x < \infty$

μ =분포의 평균

σ =분포의 표준편차

e =2.7182 …

π =3.14159… 이다.

공식 (6.13)에서 알 수 있는 바와 같이, π와 e는 상수이다. 따라서 정규분포의 모양은 $-\frac{1}{2}(\frac{x-\mu}{\sigma})^2$에 의해 결정되기 때문에 결국 정규분포의 모양은 μ와 σ에 따라 달라질 수 있음을 알 수 있다. 즉, 평균(μ)과 표준편차(σ)가 다른 수많은 정규분포가 존재할 수 있기 때문에 정규분포란 말은 어느 특정한 하나의 분포를 지칭하는 것이 아니라, ① 평균을 중심으로 좌우 대칭을 이루고, ② 봉이 하나밖에 없는 단봉분포(uni modal curve)이며, 그리고 ③ 평균에서 거리가 멀어질수록 곡선의 양이 무한 $-\infty \sim +\infty$으로 낮아지면서 횡축에 접근해 가지만 결코 끝이 횡축에 닿지 않는 점근선적 특성을 지니는 모든 분포를 지칭하는 일종의 가족명칭(family name)이라고 할 수 있다.

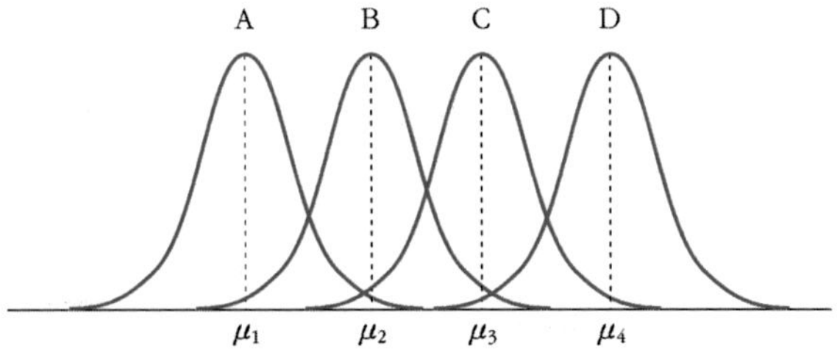

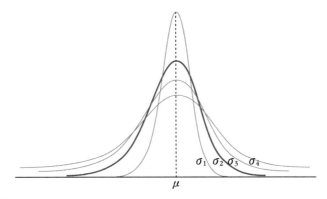

[그림 6-25] 평균의 크기가 다른 정규분포

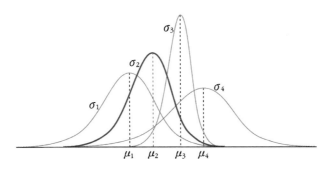

[그림 6-26] 표준편차의 크기가 다른 정규분포

[그림 6-27] 평균과 표준편차의 크기가 다른 정규분포

마지막으로, 평균＝μ이고 표준편차＝σ인 수학적인 이론분포인 정규분포의 가장 중요한 특성 중의 하나는 주어진 정규분포곡선하에서 $\mu\pm1\sigma$ 사이에 전체 면적(사례 수) 중 약 68.16%가 속하고(68.16가 밀집되어 있기 때문에 밀도라고 부른다), $\mu\pm2\sigma$ 간에는 전체 면적(사례) 중 약 95.34%가 속하며 그리고 $\mu\pm3\sigma$간에 전체 면적(사례)의 약 99.62%가 속한다는 확률적 해석을 할 수 있다는 것이다.

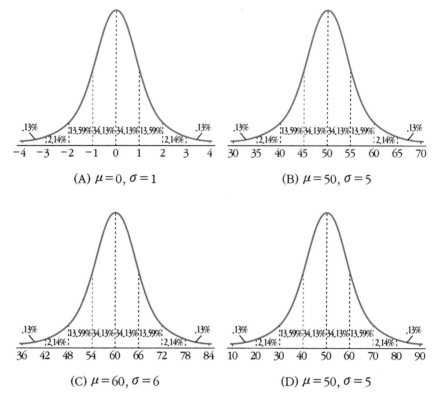

[그림 6-28] 정규분포하의 면적

　　실제 경험적인 연구에서 수집된 자료의 빈도분포는 측정변인이 다르거나 동일한 변인이라도 시기를 달리하여 측정할 때마다 다양한 평균과 다양한 표준편차를 지닌 분포로 얻어질 수 있다. 그러나 얻어진 경험적 빈도분포가 앞에서 언급한 정규분포의 조건을 만족할 경우, 주어진 분포의 평균과 표준편차의 크기와 관계없이 수학적인 정규분포곡선하에서 적용되는 동일한 확률적 해석이 가능하다.

　　경험적 자료의 분포가 정규분포의 형태로 나타나는 대표적인 경우를 세 가지 정도로 생각해 볼 수 있다. 첫째, 일련의 피험자 집단을 대상으로 어떤 변인을 측정했을 때 측정치의 분포(개인 간 차의 분포)가 정규분포로 나타나는 경우이다. 실제 사회과학연구에서 다루어지고 있는 변인을 측정할 경우, 대부분의 측정치의 분포 모양이 수학적인 정규분포의 모양을 따르는 것으로 나타나고 있다. 19세기 후반에 영국의 갈톤(Francis Galton)이란 과학자가 박물관에 인간의 신체적·심리적·심동적 특성을 측정할 수 있는 측정 장치를 마련해 두고 아주 오랜 기간에 걸쳐 수많은 방문객을 대상으로 체계적으로 다양한 변인을 측정하였다. 그리고 수집된 자료들을 분석하기 위해 각 변인별로 측정치의 빈도분포를 작성한 결과, 거의 모든 측정치가 신기하게도 평균을 중심으로 좌우 대칭을 이루는 종 모양의 분포를 지니는 것으로 나타났다. 그래서 어떤 통계학자들은 "신은 아마 어떤 곡선보다 종 모양의 곡선을 더 사랑할 것이다."라고 말하기도 한다. 왜냐하면 인간은 모두가 독특한 특성을 지닌 서로 다른 존재들이고, 그리고 서로 어떻게 다른지를 알아보기 위해 인간들이 지니고 있는 특성들(변인)을 측정하여 빈도분포를 그려 보면 거의 대부분이 종 모양의 분포로 나타나기 때문이다.

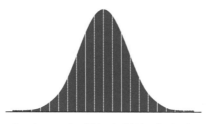

[그림 6-29] 개인 간 차의 정규분포

　둘째, 측정 오차의 분포가 정규분포로 나타나는 경우이다. 만약 여러분이 자신의 체중을 측정한다고 가정해 보자. 체중을 측정한 결과 58.7이라는 체중치를 얻었다고 가정하자. 이 체중치를 100% 완벽한 측정치로 믿을 수 있겠는가. 만약 체중을 측정하기 위해 사용된 체중계가 오차 없이 완벽하게 체중을 측정해 줄 수 있는 신뢰로운 것이라면 58.7을 자신의 체중치로 믿을 수 있을 것이다. 그러나 만약 완벽한 신뢰도를 가진 체중계가 아니라면 측정을 통해서 얻어진 측정치는 어느 정도의 측정 오차가 포함된 값일 것이다. 만약 어떤 측정 도구가 완벽한 신뢰도를 지니고 있지 않다면, 동일한 사물의 무게를 측정할 때마다 측정의 오차에 의해 서로 다른 측정치를 얻게 될 것이다. 측정의 오차가 많이 오염될 수 있는, 즉 신뢰도가 낮은 도구를 사용할수록 반복적으로 측정하여 얻어진 측정치들 간에 존재하는 차이의 정도(분산)는 더 커지게 될 것이다. 따라서 단 한 번의 측정을 통해서 얻어진 측정치를 정확한 측정치로 믿을 수 없을 것이다. 특히 사회과학연구에서 관심을 가지고 있는 변인은 지능, 고객 만족도, 광고 인지도, 충동구매 등과 같은 직접 측정할 수 없는 구성 개념이기 때문에, 이들 변인을 측정하기 위해 개발된 도구의 신뢰도는 결코 완벽할 수가 없다.

　그렇다면 우리가 측정하고자 하는 변인의 완벽한 측정치를 어떻게 얻을 수 있는가. 결론적으로, 신뢰도가 완벽한 측정 도구는 이론적으로는 개발이 가능하지만 실제로는 거의 불가능하기 때문에 현실적으로 측정의 오차가 없는 완벽한 측정치를 얻을 수 없다. 비록 주어진 변인에 대한 정확한 측정치는 직접 얻을 수 없지만, 만약 주어진 측정치 속에 어느 정도의 측정 오차가 오염되어 있는지 알 수만 있다면 주어진 측정치로부터 측정의 오차만큼 제거하게 되면 정확한 측정치를 계산해 낼 수는 있을 것이다. 그러나 우리는 결코 진점수를 알 수 없기 때문에 오차점수를 정확히 알 수는 없으며, 오직 확률 실험을 통해 확률적으로 측정의 오차를 추정할 수밖에 없다.

$$관찰점수(X) = 진점수(T) + 오차점수(E)$$

어떤 측정 도구를 사용하여 변인을 측정할 경우, 측정의 오차가 어느 정도 얼마나 자주 발생할 수 있는지 알아보기 위해 다음과 같은 가상적인 실험을 한다고 가정해 보자. 동일한 대상으로부터 어떤 변인을 반복적으로 수백 번 또는 수천 번 측정한다고 가정해 보자. 물론 측정할 때마다 피검사자가 최초의 상태로 돌아가기 때문에 이전의 측정 경험이 후속되는 측정치에 영향을 주지 않는다고 가정한다. 측정할 때마다 발생되는 측정의 오차는 무작위로 측정치 속에 오염되어 나타나기 때문에 어떤 경우에는 양(+)의 어떤 값으로, 그리고 어떤 경우에는 음(−)의 어떤 값으로 측정치에 오염되어 나타나고 그 크기도 무작위로 다양하게 크게 또는 작게 나타나기 때문에 측정의 오차를 어떤 일정한 값, 즉 상수(constant)로 파악해 낼 수 없다. 따라서 측정 오차의 정도를 정확하게 알아낼 수는 없지만 동일한 대상을 무한히 반복적으로 측정하여 관찰치를 얻을 수 있다면, 어느 정도의 측정의 오차가 발생할 확률이 어느 정도가 되는지 적어도 확률적으로 추정할 수는 있을 것이다. 즉, 측정의 오차는 무작위로 측정치에 오염되어 나타나기 때문에 측정의 오차가 −로 오염되어 나타날 경우에는 언어진 측정치가 실제 얻고자 하는 측정치(진점수)보다 작게 얻어질 것이고, 그리고 측정의 오차가 +로 오염되어 나타날 경우에는 얻어진 측정치가 실제 얻고자 하는 측정치보다 큰 값으로 얻어질 것이다. 그리고 측정의 오차로 인해 우리가 결코 직접 알 수 없는 진점수보다, 예컨대 +1만큼 큰 값을 얻을 확률과 −1만큼 작은 값을 얻을 확률은 같을 것이고, 오차의 값이 +1만큼 큰 값보다 +2만큼 큰 값으로 오염되어 나타날 확률이 더 낮을 것이다. 즉, 오차값이 클수록 얻어질 확률은 감소할 것이다. 따라서 측정치들의 빈도분포는 다음 [그림 6-30]과 같이 어떤 점수를 중심으로 좌우 대칭을 이루면서 마치 종을 거꾸로 엎어 놓은 모양의 분포로 나타날 것이다.

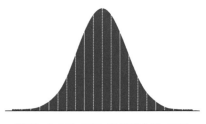

[그림 6-30] 측정 오차점수의 분포

이러한 분포에서 평균은 바로 측정의 오차가 0인 경우에 해당되는 진점수이기 때문에, 평균을 중심으로 좌우 대칭적으로 나타난 정규분포는 결국 측정 오차에 의해 얻어진 오차분포이다. 이와 같이 오차값들의 분포는 오차의 종류가 달라도 오차발생의 무작위성 때문에 모두가 정규분포로 나타나는 것으로 밝혀졌다.

셋째, 우연에 의해 얻어지는 측정치의 분포가 정규분포를 따르는 경우이다. 측정치들이 오차가 아닌 경우에도 오차분포와 같은 종 모양의 형태로 나타나는 경우도 있다. 가령, 앞면과 뒷면이 완벽하게 균형 잡힌 동전을 열 번 던져서 앞면이 나오는 횟수를 기록한다면, 우연히 앞면이 나올 횟수는 0~10까지 생각해 볼 수 있을 것이다. 확률적으로는 한 번 던질 때마다 앞면이 나올 확률과 뒷면이 나올 확률이 같기 때문에 열 번을 던질 경우 앞면이 나올 확률은 역시 $p = .50$이고 따라서 다섯 번이 나올 것으로 기대할 수 있다. 그러나 우연에 의해 한 번도 나오지 않을 수 있고 열 번 모두 앞면이 나올 수도 있다. 만약 이러한 확률 실험을 수백 번 또는 수천 번 반복해서 실시하면서 매번 동전의 앞면이 나온 횟수를 기록하여 얻어진 자료를 이용하여 빈도분포를 작성하면 다음 [그림 6-31]과 같은 분포를 얻게 될 것이다. 동전의 앞뒷면이 완벽하게 균형이 잡혀 있다는 조건하에서 동전의 앞면이 나올 확률이 .50이기 때문에 동전을 열 번 던질 경우 앞면이 다섯 번 나올 확률이 가장 높을 것이고, 우연에 의해 다섯 번보다 많이 나오거나 적게 나올 확률은 작아질 것이다. 그리고 네 번 나올 확률과 여섯 번 나올 확률은 동일하고 세 번 나올 확률과 일곱 번 나올 확률도 동일할 것이다. 따라서 반복된 확률 실험 결과로부터 얻어진 자료는 5를 중심으로 좌우 대칭을 이루는 오차분포와 같은 정규분포를 이루게 된다.

확률 실험	확률 공간	관심 사상	관찰 가능한 앞면의 수	반복 실험	관찰된 앞면의 횟수	단순사상별 확률
동전을 10번 던지기	H, T	H	0	N번	$n(0)$	$n(0)/N$
			1		$n(1)$	$n(1)/N$
			2		$n(2)$	$n(2)/N$
			3		$n(3)$	$n(3)/N$
			4		$n(4)$	$n(4)/N$
			5		$n(5)$	$n(5)/N$
			6		$n(6)$	$n(6)/N$
			7		$n(7)$	$n(7)/N$
			8		$n(8)$	$n(8)/N$
			9		$n(9)$	$n(9)/N$
			10		$n(10)$	$n(10)/N$

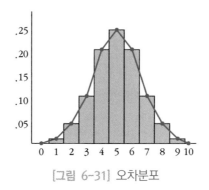

[그림 6-31] 오차분포

　　앞의 가상적인 동전 던지기 확률 실험에서 5를 중심으로 좌우 대칭적으로 퍼져 있는 측정치의 분포는 오차값의 분포가 아닌 우연의 법칙에 의해 발생된 측정치들의 분포이다. 이와 같이 우연의 법칙도 무작위적이고 확률적이기 때문에, 만약 어떤 연구에서 얻어진 일련의 측정치들이 우연의 법칙이 작용된 측정치들일 경우, 측정치들의 분포도 오차분포와 같이 평균을 중심으로 좌우 대칭을 이루는 종 모양의 정규분포를 이룬다는 것이다.

　　앞에서 언급한 바와 같이, 비록 동일한 모양의 정규분포라도 평균과 표준편차에 따라 서로 다른 정규분포가 존재하고, 그리고 정규분포를 따르는 한 평균과 표준편차가 달라도 동일한 수학적 특성을 지닌다고 했다. 평균과 표준편차를 달리하는 수많은 정규분포 중에는 평균이 $\mu=201.5$, $\sigma=1.369$인 것도 있고 $\mu=0.38$, $\sigma=2.5$인 것도 있고, 그리고 $\mu=0$, $\sigma=1$인 정규분포도 있을 것이다. 수많은 정규분포 중에서, 특히 $\mu=0$, $\sigma=1$인 정규분포를 단위정규분포(unit normal distribution)라 부르며 $Z \sim n(0, 1)$로 나타낸다. 물론 단위정규분포하의 점수는 Z점수로 변환된 것이기 때문에 단위정규분포하의 모든 측정치는 당연히 Z점수라 부른다. n은 normal distribution을 나타내는 약자이며 (0, 1)은 분포의 평균$=0$, 표준편차$=1$임을 나타낸다.

　　통계학자들은 실제 연구상황에서 평균과 표준편차가 달라질 때마다 얻어질 수 있는 수많은 형태의 정규분포에 대한 확률적 정보가 정리된 도표를 모두 만들어 제공해 줄 수 없을 뿐만 아니라 그렇게 할 필요가 없을 것이다. 왜냐하면 자료의 분포가 정규분포의 특성을 만족하는 한 비록 평균과 표준편차가 달라도 동일한 확률적 정보를 지니고 있기 때문이다. 그래서 통계학자들은 평균$=0$, 표준편차$=1$인 단위정규분포에 대한 확률적 정보가 정리된 도표를 하나만 만들어 제공해 주고 있다. 따라서 연구자들이 자신의 연구 자료에서 얻어진 원점수의 정규분포를 통계학자가 제공해 주는 표준정규확률분포를 이용하여 해석하기 위해서는 자신의 연구 자료에서 얻어진 원점수의 정규분포를 평균$=0$, 표준편차$=1$을 지닌 Z분포로 변환하면 된다. Z분포는 하나의 표준분포가 되기 때문에 Z분포로 변환된 정규확률분포를 표준정규확률분포(standard normal distribution)라 부르기도 한다.

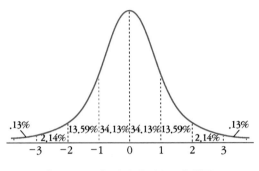

[그림 6-32] 단위정규분포의 확률

　따라서 원점수의 정규확률분포에서 원점수 X에 대한 확률적 판단이 결국 표준점수로 변환된 Z점수에 대한 확률적 판단으로 전환된다. 예컨대, 100명이 수강하는 기초통계학 코스의 중간 시험 결과, 평균＝60, 표준편차＝10인 정규분포를 따르는 것으로 나타났다고 가정하자. 100명의 수강생 중 한 명을 무선표집할 경우, 표집된 학생의 성적이 60~70 사이에 속하는 학생일 확률 $P(60 < X < 70)$을 구한다고 하자. 이를 위해 원점수분포를 단위정규분포로 변환하면 다음의 정규분포곡선에서 빗금 친 부분의 면적을 구하여 $P(60 < X < 70)$에 대한 확률값을 구할 수 있다.

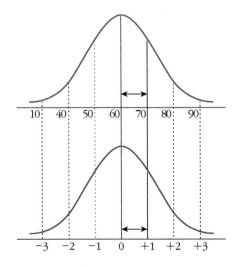

[그림 6-33] 원점수분포와 Z점수분포

　앞에서 언급한 바와 같이, 통계학자들이 제공해 주고 있는 정규확률분포는 단위정규확률분포이기 때문에 원점수분포상의 구간 $60 < X < 70$을 제4장에서 설명한 평균의 성질과 표준편차의 성질을 이용하여 다음과 같이 단위정규분포상의 Z점수의 구간으로 변환해야 한다.

$$P(60 < X < 70) = P(\frac{60-60}{10} < Z < \frac{70-60}{10})$$

즉, $X = 60$은 $Z = 0$로 변환되었고, $X = 70$은 $Z = 1$로 변환되었다. 그래서 단위정규확률분포에서 $P(0 < Z < 1)$의 면적을 파악하면 원점수분포에서 $P(60 < X < 70)$에 해당되는 확률을 구할 수 있다. 그럼 단위정규확률분포에서 확률값을 파악하는 방법에 대해 알아보자.

(1) 단위정규확률분포에서 확률값 파악하기

통계학자들은 확률적 해석을 용이하게 할 수 있도록 단위정규분포하의 모든 가능한 구간에 대한 면적의 비율을 미리 계산하여 도표로 정리하여 단위정규확률분포표라는 이름으로 거의 모든 통계교재에 부록으로 제시해 주고 있다. 〈표 6-14〉는 부록 A에 제시된 단위정규확률분포표의 일부를 예시한 것이다.

예시된 단위정규확률분포표에서 볼 수 있는 바와 같이, 분포표의 모든 값은 단위정규분포상에서 $Z \geq 0$의 면적에 대한 값들만 정리하여 제시해 주고 있다. 왜냐하면 평균을 중심으로 정확히 좌우 대칭을 이루고 있는 정규분포의 특성상, 평균을 중심으로 좌 또는 우 중에서 어느 한쪽의 면적만 알면 나머지 다른 한쪽의 면적의 값을 동일하게 구할 수 있기 때문이다. 즉, 평균으로부터 $+1$표준편차까지의 면적과 평균으로부터 -1표준편차까지의 면적이 정확하게 같다. 마찬가지로, 단위정규분포상에서 $Z = -1.5$ 이하의 면적과 $Z = +1.5$ 이상의 면적이 같다. 그리고 단위정규분포표는 특정한 Z값을 중심으로 "평균에서 Z값까지의 면적"과 "Z값 이상의 면적"으로 구분하여 제공해 주고 있다.

앞에서 언급한 바와 같이, 연속확률변수로부터 얻어지는 단위정규분포에서는 특정한 Z값에 대한 면적이 수학적으로 존재하지 않기 때문에 확률적 해석이나 백분율 해석이 불가능하다. 단위정규분포상의 Z점수에 따른 해석은 크게 세 가지 경우로 나뉜다. 단위정규분포상에서, ① 특정한 Z값 이하의 면적에 대한 확률적 또는 백분율 해석의 경우, ② 특정한 Z값 이상의 면적에 대한 확률적 또는 백분율 해석의 경우, 그리고 ③ 특정한 두 개의 Z값 사이의 면적에 대한 확률적 또는 백분율 해석의 경우이다.

〈표 6-14〉 단위정규확률분포

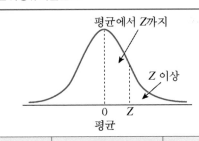

Z	평균에서 Z까지	Z 이상
.00	.0000	.5000
.01	.0040	.4960
.02	.0120	.4880
—	—	—
—	—	—
.05	.0199	.4801
—	—	—
—	—	—
—	—	—
—	—	—
.98	.3365	.1635
.99	.3389	.1611
1.00	.3413	.1587
1.01	.3438	.1562
1.02	.3461	.1539
1.03	.3485	.1515
—	—	—
—	—	—
—	—	—
—	—	—
—	—	—
—	—	—
—	—	—
3.80	.4999	.001
4.00	.49997	.00003

• 특정한 *Z*값 이하의 면적 파악하기: 단위정규분포에서 특정한 *Z*값 이하의 면적을 파악하는 방법은 *Z*값이 음수일 경우와 *Z*값이 양수일 경우로 나누어 생각해 볼 수 있다. 첫째, *Z*값이 음수인 경우, 예컨대 단위정규분포에서 *Z*= −1.5 이하의 구간에 해당되는 확률에 관심을 가질 경우, 부록 A의 단위정규확률분포표에서 *Z*= −1.03 이하에 해당되는 면적을 파악하는 방법에 대해 알아보도록 하겠다. 정규분포표에 *Z*= −1.03 이하의 면적은 정규분포의 특성상 *Z*= +1.03 이상의 면적과 같다. 단위정규분포표에서 *Z*값 1.03과 *Z* 이상이 교차하는 난으로부터 .1515값을 읽을 수 있다. 즉, *Z*= −1.03 이하에 해당하는 확률값은 .1515이다.

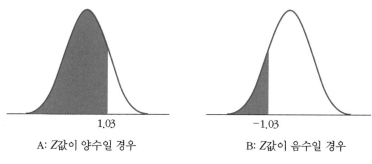

A: *Z*값이 양수일 경우   B: *Z*값이 음수일 경우

[그림 6-34] 단위정규분포에서 특정한 *Z*값 이하의 면적

둘째, *Z*= +1.03 이하의 구간에 해당되는 확률값은 (*Z*=0 이하의 면적)+(평균에서 *Z*=1.03까지의 면적)의 합으로 이루어져 있기 때문에 두 개의 면적을 파악하여 합하면 쉽게 얻어진다. *Z*=0 이하의 면적은 〈표 6-14〉에서 *Z*=0 이상의 면적과 같다. 따라서 *Z*=0 이상의 면적은 .5000이 된다. 그리고 *Z*=1.01까지의 면적은 .3485이다. 따라서 *Z*=1.03 이하의 면적=.5000+.3485=.8485이 된다.

예제　6-8

아동 1,000명을 대상으로 KABC-II 지능검사를 실시한 결과, IQ 점수의 분포가 평균=100, 표준편차=15의 정규분포를 이루는 것으로 나타났다.

1. 1,000명의 아동 중 몇 명 정도가 IQ 115 이하에 속할 것으로 기대하는가?
2. 1,000명의 아동 중 몇 명 정도가 IQ 110 이하에 속할 것으로 기대하는가?

• 특정한 Z값 이상의 면적 파악하기: 단위정규분포에서 특정한 Z값 이상의 구간에 해당되는 확률을 파악하는 방법은 Z값이 음수일 경우와 Z값이 양수일 경우로 나누어 생각해 볼 수 있다.

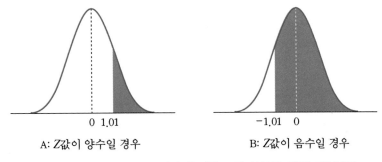

A: Z값이 양수일 경우　　　　　B: Z값이 음수일 경우

[그림 6-35] 단위정규분포에서 특정한 Z값 이상의 면적 파악하기

　첫째, $Z=-1.01$ 이상의 구간에 해당되는 확률값은 ($Z=0$ 이상의 면적)+(평균에서 $Z=-1.01$까지의 면적)의 합으로 이루어져 있기 때문에 두 개의 면적을 파악하여 합하면 쉽게 얻어진다. $Z=0$ 이상의 면적은 .5000이 된다. 그리고 $Z=-1.01$까지의 면적은 $Z=1.01$까지의 면적과 같기 때문에 .3438이다. 따라서 $Z=-1.01$ 이상의 면적=.5000+.3438=.8438이 된다.

　둘째, Z값이 양수인 경우, 예컨대 단위정규분포에서 $Z=1.01$ 이상인 경우의 구간에 대한 확률에 관심을 가질 경우, 부록 A의 $Z=+1.01$ 이상의 면적과 같다. 따라서 단위정규분포표에서 Z값 1.01과 Z 이상이 교차하는 난으로부터 .1562값을 읽을 수 있다. 즉, $Z=1.01$ 이상에 해당하는 확률값은 .1562이다.

> **예제 6-9**
>
> 아동 1,000명을 대상으로 KABC-II 지능검사를 실시한 결과, IQ 점수의 분포가 평균=100, 표준편차=15의 정규분포를 이루는 것으로 나타났다. 1,000명의 아동 중 몇 명 정도가 IQ 85 이상에 속할 것으로 기대하는가?

• 특정한 두 Z값 사이의 면적 파악하기: 단위정규분포상에서 특정한 두 Z값 사이의 면적에 해당되는 확률에 관심을 가질 수 있다. 다음 그림에서 볼 수 있는 바와 같이 두 Z점수의 위치에 따라 세 가지 경우를 생각해 볼 수 있다. ① 두 Z점수가 양수인 경우, ② 두 Z점수가 모두 음수인 경우, ③ 두 Z점수 중 하나는 양수이고 다른 하나는 음수인 경우.

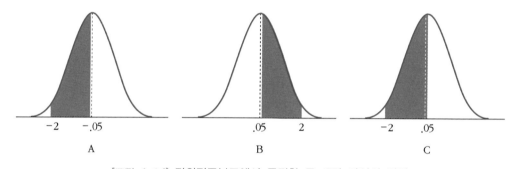

[그림 6-36] 단위정규분포에서 특정한 두 Z값 사이의 면적

[그림 6-36]의 B 경우처럼 두 Z점수가 모두 양수일 경우, 평균에서 큰 Z점수까지의 면적에서 평균에서 작은 Z점수까지의 면적을 빼면 두 Z점수 사이의 면적을 구할 수 있다. 평균에서 Z=2.00까지의 면적을 단위정규분포표에서 찾아보면 .4772이다. 그리고 평균에서 Z=.05까지의 면적은 .0199이다. 따라서 $.05 \leq Z \leq 2.00$은 .4772−.0199=.45739임을 알 수 있다. 즉, 단위정규분포의 전체 면적 중에서 $.05 \leq Z \leq 2.00$의 면적이 차지하는 비율은 약 46%이며, 단위정규분포상에서 무작위로 사례 하나를 표집할 경우 표집된 사례의 Z점수가 $.05 \leq Z \leq 2.00$에 속하는 값일 확률이 .46이라고 해석할 수 있다.

그림 A의 경우처럼 두 Z점수가 모두 음수일 경우에도 두 Z점수가 양수인 경우와 동일하게 면적을 구할 수 있다. 평균에서 큰 Z점수까지의 면적에서 평균에서 작은 Z점수까지의 면적을 빼면 두 Z점수 사이의 면적을 구할 수 있다. 단, 단위정규분포표는 양수 Z값에 해당되는 값만을 제공해 주기 때문에 양수 Z값에 대한 면적을 파악한 다음 음수 Z값으로 사용하면 된다. 평균에서 $Z = 2.00$까지의 면적을 단위정규분포표에서 찾아보면 .4772이다. 단위 정규분포는 평균을 중심으로 좌우 대칭이기 때문에 평균에서 $Z = -2.00$까지의 면적의 비율도 .4772이다. 그리고 평균에서 $Z = -.05$까지의 면적은 역시 .0199이다. 따라서 $-.05 \leq Z \leq -2.00$은 $.4772 - .0199 = .45739$임을 알 수 있다. 즉, 단위정규분포의 전체 면적 중에서 $-.05 \leq Z \leq -2.00$의 면적이 차지하는 비율은 약 46%이며, 단위정규분포상에서 무작위로 사례 하나를 표집할 경우 표집된 사례의 Z점수가 $-.05 \leq Z \leq -2.00$에 속하는 값일 확률이 약 .46이라고 해석할 수 있다.

그림 C의 경우는 Z값의 구간이 양수($Z = .05$)와 음수(-2.00)에 걸쳐 있다. 이 경우는 각각의 Z점수에 해당되는 면적을 구한 다음 합하면 된다. 즉, 평균에서 $Z = .05$까지의 면적은 단위정규분포표에서 찾아보면 0.199이다. 그리고 평균에서 $Z = -2.00$까지의 면적은 단위정규분포표에 제시되어 있지 않지만 단위정규분포에서 $Z = -2.00$은 $Z = 2.00$과 같기 때문에 평균에서 $Z = 2.00$까지의 면적에 해당되는 값인 .4772를 사용하면 된다. 따라서 $.05 \leq Z \leq -2.00$의 면적은 $.4772 + .0199 = .49719$가 된다. 단위정규분포의 전체 면적 중에서 $.05 \leq Z \leq -2.00$의 면적이 차지하는 비율은 약 49%이며, 단위정규분포상에서 무작위로 사례 하나를 표집할 경우 표집된 사례의 Z점수가 $.05 \leq Z \leq -2.00$에 속하는 값일 확률이 약 .49라고 해석할 수 있다.

단위정규확률분포의 주어진 면적에 대한 확률적 해석은 차후 통계적 검정 과정에서 핵심적인 개념이 된다. 표본에서 얻어진 통계치가 표집의 오차에 의해 얻어질 확률을 추정하기 위해 정규분포를 이루는 통계치의 표집분포를 수학적으로 추정한 다음, 추정된 표집분포상에서 통계치가 속하는 면적을 파악하여 통계치에 대한 확률적 판단을 하게 된다.

예제 6-10

아동 1,000명을 대상으로 KABC-II 지능검사를 실시한 결과, IQ 점수의 분포가 평균=100, 표준편차=15의 정규분포를 이루는 것으로 나타났다.

---

1. 1,000명의 아동 중 몇 명 정도가 IQ 85~130 사이에 속할 것으로 기대하는가?
2. 1,000명의 아동 중 몇 명 정도가 IQ 90~125 사이에 속할 것으로 기대하는가?

제7장 표본통계량의 표집분포

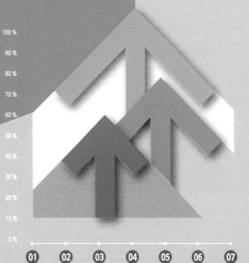

제7장 표본통계량의 표집분포

    표본에서 계산된 통계치를 통해 모집단의 모수치를 추론하는 방법은 제1장에서 설명한 바와 같이 크게 두 가지 상황으로 나누어 생각해 볼 수 있다. 첫째, 모수치가 어떤 값을 가질 것인지에 대한 아무런 이론적 · 경험적 정보가 전혀 없는 경우, 연구자는 표집에 따른 표집 오차를 감안하여 표본에서 계산된 통계치로부터 모수치를 추정한다. 이 경우는 표본 자료로부터 직접 계산된 통계치로부터 직접 관찰할 수 없는 모집단의 모수치를 추정하는 전적인 자료-주도적 접근 방법(data-driven approach)이며, 추정을 통해 모수는 어떤 값으로도 추정될 수 있다. 그렇다고 모수가 변수라는 의미가 아니며, 모수는 우리가 모르고 있는 어떤 상수로 존재하며 추정을 통해 어떤 값으로 얻어질지 모른다는 의미이다. 모수추정 원리 및 절차에 대해서는 제8장에서 상세하게 설명하겠다.

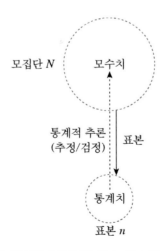

[그림 7-1] 통계량-통계치와 모수-모수치 간의 관계

둘째, 모집단의 모수가 어떤 값을 가지는지 확실하지는 않지만 이론적 · 논리적 근거에

의해 어떤 값을 가질 것으로 기대할 수 있거나 현실적 필요성에 의해 모수가 어떤 값을 가져야 하는 것으로 기대할 경우가 있다. 예컨대, 올해 수능 시험 수리 영역의 변별도를 높이기 위해 출제 문제의 난이도를 조정하여 지난해보다 낮아지도록 출제했다면, 올해의 수능 시험 수리 영역 평균이 지난해의 평균(55점)보다 높을 것으로 기대할 수도 있을 것이다. 그리고 국회의원에 출마하는 어떤 후보자가 지역구 유권자들의 지지율이 최소한 30% 이상 되어야만 당선 가능성이 있기 때문에 후보자 등록 전에 표본조사를 통해 자신의 지지율이 과연 30% 이상 되는지를 확인해 보려고 할 것이다. 이와 같이 과연 모수치가 가설적으로 설정된 어떤 값을 가지는지를 확인하기 위해 표본에서 계산된 통계치에 대한 정보와 표집오차에 대한 확률적 이론을 이용하여 가설적으로 설정된 모수를 확률적으로 검정하는 접근 방법을 가설검정(hypothesis testing)적 접근 방법이라 부른다. 가설검정 원리 및 절차에 대해서는 제9장에서 상세하게 다루도록 하겠다.

1 표집분포의 도출

앞에서 언급한 바와 같이, 표본통계치는 모집단의 모수치에 주어진 표집의 크기(n)에 따라 발생될 수 있는 표집오차가 무선적으로 오염되어 얻어진 값이다. 동일한 모집단으로부터 동일한 표집 크기(n)로 반복적으로 표집할 경우라도, 표집오차가 무작위로 발생되기 때문에 항상 같은 정도(상수)로 발생되는 것이 아니라 다양한 크기의 값(어떤 경우에는 0값으로, 어떤 경우에는 어떤 +값으로 그리고 어떤 경우에는 어떤 −값)으로 무작위로 통계치에 오염되어 나타난다. 물론 표집의 크기가 커질수록 표집오차의 크기가 작아지기 때문에 반복표집을 통해 얻어진 표본통계치들의 평균적 차이 정도를 보여 주는 표준오차의 크기가 더 작은 값으로 얻어질 것이고, 반면에 표집의 크기가 작아질수록 표준오차의 크기가 더 커지게 될 것이다.

그렇다면 주어진 표집 크기(n)에서 발생될 수 있는 표집오차의 크기를 어떻게 알 수 있는가? 표집오차를 정확히 알 수 있는 유일한 방법은 모수치와 통계치 간의 차이값을 직접 계산하는 것이다. 그러나 모수치를 정확히 알고 있다면 표집오차의 크기를 알기 위해 표본을 표집할 필요도 없고, 그리고 표본통계치를 통해 모수치를 추정할 필요도 없을 것이다. 우리는 결코 모수치를 정확하게 알 수 없기 때문에 표본의 통계치를 통해 모수치를 추론할 수밖에 없다. 그래서 표본에서 계산된 통계치에 대한 정보와 주어진 표집의 크기(n)에 따라 발생될 수 있는 표집오차들의 확률분포에 대한 정보를 이용하여 통계치로부터 모수치를 확률적으로 추론해야 한다. 표집오차에 따른 표본통계치들의 확률분포를 어떻게 얻을 수 있는지 알아보기 위해 추론 대상 모수가 모평균이라 가정하고 표본평균의 표집분포를 도출하기 위한 가상적인 확률 실험을 생각해 보자.

첫째, 모평균(μ)을 알고 있는 어떤 가상적인 모집단(N)이 있다고 가정하자.

둘째, 가상적인 모집단으로부터 무선적으로 주어진 표집 크기(n)로 표집을 하여 표본을 얻은 다음 표본 자료로부터 통계치인 표본평균($\overline{X}_1$)을 계산한다.

셋째, 표본을 다시 모집단으로 복원시킨 다음 동일한 표집 방법으로 동일한 표본 크기로 표집을 하고 다시 표본평균($\overline{X}_2$)를 계산한다. 이러한 과정을 이론적으로는 무한히/ 경험적으로는 충분히 반복하여 반복된 수만큼의 표본평균($\overline{X}_i$)들을 계산한다.

넷째, 반복된 표집을 통해 얻어진 모든 표본평균($\overline{X}_i$)을 이용하여 표본평균들의 확률분포를 도출한다.

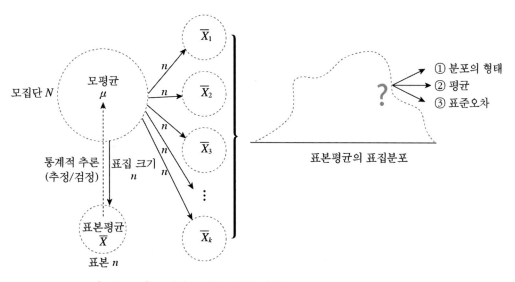

[그림 7-2] 모집단, 표본, 표본통계치 그리고 통계치의 표집분포

이와 같은 가상적인 확률 실험을 통해 표집오차에 따라 얻어질 것으로 기대되는 표본평균의 확률분포를 표본평균의 표집분포(sampling distribution of sample means)라 부른다. 물론 통계치의 종류에 따라 표집분포의 구체적인 이름은 달라진다. 통계치가 표본평균일 경우에는 표본평균의 표집분포라 부르고, 통계치가 표본비율일 경우에는 표본비율의 표집분

포라 부른다. 그리고 통계치가 표본의 상관계수일 경우에는 표본상관계수의 표집분포라 부른다. 그렇다면, 첫째, 확률 실험을 통해 얻어지는 표본평균의 표집분포는 어떤 형태의 확률분포를 지닐 것인가? 둘째, 표집분포의 평균, 즉 표본평균들의 기대값($E(\overline{X_i})$)은 어떤 값을 가지는가? 그리고 셋째, 표집분포의 표준오차(SE)는 어떤 값을 가지는가?

표집분포의 특성에 대한 세 가지 질문에 답을 얻기 위해 구체적인 모집단 자료를 통해 표집 크기 n의 표본평균의 표집분포를 직접 도출한 다음, 표집분포의 형태, 평균 그리고 표준오차를 직접 확인해 보자.

2 표본평균의 표집분포 도출을 위한 가상적 확률실험

① 모평균이 알려진 모집단 자료 준비: 완벽하게 균형 잡힌 정육각형인 주사위를 한 번 던져서 나타나는 눈의 수를 X라 하자. 확률 실험에서 사용되는 주사위는 아무 결함이 없는 완벽하게 균형이 잡힌 정육각형이기 때문에 실제 주사위를 무한히 반복적으로 던지는 확률실험을 하지 않고도 이론적으로 확률변수 X가 다음과 같은 모집단분포를 가질 것으로 기대할 수 있다. 즉, 모집단이 1, 2, 3, 4, 5, 6의 숫자들로 이루어져 있고 각 숫자들의 개수는 동일하게 분포되어 있다는 것이다.

〈표 7-1〉 완벽하게 균형 잡힌 주사위의 모집단 확률분포

확률변수 X	관찰된 눈의 수					
	1	2	3	4	5	6
$P(x)$	1/6	1/6	1/6	1/6	1/6	1/6

물론 이 경우의 확률분포의 각 확률변수값(x_i)에 해당되는 확률 $P(x_i)$는 균형 잡힌 주사위를 무한히 던지는 확률 실험을 하지 않고 이론적으로 기대되는 확률이지만, 제6장에서 언급한 바와 같이 실제로는 주사위를 충분히 반복해서 던질 경우 얻어지게 될 확률로 해석한다고 했다. 왜냐하면 확률 실험을 위해 사용된 주사위가 "완벽하게 균형이 잡힌 정육각형"이라는 조건 때문에 주사위를 던지는 횟수가 증가할수록 점점 더 위와 같은 분포에 접근해 가며, 무한히 반복할 경우 마침내 위와 같은 확률분포를 이룰 것으로 이론적으로 기대할 수

있기 때문이다.

모집단 평균 및 표준편차 계산: 확률변수 X의 모집단 확률분포가 위와 같이 주어지면, 확률 법칙과 기대치 및 분산의 정의를 이용하여 모집단의 평균(μ)과 분산(σ^2) 및 표준편차(σ)를 다음과 같이 계산하여 얻을 수 있다.

모집단 평균 μ

$$\mu = \sum xP(x)$$
$$= 1(1/6) + 2(1/6) + 3(1/6) + 4(1/6) + 5(1/6) + 6(1/6)$$
$$= 3.5$$

모집단 분산 σ^2

$$\sigma^2 = \sum (x-\mu)^2 P(x)$$
$$= (1-3.5)^2(1/6) + (2-3.5)^2(1/6) + (3-3.5)^2(1/6) +$$
$$(4-3.5)^2(1/6) + (5-3.5)^2(1/6) + (6-3.5)^2(1/6)$$
$$= 2.92$$

모집단 표준편차 σ

$$\sigma = \sqrt{\sigma^2} = \sqrt{2.92} = 1.71$$

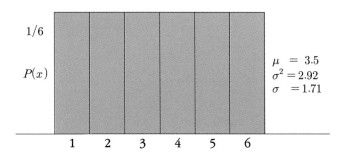

[그림 7-3] 확률변수 X의 모집단분포

이제 가상적인 모집단이 평균(μ)=3.5, 표준편차(σ)=1.71의 사각분포를 이루고 있는 분포임을 확인했다.

② 표집 크기 결정: 이미 모집단의 모평균(μ)=3.5이고 표준편차(σ)=1.71임을 알고 있는 상태에서 표집 크기를 $n=2$로 반복표집을 할 경우에 표집오차에 의해 표본평균들이 어떤 값들로 얻어질 수 있고, 그리고 표본평균들의 확률분포인 표집분포가 어떤 통계적 특성(분

포의 형태, 평균, 표준오차)을 지닌 확률분포로 나타나는지 알아보려는 것이다.

③ 반복표집을 통한 표본평균 계산: $\mu = 3.5$, $\sigma = 1.71$인 모집단에서 무작위로 $n=2$개의 숫자를 표집한 다음 표본평균 $\overline{X}_1$을 계산한다. 그리고 표집된 숫자를 다시 모집단으로 돌려보내어 모집단을 본래의 상태로 복원시킨다. 앞과 동일한 방법으로 $n=2$개의 숫자를 다시 표집한 다음 표본의 평균 $\overline{X}_2$을 계산한다. 이러한 절차를 무한히 충분한 만큼 반복하면 반복된 수만큼의 표본평균 $\overline{X}_i$들을 얻게 될 것이다. 모집단에서 표집될 수 있는 숫자들의 종류가 6개(1, 2, 3, 4, 5, 6)뿐이기 때문에 모집단으로부터 표집 크기가 $n=2$인 확률 실험에서 가능한 표본의 종류는 이론적으로 모두 36개임을 알 수 있다. 그리고 각 표본은 모집단에서 무작위로 표집하여 얻어진 표본이며 각 표본이 표집될 확률은 이론적으로 동일하며 정확히 1/36이 된다.

〈표 7-2〉 $n=2$일 경우의 모든 가능한 표본 및 표본평균

표본	$\overline{X}$	표본	$\overline{X}$	표본	$\overline{X}$	표본	$\overline{X}$	표본	$\overline{X}$	표본	$\overline{X}$
1,1	1.0	2,1	1.5	3,1	2.0	4,1	2.5	5,1	3.0	6,1	3.5
1,2	1.5	2,2	2.0	3,2	2.5	4,2	3.0	5,2	3.5	6,2	4.0
1,3	2.0	2,3	2.5	3,3	3.0	4,3	3.5	5,3	4.0	6,3	4.5
1,4	2.5	2,4	3.0	3,4	3.5	4,4	4.0	5,4	4.5	6,4	5.0
1,5	3.0	2,5	3.5	3,5	4.0	4,5	4.5	5,5	5.0	6,5	5.5
1,6	3.5	2,6	4.0	3,6	4.5	4,6	5.0	5,6	5.5	6,6	6.0

④ 표본평균의 표집분포 도출: 확률적 실험을 통해 얻어진 위 〈표 7-2〉의 결과를 확률분포표로 다시 정리한 다음 각 평균별 상대도수를 계산하면 〈표 7-3〉과 같은 표본평균의 표집분포(sampling distribution of sample means)를 얻을 수 있다.

〈표 7-3〉 표본평균 $\overline{X}$의 표집분포

$\overline{X}$	$P(x)$
1.0	1/36
1.5	2/36
2.0	3/36
2.5	4/36
3.0	5/36
3.5	6/36
4.0	5/36
4.5	4/36
5.0	3/36
5.5	2/36
6.0	1/36

⑤ 표집분포의 표준오차 계산: 〈표 7-3〉의 확률분포로부터 모집단 평균과 표준편차를 계산하기 위해 적용한 기대치와 분산의 법칙을 사용하여 표집 크기 $n=2$의 표집조건에서 얻어진 표본평균의 표집분포의 평균과 표준오차를 계산한다.

$\overline{X}$의 표집분포의 평균, $\mu_{\overline{X}}$

$$\mu_{\overline{X}}=\sum \overline{X}\,P(\overline{X})$$
$$=1.0\left(\frac{1}{36}\right)+1.5\left(\frac{1}{36}\right)+2.0\left(\frac{1}{36}\right)+2.5\left(\frac{1}{36}\right)+\cdots\cdots+6.0\left(\frac{1}{36}\right)$$
$$=3.5$$

$\overline{X}$의 표집분포의 분산, $\sigma_{\overline{X}}^2$

$$\sigma_{\overline{X}}^2=\sum (\overline{X}-\mu_{\overline{X}})^2 P(\overline{X})$$
$$=(1.0-3.5)^2\left(\frac{1}{36}\right)+(2.0-3.5)^2\left(\frac{1}{36}\right)+\cdots\cdots+(6.0-3.5)^2\left(\frac{1}{36}\right)$$
$$=1.46$$

$$\overline{X}\text{의 표집분포의 표준오차 } \sigma_{\overline{X}}^2$$

$$\sigma_{\overline{X}} = \sqrt{\sigma_{\overline{X}}^2} = \sqrt{1.46} = 1.21$$

⑥ 표본평균의 표집분포의 형태 파악: 〈표 7-2〉의 표본평균의 확률분포를 히스토그램으로 나타내면 [그림 7-4]와 같다.

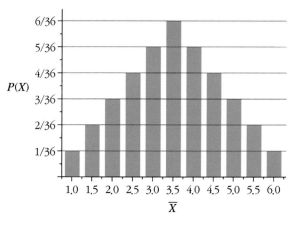

[그림 7-4] $n=2$의 평균의 표집분포

3 표집분포와 모집단분포 간의 차이

모평균=3.5이고 표준편차=1.71인 모집단에서 표집 크기 $n=2$인 확률 실험을 통해 얻어진 표본평균의 표집분포와 모집단분포 간에 몇 가지 두드러진 차이점과 공통점을 관찰할수 있다.

• 표집분포의 형태: 모집단분포가 정규분포가 아닌 사각분포임에도 불구하고 $n=2$의 표본평균의 표집분포는 정규분포의 모습을 따르는 것으로 나타났다. 그리고 표집의 크기(n)가 증가할수록 표집분포의 모양은 [그림 7-5]에서 볼 수 있는 바와 같이 점점 더 근사적 정규분포에 접근해 가는 현상을 관찰할 수 있다.

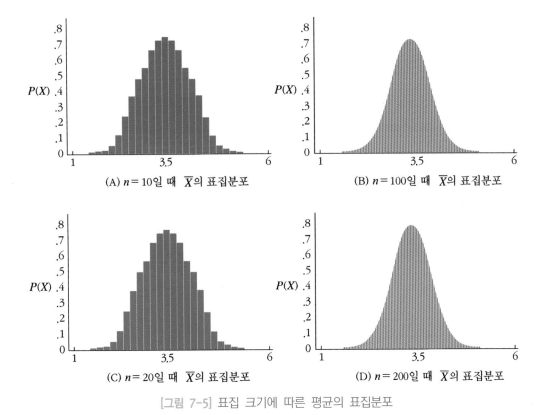

[그림 7-5] 표집 크기에 따른 평균의 표집분포

• 표집분포의 평균: 표본평균의 표집분포의 평균($\mu_{\bar{X}}$)은 연구자가 추론하고 싶어 하는 모평균(μ)과 정확하게 일치함을 알 수 있다.

• 표집분포의 표준오차: 표집분포의 표준오차(SE)의 크기는 통계치가 표본평균일 경우 정확하게 모집단 표준편차(σ)의 $1/\sqrt{n}$임을 알 수 있다. 표집분포의 표준편차는 표집오차에 따른 표본평균들 간의 차이 정도를 나타내기 때문에 표준편차라 부르지 않고 표준오차라 부른다고 했다. 위의 $n=2$인 가상적인 확률 실험에서 표본평균의 표집분포의 표준오차($\sigma_{\bar{X}}=1.21$)는 정확하게 모집단 표준편차($\sigma=1.71$)의 $1/\sqrt{2}$임을 알 수 있다. 물론, 추론 대상인 통계치가 달라지면(예컨대, 상관계수, 회귀계수, 평균 차이 등) 표집분포의 표준오차를 계산하는 공식도 달라진다. 통계치의 종류에 따른 표집분포의 표준오차를 계산하기 위한 구체적인 공식은 각 통계치를 다루는 차후의 각 장에서 다루어진다.

4 중심극한정리

　지금까지는 표본평균의 표집분포가 도출되는 과정과 도출된 표집분포와 모집단분포 간의 비교를 통해 표집분포의 특성에 대해 살펴보았다. 표집분포 도출을 위한 일련의 확률 실험을 통해 우리가 알 수 있는 흥미로운 사실은 임의의 변수 X 의 모집단분포가 정규분포인 경우에는 표집의 크기와 관계없이 표본평균의 표집분포가 근사하게 이론적 확률분포인 정규분포를 따르게 된다는 것이다. 그리고 모집단분포가 정규분포가 아닌 정적 편포 또는 부적 편포를 이루거나 또는 심지어 사각분포인 경우라도 표집의 크기가 충분히 크다면 표본평균의 표집분포는 역시 $\mu_{\overline{X}} = \mu, \sigma_{\overline{X}} = \sigma/\sqrt{n}$ 인 근사적 정규분포를 따르게 된다는 것이다.

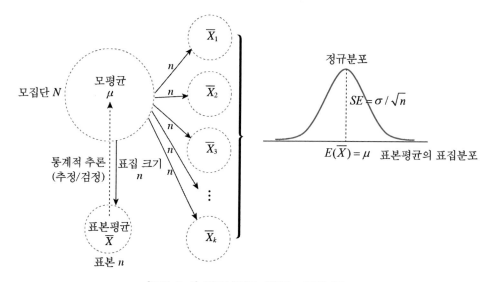

[그림 7-6] 정규분포를 따르는 표집분포

　이는 연구자가 관심을 두고 있는 변인의 모집단분포가 어떤 모양일 경우라도 표집의 크기만 충분히 크다면 표본평균의 표집분포는 근사적으로 이론적인 정규분포와 유사한 모양과 특성을 가지게 되고, 표본의 크기가 클수록 점점 더 수학적으로 정의된 정규분포의 모양과 특성을 닮아 간다는 것이다. 표집오차에 의해 발생되는 표집분포가 정규분포를 따른다는 사실은 표집분포상의 다양한 표집오차를 이미 제6장에서 설명한 정규분포의 확률적 방식으로 기술하고 설명할 수 있다는 의미에서 대단히 중요한 것이다.

　표본의 크기가 어느 정도이면 충분한 크기로 볼 수 있느냐에 대한 절대적인 명확한 기준이 있는 것은 아니지만, 대체로 사회과학연구에서 표집의 크기가 최소한 $n \geq 30 \sim 40$ 이상이면 평균의 표집분포가 정규분포를 이루는 것으로 기대할 수 있기(Keller, 2011) 때문에 수학적으로 정의된 정규분포의 확률적 특성을 그대로 이용하여 표집분포하에서 주어진 통계치에 대한 확률적 추정과 검정을 할 수 있다. 표집의 크기에 따른 통계치의 표집분포의 이러한 정규분포화 현상을 설명하는 수학적 이론을 중심극한정리라 부른다.

예제 7-1

어떤 찌그러진 주사위의 경우, 경험적으로 확인된 확률변수 X의 모집단 확률분포가 평균=3.25, 표준편차=1.64의 분포를 이루고 있음을 알았다고 가정하자. 표집 크기 n=20인 경우의 평균 표집분포의 평균과 표준오차를 구하시오.

---

5 ▍ 통계치의 표집분포와 t분포

지금까지는 모집단의 표준편차 σ를 알 수 있는 경우에 정규분포를 따르는 표집분포의 표준오차가 어떤 값을 가지는지에 대해 알아보았다. 그러나 일반적으로는 모집단의 표준편차를 알 수 없는 경우가 대부분이다. 이러한 경우, 연구자는 표집분포의 표준오차를 계산하기 위해 필요한 모집단 σ를 알 수 없기 때문에 자신의 표본 자료에서 계산된 표준편차 $\hat{S}$를 σ 대신 사용하여 표집분포의 표준오차를 계산할 수밖에 없다.

연구자가 자신의 표본에서 계산된 표준편차 $\hat{S}$값을 모집단 σ값으로 대체하여 표집분포의 표준오차(SE)값을 계산할 경우, 표집분포의 표준오차값이 모집단 σ를 사용해서 얻어지는 값과 다르게(과대 또는 과소) 얻어질 수 있다. 만약 우연히도 $\hat{S} = \sigma$이면, $\hat{S}/\sqrt{n} = \sigma/\sqrt{n}$가 되어 σ를 사용한 경우와 동일한 크기의 표준오차를 얻을 수 있지만 표본의 크기는 항상 모집단보다 작고, 그리고 대부분의 실제 연구의 경우 표본 크기가 모집단에 비해 대단히 작기 때문에 $\hat{S}/\sqrt{n} = \sigma/\sqrt{n}$일 것으로 기대할 수 없다는 것이다. 표본의 표준편차 $\hat{S}$는 모집단 표준편차 σ와 달리 상수가 아니고 표집의 크기(n)에 따라 반비례적으로 변하는 변수이기 때문에 표집의 크기가 달라질 때마다 $\hat{S}$값이 다르게 얻어지게 된다. 따라서 표집분포의 표준오차를 계산하기 위해 모집단 표준편차 σ 대신 표본의 표준편차 $\hat{S}$값을 대체하여 사용하게 될 경우, 표집의 크기가 달라질 때마다 표집분포의 표준오차 정도가 다른 표집분포를 얻게 될 수 있다는 것이다.

표집의 크기가 충분히 클 경우(대표본일 경우)에는 $\hat{S} \approx \sigma$가 되어 표집분포의 표준오차를 계산하기 위해 모집단 표준편차 σ 대신 표본의 표준편차 $\hat{S}$값을 대체해도 $\sigma/\sqrt{n} \approx \hat{S}/\sqrt{n}$일 것으로 기대할 수 있기 때문에 모집단 표준편차 σ가 알려진 경우에 얻어지는 정규분포에 근사한 표집확률분포를 기대할 수 있을 것이다. 그러나, 특히 표집의 크기 n이 작은 소집단의 경우($n < 30$)에는 $\hat{S} \neq \sigma$이 되고, 그 결과 표집분포의 형태가 정규분포와 다른 확률적 특성을 지닌 분포가 얻어질 뿐만 아니라 표집의 크기가 달라질 때마다 다른 확률적 특성을 지닌 표집분포가 얻어지게 된다. 이러한 현상을 처음 발견한 사람은 1900년대 초기 영국의 한 맥주 회사에 연구원으로 일했던 고셋(William S. Gosset)이다(Cowles, 1989).

Gosset은 영국의 맥주생산 회사인 Guinness 회사에 연구원으로 일할 때 주요 업무 중의 하나가 일련의 제조 공정을 통해 제조되어 숙성 중인 수많은 맥주 원액통으로부터 대표적으로 몇 개의 맥주통을 표집한 다음 표집된 원액통으로부터 채취된 맥주의 맛을 보고 전체 맥주통에 저장된 맥주의 맛과 숙성 정도에 대한 결론을 내리는 것이었다. 그러나 현실적인 이유로 인해 전체 모집단 분산에 대한 정보를 알 수가 없었고 작은 표집으로부터 전체 모집단에 대한 결론을 내릴 수밖에 없었기 때문에, 표본에서 계산된 표준편차 $\hat{S}$를 모집단 표준편차 σ의 추정치로 사용하여 표집분포의 분산을 추정할 수밖에 없었다. 그러나 자료를 분석하는 과정에서 표집의 크기가 30 이상일 경우에는 표본의 표준편차 $\hat{S}$를 모집단 표준편차 σ를 대체하여 사용해도 평균의 표집분포 모양이 근접하게 정규확률분포를 따르는 것으로 나타났으나, 표집의 크기가 30 이하로 점점 작아질수록 다음 [그림 7-7]에서 볼 수 있는 바와 같이 표집분포의 모양이 평균을 중심으로 좌우 대칭을 이루지만 분포의 모양이 정규분포와 같이 종 모양이 아닌 산 모양의 분포로 나타나며, 정규확률분포와 다르게 분포의 양 끝이 약간씩 들리면서 분포의 첨도가 정규확률분포보다 점점 더 낮아지는 새로운 모습의 확률분포로 변해 간다는 사실을 발견했다. Gosset은 표집의 크기에 따른 평균 표집분포의 이러한 변이 현상을 발견했지만 당시 Guinness 회사가 연구결과를 발표할 경우 다른 경쟁 회사들이 연구결과를 이용할 것을 두려워하여 외부에 발표를 엄격히 금지하고 있었기 때문에 Gosset은 학술지에 자신이 발견한 표집분포를 발표하면서 자신의 새로운 표집분포를 "t"라고 명명하였다. 그리고 발표자인 자신의 신분을 숨기기 위해 "Student"라는 익명을 사용하였다. 그래서 차후에 Gosset이 발견한 새로운 표집분포를 "student t분포" 또는 "그냥 t분포"라 부르게 되었다(Cowles, 1989).

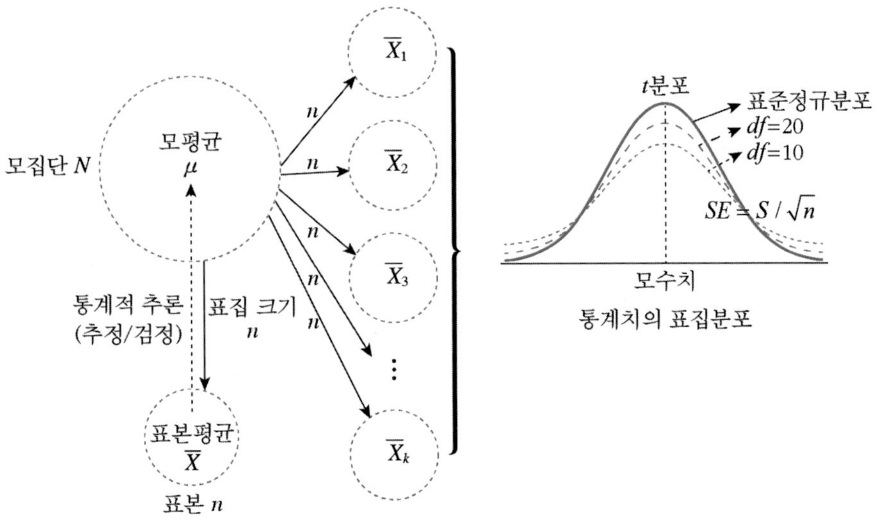

[그림 7-7] Student t분포의 표집분포

표집분포의 표준오차를 계산하기 위해 표본의 표준편차($\hat{S}$)를 대체하여 사용하여 얻어지는 표집분포인 t분포의 표준오차는 표본의 크기($df = n-1$)에 따라 민감하게 반응하면서 표집의 크기에 따라 확률적 특성이 다른 표집분포들이 만들어진다. 따라서 t분포는 정규분포와 같이 어떤 하나의 확률적 특성을 지닌 확률분포를 지칭하는 것이 아니라 [그림 7-7]에서 볼 수 있는 바와 같이 표집의 크기(자유도)에 따라 확률분포의 특성을 달리하는 일련의 여러 확률분포들을 통칭하는 말이다. 특히 표집의 크기가 30 이하의 소표본일 경우, 확률분포의 모양이 대표본일 경우의 정규분포와 확률적 특성이 확연히 달라짐을 알 수 있다.

1) t분포의 성질

정규확률분포와 같이 *Student* t분포도 수학적으로 다음과 같은 확률밀도함수로 나타낸다.

$$f(t) = \frac{\Gamma[(v+1)/2]}{\sqrt{v\pi}\,\Gamma(v/2)}[1 + \frac{t^2}{v}]^{-(v+1)/2}$$

여기서,

$$\pi = 2.14159\cdots, v = \text{자유도}, \Gamma(k) = (k-1)(k-2)\cdots(2)(1)\text{이다.}$$

그리고 *Student* *t*분포를 따르는 확률변수의 평균과 분산은 다음과 같다.

$$E(t) = 0$$

$$V(t) = \frac{v}{v-2}, v > 2$$

*t*분포는 단위정규확률분포인 Z분포와 마찬가지로 분포의 평균은 0이지만 표준오차는 1이 아닌 $\sqrt{v/v-2}$ 이다. 따라서 *t*분포의 표준오차는 모든 경우, 즉 모든 *v*에 대해 1보다 크다.

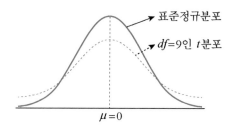

[그림 7-8] 표준정규분포와 *df*=9인 *t*분포

[그림 7-8]은 자유도 *df* = 9인 *t*분포와 표준정규분포인 *Z*분포의 표준편차를 비교하기 위해 제시된 것이다. *df* = 9인 *t*분포와 *Z*분포의 평균은 동일하게 0이다. 그러나 *Z*분포의 표준편차는 1이지만 *df* = 9 *t*분포의 표준편차는 $\sqrt{v/v-2} = \sqrt{9/9-2} = 1.134$임을 알 수 있다. *v* = 20일 때 표집분포인 *t*분포의 표준오차는 1.054, *v* = 50일 때 표준오차 = 1.02, *v* = 200일 때 표준오차 = 1.005이다. 이와 같이 표집 크기, 즉 자유도가 증가할수록 *t*분포의 표준편차는 1에 점점 더 가까워짐을 알 수 있다. 즉, 표집의 크기가 증가할수록 *t*분포도 역시 평균 = 0, 표준편차 = 1의 *Z*분포에 접근해 간다는 것이다. 이는 표집 크기가 작을 경우 표집분포가 *Z*분포와 다른 확률분포를 따르기 때문에 표집 크기에 따라 다르게 개발된 *t*분포를 사용해야 함을 의미한다. 〈표 7-4〉는 실제 자유도에 따른 여러 *t*분포별로 주요 확률값에 해당되는 *Student* *t*값을 보여 주기 위해 부록 B의 *t*분포의 일부를 예시한 것이다.

〈표 7-4〉 표준 표집분포: t분포의 예시

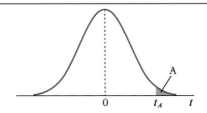

$$P(t > t_{A,v}) = A$$

자유도 v	A				
$n-1$	$t_{.100}$	$t_{.050}$	$t_{.025}$	$t_{.010}$	$t_{.005}$
1	30.78	6.314	12.706	31.821	63.657
2	1.886	2.920	4.303	6.965	9.925
3	1.638	2.353	3.182	4.541	5.841
—	—	—	—	—	—
—	—	—	—	—	—
—	—	—	—	—	—
10	1.372	1.812	2.228	2.764	3.169
—	—	—	—	—	—
20	1.325	1.725	2.086	2.528	2.845
—	—	—	—	—	—
—	—	—	—	—	—
—	—	—	—	—	—
30	1.310	1.697	2.042	2.457	2.750
—	—	—	—	—	—
—	—	—	—	—	—
—	—	—	—	—	—
50	1.299	1.676	2.009	2.403	2.678
—	—	—	—	—	—
—	—	—	—	—	—
—	—	—	—	—	—
100	1.290	1.660	1.984	2.364	2.626
180	1.286	1.653	1.973	2.347	2.603
200	1.286	1.653	1.972	2.345	2.601
—	—	—	—	—	—
—	—	—	—	—	—
∞	1.282	1.645	1.96	2.323	2.576

〈표 7-4〉의 t분포와 [그림 7-9]에서 볼 수 있는 바와 같이 자유도, 즉 표집의 크기가 작
아질수록 동일한 확률값에 해당되는 t값들이 t분포에 따라 민감하게 달라짐을 관찰할 수
있다. 그러나 표집 크기가 증가함에 따라 주어진 확률값에 해당되는 t값이 Z분포상에서 파
악된 확률값에 해당되는 Z값과 유사해짐을 알 수 있다. 그래서 표집이 아주 큰 대표본일 경
우는 모집단 σ를 알고 있을 경우라도 정규분포가 아닌 t분포를 사용해도 확률적 오류 정도
가 거의 문제가 되지 않을 만큼 작다. 그래서 실제의 연구상황에서 연구자들은 정규분포인
Z분포를 사용하지 않고 t분포를 사용하여 통계적 검정을 한다.

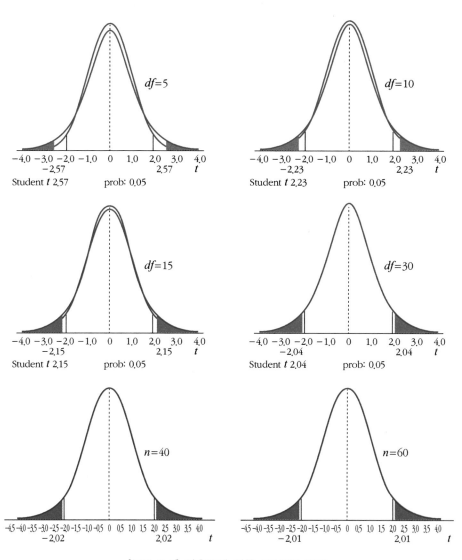

[그림 7-9] 자유도에 따른 t분포의 변화

2) Student t값 파악하기

t분포표에서 t값을 찾는 방법은, ① 먼저 해당되는 자유도($n-1$)를 찾고, ② 관심하의 확률값 t_α을 찾은 다음, ③ 자유도와 확률값이 교차되는 란에서 해당되는 t값을 읽는다. 예컨대, 피험자가 20명이고 관심하의 확률이 .05인 경우에 $df=20$이고 확률은 $\alpha=05$이기 때문에 해당되는 $_{20}t_{.05}=1.725$가 된다. 그리고 "자유도 $df=20$인 t분포에서 확률 .05에 해당되는 t값은 1.725이다."라고 기술하고 간단하게 다음과 같이 표현한다.

$$_{20}t_{.05}=1.725$$

예제 7-2

1. $df=30$인 t분포에서 $\alpha=.05$에 해당되는 t값을 파악하시오.
2. $df=20$인 t분포에서 $\alpha=.025$에 해당되는 t값을 파악하시오.
3. $df=10$인 t분포에서 $\alpha=.010$에 해당되는 t값을 파악하시오.

지금까지 표집분포의 도출 과정과 표집분포의 특성에 대해 살펴본 결과, 연구의 표본 자료에서 계산된 통계치는 표집에 따른 오차가 오염되어 얻어진 값이므로 그대로 모수치를 기술하기 위해 사용할 수 없다는 것이다. 그래서 중심극한정리를 적용하여 표본통계치의 표집분포(정규분포 또는 t분포)를 도출하고, 그리고 도출된 표집분포의 표준오차를 파악하게 된다면 연구자의 표본통계치는 중심극한정리를 통해 이론적으로 도출된 표집분포상의 수많은 표본통계치 중의 하나로 볼 수 있기 때문에, 자신의 표본통계치가 표집분포상에 어디에 위치할 수 있는지를 파악하게 되면 자신의 표본통계치가 표집오차에 의해 얻어질 수 있는 확률을 파악할 수 있을 것이다. 따라서 연구자는 파악된 확률에 근거해서 자신의 연구에서 계산된 통계치로부터 모수치를 확률적으로 추론(추정 또는 검정)할 수 있게 된다.

모수추론을 위한
모수추정의 원리 및 절차

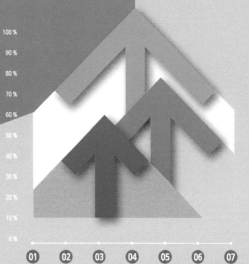

제8장 모수추론을 위한
모수추정의 원리 및 절차

제7장에서 표본통계량을 이용하여 모집단 모수를 추정하기 위해 필요한 표본통계치의 표집분포 개념과 도출 과정 그리고 성질에 대해 알아보았다. 이 장에서는, 먼저 모수추정치로서의 통계량의 조건에 대해 알아보고, 그리고 통계량의 표집분포를 이용하여 통계량으로부터 모수를 추정하기 위한 모수추정의 기본 원리와 절차에 대해 알아보도록 하겠다.

1 모수추정을 위한 통계량의 필요조건

연구자가 표본의 추정량(통계량)을 가지고 표집오차에 따른 확률을 고려하여 모집단의 모수를 추정할 수 있기 위해서는 통계량은 반드시 불편향성, 일치성, 상대적 효율성, 그리고 충분성의 네 가지 특성을 지니고 있어야 한다. 그래서 표본분산과 같이 경우에 따라 표본의 추정량이 이러한 조건을 지니지 못할 때 교정을 통해 새로운 방법으로 추정량을 계산한 다음 모수를 추정하기 위한 추정치로 사용한다.

1) 추정량의 불편향성

모수추정치로서 통계치가 지녀야 할 특성 중의 하나는 불편향성이다. 우리는 모집단을 대상으로 변인을 측정하지 않는 한 결코 모집단의 모수치를 알 수 없다. 그러나 모집단으로부터 동일한 크기의 표본을 동일한 방법으로 반복적으로 무한히 표집한 다음 각 표본으로부터 계산된 통계치들의 평균을 구하면 바로 모수치를 얻을 수 있어야 한다는 것이다. 즉,

통계치의 기대값이 모수치와 같아질 경우, 주어진 통계치가 불편향성을 지니고 있다고 말한다.

다음과 같은 가상적인 실험을 생각해 보자. 먼저, 모집단으로부터 표집의 크기를 n으로 하여 무선적으로 하나의 표본을 추출한 다음 관심하의 통계치(예컨대, 평균, 비율 또는 분산 등)를 계산한다고 가정하자. 그리고 표본을 모집단으로 다시 복원시킨 다음 동일한 방법으로 동일한 표집의 크기로 또 다른 표본을 추출하고 추출된 표본에서 관심하의 통계치를 계산한다. 표집 과정에서 표본 내 측정치 간에는 물론 표본 간 측정치 간에도 서로 영향을 주지 않아야 하기 때문에 표본 내 독립성과 표본 간 독립성의 가정이 충족될 수 있어야 한다. 독립성의 가정을 충족시킬 수 있는 조건하에서 이러한 표집 과정을 수천 번 또는 수만 번 무한히 반복하게 되면 반복된 수만큼의 표본통계치를 얻게 될 것이며, 이들 통계치들은 확률변수로서 어떤 확률분포를 이루게 될 것이다. 이렇게 얻어진 표본통계치들의 확률분포를 표본통계량의 표집분포(sampling distribution of sample statistics)라 부른다고 했다.

각 확률 실험에서 통계치＝모수치±표집오차로 얻어지기 때문에 통계치의 표집분포에서 각 통계치들은 표집오차로 인해서 모수치보다 크거나 작은 여러 값으로 얻어질 수 있다.

$$통계치_1＝모수치＋se_1$$
$$통계치_2＝모수치＋se_1$$
$$통계치_3＝모수치＋se_1$$
$$\vdots$$
$$통계치_N＝모수치＋se_N$$

표집오차의 크기가 커질수록 그러한 표집오차를 지닌 통계치가 얻어질 확률이 더 작아지고 표집의 오차는 무작위로 발생되기 때문에, 같은 크기의 ＋표집오차와 －표집오차가 통계치에 오염되어 나타날 확률은 동일할 것이다. 표집을 N번 무한히 반복할 경우, 표본통계치들의 평균은 모수치들의 평균과 표집오차들의 평균으로 이루어지기 때문에 모수치들의 평균과 표집오차들의 평균을 구한 다음 합하면 표본통계치들의 평균을 구할 수 있을 것이다. ① 모수치는 변하지 않는 상수이므로 모수치의 평균은 결국 모수치가 된다. 그리고 ② 표집오차의 경우 표집오차의 합이 0이 되기 때문에 표집오차의 평균은 0이 된다. 따라서 E(통계치)＝모수치가 된다.

$$E(통계치) = \frac{\sum\limits_{i=1}^{N}(모수치)_i}{N} + \frac{\sum\limits_{i=1}^{N}(표집오차)_i}{N}$$

$$= \mu + 0$$

이와 같이 어떤 통계치의 표집분포로부터 평균을 구했을 때 구해진 평균이 모수치와 같아질 경우 표본통계치가 불편향성을 가진다고 말하고, 그러한 통계치를 불편향성 모수추정치 또는 불편향 추정치라 부른다. 무한히 반복적인 과정을 통해 얻어진 표본들로부터 계산된 통계치의 표집분포로부터 구해진 평균을 통계치의 기대값(Expected value)이라 부르며 다음과 같이 나타낼 수 있다.

$$E(통계치) = 모수치$$

통계치가 표본평균일 경우, $E(\overline{X}) = E(\mu) + E(se)$가 된다. 여기서 $E(\mu) = \mu$이고 $E(se) = 0$이기 때문에 결국 $E(\overline{X}) = \mu$가 됨을 알 수 있다. 이와 같이 $E(\overline{X}) = \mu$이기 때문에 $\overline{X}$는 μ의 불편향 추정치라 할 수 있다. 그리고 표본비율 $\hat{P}$의 경우에도 동일한 이유로 $E(P) = \pi$가 되기 때문에 통계치 P는 모수치 π의 불편향 추정치가 된다. 그렇다면 표본분산 S^2는 과연 모분산 σ^2를 추정하기 위해 사용될 수 있는 불편향 추정치가 될 수 있는지 알아보자. S^2이 σ^2의 불편향 추정치가 되기 위해서는 앞에서 설명한 바와 같이 반드시 $E(S^2) = \sigma^2$임이 증명되어야 한다. 표본분산은 제4장에서 제시한 바와 같이 다음과 같은 공식을 적용하여 계산된다.

$$S^2 = \frac{\sum\limits_{i=1}^{n}(X_i - \overline{X})^2}{n}$$

모집단에서 동일한 표집 크기로 반복적으로 추출하여 얻어진 표본마다 앞의 공식을 사용하여 표본분산 S^2을 계산할 경우, 표본분산은(표본평균과 마찬가지로) 표집오차 때문에 항상 모분산보다 표집의 크기에 따라 발생될 수 있는 만큼의 표집오차가 오염된 값으로 얻어지게 될 뿐만 아니라 (표본평균과 달리) 모든 표본분산은 항상 모분산보다 과소 추정된 값으로 얻어진다. 그래서 표본분산의 표집분포에서 기대값인 평균 분산값 $E(S^2)$을 계산할 경우 항상 모분산 σ^2보다 작은 값으로 얻어지기 때문에, 연구자가 자신의 연구 자료에서 계산된 표본분산 S^2에 표집의 크기에 따른 표집오차를 고려해도 항상 모분산 σ^2를 과소 추정할 수밖에 없는 편향 추정치(*biased estimater*)가 될 수밖에 없다.

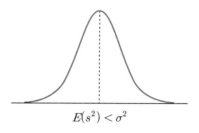

$$E(s^2) < \sigma^2$$

[그림 8-1] 표본분산의 표집분포

그렇다면 표본분산 S^2이 모분산 σ^2를 항상 과소 추정하게 되는 이유는 무엇일까.

$$S^2 = \sum_i^n (X_i - \overline{X})^2 / n < \sigma^2 = \sum_i^N (X_i - \mu)^2 / N$$

표본분산 계산 공식의 분자와 모분산 계산 공식의 분자 간의 차이를 자세히 살펴보자. 원칙적으로 표본분산 S^2을 계산하기 위해서도 $\overline{X}$가 아닌 모평균 μ를 사용해야 하지만, 모평균 μ를 모르기 때문에 μ 대신 표본평균 $\overline{X}$를 사용할 수밖에 없다. 그러나 표본분산 S^2을 계산하기 위해 μ 대신 $\overline{X}$를 사용할 경우, S^2 계산 공식에서 결과적으로 실제 얻어야 할 분자값(SS: 편차점수의 자승화의 합)보다 더 작은 분자값을 얻게 된다. 왜냐하면 표본 자료의 평균은 $\overline{X}$이기 때문에 편차점수의 자승화의 합을 계산할 경우 μ를 사용할 경우보다 $\overline{X}$를 사용할 경우가 편차점수 자승화의 합이 최소가 되기 때문이다. 결국은 표본의 분산 계산을 위해 μ가 아닌 $\overline{X}$를 사용함으로써 발생된 문제이기 때문에, 이 문제를 해결하기 위해 표본분산 계산에서 $\overline{X}$가 μ와 같아지도록 조정하는 어떤 방법을 찾아볼 수밖에 없다.

다음과 같은 가상적인 실험을 생각해 보자. 1에서 10까지 10개의 숫자가 있다고 가정하자(모집단). 이들 10개 숫자들의 평균은 5이다(모평균). 10개의 숫자를 모두 표집한다면 당연히 평균은 5가 될 것이다. 만약 10 숫자 중에서 5개를 무선표집한다고 가정해 보자(표본). 그리고 무선표집된 5개 숫자의 평균이 반드시 5가 되도록 해야 한다(표본의 평균이 모집단 평균과 같아야 한다는 조건을 충족시키기 위해)고 가정해 보자. 이 실험에서 무선표집된 5개의 숫자들의 평균은 확률적으로 항상 5가 되지는 않는다. 그러나 항상 평균이 5가 되도록 하기 위해서 무선표집된 5개의 숫자 중에서 4개는 1~10 중 어떤 값으로 얻어지더라도 나머지 한 개의 값만 임의대로 선택할 수만 있다면 항상 5개 숫자의 평균이 정확히 5가 되게 할 수 있을 것이다. 따라서 무작위로 표집된 $n-1$개의 숫자는 자유롭게 어떤 값으로도 얻어질 수 있도록 허용된다는 것이다. 이를 역으로 말하면, $n-1$개의 값이 자유롭게 결정되고 나면 나머지 하나는 $\overline{X}=\mu$이어야 한다는 제약 때문에 자유롭게 추정될 수 없고, $n-1$개의 결과에 따라 내재적으로 자동적으로 결정되도록 한다는 것이다. 이러한 이유로 모분산 추정을 위한 표본분산 공식은 다음과 같이 분모에 n이 아닌 $n-1$을 사용하여 교정할 수밖에 없다. 그래서 $n-1$을 자유도(degree of freedom)라 부르며, σ^2의 불편향 추정치를 계산하기 위해 표본분산은 다음과 같이 교정된 공식을 사용해야 한다. 그리고 교정된 공식에 의해 계산된 표본분산은 모분산 추정치로 사용할 수 있는 조건 중의 하나인 불편향성을 지닌 $\widehat{S^2}$으로 나타낸다.

$$S^2 = \frac{\sum_{i=1}^{n}(X_i - \overline{X})^2}{n} \qquad \hat{S}^2 = \frac{\sum_{i=1}^{n}(X_i - \overline{X})^2}{n-1}$$

$$\langle\text{교정 전}\rangle \qquad\qquad \langle\text{교정 후}\rangle$$

왜 S^2이 σ^2의 편향 추정치가 되는지, 그리고 $\hat{S}^2$이 왜 σ^2의 불편향 추정치가 될 수 있는지 수식으로 증명해 보겠다. 먼저, $E(S^2) \neq \sigma^2$임을 증명하고, 그리고 $E(\hat{S}^2) = \sigma^2$임을 증명해 보도록 하겠다.

- $E(S^2) \neq \sigma^2$의 증명

$$S^2 = \frac{\sum_{i=1}^{n}(X_i - \overline{X})^2}{n} = \frac{\sum_{i=1}^{n}(X)^2}{n} - \overline{X}^2$$

$$E(S^2) = E\left(\frac{\sum_{i=1}^{n}X^2}{n} - \overline{X}^2\right)$$

$$= E\left(\frac{\sum_{i=1}^{n}X^2}{n}\right) - E(\overline{X}^2)$$

$$= \frac{\sum E(X^2)}{n} - E(\overline{X}^2) \qquad\qquad \cdots\cdots(8.1)$$

모집단 분산 σ^2은 분산의 정의에 의해 다음과 같이 나타낼 수 있다.

$$\sigma^2 = E(X^2) - \mu^2$$

이 식을 다시 $E(X^2)$에 따라 정리하면, 다음과 같이 얻어진다.

$$E(X^2) = \sigma^2 + \mu^2$$

이를 다시 식 (8.1)에 대입하면,

$$E(S^2) = \frac{\sum(\sigma^2 + \mu^2)}{n} + E(\overline{X}^2)$$
$$= \sigma^2 + \mu^2 + E(\overline{X}^2) \qquad\qquad \cdots\cdots(8.2)$$

가 된다. 표본평균의 $\overline{X}$의 분산은 분산의 정의에 의해 다음과 같이 나타낼 수 있다.

$$\sigma_{\overline{X}}^2 = E(\overline{X}^2) - \mu^2$$

이를 다시 $E(\overline{X}^2)$에 따라 정리하면,

$$E(\overline{X}^2) = \mu_{\overline{X}}^2 - \mu^2$$

가 된다. 이를 다시 식 (8.2)에 대입하여 정리하면,

$$E(S^2) = \sigma^2 + \sigma_{\overline{X}}^2 \qquad\qquad \cdots\cdots(8.3)$$

여기서, $\sigma_{\overline{X}}^2 = \dfrac{\sigma^2}{n}$ 이므로 이를 식 (8.3)에 대입하여 정리하면, 다음과 같다.

$$E(S^2) = \sigma^2 - \frac{\sigma^2}{n} = \left(\frac{n-1}{n}\right)\sigma^2$$

따라서, $E(S^2) \neq \sigma^2$임이 증명되었다.

- $E(\hat{S}^2) = \sigma^2$의 증명

$$\hat{S}^2 = \frac{\sum(X - \overline{X})^2}{n-1} \qquad \cdots\cdots(8.4)$$

편향 추정량은 $S^2 = \dfrac{\sum(X - \overline{X})^2}{n}$로 정의되기 때문에 식 (8.4)는 다음과 같이 정리할 수 있다.

$$\hat{S}^2 = (\frac{n}{n-1})S^2 \qquad \cdots\cdots(8.5)$$

따라서 불편향 추정량 $\hat{S}^2$의 기대값은,

$$E(\hat{S}^2) = \frac{n}{n-1}E(S^2)$$

$$= (\frac{n}{n-1})(\frac{n-1}{n})\sigma^2$$

$$= \sigma^2$$

이 된다. 따라서 $\hat{S}^2$은 σ^2의 불편향 추정량이 될 수 있음이 증명되었다.

모분산 추정치로서 표본분산을 계산하기 위해 분산 계산 공식의 분모에 n 대신 $n-1$을 사용한 표본분산($\hat{S}^2$)의 표집분포의 평균을 계산하면 편향 추정이 교정되어 모분산을 편향되지 않게 추정할 수 있는 불편향 모분산 추정치를 얻을 수 있게 된다는 것이다. 즉, $\hat{S}^2$은 모분산 추정을 위한 불편향 추정치가 되기 때문에 연구에서 얻어진 표본의 분산치에 표집에 따른 오차만 고려하면 모분산을 확률적으로 추정할 수 있음을 의미한다. 연구보고서에서 표본 자료의 분산을 단순히 기술할 목적으로 사용할 경우에는 S^2값을 보고해도 되지만, 모분산 추정 목적을 위해 표본분산을 사용할 경우에는 $\hat{S}^2$값을 보고해야 한다.

2) 추정량의 일치성

표본의 통계치가 불편향 추정치라는 의미는 통계치의 기대값이 모수치와 같다는 의미일 뿐, 주어진 통계치가 모수치와 얼마나 가까운 값인지를 말해 주는 것은 아니다. 그래서 통계치가 모수치와 얼마나 같은지에 대한 정보인 일치성은 추정량 간의 효율성을 평가하는 기준이 된다. 추정량은 앞에서 설명한 바와 같이 불편향성의 조건을 충족시켜야 모수의 추정량으로 사용할 수 있다고 했다. 통계치는 항상 표집의 크기에 따른 표집오차가 모수치에 오염되어 얻어진 값이고, 그리고 표집의 오차는 표집의 크기가 클수록 작아지기 때문에 표집의 크기가 증가할수록 추정량과 모수 간의 차이가 감소해야 한다. 추정량의 이러한 성질을 일치성(consistency)이라 하고, 일치성의 성질을 가진 추정량을 일치 추정량(consistency estimator)이라 부른다.

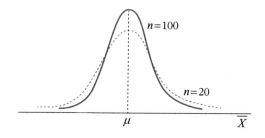

[그림 8-2] 표본평균 $\overline{X}$의 표집분포

추정량의 일치성이란 [그림 8-2]에서 볼 수 있는 바와 같이 표집의 크기가 증가할수록 통계치의 표집분포의 분산(표준오차)이 작아지고, 그리고 분포상의 모든 통계치가 모수치에 더 가까워짐을 말한다.

3) 추정량의 상대적 효율성

동일한 모수(θ)의 추정량으로서 한 개 이상의 불편향 추정량이 존재할 경우, 당연히 추정량의 표집분포 분산이 더 작은 추정량이 더 바람직한 추정량이다. 이를 추정량의 상대적 효율성(relative efficiency)이라 부른다. 예컨대, 모집단이 정규분포를 따를 때 모평균의 불편향 추정량으로서 표본평균과 표본 중앙치가 있지만 평균의 표집분포의 분산이 중앙치의 표집분포의 분산보다 작기 때문에 표본평균이 표본 중앙치보다 모평균 추정량으로서 상대적으로 더 효율적이라 할 수 있다.

불편향 추정량 간의 상대적 효율성의 정도는 두 추정량의 표준오차 비를 계산하여 얻어진다. 예컨대, 추정량 A의 표준오차를 σ_A라 하고 추정량 B의 표준오차를 σ_B라 할 때 상대적 효율성은 다음과 같이 구할 수 있다.

$$추정량\ A에\ 대한\ 추정량\ B의\ 상대적\ 효율성 = \frac{\sigma_A^2}{\sigma_B^2}$$

$$추정량\ B에\ 대한\ 추정량\ A의\ 상대적\ 효율성 = \frac{\sigma_B^2}{\sigma_A^2}$$

이 식에서 알 수 있는 바와 같이, 분자의 표준오차가 분모의 표준오차보다 클 경우에만 상대적 효율성값이 1보다 크게 얻어지며 추정량 간에 효율성에 있어서 차이가 있는 것으로 해석한다.

동일한 모수(θ)를 추정하기 위해 한 개 이상 추정량이 존재할 경우, 만약 모든 추정량이 불편성의 조건을 만족하는 추정량이라면 상대적 효율성이 높은 추정량을 모수추정량으로 사용해야 할 것이다. 그러나 만약 추정량 A는 모수를 다소 편향되게 추정하지만 표준오차가 아주 작고, 반면에 추정량 B는 불편향 추정을 하지만 표준오차가 크다고 가정하자. 이러한 상황에서 모수추정량으로 추정량 A와 추정량 B 중에서 어느 것을 선택할 것인가이다. 만약 추정량 A의 편향성 정도가 미약하다면, 비록 추정량 A가 불편성의 조건을 완벽하게 만족하지 못한다 할지라도 표준오차가 상대적으로 작다면 추정의 오차 역시 더 작을 수 있기 때문에 추정량 B보다 추정량 A를 선택하는 것이 더 적절한 결정일 수도 있다.

4) 추정량의 충분성

표본에서 계산된 추정량으로부터 모수를 추정하기 위해서 추정량은 모수에 관한 모든 정보를 포함하고 있어야 한다. 이를 추정량의 충분성이라 한다. 예컨대, 모집단 분산 σ^2이 알려져 있는 모집단에서 무작위로 표집한 표본의 평균 $\overline{X}$로부터 모평균 μ를 추정하기 위해 더 이상의 정보가 필요 없기 때문에 $\overline{X}$는 μ의 충분성을 지닌 추정량이다. 그러나 만약 모집단 분산 σ^2이 알려져 있지 않을 경우 $\overline{X}$로부터 μ를 추정하기 위해 표본분산 S^2에 대한 정보가 필요하기 때문에, 이러한 경우 $\overline{X}$는 충분성을 지닌 μ의 추정량이 아니다.

지금까지 추정량의 네 가지 조건에 대해 알아보았다. 이제 표본통계량으로부터 모집단 모수를 탐색적으로 추정하기 위한 구간 추정법에 대해 알아보도록 하겠다.

2 모수추정을 위한 두 가지 접근 방법

대부분의 경우 모집단을 대상으로 변인을 측정할 수 없고, 그리고 연구자가 관심을 두고 있는 모집단의 모수가 어떤 값으로 존재하는지에 대한 아무런 정보가 없는 경우가 많다. 이러한 경우 설상가상 모집단을 대상으로 주어진 변인을 측정한다고 해도 모집단이 어떤 분포를 가질 것인지, 그리고 연구자가 알고 싶어 하는 모수치가 어떤 값으로 얻어질 것인지 알 수 없다. 연구자가 모집단의 모수에 대해 알고 싶지만, 시간과 비용을 고려하여 주어진 모집단을 대표할 수 있는 표본을 표집한 다음 표본 자료로부터 관심하의 통계량을 계산한 다음 표집에 따른 오차를 감안하여 모수를 탐색적으로 추정할 수밖에 없다. 모수를 탐색적으로 추정하는 방법에는 점 추정법과 구간 추정법의 두 가지 방법이 있다.

표본통계치를 이용하여 모집단 모수치를 추정하기 위한 하나의 접근 방법은 단순히 표본의 통계치를 그대로 모집단의 모수치로 사용하는 것이며, 이를 점 추정(point estimation)이라 부른다. 모수추정 방법으로서 점 추정법은 표집오차로 인해 추정의 정확성에 여러 가지 문제와 한계를 지니고 있으며, 표본의 크기가 작아질수록 문제는 더 심각해질 수 있다. 첫째, 앞에서 언급한 바와 같이 표본으로부터 계산된 통계치에는 표집에 따른 오차가 오염되어 있을 수 있고, 그리고 표집오차에 따른 오염 정도도 표집이 작아질수록 더 증가하게 된다. 따라서 통계치를 그대로 모수치로 사용하는 점 추정법은 이러한 표집에 크기에 따른 오차를 전혀 고려하지 않고 있다는 점에서 추정의 정확성에 문제점을 지니고 있으며, 표집의 크기가 작아질수록 문제의 심각성은 더 증가한다. 둘째, 점 추정법에서는 표본의 통계치를 그대로 모집단의 모수치로 사용하면서 주어진 통계치가 모수치와 어느 정도 다른지에 대해 전혀 말해 주지 않기 때문에, 통계치를 가지고 모수치를 추정할 경우 기대되는 추정의 정확성에 대한 아무런 해석도 할 수 없다. 마지막으로, 셋째, 특히 관심하의 측정변인이 연속변인 경우, 수의 연속선상에서 어떤 특정한 하나의 값은 $1/\infty$ 이기 때문에 연속확률변인이 어떤 하나의 특정한 값(point)을 가질 확률은 0이다. 따라서 점 추정법에서 모집단의 모수치를 어떤 특정한 값(예컨대, 통계치 $\overline{X}$가 정확히 μ일)으로 추정할 수 있을 확률은 0이기 때문에 점 추정법으로 모수치를 추정할 수 없다는 것이다. 점 추정법이 지니고 있는 이러한 문제점을 보완하기 위해 구간 추정법이 사용된다.

점 추정법과 달리 구간 추정법(interval estimation method)은 모수치가 어떤 값을 가질 것인지 하나의 구간값으로 추정해 주는 방법이다. 구간 추정법에서는 표본에서 얻어진 통계치가 표집의 오차 때문에 모집단의 실제 모수치보다 어느 정도 크거나 작게 얻어질 수 있는 것으로 본다. 우리는 모수치를 확실히 모르기 때문에 표집의 오차로 인해 통계치가 모수치와 어느 정도 다른지를 정확하게 알 수는 없다. 그러나 주어진 표집 크기 n으로 인해 어느 정도의 표집오차가 발생되고, 그리고 발생되는 각 오차가 얼마나 자주 발생되는지에 대한 확률을 수학적으로 추정할 수는 있다. 그래서 구간 추정법에서는 표집의 오차를 감안하여 표본통계치를 중심으로 모수치에 대한 어떤 구간값을 설정한 다음, 설정된 구간이 모수치를 포함하고 있을 확률과 함께 추정해 준다. 연구자가 관심을 두고 있는 어떤 통계치의 표집분포(정규분포 또는 t분포)가 파악되면 연구자는 자신의 연구에서 계산된 표본통계치와 통계치의 표집분포 표준오차를 이용하여 모수치가 포함되어 있을 것으로 추정되는 구간을 확률적으로 설정할 수 있다.

이 장에서는 설명의 편의를 위해 추정하고자 하는 관심하의 모수가 모평균이라 가정하고, 표본평균($\overline{X}_{통계치}$)으로부터 연구자가 모르는 모평균[$\mu(?)$]을 구간 추정법(interval estimation)으로 추정하는 기본 원리와 절차에 대해 설명하고자 한다.

1) 표집분포가 정규분포일 경우의 구간 추정

모평균(?)은 연구자가 모르는 어떤 상수로 존재하는 값이기 때문에 표본통계치를 이용하여 어떤 $\mu(?)$을 구간값으로 추정하고자 하는 것이다. 모집단의 표준편차가 σ인 것으로 알려져 있다면 표본평균의 표집분포는 중심극한정리에 의해 평균은 $\mu(?)$과 정확히 일치하며, 표준오차(SE)$=\sigma/\sqrt{n}$이고, 그리고 분포의 형태는 정규분포를 따르게 된다.

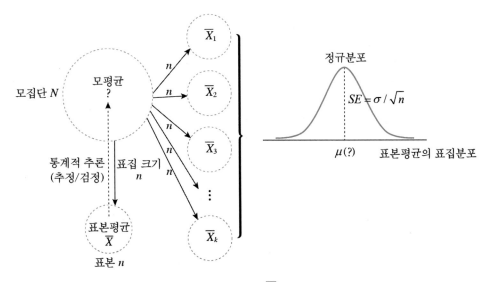

[그림 8-3] 표본평균 $\overline{X}$의 표집분포

만약 표집분포가 정규분포를 따른다면, 정규분포의 확률적 성질에 따라 다음과 같은 확률적 추론이 가능할 것이다. 표본평균의 표집분포하의 $\overline{X}_i$들 중에서 약 68.26%가 표집오차로 인해 $[\mu(?) \pm 1SE]$ 구간에 속할 수 있는 값으로 얻어질 수 있고, 약 95.44%가 $[\mu(?) \pm 2SE]$ 구간에 속할 수 있는 값으로 얻어질 수 있으며, 그리고 약 99.72%가 $[\mu(?) \pm 3SE]$ 구간에 속할 수 있는 값으로 얻어질 수 있을 것으로 기대할 수 있다.

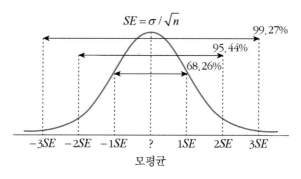

[그림 8-4] 표본평균의 표집분포

지금까지 연구자가 추정하고 하는 $\mu(?)$를 중심으로 $[\mu(?) \pm 1SE$ 구간], $[\mu(?) \pm 2SE]$, 그리고 $[\mu(?) \pm 3SE]$ 구간을 설정한 다음, 각 설정된 구간 속에 표본평균($\overline{X}_i$)들이 몇 %가 속해 있는지를 정규분포의 확률적 특성을 근거로 추정해 보았다. 표집분포에서 $\mu(?)$ 중심의 이러한 구간적 추정과 반대로 모든 $\overline{X}_i$을 중심으로 $[\overline{X}_i \pm 1SE$ 구간], $[\overline{X}_i \pm 2SE$ 구간] 그리고 $[\overline{X}_i \pm 3SE]$ 구간을 설정한 다음, 어떤 $\overline{X}_i$을 중심으로 설정된 구간들이 연구자가 추정하고 싶어 하는 $\mu(?)$을 포함할 수 있는지를 관찰해 보자.

• 68.26% 신뢰구간: [그림 8-5]에서 볼 수 있는 바와 같이, $[\overline{X}_i \pm 1SE]$ 구간들 중에서 $\mu(?)$을 포함할 수 있는 구간은 $[\mu(?) \pm 1SE]$ 범위에 속해 있는 $\overline{X}_i$를 중심으로 설정된 구간들뿐임을 알 수 있다. 따라서 표집분포하의 모든 표본평균을 중심으로 설정된 $[\overline{X}_i \pm 1SE]$ 구간들 중에서 $[\mu(?) \pm 1SE]$ 범위에 속해 있는 $\overline{X}_i$를 중심으로 설정된 약 68.26% 구간만이 $\mu(?)$을 포함할 수 있을 것으로 기대할 수 있다는 것이다.

연구자가 모수치를 추정하기 위해 실제로 자신의 표본 자료에서 계산된 표본평균($\overline{X}$)은 중심극한정리를 통해 확률적으로 도출된 표집분포상의 수많은 표본평균($\overline{X}_i$) 중의 하나로 볼 수 있다. 따라서 연구자의 표본 자료에서 직접 계산된 $\overline{X}_{통계치}$가 표집분포상에서

$[\mu(?) \pm 1SE]$ 구간에 속할 수만 있다면, $[\overline{X}_{통계치} \pm 1SE]$ 구간이 $\mu(?)$를 포함할 수 있다고 추론할 수 있을 것이다. 그러나 연구자의 $\overline{X}_{통계치}$가 표집분포상에서 $[\mu(?) \pm 1SE]$에 포함될 수 있는 확률이 약 68.26%이기 때문에 자신의 $\overline{X}_{통계치}$를 중심으로 설정된 $[\overline{X}_{통계치} \pm 1SE]$ 구간이 $\mu(?)$을 포함할 수 있는 구간일 확률도 68.26%라고 할 수 있다. 그래서 $[\overline{X}_{통계치} \pm 1SE]$ 구간을 $\mu(?)$에 대한 68.26% 신뢰구간이라 부르고, 특히 $[\overline{X}_{통계치} - 1SE]$ 구간을 68.26% 신뢰 하한계(lower confidence limit: LCL) 그리고 $[\overline{X}_{통계치} \pm 1SE]$ 구간을 68.26% 신뢰 상한계(upper confidence limit: UCL)라 부른다.

$\mu(?)$은 변수가 아니라 연구자가 모르는 모집단의 상수이기 때문에 모수를 확률적으로 해석하지 않도록 유의해야 한다. 즉, $\mu(?)$가 $[\overline{X}_{통계치} \pm 1SE]$ 구간에 속할 확률이 68.26%가 아니고 $[\overline{X}_{통계치} \pm 1SE]$이 $\mu(?)$을 포함할 수 있는 구간일 확률이 68.26%라고 해석해야 한다는 것이다.

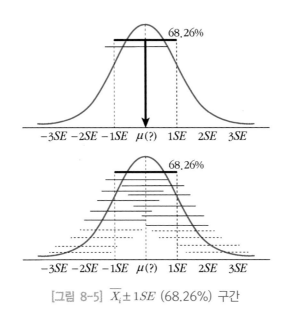

[그림 8-5] $\overline{X}_i \pm 1SE$ (68.26%) 구간

• 95.44% 신뢰구간: [그림 8-6]에서 볼 수 있는 바와 같이, $[\overline{X}_i \pm 2SE]$ 구간들 중에서 $\mu(?)$을 포함하고 있는 구간은 $[\mu(?) \pm 2SE]$ 범위에 속해 있는 $\overline{X}_i$를 중심으로 설정된 구간뿐임을 알 수 있다. 따라서 표집분포하의 모든 표본평균($\overline{X}_i$)을 중심으로 설정된 $[\overline{X}_i \pm 2SE]$ 구간들 중에서 $[\mu(?) \pm 2SE]$ 범위에 속해 있는 $\overline{X}_i$를 중심으로 설정된 약 95.44% 구간만이 $\mu(?)$을 포함할 수 있을 것으로 기대할 수 있다는 것이다.

연구자의 표본 자료에서 계산된 $\overline{X}_{통계치}$가 표집분포상에서 $[\mu(?) \pm 2SE]$의 구간에 속할 수 있다면, $[\overline{X}_{통계치} \pm 2SE]$ 구간 속에 $\mu(?)$이 포함될 수 있을 것으로 추론할 수 있을 것이다. 그러나 연구자의 $\overline{X}_{통계치}$가 표집분포상에서 $[\mu(?) \pm 2SE]$에 포함될 수 있는 확률이 약 95.44%이기 때문에 $\overline{X}_{통계치}$를 중심으로 설정된 $[\overline{X}_{통계치} \pm 2*SE]$ 구간이 $\mu(?)$을 포함할 수 있는 구간일 확률도 95.44%라고 할 수 있다. 그래서 $[\overline{X}_{통계치} \pm 2*SE]$ 구간을 $\mu(?)$에 대한 95.44% 신뢰구간이라 부르고 $[\overline{X}_{통계치} - 2SE]$ 구간을 95.44% 신뢰 하한계(lower confidence limit: LCL) 그리고 $[\overline{X}_{통계치} + 2SE]$ 구간을 95.44% 신뢰 상한계(upper confidence limit: UCL)라 부른다.

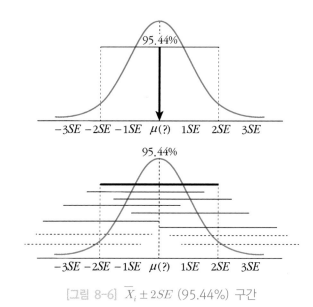

[그림 8-6] $\overline{X}_i \pm 2SE$ (95.44%) 구간

• 99.72% 신뢰구간: [그림 8-7]에서 볼 수 있는 바와 같이, 표집분포상의 모든 $\overline{X}_i$를 대상으로 $[\overline{X}_i \pm 3SE]$ 구간을 설정할 경우 설정된 $[\overline{X}_i \pm 3SE]$ 중에서 $\mu(?)$를 포함하고 있는 구간은 $[\mu(?) \pm 3SE]$ 범위에 속해 있는 $\overline{X}_i$를 중심으로 설정된 구간뿐임을 알 수 있다. 따라서 표집분포하의 모든 $\overline{X}_i$를 중심으로 설정된 $[\overline{X}_i \pm 3SE]$ 구간들 중에서 $[\mu(?) \pm 3SE]$ 범위에 속해 있는 $\overline{X}_i$를 중심으로 설정된 약 99.72% 구간만이 $\mu(?)$을 포함할 수 있을 것으로 기대할 수 있다는 것이다.

연구자의 표본 자료에서 계산된 $\overline{X}_{통계치}$가 표집분포상에서 $[\mu(?) \pm 3SE]$ 구간에 속할 수 있다면, $[\overline{X}_{통계치} \pm 3SE]$ 구간 속에 $\mu(?)$이 포함될 수 있을 것으로 추론할 수 있을 것이다. 그러나 연구자의 $\overline{X}$통계치가 표집분포상에서 $[\mu \pm 3SE]$에 포함될 수 있는 확률이 약 99.72%이기 때문에 $[\overline{X}$통계치 $\pm 3SE]$ 구간이 $\mu(?)$을 포함할 확률도 99.72%라고 할 수 있다. 그래서 $[\overline{X}$통계치 $\pm 3SE]$ 구간을 $\mu(?)$에 대한 99.72% 신뢰구간이라 부르고 $[\overline{X}$통계치 $- 3SE]$ 구간을 99.72% 신뢰 하한계(lower confidence limit: LCL) 그리고 $[\overline{X}$통계치 $+ 3SE]$ 구간을 99.72% 신뢰 상한계(upper confidence limit: UCL)라 부른다.

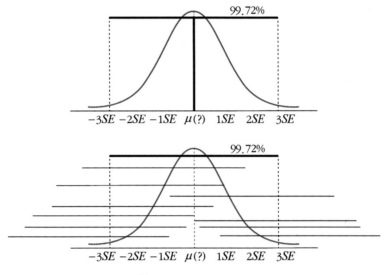

[그림 8-7] $\overline{X}$통계치 $\pm 3SE$ (99.72%) 신뢰구간

실제 연구에서는 소수점이 포함된 68.26%, 95.44%, 99.72% 신뢰구간 대신에 주로 90%, 95%, 99% 신뢰구간이 주로 사용된다. [그림 8-8]에서 볼 수 있는 바와 같이 표집분포가 정규분포를 따를 경우 $[\mu(?) \pm 1.64SE]$ 구간 속에 90%의 $\overline{X}_i$들이 속하게 되고, $[\mu(?) \pm 1.96SE]$ 구간 속에 95%가 속하며, 그리고 $[\mu(?) \pm 2.58SE]$ 구간 속에는 99%가 속한다.

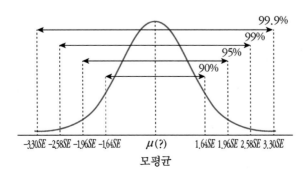

[그림 8-8] 90%, 95%, 99% 신뢰구간

(1) 90% 신뢰구간 설정

[그림 8-8]에서 볼 수 있는 바와 같이, 표집분포상의 모든 $\overline{X}_i$을 중심으로 $[\overline{X}_i \pm 1.64SE]$ 구간을 설정할 경우 $[\mu(?) \pm 1.64SE]$ 구간에 속해 있는 $\overline{X}_i$들만이 $\mu(?)$를 포함할 수 있다. 연구자의 $\overline{X}_{통계치}$가 $[\mu(?) \pm 1.64SE]$ 구간에 속할 수 있는 확률은 90%이기 때문에 $[\overline{X}_{통계치} \pm 1.64SE]$ 구간이 $\mu(?)$를 포함할 수 있는 구간일 확률은 90%라고 할 수 있다. 그래서 $[\overline{X}_{통계치} \pm 1.68SE]$ 구간을 $\mu(?)$에 대한 90% 신뢰구간이라 부르고 $[\overline{X}_{통계치} - 1.68SE]$ 구간을 90% 신뢰 하한계(lower confidence limit: LCL), 그리고 $[\overline{X}_{통계치} + 1.68SE]$ 구간을 90% 신뢰 상한계(upper confidence limit: UCL)라 부른다. 예컨대, 표준편차 $\sigma = 16$인 모집단의 $\mu(?)$을 신뢰수준=95%에서 구간 추정하기 위해 $n = 100$명을 무선표집하여 얻어진 표본의 평균을 계산한 결과 $\overline{X}_{통계치} = 102$로 얻어졌다고 가정하자. 그리고 중심극한정리를 적용하여 $\mu(?)$를 추정하기 위해 필요한 표집분포를 이론적으로 도출하면, $E(\overline{X}) = \mu(?)$, $SE = 16/\sqrt{100} = 1.6$, 그리고 정규분포를 따르는 표집분포를 얻을 수 있다. 이 경우, $\overline{X}_{통계치} = 102$ 중심으로 95% 신뢰구간을 설정하면 다음과 같다.

$$\overline{X}_{통계치} \pm 1.96SE$$
$$= 102 \pm 1.96 * 1.6$$
$$(98.86, 105.14)$$

신뢰 하한계=98.86 그리고 신뢰 상한계=105.14인 것으로 나타났다. 따라서 추정된 신뢰구간(98.86~105.14)이 연구자가 추정하고자 하는 $\mu(?)$을 포함할 수 있는 구간일 확률은 95%라고 말할 수 있다.

(2) 95% 신뢰구간 설정

표집분포상의 모든 $\overline{X}_i$를 중심으로 $[\overline{X}_i \pm 1.96SE]$ 구간을 설정할 경우, $[\mu(?) \pm 1.96SE]$ 구간에 속해 있는 $\overline{X}_i$들만이 $\mu(?)$를 포함할 수 있다. 연구자의 $\overline{X}_{통계치}$가 $[\mu(?) \pm 1.96SE]$ 구간에 속할 수 있는 확률은 95%이기 때문에 $[\overline{X}_{통계치} \pm 1.96SE]$ 구간이 $\mu(?)$을 포함할 수 있는 구간일 확률은 95%라고 할 수 있다. 그래서 $[\overline{X}_{통계치} \pm 1.96SE]$ 구간을 $\mu(?)$에 대한 95% 신뢰구간이라 부르고 $[\overline{X}_{통계치} - 1.96SE]$ 구간을 95% 신뢰 하한계(lower confidence limit: LCL) 그리고 $[\overline{X}_{통계치} + 1.96SE]$ 구간을 95% 신뢰 상한계(upper confidence limit: UCL)라 부른다.

(3) 99% 신뢰구간 설정

표집분포상의 모든 $\overline{X}_i$를 중심으로 $[\overline{X}_i \pm 2.58SE]$ 구간을 설정할 경우, $[\mu(?) \pm 2.58SE]$ 구간에 속해 있는 $\overline{X}_i$들만이 $\mu(?)$를 포함할 수 있다. 연구자의 $\overline{X}$통계치가 $[\mu(?) \pm 2.58SE]$ 구간에 속할 수 있는 평균일 확률은 99%이기 때문에 $[\overline{X}_{통계치} \pm 2.58SE]$ 구간이 $\mu(?)$을 포함할 수 있는 구간일 확률은 99%라고 할 수 있다. 그래서 $[\overline{X}_{통계치} \pm 2.58SE]$ 구간을 $\mu(?)$에 대한 99% 신뢰구간이라 부르고 $[\overline{X}_{통계치} - 2.58SE]$ 구간을 99% 신뢰 하한계(lower confidence limit: LCL) 그리고 $[\overline{X}_{통계치} + 2.58SE]$ 구간을 99% 신뢰 상한계(upper confidence limit: UCL)라 부른다.

2) 표집분포가 t분포일 경우의 구간 추정

앞에서 표집분포가 정규분포일 경우의 세 가지 신뢰수준별(90%, 95%, 99%) 구간 추정치를 구하는 절차와 방법에 대해 알아보았다. 대부분의 경우, 모집단 표준편차(σ)에 대한 정보를 알 수 없기 때문에 연구자의 표본에서 계산된 표준편차($\hat{S}$)를 대체하여 표집분포의 표준오차(SE)를 구한다고 했다. 표본의 표준편차($\hat{S}$)는 표집 크기(n)에 따라 반비례적으로 변하기 때문에, σ 대신 $\hat{S}$를 대체하여 표집분포의 표준오차를 계산할 경우 표본 크기(n)에 따라 표집분포의 표준오차가 달라지는 t분포를 따르게 된다.

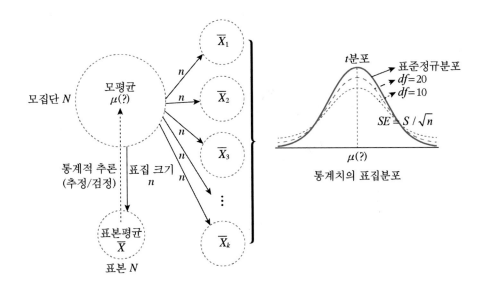

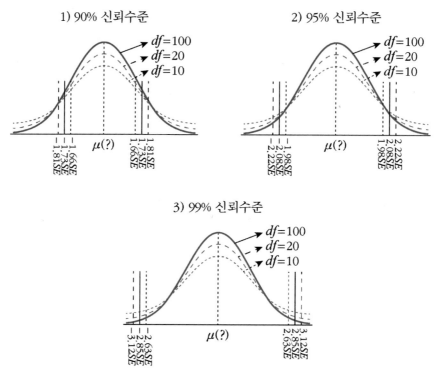

[그림 8-9] 자유도에 따른 t분포의 신뢰수준별 표준오차

[그림 8-9]에서 볼 수 있는 바와 같이, 동일한 신뢰수준(90%, 95%, 99%)에 대한 표준오차의 크기가 자유도에 따른 t분포(예컨대, $df=10, 20, 100$)에 따라 달라짐을 알 수 있다. 95% 신뢰수준에 대한 $df=10$인 t분포에서는 $[\mu(?)\pm1.66SE]$, $df=20$인 t분포에서는 $[\mu(?)\pm1.73SE]$ 그리고 $df=30$인 t분포에서는 $[\mu(?)\pm1.81SE]$가 된다. 따라서 연구자의 표집분포가 t분포를 따를 경우, 연구자는 정확한 신뢰구간을 설정하기 위해서 가장 먼저 수많은 t분포 중에서 자신의 표본 크기에 적합한 t분포를 파악해야 한다. 그리고 파악된 t분포상에서 자신이 원하는 신뢰수준(90%, 95%, 99%)에 해당되는 표준오차의 크기를 정확하게 파악할 수 있어야 한다. 설명의 편의를 위해 표집분포가 $df=20$인 t분포인 경우 표본평균 $\overline{X}_{통계치}$를 중심으로 90%, 95%, 99% 신뢰구간이 설정되는 경우를 알아보겠다.

(1) 90% 신뢰구간

[그림 8-10]에서 볼 수 있는 바와 같이, 표집분포상의 $\overline{X}_i$들 중에서 90%가 $[\mu(?)\pm1.73SE]$에 속하는 값으로 얻어질 수 있음을 알 수 있다. 따라서 표집분포상의 모든 $\overline{X}_i$를 중심으로 $[\overline{X}_i\pm1.73SE]$ 구간을 설정한 다음, 설정된 구간들 중에서 연구자가 추정하고자 하는

$\mu(?)$이 포함할 수 있는 구간들을 파악해 보자. [그림 8-10]에서 볼 수 있는 바와 같이, $[\overline{X}_i \pm 1.73 SE]$ 구간들 중에서 $\mu(?)$를 포함할 수 있는 구간은 $[\mu(?) \pm 1.73 SE]$ 범위에 속해 있는 $\overline{X}_i$를 중심으로 설정된 구간뿐임을 알 수 있다. 따라서 표집분포하의 모든 $\overline{X}_i$를 중심으로 설정된 $[\overline{X}_i \pm 1.73 SE]$ 구간들 중에서 $[\mu(?) \pm 1.73 * SE]$ 범위에 속해 있는 90% 구간만이 $\mu(?)$을 포함할 수 있을 것으로 기대할 수 있다는 것이다. 연구자가 자신의 표본에서 계산된 $\overline{X}$통계치는 표집분포상의 수많은 $\overline{X}_i$ 중의 하나이며 $\overline{X}$통계치가 $[\mu(?) \pm 1.73 SE]$에 속할 수 있어야만 $[\overline{X}$통계치$\pm 1.73 SE]$ 구간이 $\mu(?)$을 포함할 수 있다. 그러나 $\overline{X}$통계치가 $[\mu(?) \pm 1.73 SE]$ 범위에 속할 확률은 90%이고 속하지 않을 확률은 10%이다. 따라서 $\overline{X}$통계치에 대한 90% 신뢰구간을 설정할 경우 설정된 $[\overline{X}$통계치$\pm 1.73 SE]$ 구간이 $\mu(?)$을 포함할 수 있는 구간일 확률이 90%라고 할 수 있다. 그래서 $[\overline{X}$통계치$\pm 1.73 SE]$ 구간을 $\mu(?)$에 대한 90% 신뢰구간이라 부르고 $[\overline{X}$통계치$- 1.73 SE]$ 구간을 신뢰 하한계 그리고 $[\overline{X}$통계치$+ 1.73 SE]$ 구간을 신뢰 상한계라 부른다.

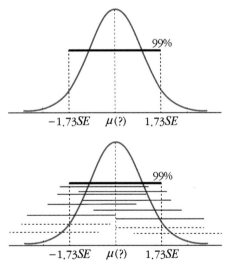

[그림 8-10] df=20, t분포의 90% 신뢰구간

(2) 95% 신뢰구간

[그림 8-11]에서 볼 수 있는 바와 같이, 표집분포상의 표본평균 $\overline{X}_i$들 중에서 95%가 표집오차에 의해 $[\mu(?) \pm 2.08 SE]$에 속하는 어떤 값으로 얻어질 수 있음을 확인할 수 있다. 표집분포상의 모든 $\overline{X}_i$을 중심으로 $[\overline{X}_i \pm 2.08 SE]$ 구간을 설정하고, 그리고 설정된 구간 속에 $\mu(?)$가 포함되어 있는 구간들을 파악해 보자. [그림 8-11]에서 볼 수 있는 바와 같이,

$[\overline{X}_i \pm 2.08SE]$ 구간들 중에서 $\mu(?)$를 포함하고 있는 구간은 $[\mu(?) \pm 2.08SE]$ 범위에 속해 있는 $\overline{X}_i$를 중심으로 설정된 구간뿐임을 알 수 있다. 따라서 표집분포하의 모든 $\overline{X}_i$를 중심으로 설정된 $[\overline{X}_i \pm 2.08SE]$ 구간들 중에서 $[\mu(?) \pm 2.08SE]$ 범위에 속해 있는 약 95% 구간들만이 $\mu(?)$을 포함할 수 있을 것으로 기대할 수 있다는 것이다. 연구자가 자신의 표본에서 계산된 $\overline{X}$통계치은 표집분포상의 수많은 $\overline{X}_i$ 중의 하나이며 $\overline{X}$통계치가 $[\mu(?) \pm 2.08SE]$ 범위에 속할 수 있어야만 $[\overline{X}$통계치$\pm 2.08SE]$ 구간이 $\mu(?)$을 포함할 수 있다. 그러나 $\overline{X}$통계치가 $[? \pm 2.08SE]$에 속할 확률은 95%이고 속하지 않을 확률은 5%이다. 따라서 $\overline{X}$통계치에 대한 95% 신뢰구간을 설정할 경우 설정된 $[\overline{X}$통계치$\pm 2.08SE]$ 구간이 $\mu(?)$을 포함할 수 있는 구간일 확률이 95%라고 할 수 있다. $[\overline{X}_i \pm 2.08SE]$ 구간을 $\mu(?)$에 대한 95% 신뢰구간이라 부르고 $[\overline{X}$통계치$- 2.08SE]$ 구간을 신뢰 하한계 그리고 $[\overline{X}$통계치$+ 2.08SE]$ 구간을 신뢰 상한계라 부른다.

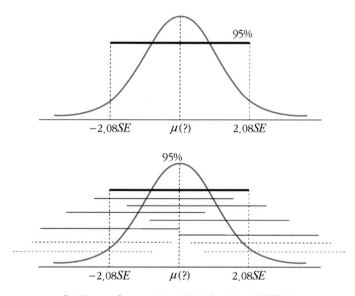

[그림 8-11] $df = 20$, t분포의 95% 신뢰구간

(3) 99% 신뢰구간

[그림 8-12]에서 볼 수 있는 바와 같이, 표집분포상의 $\overline{X}_i$들 중에서 95%가 $[\mu(?) \pm 2.85SE]$에 속하는 값으로 얻어질 수 있음을 확인할 수 있다. 표집분포상의 모든 $\overline{X}_i$를 중심으로 $[\overline{X}_i \pm 2.85SE]$ 구간을 설정하고, 그리고 설정된 구간 속에 $\mu(?)$이 포함되어 있는 구간들을 파악해 보자. [그림 8-12]에서 볼 수 있는 바와 같이, $[\overline{X}_i \pm 2.85SE]$ 구간들 중에서 $\mu(?)$를

포함하고 있는 구간은 $[\mu(?) \pm 2.85SE]$ 범위에 속해 있는 $\overline{X}_i$를 중심으로 설정된 구간뿐임을 알 수 있다. 따라서 표집분포하의 모든 $\overline{X}_i$를 중심으로 설정된 $[\overline{X}_i \pm 2.85SE]$ 구간들 중에서 $[\mu(?) \pm 2.85SE]$ 범위에 속해 있는 약 99% 구간들만이 $\mu(?)$을 포함할 수 있을 것으로 기대할 수 있다는 것이다. 연구자가 자신의 표본에서 계산된 통계치인 $\overline{X}_{통계치}$은 표집분포 상의 수많은 $\overline{X}_i$ 중의 하나이며 $\overline{X}_{통계치}$가 $[\mu(?) \pm 2.85SE]$에 속할 수 있어야만 $[\overline{X}_{통계치} \pm 2.85SE]$ 구간이 $\mu(?)$을 포함할 수 있다. 그러나 $\overline{X}_{통계치}$가 $[? \pm 2.85SE]$에 속할 확률은 99%이고 속하지 않을 확률은 1%이다. 따라서 $\overline{X}_{통계치}$에 대한 99% 신뢰구간을 설정할 경우 설정된 $[\overline{X}_{통계치} \pm 2.85SE]$ 구간이 $\mu(?)$을 포함할 수 있는 구간일 확률이 99%라고 할 수 있다. $[\overline{X}_i \pm 2.85SE]$ 구간을 $\mu(?)$에 대한 99% 신뢰구간이라 부르고 $[\overline{X}_{통계치} - 2.85SE]$ 구간을 신뢰 하한계 그리고 $[\overline{X}_{통계치} + 2.85SE]$ 구간을 신뢰 상한계라 부른다.

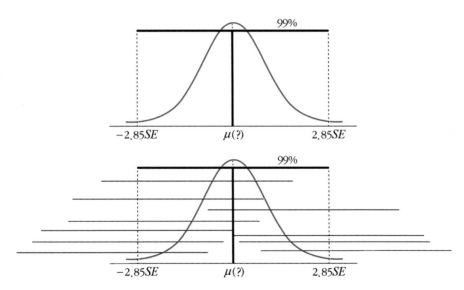

[그림 8-12] $df = 20$인 t분포의 99% 신뢰구간

모수추론을 위한
가설검정의 원리 및 절차

1. 가설검정의 기본 원리 및 절차
2. 통계적 유의성 검정과 통계적 판단 오류

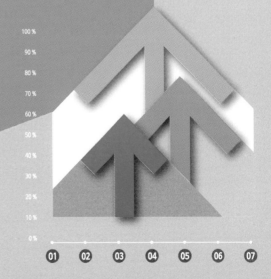

제9장

모수추론을 위한
가설검정의 원리 및 절차

제8장에서는 연구자가 알고 싶어 하는 모수가 어떤 값을 가질 것인지를 추론할 수 있는 정보가 전혀 없는 경우에, 모집단으로부터 무작위로 표집된 표본 자료로부터 통계치를 계산한 다음 주어진 표집 크기 n에 따른 표집오차를 감안하여 통계치로부터 모수치를 확률적으로 추정하는 구간 추정의 원리와 절차에 대해 알아보았다.

많은 경우에 연구자가 알고 싶어 하는 모집단의 모수가 어떤 값을 가질 것인지 확실하게 알 수는 없으나, 이론적 또는 경험적 근거에 의해 어떤 값을 가질 것으로 기대되거나 기대할 수 있는 경우가 있다. 이 경우에는 모수치를 탐색적으로 추정하는 것이 아니라 이론적 또는 경험적 근거에 의해 모수치가 어떤 값을 가질 것으로 또는 가져야 할 것으로 가설적(잠정적)으로 설정한 다음, 과연 모집단의 모수가 가설적으로 설정된 값을 가지는 것으로 볼 수 있는지 여부를 표본통계량과 표본통계량의 표집분포를 이용하여 확률적으로 검정하게 되며, 이러한 확률적 검정 절차를 가설검정(*hyporhesis testing*) 또는 가설의 통계적 검정이라 부른다.

1 가설검정의 기본 원리 및 절차

이 장에서는 설명의 편의를 위해, 가설적으로 설정된 모평균을 표본평균과 표본평균의 표집분포를 이용하여 검정하는 가설의 통계적 검정 원리 및 절차에 대해 설명하고자 한다. 이 장에서 소개될 가설검정 원리 및 절차는 가설검정을 이용한 다른 모든 모수의 통계적 가설검정에 동일하게 적용된다.

단계 1 연구문제의 진술

통계적 가설검정의 원리와 절차를 이해하기 위해서 연구가설의 설정 근거가 되는 연구문제가 어떻게 설정되고 진술되는지에 대한 정확한 이해가 필요하다. 왜냐하면 연구문제가 명확하게 진술이 되어야만 검정 대상인 연구가설을 명확하게 설정할 수 있기 때문이다. 예컨대, 최근 몇 년간 A 도시에 새로운 공공기관이 이전해 오고 기존의 산업시설이 다른 지역으로 이전해 가는 여러 가지 구조적 변화가 있었다고 가정하자. 이러한 변화로 인해 A 도시 젊은 층의 인구 비율, 교육 수준, 소득 정도, 학생들의 학업 성취도 등 여러 변인에 있어서 예년의 수준과 달라질 것으로 기대할 수 있을 것이다. 만약 어떤 연구자가 올해 A 도시의 수능 평균에 대해 알고 싶어 한다고 가정하자. 만약 A 도시의 수능 평균이 어느 정도인지 짐작하거나 추론해 볼 수 있는 아무런 정보가 없을 경우에는 "A 도시의 올해 수능 평균은 몇 점인가?"라고 제8장에서 다룬 모수추정을 위한 연구문제가 제기될 수 있을 것이다. 그래서 연구자는 수능 평균이 몇 점인지 탐색적으로 알아보기 위해 모집단으로부터 무작위로 표집된 표본 자료로부터 통계량인 표본평균을 계산한 다음, 표집의 크기 n에 따른 표집오차를 감안하여 A 도시의 수능 평균을 신뢰구간법으로 추정할 것이다. 가끔 연구초심자들은 연구논문에서 "A 도시의 올해 수능 평균은 어떠한가?"라고 연구문제를 진술하고 있는 경우를 종종 볼 수 있다. 연구문제의 진술에서 "어떠한가?"가 구체적으로 무엇을 의미하는지 분명하지 않기 때문에 명확한 추론이 불가능한 잘못된 연구문제의 진술이다.

만약 최근에 학업 성취도가 높은 명문 고등학교가 A 도시로 옮겨 오고 공공기관이 이전되어 오면서 인근 지역에 소재한 중학교 졸업생 중 상위권 학생들이 많이 유입되고 있다는 교육청의 발표 자료가 있었다면, 이러한 근거 자료에 입각해서 연구자는 A 도시 고등학생들의 지능 평균(μ)이 이미 알려진 전국 평균(100)보다 높을 것으로 기대하고, 과연 그러한지 확인해 보기 위해 "A 도시 고등학생들의 지능 평균(μ)은 전국 평균($\mu_{hypo}=100$)보다 높은가?"라는 모수치에 대한 연구문제를 제기할 수도 있을 것이다. 이와 달리, 만약 A 도시의 다양한 환경적 변화가 복잡하게 복합적으로 학생들의 학업 성취도에 정적 또는 부적으로 영향을 미칠 것으로 기대될 경우에는 A 도시 고등학생들의 지능 평균(μ)은 전국 평균(100)과는 다를 것으로는 기대되지만, 전국 평균보다 높을 것인지 또는 낮을 것인지를 추론할 수 있는 경험적·이론적 근거가 없다면 "A 도시 고등학생들의 지능 평균(μ)은 전국 평균($\mu_{hypo}=100$)과 차이가 있는가?"라고 연구문제를 제기할 수도 있을 것이다.

- A 도시 고등학생들의 지능 평균은 전국 평균($\mu_{hypo}=100$)과 차이가 있는가?
- A 도시 고등학생들의 지능 평균은 전국 평균($\mu_{hypo}=100$)보다 높은가?

- A 도시 고등학생들의 지능 평균은 전국 평균(μ_{hypo} =100)보다 낮은가?

단계 2 가설 도출 및 연구가설 설정

모수치에 대한 연구문제가 이론적·경험적 근거에 의해 구체적인 형태로 제기되면, 연구자는 제기된 연구문제에 대한 잠정적인 해답인 가설들을 논리적으로 추론할 수 있다. 가설이 논리적으로 도출되는 과정을 앞에서 제시된 연구문제의 예를 사용하여 구체적으로 설명하고자 한다.

첫째, 연구문제가 "A 도시 고등학생들의 지능 평균(μ)은 전국 평균(μ_{hypo} =100)과 차이가 있는가?"인 경우에 가능한 해답인 가설들을 모두 생각해 보자. 이 연구문제에 대해 다음과 같이 두 가지 잠정적인 해답을 논리적으로 추론해 볼 수 있을 것이다. 그리고 가설은 아직 그 진위가 확인되지 않았고 앞으로 확인해 보아야 알 수 있는 것이기 때문에 시제는 미래형으로 진술한다.

A 도시의 수능 평균은 전국 평균(μ_{hypo} =100)과 차이가 있는가?

① A 도시 고등학생들의 지능 평균(μ)과 전국 평균(μ_{hypo} =100) 간에 차이가 있을 것이다.
  ㉮ A 도시 고등학생들의 지능 평균(μ)은 전국 평균(μ_{hypo} =100)보다 높을 것이다.
  ㉯ A 도시 고등학생들의 지능 평균(μ)은 전국 평균(μ_{hypo} =100)보다 낮을 것이다.
② A 도시 고등학생들의 지능 평균(μ)과 전국 평균(μ_{hypo} =100) 간에 차이가 있지 않을 것이다.

가설 진술에서 "있을 것이다."의 대안 가설을 "없을 것이다."가 아닌 "있지 않을 것이다."로 진술한 것에 주목하기 바란다. 그 이유는 다음 연구문제의 가설 진술에서 구체적으로 설명하도록 하겠다.

둘째, 연구문제가 "A 도시 고등학생들의 지능 평균(μ)은 전국 평균(μ_{hypo} =100)보다 높은가?"일 경우를 생각해 보자. 이 연구문제에 대해 다음과 같이 두 가지 잠정적인 해답을 논리적으로 추론해 볼 수 있다.

A 도시의 수능 평균(μ)이 전국 평균(μ_0)보다 높은가?

① A 도시 고등학생들의 지능 평균(μ)은 전국 수능 평균(μ_{hypo} =100)보다 높을 것이다.

② A 도시 고등학생들의 지능 평균(μ)은 전국 수능 평균(μ_{hypo} =100)보다 높지 않을 것이다.

㉮ A 도시 고등학생들의 지능 평균(μ)은 전국 평균(μ_{hypo} =100)과 같을 것이다.

㉯ A 도시 고등학생들의 지능 평균(μ)은 전국 평균(μ_{hypo} =100)보다 낮을 것이다.

이 가설 진술에서 "높을 것이다."의 대안 가설을 "낮을 것이다."로 하지 않고 "높지 않을 것이다."로 진술한 것에 주목하기 바란다. 만약에 A 도시의 수능 평균이 가설적으로 설정된 전국 평균보다 높지 않으면, ① A 도시의 수능 평균이 전국 평균보다 낮거나, ② A 도시의 수능 평균이 전국 평균과 같은 경우를 모두 포함한다. 따라서 이 두 경우를 모두 포함하는 가설을 대안 가설로 설정하기 위해서는 "높을 것이다."의 대안 가설이 "낮을 것이다."가 아닌 "높지 않을 것이다."로 진술해야 함을 알 수 있을 것이다.

셋째, 연구문제가 "A 도시 고등학생들의 지능 평균은 전국 평균(μ_{hypo} =100)보다 낮은가?" 일 경우를 생각해 보자. 이 연구문제에 대해 다음과 같이 두 가지 잠정적인 해답을 논리적으로 추론해 볼 수 있다. 이들 가설들은 주어진 연구문제에 대한 모든 가능한 잠정적인 해답이기 때문에 제기된 연구문제에 대한 해답은 반드시 이들 두 개의 가설 중에서 어느 하나가 될 것이다.

A 도시 고등학생들의 지능 평균(μ)은 전국 평균(μ_{hypo} =100)보다 낮은가?

① A 도시 고등학생들의 지능 평균(μ)은 전국 평균(μ_{hypo} =100)보다 낮을 것이다.

② A 도시 고등학생들의 지능 평균(μ)은 전국 평균(μ_{hypo} =100)보다 낮지 않을 것이다.

㉮ A 도시 고등학생들의 지능 평균(μ)은 전국 평균(μ_{hypo} =100)과 같을 것이다.

㉯ A 도시 고등학생들의 지능 평균(μ)은 전국 평균(μ_{hypo} =100)보다 높을 것이다.

주어진 연구문제마다 도출된 잠정적 해답들은 모두 A 도시 고등학생들의 지능 평균(μ)이 전국 평균(μ_{hypo} =100)에 비해 어떠한 값을 가질 것인지에 대해 논리적으로 추론해 볼 수 있으며, 이와 같은 잠정적인 해답들을 가설(hypothesis)이라 부른다. 모든 가설은 제기된 연구문제에 대한 잠정적인 해답이 될 수는 있지만 아직 연구문제에 대한 최종적인 답으로 선택된 것은 아니다.

일단 주어진 연구문제에 대한 잠정적인 가설들이 논리적으로 도출되면 연구자는 연구문제의 진술 내용에 따라 잠정적인 가설들을 두 범주의 가설로 분류한다. 이를 위해 연구문제를 서술문/미래형으로 변환하여 얻어진 가설을 한 범주의 가설로 설정하고, 그리고 나머지 가설(들)을 통합하여 다른 하나의 범주의 가설로 정리하여 진술한다. 이 과정을 앞에서 제시된 세 개의 연구문제별로 각각 예시하면 다음과 같다.

　연구문제가 "A 도시 고등학생들의 지능 평균(μ)과 전국 평균($\mu_{hypo}=100$) 간에 차이가 있는가?"일 경우에는 다음과 같은 절차에 따라 논리적 가설들이 크게 두 범주의 가설로 정리된다.

　첫째, 연구문제를 서술문으로 변환하여 진술한다. 연구문제를 서술문/미래형으로 변환하면, "A 도시 고등학생들의 지능 평균(μ)과 전국 평균($\mu_{hypo}=100$) 간에 차이가 있을 것이다."가 된다. 서술적으로 진술된 이 가설을 $H(1)$이라고 하면, $H(1)$을 다음과 같이 나타낼 수 있다.

$$H(1) : \mu \neq 100$$

　둘째, 연구문제에 대한 잠정적인 해답으로 추론된 논리적 가설들 중에서 앞의 연구가설인 $H(1)$을 제외한 나머지 가설은 "A 도시 고등학생들의 지능 평균(μ)과 전국 평균($\mu_{hypo}=100$) 간에 차이가 있지 않을 것이다."밖에 없다. 이 가설을 $H(2)$라 표시하면, $H(2)$를 다음과 같이 나타낼 수 있다.

$$H(2) : \mu = 100$$

　앞에서 $H(1) : \mu \neq 100$ 가설은 사실은 개념적으로 $[H : \mu < 100]$와 $[H : \mu > 100]$ 두 가설을 모두 포함하고 있는 복합가설로 볼 수 있다.

　연구자의 관심은 "A 도시 고등학생들의 지능 평균(μ)과 전국 평균($\mu_{hypo}=100$) 간에 차이가 있는가?"에 있기 때문에 $H(1) : \mu \neq 100$이 연구문제에 대한 해답이 아닐 경우 연구문제에 대한 해답은 "A 도시 고등학생들의 지능 평균(μ)과 전국 평균($\mu_{hypo}=100$) 간에 차이가 있지 않을 것이다."라는 $H(2) : \mu = 100$밖에 없다. 따라서 연구문제에 대한 잠정적인 해답으로 도출된 가설들은 다음과 같이 두 범주의 가설로 분류되어 진술된다.

$$H(1) : \mu \neq 100$$
$$H(2) : \mu = 100$$

연구문제가 "A 도시 고등학생들의 지능 평균(μ)은 전국 평균($\mu_{hypo} = 100$)보다 높은가?"
일 경우에는 다음과 같은 절차에 따라 논리적 가설들이 크게 두 개의 가설로 정리된다.

첫째, 연구문제를 서술문으로 진술하면 "A 도시 고등학생들의 지능 평균(μ)은 전국 평균
($\mu_{hypo} = 100$)보다 높을 것이다."가 된다. 이 가설을 $H(1)$이라 할 때, 이를 다음과 같이 나타
낼 수 있다.

$$H(1) : \mu > 100$$

둘째, 연구문제에 대한 잠정적인 해답인 가설들 중에서 앞의 가설을 제외한 나머지 가설
은 "A 도시 고등학생들의 지능 평균(μ)은 전국 평균($\mu_{hypo} = 100$)보다 높지 않을 것이다."를
나타내는 가설이다.

이 가설은 실제로 "A 도시 고등학생들의 지능 평균(μ)은 전국 평균($\mu_{hypo} = 100$)과 같을 것
이다." 가설과 "A 도시 고등학생들의 지능 평균(μ)은 전국 평균($\mu_{hypo} = 100$)보다 낮을 것이
다."의 두 개의 가설로 되어 있기 때문에 다음과 같이 하나의 통합가설로 나타낼 수 있다.

$$H(2) : \mu \leq 100$$

이 경우에도 마찬가지로, 연구문제에 대한 잠정적 해답으로 도출된 가설들은 결국 다음
과 같이 두 범주의 가설로 분류되어 진술된다.

$$H(1) : \mu > 100$$
$$H(2) : \mu \leq 100$$

연구문제가 "A 도시 고등학생들의 지능 평균(μ)은 전국 평균($\mu_{hypo} = 100$)보다 낮은가?"일
경우에는 다음과 같은 절차에 따라 논리적 가설들이 크게 두 개의 가설로 정리된다.

첫째, 연구문제를 서술문으로 진술하면 "A 도시 고등학생들의 지능 평균(μ)은 전국 평균 ($\mu_{hypo} = 100$)보다 낮을 것이다."가 된다. 이 가설을 $H(1)$이라 할 때, 이를 다음과 같이 나타낼 수 있다.

$$H(1) : \mu < 100$$

둘째, 연구문제에 대한 잠정적인 해답인 가설들 중에서 앞의 가설을 제외한 나머지 가설은 "A 도시 고등학생들의 지능 평균(μ)은 전국 평균($\mu_{hypo} = 100$)보다 낮지 않을 것이다."를 나타내는 가설이다.

이 가설은 실제로 "A 도시 고등학생들의 지능 평균(μ)은 전국 평균($\mu_{hypo} = 100$)과 같을 것이다." 가설과 "A 도시 고등학생들의 지능 평균(μ)은 전국 평균($\mu_{hypo} = 100$)보다 높을 것이다."의 두 개의 가설로 되어 있기 때문에 다음과 같이 하나의 통합가설로 나타낼 수 있다.

$$H(2) : \mu \geq 100$$

이 경우에도 마찬가지로, 연구문제에 대한 잠정적 해답으로 도출된 가설들을 결국 다음과 같이 두 범주의 가설로 분류되어 진술된다.

$$H(1) : \mu < 100$$
$$H(2) : \mu \geq 100$$

연구가설(research hypothesis): 앞에서 우리는 주어진 연구문제에 대한 잠정적인 해답인 가설들이 두 개의 범주로 나뉘는 과정과 방법에 대해 알아보았다. 연구문제에 대한 잠정적인 해답으로서의 가설들이 두 범주로 분류되면, 연구자는 여러 가지 이론적·경험적 정보에 근거하여 도출된 두 범주의 가설 중에서 가장 신뢰롭고 타당한 지지적 근거를 가지는 가설을 하나만 선정해야 한다. 물론 경우에 따라 두 범주의 가설이 동일한 지지적 근거를 가지는 경쟁적 가설로 동시에 설정될 수도 있다. 그리고 선정된 가설의 진위 여부를 경험적 자료를 통해 확인하는 절차를 밟게 된다. 두 범주의 가설들 중에서 이론적·경험적 근거에 의해 연구자가 주어진 연구문제에 대한 잠정적인 해답으로 설정한 가설을, 특히 연구가설이라 부른다. 연구가설은 실제 연구자가 진/위 여부를 검정(확인)해 보고자 하는 모수에 대한 진술이라고 할 수 있다. 항상 그러한 것은 아니지만 분류된 두 범주의 가설 중에서 연구문제를 서술문으로 변환시킬 경우 얻어지는 가설이 대부분 연구가설이 된다.

일단 연구가설이 설정되면, 연구자는 연구가설의 진/위 여부를 수집된 경험적 자료를 통해 통계적으로 검정해야 하기 때문에 두 범주의 연구가설을 통계적 가설의 형태로 재설정해야 한다. 형식적인 절차상 어느 범주의 가설이 연구가설로 설정되었느냐와 관계없이 이제 연구자의 관심은 두 범주의 가설 중에서 어느 가설이 주어진 연구문제에 대한 해답이 될 것인지 통계적으로 검정하는 절차가 남아 있게 된다. 그리고 통계적 검정 결과를 통해 결국 연구자가 설정한 연구가설의 진/위 여부가 밝혀지게 된다.

단계 3 통계적 가설 설정

주어진 연구문제에 대한 전체 가설들이 두 범주의 가설로 나누어졌기 때문에, 연구가설의 진/위 여부를 확인하기 위해서 두 범주로 분류된 가설 중에서 어느 하나를 선택하여 진/위 여부를 통계적으로 검정해 보면 될 것이다. 주어진 연구문제에 대한 잠정적인 해답으로 설정되는 두 범주의 가설 속에는 주어진 연구문제에 대한 모든 가능한 가설이 포함되어 있고 분류된 두 범주의 가설은 서로 배타적 관계에 있기 때문에, 통계적 검정을 통해 둘 중 어느 하나가 연구문제의 합리적인 해답으로 확인되면 나머지 하나는 자동적으로 주어진 연구문제에 대한 합리적인 해답이 될 수 없는 것으로 판단하게 된다. 문제는 두 범주의 가설 중에서 어떤 가설을 대상으로 통계적으로 진/위 여부를 확인할 것인가이다. 만약 두 범주의 가설 모두가 통계적으로 검정 가능하다면 둘 중 어느 하나를 임의로 선택하여 검정하면 될 것이다. 그러나 만약 두 범주의 가설 중에서 실제로 검정 불가능한 가설이 있다면, 검정 가능한 가설을 대상으로 검정할 수밖에 없을 것이다.

연구자는 주어진 연구문제에 대해 설정된 두 범주의 가설을 통계적으로 직접 검정이 가능한 가설과 통계적으로 직접 검정을 할 수 없는 가설로 구분하여 재설정해야 한다. 통계적 검정 대상이 되지 않는 가설은 자연히 통계적 검정 대상이 된 가설이 통계적 검정에서 기각될 때 대안으로 채택하게 될 대안적 가설이 된다. 이와 같이 두 가설을 통계적으로 직접 검정이 가능한 가설과 통계적으로 직접 검정할 수 없는 가설로 구분하는 절차를 통계적 가설 설정이라 부른다.

지금부터 앞의 가상적인 세 개의 연구문제의 예를 이용하여 통계적 가설이 어떻게 설정되고, 검정되고, 그리고 확인되는지를 알아보도록 하겠다.

A 도시 고등학생들의 지능 평균(μ)과
전국 평균($\mu_{hypo}=100$) 간에 차이가 있는가?

$$H(1):\mu \neq 100$$
$$H(2):\mu = 100$$

두 개의 가설 $H(1):\mu \neq 100$과 $H(2):\mu = 100$ 중 어느 하나를 대상으로 진/위 여부를 검정할 것인가를 결정해야 한다. 먼저, $H(1):\mu \neq 100$ 가설에 대한 직접 검정 가능성 여부를 생각해 보자. $H(1):\mu \neq 100$은 μ가 100이 아닌 모든 경우를 의미하기 때문에 $H(1):\mu \neq 100$을 확인하기 위해서 연구자는 모집단 평균이 100이 아닌 무수히 많은 모든 경우에 대해 (예컨대, …… 99, 101 …… 149, 151 …… 160 …… 등) 직접 확인을 해 보아야 이 가설의 진/위 여부를 판단할 수 있다. 그러나 $\mu \neq 100$인 경우를 모두 나열할 수 없을 뿐만 아니라 실제로 직접적으로 모두 검정할 수도 없다. 따라서 $H(1):\mu \neq 100$ 가설에 대한 검정 가능성은 개념적으로는 아무런 문제가 되지 않으나 직접 경험적으로 진/위 여부를 검정할 수 없음을 알 수 있다. 그렇다면 나머지 하나인 $H(2):\mu = 100$ 가설은 실제로 검정 가능한 가설인지 생각해 보자. 이 경우는 $\mu = 100$의 여/부를 한 번만 검정하면 된다. A 도시 모집단에서 표집 크기 $n=200$으로 표집된 표본의 평균이 $\overline{X}=104$로 얻어졌다고 가정하자. 무작위 표집 조건하에서 표집된 표본의 평균 $\overline{X}=104$가 가설적으로 설정된 평균 100보다 4점이 더 높은 것으로 나타났지만 표집 크기 $n=200$인 경우 발생될 수 있는 표집오차를 감안할 때, 4점의 차이가 단순히 표집의 오차로 취급될 수 있는 정도의 차이인지 아니면 표집의 오차로 취급할 수 없는 차이인지를 검정하면 된다. 그리고 검정 결과에 따라 두 개의 가설 중에서 주어진 연구문제에 대한 해답으로 $H(1):\mu \neq 100$을 선택하거나 $H(2):\mu = 100$을 선택하면 된다.

　이렇게 볼 때, 경험적 자료를 통해 통계적으로 직접 검정 가능한 가설은 $H(2):\mu = 100$임을 알 수 있다. 이 가설을 다시 $H(2):\mu - 100 = 0$으로 나타낼 수 있다. 즉, 모평균(μ)이 100과 차이가 없다는 것이다. 그래서 이 가설을 통계적 용어로 영가설(null hypothesis) 또는 귀무가설이라 부르고 H_0로 나타내며 H-nought라고 읽는다. nought는 영어로 0을 의미한다. $H(2):\mu = 100$ 가설을 다시 통계가설 진술 형식으로 표현하면 다음과 같다.

$$H_0:\mu = 100$$

　이 영가설을 검정한 결과, 영가설이 기각되면 다른 대안으로 설정된 $H(1):\mu \neq 100$ 가설을 채택할 수밖에 없다. 왜냐하면 주어진 연구문제에 오직 두 개의 잠정적 해답이 주어져 있고 두 잠정적 해답은 서로 배타적인 관계에 있기 때문에 둘 중 어느 하나가 해답이 아니면 다른 하나를 해답으로 채택할 수밖에 없기 때문이다. $H(1) : \mu \neq 100$ 가설은 영가설 H_0에 대한 대립적 또는 대안적 관계에 있기 때문에 대립가설(Alternative hypothesis)이라 부르고 H_A로 표기하며 일반적으로 다음과 같이 나타낸다.

$$H_A : \mu \neq 100$$

지금까지의 설명을 요약하면, 주어진 연구문제에 대해 논리적으로 설정된 두 범주의 가설은 통계적 검정 가능성 여부에 따라 하나는 영가설로 설정되고 나머지 하나는 대립가설로 설정된다. 두 개의 통계적 가설 중에서 하나는 가설의 진/위 여부를 통계적으로 직접 검정하기 위한 영가설(H_0)이고, 나머지 하나는 영가설이 통계적 검정에서 기각되었을 때 대안적인 해답으로 채택하게 될 대립가설(H_A)이다.

$$H_0 : \mu = 100$$
$$H_A : \mu \neq 100$$

항상 그러한 것은 아니지만, 대부분의 경우 대립가설은 바로 연구자가 확인하고자 하는 연구가설일 경우가 많다. 대립가설이 연구가설이 될 경우는 연구가설을 직접 검정할 수 없기 때문에 영가설의 통계적 검정을 통해 간접적으로 검정하게 된다. 그러나 영가설이 연구가설일 경우는 직접 통계적 검정의 대상이 된다. 그래서 형식상으로는 영가설이 기각될 경우 대립가설이 수용되는 형식을 취하지만, 실제 내용상으로는 대립가설을 선호하여 영가설을 기각하게 된다. 영가설을 기각할 수 없는 경우에는 영가설을 기각할 수 있는 통계적 증거가 충분하지 않기 때문에 영가설을 기각하지 않는다고 진술한다. 이는 재판에서 검사가 피고의 범죄 증거를 객관적으로 충분히 제시하지 못할 경우 무죄를 선고하는 것과 같다. 즉, 무죄 추정의 원칙에 따라 피고가 죄가 없음을 증명하는 것이 아니라 검사가 피고에게 죄가 있다는 증거를 보다 객관적으로 충분히 제시하지 못하면 다소의 범죄 사실이 의심이 된다고 하더라도 판사는 무죄 추정의 원칙에 입각하여 피고에게 무죄를 선고하게 된다.

통계적 가설검정은 이미 수용되어 있는 영가설의 기각 여부를 확률적으로 판단하기 위한 절차이지 영가설의 수용 여부를 판단하기 위한 절차가 아니다. 따라서 통계적 검정 결과에 따라 영가설이 기각되거나 기각되지 않는 것으로 진술되어야 하며, 영가설이 기각되지 않을 경우 "영가설이 기각되지 않았다."라고 진술해야지 "영가설을 수용(accept)한다."라고 진술하지 않아야 한다. 마찬가지로, 대립가설은 영가설의 기각 여부에 따라 간접적인 채택 여부의 판단 대상일 뿐 기각 여부의 대상이 아니기 때문에 대립가설에 대해서 기각(reject)한다는 용어를 사용하지 않아야 한다. 영가설이 기각될 경우, 영가설이 기각되고 대립가설이 채택되었다고 진술한다. 많은 연구초심자가 가설검정을 다루는 논문에서 영가설을 "수용"한다는 표현을 사용하고 있거나 대립가설이 "기각"되었다는 표현을 사용하고 있는 경우를 종종 볼 수 있는데, 이는 통계적 가설검정 과정의 논리적 전제를 이해하지 못한 데서 비롯된 잘못된 진술임을 알 수 있다.

A 도시 고등학생들의 지능 평균은 전국 평균(100)보다 높은가?

$$H(1) : \mu > 100,$$
$$H(2) : \mu \leq 100$$

앞의 경우와 마찬가지로, $H(1) : \mu > 100$과 $H(2) : \mu \leq 100$ 중 어느 하나를 대상으로 진/위 여부를 검정해 보아야 한다. 첫째, $H(1) : \mu > 100$ 가설에 대한 검정 가능성 여부를 생각해 보자. $\mu > 100$은 μ가 100보다 큰 모든 경우를 의미하기 때문에 $\mu > 100$임을 확인하기 위해서 연구자는 모집단 평균이 100보다 큰 모든 경우에 대해 직접 검정을 해 보아야 한다. 그러나 모집단 평균이 $\mu > 100$인 경우를 모두 나열할 수 없을 뿐만 아니라 실제로 직접적으로 모두 검정할 수도 없다. 그렇다면 $H(2) : \mu \leq 100$ 가설의 검정 가능성을 생각해 보자. 이 가설은 $\mu = 100$ 또는 $\mu < 100$로 이루어진 통합가설이므로 통계 검정 결과에서 둘 중에서 어느 한 가설이 기각되면 $H(2) : \mu \leq 100$ 가설 전체가 채택될 수 없는 것으로 판단하면 된다. $\mu < 100$ 경우는 모두 검정할 수 없지만 $\mu = 100$은 직접 검정이 가능하기 때문에 $\mu = 100$ 가설의 검정 결과만으로도 $H(2) : \mu \leq 100$의 진위 여부를 판단할 수 있다. 따라서 다음과 같이 $H(2) : \mu \leq 100$ 가설을 영가설로 설정하고 $H(1) : \mu > 100$을 대립가설로 설정하여 통계적 검정을 실시하면 된다.

$$H_0 : \mu \leq 100$$
$$H_A : \mu > 100$$

A 도시 고등학생들의 지능 평균은 전국 평균(100)보다 낮은가?

$$H(1) : \mu < 100,$$

$$H(2) : \mu \geq 100$$

이 경우에도 마찬가지로, $H(1) : \mu < 100$과 $H(2) : \mu \geq 100$ 중 어느 하나를 대상으로 진/위 여부를 검정해 보아야 한다. 첫째, $H(1) : \mu < 100$ 가설에 대한 검정 가능성 여부를 생각해 보자. $H(1) : \mu < 100$임을 확인하기 위해서 연구자는 $\mu < 100$인 모든 경우에 대해 직접 검정을 해 보아야 한다. 그러나 모집단 평균이 $\mu < 100$인 경우를 모두 나열할 수 없을 뿐만 아니라 실제로 직접적으로 모두 검정할 수도 없다. 그렇다면 $H(2) : \mu \geq 100$ 가설의 검정 가능성을 생각해 보자. 이 가설은 $\mu = 100$ 또는 $\mu > 100$로 이루어진 통합가설이기 때문에 검정 결과에서 둘 중 하나가 기각되면 $H(2) : \mu \geq 100$ 가설을 채택할 수 없는 것으로 판단하면 된다. 그래서 $\mu > 100$ 경우는 모두 검정할 수 없지만 $\mu = 100$은 직접 검정이 가능하기 때문에 $\mu = 100$ 가설의 검정 결과만으로도 $H(2) : \mu \geq 100$의 선택 여부를 결정할 수 있다. 따라서 다음과 같이 $H(2) : \mu \geq 100$ 가설을 영가설로 설정하고 $H(1) : \mu < 100$을 대립가설로 설정하여 통계적 검정을 실시하면 된다.

$$H_0 : \mu \geq 100$$

$$H_A : \mu < 100$$

단계 4 가설검정을 위한 표집분포의 파악

통계적 가설이 설정되면, 연구자는 영가설하의 조건에서 중심극한정리에 따라 자신의 표집분포를 파악(분포의 형태, 평균, 표준오차)해야 한다. 앞에서 설명한 바와 같이, 모집단 표준편차 σ를 알고 있는 경우에는 표집분포가 정규분포를 따르기 때문에 정규분포를 선택하고, 반면에 모집단 표준편차 σ에 대해 모를 경우에는 표본의 표준편차를 사용해야 하기 때문에 표집크기 n(자유도)에 따라 확률적 특성이 달라지는 t분포를 선택해야 한다.

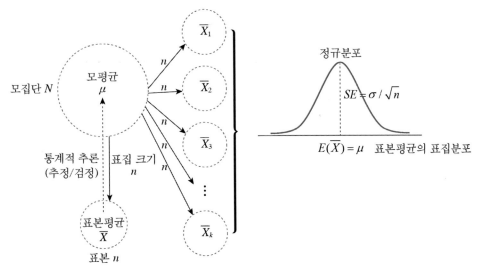

[그림 9-1] 영가설하의 확률 실험을 통해 도출된 표집분포가 정규분포일 경우

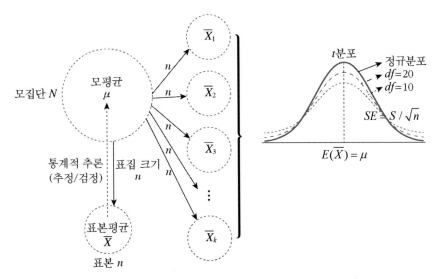

[그림 9-2] 영가설하의 확률 실험을 통해 도출된 표집분포가 t분포일 경우

단계 5 표본통계치를 검정통계치로 변환

연구 대상 변인이 다르고 변인측정을 위한 측정 도구가 다른 수많은 연구에서 연구자들은 통계적 가설을 검정하기 위해 중심극한정리를 통해 자신의 표집분포를 이론적으로 도출하게 된다.

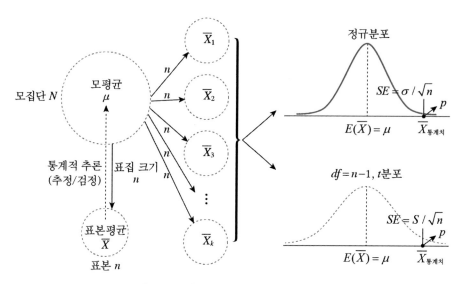

[그림 9-3] 검정통계치의 표집분포

비록 서로 다른 연구자들이 서로 다른 연구에서 도출한 표집분포가 동일한 정규분포를 따르거나 동일한 자유도에 따른 t분포를 따르는 것으로 나타날 경우라도 각 표집분포의 평균과 표준오차에 따라 수많은 표집분포가 존재하게 된다. 연구자가 필요로 하는 정보는 영가설하의 확률적 실험(중심극한정리를 이용한 이론적 확률 실험)을 통해 얻어진 자신의 표집분포(정규분포 또는 t분포)상에서 표본통계치가 표집오차에 의해 얻어질 확률(p)이다. 문제는 중심극한정리를 통해 도출되는 연구자의 표집분포(정규분포 또는 t분포)상에서 표본통계치의 위치를 파악할 수는 있지만 파악된 위치에 대한 확률값이 정리된 확률표를 구할 수 없다는 것이다. 예컨대, [그림 9-4]에서 볼 수 있는 바와 같이 평균=50, 표집 표준오차(SE)=10, 그리고 정규분포를 따르는 표집분포에서 연구자의 표본평균=75에 대한 위치가 파악되었지만, 연구자의 표집분포는 평균과 표준오차가 달라질 때마다 무한개로 존재할 수 있는 정규분포 중의 하나이고, 그리고 무한개의 정규분포마다 통계학자들이 확률값을 정리하여 확률표로 제공하는 것이 현실적으로 불가능할 뿐만 아니라 실용적이지도 못하다. 그래서 통계학자들은 오직 평균=0, 표준오차=1인 단위정규분포하의 모든 값에 대한 확률값을 정리한 확률표를 하나만 제공해 주고 있다. 만약 연구자가 자신의 표본통계치에 대한 오차확률을 알고 싶다면, 표본통계치를 평균=0, 표준오차=1인 단위정규분포하의 Z점수로 선형변환한 다음 단위정규확률분포에서 해당 Z점수에 대한 확률값을 파악하면 된다.

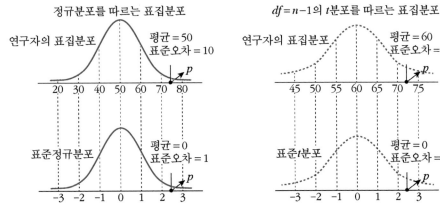

[그림 9-4] 통계량, 표집분포 그리고 표준 표집분포

이와 같이 통계학자들이 확률을 제공해 주는 표준 표집분포인 Z분포와 t분포는 실제 연구자가 중심극한정리를 통해 도출한 표집분포의 평균과 표준오차가 다른 확률분포이다. 따라서 연구자는 자신의 표집분포를 통계학자가 제공해 주는 표준확률분포(Z분포와 t분포)로 변환해야만 표집분포상에서 자신의 표본에서 계산된 통계치에 대한 확률적 정보를 파악하여 통계적 검정을 실시할 수 있다. 통계 검정을 위해 표본통계치를 표준 표집분포인 Z분포나 t분포상의 점수로 변환된 값을 검정통계치(test statistics)라 부른다. 통계량이 표본평균일 경우, 표본평균 $\overline{X}$ 에서 중심극한정리에 따라 이론적으로 도출된 연구자 자신의 표집분포의 평균인 모집단 평균(μ_{hypo})을 빼고 표집분포의 표준오차(SE)로 나누어 주면 표준 표집분포인 (Z분포 또는 $_{n-1}t$분포)하의 표준점수로 변환된 검정통계치를 얻을 수 있다.

Z분포를 이용할 경우	t분포를 이용할 경우
$$Z = \dfrac{\overline{X} - \mu_0}{\dfrac{\sigma}{\sqrt{n}}}$$	$$_{n-1}t = \dfrac{\overline{X} - \mu_0}{\dfrac{\hat{S}}{\sqrt{n}}}$$
여기서, $\overline{X}$: 표본평균(통계치) μ_0: 가설적으로 설정된 모평균 평균의 표집분포의 평균 $\mu_{\overline{X}}$ $\dfrac{\sigma}{\sqrt{n}}$: 표집분포의 표준오차	여기서, $\overline{X}$: 표본평균(통계치) μ_0: 가설적으로 설정된 모평균 평균의 표집분포의 평균 $\mu_{\overline{X}}$ $\dfrac{\hat{S}}{\sqrt{n}}$: 표집분포의 표준오차

단계 6 통계 검정을 위한 유의수준 α 결정

검정통계치에 대한 확률 p가 파악되면, 연구자는 파악된 확률 p를 높은 것으로 판정할 것

인지(영가설하의 모집단에서 표집오차에 의해 표본통계치를 얻을 수 있는 확률이 높은 것으로 판단) 또는 낮은 것으로 판정할 것인지(영가설하의 모집단에서 표집오차에 의해 표본통계치를 얻을 수 있는 확률이 낮은 것으로 판단)를 판단하기 위한 기준적 확률 수준이 필요하다. 만약 표본통계치와 가설적으로 설정된 모수치 간의 차이가 단순히 표집오차로 인해 확률적으로 흔히 발생될 수 있는 정도라면, 모집단의 모수치가 영가설하의 값을 가지는 것으로 확률적 판단을 할 수 있을 것이다. 반면에 표본통계치와 가설적으로 설정된 모수치 간의 차이가 단순히 표집오차로 인해 확률적으로 흔히 발생될 수 없는 정도의 차이라면, 확률적 의심에 근거해 볼 때 표본통계치와 가설적으로 설정된 모수치 간에 차이가 표집오차에 의해 발생된 차이가 아니라 모집단의 모수치가 영가설하에서 설정된 값을 가지지 않는 것으로 판단하는 것이 합리적일 것이다. 즉, 영가설이 확률적으로 볼 때 "참"이 아니라 "거짓"이라는 것이다.

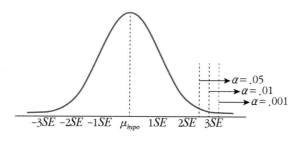

[그림 9-5] 영가설하의 표집분포와 유의수준

[그림 9-5]의 표집분포에서 분포의 양극단에 가까운 표본평균일수록 영가설($\mu = \mu_{hypo}$)하의 모집단에서 표집오차로 인해 얻어질 수는 있어도 실제로 얻어질 확률은 매우 낮고, 오히려 모집단 평균이 가설적으로 설정된 평균과 다른 값을 가질 것으로 설정된 대립가설($\mu \neq \mu_{hypo}$)하의 모집단에서 얻어질 확률이 더 높을 것이다. 따라서 연구자의 표본평균이 표집분포의 극단에 놓이는 값으로 얻어질 경우, 영가설($\mu = \mu_{hypo}$)을 기각하고 대립가설($\mu \neq \mu_{hypo}$)을 채택하는 확률적 판단을 내릴 수도 있을 것이다. 그래서 표본통계치와 가설적으로 설정된 모수치 간의 차이가 표집오차에 의해 얻어질 수 있는 확률이 최소 어느 정도 이하가 되면, 확률이 낮은 것으로 또는 높은 것으로 판단할 것인지를 결정하기 위해 설정된 판단기준확률을 유의수준(level of significance)이라 부르고 α로 나타낸다.

유의수준은 표본에서 계산된 통계치(예컨대, 표본평균)가 순수하게(영가설하에서) 표집의 오차에 의해 얻어질 확률을 높은 것으로 판단할 것인지 또는 낮은 것으로 판단할 것인지를 결정하기 위해 연구자에 의해 설정되는 판단기준이기 때문에 연구자마다 얼마든지 다르게 설정할 수 있다. 그러나 사회과학연구에서는 주로 α = .05, .01, .001 등의 세 개의 유의수준을 사용하고 있다. 예컨대, 유의수준을 $\alpha = .01$로 설정할 경우 연구자의 표본에서 계산된 통계치가 영가설하의 모집단에서 표집오차로 인해 얻어질 확률이 $p \leq .01$이면 표집오차로 인해 얻어질 수 있지만 표집오차로 인해 얻어질 확률이 낮은 것으로 보고, 모집단의 모수치가 가설적으로 설정된 값을 가질 것으로 보는 영가설을 기각하고 모집단의 모수치가 가설적으로 설정된 값을 가지지 않는다고 보는 대립가설을 채택하겠다는 의미이다. 대부분의 탐색적인 연구에서는 유의수준이 높게($\alpha = .05$) 설정되고, 보다 보수적인 연구에서는 연구의 성격을 고려하여 낮게($\alpha = .01, 001$) 설정된다. 유의수준을 높게 설정할수록 영가설이 기각될 확률이 높아지고, 따라서 대립가설이 채택될 확률이 높아진다. 반면에 유의수준을 낮게 설정할수록 영가설이 기각될 수 있는 확률이 낮아지고, 따라서 대립가설이 채택될 확률이 낮아진다.

유의수준은 반드시 검정통계량의 p값을 파악하기 전에 미리 설정해야 한다. 많은 연구 초심자는 통계적으로 유의한 결과를 얻기 위해 p값을 보고 거꾸로 α값을 설정하는 실수를 범하고 있다. 이는 가설검정 연구에서 연구초심자들이 범하는 가장 치명적인 실수로서 연구 방법 전문가들은 연구자의 이러한 행동을 "자료 보고 냄새 맡기(data snooping)"라고 비꼬아 말한다. 탐색적 연구가 아닌 가설이 검정되는 연구임에도 불구하고 동일한 연구결과들에 대해 여러 개의 유의수준(* $p < .05$, ** $p < .01$, *** $p < .001$)을 적용하여 통계적 검정을 실시하거나 여러 개의 유의수준을 동시에 보고하고 있는 연구들은 모두 이러한 오류를 범하고 있는 것이다.

영가설에 대한 통계적 검정을 위해 적합한 표집분포(Z분포, t분포, F분포, χ^2분포 등)가 결정되고 그리고 유의수준 α가 결정되면, 연구자는 다음의 두 가지 절차 중의 하나를 사용하여 영가설에 대한 통계적 검정을 실시한다: ① 임계치(critical value)를 이용한 통계적 유의성 검정, ② p값을 이용한 통계적 유의성 검정.

• 임계치를 이용한 통계적 유의성 검정의 경우 •

단계 7 임계치 파악 및 기각역 설정

통계적 검정을 위해 사용해야 할 표집분포와 오차에 대한 확률적 판단을 하기 위한 기준인 유의수준(α)이 정해지면, 연구자는 주어진 표집분포상에서 확률적 판단을 하기 위해 설정한 유의수준 α에 해당되는 Z값 또는 t값을 파악해야 하며, 이를 임계치 또는 결정치(critical value)라 부른다.

표집분포에서 연구자가 설정한 유의수준 α에 해당 되는 임계치가 파악되면, 연구자는 임계치를 기준으로 영가설의 기각 여부를 판단하기 위한 기각역(rejection region)을 설정한다.

계산된 검정통계치가 기각역에 속할 경우, 영가설을 기각하고 대립가설을 채택하는 통계적 판단을 내릴 수 있을 것이다. 그리고 계산된 검정통계치가 기각역에 속하지 않을 경우, 영가설을 기각하지 않는 통계적 판단을 내릴 수 있을 것이다. 이와 같이 임계치를 이용하여 설정된 기각역을 이용한 통계적 유의성을 검정하는 방법을 기각역 방법(rejection region method)이라고 부른다. 임계치를 이용한 기각역 설정 방법은 통계적 가설의 형태에 따라 달라진다.

• 등가설의 경우: 통계적 가설이 $H_0 : \mu = \mu_{hypo}$, $H_A : \mu \neq \mu_{hypo}$와 같이 등가설의 형태를 가질 경우, $H_0 : \mu = \mu_{hypo}$를 검정하기 위해 설정된 유의수준 α는 $H_A : \mu > \mu_{hypo}$와 $H_A : \mu < \mu_{hypo}$ 양측을 동시에 검정해야 하기 때문에 설정된 α값을 각각 $\alpha/2$수준으로 나누어 설정한 다음 검정통계치의 통계적 유의성을 검정한다. 이 경우, 통계적 검정이 표집분포의 양측 꼬리에서 동시에 실시되기 때문에 이를 양측 검정(two-tailed test)이라 부른다. 예컨대, 연구자가 검정하고자 하는 모수가 모평균(μ_{hypo})이라고 가정해 보자. 통계적 유의성 검정을 위해 연구자가 유의수준을 $\alpha = .05$로 설정할 경우, 이는 중심극한정리를 통해 모평균이 μ_{hypo}인 모집단으로부터 도출된 표본평균의 표집분포에서 연구자의 표본평균($\overline{X}$)이 표집오차에 의해 얻어질 확률 $p \leq .05$이면, 모평균＝μ_{hypo}인 모집단에서 표집의 오차에 의해 표본평균($\overline{X}$)을 얻을 수 있는 확률이 너무 낮은 것으로 보고 확률적 의심에 따라 $H_0 : \mu = \mu_{hypo}$을 기각하고 $H_A : \mu \neq \mu_{hypo}$가설을 채택하겠다는 의미이다. 등가설에는 $H : \mu > \mu_{hypo}$인가의 판단과 $H : \mu < \mu_{hypo}$인가에 대한 판단이 동시에 이루어지기 때문에 연구자가 설정한 유의수준 $\alpha = .05$은 각 가설검정을 위해 실제로 $\alpha/2 = .025$ 수준에서 실시된다. 예컨대, 표집분포가 Z분포인 경우 [그림 9-6]에서 볼 수 있는 바와 같이 Z분포상에서 $\alpha/2$에 해당되는 두 개의 $Z_{\alpha/2}$값을 파악하여 임계치로 설정한다. 표집분포가 $_{n-1}t$분포인 경우, $_{n-1}t$분포에서 양측의 $\alpha/2$에 해당되는 두 개의 $_{n-1}t_{\alpha/2}$값을 파악하여 임계치로 설정한다.

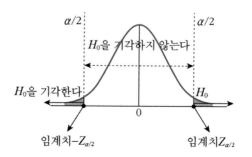

[그림 9-6] 양측 검정에서의 유의수준 α인 경우 Z분포하의 임계치 및 기각역

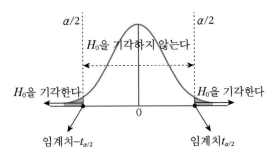

[그림 9-7] 양측 검정에서의 유의수준 α인 경우 t분포하의 임계치 및 기각역

• 부등가설의 경우: 통계적 가설이 $H_0 : \mu \leq \mu_0$, $H_A : \mu > \mu_0$ 형태로 진술된 부등가설이거나 또는 $H_0 : \mu \geq \mu_0$, $H_A : \mu < \mu_0$ 형태로 진술된 부등가설일 경우, 연구자는 한 방향의 통계적 가설에만 관심을 두고 통계적 유의성 검정이 이루어지기 때문에 통계적 가설을 검정하기 위해 설정된 유의수준 α는 그대로 검정통계치의 통계적 유의성을 검정하기 위해 사용된다.

통계적 가설이 부등가설의 형태를 가질 경우, 부등가설의 형태에 따라 통계적 검정이 표집분포상의 어느 한쪽에서만 실시되기 때문에 이를 단측 검정(one-tailed test)이라 부른다. 예컨대, 유의수준 $\alpha = .05$로 설정할 경우 실제 부등가설 형태의 통계적 가설을 검정하기 위해 표집분포상에서 α에 해당되는 값을 임계치로 설정하여 통계적 유의성 검정이 이루어진다.

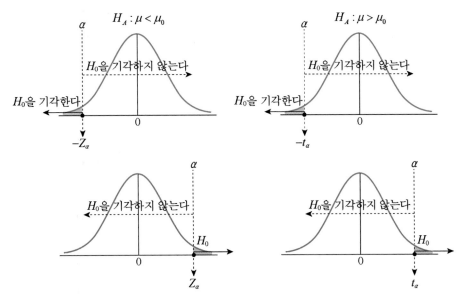

[그림 9-8] Z분포와 t분포에 있어서 단측 검정을 위한 임계치와 기각역

앞에서 살펴본 바와 같이, 통계적 가설의 형태에 따라 양측 검정 또는 단측 검정을 위한 임계치가 파악된다. 결국 연구자의 통계치가 표준 표집분포(Z분포 또는 t분포)상에서 파악된 임계치를 기준으로 설정된 기각역에 속할 경우, 영가설을 기각하고 대립가설을 채택하는 통계적 판단을 내리게 된다. 그래서 표집분포에서 임계치를 중심으로 대립가설을 선호하여 영가설이 기각되는 구간인 기각역이 설정되며, 계산된 검정통계치가 이 기각역 범위에 속하면 대립가설을 지지할 만한 충분한 확률적 근거가 있는 것으로 판단하여 영가설을 기각하고 대립가설을 채택하는 통계적 결정을 하게 된다. 그러나 만약 검정통계치가 표집분포의 기각역 범위에 속하지 않을 경우에는 대립가설을 선호할 만한 충분한 확률적 근거가 없는 것으로 판단하여 영가설을 기각하지 않는 통계적 결론을 내리게 된다.

단계 8 통계적 유의성 검정 실시

통계적 유의성 검정은 통계적 가설의 내용에 따라 단측 검정과 양측 검정으로 나뉜다. 통계적 가설이 등가설일 경우는 양측 검정 절차에 따라 통계적 유의성 검정이 실시되고, 반면에 통계적 가설이 부등가설일 경우는 단측 검정 절차에 따라 유의성 검정이 이루어진다.

- Z분포를 이용한 양측 검정: $H_o : \mu = \mu_0, H_A : \mu \neq \mu_o$

  검정통계치 $|Z| \geq$ 결정치($Z_{\alpha/2}$)이면, H_o을 기각하고 H_A을 채택한다.

  검정통계치 $|Z| <$ 결정치($Z_{\alpha/2}$)이면, H_o을 기각하지 않는다.

- Z분포를 이용한 단측 검정:

  ① $H_o : \mu \leq \mu_0, H_A : \mu > \mu_o$ 인 경우

    검정통계치 $Z \geq$ 결정치(Z_{α})이면, H_o을 기각하고 H_A을 채택한다.

    검정통계치 $Z <$ 결정치(Z_{α})이면, H_o을 기각하지 않는다.

  ② $H_o : \mu \geq \mu_0, H_A : \mu < \mu_o$ 인 경우

    검정통계치 $Z \leq$ 결정치($- Z_{\alpha}$)이면, H_o을 기각하고 H_A을 채택한다.

    검정통계치 $Z >$ 결정치($- Z_{\alpha}$)이면, H_o을 기각하지 않는다.

- t분포를 이용한 양측 검정: $H_o : \mu = \mu_0, H_A : \mu \neq \mu_o$

  검정통계치 $|t| \geq$ 결정치($t_{\alpha/2}$)이면, H_o을 기각하고 H_A을 채택한다.

  검정통계치 $|t| <$ 결정치($t_{\alpha/2}$)이면, H_o을 기각하지 않는다.

- t분포를 이용한 단측 검정:

① $H_o : \mu \leq \mu_0, H_A : \mu > \mu_o$ 일 경우

검정통계치 $t \geq$ 결정치(t_α)이면, H_o을 기각하고 H_A을 채택한다.

검정통계치 $t <$ 결정치(t_α)이면, H_o을 기각하지 않는다.

② $H_o : \mu \geq \mu_0, H_A : \mu < \mu_o$ 일 경우

검정통계치 $t \leq$ 결정치($-t_\alpha$)이면, H_o을 기각하고 H_A을 채택한다.

검정통계치 $t >$ 결정치($-t_\alpha$)이면, H_o을 기각하지 않는다.

● p값을 이용한 통계적 유의성 검정의 경우 ●

앞에서 설명한 임계치를 이용한 기각역 방법은 표준 표집분포(Z분포 또는 t분포)에서 연구자가 설정한 유의수준 α에 해당되는 임계치를 이용하여 영가설이 기각될 수 있는 기각역을 설정한 다음, 검정통계치가 설정된 기각역에 속하는지 여부를 판단하여 영가설의 기각 여부를 결정하는 통계적 검정 방법이었다. 이와는 달리, 통계적 가설을 검정하기 위한 표집분포가 파악되면 연구자는 자신의 표본 자료로부터 계산된 통계치를 주어진 표준 표집분포(Z분포 또는 t분포)하의 점수로 선형변환하여 검정통계치를 계산한다. 일단 검정통계치가 계산되면, 계산된 검정통계치가 표준 표집분포(Z분포 또는 t분포)상에서 어디에 위치하는지를 파악하고, 그리고 파악된 위치를 이용하여 주어진 검정통계치가 표집오차에 의해 얻어질 확률 p를 파악한다. 그리고 파악된 p값과 유의수준 α값을 비교하여 $p \leq \alpha$ 여부의 검정을 통해 통계적 유의성 여부를 판단하는 방법도 가능하다. 이와 같이 영가설하에서 주어진 검정통계치가 표집의 오차에 의해서 얻어질 확률을 나타내는 p값과 연구자가 통계적 유의성 여부를 판단하기 위해 설정한 유의수준 α를 비교하여 통계적 검정이 이루어지는 절차를 p값 방법(p-value approach)이라 부른다.

단계 7 표집분포상의 검정통계치의 위치 및 확률 p 파악

연구자는 자신의 표본 자료로부터 계산된 통계치를 주어진 표준 표집분포(Z분포 또는 t분포)하의 점수로 선형변환하여 검정통계치를 계산한다. 일단 검정통계치가 계산되면, 계산된 검정통계치가 표집분포상에서 어디에 위치하는지를 파악하고, 그리고 파악된 위치를 이용하여 주어진 검정통계치가 표집오차에 의해 얻어질 확률 p를 파악한다.

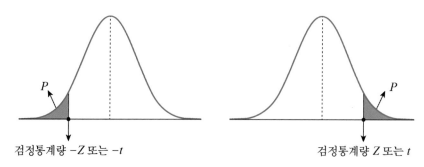

[그림 9-9] 표집분포상의 검정통계치의 위치 및 확률 p

〈표 9-1〉에 제시된 가상적인 자료는 평균 $\mu_{hypo}=100$, $\sigma=15$인 모집단에서 표집 크기 $n=100$인 표본에서 계산된 표본평균을 표준 표집분포하의 점수인 Z점수로 변환한 다음, 변환된 검정통계치에 대한 p값을 Z분포상에서 파악한 결과를 제시하고 있다. 물론 SPSS와 같은 통계분석 프로그램을 이용하여 가설검정을 실시할 경우, 분석 결과표에 통계치에 대한 p값을 정확하게 제시해 준다.

〈표 9-1〉 Z분포에서의 검정통계량의 P값

표본평균 $\overline{X}$	검정통계량 $Z=\dfrac{\overline{X}-\mu}{\sigma/\sqrt{n}}$		Z분포상의 p값
$\vdots$	$\vdots$		$\vdots$
100	$\dfrac{100-100}{15/\sqrt{100}}=0.00$		.5000
104*	$\dfrac{104-100}{15/\sqrt{100}}=2.70$		.0035
$\vdots$	$\vdots$		$\vdots$

표집분포에서 주어진 검정통계치에 해당되는 확률값 p는 "주어진 검정통계치가 영가설 하의 모집단에서 순수한 표집의 오차에 의해 얻어질 수 있는 확률"을 의미한다. 예컨대, 〈표 9-1〉에서 표본평균=104를 표준 표집분포상의 Z점수로 변환한 결과 $Z=2.70$인 검정통계치로 변환되었음을 알 수 있다. 그리고 검정통계치 $Z=2.70$에 해당되는 확률값을 Z분포상에서 파악한 결과, $p=.0035$인 것으로 파악되었다. 이는 $\mu_{hypo}=100$, $\sigma=15$인 모집단에서 $n=100$명을 무선표집하여 얻어진 표본으로부터 표본평균을 계산한 결과 $\overline{X}=104$로

얻어졌으며, 이는 모집단 $\mu_{hypo} = 100$, $\sigma = 15$인 모집단에서 $n = 100$을 표집할 경우 표집의 오차에 의해 표본평균($\overline{X}$)이 모평균 100보다 4점이 높은 104점 이상의 값을 얻을 수 있는 확률이 $p = .0035$라는 것이다. 즉, 통계치인 표본평균 평균=104를 표준 표집분포인 Z분포하의 검정통계치로 변환하면 $Z = 2.70$이 된다. 그리고 표집분포인 Z분포에서 $Z \geq 2.70$ 값들이 표집의 오차에 의해 우연히 얻을 수 있는 확률이 $p = .0035$라는 의미이다.

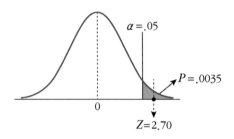

[그림 9-10] Z분포상의 검정통계치와 p

앞의 예는 모집단 표준편차 σ를 알고 있는 경우, 표집분포인 Z분포상에서 통계 검정이 실시되는 절차에 대한 것이었다. 이제 모집단 표준편차 σ를 알 수 없는 경우의 통계적 검정 절차에 대해 알아보겠다. 〈표 9-2〉에 제시된 가상적인 자료에서는 모집단 평균이 $\mu_{hypo} = 100$인 것으로 가설적으로 설정되어 있고, 모집단의 표준편차 σ에 대한 정보가 알려져 있지 않으며, 그리고 표집 크기 $n = 20$으로 표집된 표본을 대상으로 지능을 측정한 결과 $\overline{X} = 104$, $\hat{S} = 13$로 나타난 가상적인 경우이다.

〈표 9-2〉 t분포에서의 검정통계량의 p값

표본평균 $\overline{X}$	검정통계량 $t = \dfrac{\overline{X} - \mu}{\hat{S}/\sqrt{n}}$	$df = 19$인 t분포상의 $P(x)$
⋮	⋮	⋮
104^{*}	$\dfrac{104 - 100}{15/\sqrt{19}} = 1.34$	.099
⋮	⋮	⋮

〈표 9-2〉에서 표본평균 $\overline{X} = 104$를 표집분포인 $_{19}t$상의 검정통계치로 변환한 결과

$t = 1.34$로 나타났다. 그리고 $_{19}t$상에서 검정통계치 $t = 1.34$에 해당되는 확률값을 파악한 결과 $p = .099$임을 알 수 있다. 즉, 통계치인 $\overline{X} = 104$ $_{19}t$분포하의 점수인 검정통계치로 변환하면 $t = 1.34$가 된다. 그리고 이는 영가설하의 t분포에서 표집오차에 의해 검정통계치 $t \geq 1.34$인 값들이 얻어질 확률이 $p = .099$라는 의미이다.

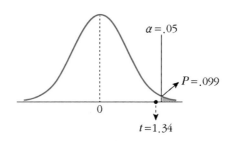

[그림 9-11] $df = 19$인 t분포상의 검정통계치와 p

단계 8 통계적 유의성 검정 실시

표준 표집분포상에서 검정통계치에 대한 확률값 p가 파악되면, 연구자는 확률 p와 연구자가 미리 설정해 둔 유의수준 α를 비교하여 통계적 유의성 여부에 대한 확률적 판단을 내려야 한다. 이 경우도 마찬가지로, 연구가설의 형태에 따라 양측 검정과 단측 검정으로 구분한 다음, 양측 검정의 경우에는 유의수준을 $\alpha/2$를 적용하고 단측 검정의 경우에는 α를 적용하여 통계적 검정을 실시한다.

여기서 다시 한번 p와 α 간의 차이를 분명히 해 두고자 한다. p와 α 모두 확률을 나타낸다는 점에서 같다. 그러나 p는 연구자 자신의 표본 자료에서 계산된 통계치가 영가설하에서 중심극한정리에 의해 이론적으로 생성된 표집분포상에서 표집의 오차에 의해 우연히 얻어질 확률수준을 나타내는 반면, 유의수준 α는 통계치가 표집 크기 n일 경우 단순히 표집오차에 의해 얻어질 확률을 나타내는 p를 낮은 것으로 볼 것인지 아니면 낮지 않은 것으로 볼 것인지를 판단하기 위해 연구자에 의해 채택되는 확률적 판단기준의 수준을 나타낸다.

• 등가설일 경우: 통계적 가설이 등가설일 경우에는 양측 검정을 실시해야 하므로 유의수준 α를 $\alpha/2$로 나눈 다음 다음과 같이 p와 비교하여 통계적 유의성을 검정한다.

① 만약 $p > \alpha/2$이면, 검정통계치가 표집의 오차에 의해 우연히 얻어질 확률 p가 연구자가 설정한 판단기준인 $\alpha/2$보다 높기 때문에 검정통계치가 표집의 오차에 의해 우연히 얻어질 확률이 높은 것으로 본다. 따라서 영가설을 기각하지 않는다는 확률적 판단을 내린다.

② 만약 $p \leq \alpha/2$이면, 검정통계치가 표집의 오차에 의해 우연히 얻어질 확률이 연구자가 설정한 판단기준인 $\alpha/2$보다 같거나 낮기 때문에 검정통계치가 표집의 오차에 의해 우연히 얻어질 확률이 낮은 것으로 판단한다. 따라서 대립가설을 지지할 수 있는 충분한 확률적 증거가 있는 것으로 보고, 영가설을 기각하고 대립가설을 채택하는 확률적 판단을 내린다.

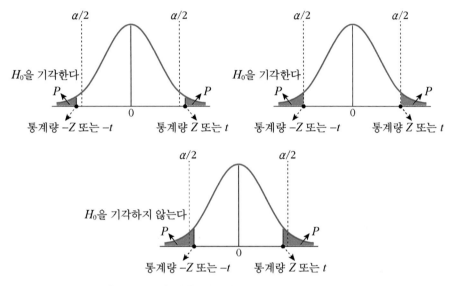

[그림 9-12] 양측 검정에 따른 유의수준 α와 p

• 부등가설일 경우: 만약 $p \leq \alpha$이면, 검정통계치가 표집의 오차에 의해 우연히 얻어질 확률이 연구자가 설정한 판단기준인 α와 같거나 낮기 때문에 검정통계치가 표집의 오차에 의해 우연히 얻어질 확률이 같거나 낮은 것으로 본다. 이는 대립가설을 지지할 수 있는 충분한 확률적 증거가 있는 것으로 보고 영가설을 기각하고 대립가설을 수용한다는 확률적 판단을 내린다.

만약 $p > \alpha$이면, 검정통계치가 표집의 오차에 의해 우연히 얻어질 확률이 연구자가 설정한 판단기준인 α보다 높기 때문에 검정통계치가 표집의 오차에 의해 우연히 얻어질 확률이 높은 것으로 본다. 따라서 영가설을 기각하지 않는다는 확률적 판단을 내린다.

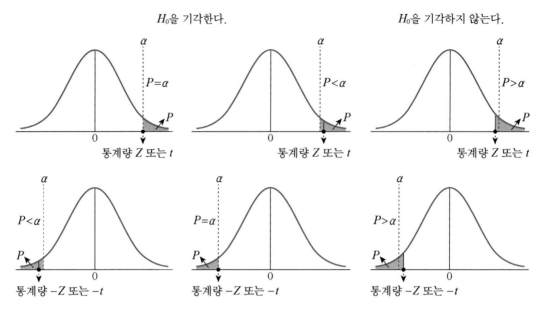

[그림 9-13] 단측검정에 따른 유의수준 α와 p

단계 9 통계 검정 결과 해석

H_0의 기각 유무에 따른 통계적 검정 결과를 적절한 양식에 따라 요약해서 제시하고, 검정 결과를 기술하고 그 의미를 해석한다.

2 통계적 유의성 검정과 통계적 판단 오류

연구자는 자신이 설정한 유의수준을 판단기준으로 영가설의 진/위 여부에 대한 확률적 판단을 내려야 하기 때문에 유의수준을 어느 정도로 설정하느냐에 따라 영가설을 기각하지 않는 확률적 판단을 내리거나 영가설을 기각하고 대립가설을 수용하는 판단 중 어느 하나를 내리게 된다. 따라서 연구자가 영가설의 기각 유무에 대한 어떤 확률적 판단을 내리든지 간에 항상 두 가지 통계적 판단 오류(제1종 오류, 제2종 오류)로부터 자유로울 수 없다.

1) 제1종 오류

영가설을 검정하는 과정에서 연구자가 설정한 유의수준에서 통계적으로 영가설을 기각하는 결정을 하게 될 경우, 실제로는 영가설의 내용이 참(true)임에도 불구하고(모집단의 모수가 가설적으로 설정된 값을 가지는) 단순히 표집의 오차에 따른 확률적 정보에 근거하여 영가설을 잘못 기각하게 되는 확률적 판단 오류를 범할 수도 있다. 이는 범죄 재판에서 실제로 무죄인 사람을 유죄로 잘못 판결하는 경우의 오류와 같으며, 통계적 검정에서 이러한 오류를 제1종 오류(type I error)라 부른다. 결국 연구자가 자의로 설정한 유의수준 α가 바로 제1종 오류의 정도를 나타낸다. 이와 같이 제1종 오류의 정도는 바로 연구자가 설정한 유의수준과 같기 때문에 유의수준을 높게 설정할수록 그만큼 제1종 오류를 범할 확률도 증가하게 된다. 유의수준을 $\alpha = .10$로 설정할 경우, 영가설하의 통계적 검정에서 영가설이 기각될 확률이 10%인 동시에 제1종 오류를 범할 확률도 10%가 된다.

2) 제2종 오류

통계적으로 영가설을 기각하지 않을 경우, 실제로는 영가설의 내용이 거짓이고 대립가설이 참임에도 불구하고(모집단의 모수가 가설적으로 설정된 값을 가지지 않음) 영가설을 기각하지 않음으로써 제1종 오류와 다른 통계적 판단 오류를 범하게 될 수 있다. 이는 범죄 재판에서 실제로는 유죄인 사람을 무죄로 잘못 판결하는 오류와 같으며, 통계적 검정에서 이러한 오류를 제2종 오류(type II error)라 부르고 [그림 9-14]에서 β로 나타낸 부분과 같다. 따라서 제2종 오류의 정도는 제1종 오류인 α와 역 관계를 가짐을 알 수 있다. 즉, α를 높게 설정하면 제1종 오류는 증가하나 제2종 오류의 정도는 낮아진다. 반대로, α를 낮게 설정하면 제1종 오류는 감소하나 제2종 오류의 정도는 증가된다.

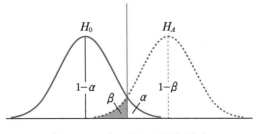

[그림 9-14] α와 β 간의 관계

일반적으로, 재판에서는 제2종 오류보다 제1종 오류를 더 심각한 오류로 받아들인다. 그래서 검사가 피고에게 합리적인 의심을 넘어서는 충분한 증거가 있음을 증명하지 못할 경우, 판사는 피고에게 약간의 유죄가 의심되는 증거가 있다고 하더라도 무죄를 선고하게 된다. 중요한 것은 검사가 유죄(대립가설)를 증명할 수 있는 충분한 증거를 제시할 수 있느냐 또는 없느냐에 따라 피고의 무죄(영가설) 여부가 판단되는 것이지 피고가 자신의 무죄를 증명할 수 있는 증거에 근거하여 무죄를 판결하는 것이 아니라는 것이다. 평소에 다른 사람들과 정상적인 일상생활을 하고 있는 우리는 현재 누군가에 의해 고소나 고발을 당하지 않고, 그리고 고소나 고발된 사건에 대해서도 확실한 유죄로 증명될 수 있는 충분한 증거가 존재하지 않았기 때문에 사회 속에서 일상적인 생활인으로 살아가고 있는 것이지, 우리 모두가 재판부에 나아가 스스로가 모든 면에서 무죄임을 증명해 주었기 때문에 이렇게 일상적인 생활인으로 사회 속에 살아가고 있는 것이 아니다. 우리는 모두 죄가 없다는 가정(영가설)하에서 생활하고 있다가 누군가에 의해 합리적 의심을 넘어 유죄인 것으로 증명될 때 비로소 무죄임이 기각된다. 두 가지 통계적 오류인 α와 β의 관계를 이원분류표로 동시에 나타내면 〈표 9-3〉과 같다.

〈표 9-3〉 통계적 결정과 통계적 오류

구분		실제	
		H_0이 참일 경우	H_0이 거짓일 경우
통계적 결정	H_0을 기각하지 않을 경우	$1-\alpha$ 올바른 결정	β 제2종 오류
	H_0을 기각할 경우	α 제1종 오류	$1-\beta$ 올바른 결정

앞에서 우리는 영가설이 참인지 거짓인지 확실히 모르기 때문에 가설을 검정을 한다고 했다. 즉, 영가설이 참일 수도 있고 거짓일 수도 있다는 것이다. 따라서 〈표 9-3〉에서 볼 수 있는 바와 같이, 제1종 오류를 줄이기 위해 α 수준을 보다 낮게 설정하면 H_0이 참일 경우에는 H_0을 기각함으로써 설정한 α만큼 제1종 오류량을 더 적게 범하게 되고, 반면에 H_0을 기각하지 않을 경우에는 $1-\alpha$만큼 더 옳은 결정을 하게 된다. 그러나 만약 H_0이 거짓이라면 오히려 제2종 오류인 β가 더 증가하게 될 것이고, 그 결과 거짓인 H_0을 옳게 기각할 확률인 $1-\beta$량이 감소하게 될 것이다. 이와 반대로 대립가설이 수용될 확률을 높이기 위해 유의수준을 보다 높게 설정할 경우, H_0이 참일 경우에는 H_0을 기각함으로써 범하는 제1종 오류량

도 α만큼 더 많이 범하게 된다. 그러나 만약 H_0이 거짓이라면 오히려 제2종 오류인 β가 더 감소하게 될 것이고, 그 결과 거짓인 H_0을 옳게 기각할 확률인 $1-\beta$량이 증가하게 될 것이다.

3) 통계적 검정과 통계적 검정력

앞의 두 경우에 언급된 $1-\beta$는 "영가설이 거짓일 때 정확히 거짓이라는 통계적 판단을 내일 수 있는 정도"를 의미하며, 이를 통계적 검정력(statistical power)라 부른다. 예를 들면, 표본평균이 모집단 평균과 실제로 다를 때 표본평균과 모집단 평균 간에 차이가 없다는 영가설하의 통계적 검정에서 정확하게 표본평균과 모집단 평균 간에 차이가 있음을 밝혀낼 수 있는 통계적 판단력을 말한다. 유의수준을 높게 설정할수록 연구가설인 대립가설을 통계적으로 수용할 수 있는 확률이 증가하기 때문에, 연구자들은 대립가설을 채택하는 통계적 결론을 얻기 위해 가능한 한 유의수준을 높게 설정하려는 경향이 있다. 문제는 제1종 오류를 낮추기 위해 유의수준을 낮게 설정할수록 통계적 검정력이 감소하기 때문에, 통계적으로는 유의한 것으로 나타난 결론이 옳은 결론일 확률이 너무 낮을 경우에는 아무 의미 없는 통계적 결론이 될 수 있다는 것이다. 그래서 제1종 오류를 낮추기 위해 무조건 유의수준을 낮게 설정할 수도 없다는 것이다. 통계학자들은 가설검정에서 영가설이 기각되고 대립가설이 채택될 경우, 대체로 바람직한 통계적 검정력의 최소 수준은 .80 이상이 되어야 한다고 말하고 있다(Cohen, 2000).

통계적 검정력인 $1-\beta$는 결국 β값에 따라 결정되고, β는 연구자가 설정한 유의수준 α에 의해 영향을 받는다. 그리고 통계적 검정력은 유의수준에 의해서만 영향을 받는 것이 아니라 표집의 크기, 효과 크기 등 세 가지 요인과 직접적인 관계가 있기 때문에, 연구자는 이들 요인들이 통계적 검정력과 어떤 관계가 있는지 정확히 이해할 수 있어야 한다.

4) 유의수준(α)과 통계적 검정력($1-\beta$)과의 관계

앞에서 언급한 바와 같이, 유의수준을 낮게 설정하면 제1종 오류를 범할 수 있는 확률이 낮아지고, 그 결과 통계적 검정력도 감소하게 된다. 그래서 통상적으로 사회과학연구에서 유의수준은 .05 또는 .01을 사용할 것을 제안하고 있지만, 연구자는 자신의 연구에서 유의수준을 설정할 때 설정된 유의수준이 통계적 검정력에 미치는 영향에 대해 면밀히 살펴보아야 한다.

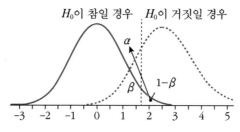

[그림 9-15] 유의수준과 통계적 검정력

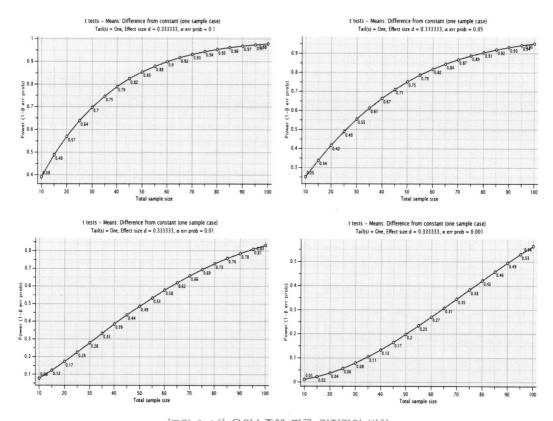

[그림 9-16] 유의수준에 따른 검정력의 변화

[그림 9-16]에서 볼 수 있는 바와 같이, 다른 모든 조건이 동일할 경우 유의수준 α가 높게 설정될수록 β가 감소하고, 그 결과 통계적 검정력인 $1 - \beta$가 증가됨을 알 수 있다. 따라서 바람직한 통계적 검정력의 수준을 .80으로 설정할 경우, 이미 자료 수집이 끝난 후이기 때문에 표집 크기나 통계치의 효과 크기 요인들이 고정될 경우 연구자는 유의수준 조정을 통해 통계적 검정력을 확보할 필요가 있다.

단일 모집단 모평균의 추론

1. 모평균 추론을 위한 세 가지 기본 가정
2. 단일 모집단의 모평균 추정을 위한 절차 및 방법
3. 단일 모집단 모평균에 대한 가설검정 절차 및 방법

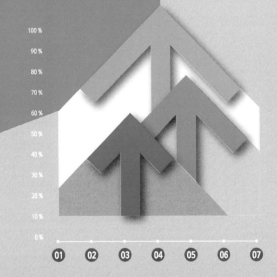

제10장 단일 모집단 모평균의 추론

앞에서 표본통계량으로부터 모집단 모수를 추론하기 위한 모수추정(제8장) 및 가설검정(제9장)의 일반적인 원리와 절차에 대해 설명하였다. 연구자가 어떤 모수를 추론하느냐 하는 것은 연구자의 관심, 변인의 성질 그리고 변인의 측정수준에 달려 있다. 관심하의 변인이 양적 변인이고, 그리고 측정수준이 등간척도 또는 비율척도일 경우에는 평균에 관심을 가질 수도 있고 분산이나 표준편차에 관심을 가질 수 있다. 그러나 만약 관심하의 변인이 질적이고 측정수준이 명명척도나 서열척도일 경우에는 특정 유목의 비율에 관심을 가질 수 있다. 예컨대, 어떤 회사의 마케팅 담당자가 소비자들을 대상으로 자신들이 판매하고 있는 특정 제품에 대한 고객 만족도를 측정할 경우, 마케팅 담당자는 자사의 제품을 사용하고 있는 고객들의 평균적인 만족도 수준에 관심을 가질 수 있을 것이다. 그리고 S 도시의 관계자는 S 도시의 가계 평균 소득은 얼마인지, 그리고 가구당 평균 의료비 지출액은 얼마인지 등에 관심을 가질 수 있다. K 대학 관계자는 재학생들의 평균 토익 성적, 학교 만족도, 연평균 독서량, 월평균 아르바이트 시간 등에 관심을 가질 수 있다. 이 장에서는 모집단의 평균을 통계적으로 추론하기 위한 구간 추정 및 가설검정 절차와 방법에 대해 기술하고자 한다.

1 모평균 추론을 위한 세 가지 기본 가정

통계학자들이 개발한 표본평균의 표집분포를 이용하여 표본평균($\overline{X}$)으로부터 모평균(μ)을 추론(추정 또는 가설검정)하기 위해서 연구자는 자신의 표본 자료가 통계학자들이 표본평균의 표집분포를 도출하기 위해 사용된 이론적 자료의 특성 그리고 절차적 조건과 관련된 다음과 같은 세 가지 기본 가정을 충족해야 한다.

> 첫째, 측정변인이 등간척도 또는 비율척도로 측정된 자료이어야 한다.
> 둘째, 모집단분포가 정규분포를 이루어야 한다.
> 셋째, 표본은 모집단으로부터 무선표집되어야 한다.

첫째와 둘째 가정은 자료의 조건에 관한 가정이고, 셋째 가정은 표본 자료의 표집 절차에 대한 조건이다. 표본평균($\overline{X}$)으로부터 모평균(μ)을 추론하기 위해 연구자는 중심극한정리에 따라 도출되는 표본평균의 표집분포를 이용하여 표본평균으로부터 모평균을 확률적으로 추론할 수밖에 없다고 했다. 모집단이나 표본과 달리 표본평균의 표집분포는 실제로 존재하거나 경험적으로 얻을 수 있는 분포가 아니라 중심극한정리에 의해 이론적으로 도출되는 표집오차의 확률분포이다. 실제 연구에서 연구자는 자신의 표본통계치에 오염된 표집오차의 정도와 확률을 알기 위해 중심극한정리에 따라 자신의 표집분포를 이론적으로 도출해야 한다. 연구자의 모집단과 표본은 중심극한정리를 통해 표집분포를 도출하기 위해 가정된 모집단분포의 형태, 모집단으로부터 표본을 표집하기 위해 사용되어야 하는 표집 방법, 그리고 변인의 측정수준에 대한 조건을 동일하게 갖추어야 한다. 즉, 연구자의 표본이 중심극한정리를 통해 표집분포를 도출하기 위해 가정된 조건을 동일하게 갖추어야 연구자의 표본평균을 중심극한정리를 통해 이론적으로 생성되는 표집분포하의 수많은 표본평균 중 하나로 취급할 수 있기 때문에, 표집분포를 이용하여 표본평균으로부터 모평균을 확률적으로 추론할 수 있다는 것이다.

마지막으로, 변인이 등간척도 또는 비율척도로 측정될 수 있는 자료에서만 평균이나 분산과 같은 모수의 계산이 가능하기 때문에, 연구자가 평균이나 분산과 같은 모수의 추론에 관심을 가질 경우 연구자는 자신이 관심을 두고 있는 변인이 과연 등간척도 또는 비율척도로 측정될 수 있는지, 그리고 측정되었는지 확인해 보아야 한다.

둘째, 제5장에서 정규분포를 설명하면서 언급한 바와 같이 실제 모집단을 대상으로 양적 변인을 등간척도 또는 비율척도로 측정하여 얻어진 자료를 빈도분포로 정리할 경우, 다양한 모습의 분포로 나타난다. 비록 똑같은 분포는 없지만 하나의 흥미로운 사실은 대부분의 분포 모양이 평균(집중경향치)을 중심으로 좌우 대칭을 이루고 종 모양을 닮은 형태로 얻어진다는 것이다. 이는 수학적으로 존재하는 이론적 분포인 정규분포의 모양과 닮았기 때문에 정규분포의 수학적 특성을 이용할 경우 실제 연구에서 얻어지는 변인들의 분포를 수학적으로 근접하게 설명할 수 있음을 의미한다. 만약 어떤 변인에 있어서 모집단분포가 수학적 정규분포와 많이 다르다면 수학적 정규분포의 성질을 이용한 모수의 확률적 추론의 정확성이 떨어지게 될 것이다.

연구자가 자신의 표집 크기 n인 조건에서 발생될 수 있는 표집오차에 대한 확률적 정보를 알아보기 위해 통계학자들이 제공해 주는 표집분포를 사용하기 위해서는 반드시 자신의 표본이 표집된 모집단분포가 정규분포임을 확인해야 한다. 앞에서 언급한 바와 같이, 실제 연구에서 다루어지는 어떤 변인의 모집단분포라도 정확하게 수학적인 정규분포를 따르지는 않는다. 분포의 모양이 첨도와 왜도에 있어 정규분포와 다소 다른 분포로 존재한다. 그럼에도 불구하고 모집단분포가 정확히 수학적 정규분포인 자료에서 도출된 표집분포를 이용하기 위해서 연구자는 자신의 표본이 표집된 모집단분포가 정규분포와 같은 것으로 볼 수 있다는 가정을 할 수 있어야 한다. 모집단을 대상으로 자료를 직접 수집하지 않기 때문에 모집단분포의 정규분포성을 직접 확인할 수는 없다. 그러나 만약 모집단에서 표본을 무작위로 표집한다면 모집단 요소들이 표본에 표집될 확률이 동일한 조건하에서 표집되기 때문에 표본의 분포는 모집단분포를 닮은 분포로 얻어질 것이다. 물론 모집단분포가 정확하게 정규분포를 따르지 않는다면, 아무리 무선표집을 하더라도 표본분포 역시 정확한 정규분포의 형태로 얻어지지 않는다. 그래서 표본의 분포가 정규분포와 다소 다를 수밖에 없지만, 정규분포에서 벗어난 정도가 모수치에 대한 확률적 판단을 하는 데 문제가 되지 않을 만큼 심각하지 않다면 연구자는 자신의 모집단분포가 정규분포를 이루는 것으로 가정하고 중심극한정리에 의해 도출된 표집분포를 사용하여 표본통계량으로부터 모수를 확률적으로 추론할 수 있다. 이러한 이유 때문에 연구자는 자신의 표본 자료에 대한 정규분포성을 통계적으로 확인해 보고, 그 결과에 따라 모집단분포의 정규분포성의 가정 충족 여부를 판단해야 한다. 만약 정규분포성의 가정이 충족되지 못한 것으로 나타날 경우, 연구자는 모집단분포에 대한 정규분포성의 조건을 필요로 하지 않는 비모수 통계 기법을 대안적 방법으로 사용하여 통계적 검정을 실시해야 한다.

셋째, 표집분포는 수학적으로 정확하게 정규분포를 이루는 모집단에서 표집요소들 간에 완벽한 독립성이 보장되는 표집 절차에 따라 반복표집을 통해 얻어진 표본통계량을 이용하여 표집분포를 도출했기 때문에, 표본 내는 물론 표본 간 독립성이 가정될 수 있는 자료로부터 표집오차의 확률분포가 표집분포로 도출된 것이다. 만약 연구자의 표본이 이러한 독립성을 가정할 수 없는 방법으로 표집될 경우, 연구자는 자신의 표본통계량에 오염된 표집오차를 추정하기 위해 통계학자가 제공해 주는 표집분포를 사용하여 모수치를 추정하거나 모수치에 대한 가설검정을 할 수 없다. 왜냐하면 연구자의 표본에 오염된 표집오차의 확률분포가 통계학자가 제공해 주는 표집오차의 확률분포와 다름에도 불구하고, 통계학자가 제공해 주는 표집분포를 사용할 경우 잘못된 확률적 판단을 하게 되기 때문이다.

2 단일 모집단의 모평균 추정을 위한 절차 및 방법

연구자가 알고 싶어 하는 모집단의 모평균에 대한 아무런 정보가 없을 경우, 연구자는 표본평균을 이용하여 어떤 상수로 존재하는 모집단의 모평균을 확률적(탐색적)으로 추정할 수밖에 없다. 여기서 모집단 평균을 "탐색적"으로 "추정"한다는 말은, 첫째, 모수치인 모집단 평균이 어떤 값을 가지는 상수(constant)인지 모르기 때문에 추정을 통해 어떤 값으로 얻어질지 모른다는 의미이다. 따라서 모수치는 변수가 아닌 상수이기 때문에 탐색적 추론 과정을 통해 추정된 모수치에 대해 확률적 해석을 하지 않도록 유의해야 한다. 둘째, 통계치인 표본평균($\overline{X}$)은 모수치인 모집단 평균(μ)에 표집에 따른 표집오차가 오염되어 얻어질 수 있는 값이기 때문에, 통계치인 표본평균을 그대로 모수치를 기술하기 위한 기술통계치(점 추정치)로 사용할 수 없다. 그래서 표본평균의 표집분포에서 표집오차의 정도를 파악한 후, 다음과 같은 절차에 따라 모평균을 확률적으로 추정해야 한다.

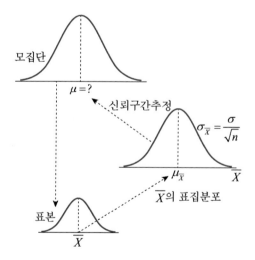

[그림 10-1] 평균의 표집분포를 이용한 모평균의 추정

단계 1　표본 자료의 표본평균($\overline{X}$)의 계산

관심하의 변인을 측정하여 표본 자료가 얻어지면 표본평균을 계산한다. 이 표본평균은 표집 크기 n에 따른 표집오차가 오염된 통계치이기 때문에, 차후의 절차를 통해 표집오차를 고려하여 모평균을 추정하기 위해 사용될 추정치이다.

$$\overline{X} = \frac{\sum_{i=1}^{n} X_i}{n}$$

단계 2　모평균 추정을 위한 표집분포 파악

모평균에 대한 아무런 정보가 없을 경우, 모평균이 어떤 값을 가지는지 표본평균으로부터 확률적으로 추정하기 위해 연구자는 반드시 중심극한정리에 따른 자신의 표집분포를 파악해야 한다. 모집단 표준편차(σ)를 알 수 있는 경우에는 모집단의 정규분포 여부와 관계없이 표본평균의 표집분포는 근사적 정규분포를 따르는 것으로 기대할 수 있다. 그러나 모집단 표준편차(σ)를 모를 경우, 표집분포의 표준오차를 계산하기 위해 모집단 표준편차 대신 표본의 표준편차($\hat{s}$)를 대치하여 사용하기 때문에 연구자의 표집분포는 표집의 크기에 따라 확률적 특성이 민감하게 변하는 t분포를 따르게 된다. 물론 표본 크기가 $n \geq 30$의 대표본일 경우에는 모집단 표준편차를 알 수 없는 경우라도 t분포가 점차적으로 정규분포의 확률적 특성을 지니게 된다.

$$_{n-1}t \text{ 분포}$$

단계 3　표본평균의 표집분포 표준오차 계산

표집분포 표준오차(SE)의 계산은 두 가지 경우로 나뉜다. 모집단 표준편차(σ)가 알려져 있는 경우에는 모집단 표준편차와 표집의 수(n)를 이용하여 표준오차(SE)를 다음과 같이 계산한다.

$$\sigma_{\overline{X}} = SE = \frac{\sigma}{\sqrt{n}}$$

그러나 모집단 표준편차를 모르는 경우, 표본에서 계산된 표준편차($\hat{s}$)를 대신 사용하여 표준오차(SE)를 다음과 같이 계산한다.

$$\sigma_{\overline{X}} = SE = \frac{\hat{S}}{\sqrt{n}}$$

$$\text{여기서, } \hat{S} = \sqrt{\frac{\sum_{i=1}^{n}(X_i - \overline{X})^2}{n-1}}$$

표집분포의 표준오차 값이 계산되면, 모평균에 대한 구간 추정을 어느 정도의 신뢰수준에서 설정할 것인가를 결정해야 한다.

단계 4 구간 추정을 위해 사용할 신뢰수준 p 결정

통계량인 표본평균($\overline{X}$)이 계산되고 표집분포의 표준오차(SE)가 계산되면, 계산된 표본평균으로부터 모평균에 대한 신뢰구간 추정량을 구하기 위해 필요한 신뢰수준을 결정해야 한다. 신뢰수준이란 연구자가 자신의 표본평균과 표집오차를 이용하여 추정한 모평균에 대한 구간값이 실제로 모평균을 포함하고 있다고 주장할 수 있는 확률적 확신수준을 의미한다. 물론 구간값이 넓을수록 모평균을 포함하고 있다고 주장할 수 있는 확률적 확신수준은 높을 것이고, 반대로 구간값이 좁을수록 모평균을 포함하고 있다고 주장할 수 있는 확률적 확신수준은 낮을 것이다. 예컨대, 어떤 A 아동의 지능수준을 구간값으로 추정한다고 가정해 보자. 지능지수가 평균=100, 표준편차=15로 나타낸 편차 IQ이기 때문에 A의 IQ는 55~145 사이에 있다고 주장할 경우, 55~145 구간이 A의 IQ를 포함하고 있을 확률적 확신수준은 99.99%이다. 확신수준이 99.99%이지만 구간 추정치가 55~145로 너무 넓기 때문에 추정의 정확성을 고려할 때 아무런 의미가 없다. 그래서 확률적 확신수준을 낮게 설정하면, 예컨대 85~115 구간을 설정할 경우, 85~115 구간이 A의 IQ를 포함하고 있을 확률이 약 68% 정도 된다. 추정의 정확성은 증가했으나 확률적 확신수준이 너무 낮아서 역시 별 의미가 없음을 알 수 있다.

앞에서 언급한 바와 같이, 일반적으로 가장 흔히 사용되고 있는 신뢰수준은 90%, 95%, 99% 등이며, 연구자는 이들 중에서 자신이 원하는 신뢰수준을 선택한다. 각 신뢰수준을 확률적으로 표현한 .90, .95, .99를 신뢰계수(P: confidence coefficient)라 부른다. 신뢰수준이 결정되면, 결정된 신뢰수준의 신뢰계수를 이용하여 표준오차의 한계값을 파악한다.

단계 5 신뢰수준에 따른 표준오차 한계 범위 파악

연구자가 원하는 신뢰수준(90%, 95%, 99%)에 따라 이에 대응되는 신뢰계수 p(.90, .95, .99)가 정해지면 신뢰구간 추정량을 계산하기 위한 표준오차의 한계값을 파악한다.

$$\alpha = 1 - p$$
$$\alpha/2 = (1-p)/2$$

• 표집분포가 정규분포일 경우

$$90\% \text{ 신뢰구간의 경우: } \alpha/2 = (1 - .90)/2 = .05$$
$$95\% \text{ 신뢰구간의 경우: } \alpha/2 = (1 - .95)/2 = .025$$
$$99\% \text{ 신뢰구간의 경우: } \alpha/2 = (1 - .99)/2 = .005$$

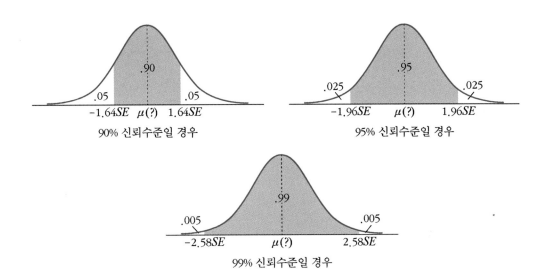

• 표집분포가 t분포일 경우

t분포의 경우 df에 따라 다양한 t분포가 존재하므로 여기서 $df = n - 1 = 20$인 경우의 예를 들어 제시하면 다음과 같다.

$$90\% \text{ 신뢰구간의 경우: } \alpha/2 = (1 - .90)/2 = .05$$
$$95\% \text{ 신뢰구간의 경우: } \alpha/2 = (1 - .95)/2 = .025$$
$$99\% \text{ 신뢰구간의 경우: } \alpha/2 = (1 - .99)/2 = .005$$

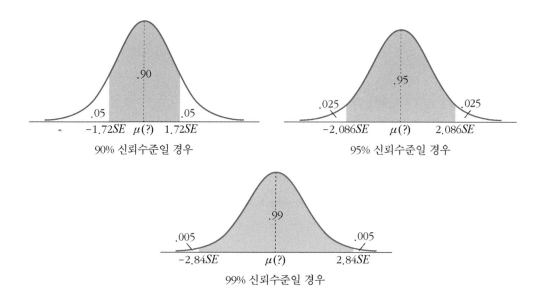

90% 신뢰수준일 경우

95% 신뢰수준일 경우

99% 신뢰수준일 경우

단계 6 신뢰구간 추정량 계산

- 표집분포가 정규분포일 경우

($\overline{X} = 70$, $n = 20$, 그리고 $\sigma = 4$인 경우의 예시)

  ○ 90% 신뢰수준일 경우: $\overline{X} \pm 1.645SE$

  $70 \pm 1.645 * 4 / \sqrt{20} = 68.53 \sim 71.47$

  ○ 95% 신뢰수준일 경우: $\overline{X} \pm 1.96SE$

  $70 \pm 1.96 * 4 / \sqrt{20} = 68.25 \sim 71.75$

  ○ 99% 신뢰수준일 경우: $\overline{X} \pm 2.575SE$

  $70 \pm 2.575 * 4 / \sqrt{20} = 67.70 \sim 72.30$

- 표집분포가 t분포일 경우

($df = 20$, $\overline{X} = 70$, $\hat{S} = 3$일 경우의 예시)

  ○ 90% 신뢰수준일 경우: $\overline{X} \pm 1.725SE$

  $70 \pm 1.725 * 3 / \sqrt{20} = 68.84 \sim 71.16$

  ○ 95% 신뢰수준일 경우: $\overline{X} \pm 2.086SE$

  $70 \pm 2.086 * 3 / \sqrt{20} = 68.60 \sim 71.40$

  ○ 99% 신뢰수준일 경우: $\overline{X} \pm 2.845SE$

  $70 \pm 2.845 * 3 / \sqrt{20} = 68.09 \sim 71.91$

단계 7 신뢰구간 추정치의 해석

앞에서 모집단의 모수치는 고정된 값, 즉 상수이며 우리가 그 값을 모르고 있을 뿐이기 때문에 모수치가 어떤 구간 범위에 있을 확률이 몇 %라고 모수치를 마치 확률변수처럼 확률적으로 해석하지 않아야 한다고 했다. 신뢰구간은 표본통계치(평균)의 표집분포에서 도출된 것임을 상기할 필요가 있다. 예컨대, 정규분포를 이루는 표집분포하의 각 표본평균들을 중심으로 95% 신뢰구간을 설정할 경우, 설정된 신뢰구간들 중에서 확률적으로 95%만이 모집단 평균 μ를 포함할 수 있고 나머지 5%는 μ를 포함하지 않는 것으로 나타날 수 있다는 것이다. 예컨대, $\overline{X}=70$을 중심으로 설정된 95% 신뢰구간 추정량이 $68.60 \sim 71.40$일 경우, 장기적으로 볼 때 $68.60 \sim 71.40$ 신뢰구간이 모평균 μ를 포함할 수 있는 구간일 확률이 95%이며, 이는 μ를 포함할 수 없는 구간일 확률이 5%임을 동시에 내포하고 있다.

예제 10-1

KABC-II 표준화 지능검사의 표준화 집단의 각 연령별 지능점수의 분포는 표준편차 $\sigma=15$인 정규분포를 따른다. 한 연구자가 7세 초등학생 모집단으로부터 무작위로 100명의 아동을 표집한 다음 지능검사를 실시하였다. 그리고 표본의 평균 지능을 계산한 결과, $\overline{X}=103$으로 나타났다. 모집단 평균에 대한 95% 신뢰구간 추정치를 구하시오.

예제 10-2

한 연구자는 올해 새로 개교한 A 고등학교에 입학한 신입생들의 평균 체중을 알아보기 위해 신입생 20명을 무선표집하여 체중을 측정하였다. 표본 자료를 분석한 결과, 체중의 평균이 42kg으로 나타났다. 그러나 체중의 표준편차가 얼마인지 알려져 있지 않기 때문에 표본 자료로부터 표준편차 추정치를 계산한 결과, $\hat{S}=4.45$로 나타났다. 이 자료에 근거하여 A 고등학교 신입생들의 평균 체중이 얼마인지 95% 신뢰구간을 사용하여 각각 추정한다고 가정하시오.

---

1) 신뢰구간 추정치의 길이와 정보의 정확성

신뢰구간 설정 절차에서 알 수 있는 바와 같이 신뢰구간의 길이는, ① 연구자가 설정한 신뢰수준(90%, 95%, 99%), ② 모집단 분산 σ^2, ③ 표집의 크기 n에 따라 달라진다. 따라서 표집 크기와 모집단 분산이 고정될 때, 신뢰수준을 크게 설정할수록 구간의 길이는 넓어진다. 신뢰수준과 표집 크기가 동일한 조건하에서는 모집단 분산 σ^2가 클수록 구간의 길이는 넓어진다. 그리고 신뢰수준과 모집단 분산이 동일한 조건하에서는 표집의 크기 n이 작아질수록 구간의 길이는 넓어진다.

　일반적으로, 신뢰수준 95%를 "표준적인 신뢰수준"으로 채택하고 있고, 그리고 모집단 분산은 주어지는 조건이기 때문에 연구자는 신뢰구간의 넓이를 좁히기 위해서 표집의 크기를 증가시켜야 한다. 물론 표집의 크기를 증가시키면 표본 추출을 위한 비용도 동시에 증가하기 때문에 신뢰구간의 길이를 좁히기 위해 무한히 표집의 크기를 증가시킬 수도 없다. 그래서 적절한 표집의 크기를 어떻게 결정할 것인가에 대해서 구체적으로 알아보도록 하겠다.

2) 모평균 추정을 위한 표본 크기의 결정

　표본 크기의 결정은 연구자가 표집을 통해 얻어진 통계치에 어느 정도의 표집오차를 허용하느냐에 따라 결정된다. 왜냐하면 신뢰수준과 모집단 분산이 주어지는 조건하에서 표집의 크기를 조절하면 신뢰구간의 길이도 조절된 표집의 크기에 따라서 조절되기 때문이다. 적절한 표본의 크기를 추정하는 공식은 추정하고자 하는 모수치의 종류에 따라 다르다.

　만약 연구자가 95% 신뢰구간을 통해 표준오차 $E = 3$, 즉 모평균(μ)이 $[\overline{X} \pm 3]$ 단위 내에 있도록 추정하고자 한다면, 모집단 평균 μ를 추정하기 위한 신뢰구간을 설정하기 위한 공식은 다음과 같다.

$$\overline{X} \pm Z_{\alpha/2} \frac{\sigma}{\sqrt{n}} \qquad\qquad \cdots\cdots(10.1)$$

구간 추정치가 $\overline{X} \pm 3$이 되도록 하기 위해 이 공식에서,

$$Z_{\alpha/2} \frac{\sigma}{\sqrt{n}} = 3$$

이 되도록 해야 한다. 이 공식에서 신뢰수준을 표준수준인 95%로 설정할 경우, $\alpha = 1 - 95 = .05$이기 때문에 $Z_{.05/2} = 1.96$이 된다. 그리고 모집단 표준편차가 $\sigma = 40$인 것으로 알려져 있다고 가정할 때, 필요한 표집의 수를 구하기 위해 이 식을 n에 대해 다시 정리하면,

$$n = [\frac{Z_{\alpha/2}*\sigma}{E}]^2 = [\frac{(1.96)(40)}{3}]^2 = 682$$

가 된다. 즉, 약 682명을 표집할 경우 표본평균을 중심으로 표준오차가 ±3단위 이내에서 모평균을 추정할 수 있는 구간 추정치를 얻을 수 있다는 것이다. 만약 682명의 표본을 대상으로 평균을 계산한 결과 표본평균이 65로 얻어졌다고 가정할 경우, 95% 신뢰구간 추정치는 65±3이므로 95% 신뢰구간 추정량은 $62 < \mu < 68$이 된다.

표본오차의 허용 범위 E, 신뢰수준 $Z_{\alpha/2}$, 그리고 모집단 표준편차 σ가 주어질 경우, 적절한 표본 크기 n을 구하기 위한 일반적인 공식을 도출하면 다음과 같다.

$$n = (\frac{Z_{\alpha/2}*\sigma}{E})^2 \qquad \qquad \cdots\cdots(10.2)$$

여기서, n = 적절한 표본 크기, E = 설정된 표준오차,
σ = 모집단 표준편차, $Z_{\alpha/2}$ = 설정된 신뢰수준

예제 10-3

공원 광장에 자라고 있는 1,000그루의 느티나무를 관리하고 있는 관리자가 현재 관리되고 있는 느티나무의 평균 지름을 알고 싶어 한다. 그러나 전체 느티나무를 대상으로 지름을 측정하기 위해서는 시간과 비용이 너무 많이 소요되기 때문에 표본을 통해 추정하고자 한다. 공원 관리자는 공원 내 느티나무들의 지름이 표준편차=4.5인치의 정규분포를 따르는 것으로 생각하고 있다. 95%의 신뢰수준하에서 느티나무들의 평균 지름을 표준오차=±1.5인치 오차 범위 내에서 추정하고자 한다면 표본의 크기를 최소한 얼마로 해야 할 것인지 결정하시오.

---

3 단일 모집단 모평균에 대한 가설검정 절차 및 방법

연구자가 알고 싶어 하는 모집단의 모평균에 대한 아무런 정보가 없을 경우에는 앞에서 설명한 바와 같이 모수추정 방법을 통해 탐색적으로 모평균을 추정할 수밖에 없다. 그러나 모집단 평균이 어떤 값을 가질 것인지에 대한 설정이 가능할 경우, 연구자는 모평균을 탐색

적으로 추정하는 것이 아니라 과연 모집단 평균이 가설적으로 설정된 값을 가지는 것으로 볼 수 있는지 표본평균과 표본평균의 표집분포를 통해 확률적으로 확인하기 위해 다음과 같은 가설검정 절차를 밟게 된다.

단계 1 모평균에 대한 연구문제 진술

모평균에 대한 가설검정을 위해 연구자는 자신이 모평균에 대해 어떤 연구문제를 제기했는지 분명히 진술할 수 있어야 한다. 단일 모집단 모평균에 대한 연구문제는 다음 세 가지 중에서 어느 하나의 내용과 형태로 제기된다.

첫째, 예컨대 지방 A 대학의 관계자는 졸업생들의 취업률을 높이기 위해 토익 성적을 향상시키기 위한 프로그램을 개발/운영하기로 하였다. 그리고 대학 재학 중 실시되는 토익 성적 향상 프로그램을 통한 토익 성적 향상에는 한계가 있는 것으로 판단하여 수능 성적 중에서 외국어 영역에 대한 가산점 및 내신 성적 중에서 영어 성적에 대한 가산점 제도를 도입하여 신입 학생을 선발하기로 하였다. 그래서 대학 관계자는 외국어 영역 및 영어 내신 성적 가산점 제도를 통해 선발된 신입생들의 토익 성적이 과연 이러한 입시 제도를 도입하기 전의 입학생들의 토익 성적과 차이가 있는지 확인할 필요가 있을 것이다. 대학 관계자는 신입생 중에서 무선표집된 100명을 대상으로 토익 시험을 실시한 다음, 평균 토익 성적이 예년 토익 성적 평균(예컨대, 500점)과 차이가 있을 것인지 알아보려고 한다고 가정하자. 이와 같이, "모집단에서 연구자가 관심을 두고 있는 어떤 변인의 모평균이 가설적으로 설정된 모평균(μ_{hypo})과 차이가 있는가? (A 대학 재학생들의 평균 토익 성적은 전국 평균 500점과 차이가 있는가?)"와 같이 연구문제를 제기할 수도 있을 것이다.

둘째, A 대학 관계자는 새로 개발된 토익 성적 향상 프로그램에서 1년간 교육을 받은 재학생들의 토익 성적이 적어도 전국 4년제 대학을 대상으로 실시된 모의 토익 시험에서 밝혀진 전국 평균 500보다 최소한 50점이 더 높은 550점 이상이 되어야 하기 때문에, 이를 확인하기 위해 토익 성적 향상 프로그램을 통해 학점을 이수한 재학생들 중 100명을 무선표집하여 토익 시험에 응시토록 하였다. 이와 같이, "모집단에서 연구자가 관심을 두고 있는 어떤 변인의 모평균이 가설적으로 설정된 모평균(μ_{hypo})보다 높은가? (A 대학에 입학한 신입생들의 평균 토익점수는 550점보다 높은가?)"와 같은 연구문제를 제기할 수도 있을 것이다.

셋째, 앞의 경우와는 반대로 토익 성적 향상 프로그램에 대한 학생들의 만족도를 조사한 결과 많은 불만과 문제점이 있었던 것으로 밝혀졌을 경우에는 재학생들의 평균 토익 성적이 전국 평균 500보다 더 높을 것으로 기대하기 어렵기 때문에 500점 이하가 될 것인지에 대한 의문을 제기할 수 있을 것이다. 이와 같이, "모집단에서 연구자가 관심을 두고 있는 어떤 변인의 모평균(μ)이 가설적으로 설정된 모평균(μ_{hypo})보다 낮은가? (A 대학에 입학한 신입생들의 평균 토익점수는 전국 평균 500점보다 낮은가?)"와 같은 연구문제를 제기할 수도 있을 것이다.

단계 2 모평균에 대한 연구가설 설정

일단 모평균에 대한 연구문제가 명확히 진술되면, 진술된 연구문제를 미래형 시제의 서술문 형식으로 변환하면 잠정적인 해답인 두 개의 가설을 얻을 수 있다.

첫째, 연구문제가 "모평균 μ가 μ_{hypo}와 차이가 있는가?"의 형태로 제기될 경우, 연구자는 ① "모평균 μ가 μ_{hypo}와 차이가 있을 것이다."라는 가설과, ② "모평균 μ가 μ_{hypo}와 차이가 있지 않을 것이다."라는 가설을 논리적으로 추론해 낼 수 있다. 그리고 관련 이론과 선행연구 고찰을 통해 두 개의 잠정적인 해답 중에서 가장 이론적ㆍ경험적 지지를 많이 받고 있는 가설을 연구자의 가설, 즉 연구가설로 설정하게 된다. 만약 문헌 고찰을 통해 두 개의 가설에 대한 지지적 이론과 경험적 연구결과들이 대립될 경우, 연구자는 두 개의 가설 모두를 연구가설로 설정할 수도 있다. 대부분의 경우, 연구문제를 직접 서술문으로 변환하여 얻어진 가설이 연구가설로 설정된다. 왜냐하면 연구문제의 질문의 내용이 바로 연구자가 기대하고 있는 연구가설의 내용과 일치하기 때문이다.

둘째, 연구문제가 "모평균 μ가 μ_{hypo}와 보다 높은가?"의 형태로 제기될 경우, 연구자는 ① "모평균 μ가 μ_{hypo}보다 높을 것이다."라는 가설과, ② "모평균 μ가 μ_{hypo}보다 높지 않을 것이다."라는 가설 중에서 이론과 선행연구에서 보다 많은 지지적 근거를 가진 가설을 연구문제에 대한 연구가설로 설정한다.

셋째, 연구문제가 "모평균 μ가 μ_{hypo}와 보다 낮은가?"의 형태로 제기될 경우, 연구자는 ① "모평균 μ가 μ_{hypo}보다 낮을 것이다."라는 가설과, ② "모평균 μ가 μ_{hypo}보다 낮지 않을 것이다."라는 가설 중에서 이론과 선행연구에서 보다 많은 지지적 근거를 가진 가설을 연구문제에 대한 연구가설로 설정한다.

단계 3 통계적 가설 설정

연구문제에 대한 연구가설이 설정되면, 연구자는 연구가설의 진/위 여부를 통계적으로 검정해야 한다. 이를 위해 단계 2에서 도출된 두 개의 가설을 다음과 같이 영가설과 대립가설로 이루어진 통계적 가설로 설정한다. 영가설은 직접적인 통계적 검정의 대상이고, 대립가설은 영가설이 기각될 경우 대안으로 채택될 잠정적인 해답이다.

등가설일 경우	부등가설일 경우
$H_0 : \mu = \mu_{hypo}$ $H_A : \mu \neq \mu_{hypo}$	• $H_0 : \mu \leq \mu_{hypo}, \ H_A : \mu > \mu_{hypo}$ • $H_0 : \mu \geq \mu_{hypo}, \ H_A : \mu < \mu_{hypo}$

단계 4 통계적 검정을 위한 표집분포 선정

모집단 표준편차 σ를 알 수 있을 경우에는 정규분포를 표집분포로 사용하고, 그리고 모집단 표준편차 σ를 모를 경우 t분포를 사용한다. 그러나 표본이 대표본일 경우에는 $\sigma \approx \hat{S}$일 것으로 기대할 수 있으며, 표집분포인 t분포가 근사하게 정규분포에 접근해 가기 때문에 정규분포를 사용하지 않고 t분포를 사용해도 해석의 확률적 오류 정도가 문제가 되지 않는다.

구분	σ를 알고 있을 경우	σ를 모를 경우
표집분포	Z분포	t분포

단계 5 표본통계치를 검정통계치로 변환

통계 검정을 위해 표집분포하의 표본평균을 표준 표집분포(t분포 또는 Z분포)하의 값으로 변환하기 위해 표본평균에서 표집분포의 평균(가설적으로 설정된 모평균)을 빼고 표준오차로 나누어 주면 표본통계치인 표본평균이 표준 표집분포하의 Z점수(정규분포일 경우) 또는 t점수(t분포일 경우)인 검정통계치로 변환된다.

표집분포	
정규분포일 경우	t분포일 경우
검정통계치 $Z = \dfrac{\overline{X} - \mu_{hypo}}{\dfrac{\sigma}{\sqrt{n}}}$	검정통계치 $t = \dfrac{\overline{X} - \mu_{hypo}}{\dfrac{\hat{S}}{\sqrt{n}}}$

단계 6 통계적 유의성 검정을 위한 유의수준 α 결정

통계적 검정을 위해 선택되는 유의수준은 앞에서 언급한 바와 같이 통계적 오류와 직접 관련이 있기 때문에 연구의 성격과 통계적 검정력을 고려하여 적절한 수준의 유의수준을 선정해야 한다. 사회과학 분야의 연구에서는 일반적으로 $\alpha = .05, 01, 001$ 중에서 하나를 선정하여 통계적 유의성 검정을 실시한다.

부등가설일 경우	등가설일 경우
α	$\alpha/2$

적절한 유의수준이 선정되면 연구자는 유의수준을 이용하여 ① 기각역 방법과 ② p값 방법 중 어느 하나를 선택하여 구체적인 통계적 검정을 실시한다.

• 기각역 방법을 이용한 통계 검정 •

단계 7 임계치 파악 및 기각역 설정

기각역 방법은 부록 A에 제시된 Z분포 또는 부록 B에 제시된 t분포에서 유의수준(등가설의 경우: α, 부등가설의 경우: $\alpha/2$)에 해당되는 Z값 또는 t값을 파악하여 기각역 설정을 위한 임계치를 파악한다.

• Z분포를 이용한 양측 검정: ($H_0 : \mu = \mu_{hypo}$, $H_A : \mu \neq \mu_{hypo}$)

Z분포에서 $\alpha/2$에 해당되는 $Z_{\alpha/2}$값을 파악하여 임계치로 사용하며 기각역은 검정통계치 $|Z| \geq Z_{\alpha/2}$가 된다.

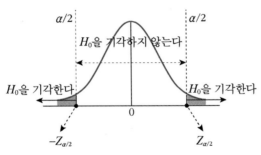

• Z분포를 이용한 단측 검정: ($H_0 : \mu \geq \mu_{hypo}$, $H_A : \mu < \mu_{hypo}$)

Z분포에서 α에 해당되는 $-Z_\alpha$값을 파악하여 임계치로 사용하며 기각역은 검정통계치 $Z \leq -Z_\alpha$가 된다.

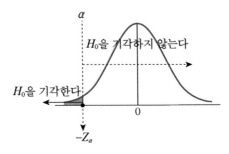

- Z분포를 이용한 단측 검정: ($H_0 : \mu \leq \mu_{hypo}$, $H_A : \mu > \mu_{hypo}$)

Z분포에서 α에 해당되는 Z_α값을 파악하여 임계치로 사용하며 기각역은 검정통계치 $Z \leq Z_\alpha$가 된다.

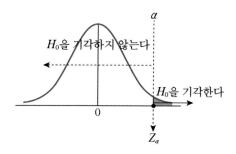

- t분포를 이용한 양측 검정: ($H_0 : \mu = \mu_{hypo}$, $H_A : \mu \neq \mu_{hypo}$)

$df = n - 1$의 t분포에서 $\alpha/2$에 해당되는 $_{n-1}t_{\alpha/2}$값을 임계치로 사용하며 기각역 검정통계치 $|t| \geq {_{n-1}t_{\alpha/2}}$을 설정한다.

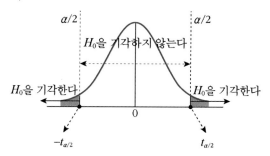

- t분포를 이용한 단측 검정: ($H_0 : \mu \geq \mu_{hypo}$, $H_A : \mu < \mu_{hypo}$)

$df = n - 1$의 t분포에서 α에 해당되는 $-_{n-1}t_\alpha$값을 임계치로 사용하여 기각역 검정통계치 $t \leq -_{n-1}t_\alpha$을 설정한다.

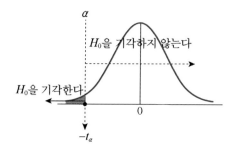

• t분포를 이용한 단측 검정: ($H_0 : \mu \leq \mu_{hypo}$, $H_A : \mu > \mu_{hypo}$)

$df = n - 1$의 t분포에서 α에 해당되는 $_{n-1}t_\alpha$값을 임계치로 사용하여 기각역 검정통계치 $t \geq {}_{n-1}t_\alpha$을 설정한다.

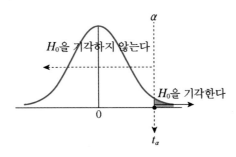

단계 8 통계적 유의성 검정 실시

검정통계치가 임계치를 기준으로 설정된 기각역에 속하는 값일 경우, H_0을 기각하고 H_A을 채택하는 통계적 결정을 내린다. 그러나 검정통계치가 임계치를 기준으로 설정된 기각역에 속하지 않을 경우에는 H_0을 기각하지 않는 통계적 결정을 내린다.

• Z분포를 이용한 양측 검정: $H_0 : \mu = \mu_{hypo}$, $H_A : \mu \neq \mu_{hypo}$

검정통계치 $|Z| \geq Z_{\alpha/2}$이면, H_0을 기각하고 H_A을 채택한다.

검정통계치 $|Z| < Z_{\alpha/2}$이면, H_0을 기각하지 않는다.

• t분포를 이용한 양측 검정: $H_0 : \mu = \mu_{hypo}$, $H_A : \mu \neq \mu_{hypo}$

검정통계치 $|t| \geq t_{\alpha/2}$이면, H_0을 기각하고 H_A을 채택한다.

검정통계치 $|t| < t_{\alpha/2}$이면, H_0을 기각하지 않는다.

• Z분포를 이용한 단측 검정:

$H_o : \mu \leq \mu_{hypo}$, $H_A : \mu > \mu_{hypo}$

검정통계치 $Z \geq Z_\alpha$이면, H_0을 기각하고 H_A을 채택한다.

검정통계치 $Z < Z_\alpha$이면, H_0을 기각하지 않는다.

$H_o : \mu \geq \mu_{hypo}$, $H_A : \mu < \mu_{hypo}$

검정통계치 $Z \leq -Z_\alpha$이면, H_0을 기각하고 H_A을 채택한다.

검정통계치 $Z > -Z_\alpha$이면, H_0을 기각하지 않는다.

- t분포를 이용한 단측 검정:

$H_o : \mu \le \mu_{hypo}, H_A : \mu > \mu_{hypo}$

검정통계치 $t \ge t_\alpha$이면, H_0을 기각하고 H_A을 채택한다.

검정통계치 $t < t_\alpha$이면, H_0을 기각하지 않는다.

$H_o : \mu \ge \mu_{hypo}, H_A : \mu < \mu_{hypo}$

검정통계치 $t \le -t_\alpha$이면, H_0을 기각하고 H_A을 채택한다.

검정통계치 $t > -t_\alpha$이면, H_0을 기각하지 않는다.

단계 9 통계 검정 결과 해석

H_0의 기각 유무 또는 H_A의 채택 유무에 따른 검정 결과를 기술하고 그 의미를 해석한다. H_0이 기각된 경우, 설정된 유의수준 α에서 영가설이 기각되었다. 즉, 모집단의 모평균이 μ_{hypo}가 아닌 것으로 나타났다라고 기술한다. H_0이 기각되지 않을 경우, 설정된 유의수준 α에서 통계적 유의성 검정을 실시한 결과 모집단의 모평균이 μ_{hypo}인 것으로 나타났다라고 기술한다.

● p값을 이용한 통계 검정 ●

단계 7 검정통계치(Z 또는 t)의 확률값 p 파악

검정통계치가 계산되면, 선정된 표준 표집분포상에서 검정통계치가 표집오차에 의해 얻어질 확률 p값을 파악한다. 앞에서 언급한 바와 같이, 통계학자들이 부록으로 제공해 주는 표집분포인 Z분포나 t분포표는 모든 가능한 검정통계치에 대한 확률값을 구체적으로 제공해 주지 않는다. 그러나 통계 처리 전문 프로그램을 사용할 경우, 검정통계치에 대한 정확한 p값을 파악하여 제공해 주기 때문에 편리하게 사용할 수 있는 방법이다. 대개의 경우, 통계 검정을 위한 분석을 직접 계산기로 하지 않고 통계 처리 전문 프로그램을 사용하기 때문에 일반적으로 기각역 방법보다 p값을 이용한 방법을 많이 사용한다.

Z분포일 경우	t분포일 경우
검정통계치 Z에 해당되는 p값 파악	$n-1$ t분포에서 검정통계치 t에 해당되는 p값 파악

단계 8 **통계적 유의성 판단**

표집분포인 Z 또는 t분포하에서 검정통계치에 해당되는 확률 p를 파악한 다음, 통계적 유의성 검정을 위해 선정된 유의수준(등가설=α, 부등가설=$\alpha/2$)과 비교하여 영가설에 대한 통계적 판단을 한다.

- 등가설일 경우: $H_o : \mu = \mu_{hypo}$, $H_A : \mu \neq \mu_{hypo}$

  $p \leq \alpha/2$이면, H_o을 기각하고 H_A을 채택한다.

  $p > \alpha/2$이면, H_o을 기각하지 않는다.

- 부등가설일 경우: $H_o : \mu \geq \mu_{hypo}$, $H_A : \mu < \mu_{hypo}$ 또는 $H_o : \mu \leq \mu_{hypo}$, $H_A : \mu > \mu_{hypo}$

  $p \leq \alpha$이면, H_o을 기각하고 H_A을 채택한다.

  $p > \alpha$이면, H_o을 기각하지 않는다.

단계 9 **통계 검정 결과 해석**

H_0의 기각 유무 또는 H_A의 채택 유무에 따른 검정 결과를 기술하고 그 의미를 해석한다.

예제 **10-4 모분산 σ를 알고 있을 경우**

A 대학에서 취업을 위해 외국어 능력이 중요함을 인식하고 새로운 외국어 능력 향상 프로그램을 운영하기로 하였다. 새로운 외국어 능력 향상 프로그램에 참여하게 될 신입생들의 반 편성을 위한 기초자료를 수집하기 위해 올해 입학한 신입생들 중 100명을 무선표집한 다음, 전국 4년제 대학의 신입생들을 대상으로 실시되는 모의 토익 시험에 응시토록 하였다. 대학 관계자는 신입생들을 선발하기 위해, 특히 영어 내신 성적에 가중치를 두고 선발했기 때문에 신입생들의 영어 능력이 전국 평균보다 높을 것인지 기대하고 있었다. 시험에 응시한 전국의 신입생들의 점수분포가 $\mu = 600$, $\sigma = 130$인 정상분포를 이루는 것으로 보고되었다. A 대학 응시자들은 영어 능력 시험에서 평균 615점을 받은 것으로 나타났다. 과연 A 대학 신입생들의 영어 능력이 전국 평균보다 높다고 말할 수 있는가?

1. 유의수준 $\alpha = .05$에서 기각역 방법을 사용하여 검정하시오.
2. 유의수준 $\alpha = .05$에서 p값 방법을 사용하여 검정하시오.

예제 **10-5 모분산 σ를 모를 경우**

A 대학에서 취업을 위해 외국어 능력이 중요함을 인식하고 새로운 외국어 능력 향상 프로그램을 운영하기로 하였다. 새로운 외국어 능력 향상 프로그램에 참여하게 될 신입생들의 반 편성을 위한 기초자료를 수집하기 위해 올해 입학한 신입생들 중 100명을 무선표집한 다음 전국 4년제 대학의 신입생들을 대상으로 실시되는 모의 토익 시험에 응시토록 하였다. 대학 관계자는 신입생들을 선발하기 위해 특히, 영어 내신 성적에 가중치를 두고 선발했기 때문에 신입생들의 영어 능력이 전국 평균보다 높을 것인지 기대하고 있었다. 시험에 응시한 전국의 신입생들의 점수분포가 μ=600인 정상분포를 이루는 것으로 보고되었다. A 대학 응시자들은 영어 능력 시험에서 $\overline{X}$=615, $\hat{S}$=110인 것으로 나타났다. 과연 A 대학 신입생들의 영어 능력이 전국 평균보다 높다고 말할 수 있는가?

1. 유의수준 α=.05에서 기각역 방법을 사용하여 검정하시오.
2. 유의수준 α=.05에서 p값 방법을 사용하여 검정하시오.

SPSS를 이용한 단일 모집단 모평균 추정 및 가설검정

1. ① Analyze → ② Compare Means → ③ One Sample T-Test 순으로 클릭한다.

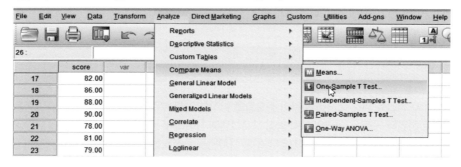

2. ④ Test Variable(s) 메뉴창에 측정변인 Score를 이동시킨다. 그리고 ⑤ Test Value 란에 영가설하의 모집단 평균값(예컨대, 70)을 입력한다.

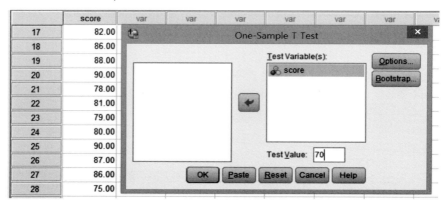

3. ⑥ OK를 클릭하여 t검정을 실시한다.

산출 결과

➡ **T-Test**

One-Sample Statistics

	N	Mean	Std. Deviation	Std. Error Mean
score	50	80.9800	6.29055	.88962

One-Sample Test

	Test Value = 70					
				Mean Difference	95% Confidence Interval of the Difference	
	t	df	Sig. (2-tailed)		Lower	Upper
score	12.342	49	.000	10.98000	9.1922	12.7678

① 산출 결과 **One-Sample Statistics**에서 볼 수 있는 바와 같이, 표본 $n=50$명의 성적의 평균이 80.98이고 표준편차가 6.2905이다. 그리고 표준오차가 .88962인 것으로 나타났다. 따라서 ① 모평균을 추정하기 위해 모평균에 대한 95% 신뢰구간을 추정할 경우, 추정량은 $_{49}t_{.025}=2.010$ 이므로 [80.98±2.010]이다.

② 산출 결과 **One-Sample Test**에서 볼 수 있는 바와 같이, $\mu_{hypo}=70$을 설정할 경우, 표본평균(80.98)과 영가설하의 모집단 평균(70) 간의 차이가 **Mean Difference=10.98**인 것으로 나타났다. 즉, 통계량이 10.98이며 이 값을 표집분포인 t분포하의 검정통계량으로 변환한 결과, $t=12.342$, $p=.000$로 나타났다. 따라서 유의수준을 .05로 설정할 경우 $p<.05$이므로 영가설 $H_0 : \mu_{hypo}=70$을 기각하고 대립가설 $H_0 : \mu_{hypo} \neq 70$을 채택하게 된다.

제11장

두 모집단 간
평균 차이의 추론

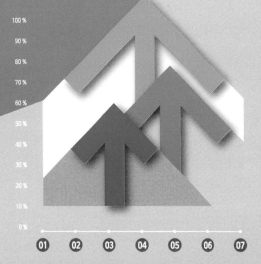

제11장 두 모집단 간 평균 차이의 추론

지금까지 단일 모집단 모평균을 추론하기 위한 추정 및 가설검정 절차와 방법에 대해 알아보았다. 그러나 실제 많은 연구상황에서 관심하의 변인의 모평균에 있어서 두 모집단 간 차이에 관심을 가질 경우가 많다(예컨대, 탐구력에 있어서 남녀 아동 간에 차이가 있는가? 직무 만족도에 있어서 공/사립 교사 간에 차이가 있는가? 충동 구매력에 있어서 남녀 간에 차이가 있는가?). 두 모집단 간에 존재하는 평균 차이에 대한 아무런 정보가 없을 경우, 연구자는 각 모집단으로부터 무선적으로 표집된 두 표본 간 평균 차이와 두 표본평균 차이의 표집분포의 표집오차를 고려하여 두 모집단 간 모평균의 차이를 탐색적으로 추정한다. 그러나 두 모집단 간에 존재하는 평균 차이가 어떤 값을 가질 것으로 설정될 경우, 과연 두 모집단 평균 차이가 가설적으로 설정된 만큼 존재하는 것으로 볼 수 있는지를 판단하기 위해 연구자는 각 모집단으로부터 무선적으로 표집된 두 표본 간 평균 차이와 두 표본평균 차이가 표집오차로 인해 얻어질 수 있는 확률을 고려하여 통계적 검정을 한다. 이 장에서는 이와 같이 두 모집단 간 평균의 차이에 대한 추정 및 가설검정 절차에 대해 알아보도록 하겠다.

두 표본이 서로 다른 모집단에서 무선적으로 표집될 경우, 두 집단 간에 독립적인 관계를 가지기 때문에 독립표본(independent samples)이라 부른다. 예컨대, TV 시청 시간 정도에 있어서 농촌과 어촌 간에 차이가 있을 것인지 알아보기 위해 각 지역으로부터 100명씩 무선표집할 경우, 농촌에서 표집되는 조사 대상자와 어촌에서 표집되는 조사 대상자 간에 표집 과정에서 서로 아무런 영향을 주지 않기 때문에 두 표본은 서로 독립적인 관계이다. 그러나 결혼 만족도에 있어서 남편과 아내 간에 차이가 있는지 알아보기 위해 부부 100쌍을 무선표집한 다음 다시 남편 집단과 아내 집단을 구성할 경우, 남편과 아내는 부부라는 짝으로 동시에 같이 표집되며 남편 집단에서 특정한 남편이 표집되면 짝인 특정한 아내가 반드시 표집되기 때문에 표집 과정에서 서로 영향을 주는데, 이러한 경우의 두 표본을 의존표본(dependent samples)이라 부른다. 특히 남편과 아내, 형제와 같은 의존표본을 자연적 짝표집

(natural pair)이라 부른다. 물론 연구목적에 따라 인위적으로 짝표집된 두 집단 간 평균 차이에 관심을 가질 수도 있다. 한 연구자가 두 가지 교수방법이 아동들의 언어 능력 향상에 미치는 효과의 차이를 알아보려고 한다고 가정하자. 그래서 지능의 효과를 통제하기 위해 모집단으로부터 표집된 일련의 피험자들에게 먼저 지능검사를 실시한 다음, 지능수준별로 동일한 피험자를 두 명씩 무선표집한 후 교수방법에 따라 두 집단에 각각 한 명씩 무선배치하였다. 이 경우, 두 집단은 지능점수에 의해 짝을 지은 각 피험자 쌍을 두 집단에 무선배치하여 얻어진 표본이기 때문에 서로 독립적이지 못하고 의존적 관계를 가지는 의존표본이다. 이러한 경우의 두 의존표본을 인위적 짝 또는 짝진 표집(matched pair)이라 부른다. 마지막으로, 동일할 표본을 대상으로 사전검사와 사후검사를 실시한 다음 사전검사와 사후검사 점수 간에 차이를 추정하는 반복측정의 경우, 두 표본 자료가 실험 절차에 따라 동일한 피험자를 대상으로부터 반복측정을 통해 얻어진 것이기 때문에 두 표본은 역시 독립적인 표본이 아니고 의존적 표본이 된다.

- 평균 TV 시청 시간에 있어서 농촌과 어촌 간에 차이가 있을 것인가?
- 만 6세 아동의 평균 체중에 있어서 남녀 아동 간에 차이가 있을 것인가?
- 4년제 대졸자의 초봉에 있어서 지방대학과 수도권 대학 간에 차이가 있을 것인가?
- 대학수학능력시험의 탐구 영역 점수에 있어서 남녀 간에 차이가 있을 것인가?
- 결혼 만족도에 있어서 남편과 아내 간에 차이가 있을 것인가?
- 체중 감소 정도에 있어서 A 다이어트 약물의 복용 전후 간에 차이가 있을 것인가?

1 두 독립 모집단 간 평균 차이 추정을 위한 기본 가정

통계학자들이 개발한 두 표본평균차의 표집분포를 이용하여 두 표본평균으로부터 두 모평균 간의 차이를 추론(추정 또는 가설검정)하기 위해 연구자는 자신의 표본 자료가 통계학자들이 두 표본평균 차이의 표집분포를 개발하기 위해 사용한 자료의 특성과 동일하고, 그리고 동일한 절차적 조건을 만족하고 있는지 확인하기 위해 다음과 같은 네 가지 기본 가정을 충족하고 있는지 먼저 확인해야 한다.

① 측정변인이 등간척도 또는 비율척도로 측정된 자료이어야 한다.

② 두 모집단분포가 정규분포를 이루어야 한다. (정규분포성의 가정)

③ 두 모집단 분산이 같아야 한다. (동분산성의 가정)

④ 표본은 모집단으로부터 무선적으로 표집하여야 한다. (독립성의 가정)

첫째와 둘째 그리고 셋째 가정은 자료의 조건에 관한 가정이고, 넷째 가정은 표본 추출 절차에 대한 조건이다. 통계학자들이 제공해 주는 두 표본평균 차이의 표집분포를 빌려 확률적 정보를 사용하기 위해서는 반드시 통계학자들이 표집분포를 도출하기 위해 사용했던 자료와 표집 방법의 조건을 동일하게 갖추어야 한다고 했다. 그래야 연구자가 표집에서 계산된 두 표본평균 간의 차이가 통계학자들이 제공해 주는 두 표본평균 차이의 표집분포하의 수많은 차이값 중의 하나로 가정할 수 있기 때문이다.

앞에서 두 표본평균 차이의 표집분포의 도출 원리를 설명하면서 묵시적으로 언급한 바와 같이, 통계학자들이 두 표본평균 차이의 표집분포를 이론적으로 도출하기 위해, ① 측정변인이 등간척도 또는 비율척도로 측정된 자료이고, ② 두 모집단분포가 정규분포를 이루고, ③ 두 모집단 분산이 동일한 자료로부터, ④ 무선표집을 무한히 반복하는 이론적 확률 실험을 통해 얻어진 두 표본평균 간의 차이값들로부터 표집분포가 개발되는 이론적 과정을 설명하였다. 연구자가 자신의 두 표본 자료에서 계산된 표본평균 간 차이값이 통계학자들이 도출한 이론적 표집분포상의 값들 중의 하나로 취급될 수 있기 위해서는 반드시 이 네 가지 기본 조건을 충족시킬 수 있어야 한다. 그래야 자신의 표본에서 계산된 표본평균으로부터 모평균을 추론하기 위해 통계학자들이 이론적으로 도출하여 제공해 주는 표집분포를 대신 이용하여 두 모집단 간 평균 차이를 확률적으로 추론할 수 있다. 이제 독립적인 두 표본평균 차이의 표집분포에 대해 먼저 알아보도록 하겠다.

2 독립적 두 표본평균 차이의 표집분포

독립적인 두 모집단의 평균 차이를 추론(추정 또는 검정)하기 위해서는 독립적인 두 표본평균 차이의 표집분포가 어떤 확률분포를 따르는지에 대한 이해가 필요하다. 단일 모집단 표본평균의 표집분포 도출 원리에서 설명한 바와 같이, 두 표본평균의 차이로부터 두 모집단 평균의 차이를 추정하거나 검정하기 위해서는 반드시 두 표본평균 차이가 표집의 오차에 의해 어느 정도 발생할 수 있는지를 확률적으로 말해 주는 두 표본평균 차이의 표집분포가 필요하다.

모평균이 각각 μ_1, μ_2이고, 분산이 각각 σ_1^2, σ_2^2이며, 그리고 $\mu_1 = \mu_2$, $\sigma_1^2 = \sigma_2^2$인 정규분포를 이루는 두 개의 모집단이 있다고 가정하자. 각 모집단에서 표집 크기가 각각 n_1, n_2인 표본을 무선적으로 표집한 다음 각 표본평균 $\overline{X}_1$과 $\overline{X}_2$를 계산하고, 그리고 두 표본평균 간의 차이($\overline{X}_1 - \overline{X}_2$)를 계산한다. 각 표본을 다시 본래의 모집단으로 복원시킨 다음 동일한 표집 절차에 따라 각 모집단으로부터 표본을 표집하고, 그리고 표본평균의 차이를 계산한다. 만약 이러한 절차를 무한히 반복한다면, 반복된 수만큼의 두 표본평균 간의 차이값을 얻을 수 있을 것이다. 이렇게 얻어진 두 표본평균 차이의 표집분포는 중심극한정리에 따라 평균 $E(\overline{X}_1 - \overline{X}_2) = \mu_1 - \mu_2$이고, 그리고 표준오차($SE$)가 $\sigma_{\overline{X}_1 - \overline{X}_2}$인 근사적인 정규분포로 얻어진다.

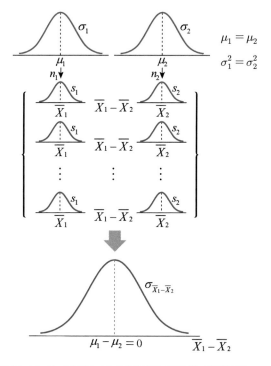

[그림 11-1] 독립적 두 표본평균 차이의 표집분포

독립적 두 표본평균 차이의 표집분포의 표준오차 $SE = \sigma_{\overline{X}_1 - \overline{X}_2}$는 어떤 값을 가질 것인

가. 중심극한정리에 의해, 모집단 1에서 무선적으로 표집된 표본평균들은 $\mu_{\overline{X}_1} = \mu_1$이고, $\sigma_{\overline{X}_1} = \sigma_1 / \sqrt{n_1}$인 정규분포를 이루고, 모집단 2에서 표집된 표본평균들은 $\mu_{\overline{X}_2} = \mu_2$이고 $\sigma_{\overline{X}_2} = \sigma_2 / \sqrt{n_2}$인 정규분포를 이룬다. 따라서 두 표본평균 차이의 표집분포의 평균인 $\mu_{\overline{X}_1 - \overline{X}_2}$은 $\mu_1 - \mu_2$가 된다. 그러나 표준오차 $\sigma_{\overline{X}_1 - \overline{X}_2}$는 모집단의 표준편차를 알고 있느냐 또는 모르고 있느냐에 따라 다르다.

(1) 모분산 σ_1^2, σ_2^2을 알고 있을 경우의 표준오차

만약 두 표본이 독립표본일 경우, 두 표본평균 차이의 표집분포의 분산 $\sigma_{\overline{X}_1 - \overline{X}_2}^2$은 다음과 같이 계산된다.

$$\sigma_{\overline{X}_1 - \overline{X}_2}^2 = \frac{\sigma_1^2}{n_1} + \frac{\sigma_2^2}{n_2}$$

따라서 모분산 σ_1, σ_2를 알고 있고 두 표본이 독립표본일 경우의 두 표본평균 차이의 표집분포 표준오차(SE)는 다음과 같다.

$$SE = \sqrt{\frac{\sigma_1^2}{n_1} + \frac{\sigma_2^2}{n_2}} \qquad \cdots\cdots(11.1)$$

(2) 모분산 σ_1^2, σ_2^2을 모를 경우의 표준오차

실제로 모집단 표준편차에 대한 정보가 알려져 있지 않거나 모를 경우가 많기 때문에 앞의 공식을 사용하여 표집분포의 표준오차를 추정할 경우가 아주 드물다. 모집단의 분산 σ_1^2, σ_2^2에 대한 정보가 알려지지 않을 경우는 연구자의 두 표본 자료에서 계산된 $\hat{S}_1^2, \hat{S}_2^2$를 σ_1^2, σ_2^2 대신 사용하여 표준오차를 계산한다. 그러나 $\hat{S}_1^2, \hat{S}_2^2$를 사용한 표집분포는 정규분포가 아닌 표집 크기에 따라 분포의 모양과 확률적 특성이 변하는 t분포를 따르기 때문에, 연구자는 자유도에 따라 결정된 t분포의 표준오차를 계산해야 한다.

$$\sigma_{\overline{X}_1 - \overline{X}_2} = SE = \sqrt{\frac{\hat{S}_1^2}{n_1} + \frac{\hat{S}_2^2}{n_2}} \qquad \cdots\cdots(11.2)$$

독립표본의 경우 적용되는 표준오차 계산 공식 (11.2)은, 두 표본이 표집된 두 모집단이 정규분포를 이루고, 두 모집단의 분산 σ_1^2, σ_2^2가 어떤 값을 가지는지는 모르지만 그러나 크기는 같고, 그리고 각 표본이 모집단에서 무선적으로 표집되기 때문에 집단 간 독립성은 물론 집단 내 독립성이 가정될 수 있을 때 적용될 수 있다. 그러나 이 경우는 모집단 분산 σ_1^2, σ_2^2이 어떤 값을 가지는지 모를 뿐만 아니라 동분산성에 대한 아무런 정보가 없기 때문에, 연구자는 두 표본에서 계산된 표본분산을 이용하여 모집단 분산의 동분산성 여부를 통계적 검정을 통해 반드시 확인해 보아야 한다.

동분산성에 대한 통계적 검정을 실시한 결과, 만약 두 모집단의 분산이 같은 것으로 판단될 경우에는 앞에서 소개한 표준오차 공식을 약간 수정한 공식을 사용하여 표준오차를 계산할 수 있다.

• $\sigma_1^2 = \sigma_2^2$일 경우의 표준오차와 자유도: 이는 두 모집단 분산 σ_1^2, σ_2^2가 결국 동일한 분산 σ^2을 가진다는 것이다. 실제 연구자가 수집한 표본 자료에서 계산된 표본분산 $\hat{S}_1^2$, $\hat{S}_2^2$가 동일한 값으로 얻어질 경우는 거의 없으며 실제로는 다소 다르게 얻어진다. 그러나 $\hat{S}_1^2$, $\hat{S}_2^2$ 모두 모분산 σ^2의 좋은 불편향 추정치로 사용할 수 있기 때문에 $\hat{S}_1^2$, $\hat{S}_2^2$을 각각 사용할 필요가 없이 어느 하나의 같은 값으로 통일하여 대치할 수도 있을 것이다. 실제로 각 표본에서 계산된 $\hat{S}_1^2$과 $\hat{S}_2^2$이 같은 값을 가지는 것으로 얻어질 경우는 거의 없지만, 그 차이가 무시해도 좋을 만큼 아주 작을 경우에는 둘 중 어느 하나의 값으로 사용해도 계산된 $SE = \sigma_{\overline{X}_1 - \overline{X}_2}^2$의 크기에 유의한 영향을 미치지 않을 것이다. 그러나 만약 각 표본에서 계산된 $\hat{S}_1^2$과 $\hat{S}_2^2$이 무시할 수 없을 만큼 다를 경우에는 $\hat{S}_1^2$과 $\hat{S}_2^2$ 중 어느 값을 사용하느냐에 따라 계산된 $SE = \sigma_{\overline{X}_1 - \overline{X}_2}^2$값은 달라질 것이다. 그래서 가장 합리적인 방법은 $\hat{S}_1^2$과 $\hat{S}_2^2$ 중 어느 하나를 선택하여 대치하는 것이 아니라, 다음과 같이 두 표본분산 값의 평균을 구하여 대치하는 방법을 생각해 볼 수 있을 것이다.

$$SE = \sigma_{\overline{X}_1 - \overline{X}_2}^2 = \frac{\hat{S}_1^2}{\sqrt{n_1}} + \frac{\hat{S}_2^2}{\sqrt{n_2}} = \hat{S}_p^2 \left(\frac{1}{\sqrt{n_1}} + \frac{1}{\sqrt{n_2}} \right)$$

여기서, 병합분산 $\hat{S}_p^2$는

$$\hat{S}_p^2 = \frac{(n_1 - 1)\hat{S}_1^2 + (n_2 - 1)\hat{S}_2^2}{n_1 + n_2 - 2}$$

이렇게 얻어진 분산을 통합분산 추정량(pooled variance estimator)이라 부른다. 통합분산 계산 공식을 대입하여 $SE = \sigma_{\overline{X}_1 - \overline{X}_2}$를 계산하기 위한 공식을 다시 정리하면 공식 (11.3)과 같다. 두 모집단이 정규분포를 따를 경우, 두 표본평균 차이의 표집분포는 $df = n_1 + n_2 - 2$인 t분포를 따른다.

$$SE = \sigma_{\overline{X}_1 - \overline{X}_2} = \sqrt{\hat{S}_p^2 \left(\frac{1}{\sqrt{n_1}} + \frac{1}{\sqrt{n_2}} \right)} \qquad \cdots\cdots(11.3)$$

• $\sigma_1^2 \neq \sigma_2^2$일 경우의 표준오차와 자유도: 모집단 분산이 다를 경우에는 표준오차를 계산하기 위해 앞의 통합분산 추정량을 사용할 수 없으며, 각 표본분산값을 모분산값으로 대치한 공식 (11.4)를 사용하여 표준오차를 계산해야 한다.

$$SE = \sqrt{\frac{\hat{S}_1^2}{n_1} + \frac{\hat{S}_2^2}{n_2}} \qquad \cdots\cdots(11.4)$$

문제는 공식 (11.4)를 사용하여 표집분포의 표준오차를 추정할 경우, 표집분포가 정규분포는 물론 $df = n_1 + n_2 - 2$의 t분포를 따르지 않고 다음과 같은 $df = v$를 지닌 근사적 t분포를 따른다는 것이다.

$$v = \frac{(\hat{S}_1^2/n_1 + \hat{S}_2^2/n_2)^2}{\dfrac{(\hat{S}_1^2/n_1)^2}{n_1 - 1} + \dfrac{(\hat{S}_2^2/n_2)^2}{n_2 - 1}} \qquad \cdots\cdots(11.5)$$

이 자유도 계산 공식을 통해 얻어지는 값은 가장 가까운 정수로 사사오입하여 사용한다. 연구자는 두 표본 간 동분산성 검정에서 분산이 다른 것으로 나타날 경우, 앞의 공식 (11.5)에 의해 파악된 자유도 v를 지닌 t분포를 사용하여 통계적 검정을 해야 한다. 이 방법을 Welch법이라 부른다.

〈표 11-1〉 모분산을 모르는 독립표본일 경우, 모분산의 동분산성 여부에 따른 표준오차 추정량 및 자유도

구분	$\sigma_1 = \sigma_2$일 경우	$\sigma_1 \neq \sigma_2$일 경우
표준오차(SE)	$SE = \sqrt{\hat{S}_p^2 \left(\dfrac{1}{n_1} + \dfrac{1}{n_2} \right)}$	$SE = \sqrt{\dfrac{\hat{S}_1^2}{n_1} + \dfrac{\hat{S}_2^2}{n_2}}$
자유도(v)	$v = n_1 + n_2 - 2$	$v = \dfrac{(\hat{S}_1^2/n_1 + \hat{S}_2^2/n_2)^2}{\dfrac{(\hat{S}_1^2/n_1)^2}{n_1 - 1} + \dfrac{(\hat{S}_2^2/n_2)^2}{n_2 - 1}}$

3 독립적 두 모집단 평균 차이의 추정 절차 및 방법

독립적인 두 모집단 평균 간의 차이가 어느 정도인지 알고 싶을 경우, 연구자는 각 모집단으로부터 무선적으로 표집된 표본평균 간의 차이로부터 표집에 따른 오차를 고려하여 확률적으로 추정하게 된다. 두 모집단 평균이 얼마인지 모르기 때문에 추정을 통해 어떤 값으로도 얻어질 수 있다. 구체적인 추정 절차와 방법은 다음과 같다.

단계1 두 표본평균 간의 차이값 계산
두 표본평균의 차이값을 계산한다.

$$두\ 표본\ 평균\ 차이 = \overline{X}_1 - \overline{X}_2$$

단계2 두 표본평균 차이값의 표집분포 파악

표본 크기가 대표본이고 그리고 두 모집단 표준편차 σ_1^2과 σ_2^2를 알 수 있는 경우에는 중심극한정리에 따라 두 표본평균 차이의 표집분포가 근사적 정규분포를 이룰 것으로 기대할 수 있다. 그러나 표준편차 σ_1^2과 σ_2^2가 알려져 있지 않을 경우에는 연구자의 표집분포가 정규분포를 따르지 않고 표집의 크기에 따라 민감하게 변하는 t분포를 따르기 때문에, 연구자는 t분포를 자신의 표집분포로 사용하여 모평균을 확률적으로 추정해야 한다.

단계 3 두 표본평균 차이의 표집분포의 표준오차 계산

앞에서 살펴본 바와 같이, 표준오차를 계산하는 공식은 표본 간의 관계(독립, 의존)와 모집단 분산을 알 수 있느냐/없느냐에 따라 다르다. 모집단 분산 σ_1^2과 σ_2^2를 알고 있을 경우에는 다음 공식에 따라 정규분포를 따르는 표집분포의 표준오차를 계산한다.

표집분포	표준오차(SE)
정규분포	$SE = \sqrt{\dfrac{\sigma_1^2}{n_1} + \dfrac{\sigma_2^2}{n_2}}$

모집단 분산 σ_1^2과 σ_2^2를 알 수 없을 경우에는 두 표본분산 $\hat{S}_1^2$과 $\hat{S}_2^2$를 대체하여 다음 공식에 따라 t분포를 따르는 표집분포의 표준오차를 계산한다.

표집분포	동분산성 가정	SE	df
t분포	동분산성 충족 $\sigma_1^2 = \sigma_2^2$	$SE = \sqrt{\hat{S}_p^2 \left(\dfrac{1}{n_1} + \dfrac{1}{n_2} \right)}$	$v = n_1 + n_2 - 2$
	동분산성 위배 $\sigma_1^2 \neq \sigma_2^2$	$SE = \sqrt{\dfrac{\hat{S}_1^2}{n_1} + \dfrac{\hat{S}_2^2}{n_2}}$	$v = \dfrac{(\hat{S}_1^2/n_1 + \hat{S}_2^2/n_2)^2}{\dfrac{(\hat{S}_1^2/n_1)^2}{n_1-1} + \dfrac{(\hat{S}_2^2/n_2)^2}{n_2-1}}$

단계 4 신뢰구간 추정을 위해 사용할 신뢰수준 p 결정

일단 통계량이 계산되고 그리고 표집분포의 표준오차가 계산되면, 계산된 통계량으로부터 모수치에 대한 신뢰구간 추정량을 구하기 위해 필요한 신뢰수준을 결정해야 한다. 앞에서 언급한 바와 같이, 일반적으로 가장 흔히 사용되고 있는 신뢰수준은 $p = 90\%, 95\%, 99\%$ 등이며 연구자는 이들 중 자신이 원하는 신뢰수준을 선택한다.

단계 5 신뢰수준에 따른 표준오차 한계 범위 파악

연구자가 원하는 신뢰수준(90%, 95%, 99%)에 따라 이에 대응되는 신뢰계수 $p(.90, .95, .99)$가 정해지면 신뢰구간 추정량을 계산하기 위한 표준오차의 한계값을 파악한다.

$$\alpha = 1 - p$$
$$\alpha/2 = (1 - p)/2$$

- 표집분포가 정규분포일 경우
  ○ 90% 신뢰구간의 경우: $\alpha/2 = (1 - .90)/2 = .05$
  ○ 95% 신뢰구간의 경우: $\alpha/2 = (1 - .95)/2 = .025$
  ○ 99% 신뢰구간의 경우: $\alpha/2 = (1 - .99)/2 = .005$

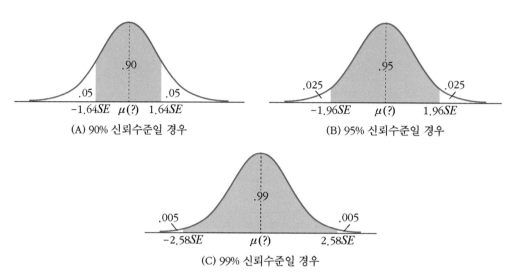

[그림 11-2] 정규분포하의 신뢰수준

- 표집분포가 t분포일 경우

  t분포의 경우 df에 따라 다양한 분포가 존재하므로, 여기서 $df = 20$인 경우의 예를 들어 제시하면 다음과 같다.
  ○ 90% 신뢰구간의 경우: $\alpha/2 = (1 - .90)/2 = .05$
  ○ 95% 신뢰구간의 경우: $\alpha/2 = (1 - .95)/2 = .025$
  ○ 99% 신뢰구간의 경우: $\alpha/2 = (1 - .99)/2 = .005$

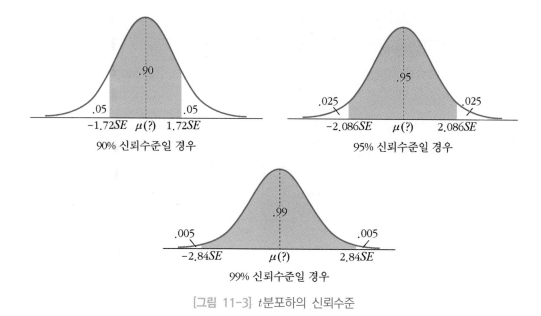

[그림 11-3] t분포하의 신뢰수준

단계 6 신뢰구간 추정량 계산

표준오차값을 계산하는 공식이 표본이 독립적이냐/의존적이냐에 따라 다르고, 그리고
모분산을 알고 있느냐/모르고 있느냐에 따라 달라진다. 그리고 표집분포에 따라 $\alpha/2$값이
달라진다. 설정된 신뢰수준에 따른 신뢰구간 추정량을 계산하기 위한 구체적인 공식은 다
음과 같다.

모분산 σ_1과 σ_2를 알고 있을 경우

표집분포	신뢰수준	신뢰구간 추정량
정규분포	90%	$(\overline{X}_1 - \overline{X}_2) \pm Z_{.05} * SE$
		$(\overline{X}_1 - \overline{X}_2) \pm 1.64 * SE$
	95%	$(\overline{X}_1 - \overline{X}_2) \pm Z_{.025} * SE$
		$(\overline{X}_1 - \overline{X}_2) \pm 1.96 * SE$
	99%	$(\overline{X}_1 - \overline{X}_2) \pm Z_{.005} * SE$
		$(\overline{X}_1 - \overline{X}_2) \pm 2.58 * SE$

모집단 분산 σ_1^2과 σ_2^2를 모를 경우: t분포

표집분포	신뢰수준	신뢰구간 추정량
t분포 ($df = 20$의 경우)	90%	$(\overline{X}_1 - \overline{X}_2) \pm {}_{n-1}t_{.05} * SE$
		$(\overline{X}_1 - \overline{X}_2) \pm 1.72 * SE$
	95%	$(\overline{X}_1 - \overline{X}_2) \pm {}_{n-1}t_{.025} * SE$
		$(\overline{X}_1 - \overline{X}_2) \pm 2.08 * SE$
	99%	$(\overline{X}_1 - \overline{X}_2) \pm {}_{n-1}t_{.005} * SE$
		$(\overline{X}_1 - \overline{X}_2) \pm 2.85 * SE$

단계 7 신뢰구간 추정치의 해석

선택한 신뢰수준(90%, 95%, 99%)에 따른 신뢰구간 추정량이 파악되면, 파악된 신뢰구간이 두 모평균의 차이값을 포함할 확률이 90%, 95%, 99%라고 해석한다.

예제 11-1

직무 만족도에 있어서 D 시의 공·사립 유치원 교사 간에 차이가 있는지 알아보기 위해 공립 유치원과 사립 유치원에 근무 중인 유아 교사 100명을 각각 무선표집한 다음 직무 만족도 척도를 실시한 결과, 다음과 같이 나타났다.

구분	공립 유치원	사립 유치원
평균	69.3	64
표준편차	10.9	11.2
n	100	100

두 모집단이 모두 정규분포를 따르고 분산이 동일한 것으로 가정할 때, 직무 만족도에 있어서 두 집단 간의 평균 차이에 대한 95% 신뢰구간을 구하시오.

4   독립적 두 모집단 평균 차이의 가설검정 절차 및 방법

앞에서 두 모집단 평균 간의 차이에 대한 아무런 정보가 없을 경우, 독립적 두 표본평균 차이에 대한 정보와 표집분포의 확률적 성질을 이용하여 차이값을 탐색적으로 추정하는 절차에 대해 알아보았다. 만약 두 모집단 평균 간에 구체적으로 어느 정도의 차이가 있을 것으로 이론적 · 경험적 근거를 통해 설정이 될 경우, 연구자는 과연 두 모집단 평균 간에 설정된 만큼의 차이가 존재하는 것으로 볼 수 있는지를 확인하기 위해 두 표본에서 계산된 평균 차이값과 두 표본평균차의 표집분포의 확률적 성질을 이용하여 다음과 같은 절차에 따라 통계적으로 검정해 보아야 한다.

단계 1 두 모집단 평균 차이에 대한 연구문제 진술

연구자가 관심하의 변인에 있어서 두 모집단(집단 1, 집단 2) 간 평균 차이에 관심을 가질 경우, 평균 차이값은 가설적으로 어떤 값으로도 설정될 수 있다. 그러나 가설적으로 설정된 값은 반드시 이론적 · 경험적 근거를 가지고 있어야 한다. 연구자가 두 모집단 간에 평균 차이를 가설적으로 어떤 값으로 설정하느냐에 따라 두 가지 경우로 나뉜다.

첫째, 두 모집단 평균 간의 차이값을 0으로 설정할 경우이다. 이 경우, 연구자의 관심은 두 모집단 평균 간 차이의 유무를 알아보려는 데 있다. 둘째, 두 집단 중 어느 집단이 상대적으로 평균이 더 높을 것인가에 대한 연구문제가 설정될 수 있다. 그래서 두 모집단(집단 1, 집단 2) 간 평균 차이에 대해 다음과 같은 네 가지 종류의 연구문제가 제기될 수 있으며, 두 모집단 평균 간의 관계에 이론적 · 경험적 근거에 의해 연구자는 이들 연구문제 중에서 어느 하나를 자신의 연구문제로 선정하게 된다.

> 변인 **A**의 평균에 있어서,
>> 집단 1과 집단 2 간에 차이가 있(없)는가?
>> 집단 1이 집단 2보다 높(낮)은가?

둘째, 두 모집단 간 평균의 차이가 가설적으로 설정된 어떤 차이값(μ_{hypo})과 다른가 또는 두 모집단 간 평균의 차이가 어떤 차이값(μ_{hypo})보다 큰가 또는 작은가에 대한 연구문제를 제기할 수도 있다. 이 경우, 두 모집단(집단 1, 집단 2) 간 평균 차이에 대해 다음과 같은 네 가지 종류의 연구문제가 제기될 수 있으며, 두 모집단 평균 간 관계의 이론적 · 경험적 근거에 의

해 연구자는 이들 연구문제 중에서 어느 하나를 자신의 연구문제로 선정하게 된다.

집단 1과 집단 2 간의 평균 차이가 μ_{diff}와 같은가?

집단 1과 집단 2 간의 평균 차이가 μ_{diff}와 다른가?

집단 1과 집단 2 간의 평균 차이가 μ_{diff}보다 큰가?

집단 1과 집단 2 간의 평균 차이가 μ_{diff}보다 작은가?

이와 같이 두 모집단 평균 차이에 대한 연구문제는 집단 간 차이의 유무 또는 차이 정도에 대한 두 가지 유형으로 구분해 볼 수 있다. 그러나 차이 유무에 대한 연구문제는 차이 정도에 대한 연구문제 중 구체적인 차이 $\mu_{diff} = 0$인 특별한 경우에 해당되기 때문에, 형식상으로는 구분되지만 내용상으로는 동일한 연구문제라 할 수 있다. 대부분의 실제 연구에서 연구자는 두 모집단 간 평균 간의 구체적인 차이 정도에 대한 관심보다 주로 차이의 유무에 대한 관심을 두고 연구가 이루어지고 있다. 앞에서 언급한 바와 같이, 두 모집단 간의 구체적인 평균 차이=0일 경우가 바로 차이 유무가 구체적인 차이 검정의 특별한 경우에 해당되기 때문에 결국 두 형태의 연구문제가 동일한 것으로 볼 수 있다. 그래서 이 장에서는 두 모집단 간 차이 유무에 대한 가설검정 절차만을 소개하기로 하겠다.

단계 2 가설 도출 및 연구가설 설정

두 모집단 평균 차이에 연구문제가 진술되면, 진술된 연구문제에 대한 잠정적인 해답인 가설을 논리적으로 도출한다. 물론 가설의 구체적인 내용은 진술된 연구문제에 따라 달라진다.

첫째, 연구문제가 "모집단 평균에 있어서 집단 1과 집단 2 간에 차이가 있는가?"일 경우, 다음과 같은 두 개의 가설이 도출된다.

H_1: 모집단 평균에 있어서 집단 1과 집단 2 간에 차이가 있을 것이다.

$H_1 : \mu_1 \neq \mu_2$

H_2: 모집단 평균에 있어서 집단 1과 집단 2 간에 차이가 있지 않을 것이다.

$H_2 : \mu = \mu_2$

둘째, 연구문제가 "모집단 평균에 있어서 집단 1이 집단 2보다 높은가?"일 경우, 다음과 같은 두 개의 가설이 도출된다.

H_1: 모집단 평균에 있어서 집단 1이 집단 2보다 높을 것이다.

$H_1 : \mu_1 > \mu_2$

H_2: 모집단 평균에 있어서 집단 1이 집단 2보다 높지 않을 것이다.

$H_2 : \mu_1 \leq \mu_2$

셋째, 연구문제가 "모집단 평균에 있어서 집단 1이 집단 2보다 낮은가?"일 경우, 다음과 같은 두 개의 가설이 도출된다.

H_1: 모집단 평균에 있어서 집단 1이 집단 2보다 낮을 것이다.

$H_1 : \mu_1 < \mu_2$

H_2: 모집단 평균에 있어서 집단 1이 집단 2보다 낮지 않을 것이다.

$H_2 : \mu_1 \geq \mu_2$

진술된 연구문제에 대한 두 개의 가설이 도출되면, 연구자는 두 개의 가설 중에서 이론적 · 경험적 근거에 의해 가장 지지를 많이 받는 가설을 연구문제에 대한 연구가설로 설정한다.

단계 3 **통계적 가설 설정**

두 모집단 간 평균 차이에 대한 두 개의 가설이 도출되고 그리고 두 개의 가설 중 하나를 자신의 연구가설로 설정하게 되면, 연구자는 연구가설의 진위 여부를 통계적으로 검정하기 위해 가설검정 절차에서 설명한 동일한 원리와 절차에 따라 두 개의 가설을 영가설과 대립가설로 변환하여 통계적 가설로 설정한다.

- 변인 A의 평균에 있어서 집단 1과 집단 2 간에 차이가 있는가?

  $H_0 : \mu_1 = \mu_2$

  $H_A : \mu_1 \neq \mu_2$

- 변인 A의 평균에 있어서 집단 1이 집단 2보다 높은가?

  $H_0 : \mu_1 \leq \mu_2$

  $H_A : \mu_1 > \mu_2$

• 변인 A의 평균에 있어서 집단 1이 집단 2보다 낮은가?

$H_0 : \mu_1 \geq \mu_2$

$H_A : \mu_1 < \mu_2$

단계 4 독립적 두 표본평균 차이의 표집분포 파악

단일 모집단 모평균에 대한 가설검정에서와 마찬가지로, 두 표본평균의 차이점수로부터 두 모집단 모평균의 차이에 대한 가설을 검정하기 위해서 연구자는 반드시 자신의 연구 자료에서 계산된 두 표본의 평균 차이가 두 모집단 간에 차이가 없다는 영가설하에서 중심극한정리에 의해 이론적으로 도출된 두 표본평균 차이의 표집분포가 정규분포인지 또는 t분포인지를 파악해야 한다. 그리고 파악된 표집분포의 평균과 표준오차를 파악해야 한다.

앞 장에서 단일 모집단의 모수치 추정 및 가설검정에서 언급한 바와 같이, 모집단 분산 σ_1^2, σ_2^2를 알고 있을 경우에는 표본의 크기와 관계없이 표집분포가 근사적으로 정규분포를 따르기 때문에 표준 표집분포로 정규분포를 선택하면 된다. 그러나 모집단 분산 σ_1^2, σ_2^2를 모를 경우, σ_1^2, σ_2^2 대신 표본의 분산 $\hat{S}_1^2$, $\hat{S}_2^2$를 대체하여 표준오차를 계산한다. 이 경우, 표집분포가 표집의 크기에 따라 달라지는 t분포를 따르기 때문에 표본의 크기를 고려하여 적절한 t분포를 선택한다. 물론 σ_1^2, σ_2^2를 모를 경우라도 표본 크기가 대표본일 경우 표본분산 $\hat{S}_1^2$, $\hat{S}_2^2$가 모분산 σ_1^2, σ_2^2에 근접해 가기 때문에 t분포가 정규분포에 접근해 간다.

단계 5 두 표본평균 차이의 표집분포의 표준오차 및 자유도 계산

모집단 분산 σ_1^2과 σ_2^2를 알고 있을 경우에는 다음 공식에 따라 정규분포를 따르는 표집분포의 표준오차를 계산한다.

표집분포	표준오차(SE)
정규분포	$SE = \sqrt{\dfrac{\sigma_1^2}{n_1} + \dfrac{\sigma_2^2}{n_2}}$

모집단 분산 σ_1^2과 σ_2^2를 알 수 없을 경우에는 두 표본분산 $\hat{S}_1^2$과 $\hat{S}_2^2$를 대체하여 다음 공식에 따라 t분포를 따르는 표집분포의 표준오차를 계산한다.

표집분포	표준오차(SE)		$df(v)$
t분포	$\sigma_1^2 = \sigma_2^2$	$SE = \sqrt{\hat{S}_p^2 \left(\dfrac{1}{n_1} + \dfrac{1}{n_2} \right)}$	$v = n_1 + n_2 - 2$
	$\sigma_1^2 \neq \sigma_2^2$	$SE = \sqrt{\dfrac{\hat{S}_1^2}{n_1} + \dfrac{\hat{S}_2^2}{n_2}}$	$v = \dfrac{(\hat{S}_1^2/n_1 + \hat{S}_2^2/n_2)^2}{\dfrac{(\hat{S}_1^2/n_1)^2}{n_1 - 1} + \dfrac{(\hat{S}_2^2/n_2)^2}{n_2 - 1}}$

단계 6 표본통계치를 검정통계치로 변환

표집분포하의 두 표본평균 간 차이값을 검정통계치로 변환하기 위한 공식은 모집단 분산을 알고 있느냐/모르고 있느냐에 따라 달라진다. 모집단 분산 σ_1^2과 σ_2^2를 알고 있을 경우에는 다음 공식에 따라 통계치를 검정통계치 Z값으로 변환한다. 영가설은 $H_0 : \mu_1 - \mu_2 = 0$이기 때문에 분자의 $(\mu_1 - \mu_2) = 0$이 되므로 분자에 $(\overline{X}_1 - \overline{X}_2)$만 남는 공식으로 고쳐 쓸 수 있다.

$$Z = \frac{(\overline{X}_1 - \overline{X}_2) - (\mu_1 - \mu_2)}{SE}$$
$$= \frac{(\overline{X}_1 - \overline{X}_2)}{SE}$$

모집단 분산 σ_1^2과 σ_2^2를 알 수 없을 경우에는 다음 공식에 따라 통계치를 검정통계치 t값으로 변환한다. 영가설은 $H_0 : \mu_1 - \mu_2 = 0$이기 때문에 분자의 $(\mu_1 - \mu_2) = 0$이 되므로 분자에 $(\overline{X}_1 - \overline{X}_2)$만 남는 공식으로 고쳐 쓸 수 있다.

$$t = \frac{(\overline{X}_1 - \overline{X}_2) - (\mu_1 - \mu_2)}{SE}$$
$$= \frac{(\overline{X}_1 - \overline{X}_2)}{SE}$$

단계 7 통계 검정을 위한 유의수준 α 결정

두 표본 간 평균 차이의 검정통계량의 p값을 파악하기 전에 통계적 유의성 검정을 위한 유의수준 α를 먼저 결정해야 한다. 단일 모집단 평균에 대한 가설검정에서 언급한 바와 같이 연구의 성격을 고려하여 적절한 유의수준을 결정한다. 사회과학연구에서는 특별한 이유

가 없는 한 $\alpha = .05, .01, .001$ 중에서 하나를 선택하면 된다. 일단 통계적 가설검정을 위한 유의수준 α과 통계 검정량이 계산되면, 연구자는 통계적 검정을 위해 기각역 방법을 사용할 것인지 또는 p값 방법을 사용할 것인지를 결정해야 한다. 통계분석 전문 프로그램을 사용하여 분석할 경우, 모든 가능한 검정통계치에 따른 정확한 p값을 제공해 주기 때문에 통계 처리 전문 프로그램을 사용할 경우에 적절한 가설검정 방법이다. 반면, 기각역 방법을 사용할 경우에는 연구자가 직접 표집분포표에서 주어진 유의수준 α에 해당되는 임계치를 파악하여 가설검정을 한다.

• 기각역 방법을 이용한 통계 검정 절차 •

단계 8 임계치 파악과 기각역 설정

기각역 설정을 위해 유의수준 α값을 사용하여 표준 표집분포(Z분포, t분포)에서 임계치를 파악한다.

> Z분포일 경우
> ○ 등가설: $\alpha/2$에 해당되는 임계치: $Z_{\alpha/2}$
> ○ 부등가설: α에 해당되는 임계치: Z_α
>
> t분포일 경우
> ○ 등가설 $\alpha/2$에 해당되는 임계치: $_{n-1}t_{\alpha/2}$
> ○ 부등가설 α에 해당되는 임계치: $_{n-1}t_\alpha$

그리고 임계치가 파악되면, 연구가설의 내용(등가설/부등가설)에 따라 다음과 같이 기각역을 설정된다.

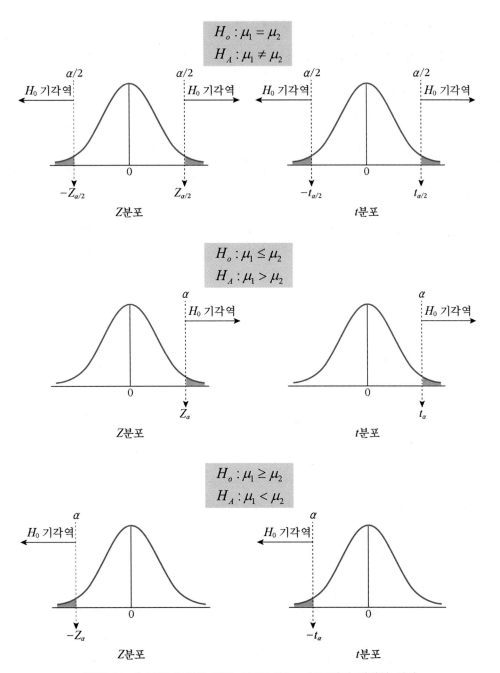

[그림 11-4] 가설 유형에 따른 Z분포 또는 t분포하의 기각역 설정

단계 9 통계적 유의성 판단

표집분포	가설 형태	통계적 가설	통계적 유의성 결정 규칙
Z분포	등가설	$H_o : \mu_1 = \mu_2$	통계치 $|Z| \geq Z_{\alpha/2}$이면 H_o을 기각하고 H_A을 채택한다.
		$H_A : \mu_1 \neq \mu_2$	통계치 $|Z| < Z_{\alpha/2}$이면 H_o을 기각하지 않는다.
	부등가설	$H_o : \mu_1 \leq \mu_2$	통계치 $Z \geq Z_{\alpha}$이면 H_o을 기각하고 H_A을 채택한다.
		$H_A : \mu_1 > \mu_2$	통계치 $Z < Z_{\alpha}$이면 H_o을 기각하지 않는다.
		$H_o : \mu_1 \geq \mu_2$	통계치 $Z \leq -Z_{\alpha}$이면 H_o을 기각하고 H_A을 채택한다.
		$H_A : \mu_1 < \mu_2$	통계치 $Z > -Z_{\alpha}$이면 H_o을 기각하지 않는다.

표집분포	가설 형태	통계적 가설	통계적 유의성 결정 규칙
t분포	등가설	$H_o : \mu_1 = \mu_2$	통계치 $|t| \geq t_{\alpha/2}$이면 H_o을 기각하고 H_A을 채택한다.
		$H_A : \mu_1 \neq \mu_2$	통계치 $|t| < t_{\alpha/2}$이면 H_o을 기각하지 않는다.
	부등가설	$H_o : \mu_1 \leq \mu_2$	통계치 $t \geq t_{\alpha}$이면 H_o을 기각하고 H_A을 채택한다.
		$H_A : \mu_1 > \mu_2$	통계치 $t < t_{\alpha}$이면 H_o을 기각하지 않는다.
		$H_o : \mu_1 \geq \mu_2$	통계치 $t \leq -t_{\alpha}$이면 H_o을 기각하고 H_A을 채택한다.
		$H_A : \mu_1 < \mu_2$	통계치 $t > -t_{\alpha}$이면 H_o을 기각하지 않는다.

• p값 방법을 이용한 유의성 검정 절차 •

단계 8 검정통계치의 p값 파악

유의수준 α를 결정한 다음, 두 표본에서 계산된 표본평균의 차이값을 표준 표집분포(Z분포, t분포)하의 값으로 변환하여 얻어진 검정통계치가 표준 표집분포상에서 표집의 오차에 의해서 얻어질 확률 p가 어느 정도인지를 파악한다. 앞에서 언급한 바와 같이, 표준 표집분포인 Z분포 또는 t분포에서 주어진 검정통계치가 순수하게 표집의 오차에 의해 얻어질 확률을 직접 파악할 수 없는 경우가 많다. 통계학자들이 도표로 제공해 주는 표준 표집분포는 모든 검정통계치에 대한 p값을 제공해 주지 않기 때문이다. 그래서 통계분석 전문 프로그램은 연구자가 자신의 연구에서 얻은 두 표본의 평균 차이값이 순수하게 표집의 오차에 의해 얻어질 확률 p값을 정확하게 제공해 주기 때문에, 이 방법은 통계 처리 전문 프로그램을 사용하여 자료를 분석할 경우에 사용 가능한 가설검정 방법이다.

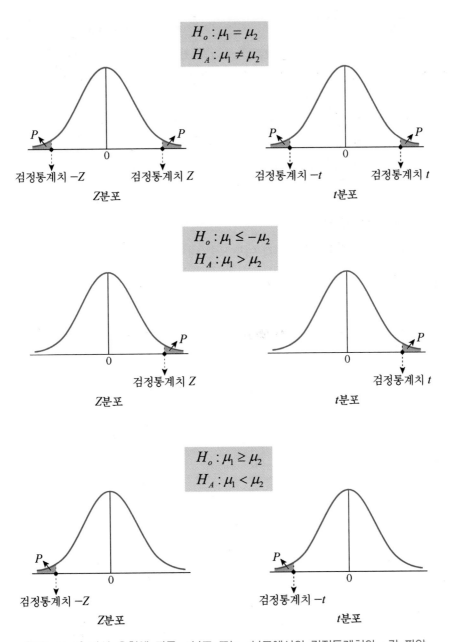

$$H_o : \mu_1 = \mu_2$$
$$H_A : \mu_1 \neq \mu_2$$

[그림 11-5] 가설 유형에 따른 Z분포 또는 t분포에서의 검정통계치의 p값 파악

통계적 유의성 판단

계산된 검정통계치가 주어진 표집분포상에서 순수한 표집오차에 의해 얻어질 확률 p와 통계적 유의성 판단을 위해 설정된 유의수준(α 또는 $\alpha/2$)을 비교하여 두 모집단 평균 차이에 대한 영가설의 기각 여부를 판단한다.

통계적 가설		통계적 유의성 결정 규칙
등가설	$H_o : \mu_1 = \mu_2$ $H_A : \mu_1 \neq \mu_2$	만약 $p \leq \alpha/2$이면, H_o을 기각하고 H_A을 채택한다. 만약 $p > \alpha/2$이면, H_o을 기각하지 않는다.
부등가설	$H_o : \mu_1 \leq \mu_2$ $H_A : \mu_1 > \mu_2$ $H_o : \mu_1 \geq \mu_2$ $H_A : \mu_1 < \mu_2$	만약 $p \leq \alpha$이면, H_o을 기각하고 H_A을 채택한다. 만약 $p > \alpha$이면, H_o을 기각하지 않는다.

단계 10   통계 검정 결과 해석

통계적 검정에서 영가설 H_o의 기각 여부 또는 대립가설 H_A의 채택 여부를 기술하고 그 의미를 해석한다.

> **SPSS를 이용한 독립적 두 모집단 간 평균 차이 분석**

1. ① Analyze → ② Compare Means → ③ Independent Sample T test 순으로 클릭한다.

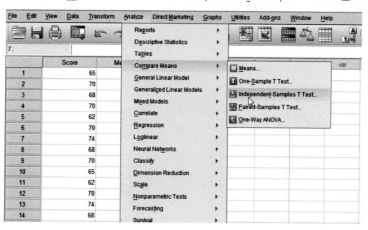

2. ④ Score를 ⑤ Test Variable(s)에 ⑥ Method를 ⑦ Grouping Variable or로 이동시킨다. 그리고 ⑧ Define Groups 아이콘을 클릭한다.

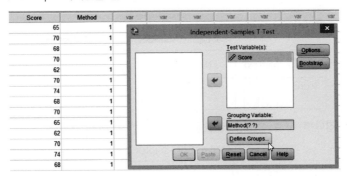

3. ⑨ Define Groups 명령메뉴에서 ⑩ Group 1에 1을 입력하고 ⑩ Group 2에 2를 입력한다. 그리고 ⑪ Continue 아이콘을 클릭한다.

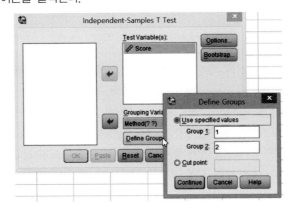

4. ⑬ OK 아이콘을 클릭한다.

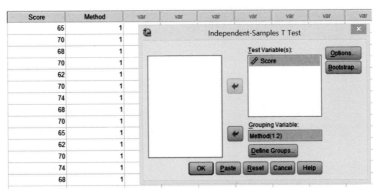

산출 결과

➔ T-Test

Group Statistics

	Method	N	Mean	Std. Deviation	Std. Error Mean
Score	그림동화	15	68.40	3.621	.935
	구연동화	15	72.80	3.688	.952

산출표 ①은 두 집단별 사례 수, 평균, 표준편차에 대한 정보를 제시해 주고 있다.

Independent Samples Test

		Levene's Test for Equality of Variances		t-test for Equality of Means						
									95% Confidence Interval of the Difference	
		F	Sig.	t	df	Sig. (2-tailed)	Mean Difference	Std. Error Difference	Lower	Upper
Score	Equal variances assumed	.004	.948	−3.297	28	.003	−4.400	1.335	−7.134	−1.666
	Equal variances not assumed			−3.297	27.991	.003	−4.400	1.335	−7.134	−1.666

산출표 ②는 집단 간 동분산성의 가정 여부에 따른 t검정 결과를 제시해 주고 있다. 동분산성 가정이 충족될 경우에는 *Equal variances assumed* 란의 결과를 사용하고, 만약 동분산성을 가정할 수 없을 경우에는 *Equal variances not assumed* 란의 결과를 사용하면 된다. 예컨대, 산출표 ②에서 볼 수 있는 바와 같이, 동분산성을 가정을 검정하기 위해 Levene 검정을 실시한 결과 $F = .004$, $p = .948$로서 두 집단의 분산이 통계적으로 유의하게 다르지 않는 것으로 나타났다. 그래서 *Equal variances assumed* 란의 검정 결과를 살펴보면, 두 집단 간 평균 차이(그림동화−구연동화)가 −4.400으로 나타났으며, 이를 $df = 28$인 t분포하의 점수인 통계량으로 변환한 결과 $t = -3.297$, $p = .003$으로 나타났다. 따라서 유의수준을 $\alpha = .01$로 설정할 경우, $p < .01$이므로 동화 이해도에 있어서 두 집단 평균 간에 통계적으로 유의한 차이가 있다. 즉, 구연동화 집단의 평균이 그림동화 집단의 평균보다 높은 것으로 나타났다.

예제 **11-2**

직무 만족도에 있어서 D 시의 공·사립 유치원 교사 간에 차이가 있는지 알아보기 위해 공립 유치원과 사립 유치원에 재직하고 있는 유아 교사 30명을 각각 무선표집한 다음 직무 만족도 척도를 실시한 결과, 다음과 같이 나타났다.

구분	공립 유치원	사립 유치원
평균	69.3	64
표준편차	10.9	11.2
n	25	25

두 모집단이 모두 정규분포를 따르고 분산이 동일한 것으로 가정할 때, 유의수준 .05에서 직무 만족도 평균에 있어서 두 집단 간에 통계적으로 유의한 차이가 있는지 기각역 방법으로 검정하시오.

5 의존적 두 모집단 평균 차이의 추정 절차 및 방법

지금까지 독립적 두 모집단 모평균의 차이를 추론하기 위한 추정 절차 및 가설검정 절차에 대해 알아보았다. 만약 두 모집단이 서로 의존일 경우에는 두 표본평균 차이의 표집분포 표준오차가 두 모집단이 독립적인 경우와 다르고, 특히 표집분포가 t분포일 경우 자유도 계산 방법이 달라지기 때문에 의존적 두 모집단 간 평균 차이 추론을 위해 다음과 같은 절차에 따라 추론을 해야 한다.

두 모집단 평균 간의 차이가 어느 정도인지 알고 싶을 경우, 연구자는 각 모집단으로부터 무선적으로 표집된 표본평균 간의 차이로부터 표집에 따른 오차를 고려하여 두 모집단 간 평균 차이를 확률적으로 추정하게 된다. 구체적인 추정 절차와 방법은 다음과 같다.

단계 1 두 표본평균 간의 차이값 계산
두 표본에서 계산된 표본평균의 차이값을 계산한다.

$$차이값 = \overline{X}_1 - \overline{X}_2$$

단계 2 두 표본평균 차이의 표집분포 파악

표본 크기가 대표본이고 모집단 표준편차 σ를 알 수 있는 경우에는 중심극한정리에 따라 모집단의 정규분포 여부와 관계없이 두 표본평균차의 표집분포가 근사적 정규분포를 이룰 것으로 기대할 수 있기 때문에 정규분포분포를 자신의 표집분포로 사용할 수 있다. 그러나, 특히 표본의 크기가 $n < 30$이고 모집단 표준편차 σ가 알려져 있지 않을 경우에는 연구자의 표집분포가 정규분포를 따르지 않고 표집의 크기에 따라 민감하게 변하는 t분포를 따르기 때문에 연구자는 t분포를 자신의 표집분포로 사용하여 모평균 차이를 확률적으로 추정해야 한다.

단계 3 두 표본평균차의 표집분포의 표준오차 및 자유도 계산

의존적인 두 표본평균차의 표집분포의 표준오차와 자유도는 모집단 분산을 알고 있을 경우와 모르고 있을 경우에 따라 다르다.

• 모분산을 알고 있을 경우: 두 표본평균 차이 표집분포의 표준오차는 두 표본이 의존적일 경우에는

$$\sigma_{\overline{X}_1 - \overline{X}_2} = \sigma_1^2 + \sigma_2^2 - 2\sigma_{12}$$
$$= \sigma_1^2 + \sigma_2^2 - 2\rho_{12}\sigma_1\sigma_2$$

여기서, ρ=두 모집단 간의 상관계수이기 때문에
중심극한정리에 의해 $SE = \sigma_{\overline{X}_1 - \overline{X}_2}$ 은 다음과 같다.

$$SE = \sqrt{\frac{\sigma_1^2 + \sigma_2^2 - 2\rho_{12}\sigma_1\sigma_2}{n}} \qquad \cdots\cdots(11.6)$$

• 모분산을 모를 경우: 실제 연구상황에서 두 모집단 분산 σ_1^2, σ_2^2를 알 수 있는 경우가 드물다. 그래서 각 표본에서 계산된 모분산 추정치 $\hat{S}_1^2$, $\hat{S}_2^2$를 대치하여 표집분포의 표준오차를 계산해야 하기 때문에 앞의 두 식은 다음과 같이 나타낼 수 있다.

$$SE = \frac{\sqrt{\hat{S}_1^2 + \hat{S}_2^2 - 2\rho_{12}\hat{S}_1\hat{S}_2}}{n} \qquad \cdots\cdots(11.7)$$

대부분의 경우와 같이, 모집단 간 상관(ρ_{12})을 모를 경우 ρ_{12} 대신 표본 간 상관 r_{12}을 대치하여 표집오차를 다음과 같이 계산한다.

$$SE = \frac{\sqrt{\hat{S}_1^2 + \hat{S}_2^2 - 2r_{12}\hat{S}_1\hat{S}_2}}{n} \qquad \cdots\cdots(11.8)$$

단계 4 신뢰수준 결정

통계량이 계산되고 그리고 표집분포의 표준오차가 계산되면, 계산된 통계량으로부터 모수치에 대한 신뢰구간 추정량을 구하기 위해 필요한 신뢰수준을 결정해야 한다. 앞에서 언급한 바와 같이, 일반적으로 가장 흔히 사용되고 있는 신뢰수준은 90%, 95%, 99% 등이며 연구자는 이들 중 자신이 원하는 신뢰수준을 선택한다.

단계 5 신뢰수준에 따른 표준오차 한계 범위 파악

연구자가 원하는 신뢰수준(90%, 95%, 99%)에 따라 이에 대응되는 신뢰계수 p(.90, .95, .99)가 정해지면 신뢰구간 추정량을 계산하기 위한 표준오차의 한계값을 파악한다.

$$\alpha = 1 - p$$
$$\alpha/2 = (1 - p)/2$$

• 표집분포가 정규분포일 경우

90% 신뢰구간의 경우: $\alpha/2 = (1 - .90)/2 = .05$

95% 신뢰구간의 경우: $\alpha/2 = (1 - .95)/2 = .025$

99% 신뢰구간의 경우: $\alpha/2 = (1 - .99)/2 = .005$

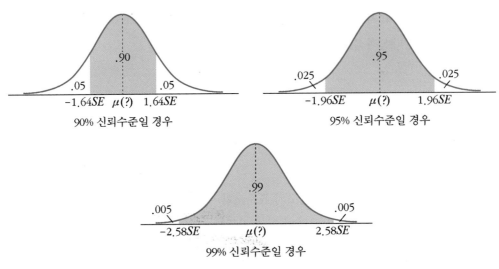

[그림 11-6] Z분포하의 신뢰수준

• 표집분포가 t분포일 경우

t분포의 경우 df에 따라 다양한분포가 존재하므로, 여기서 $df = 20$인 경우의 예를 들어 제시하면 다음과 같다.

$$90\% \text{ 신뢰구간의 경우: } \alpha/2 = (1 - .90)/2 = .05$$
$$95\% \text{ 신뢰구간의 경우: } \alpha/2 = (1 - .95)/2 = .025$$
$$99\% \text{ 신뢰구간의 경우: } \alpha/2 = (1 - .99)/2 = .005$$

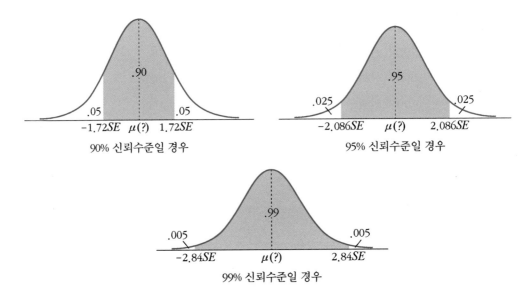

[그림 11-7] t분포하의 신뢰수준

단계 6 신뢰구간 추정량 계산

표준오차값을 계산하는 공식이 모분산을 알고 있느냐/모르고 있느냐에 따라 달라진다. 그리고 표집분포에 따라 $\alpha/2$값이 달라진다. 설정된 신뢰수준에 따른 신뢰구간 추정량을 계산하기 위한 구체적인 공식은 다음과 같다.

• 모분산 σ_1^2과 σ_2^2를 알고 있을 경우

표집분포	신뢰수준	신뢰구간 추정량
정규분포	90%	$(\overline{X}_1 - \overline{X}_2) \pm Z_{.05} * SE$
		$(\overline{X}_1 - \overline{X}_2) \pm 1.64 * SE$
	95%	$(\overline{X}_1 - \overline{X}_2) \pm Z_{.025} * SE$
		$(\overline{X}_1 - \overline{X}_2) \pm 1.96 * SE$
	99%	$(\overline{X}_1 - \overline{X}_2) \pm Z_{.005} * SE$
		$(\overline{X}_1 - \overline{X}_2) \pm 2.58 * SE$

• 모집단 분산 σ_1^2과 σ_2^2를 모를 경우: t분포

표집분포	신뢰수준	신뢰구간 추정량
t분포 ($df = 20$의 경우)	90%	$(\overline{X}_1 - \overline{X}_2) \pm {}_{n-1}t_{.05} * SE$
		$(\overline{X}_1 - \overline{X}_2) \pm 1.72 * SE$
	95%	$(\overline{X}_1 - \overline{X}_2) \pm {}_{n-1}t_{.025} * SE$
		$(\overline{X}_1 - \overline{X}_2) \pm 2.08 * SE$
	99%	$(\overline{X}_1 - \overline{X}_2) \pm {}_{n-1}t_{.005} * SE$
		$(\overline{X}_1 - \overline{X}_2) \pm 2.85 * SE$

단계 7 신뢰구간 추정치의 해석

선택한 신뢰수준(90%, 95%, 99%)에 따른 신뢰구간 추정량이 파악되면, 파악된 신뢰구간이 두 모평균의 차이값을 포함할 확률은 90%, 95%, 99%라고 기술한다.

예제 11-3

한 연구자가 생후 8주 신생아 30명을 대상으로 시각자극과 청각자극에 대한 반응잠시(Reaction Time)를 초 단위로 측정한 결과, 다음과 같이 나타났다.

신생아	시각자극	청각자극
1	12	7
2	15	5
3	11	6
4	9	7
5	8	9
6	10	9
7	13	9
8	14	8
9	11	7
10	12	10
11	10	11
12	9	9
13	9	10
14	8	9
15	9	8

두 모집단이 모두 정규분포를 따르고 분산이 동일한 것으로 가정할 때, 95% 신뢰수준에서 반응잠시에 있어서 두 자극 간의 차이를 추정하시오.

---

6 의존적 두 모집단 평균 차이의 가설검정 절차 및 방법

앞에서 의존적인 두 모집단 평균 차이에 대한 아무런 정보가 없을 경우, 두 모집단 평균 간에 어느 정도의 차이가 있는지 탐색적으로 추정하기 위한 추정 절차와 방법에 대해 알아보았다. 이제 두 모집단 평균 차이에 대한 가설검정 절차와 방법에 대해 설명하고자 한다.

단계 1 두 모집단 평균 차이에 대한 연구문제 진술

의존적 두 모집단 모평균 차이에 대한 연구문제도 독립적 두 모집단의 경우와 동일하다. 연구자가 관심하의 변인에 있어서 두 모집단(집단 1, 집단 2) 간 평균 차이에 관심을 가질 경우, 평균 차이값은 가설적으로 어떤 값으로도 설정될 수 있다. 그러나 가설적으로 설정된 값은 반드시 이론적·경험적 근거를 가지고 있어야 한다. 연구자가 두 모집단 간에 평균 차이를 가설적으로 어떤 값으로 설정하느냐에 따라 두 가지 경우로 나뉜다.

첫째, 두 모집단 평균 간의 차이값을 0으로 설정할 경우 연구자의 관심은 두 모집단 평균 간에 차이의 유무를 알아보려는 데 있다.

둘째, 두 집단 중 어느 집단이 상대적으로 평균이 더 높을 것인가에 대한 연구문제가 설정될 수 있다. 그래서 두 모집단(집단 1, 집단 2) 간 평균 차이에 대해 다음과 같은 네 가지 종류의 연구문제가 제기될 수 있으며, 두 모집단 평균 간의 관계에 이론적·경험적 근거에 의해 연구자는 이들 연구문제 중에서 어느 하나를 자신의 연구문제로 선정하게 된다. 변인 A의 평균에 있어서,

① 집단 1과 집단 2 간에 차이가 있는가?
② 집단 1과 집단 2 간에 차이가 없는가?
③ 집단 1이 집단 2보다 높은가?
④ 집단 1이 집단 2보다 낮은가?

셋째, 두 모집단 간 평균의 차이가 어떤 구체적인 값(μ_{hypo})과 다를 것인가 또는 두 모집단 간 평균의 차이가 구체적인 값(μ_{hypo})보다 클 것인가 또는 작을 것인가에 대한 연구문제를 제기할 수도 있다. 이 경우, 두 모집단(집단 1, 집단 2) 간 평균 차이에 대해 다음과 같은 네 가지 종류의 연구문제가 제기될 수 있으며, 두 모집단 평균 간의 관계에 이론적·경험적 근거에 의해 연구자는 이들 연구문제 중에서 어느 하나를 자신의 연구문제로 선정하게 된다.

변인 A의 평균에 있어서,
① 집단 1과 집단 2 간의 평균 차이가 μ_{hypo}와 같은가?
② 집단 1과 집단 2 간의 평균 차이가 μ_{hypo}와 다른가?
③ 집단 1과 집단 2 간의 평균 차이가 μ_{hypo}보다 큰가?
④ 집단 1과 집단 2 간의 평균 차이가 μ_{hypo}보다 작은가?

이와 같이 두 모집단 평균 차이에 대한 연구문제가 두 가지 내용으로 진술될 수 있으나,

대부분의 경우 두 모집단의 구체적인 평균 차이 정도에 대한 가설 설정이 가능한 경우가 드물기 때문에 실제 연구상황에서는 집단 간 차이의 유무 또는 상대적 차이 유무에 대한 연구문제가 주로 다루어지고 있다. 사실, $\mu_{hypo} = 0$인 특별한 경우가 바로 전자에 해당되기 때문에 내용상으로는 구분되지만 형식상으로는 동일한 연구문제라 할 수 있다.

단계 2 가설 도출 및 연구가설 설정

두 모집단 평균 차이에 연구문제가 진술되면, 진술된 연구문제에 대한 잠정적인 해답인 가설을 논리적으로 도출한다. 물론 가설의 구체적인 내용은 진술된 연구문제에 따라 달라진다.

첫째, 연구문제가 "모집단 평균에 있어서 집단 1과 집단 2 간에 차이가 있는가?"일 경우, 다음과 같은 두 개의 가설이 도출 된다.

H_1: 모집단 평균에 있어서 집단 1과 집단 2 간에 차이가 있을 것이다.

$H_1 : \mu_1 \neq \mu_2$

H_2: 모집단 평균에 있어서 집단 1과 집단 2 간에 차이가 있지 않을 것이다.

$H_2 : \mu = \mu_2$

둘째, 연구문제가 "모집단 평균에 있어서 집단 1이 집단 2보다 큰가?"일 경우, 다음과 같은 두 개의 가설이 도출된다.

H_1: 모집단 평균에 있어서 집단 1이 집단 2보다 클 것이다.

$H_1 : \mu_1 > \mu_2$

H_2: 모집단 평균에 있어서 집단 1이 집단 2보다 크지 않을 것이다.

$H_2 : \mu_1 \leq \mu_2$

셋째, 연구문제가 "모집단 평균에 있어서 집단 1이 집단 2보다 작은가?"일 경우, 다음과 같은 두 개의 가설이 도출된다.

H_1: 모집단 평균에 있어서 집단 1이 집단 2보다 작을 것이다.

$H_1 : \mu_1 < \mu_2$

H_2: 모집단 평균에 있어서 집단 1이 집단 2보다 작지 않을 것이다.

$$H_2 : \mu_1 \geq \mu_2$$

진술된 연구문제에 대한 두 개의 가설이 도출되면, 연구자는 두 개의 가설 중에서 이론적 · 경험적 근거에 의해 가장 지지를 많이 받는 가설을 자신의 연구가설로 설정한다.

단계 3 **통계적 가설 설정**

두 모집단 간 평균 차이에 대한 구체적인 연구문제가 진술되면, 연구자는 단일 모집단 평균에 대한 가설검정 절차에서 설명한 동일한 원리와 절차에 따라 논리적으로 제기된 연구문제에 대한 통계적 가설을 진술한다.

- 변인 A의 평균에 있어서 집단 1과 집단 2 간에 차이가 있는가?

  $H_0 : \mu_1 = \mu_2$ 또는 $H_0 : \mu_1 - \mu_2 = 0$

  $H_A : \mu_1 \neq \mu_2$ 또는 $H_A : \mu_1 - \mu_2 \neq 0$

- 변인 A의 평균에 있어서 집단 1이 집단 2보다 큰가?

  $H_0 : \mu_1 \leq \mu_2$ 또는 $H_0 : \mu_1 - \mu_2 \leq 0$

  $H_A : \mu_1 > \mu_2$ 또는 $H_A : \mu_1 - \mu_2 > 0$

- 변인 A의 평균에 있어서 집단 1이 집단 2보다 작은가?

  $H_0 : \mu_1 \geq \mu_2$ 또는 $H_0 : \mu_1 - \mu_2 \geq 0$

  $H_A : \mu_1 < \mu_2$ 또는 $H_A : \mu_1 - \mu_2 < 0$

단계 4 **두 의존 표본평균 차이의 표집분포 파악**

단일 모집단 모평균에 대한 가설검정에서와 마찬가지로, 두 표본평균의 차이점수로부터 두 모집단 모평균의 차이에 대한 가설을 검정하기 위해서 연구자는 반드시 자신의 연구 자료에서 계산된 두 표본의 평균 차이 정도가 순수하게(두 모집단 간에 차이가 없다는 영가설하에서) 표집의 오차에 의해 얻어질 확률이 정의된 이론적 두 표본평균차의 표집분포의 평균과 표준편차를 알아야 하고, 그리고 통계적 추론을 위해 실제로 자신의 평균 차이의 표집분포가 통계학자들이 제공해 주는 Z분포 또는 t분포 중 어떤 분포의 성질과 같은지를 판단한 다음 적절한 표준 표집분포를 결정해야 한다.

두 표본평균 차이의 표집분포의 평균과 표준편차와 표집분포의 성질은 관심하의 두 모집단의 분산 σ_1^2, σ_2^2을 알고 있느냐 또는 모르느냐 그리고 두 표본이 대표본 또는 소표본이냐에 따라 달라진다. 모집단 분산 σ_1^2, σ_2^2을 알고 있을 경우에는 표본의 크기와 관계없이 표집분포가 근사적으로 정규분포를 따르기 때문에 표준 표집분포로 Z분포를 선택하면 된다. 그러나 모집단 분산 σ_1^2, σ_2^2를 모를 경우는 표집분포가 정규분포와 다르고 표집의 크기에 따라 확률분포가 달라지는 t분포를 따르기 때문에 표본의 크기를 고려하여 적절한 t분포를 선택한다.

단계 5 두 의존표본평균 차이의 표집분포의 표준오차 계산

• 모집단 분산 σ_1^2과 σ_2^2를 알고 있을 경우,

표집분포	표준오차
Z분포	$SE=\sqrt{\dfrac{\sigma_1^2+\sigma_2^2-2\rho_{12}\sigma_1\sigma_2}{n}}$

• 모집단 분산 σ_1^2과 σ_2^2를 모르고 있을 경우,

표집분포	표준오차	df
t분포	$SE=\sqrt{\dfrac{\widehat{S_1^2}+\widehat{S_2^2}-2r\widehat{S_1}\widehat{S_2}}{n}}$	$df=n-1$

단계 6 표본통계치를 검정통계치로 변환

앞에서 설명한 바와 같이, 검정통계치를 계산하는 공식은 모집단 분산을 알고 있느냐/모르고 있느냐에 따라 달라진다.

• 모집단 분산 σ_1^2과 σ_2^2를 알고 있을 경우,

표집분포	검정통계량 Z
Z분포	$Z=\dfrac{(\overline{X}_1-\overline{X}_2)-(\mu_1-\mu_2)}{SE}$

• 모집단 분산 σ_1^2과 σ_2^2를 모르고 있을 경우,

표집분포	검정통계량 t	df
t분포	$t=\dfrac{(\overline{X}_1-\overline{X}_2)-(\mu_1-\mu_2)}{SE}$	$df=n-1$

앞의 검정통계량 공식은 $H_0 : \mu_1 - \mu_2 = \mu_{hypo}$, $H_0 : \mu_1 - \mu_2 \geq \mu_{hypo}$, $H_0 : \mu_1 - \mu_2 \leq \mu_{hypo}$ 인 경우에 해당되며, 영가설이 $H_0 : \mu_1 - \mu_2 = 0$, $H_0 : \mu_1 - \mu_2 \geq 0$, $H_0 : \mu_1 - \mu_2 \leq 0$, 경우에는 $\mu_1 - \mu_2 = 0$이므로 $\mu_1 - \mu_2$ 값을 0으로 처리하면 같은 검정통계치를 얻을 수 있기 때문에, 검정통계량 공식을 일반적으로 다음과 같이 나타낸다.

$$ t = \frac{(\overline{X}_1 - \overline{X}_2)}{SE} $$

단계 7 통계 검정을 위한 유의수준 α 결정

두 표본 간 평균 차이의 검정통계량을 계산하기 전에 통계적 유의성 검정을 위한 유의수준 α를 먼저 결정해야 한다. 사회과학연구에서는 특별한 이유가 없는 한 $\alpha = .05, .01, .001$ 중에서 하나를 선택하면 된다.

일단, 통계적 가설검정을 위한 유의수준 α과 통계 검정량이 계산되면, 연구자는 통계적 검정을 위해 기각역 방법을 사용할 것인지 또는 p값 방법을 사용할 것인지를 결정해야 한다. 통계분석 전문 프로그램을 사용하여 분석할 경우, 모든 가능한 검정통계치에 따른 p값을 정확하게 파악하여 제공해 주기 때문에 p값 방법은 통계 처리 전문 프로그램을 사용할 경우에 적절한 가설검정 방법이다. 반면, 기각역 방법을 사용할 경우에는 연구자가 직접 표집분포표에서 주어진 유의수준 α에 해당되는 임계치를 파악하여 가설검정을 한다.

• 기각역 방법을 이용한 통계 검정 절차 •

단계 8 임계치 파악과 기각역 설정
- Z분포일 경우
  ○ 부등가설 : α에 해당되는 임계치: Z_α
  ○ 등가설: $\alpha/2$에 해당되는 임계치: $Z_{\alpha/2}$
- t분포일 경우
  ○ 부등가설 α에 해당되는 임계치: $_{n-1}t_\alpha$
  ○ 등가설 $\alpha/2$에 해당되는 임계치: $_{n-1}t_{\alpha/2}$

기각역 설정을 위해 유의수준 α값을 사용하여 표준 표집분포(Z분포, t분포)에서 임계치를 파악한다. 그리고 임계치가 파악되면, 연구가설의 내용(등가설/부등가설)에 따라 다음과 같이 기각역이 설정된다.

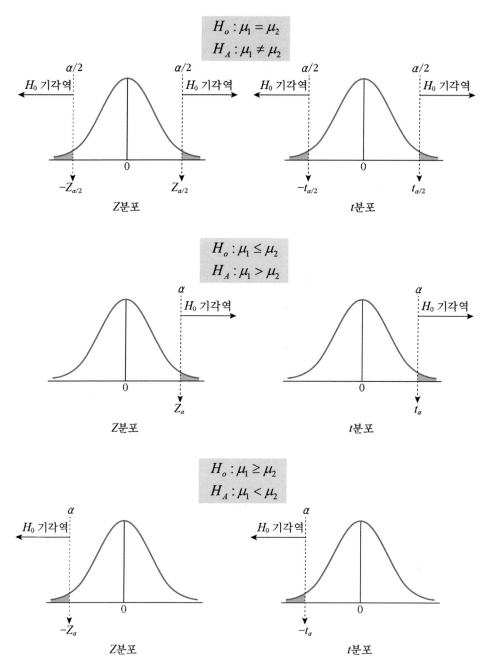

$$H_o : \mu_1 = \mu_2$$
$$H_A : \mu_1 \neq \mu_2$$

$$H_o : \mu_1 \leq \mu_2$$
$$H_A : \mu_1 > \mu_2$$

$$H_o : \mu_1 \geq \mu_2$$
$$H_A : \mu_1 < \mu_2$$

[그림 11-8] 가설 유형에 따른 Z분포와 t분포에서의 기각역 설정

단계 9 통계적 유의성 판단

표집분포	가설 형태	통계적 가설	통계적 유의성 결정 규칙
Z분포	등가설	$H_o : \mu_1 = \mu_2$	검정통계치 $|Z| \geq Z_{\alpha/2}$이면 H_o을 기각하고 H_A을 채택한다.
		$H_A : \mu_1 \neq \mu_2$	검정통계치 $|Z| < Z_{\alpha/2}$이면 H_o을 기각하지 않는다.
	부등가설	$H_o : \mu_1 \leq \mu_2$	검정통계치 $Z \geq Z_\alpha$이면 H_o을 기각하고 H_A을 채택한다.
		$H_A : \mu_1 > \mu_2$	검정통계치 $Z < Z_\alpha$이면 H_o을 기각하지 않는다.
		$H_o : \mu_1 \geq \mu_2$	검정통계치 $Z \leq -Z_\alpha$이면 H_o을 기각하고 H_A을 채택한다.
		$H_A : \mu_1 < \mu_2$	검정통계치 $Z > -Z_\alpha$이면 H_o을 기각하지 않는다.

표집분포	가설 형태	통계적 가설	통계적 유의성 결정 규칙
t분포	등가설	$H_o : \mu_1 = \mu_2$	검정통계치 $|t| \geq t_{\alpha/2}$이면 H_o을 기각하고 H_A을 채택한다.
		$H_A : \mu_1 \neq \mu_2$	검정통계치 $|t| < t_{\alpha/2}$이면 H_o을 기각하지 않는다.
	부등가설	$H_o : \mu_1 \leq \mu_2$	검정통계치 $t \geq t_\alpha$이면 H_o을 기각하고 H_A을 채택한다.
		$H_A : \mu_1 > \mu_2$	검정통계치 $t < t_\alpha$이면 H_o을 기각하지 않는다.
		$H_o : \mu_1 \geq \mu_2$	검정통계치 $t \leq -t_\alpha$이면 H_o을 기각하고 H_A을 채택한다.
		$H_A : \mu_1 < \mu_2$	검정통계치 $t > -t_\alpha$이면 H_o을 기각하지 않는다.

● p값 방법을 이용한 유의성 검정 절차 ●

단계 8 검정통계치의 p값 파악

두 표본에서 계산된 평균 차이값을 표준 표집분포(Z분포, t분포)하의 값으로 변환하여 얻어진 검정통계치가 주어진 표집분포에서 표집의 오차에 의해서 얻어질 확률 p가 어느 정도인지를 파악한다. 앞에서 언급한 바와 같이, 표준 표집분포인 Z분포 또는 t분포에서 주어진 검정통계치가 순수하게 표집의 오차에 의해 얻어질 확률을 직접 파악할 수 없는 경우가 많다. 통계학자들이 도표로 제공해 주는 표준 표집분포는 모든 검정통계치에 대한 p값을 제공해 주지 않기 때문이다. 그래서 통계분석 전문 프로그램을 사용하여 분석할 경우에만 연구자가 자신의 표집에서 얻은 두 표본의 평균 차이값이 순수하게 표집의 오차에 의해 얻어질 확률을 정확하게 파악할 수 있기 때문에, 이 방법은 통계 처리 전문 프로그램을 사용하여 자료를 분석할 경우에 사용 가능한 가설검정 방법이다.

$$H_o : \mu_1 = \mu_2, \ \ H_A : \mu_1 \neq \mu_2$$

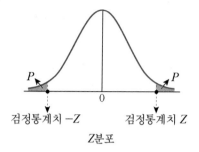

Z분포

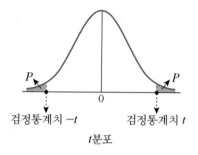

t분포

$$H_o : \mu_1 \leq -\mu_2, \ \ H_A : \mu_1 > \mu_2$$

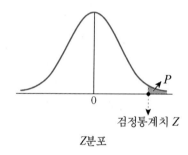

Z분포

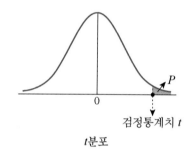

t분포

$$H_o : \mu_1 \geq \mu_2, \ \ H_A : \mu_1 < \mu_2$$

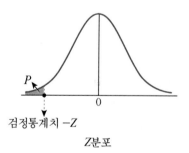

Z분포

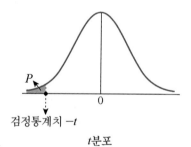

t분포

[그림 11-9] 가설 유형에 따른 Z분포와 t분포에서 검정통계치의 p값 파악

단계 9 통계적 유의성 판단

계산된 검정통계치가 주어진 표집분포상에서 순수한 표집오차에 의해 얻어질 확률 p와 통계적 유의성 판단을 위해 설정된 유의수준(α, $\alpha/2$)과 비교하여 두 모집단 평균 차이에 대한 영가설의 기각 여부를 검정한다.

통계적 가설		통계적 유의성 결정 규칙
등가설	$H_o : \mu_1 = \mu_2$	만약 $p \leq \alpha/2$이면, H_o을 기각하고 H_A을 채택한다.
	$H_A : \mu_1 \neq \mu_2$	만약 $p > \alpha/2$이면, H_o을 기각하지 않는다.
부등가설	$H_o : \mu_1 \leq \mu_2$	만약 $p \leq \alpha$이면, H_o을 기각하고 H_A을 채택한다.
	$H_A : \mu_1 > \mu_2$	만약 $p > \alpha$이면, H_o을 기각하지 않는다.
	$H_o : \mu_1 \geq \mu_2$	
	$H_A : \mu_1 < \mu_2$	

단계 10 **통계적 검정 결과의 해석**

통계적 검정에서 영가설 H_o의 기각 여부 또는 대립가설 H_A의 채택 여부를 기술하고 그 의미를 해석한다.

SPSS를 이용한 의존적 두 집단 간 평균 차이 분석

① <u>A</u>nalyze → ② Co<u>m</u>pare Means → ③ <u>P</u>aired Sample T test 순으로 클릭한다.

④ 시각 변인을 ⑤ Variable 1에 청각 변인을 Variable 2로 이동시킨다. 그리고 ⑤ OK 아이콘을 클릭한다.

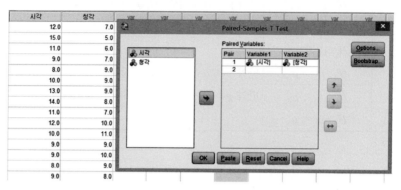

산출 결과

→ T-Test

Paired Samples Statistics

		Mean	N	Std. Deviation	Std. Error Mean
Pair 1	시각	10.667	15	2.1602	.5578
	청각	8.267	15	1.6242	.4194

Paired Samples Correlations

	N	Correlation	Sig.
Pair 1 시각 & 청각	15	−.441	.100

Paired Samples Test

		Paired Difference							
					95% Confidence Interval of the Difference				
		Mean	Std. Deviation	Std. Error Mean	Lower	Upper	t	df	Sig. (2-tailed)
Pair 1	시각 · 청각	2.4000	3.2249	.8327	.6141	4.1859	2.882	14	.012

산출표 ①은 두 변인에 있어서 사례 수, 평균, 표준편차에 대한 정보를 제시해 주고 있다. 산출표 ②는 시각자극과 청각자극 간에 −.441정도의 상관이 있음을 보여 주고 있다. 산출표 ③에서 볼 수 있는 바와 같이, 두 자극에 대한 반응잠시의 평균 차이가 2.4이고, 표준오차가 .8327이며, 그리고 통계량 $t=2.882$, $p=.012$임을 보여 주고 있다. 유의수준을 .05로 설정할 경우, $p<.01$이므로 영가설을 기각하고 대립가설을 채택할 수 있음을 보여 주고 있다.

예제   11-4

한 연구자가 생후 8주 신생아 30명을 대상으로 시각자극과 청각자극에 대한 반응잠시(Reaction Time)를 초 단위로 측정한 결과, 다음과 같이 나타났다.

신생아	시각자극	청각자극
1	12	7
2	15	5
3	11	6
4	9	7
5	8	9
6	10	9
7	13	9
8	14	8
9	11	7
10	12	10
11	10	11
12	9	9
13	9	10
14	8	9
15	9	8

두 모집단이 모두 정규분포를 따르고 분산이 동일한 것으로 가정할 때, 유의수준 .05에서 두 자극 간의 차이가 있는지 검정하시오.

제12장

단일 모집단

모분산의 추론

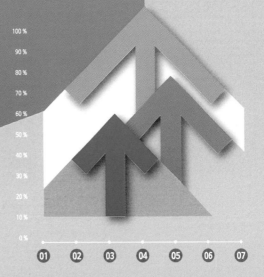

제12장 단일 모집단 모분산의 추론

  제4장에서 설명한 바와 같이, 분산은 일련의 사례들 간(표본 또는 모집단)의 이질성(개인 간 차 또는 개인 내 차)의 정도를 말해 주기 때문에 연구자의 관심에 따라 평균이나 비율만큼 모집단의 특성을 기술하기 위한 중요한 정보가 될 수 있다. 예컨대, A 교수는 자신이 개설한 기초통계학 코스에 수강 신청을 한 수강생들 간에 통계학 학습을 위해 필요한 학습동기와 선수지식에 있어서 개인 간 차가 어느 정도 존재하는지에 관심을 가질 것이고, 취업을 위해 토익 시험반을 개설한 교수는 효과적인 수업을 위해 영어 어휘력에 있어서 수강생들 간에 어느 정도의 개인차가 존재하는지 알고 싶어 할 것이다. 품질관리사는 생산 라인에서 생산되는 제품들의 길이, 무게, 부피 등의 변동성에 관심을 가질 것이다.

  모집단의 모수로서의 분산은 앞에서 다룬 평균과 마찬가지로 비교적 모집단이 작은 현장 연구를 제외하고는 모집단이 너무 크기 때문에 직접 계산할 수 없고, 대부분의 경우 표본을 통해 계산된 통계치인 표본분산을 이용하여 모집단 분산을 추론할 수밖에 없다. 표본분산으로부터 모집단의 분산 정도를 추론하기 위해 연구자는 표본분산의 표집분포가 어떤 확률적 특성을 지니고 있는지 정확하게 알고 있어야 한다.

1 표본분산의 표집분포

  표본분산 $\hat{S}^2$으로부터 모분산 σ^2을 추론하기 위해서는 모평균의 추론에서와 마찬가지로 표집의 오차에 따른 표본분산의 확률이 파악된 표본분산의 표집분포(sampling distribution of sample variance)가 필요하다. 표본분산치로부터 모분산치를 추론하기 위해 통계학자들이 이론적으로 어떻게 표본분산의 표집분포를 파악하게 되었는지 그 과정을 이해할 필요가 있다.

첫째, 정규분포를 따르고, 그리고 모분산이 σ^2인 어떤 모집단이 있다고 가정한다. 둘째, 표집 크기를 n으로 무선적으로 표본을 추출한 다음 표본분산 $\hat{S}^2$을 계산한다. 셋째, 표집된 표본을 다시 모집단으로 복귀시킨 다음 동일한 방법으로 표본을 추출하고, 그리고 표본분산을 계산한다. 이 과정을 무한히 반복할 경우, 반복된 수만큼의 표본분산 $\hat{S}^2$를 얻을 것이다. 이렇게 얻어진 표본분산값들은 표본분산의 표집분포라 부르는 표집오차에 의한 확률분포를 이루게 된다(중심극한정리).

모집단의 분포가 정규분포를 이루고 분산이 σ^2인 모집단에서 표본 추출이 이루어질 경우, 각 표본 자료 속에 존재하는 총 개인차의 합을 나타내는 편차점수의 자승화의 합 $SS=\sum_{i=1}^{n}(X_i-\overline{X})^2$을 모분산 σ^2으로 나누어서 얻어진 통계치 $\sum(X_i-\overline{X})^2/\sigma^2$들의 분포가 통계학자들에 의해 자유도 $v=n-1$의 χ^2분포를 따르는 것으로 증명되었다.

$$\chi^2 = \frac{(n-1)\hat{S}^2}{\sigma^2} \qquad \cdots\cdots(12.1)$$

$$여기서, \ \hat{S}^2 = \frac{1}{n-1}\sum_{i=1}^{n}(X_i-\overline{X})^2$$

이를 카이자승 통계량(Chi-squared statistics)이라 부른다.

$$\begin{aligned}
\chi^2(v) &= \sum_{i=1}^{v} Z_i^2 \\
&= \sum_{i=1}^{v}\left(\frac{X_i-\mu}{\sigma}\right)^2 \\
&= \sum_{i=1}^{v}\frac{(X_i-\mu)^2}{\sigma^2}
\end{aligned}$$

$$여기서, \ \sigma^2 = \frac{\sum(X_i-\overline{X})^2}{n-1} \ 이므로$$

$$(n-1)\sigma^2 = \sum(X_i-\overline{X})^2$$

$$\chi^2(v) = \sum_{i=1}^{v} \frac{(n-1)\hat{S}^2}{\sigma^2} \qquad \cdots\cdots(12.2)$$

가 된다. 앞의 수리적 유도를 통해 알 수 있는 바와 같이, χ^2분포는 자유도 $v = n-1$에 따라 변하는 확률분포임을 알 수 있다. χ^2통계량의 특성에 대한 이해를 돕기 위해 먼저 χ^2분포란 어떤 확률분포이며 어떻게 만들어지는지에 대해 보다 자세히 알아보도록 하겠다.

1) χ^2분포

평균=0, 표준편차=1 그리고 정규분포를 이루는 Z분포가 있다고 가정하자. 이제 Z분포에서 무작위로 한 개의 점수를 표집하고, 그리고 그 값을 자승화하여 얻어진 값인 Z^2을 다음과 같이 $\chi_1^2(1)$이라 부르자.

$$\chi_1^2(1) = Z_1^2$$

표집된 Z값을 모집단으로 다시 돌려보낸 다음 동일한 방법으로 또 다른 한 개의 Z값을 무선표집하고 자승화하면 또 다른 $\chi_i^2(1)$값을 얻을 수 있다. 이러한 과정을 무한히 반복하면 반복된 수만큼의 $\chi_i^2(1)$값들을 얻을 수 있을 것이다. 반복적 과정을 통해 얻어진 각 $\chi_i^2(1)$값들을 횡축으로 하고 $\chi_i^2(1)$값들의 빈도 또는 확률을 종축으로 하여 분포를 그리면 특정 모양의 확률분포로 나타날 것이다. 이렇게 얻어진 분포는 $\chi_i^2(1)$값들의 분포이기 때문에 $\chi^2(1)$분포라 부르며, 오직 하나의 Z값의 자승화로 얻어진 분포이기 때문에 구체적으로 "자유도 $v = 1$인 χ^2분포"라 부른다.

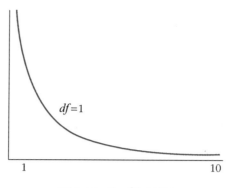

[그림 12-1] $\chi^2(1)$분포

$\chi^2(1)$분포하의 모든 χ_i^2값은 Z점수를 자승화하여 얻어진 값이기 때문에 절대로 음수가될 수 없다. $\chi^2(1)$분포하의 모든 면적이 1이 되도록 설정했기 때문에 $\chi^2(1)$분포는 확률분포이고, 따라서 면적이 바로 확률을 나타낸다.

Z분포는 평균=0, 표준편차=1인 분포이기 때문에 $Z^2 = (Z-0)^2/1^2$와 같이 생각해 볼수 있다. 그래서 공식 (12.2)의 $\sum_{i=1}^{n}(X_i - \overline{X})^2/\sigma^2$들의 분포가 통계학자들에 의해 자유도$v = n-1$의 χ^2분포를 따르는 것으로 보는 것이다. 그렇다면 $\sum_{i=1}^{n}(X_i - \overline{X})^2/\sigma^2$분포가 왜$v = n-1$의 χ^2분포를 따르는지 알아보자. 앞에서는 단위정규분포로부터 Z점수를 하나만표집하여 얻어지는 자유도 1의 χ^2분포에 대해 생각해 보았다. 만약 단위정규분포로부터 세개의 Z점수(Z_1, Z_2, Z_3)를 무선표집한 다음 각 Z점수를 자승화하고, 그리고 합산하여 얻어진 총점을 다음과 같이 $\chi^2(3)$라 나타내자.

$$\chi^2(3) = Z_1^2 + Z_2^2 + Z_3^2$$

이러한 과정을 수만 번 반복하게 되면 역시 반복된 수만큼의 $\chi_i^2(3)$값을 얻게 될 것이다.그리고 얻어진 $\chi_i^2(3)$값들은 어떤 확률분포로 나타날 것이다. 이렇게 얻어진 분포를 $\chi^2(3)$으로 나타내고 "자유도 $v = 3$인 χ^2분포"라 부른다.

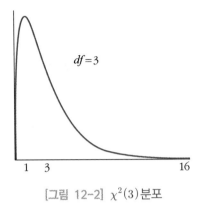

[그림 12-2] $\chi^2(3)$분포

만약 단위정규분포인 Z분포로부터 v개의 Z점수($Z_1, Z_2, Z_3, \cdots\cdots Z_v$)를 무선표집한 다음 표집된 각 Z값을 자승화하고, 그리고 합산하여 얻어진 값을 $\chi^2_i(v)$이라 나타내자.

$$\chi^2_i(v) = Z_1^2 + Z_2^2 + Z_3^2 \cdots\cdots Z_v^2$$

이러한 과정을 수만 번 반복하게 되면 역시 반복된 수만큼의 $\chi^2_i(v)$을 얻게 될 것이다. 그리고 얻어진 $\chi^2_i(v)$값들은 어떤 확률분포로 나타날 것이다. 이렇게 얻어진 분포를 $\chi^2(v)$이라 나타내고 "자유도 $v = n - 1$인 $\chi^2(v)$분포"라 부른다. χ^2분포의 확률밀도함수는 다음과 같다.

$$f(\chi^2) = \frac{1}{\Gamma(v/2)} \frac{1}{2^{v/2}} (\chi^2)^{(v/2)-1} e^{-\chi^2/2} \qquad \cdots\cdots(12.3)$$

$$\chi^2 > 0$$

제7장에서 소개한 정규분포의 확률밀도함수는 두 개의 모수, 즉 μ와 σ에 의해 결정되지만, χ^2_v분포는 앞의 공식에서 볼 수 있는 바와 같이 한 개의 모수, 즉 자유도 v에 의해서만 결정된다. 따라서 t분포의 자유도와 마찬가지로 자유도 v가 χ^2분포의 모양에 영향을 미친다. [그림 12-3]은 자유도 $v = 1, 2, 3, 5, 10, 15$인 경우의 χ^2분포 모양을 보여 주고 있다.

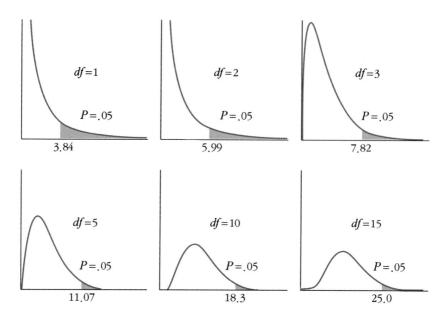

[그림 12-3] 다양한 자유도 v에 따른 다양한 χ_v^2분포

2) χ^2분포의 성질

[그림 12-3]에서 볼 수 있는 바와 같이, χ^2분포는 자유도 v에 따라 다양한 모습의 확률분포로 나타난다. 그러나 모든 χ^2분포는 자유도에 따라 그 모습은 달라도 다음과 같은 공통적 특성을 지니고 있다.

첫째, 자유도가 v인 $\chi^2(v)$분포의 평균은 자유도 v와 같다. 그래서 자유도 $v=1$ $\chi^2(1)$분포의 평균은 다음 공식에서 볼 수 있는 바와 같이 1이다.

$$\mu_{\chi^2(1)} = \frac{\sum_{i=1}^{n} Z_i^2}{n}$$

$$= \frac{\sum(Z_i - \mu_Z)^2}{n}$$

여기서, $\mu_Z = 0$이므로

$$\mu_{\chi^2(1)} = \frac{\sum_{i=1}^{n} Z_i^2}{n}$$

$$= \sigma_Z^2$$

$$= 1$$

즉, 자유도 $v=1$인 $\chi^2(1)$분포의 평균은 1이 된다. 따라서 자유도가 v인 χ^2분포의 경우, $\chi^2(v)=Z_1^2+Z_2^2+Z_3^2+\ldots\ldots Z_v^2$이므로 v개의 자유도를 가진 $\chi^2(v)$분포의 평균은 v임을 알 수 있다. 즉,

$$\mu_{\chi^2(v)}=\mu_{Z_1^2}+\mu_{Z_2^2}+\mu_{Z_3^2}\ldots\ldots\mu_{Z_v^2}$$
$$=1+1+1+\ldots\ldots\ldots+1$$
$$=v$$

둘째, 자유도가 v인 $\chi^2(v)$분포의 분산 $\sigma^2_{\chi^2(v)}$은 $2v$이다. 예컨대, 자유도가 5인 $\chi^2(5)$분포의 분산 $\sigma^2_{\chi^2(5)}$은 2*5=10이다.

셋째, 자유도 v가 증가함에 따라 χ^2분포(평균 $\mu_{\chi^2_v}=v$, 표준편차 $\sigma_{\chi^2_v}=\sqrt{2v}$)는 근사적으로 정규분포에 접근해 간다.

넷째, $v\geq2$의 경우의 χ^2분포에서 중앙치는 점 $(3v-2)/3$이다.

다섯째, $\chi^2(v)$의 편포도는 $\sqrt{2/v}$이다.

3) χ^2분포의 면적에 따른 χ^2값의 파악

앞에서 소개한 Z분포나 t분포는 평균을 중심으로 좌우 대칭을 이루는 확률분포이기 때문에, 면적이 동일할 경우 오른쪽 꼬리의 면적에 해당하는 Z값 또는 t값과 왼쪽 꼬리의 면적에 해당하는 Z값 또는 t값의 부호가 다를 뿐 크기는 같았음을 기억할 것이다. 그러나 자유도 v인 $\chi^2(v)$분포는 평균을 중심으로 좌우 대칭인 정규분포가 아닌 정적으로 편포된 확률분포이며 자유도가 작을수록 정적 편포의 정도가 더 심해진다. 그리고 $v>100$일 경우에는 정규분포에 근사적으로 접근해 가지만 $v<100$일 경우에는 여전히 정적으로 편포된 분포로 나타난다. 따라서 좌우 꼬리의 면적이 같을 경우라도 주어진 면적에 해당되는 χ^2값이 서로 다르기 때문에 신뢰구간 추정에서와 같이 연구자가 주어진 $\chi^2(v)$분포에서 좌우 꼬리의 동일한 면적에 해당되는 χ^2값을 이용해 신뢰구간 추정량을 추정할 경우, 항상 양쪽 꼬리의 면적에 해당되는 두 값을 각각 부록 C의 χ^2분포표에서 다음과 같은 절차에 따라 찾아야 한다. 부록 C에 제시된 도표는 $\chi^2(v)$분포별 오른쪽 꼬리 누적확률 α에 따른 χ^2값을 제공해 주고 있다. 따라서 오른쪽 꼬리와 동일한 정도의 왼쪽 꼬리의 누적확률에 대한 χ^2값은 바로 $1-\alpha$에 해당되는 값을 읽으면 된다. 도표에서,

① 자유도 v에 따른 적절한 $\chi^2(v)$분포를 선택한다.

② 신뢰구간 추정을 위해 설정된 신뢰도수준(90% CI, 95% CI, 99% CI)에 의한 양쪽 꼬리의 면적 α와 $1 - \alpha$를 결정한다.

③ 양쪽 꼬리 면적에 해당되는 누적확률 χ^2_{α}, $\chi^2_{1-\alpha}$를 도표에서 파악한다.

④ 파악된 누적확률에 해당되는 χ^2값을 도표에서 읽는다.

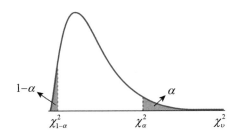

[그림 12-4] 자유도 v인 $\chi^2(v)$에서의 누적확률 및 χ^2값

〈표 12-1〉은 부록 C의 $\chi^2(v)$분포의 일부를 예시한 것이다. 예컨대, 자유도=15인 $\chi^2(15)$분포에서 95% 신뢰구간 추정을 하려고 한다고 가정하자. 첫째, 오른쪽 꼬리의 면적이 .025에 해당되는 χ^2값을 파악해 보자. 먼저, 도표의 첫 번째 열에서 자유도 15를 찾는다. 그리고 오른쪽 꼬리 면적 .025는 $\chi^2(15)$인 분포에서 누적확률 .025에 해당되기 때문에 첫 번째 행에서 누적확률 $\chi^2_{.025}$를 찾는다. 둘째, 자유도 $v = 15$와 $\chi^2_{.025}$가 만나는 교차점의 값을 읽는다. 도표에서 볼 수 있는 바와 같이, $v = 15$와 $\chi^2_{.025}$가 교차하는 란의 값이 27.3884임을 알 수 있다. 셋째, 왼쪽 꼬리 면적 .025에 해당되는 χ^2값을 파악해 보자. 도표의 첫 번째 열에서 자유도 15를 찾는다. 그리고 왼쪽 꼬리 면적 .025는 $\chi^2(15)$분포에서 오른쪽 꼬리의 누적확률 .975에 해당되기 때문에 첫 번째 행에서 누적확률 $\chi^2_{.975}$를 찾는다. 넷째, 자유도 $v = 15$와 $\chi^2_{.975}$가 만나는 곳의 값을 읽는다. $v = 15$와 $\chi^2_{.975}$가 교차하는 란의 값이 6.26214임을 알 수 있다.

〈표 12-1〉 χ^2분포표의 예시

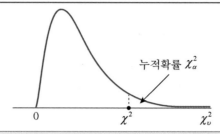

누적확률 χ^2_α

$0 \qquad \chi^2 \qquad \chi^2_v$

v	$\chi^2(15)$분포하의 누적확률 .025와 .975인 경우의 χ^2값									
	누적확률 $f(\chi^2)$									
	$\chi^2_{.995}$	$\chi^2_{.990}$	$\chi^2_{.975}$	$\chi^2_{.950}$	$\chi^2_{.900}$	$\chi^2_{.100}$	$\chi^2_{.05}$	$\chi^2_{.025}$	$\chi^2_{.010}$	$\chi^2_{.005}$
1	0.0000393	0.000157	0.000982	.0039321	0.0157908	2.70554	3.84146	5.02389	6.63490	7.87944
2										
3										
.	.	.	.	.	.	.	.	.	.	.
.	.	.	.	.	.	.	.	.	.	.
.	.	.	.	.	.	.	.	.	.	.
8										
9										
10	2.15585	2.55821	3.24697	3.94030	4.86518	15.9817	18.3070	20.4831	23.2093	25.1882
.	.	.	.	.	.	.	.	.	.	.
.	.	.	.	.	.	.	.	.	.	.
.	.	.	.	.	.	.	.	.	.	.
15	4.60094	5.22935	6.26241	7.26094	8.54675	22.3072	24.9958	27.4884	30.5779	32.8013
.	.	.	.	.	.	.	.	.	.	.
.	.	.	.	.	.	.	.	.	.	.
20	7.43386	8.26404	9.59083	10.8508	12.4426	28.4120	31.4104	34.1696	37.5662	39.9968
.	.	.	.	.	.	.	.	.	.	.
.	.	.	.	.	.	.	.	.	.	.
.	.	.	.	.	.	.	.	.	.	.
100	67.3276	70.0648	74.2219	77.9295	82.3581	118.498	124.342	129.561	135.807	140.169

2 단일 모집단 모분산 추정 절차 및 방법

모분산 σ^2에 대한 아무런 정보가 없을 경우, 통계치인 표본분산 $\hat{S}^2$과 표본분산의 표집분포를 이용하여 모분산을 구간값으로 추정하게 된다.

단계 1 수집된 표본 자료에서 표본분산 $\hat{S}^2$ 계산

통계치인 표본분산으로부터 모분산을 추정하고자 하기 때문에 표본분산은 기술통계치가 아닌 모분산 추정를 다음 공식에 따라 계산한다.

$$\hat{S}^2 = \frac{\sum_{i=1}^{n}(X_i - \overline{X})^2}{n-1}$$

단계 2 표집분포 선택

자유도 $v = n-1$에 따른 적절한 $\chi^2(v)$분포를 표본분산의 표집분포로 선택한다.

단계 3 신뢰구간 추정을 위해 사용할 신뢰수준 결정

90%, 95%, 99% 중 연구자가 원하는 신뢰수준을 선택한다.

단계 4 $\alpha = 1 - p$ 파악
- 90% 신뢰수준을 선택할 경우: $\alpha = 1 - .90 = .10$
- 95% 신뢰수준을 선택할 경우: $\alpha = 1 - .95 = .05$
- 99% 신뢰수준을 선택할 경우: $\alpha = 1 - .99 = .01$

단계 5 $\alpha/2$ 값 계산
- 신뢰수준이 90%일 경우: $\alpha/2 = .10/2 = .05$
- 신뢰수준이 95%일 경우: $\alpha/2 = .05/2 = .025$
- 신뢰수준이 99%일 경우: $\alpha/2 = .01/2 = .005$

단계 6 자유도 $v = n-1$ χ^2분포에서 $1-\alpha/2$, $\alpha/2$에 해당되는 $\chi^2_{1-\alpha/2}(n-1)$,

$\chi^2_{\alpha/2}(n-1)$ 값을 각각 파악한다.

$v = 10$인 경우,

- 90%일 때: $\chi^2_{.05}(10) = 18.31$, $\chi^2_{.95}(10) = 3.94$

- 95%일 때: $\chi^2_{.025}(10) = 20.48$, $\chi^2_{.975}(10) = 3.25$

- 99%일 때: $\chi^2_{.005}(10) = 23.59$, $\chi^2_{.995}(10) = 2.155$

단계 7 모집단 σ^2에 대한 신뢰구간 추정량 계산

단일 모집단의 모분산을 추정하기 위해 표본분산의 표집분포가 필요하기 때문에 표본분산의 표집분포의 특성을 알아본 결과, 표본분산의 표집분포는 평균이나 비율과 달리 수학적인 χ^2분포와 선형적인 관계가 있는 것으로 밝혀졌다. 즉, 모분산 σ^2을 추정하기 위한 검정통계량은 다음과 같이 계산한다.

$$\chi^2 = \frac{(n-1)\hat{S}^2}{\sigma^2}$$

이 통계량은 자유도 $v = n-1$인 χ^2분포를 따른다. 신뢰수준 $(1-\alpha)100\%$일 경우, 다음과 같이 나타낼 수 있다.

$$P(\chi^2_{1-\alpha/2} < \chi^2 < \chi^2_{\alpha/2}) = 1-\alpha$$

여기서, $\chi^2 = \frac{(n-1)\hat{S}^2}{\sigma^2}$ 이므로 이를 앞의 공식에 대입한 다음 σ^2에 대해 정리하면, 신뢰수준 $(1-\alpha)$ 100%에 대한 다음과 같은 신뢰 추정량을 도출할 수 있다.

$$\left(\frac{(n-1)\hat{S}^2}{\chi^2_{\alpha/2}(n-1)} , \frac{(n-1)\hat{S}^2}{\chi^2_{1-\alpha/2}(n-1)} \right)$$

σ^2에 대한 신뢰 추정량에서 $(n-1)\hat{S}^2/\chi^2_{\alpha/2}(n-1)$은 신뢰 하한계 추정량이고 $(n-1)\hat{S}^2/\chi^2_{1-\alpha/2}(n-1)$은 신뢰 상한계 추정량이다.

$$\left(\frac{(n-1)\hat{S}^2}{\chi^2_{\alpha/2}(n-1)} \, , \, \frac{(n-1)\hat{S}^2}{\chi^2_{1-\alpha/2}(n-1)} \right)$$

따라서 신뢰수준을 90%로 선택할 경우, 신뢰 하한계와 상한계는 다음과 같다.

$$\left(\frac{(n-1)\hat{S}^2}{\chi^2_{.05}(n-1)}, \frac{(n-1)\hat{S}^2}{\chi^2_{.95}(n-1)} \right)$$

신뢰수준을 95%로 선택할 경우, 신뢰 하한계와 상한계는 다음과 같다.

$$\left(\frac{(n-1)\hat{S}^2}{\chi^2_{.025}(n-1)}, \frac{(n-1)\hat{S}^2}{\chi^2_{.975}(n-1)} \right)$$

그리고 신뢰수준을 99%로 선택할 경우, 신뢰 하한계와 상한계는 다음과 같다.

$$\left(\frac{(n-1)\hat{S}^2}{\chi^2_{.005,}(n-1)}, \frac{(n-1)\hat{S}^2}{\chi^2_{.995,}(n-1)} \right)$$

예제 12-1

어느 K 사립 대학의 교무처에서 재학생들을 대상으로 원어민 강좌를 새로 개설하려고 한다. 재학생들 간에 외국어 능력에 있어서 개인 간 차가 상당히 존재할 것으로 예상되나, 어느 정도의 개인 간 차가 존재하는지에 대한 정보가 없기 때문에 재학생 중 30명을 무선표집하여 영어 능력 표준화 검사인 A 검사를 실시하였다. A 검사에서 피검사들의 점수는 평균=100, 표준편차=15의 표준점수로 나타내도록 되어 있다. 30명으로부터 수집된 표준점수들의 분산을 계산한 결과 $\hat{S}^2$=144로 얻어졌다. 모집단 분산에 대한 95% 신뢰구간 추정치를 구하시오.

3 단일 모집단 모분산에 대한 가설검정

앞에서 단일 모집단 모분산 σ^2에 대한 아무런 정보가 없을 경우, 표본분산 $\widehat{S^2}$의 표집분포를 이용하여 모분산을 추정하는 절차와 방법에 대해 설명했다. 그러나 경험적 근거나 이론적 추측을 통해 모집단 분산이 어떤 값을 가질 것인지에 대한 기대를 하거나 또는 이런저런 현실적 이유로 모분산이 어떤 값을 가져야만 할 경우, 연구자는 과연 모집단이 가설적으로 설정된 분산값을 가지는 것으로 판단할 수 있는지를 표본분산과 표본분산의 표집분포를 이용하여 통계적으로 검정해야 한다.

단계 1 연구문제 진술

단일 모집단 모분산에 대한 연구문제는 단일 모집단 모평균의 경우와 마찬가지로 세 가지 중에서 어느 하나의 내용으로 선정된다. 첫째, 모집단에서 연구자가 관심을 두고 있는 어떤 변인의 분산(σ^2)이 가설적으로 설정된 분산(σ^2_{hypo})과 다른가 또는 같은가에 대한 연구문제를 제기할 수도 있을 것이다. 둘째, 모집단에서 연구자가 관심을 두고 있는 어떤 변인의 분산이 가설적으로 설정된 분산보다 높은가 또는 낮은가에 대한 연구문제를 제기할 수도 있을 것이다.

- A 생산 라인에서 생산되는 제품의 무게의 분산이 0.01g과 차이가 있는가?
- A 생산 라인에서 생산되는 제품의 무게의 분산이 0.01g보다 높은가?
- A 생산 라인에서 생산되는 제품의 무게의 분산이 0.01g보다 낮은가?

단계 2 연구가설 설정

모분산에 대한 연구문제가 명확히 진술되면, 진술된 연구문제를 서술문 형식으로 변환하면 연구자가 가설검정을 통해 확인하고자 하는 연구가설을 얻을 수 있다.

첫째, 연구문제가 "모분산 σ^2이 σ^2_{hypo}과 차이가 있는가?"의 형태로 제기될 경우, 연구자는 "모분산 σ^2가 σ^2_{hypo}과 차이가 있을 것이다."와 "모분산 σ^2가 σ^2_{hypo}과 차이가 있지 않을 것이다." 가설 중에서 이론적·경험적 근거에 따라 어느 하나를 연구가설로 설정할 것이다. 둘째, 연구문제가 "모분산 σ^2가 σ^2_{hypo}보다 큰가?"의 형태로 제기될 경우, 연구자는 "모분산 σ^2가 σ^2_{hypo}보다 클 것이다."와 "모분산 σ^2가 σ^2_{hypo}보다 크지 않을 것이다." 가설 중에서 어느 하나를 연구가설로 설정할 것이다. 셋째, 연구문제가 "모분산 σ^2가 σ^2_{hypo}보다 작은가?" 의 형태로 제기될 경우, 연구자는 "모분산 σ^2가 σ^2_{hypo}보다 작을 것이다."와 "모분산 σ^2가 σ^2_{hypo}보다 작지 않을 것이다." 가설 중에서 하나를 연구가설로 설정할 것이다.

단계 3 통계가설 설정

연구가설이 설정되면, 연구가설의 형태에 따라 연구자는 설정된 연구가설의 진위 여부를 통계적으로 검정하기 위해 다음과 같이 영가설과 대립가설로 이루어진 통계적 가설을 설정한다.

등가설일 경우	부등가설일 경우
$H_0 : \sigma^2 = \sigma^2_{hypo}$	$H_0 : \sigma \leq \sigma^2_{hypo}, \ H_A : \sigma^2 > \sigma^2_{hypo}$
$H_A : \sigma^2 \neq \sigma^2_{hypo}$	또는 $H_0 : \sigma^2 \geq \sigma^2_{hypo}, \ H_A : \sigma^2 < \sigma^2_{hypo}$

단계 4 표본 자료에서 표본분산 $\hat{S}^2$ 계산

통계치인 표본분산으로부터 가설적으로 설정된 모분산을 검정하고자 하기 때문에 표본분산은 기술통계치가 아닌 모분산 추정치를 다음의 공식에 따라 계산한다.

$$\hat{S}^2 = \frac{\sum(X_i - \overline{X}_i)^2}{n-1}$$

단계 5 통계적 검정을 위한 표집분포 파악

자유도 $v = n - 1$에 따른 적절한 $\chi^2(v)$분포를 표본분산의 표집분포로 선택한다.

단계 6 표본통계치 χ^2을 검정통계치로 변환

통계치인 표본분산치를 표집분포하의 검정통계치로 변환한다.

$$\chi^2 = \frac{(n-1)\hat{S}^2}{\sigma^2_{hypo}}$$

단계 7 통계 검정을 위한 유의수준 α를 설정

연구의 성격, 통계적 검정력 등을 고려하여 적절한 유의수준을 설정한다. 그리고 설정된

유의수준은 통계적 가설의 형태에 따라 다음과 같이 조정된다.

등가설일 경우	부등가설일 경우
α로 설정한다.	$\alpha/2$로 설정한다.

차후의 가설검정을 위한 구체적인 절차는 가설검정을 위해, ① 기각역 방법과 ② p값 방법 중 어떤 방법을 사용할 것인가에 따라 달라진다.

• 기각역 방법을 사용할 경우 •

단계 8 임계치 파악과 기각역 설정

• 등가설의 경우: $H_0 : \sigma^2 = \sigma_{hypo}^2$, $H_A : \sigma^2 \neq \sigma_{hypo}^2$

$v = n - 1$인 χ^2분포에서 $1 - \alpha/2$와 $\alpha/2$에 해당되는 임계치 $\chi_{1-\alpha/2}^2$, $\chi_{\alpha/2}^2$를 파악한 다음 기각역을 설정한다.

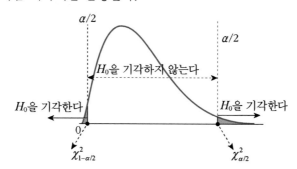

• 부등가설의 경우: $H_0 : \sigma^2 \geq \sigma_{hypo}^2$, $H_A : \sigma^2 < \sigma_{hypo}^2$

$1 - \alpha$에 해당되는 임계치: $\chi_{1-\alpha}^2$를 파악한 다음 기각역을 설정한다.

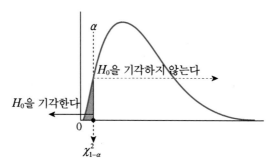

• 부등가설의 경우: $H_0 : \sigma^2 \le \sigma^2_{hypo}$, $H_A : \sigma^2 > \sigma^2_{hypo}$

α에 해당되는 임계치 χ^2_α를 파악한 다음 기각역을 설정한다.

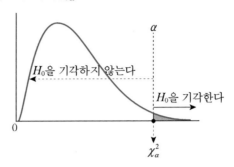

단계 9 통계적 유의성 검정

• 등가설의 경우: $H_0 : \sigma^2 = \sigma^2_o$, $H_A : \sigma^2 \ne \sigma^2_o$

검정통계치 $\chi^2 \ge \chi^2_{\alpha/2}(n-1)$ 또는 검정통계치 $\chi^2 \le \chi^2_{1-\alpha/2}(n-1)$이면, 영가설을 기각하고 대립가설을 채택한다. 그리고 $\chi^2_{1-\alpha/2}(n-1) <$ 검정통계치 $\chi^2 < \chi^2_{\alpha/2}(n-1)$이면, 영가설을 기각하지 않는다.

• 부등가설의 경우: $H_0 : \sigma^2 \ge \sigma^2_o$, $H_A : \sigma^2 < \sigma^2_o$

검정통계치 $\chi^2 \le \chi^2_{1-\alpha/2}(n-1)$이면, 영가설을 기각하고 대립가설을 채택한다. 그리고 검정통계치 $\chi^2 > \chi^2_{1-\alpha/2}(n-1)$이면, 영가설을 기각하지 않는다.

• 부등가설의 경우: $H_0 : \sigma^2 \le \sigma^2_{hypo}$, $H_A : \sigma^2 > \sigma^2_{hypo}$

검정통계치 $\chi^2 \ge \chi^2_{\alpha/2}(n-1)$이면, 영가설을 기각하고 대립가설을 채택한다. 그리고 검정통계치 $\chi^2 < \chi^2_{\alpha/2}(n-1)$이면, 영가설을 기각하지 않는다.

● p값 방법을 사용할 경우 ●

단계 8 표집분포에서 검정통계치 χ^2에 해당되는 확률 p 파악

$\chi^2(v)$분포에서 검정통계치 χ^2에 해당되는 p값을 파악한다.

단계 9 통계적 유의성 검정

- 부등가설의 경우,

  $p \leq \alpha$이면, 영가설을 기각하고 대립가설을 채택한다.

  $p > \alpha$이면, 영가설을 기각하지 않는다.

- 등가설의 경우,

  $p \leq \alpha/2$이면, 영가설을 기각하고 대립가설을 채택한다.

  $p > \alpha/2$이면, 영가설을 기각하지 않는다.

단계 10 통계적 검정 결과 해석

영가설 H_o의 기각 유무 또는 대립가설 H_A의 채택 여부를 기술하고 그 의미를 설명한다.

예제 12-2

KABC-II 표준화 지능검사의 각 연령 집단별 모집단 표준편차는 $\sigma=15$이다. K 지역 소재 초등학교 1학년에 입학한 다문화가정 아동들 중 30명을 무작위로 표집하여 지능검사를 실시한 결과, 표준편차가 $S=18$인 것으로 나타났다. K 지역 소재 초등학교 1학년에 입학한 다문화가정 아동들의 지능점수의 분산과 모집단 분산 간에 차이가 있다고 할 수 있겠는지 기각역 방법으로 유의수준 .05에서 검정하시오.

---

4 두 모집단 간 분산 차이에 대한 추론

　대부분의 경우, 등간척도 또는 비율척도로 측정된 변인에 있어서 두 모집단 모평균 간의 차이에 대한 추론에 관심을 가진다. 그러나 실제 연구상황에서는 평균의 차이뿐만 아니라 분산/변동성의 차이에 대해 관심을 갖는 경우도 많다. 예컨대, 어떤 품질관리사가 동일한 제품을 생산하고 있는 두 생산 라인의 제품 생산의 일관성 비교에 관심을 가질 수도 있고, 한 수학 교사가 자신이 가르친 두 학급의 기말 수학 성적 분산에 있어서 차이가 있는지를 알고 싶어 할 수도 있으며, 대졸 초임 평균 봉급에 있어서 사무직과 판매직 간에 차이가 없는 것으로 나타났으나 봉급의 개인차 정도에 있어서 두 직종 중에서 어느 직종이 더 심한지 알고 싶어 할 수도 있다. 어느 경우라도 두 집단의 분산을 비교하면 답을 얻을 수 있다. 분산에 있어서 두 모집단 간에 차이가 있는지 알아보기 위해 두 가지 방법을 생각해 볼 수 있다. 첫째, 각 집단별로 분산을 각각 계산하고, 그리고 계산된 두 집단의 분산의 차이를 알아보는 것이다. 그래서 분산의 차이가 0이면 분산 정도에 있어서 두 집단 간에 차이가 없고, 그리고 분산의 차이가 0이 아니면 두 집단 간에 분산 정도가 다른 것으로 판단한다.

$$\sigma_1^2 - \sigma_2^2 = 0: \text{차이가 없다}$$
$$\sigma_1^2 - \sigma_2^2 \neq 0: \text{차이가 있다}$$

둘째, 각 모집단 간 분산의 차이가 아닌 비(ratio) σ_1^2/σ_2^2을 계산하는 방법이다. 만약 σ_1^2/σ_2^2 =1이면 두 집단 간에 분산이 같은 것으로 판단하고, 그리고 $\sigma_1^2/\sigma_2^2 \neq 1$이 아니면 두 집단 간에 분산이 다른 것으로 판단하는 것이다.

$$\sigma_1^2/\sigma_2^2 = 1: \text{차이가 없다}$$
$$\sigma_1^2/\sigma_2^2 \neq 1: \text{차이가 있다}$$

앞에서 언급한 바와 같이, 모집단을 대상으로 분산 σ_1^2, σ_2^2를 직접 계산할 수 없기 때문에 각 모집단으로부터 표집된 두 표본의 분산 $\hat{S}_1^2$, $\hat{S}_2^2$의 비교를 통해 모집단 분산의 차이를 추론할 수밖에 없다. 통계학자들은 두 모집단이 모두 정규분포를 따르고 각 표본이 모집단으로부터 무선적으로 표집되었다면, 두 표본분산의 비($\hat{S}_1^2/\hat{S}_2^2$)의 표집분포가 F분포라는 확률분포를 따른다는 것을 증명하였다. 그래서 통계학자들은 두 모집단 분산의 차이에 대한 추론을 위해, 두 표본이 독립적일 경우에는 두 표본분산의 비를 이용하여 두 모분산 간 차이를 추론하고, 반면에 두 표본이 짝표본과 같이 의존적 관계일 경우에는 두 표본분산의 차이값을 이용하여 두 모분산 간 차이를 추론하는 방법을 개발하여 제공해 주고 있다.

1) 두 독립적 표본 간 분산비의 표집분포: F분포

두 표본분산 간 비를 이용하여 두 모분산의 차이를 추론하기 위해 반드시 두 표본분산비의 표집분포가 어떤 확률적 특성을 가진 분포인지 정확하게 알아야 한다. 두 표본분산비의 표집분포를 얻기 위해,

① 두 모집단의 평균이 각각 μ_1, μ_2 이고

② 분산이 동일하며 ($\sigma_1^2 = \sigma_2^2$)

③ 정규분포를 따르는 두 모집단이 있다고 가정하자.

각 모집단으로부터 표집 크기가 각각 n_1, n_2인 표본을 무선표집한 다음 각 표본의 분산 $\hat{S}_1^2, \hat{S}_2^2$를 계산한다. 그리고 두 표본분산의 비를 $F = \hat{S}_1^2 / \hat{S}_2^2$를 계산한다. 동일한 확률 실험 절차에 따라 무한히 실험을 반복하면 반복된 수만큼의 F비값을 얻을 수 있을 것이다.

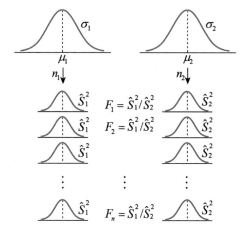

[그림 12-5] F값의 표집분포를 얻기 위한 반복적 확률 실험

앞에서 설명한 바와 같이 표본분산 $\hat{S}^2$은 다음과 같다.

$$\hat{S}^2 = \frac{\sigma^2}{n-1}\chi^2(n-1)$$

따라서 두 집단의 표본분산은,

$$\hat{S}_1^2 = \frac{\sigma_1^2}{n_1-1}\chi^2(n_1-1),$$

$$\hat{S}_2^2 = \frac{\sigma_2^2}{n_2-1}\chi^2(n_2-1)$$

이므로, 결국 두 표본분산비 F는 다음과 같이 나타낼 수 있다.

$$F = \frac{\hat{S}_1^2}{\hat{S}_2^2} = \frac{\chi^2_{df_1}/df_1}{\chi^2_{df_2}/df_2}$$

확률변수 F는 각 자유도로 나눈 두 독립적 χ^2값의 비로 정의할 수 있으며, 다음과 같은 평균과 분산을 지닌 오차확률분포를 따른다.

$$E(F) = \frac{df_2}{df_2 - 2}, \ \ df_2 > 2$$

$$Var(F) = \frac{2df_2^2(df_1 + df_2 - 2)}{df_1(df_2 - 2)^2((df_2 - 4))}, \ \ df_2 > 4$$

이렇게 도출된 이론적 오차확률분포를 F분포라 부르며 F분포의 실제 모습은 두 개의 자유도, 즉 분자와 분모의 자유도 df_1, df_2에 의해 결정된다.

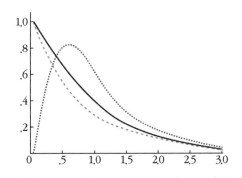

[그림 12-6] 자유도 df_1과 df_2에 따른 $F(df_1, df_2)$분포의 모양

두 분산의 비인 F값은 항상 양(+)의 값으로 얻어지기 때문에 F값은 $0 \sim +\infty$의 값을 가진다. 그리고 분자의 자유도 df_1과 분모의 자유도 df_2가 F분포의 모수이기 때문에 F분포를 $F(df_1, df_2)$로 나타낸다. 두 개의 자유도에 따라 다양한 모양의 F분포가 만들어지기 때문에, "F분포"라는 이름은 Z분포와 같이 어느 특정한 하나의 확률분포를 가리키는 말이 아니며 t분포와 같이 두 분산의 비에 의해 만들어진 모든 분포를 지칭하는 말이다.

[그림 12-6]에서 볼 수 있는 바와 같이, F분포의 모습은 df_1, df_2가 무한히 크지 않는 한

일반적으로 정적으로 편포된 양의 비대칭을 나타낸다. $df_1 < df_2$이면 $F(df_1, df_2)$분포는 정적 편포를 이루고 $df_2 > 2$인 경우에 단일 최빈값을 갖는다.

2) $F(df_1, df_2)$분포에서 누적확률 α에 따른 F_α값 읽기

부록 D에 제시되어 있는 F분포는 분자(df_1)와 분모(df_2)의 자유도와 누적확률 $\alpha = .05$, $.025$, $.01$에 대응하는 $F_\alpha(df_1, df_2)$값을 보여 주고 있다. 즉, $F_\alpha(df_1, df_2)$를 $F(df_1, df_2)$ 곡선 아래의 오른쪽 꼬리의 면적이 α인 F값이라 정의하면, $\alpha = P(F > F_\alpha(df_1, df_2))$로 나타낼 수 있다.

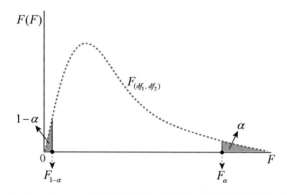

[그림 12-7] $F(df_1, df_2)$곡선 아래의 오른쪽 꼬리의 면적이 α인 F값

부록 D에 제시되는 모든 F분포는 $F(df_1, df_2)$ 곡선 아래의 오른쪽 꼬리의 면적이 α인 F값만을 제시해 주고 있으며 왼쪽 꼬리의 면적 α에 대한 $F_{1-\alpha}(df_1, df_2)$의 값을 제공해 주지는 않는다. 그러나 필요할 경우, 통계학자들은 $F_\alpha(df_1, df_2)$로부터 다음과 같이 $F_{1-\alpha}(df_1, df_2)$를 구할 수 있음을 증명하였다.

$$F_{1-\alpha}(df_1, df_2) = \frac{1}{F_\alpha(df_1, df_2)}$$

F분포표를 이용하여 $df_1 = 6, df_2 = 20$인 $F(6, 20)$분포의 오른쪽 꼬리 면적 $\alpha = .05$에 해당되는 임계치 F를 찾는다고 가정하자. 도표에서 $df_{분자} = 6$인 열을 찾고 그리고 $df_{분모} = 20$인 행을 찾아 행과 열이 교차되는 란의 수치를 읽는다. 즉, $F_{.05}(6, 20) = 2.60$임을 알 수 있다. 만약 $F(6, 20)$인 분포에서 왼쪽 면적이 $.95$인 F값을 알고자 한다면, $F(6, 20)$인 분포에서

왼쪽 면적이 .95인 값을 직접 파악할 수 없기 때문에 앞에서 제시한 공식에 따라 다음과 같이 구하면 된다.

$$F_{1-\alpha}(df_1, df_2) = \frac{1}{F_\alpha(df_1, df_2)}$$

$$F_{.95}(6, 20) = \frac{1}{F_{.05}(6, 20)}$$

$$= \frac{1}{2.60}$$

$$= 0.38$$

〈표 12-2〉 $\alpha = .05$인 경우의 F분포의 예시

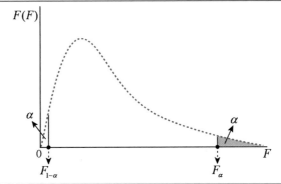

구분		분자의 자유도 df_1								
		1	2	3	4	5	6	⋯	120	∞
분모의 자유도 df_2	1	161.4	195.5	215.7	224.6	230.2	234.0	⋯	253.3	254.3
	2	18.51	19.00	19.16	19.25	19.30	19.33	⋯	19.49	19.50
	3	10.13	9.55	9.28	9.12	9.01	8.94	⋯	8.55	8.53
	⋮	⋮	⋮	⋮	⋮	⋮	⋮	⋯	⋮	⋮
	20	4.35	3.49	3.10	2.87	2.71	2.60	⋯	1.90	1.84
	⋮	⋮	⋮	⋮	⋮	⋮	⋮	⋯	⋮	⋮
	120	3.92	3.07	2.68	2.45	2.29	2.17	⋯	1.35	1.25
	∞									

예제 12-3

① $F_{.05}(15, 20)$의 값을 구하시오.

② $F_{.95}(15, 20)$의 값을 구하시오.

3) 두 모집단 분산 차이에 대한 가설검정 절차 및 방법

두 모집단 간 분산의 차이에 대한 추론의 경우, 실제의 연구에서는 분산의 차이에 대한 탐색적 추정보다는 두 모집단 간에 분산에 있어서 차이가 있는지를 확인하기 위한 가설검정에 더 관심을 두고 연구가 이루어지고 있기 때문에 이 장에서는 과연 두 모집단 간 분산의 차이가 가설적으로 설정된 값을 가지는지 통계적으로 검정하는 가설검정 절차에 대해서만 알아보도록 하겠다.

단계 1 연구문제의 진술

두 모집단 분산비에 대한 다양한 연구문제가 제기될 수 있다. 첫째, "분산 정도에 있어서 두 모집단 간에 차이가 있을 것인가?"와 같이 두 모집단 간 분산의 차이 유무에 대한 연구문제가 제기될 수 있다. 둘째, "모집단 1의 분산이 모집단 2의 분산보다 클(작을) 것인가?"와 같이 상대적 차이 유무에 대한 연구문제도 제기될 수 있다. 실제 연구에서 다루어지고 있는 두 모집단 간 분산의 차이에 대한 대부분의 연구문제는 이 경우에 해당된다. 셋째, 앞의 두 경우와 달리 두 모집단 분산비의 구체적인 정도에 대한 연구문제도 제기될 수 있다. 예컨대, 두 모집단 간 분산비가 F_{hypo}와 같을 것인가 또는 다를 것인가와 같이 구체적인 분산비의 정도에 대한 연구문제가 제기될 수 있다. 그러나 대개의 경우 각 모집단 분산값을 정확히 알 수 없기 때문에 두 모집단 간 분산의 차이 정도를 가설로 설정할 수 있는 경우가 거의 없으며, 대체로 분산의 차이 유무 또는 상대적 차이 유무에 대한 연구문제가 다루어진다. 두 모 분산 차이의 유무에 대한 연구문제는 사실 $F_{hypo} = \sigma_1^2/\sigma_2^2 = 1$인 특별한 경우에 해당되기 때문에 의미상으로는 다른 연구문제이지만 형식상으로는 동일한 연구문제로 볼 수 있다. 이 장에서는 두 모집단 분산의 차이 유무 또는 상대적 차이 유무에 대한 연구문제만 다루기로 한다.

단계 2 두 모집단 분산의 비에 대한 연구가설 설정

두 모분산비에 대한 연구문제가 진술되면 진술된 연구문제에 따라 연구가설이 설정된다. 이를 위해 진술된 연구문제를 서술문 형식으로 변환하면 연구자가 가설검정을 통해 확인하고자 하는 연구가설을 얻을 수 있다.

연구문제가 "분산 정도에 있어서 두 모집단 간에 차이가 있는가?"의 형태로 제기될 경우, 연구자는 "분산 정도에 있어서 두 모집단 간에 차이가 있을 것이다."와 "분산 정도에 있어서 두 모집단 간에 차이가 있지 않을 것이다." 중에서 이론적·경험적 지지를 받고 있는 가설을 자신의 연구가설로 설정할 것이다. 연구문제가 "모집단 1의 분산이 모집단 2보다 클(작을) 것인가?"의 형태로 제기될 경우, 연구자는 "모집단 1의 분산이 모집단 2보다 클(작을) 것이다."와 "모집단 1의 분산이 모집단 2보다 크지(작지) 않을 것이다." 가설 중에서 한 가설을 자신의 연구가설로 설정할 것이다.

단계 3 모분산 차이에 대한 통계적 가설 설정

연구가설이 설정되면, 연구가설의 형태에 따라 설정된 연구가설의 진위 여부를 통계적으로 검정하기 위해 영가설과 대립가설로 이루어진 통계적 가설을 설정해야 한다. 모분산비를 통해 모집단 간 분산의 차이를 검정하기 때문에 통계적 가설은 다음과 같이 설정 된다.

등가설일 경우	부등가설일 경우
$H_0 : \sigma_1^2 = \sigma_2^2$	$H_0 : \sigma_1^2 \leq \sigma_2^2$
$H_A : \sigma_1^2 \neq \sigma_2^2$	$H_A : \sigma_1^2 > \sigma_2^2$
	또는
	$H_0 : \sigma_1^2 \geq \sigma_2^2$
	$H_A : \sigma_1^2 < \sigma_2^2$

단계 4 검정통계량 F 비 계산

검정통계량을 계산하기 위한 공식은 다음과 같다.

$$F = \frac{\hat{S}_1^2/\sigma_1^2}{\hat{S}_2^2/\sigma_2^2}$$

그러나 영가설($H_o : \sigma_1^2 = \sigma_2^2$)하에서 $\sigma_1^2 / \sigma_2^2 = 1$이므로 실제의 검정통계량은 $F = \hat{S}_1^2 / \hat{S}_2^2$이 며 $df_1 = n_1 - 1$, $df_2 = n_2 - 1$인 F분포를 따른다.

단계 5 통계 검정을 위한 표집분포인 F분포 파악

$df_1 = n_1 - 1$과 $df_2 = n_2 - 1$에 따른 표집분포인 $F(df_1, df_2)$분포를 부록 D의 F분포표 에서 파악한다. 여기서 df_1은 두 모분산비를 계산하는 공식에서 분자에 해당하는 표본 1의 자유도이고, df_2은 분모에 해당하는 표본 2의 자유도를 나타낸다.

단계 6 통계 검정을 위한 유의수준 α 설정

다른 통계적 검정에서와 마찬가지로, 연구의 성격, 통계적 검정력 등을 고려하여 적절한 유의수준을 설정한다. 그리고 설정된 유의수준은 통계적 가설의 형태에 따라 다음과 같이 조정된다.

등가설일 경우	부등가설일 경우
α로 설정한다.	$\alpha/2$로 설정한다.

차후의 가설검정을 위한 구체적인 절차는 가설검정을 위해 ① 기각역 방법과 ② p값 방 법 중 어떤 방법을 사용할 것인가에 따라 달라진다.

● 기각역 방법을 사용할 경우 ●

단계 7 임계치 파악과 기각역 설정

• 등가설의 경우: $H_0 : \sigma_1^2 = \sigma_2^2$, $H_A : \sigma_1^2 \neq \sigma_2^2$

$F(df_1, df_2)$인 분포에서 $1 - \alpha/2$와 $\alpha/2$에 해당되는 임계치 $F_{1-\alpha/2}$와 $F_{\alpha/2}$에 해당되는 임계치를 파악한다. 그리고 파악된 임계치를 기준으로 기각역을 설정 한다.

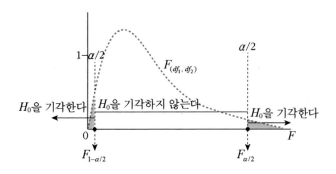

- 부등가설의 경우: $H_0 : \sigma_1^2 \leq \sigma_2^2$, $H_A : \sigma_1^2 > \sigma_2^2$

  $F(df_1, df_2)$ 분포표에서 α에 해당되는 임계치 F_α를 파악한다.

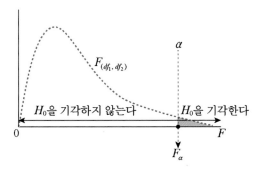

- 부등가설의 경우: $H_0 : \sigma_1^2 \geq \sigma_2^2$, $H_A : \sigma_1^2 < \sigma_2^2$

  $F(df_1, df_2)$ 분포에서 $1-\alpha$에 해당되는 임계치 $F_{1-\alpha}$를 파악한다.

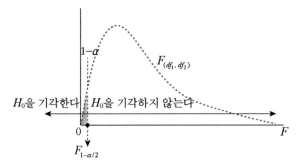

단계 8 통계적 유의성 검정

- 등가설의 경우: $H_0 : \sigma_1^2 = \sigma_2^2$, $H_A : \sigma_1^2 \neq \sigma_2^2$

  통계치 $F \geq F_{\alpha/2}$ 또는 통계치 $F \leq F_{1-\alpha/2}$ 이면,
  영가설을 기각하고 대립가설을 채택한다.

$F_{1-\alpha/2} <$ 통계치 $F < F_{\alpha/2}$ 이면,

영가설을 기각하지 않는다.

- 부등가설의 경우: $H_0 : \sigma_1^2 \leq \sigma_2^2$, $H_A : \sigma_1^2 > \sigma_2^2$

  통계치 $F \geq F_\alpha$ 이면, 영가설을 기각하고 대립가설을 채택한다.

  통계치 $F < F_\alpha$ 이면, 영가설을 기각하지 않는다.

- 부등가설의 경우: $H_0 : \sigma_1^2 \geq \sigma_2^2$, $H_A : \sigma_1^2 < \sigma_2^2$

  통계치 $F \leq F_{1-\alpha}$ 이면, 영가설을 기각하고 대립가설을 채택한다.

  통계치 $F > F_{1-\alpha}$ 이면, 영가설을 기각하지 않는다.

● p값 방법을 사용할 경우 ●

단계 7 **검정통계치 F에 해당되는 확률값 p 파악**

표집분포인 $F(df_1, df_2)$ 에서 검정통계치 F에 해당되는 확률값 p를 파악한다.

단계 8 **통계적 유의성 검정**

- 등가설의 경우

  $p \leq \alpha/2$ 이면, 영가설을 기각하고 대립가설을 채택한다.

  $p > \alpha/2$ 이면, 영가설을 기각하지 않는다.

- 부등가설의 경우

  $p \leq \alpha$ 이면, 영가설을 기각하고 대립가설을 채택한다.

  $p > \alpha$ 이면, 영가설을 기각하지 않는다.

단계 9 **통계적 검정 결과 해석**

통계적 검정에서 영가설 H_o 기각 여부 또는 대립가설 H_A 채택 여부를 기술하고 그 의미
를 해석한다.

예제 **12-4**

신생아들의 시각자극에 대한 반응잠시의 개인 간 차 정도에 있어서 남녀 집단 간에 차이가 있는지 알아보기 위해 무작위로 남녀 신생아를 각각 30명씩 표집한 다음 시자극에 대한 반응잠시를 측정하였다. 그리고 남녀 집단별로 분산을 계산한 결과, 다음과 같이 나타났다.

$$\hat{S}^2_{\text{남자}} = 16 \qquad \hat{S}^2_{\text{여자}} = 24$$

시자극에 대한 반응잠시의 개인 간 차 정도에 있어서 남녀 신생아 집단 간에 통계적으로 유의한 차이가 있는지 기각역 방법으로 유의수준 .05 수준에서 검정하시오.

---

4) 짝진 두 모집단 간 분산 차이의 추론

앞에서 두 표본이 독립적인 관계일 경우, 두 모집단 분산의 차에 대한 검정을 위해 두 독립표본분산의 비를 이용한 방법에 대해 알아보았다. 그러나 두 표본이 짝진 표본으로서 서로 의존적 관계일 경우에는 분산의 비를 이용한 방법은 적합하지 않으며, 표본분산간의 차이값을 이용하여 두 모분산 간의 차를 추론한다.

(1) 짝진 두 표본 간 분산 차이의 표집분포

두 표본분산차를 이용하여 두 모분산차를 확률적으로 추론하기 위해서 반드시 두 표본분산차의 표집분포를 알아야 한다. 즉, 표집분포의 평균과 표준오차를 알아야 두 표본분산차로부터 두 모분산차를 추정하거나 검정할 수 있다.

평균이 각각 μ_1, μ_2이고 분산이 동일하게 σ^2이며 정규분포를 이루는 두 개의 모집단이 있다고 가정하자. 두 개의 모집단으로부터 짝을 지어 n짝을 무선표집한 다음 각 표본의 분산을 계산하고, 그리고 분산차를 계산한다. 표본을 다시 모집단으로 복원시킨 다음 앞과 같은 동일 절차에 따라 표집된 자료로부터 두 의존표본 간 분산차를 계산한다. 이러한 절차를 수만 번 반복하게 되면 반복된 수만큼의 두 표본분산차의 표집분포를 얻게 될 것이다. 이렇게 얻어진 표집분포는 $df = n - 2$인 t분포를 따르고, 평균($\mu_{\hat{S}^2_1 - \hat{S}^2_2}$)과 표준편차($\sigma_{\hat{S}^2_1 - \hat{S}^2_2}$)는 다음과 같다.

$$\mu_{\hat{S}^2_1 - \hat{S}^2_2} = \sigma^2_1 - \sigma^2_2,$$

$$SE = \sigma_{\hat{S}_1^2 - \hat{S}_2^2} = \frac{2\hat{S}_1\hat{S}_2\sqrt{1-r^2}}{\sqrt{n-2}}$$

여기서, n: 짝표집의 수,

　　　　r: 두 표본 간 상관계수,

　　　　$\hat{S}_1^2,\ \hat{S}_1^2$: 두 의존표본의 분산

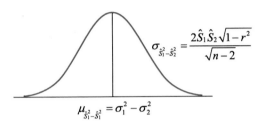

$$\sigma_{\hat{S}_1^2 - \hat{S}_2^2} = \frac{2\hat{S}_1\hat{S}_2\sqrt{1-r^2}}{\sqrt{n-2}}$$

$$\mu_{\hat{S}_1^2 - \hat{S}_1^2} = \sigma_1^2 - \sigma_2^2$$

[그림 12-8] 두 의존표본분산차의 표집분포

(2) 짝진 두 모집단 간 분산 차이의 추론 절차 및 방법

짝진 두 표본분산 차이의 표집분포의 표준오차를 알면, 통상적인 추정 절차에 따라 짝진 두 모집단 간 분산 차이를 다음과 같은 절차에 따라 추정할 수 있다.

단계 1 두 표본 간 분산 차이 계산

모분산 추정치인 각 표본의 분산을 계산한 다음, 두 표본의 분산 차이를 계산한다.

$$\text{통계치 분산 차이} = \hat{S}_1^2 - \hat{S}_2^2$$

단계 2 표집분포 결정

두 모분산 차이를 추정할 경우, 모분산 σ_1^2, σ_2^2가 알려져 있지 않기 때문에 두 표본에서 계산된 표본분산 $\hat{S}_1^2$, $\hat{S}_2^2$를 사용하여 표집분포의 표준오차를 추정한다. 따라서 두 포본분산 차이의 표집분포는 $df = n-2$의 t분포를 따른다.

단계 3 표집분포의 표준오차 계산

두 표본분산 차이의 표집분포의 표준오차를 계산한다.

$$SE = \frac{2\hat{S}_1\hat{S}_2\sqrt{1-r^2}}{\sqrt{n-2}}$$

단계 4 신뢰수준 P 결정

신뢰수준은 90%, 95%, 99% 등이며 연구자는 연구목적에 따라 이들 중 자신이 원하는 신뢰수준을 선택한다.

단계 5 $1-p=\alpha$ 파악

연구자가 원하는 신뢰수준(90%, 95%, 99%)에 따라 대응되는 신뢰계수(.90, .95, .99)가 정해지면 신뢰구간 추정량을 계산하기 위해 $\alpha = 1 - p$에 의해 필요한 α값을 파악한다.

- 90% 신뢰수준을 선택할 경우: $\alpha = 1-.90=.10$
- 95% 신뢰수준을 선택할 경우: $\alpha = 1-.95=.05$
- 99% 신뢰수준을 선택할 경우: $\alpha = 1-.99=.01$

단계 6 $\alpha/2$ 값 계산

주어진 신뢰수준에 해당되는 α값이 파악되면 설정될 신뢰구간 추정량의 하한계와 상한계에 해당되는 값을 계산하기 위해 $\alpha/2$을 파악한다.

- 신뢰수준이 90%일 경우: $\alpha/2=.10/2=.05$
- 신뢰수준이 95%일 경우: $\alpha/2=.05/2=.025$
- 신뢰수준이 99%일 경우: $\alpha/2=.01/2=.005$

단계 7 t 표집분포에서 $\alpha/2$에 해당되는 $t_{\alpha/2}$값 파악

$df = n - 2$인 t분포에서 $\alpha/2$에 해당되는 $t_{\alpha/2}$값을 파악한다. 여기서 $df = 20$인 경우에 해당되는 $t_{\alpha/2}$을 파악하는 경우를 예를 들어 제시하면 다음과 같다.

$df = 20$일 경우의 예

- 90% 신뢰수준일 경우, $\alpha/2 = .05$, $_{20}t_{.05} = 1.725$
- 95% 신뢰수준일 경우, $\alpha/2 = .025$, $_{20}t_{.025} = 2.086$

○ 99% 신뢰수준일 경우, $\alpha/2 = .005$, $_{20}t_{.005} = 2.845$

단계 8 설정된 신뢰구간 추정량을 계산

- 90% 신뢰수준일 경우, $t_{.05} = 1.725$이므로 신뢰구간 추정량은 다음과 같다.

$$(\hat{S}_1^2 - \hat{S}_2^2) \pm t_{\alpha/2} * SE = (\hat{S}_1^2 - \hat{S}_2^2) \pm 1.725 * SE$$

- 95% 신뢰수준일 경우, $t_{.025} = 2.086$이므로 신뢰구간 추정량은 다음과 같다.

$$(\hat{S}_1^2 - \hat{S}_2^2) \pm t_{\alpha/2} * SE = (\hat{S}_1^2 - \hat{S}_2^2) \pm 2.086 * SE$$

- 99% 신뢰수준일 경우, $t_{.005} = 2.845$이므로 신뢰구간 추정량은 다음과 같다.

$$(\hat{S}_1^2 - \hat{S}_2^2) \pm t_{\alpha/2} * SE = (\hat{S}_1^2 - \hat{S}_2^2) \pm 2.845 * SE$$

단계 9 신뢰구간 추정치 해석

추정된 구간이 두 모집단 간 분산 차이값을 포함할 확률이 (90%, 95%, 99%)라고 기술한다.

예제 12-5

신생아들의 자극에 대한 반응잠시의 분산 정도에 있어서 시각자극과 청각자극에 차이가 있는지 알아보기 위해 무작위로 표집된 신생아를 20명을 대상으로 시자극과 청자극에 대한 반응잠시를 측정하였다. 그리고 시각자극과 청각자극에 대한 분산을 계산한 결과, 다음과 같이 나타났다.

$$\hat{S}^2_{시각} = 25, \quad \hat{S}^2_{청각} = 9$$
$$r_{시각 \cdot 청각} = .75$$

신생아들의 시자극과 청각자극에 대한 반응잠시의 분산 정도에 있어서 두 자극 간에 통계적으로 유의한 차이가 있는지 기각역 방법으로 유의수준 .05 수준에서 검정하시오.

---

5) 두 의존적 모집단 간 분산 차이의 가설검정 절차 및 방법

두 의존적 모집단 간 분산의 차이에 대한 추론의 경우, 실제의 연구에서는 분산의 차이에 대한 탐색적 추정보다는 두 모집단 간에 분산에 있어서 차이가 있는지를 확인하기 위한 가설검정에 더 관심을 두고 연구가 이루어지고 있기 때문에, 이 장에서는 과연 두 의존적 모집단 간 분산의 차이가 가설적으로 설정된 값을 가지는지 통계적으로 검정하는 가설검정 절차에 대해서만 알아보도록 하겠다.

단계 1 연구문제의 진술

두 의존적 모집단 간 분산 차이에 대한 연구문제도 앞에서 다룬 두 독립적 모집단 간 분산 차이에 대한 연구문제와 동일하게 제기된다. 두 모집단 분산비에 대한 다양한 연구문제가 제기될 수 있다. 첫째, "분산 정도에 있어서 두 모집단 간에 차이가 있는가?"와 같이 두 모집단 간 분산의 차이 유무에 대한 연구문제가 제기될 수 있다. 둘째, "모집단 1의 분산이 모집단 2의 분산보다 큰(작은)가?"와 같이 두 모집단 간 분산의 상대적 차이 유무에 대한 연구문제도 제기될 수 있다.

단계 2 두 모집단 분산의 비에 대한 연구가설 설정

첫째, 연구문제가 "분산 정도에 있어서 두 모집단 간에 차이가 있(없)는가?"의 형태로 제기될 경우, 연구자는 "분산 정도에 있어서 두 모집단 간에 차이가 있을(없을) 것이다."라는 연구가설이 설정할 것이다. 둘째, 연구문제가 "모집단 1의 분산이 모집단 2보다 큰(작은)가?"의 형태로 제기될 경우, 연구자는 "모집단 1의 분산이 모집단 2보다 클(작을) 것이다."라는 잠정적인 해답을 연구가설로 설정할 것이다.

등가설일 경우	부등가설일 경우
$H_0 : \sigma_1^2 = \sigma_2^2$	$H_0 : \sigma_1^2 \leq \sigma_2^2, \ H_A : \sigma_1^2 > \sigma_2^2$
$H_A : \sigma_1^2 \neq \sigma_2^2$	또는
	$H_0 : \sigma_1^2 \geq \sigma_2^2, \ H_A : \sigma_1^2 < \sigma_2^2$

단계 3 모분산 차이에 대한 통계적 가설 설정

연구가설이 설정되면, 연구가설의 형태에 따라 연구자는 설정된 연구가설의 진위 여부를 통계적으로 검정하기 위해 영가설과 대립가설로 이루어진 통계적 가설을 설정해야 한다.

단계 4 표본통계치를 검정통계치로 변환

통계치인 두 표본분산의 차이를 통계적 검정을 위해 평균=0, 표준오차=1인 t분포하의 검정통계량으로 변환한다. 검정통계량을 계산하기 위한 공식은 다음과 같다.

$$t = \frac{(\hat{S}_1^2 - \hat{S}_2^2) - (\sigma_1^2 - \sigma_2^2)}{SE}$$

그러나 단순히 두 모집단 간 분산차의 유무를 검정하는 경우, 영가설하에서 $\sigma_1^2 - \sigma_2^2 = 0$ 이므로 실제 검정통계량을 계산하기 위한 공식은 다음과 같다.

$$t = \frac{(\hat{S}_1^2 - \hat{S}_2^2)}{SE}$$

단계 5 통계 검정을 위한 t분포 파악

검정통계치의 통계적 유의성 검정을 위해 $df = n - 2$인 t분포를 선정한다.

단계 6 유의수준 α 설정

연구의 성격, 통계적 검정력 등을 고려하여 적절한 유의수준을 설정한다. 그리고 설정된 유의수준은 통계적 가설의 형태에 따라 다음과 같이 설정한다.

등가설일 경우	부등가설일 경우
α로 설정한다.	$\alpha/2$로 설정한다.

차후의 가설검정을 위한 구체적인 절차는 가설검정을 위해 ① 기각역 방법과 ② p값 방법 중 어떤 방법을 사용할 것인가에 따라 달라진다.

• 기각역 방법을 사용할 경우 •

단계 7 임계치 파악과 기각역 설정

• 등가설의 경우: $H_0 : \sigma_1^2 = \sigma_2^2$, $H_A : \sigma_1^2 \neq \sigma_2^2$

$df = n - 2$의 t분포에서 $\alpha/2$에 해당되는 $t_{\alpha/2}$값을 파악하여 임계치로 사용하며 기각역은 $|t| \leq t_{\alpha/2}$가 된다.

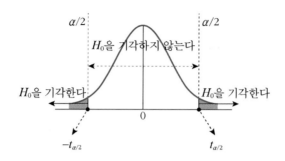

- 부등가설의 경우: $H_0 : \sigma_1^2 \leq \sigma_2^2$, $H_A : \sigma_1^2 > \sigma_2^2$

  $df = n - 2$의 t분포에서 α에 해당되는 t_α값을 파악하여 임계치로 사용하며 기각역은 통계치 $t \geq t_\alpha$가 된다.

- 부등가설의 경우: $H_0 : \sigma_1^2 \geq \sigma_2^2$, $H_A : \sigma_1^2 < \sigma_2^2$

  $df = n - 2$의 t분포에서 α에 해당되는 $-t_\alpha$값을 파악하여 임계치로 사용하며 기각역은 통계치 $t \leq -t_\alpha$가 된다.

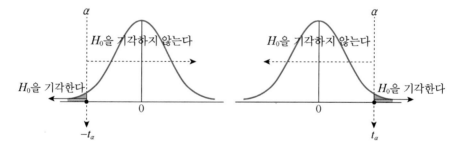

단계 8 **통계적 유의성 검정 실시**

계산된 통계치가 임계치를 기준으로 설정된 기각역에 속하는 값의 경우, H_o을 기각하고 H_A을 채택하는 통계적 결정을 내린다. 그러나 계산된 통계치가 임계치를 기준으로 설정된 기각역에 속하지 않을 경우에는 H_o을 기각하지 않는 통계적 결정을 내린다.

- 등가설의 경우: $H_0 : \sigma_1^2 = \sigma_2^2$, $H_A : \sigma_1^2 \neq \sigma_2^2$

  통계치 $|t| \geq t_{\alpha/2}$이면, 영가설을 기각하고 대립가설을 채택한다.

  통계치 $|t| < t_{\alpha/2}$이면, 영가설을 기각하지 않는다.

- 부등가설: $H_0 : \sigma_1^2 \leq \sigma_2^2$, $H_A : \sigma_1^2 > \sigma_2^2$의 경우

  통계치 $t \geq t_\alpha$이면, 영가설을 기각하고 대립가설을 채택한다.

  통계치 $t < t_\alpha$이면, 영가설을 기각하지 않는다.

- 부등가설: $H_0 : \sigma_1^2 \geq \sigma_2^2$, $H_A : \sigma_1^2 < \sigma_2^2$의 경우

  통계치 $t \leq -t_\alpha$이면, 영가설을 기각하고 대립가설을 채택한다.

  통계치 $t > -t_\alpha$이면, 영가설을 기각하지 않는다.

● p값 방법을 사용할 경우 ●

단계 7 **검정통계치 t에 해당되는 확률값 p 파악**

표집분포인 $df = n - 1$의 t분포에서 검정통계치 t에 해당되는 확률값 p를 파악한다.

단계 8 **통계적 유의성 검정**

- 등가설의 경우: $H_0 : \sigma_1^2 = \sigma_2^2$, $H_A : \sigma_1^2 \neq \sigma_2^2$

  $p \leq \alpha/2$이면, 영가설을 기각하고 대립가설을 채택한다.

  $p > \alpha/2$이면, 영가설을 기각하지 않는다.

- 부등가설의 경우: $H_0 : \sigma_1^2 \leq \sigma_2^2$, $H_A : \sigma_1^2 > \sigma_2^2$ 또는 $H_0 : \sigma_1^2 \geq \sigma_2^2$, $H_A : \sigma_1^2 < \sigma_2^2$

  $p \leq \alpha$이면, 영가설을 기각하고 대립가설을 채택한다.

  $p > \alpha$이면, 영가설을 기각하지 않는다.

단계 9 **통계적 검정 결과 해석**

통계적 검정에서 영가설 H_o의 기각 여부 또는 대립가설 H_A의 채택 여부를 기술하고 그 의미를 해석한다.

예제   12-6

한 연구자는 신생아들의 시각자극에 대한 반응속도의 개인 간 차와 청각자극에 대한 반응속도의 개인 간에 차이가 있는지 알아보기 위해 신생아 30명을 무작위로 표집한 다음 시자극과 청자극에 대한 반응속도를 측정하였다. 그리고 각 두 자극에 대한 반응속도의 분산과 상관계수를 계산한 결과, 다음과 같이 나타났다.

$$\hat{S}^2_{\text{시자극}} = 25 \qquad \hat{S}^2_{\text{청자극}} = 38 \qquad r_{\text{시.청}} = .60$$

유의수준 .05에서 두 자극에 대한 반응속도의 분산에 있어서 차이가 있는지 기각역 방법을 사용하여 검정하시오.

제13장 분산분석

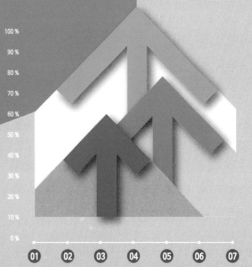

제13장 분산분석

제11장에서 관심하의 변인에 있어서 두 집단 간 평균 차이에 대한 가설검정 방법과 절차에 대해 다루었다. 이 장에서는 두 개 이상의 모집단 간 평균 차이에 대한 가설을 검정하기 위한 분산분석(Analysis of Variance: ANOVA) 절차에 대해 알아보고자 한다. 이 장에서는 설명의 용이성을 위해 가장 간단한 일원분산분석의 경우를 이용하여 분산분석의 일반적인 원리와 절차에 대해 설명하고자 한다.

1 중다 t 검정 실시에 따른 통계적 오류

어떤 종속변인의 평균에 있어서 두 개 이상 모집단 간 평균 차이에 관심을 가질 경우를 생각해 보자. 예컨대, 학과 만족도에 있어서 계열 간(인문사회 계열, 자연 계열, 예체능 계열)에 차이가 있는지, 충동구매력에 있어서 사회 계층(상, 중, 하) 간에 차이가 있는지, 고객 만족도에 있어서 연령 간(20대, 30대, 40대)에 차이가 있는지 알아보기 위해 두 집단 간 평균 차이에 대한 통계적 검정을 위해 제11장에서 소개된 t 검정법을 적용할 경우 얻어진 통계적 결론에 문제가 없겠는가?

비교 집단이 a 개일 경우, $a(a-1)/2$ 개의 집단 간 비교가 가능하기 때문에 t 검정을 $a(a-1)/2$ 번 반복적으로 적용하게 된다. 이러한 중다 t 검정(multiple t-testing)을 실시할 경우 제1종 오류(α)의 팽창과 집단 간 독립성 가정의 위배 등 두 가지 통계적 오류(statistical pitfalls)를 범하게 된다.

이해를 돕기 위해 간단한 가상적인 실험 연구상황을 한번 생각해 보자. 한 연구자가 세 가지 교수방법(A, B, C)이 통계학 학습 정도에 미치는 효과에 있어서 차이가 있는지를 알아보려고 한다고 가정하자. 그래서 모집단에서 60명의 피험자들을 무선표집(*random sampling*)한 다음, 세 개의 집단에 20명씩 각각 무선배치(*random assignment*)하였다. 마지막으로, 실험자 편향(experimenter bias)을 통제하기 위해 교수방법에 따른 세 가지 실험처치를 세 개의 집단에 각각 무선배당(*random treatment*)하였다. 그리고 각 교수방법에 따라 6주 동안의 수업이 진행된 후에 통계학 시험을 실시하여 각 집단별로 산수 학습 정도를 측정하였다. 두 집단 간 평균 차이의 유의성을 통계적으로 검정하기 위해 t검정법을 적용한다는 것만을 알고 있는 사람은 아마 집단 A와 B, A와 C 그리고 B와 C 간의 평균 차이 검정을 실시하기 위해 t검정을 세 번 반복해서 실시한 다음, 검정 결과에 따라 통계학 학습 정도에 있어서 세 집단 간 차이에 대한 결론을 내리게 될 것이다.

이러한 연구상황에서 t검정을 반복적으로 실시하여 세 집단 간 평균 차이에 대한 어떤 결론을 얻게 되었을 때 과연 그 결론의 타당성에 아무런 문제가 없겠는가? t검정법의 기본 가정을 이해하고 있는 사람은 아마 쉽게 두 가지 문제점을 찾아낼 수 있을 것이다.

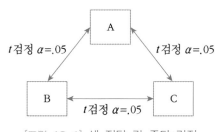

[그림 13-1] 세 집단 간 중다t검정

[그림 13-1]에서와 같이 일련의 중다t검정을 실시함으로써 야기될 수 있는 통계적 문제점은, 첫째, 세 집단 간 차이 검정을 위해 연구자가 설정해 놓은 유의수준 α보다 실제로는 훨씬 높은 수준에서 통계적 유의성을 검정하게 된다는 것이다. 예컨대, 비교 집단이 세 개일 경우 세 번의 t검정을 실시하게 되고, 각각의 t검정을 유의수준 $\alpha = .05$에서 실시하게 될 경우 제1종 오류를 범할 확률을 $\alpha = .05$(세 집단 간에 차이가 없을 것이라는 영가설을 잘못 기각할 확률)로 설정했기 때문에, 제1종 오류를 범하지 않을 확률을 ω로 나타낼 경우 $\omega = (1-.05) = .95$가 된다. 그리고 독립적인 t검정을 세 번 반복하게 될 경우, 다음과 같이 나타낼 수 있다.

$$(\alpha + \omega)^3 = \alpha^3 + 3\alpha^2\omega + 3\alpha\omega^2 + \omega^3$$

$$(.05 + .95)^3 = (.05)^3 + 3(.05)^2(.95) + 3(.05)(.95)^2 + (.95)^3$$
$$= \underset{①}{.000125} + \underset{②}{.007125} + \underset{③}{.135375} + \underset{④}{.857375}$$

여기서, ① $(.05)^3 = .000125$는 세 번의 집단비교에서 제1종 오류를 정확히 세 번 범할 확률을 나타내고, ② $3(.05)^2(.95) = .007125$는 제1종 오류를 정확히 두 번 범할 확률을 나타내며, ③ $3(.05)(.95) = .135375$는 제1종 오류를 정확히 한 번 범할 확률을 나타내고, 그리고 ④ $.857375$는 제1종 오류를 한 번도 범하지 않을 확률을 나타낸다. 따라서 제1종 오류를 한 번도 범하지 않을 확률이 약 $.8574$이기 때문에 이는 세 번의 t 검정이 중복적으로 실시되는 전반적인 상황에서 제1종 오류를 최소한 한 번이라도 범할 확률은 연구자가 설정한 $.05$가 아닌 $.1426$이 된다.

세 번의 개별 비교가 중복되어 실시될 경우, 연구자가 의도한 전반적인 유의수준 $\alpha_c = .05$가 실제로는 중복 t 검정을 통해 팽창되어 $\alpha_c = .14$로서 거의 세 배에 해당되는 수준에서 통계 검정이 이루어질 수 있음을 보여 주고 있다. 이는 집단의 수가 증가할수록 $\alpha_c = 1.00 - w^c$와 같이 기하급수적으로 팽창된다. 만약 4번 비교될 경우 기대되는 제1종 오류의 정도는 $\alpha_c = 1.00 - (.95)^4 = .18549$가 된다.

일련의 중다 t 검정이 지니고 있는 또 다른 문제점은 바로 t 검정의 기본 가정과 관련된 것이다. 제11장에서 표집분포인 t 분포의 생성 과정을 설명하면서 세 가지 기본 가정(정규분포의 가정, 등분산성의 가정, 독립성의 가정)이 있었음을 상기해 보기 바란다. 중다 t 검정을 하면서 동일한 집단을 한 번 이상 반복적으로 비교함으로써 t 검정법의 독립성의 가정을 위배하게 된다. 그리고 앞에서 t 분포의 생성 과정을 통해서 이미 설명된 바와 같이 t 검정법은 평균이 같고 분산이 같으며 그리고 정규분포를 이루는 두 모집단으로부터 표집된 두 표집평균치들 간의 차이가 통계적으로 유의한지를 검정하기 위해 개발된 통계적 기법이기 때문에, 엄격히 보면 세 개 이상의 처치 집단 평균치들 간의 차이를 동시에 다루는 연구상황하에서는 (통계 검정을 위한 표집분포의 확률적 특성이 다를 수 있기 때문에) 적용될 수 없는 통계적 기법이다.

중다 t 검정이 지니고 있는 이러한 통계적 오류를 피할 수 있고, 세 개 이상의 처치 집단들 간의 평균 차이 유무에 대한 통계적 검정 결과를 얻기 위해 피셔(Ronald A. Fisher)에 의해 개발된 통계적 기법이 바로 분산분석인 것이다. 분산분석은, 특히 사회과학 분야의 실험 연구 자료를 분석하기 위해 자주 채택되고 있으며 종속변인의 측정치가 적어도 등간척도 이상인 자료에만 적용될 수 있으며, 두 개 이상의 수준(집단)으로 구성된 독립변인의 효과뿐만 아니라 두 개 이상의 독립변인들의 효과를 동시에 다룰 수 있기 때문에, 각 독립변인의 효과는 물론 독립변인들 간의 상호작용효과를 동시에 분석하여 그 효과를 검정하고자 할 때 적용될 수 있는 통계적 분석 방법이다.

2 분산분석의 원리

분산분석에서는 어떤 분산이 어떻게 분석/비교되기에 분산분석을 통해 집단 평균 간의 차이에 대한 검정을 할 수 있는지 알아보자. 이를 위해 분산분석에서 사용되는 분산의 종류와 성격 그리고 분산분석에서 통계적 검정을 위해 이용되고 있는 표집분포인 F분포에 대한 이해가 필요하다. 그러면 이제 분산분석에서 다루어지는 분산의 종류와 성격 그리고 F분포에 대해 구체적으로 알아보도록 하겠다.

1) 분산분석과 F비

〈표 13-1〉은 집단 수가 a개이고 각 집단별 사례 수가 n인 경우의 분산분석을 위한 일반적 자료 모형이다.

〈표 13-1〉 분산분석을 위한 일반 자료 모형

독립변인 A			
A_1	A_2	$\cdots$	A_j
X_{11}	X_{12}	$\cdots$	X_{1j}
X_{21}	X_{22}	$\cdots$	X_{2j}
X_{31}	X_{32}	$\cdots$	X_{3j}
$\vdots$	$\vdots$	$\cdots$	$\vdots$
X_{n1}	X_{n2}	$\cdots$	X_{nj}
$\overline{X}_{.1}$	$\overline{X}_{.2}$	$\cdots$	$\overline{X}_{.j}$
$\overline{X}_{..}$			

그리고 〈표 13-2〉는 교수방법(M1, M2, M3)이 산수 학습 정도에 미치는 효과를 알아보기 위해 먼저 세 가지 교수방법에 따른 세 가지 처치조건에 피험자를 각각 10명씩 무선배치된 실험 연구를 통해 얻어진 구체적인 자료 모형이다.

〈표 13-2〉 교수방법에 따른 산수 학업 성취도

구분	교수방법		
	교수방법 1	교수방법 2	교수방법 3
	65	69	75
	70	73	74
	68	74	77
	70	75	80
	62	67	70
	70	77	81
	74	78	79
	68	75	78
	70	73	79
	65	75	80
집단별 평균	68.6	73.6	77.3
총 평균	73.2		

제4장에서 분산을 다루면서 언급한 바와 같이, 일련의 측정치들 간에 존재하는 차이의 유무와 정도를 알아보기 위해 분산을 계산할 경우 만약 분산=0이면 측정치들 간에 차이가 존재하지 않는 것으로 기술하고, 그리고 만약 분산>0이면 측정치들 간에 차이가 존재하는 것으로 해석한다고 했다. 일련의 측정치 간에 존재하는 차이의 정도를 계산하기 위해서는 우선 편차점수의 제곱합(SS)을 계산한 다음, 다시 $df=(n-1)$로 나누어 주면 분산값을 얻게 된다.

분산분석에서는 실제로 분산을 분석하기보다 편차점수의 제곱합을 분석하여 집단 차이에 대한 정보를 추출해 낸다. 그러면 분산분석에서, ① 어떤 종류의 편차점수의 제곱합이 분석되고, ② 어떤 절차를 통해 집단 간 평균 차이의 존재 유무를 판단할 수 있는지 알아보도록 하겠다.

(1) 총 제곱합 SS_{total}

실험 연구를 통해 〈표 13-1〉과 같은 자료가 수집되었다고 가정하자. 우선 실험하의 전체 30명의 피험자들로부터 관찰된 점수들 간에 어느 정도의 개인차, 즉 분산이 존재하는지, 그리고 전체 측정치들 간에 분산이 존재하는 이유를 생각해 보자. 우선 전체 자료 속에 존재하는 개인차의 정도를 알아보기 위해 전체 측정치를 대상으로 편차점수의 제곱의 총합을 구해야 한다. [그림 13-2]는 집단이 세 개인 경우의 각 집단별 분포와 총 평균, 각 집단별 평균, 각 집단 내 사례의 위치를 나타낸 것이다.

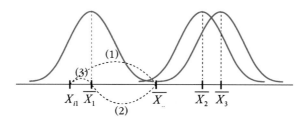

[그림 13-2] 실험 후의 세 집단 간 평균 및 전체 평균

[그림 13-2]에서 집단 j에 속해 있는 i번째 피험자의 점수를 X_{ij}라 할 때, 그림에서 알 수 있는 바와 같이 X_{ij}는 다음과 같이 나타낼 수 있다.

$$X_{ij} = \overline{X}_{..} + (\overline{X}_{.j} - \overline{X}_{..}) + (X_{ij} - \overline{X}_{.j})$$

따라서 편차점수인 $(X_{ij} - \overline{X}_{..})$를 다음과 같이 두 개의 성분으로 나타낼 수 있다.

$$\underset{①}{(X_{ij} - \overline{X}_{..})} = \underset{②}{(\overline{X}_{.j} - \overline{X}_{..})} + \underset{③}{(X_{ij} - \overline{X}_{.j})}$$

① $(X_{ij} - \overline{X}_{..})$는 j 집단에 속해 있는 i번째의 피험자가 받은 점수 X_{ij}가 총 평균 $\overline{X}_{..}$ 로부터 떨어져 있는 정도를 나타내는 편차점수이다.

② $(\overline{X}_{.j} - \overline{X}_{..})$는 집단 j의 평균과 총 평균 $\overline{X}_{..}$ 간의 편차를 나타낸다.

③ $(X_{ij} - \overline{X}_{.j})$는 집단 j의 평균 $\overline{X}_{.j}$과 집단 j에 속한 피험자 i의 점수인 X_{ij} 간의 편차를 나타낸다.

전체 자료 속에 존재하는 총 변이량을 계산하기 위해 각 사례별 점수 X_{ij}로부터 총 평균

$\overline{X}_{..}$을 뺀 다음 얻어진 편차점수($X_{ij} - \overline{X}_{..}$)를 제곱하고 모두 합하게 되면 편차점수의 제곱의 총합을 얻을 수 있으며, 이를 간단하게 총 제곱합이라 부르고, SS_{total}로 나타낸다. 총 제곱합 SS_{total}은 전체 점수들 간에 존재하는 개인 간 차의 정도를 의미하며, $SS_{total} = 0$이면 전체 점수들 간에 개인 간 차가 전혀 존재하지 않음을 의미하고 $SS_{total} > 0$이면 전체 점수들 간에 개인 간 차가 존재함을 의미한다. 그리고 SS_{total} 값이 클수록 전체 사례 간에 개인 간 차의 정도가 더 심한 것으로 해석할 수 있다. SS_{total}을 다음과 같이 풀어서 정리할 수 있다.

$$SS_{total} = \sum_{i}^{n}\sum_{j}^{a}(\overline{X}_{.j} - \overline{X}_{..})^2 + \sum_{i}^{n}\sum_{j}^{a} 2\,(\overline{X}_{.j} - \overline{X}_{..})(X_{ij} - \overline{X}_{.j}) + \sum_{i}^{n}\sum_{j}^{a}\,(X_{ij} - \overline{X}_{.j})^2$$

편차점수들의 합은 항상 0이 되므로 앞의 식에서 $\sum_{i}^{n}\sum_{j}^{a}(X_{ij} - \overline{X}_{.j}) = 0$이 되기 때문에 다음과 같이 간단하게 다시 정리하여 나타낼 수 있다.

$$\sum_{i}^{n}\sum_{j}^{a}(\overline{X}_{ij} - \overline{X}_{..})^2 = n\sum_{j}^{a}(\overline{X}_{.j} - \overline{X}_{..})^2 + \sum_{i}^{n}\sum_{j}^{a}\,(X_{ij} - \overline{X}_{.j})^2$$

따라서 총 제곱합인 $\sum_{i}^{n}\sum_{j}^{a}(\overline{X}_{ij} - \overline{X}_{..})^2$은 $n\sum_{j}^{a}(\overline{X}_{.j} - \overline{X}_{..})^2$과 $\sum_{i}^{n}\sum_{j}^{a}\,(X_{ij} - \overline{X}_{.j})^2$로 이루어져 있음을 알 수 있다. $n\sum_{j}^{a}(\overline{X}_{.j} - \overline{X}_{..})^2$는 집단 간 제곱합(sum of squares between groups)이라 부르고 $SS_{between}$으로 나타내며, 이는 집단 간 측정치들 간에 존재하는 차이의 정도를 의미한다. 그리고 $\sum_{i}^{n}\sum_{j}^{a}(X_{ij} - \overline{X}_{.j})^2$는 각 집단 내 측정치들 간에 존재하는 차이의 합을 구한 다음 실험하의 모든 집단에 걸쳐 합하여 얻어진 총합이며 SS_{within}로 나타내고, 이를 집단 내 제곱합(sum of squares of within groups)이라 부른다.

지금까지 총 제곱합의 계산과 수리적 분석 과정을 통해 총 제곱합(SS_{total})은 집단 간 제곱합($SS_{Between}$)과 집단 내 제곱합(SS_{Within})으로 분할될 수 있음을 알 수 있었다.

Sources	SS
집단 간(between group)	$SS_{between}$
집단 내(within group)	SS_{within}
전체(total)	SS_{total}

이제 SS_{total}의 요소인 $SS_{Between}$과 SS_{Within}의 각각의 의미를 구체적으로 알아보고, 이들 두 분산원으로부터 집단 간 차이에 대한 정보를 추출해 낼 수 있는 방법에 대해 알아보자.

(2) 집단 내 제곱합(SS_{within})과 집단 내 분산(MS_{within})

⟨표 13-2⟩의 자료를 살펴보면, 먼저 동일한 실험처치를 받았음에도(동일한 집단에 속해 있음에도) 불구하고 각 집단 내 피험자들의 산수점수가 서로 다를 수 있음을 알 수 있다. 동일한 실험처치를 받은 집단 내의 피험자들의 점수가 서로 다를 수 있는 이유는 무엇일까? 인간은 로봇이 아니기 때문에 동일한 집단에 속한 피험자들 간에 선수 학습 정도, 일반지능, 수리적성, 학습동기 등과 같이 학업 성적과 관련된 여러 개인차 특성 등에 있어서 개인 간 차이가 존재할 수 있기 때문에 비록 동일한 방법으로 실험처치를 받았다(동일한 집단에 속해 있다고) 할지라도 산수점수와 관련된 다른 여러 개인차 요인 때문에 산수점수가 서로 다를 수 있다. 이러한 개인차 요인 이외에 집단 내 피험자들 간의 개인 간 차를 낳을 수 있는 요인에는 또 어떤 것이 있을 수 있겠는가? 아마 산수 학습 정도를 측정하기 위해 사용된 측정 도구의 신뢰도가 완벽하지 못하기 때문에 발생될 수 있는 측정오차(measurement error)로 인해 동일한 산수 능력을 가진 피험자 간에 산수점수가 다르게 측정될 수도 있다. 그리고 가끔 실험처치가 모든 피험자에게 동일하게 이루어지지 못하게 될 때, 즉 실험 절차의 오류로 인해 피험자들 간에 차이를 낳을 수도 있다. 그러나 ANOVA를 포함한 모든 통계 검정에서는 변인을 측정하기 위해 사용된 측정 도구가 측정의 오차 없이 완벽하게 변인을 측정할 수 있었다고 가정한다. 그리고 자료 수집 절차에 따른 오류도 없다고 가정한다. 그럼에도 우리는 완벽하게 신뢰롭고 타당한 측정 도구를 개발할 수 없기 때문에 측정치 속에는 어느 정도의 측정의 오차가 존재할 수밖에 없고, 그리고 모든 피험자에게 실험처치를 완전히 동일하게 실시할 수도 없기 때문에 다소의 절차 오류가 포함되어 있는 것으로 보는 것이 현실적이다. 만약 신뢰도가 높은 도구를 사용하고 정확한 절차에 따라 실험을 한다면, 측정의 오차와 실험 절차의 오류로 인한 개인차는 무시할 수 있을 만큼 작다고 가정할 수 있지만(실제 연구에서는 수집된 자료의 측정의 오차가 0이고 그리고 실험적 절차의 오류가 없다는 가정하에서 수집된 것으로 가정한다.) 개인차 특성에 따른 차이는 그대로 존재할 수밖에 없기 때문에 적어도 이론적으로 집단 내 피험자 간 차이를 개인차 특성에 따른 차이로만 가정한다. 분산분석에서는 (구조 변수를 다루지 않는 다른 모든 통계적 분석 기법에서) 수집된 자료 속에 앞에서 언급한 측정 도구에 의한 측정오차와 자료 수집 절차로 인한 절차 오류로 인해 야기된 오차가 없다고 가정하고 있기 때문에 오차분산을 개인차 분산이라 부른다. 이와 같이 개인차로 인해 각 집단마다 집단 내 분산이 존재하고, 그리고 집단이 세 개인 앞의 실험에서는 세 개의 집단 내

분산이 존재하게 된다. 각 표본은 모집단 분산이 동일한 모집단으로부터 무선표집된 것으로 보기 때문에 이론적으로 세 표본의 집단 내 분산도 동일할 것으로 기대할 수 있으며 세 표본 집단의 집단 내 분산 중 어느 것이라도 모집단 분산의 좋은 추정치가 될 수 있다. 그러나 실제 연구상황에서는 표본 집단의 분산이 서로 다르게 나타난다. 이러한 상황에서 가장 신뢰로운 집단 내 분산 추정치를 얻기 위해 실험하의 모든 집단의 집단 내 분산의 평균을 구하게 되며, 이를 통합 집단 내 분산(pooled within group variance) 또는 그냥 집단 내 분산(Within group variance)이라 부르고 MS_{within}으로 나타낸다.

$$MS_{within} = SS_{within}/df_{within}$$

이기 때문에 MS_{within}값을 계산하기 위해 SS_{within}과 df_{within}을 파악해야 한다. 예컨대, 〈표 13-2〉 자료의 경우,

① SS_{within}의 계산

$$SS_{within} = \sum_{i}^{n}\sum_{j}^{a}(X_{ij} - \overline{X}_{.j})^2$$
$$= (65 - 68.6)^2 + \cdots (65 - 68.6)^2 +$$
$$(69 - 73.6)^2 + \cdots (75 - 73.6)^2 +$$
$$(75 - 77.3)^2 + \cdots (80 - 77.3)^2$$
$$= 300.9$$

② df_{within} 파악

집단 내 분산을 계산하기 위해 사용해야 할 자유도 df_{within}은 각 집단 내 자유도를 합한 것이기 때문에 집단별 사례 수(n)가 동일할 경우에는 집단 수를 a라 할 때,

$$df_{within} = a(n-1)$$

이 된다. 〈표 13-2〉의 경우 집단 수 $a = 3$이고 각 집단별 사례 수가 동일하게 $n = 10$이므로 $df_{within} = 3(10-1) = 27$이 된다. 그러나 집단별 사례 수가 다를 경우에는,

$$df_{within} = (n_1 - 1) + (n_2 - 1) + \cdots + (n_a - 1)$$

이 된다. 따라서 집단 내 분산 MS_{within}을 계산하기 위한 공식은 다음과 같다.

$$MS_{within} = SS_{within} / a(n-1)$$

Sources	SS	df	MS
Between Groups	$SS_{between}$		
Within Groups	300.9	27	11.14
Total	682.167		

(3) 집단 간 제곱합($SS_{between}$)과 집단 간 분산($MS_{between}$)

집단 내 분산은 피험자들 간 개인차에 의해 생긴 개인차 분산의 정도를 나타냄을 알았다. 이제, 집단 간 피험자들의 점수가 서로 다른 이유를 생각해 보자. 실험 연구의 경우에는 실험 전에 피험자들을 각 처치조건(집단)에 무선배치하기 때문에 적어도 확률적으로 볼 때 개인차를 낳을 수 있는 모든 특성이 비슷한 정도로 분포될 것으로 기대할 수 있다. 그러나 역시 집단 간 피험자들 간에도 집단 내 피험자들 간의 차이와 마찬가지로 개인차 특성에 따른 차이가 그대로 존재할 것이다. 그리고 집단 간 피험자들의 점수가 서로 다른 것은 바로 집단 차이(서로 다른 실험처치의 효과) 때문일 수도 있다. 따라서 집단 간 분산은 집단 차이(처치의 차이)에 따른 분산과 개인차 요인에 따른 오차분산으로 이루어져 있다고 볼 수 있다.

$$MS_{between} = \frac{SS_{between}}{df_{between}} = [개인차 \; 분산] + [집단차 \; 분산]$$

$SS_{between}$을 계산하기 위한 공식은 다음과 같다.

$$SS_{between} = n \sum_{j}^{a} (\overline{X}_{.j} - \overline{X}_{..})^2$$

$df_{between}$은 집단 수를 a라 할 때 $df_{between} = a - 1$이 된다. 〈표 13-2〉의 경우 집단 수가 3개이기 때문에 $df_{between} = 3 - 1 = 2$가 된다. 따라서 $MS_{between}$을 계산하기 위한 공식은

다음과 같다.

$$MS_{between} = SS_{between}/a-1$$
$$= \frac{10\left[(68.6-73.2)^2+(73.6-73.2)^2+(77.3-73.2)^2\right]}{3-1}$$
$$= 190.633$$

지금까지의 내용을 도표로 요약하면 다음과 같다.

Sources	SS	df	MS
Between Groups	381.267	2	190.633
Within Groups	300.900	27	11.144
Total	682.167	29	

지금까지 집단 간 분산 $MS_{between}$과 집단 내 분산 MS_{within}의 성격과 계산 절차에 대해서 알아보았다. 이제 이들 두 분산값을 이용해 집단 간 평균 차이의 유무에 대한 검정을 어떻게 실시하는지에 대해 알아보도록 하겠다.

(4) F비

일단 $MS_{between}$과 MS_{within} 값이 구해지면, 집단 간 평균 차이의 유무를 알아보기 위해 두 가지 방법을 생각해 볼 수 있다. 첫째, $MS_{between}$과 MS_{within} 간의 차이값을 계산한 다음 그 차이값이 0이면 집단 간 차이가 없는 것으로 판단하고, 그 차이값이 0보다 크면 집단 간에 차이가 존재하는 것으로 판단할 수 있을 것이다.

$MS_{between} - MS_{within} = 0$ (개인 간 차+집단 간 차)−(개인 간 차)=0	집단 간 차=0
$MS_{between} - MS_{within} > 0$ (개인 간 차+집단 간 차)−(개인 간 차)> 0	집단 간 차> 0

둘째, 제12장에서 두 집단 간 분산의 차이 검정을 위해 분산비를 계산했음을 기억할 것이다. 만약 $MS_{between}$과 MS_{within}의 비값인 $F = MS_{between}/MS_{within}$를 계산한 다음, $F=1$

이면 집단 간에 차이가 없는 것으로 판단하고, 만약 $F > 1$이면 집단 간에 차이가 있는 것으로 판단할 수 있을 것이다.

$F = \dfrac{MS_{between}}{MS_{within}} = 1$ $\dfrac{\text{개인 간 차} + \text{집단 간 차}}{\text{개인 간 차}} = 1$	집단 간 차 = 0
$F = \dfrac{MS_{between}}{MS_{within}} = 1$ $\dfrac{\text{개인 간 차} + \text{집단 간 차}}{\text{개인 간 차}} > 1$	집단 간 차 > 0

분산분석 기법을 개발한 Fisher는 후자의 경우를 선택하고 $MS_{between} / MS_{within}$의 비 (ratio)를 자신의 이름의 첫 철자를 따서 F라 부르게 되었다. $MS_{between}$과 MS_{within}의 성격에 비추어 볼 때, 만약 집단 간 차이가 없다면 $MS_{between}$ 중 집단 간 차에 의한 분산=0이므로 분자의 $MS_{between}$ =개인차 분산+0이 될 것이다. 그리고 분모의 MS_{within}은 개인차 분산이기 때문에 $F = 1$이 될 것이다.

$$F = \frac{MS_{between}}{MS_{within}} = \frac{[\text{개인차 분산}] + [0]}{[\text{개인차 분산}]} = 1.00$$

그러나 집단 간 차이가 존재한다면 분자가 분모보다 크기 때문에 항상 $F > 1$인 어떤 값을 얻게 될 것이다.

$$F = \frac{MS_{between}}{MS_{within}} = \frac{[\text{개인차 분산}] + [\text{집단차 분산}]}{[\text{개인차 분산}]} > 1.00$$

〈표 13-3〉 분산분석 결과 요약표

Sources	SS	df	MS	F
Between Groups	381.267	2	190.633	17.11
Within Groups	300.900	27	11.144	
Total	682.167	29		

집단 차이에 의한 분산이 0일 경우가 F비 값이 최소이기 때문에 분산분석에서 얻어지는 F비는 F비를 구하기 위해 사용되는 $MS_{between}$과 MS_{within} 특성을 고려할 때 절대로 $F < 1$인 값이 얻어질 수 없다. 만약 분산분석을 이용한 어떤 연구에서 $F < 1$값이 얻어질 경우, 이는 자료 수집 절차상의 오류로 인해 분모의 개인차 분산과 분자의 개인차 분산이 다르게 얻어진 경우가 되며, 자료 수집 과정에서 절차의 오류로 인해 집단 내 독립성이 위배되거나 집단 간 독립성이 위배될 경우 측정치 간의 분산이 실제로 얻어져야 할 값보다 작거나 크게 얻어질 경우이다.

만약 $MS_{between}$과 MS_{within}을 계산한 다음 $F = MS_{between}/MS_{within}$을 이용하여 F비를 계산한 결과, 위의 가상 실험 자료에서와 같이 $F = 17.11$가 나왔다고 가정하자. $F = 17.11 > 1.00$이므로 집단 간에 차이가 있다고 결론을 내릴 수 있겠는가? 앞의 자료가 모집단 자료라면 $F = 17.11 > 1.00$이기 때문에 의심할 바 없이 집단 간에 차이가 존재한다고 결론을 내릴 수 있을 것이다. 그러나 표본 자료일 경우, 비록 $F = 17.11 > 1$이지만 집단 간에 차이가 있다는 결론을 단정적으로 내릴 수 없다. 왜냐하면 실제로는 집단 간 차이가 없음에도 불구하고 ($F = 1$이 얻어져야 함에도 불구하고) 표집의 오차로 인해 $F = 17.11$과 같은 값을 얻을 수도 있기 때문이다. 그래서 영가설하의 모집단에서 통계치 $F = 17.11$을 표집오차로 인해 얻을 수 있는 확률을 추정한 다음, 추정된 확률의 크기를 고려하여 $F = 17.11$을 단순한 표집오차로 볼 것인지 아니면 표집오차가 아닌 것으로 볼 것인지를 확률적으로 판단해야 한다. 이를 위해 표본 F비의 표집분포(sampling distribution of sample F-ratio)가 필요하다.

예제 13-1

한 연구자가 아동의 동화 이해도에 있어서 동화 제시 방법(구연, 그림, 통합) 간에 차이가 있는지 알아보기 위해 무작위로 표집된 아동 30명을 동화 제시 방법에 따른 세 가지 처치조건에 각각 10명씩 무선배치하였다. 그리고 4주간의 실험처치 후 각 처치 집단별로 동화 이해도를 측정한 결과, 다음과 같이 나타났다. 분산분석을 실시하시오.

동화 제시 방법		
구연동화	그림동화	통합
5	6	8
4	5	7
6	6	9
5	7	8
7	6	7
6	5	8
8	6	8
6	5	9
5	6	8
5	5	7

2) 표본 F비의 표집분포

표본 자료로부터 얻어진 F비가 $F=1$이 아닌 $F=1.8$, $F=2.7$, $F=4.5$ …… 등과 같이 $F>1.00$인 어떤 값으로 얻어질 경우라도 표집에 오차에 의해 우연히 얻어질 수도 있는 값이기 때문에 연구자는 자신의 표본 자료에서 계산된 F값이 순수하게 표집오차로 인해 얻어질 수 있는 확률을 따져 보아야 한다.

그렇다면 연구자가 자신의 표본 자료에서 얻어진 F값이 순수한 표집의 오차로 인해 얻어질 수 있는 확률을 어떻게 알 수 있겠는가? 표집 크기 n에서 주어진 F값이 순수한 표집의 오차에 의해 얻어질 확률을 보여 주는 표본 F비의 표집분포를 얻기 위해 행해진 통계학자들의 가상적인 실험을 생각해 보자. ① 집단 간 평균이 같고, ② 집단 간 분산이 같으며, ③ 정규분포를 이루는 세 모집단이 있다고 가정하자. 그리고 〈표 13-2〉의 가상적 연구에서처럼 $n=10$명씩 수천 번을 반복적으로 무선표집한다고 가정하자.

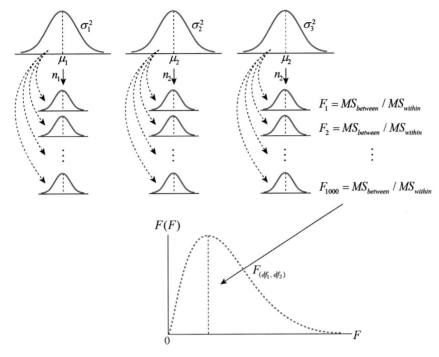

[그림 13-3] 반복적 확률 실험을 통한 F비의 표집분포 생성

다시 말하면, 각 모집단으로부터 n명씩 무선표집한 다음 집단 간 분산과 집단 내 분산을 계산한다. 계산된 두 분산비값을 $F = MS_{between}/MS_{within}$ 공식에 대입하여 F비를 계산한 다음, 표본을 다시 모집단에 돌려보낸다. 이와 같은 절차에 따라 실험을 수천 번 반복한다면 반복된 수만큼의 표집오차에 따른 F비를 얻게 될 것이다. 이들 F비들은 [그림 13-3]과 같이 정적으로 편포된 확률분포를 이루게 되는데, 이 분포를 표본 F비의 표집분포 또는 F분포라 부른다. 따라서 실험하의 처치 집단의 수와 각 처치 집단에 배치된 전체 피험자의 수에 따라 서로 다른 수많은 F분포가 존재할 수 있다. 즉, 집단 간 자유도와 집단 내 자유도에 따라 수많은 F분포가 존재할 수 있다. [그림 13-4]는 $df = 2, 27$에 따른 F분포이다.

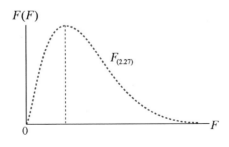

[그림 13-4] $df = 2, 27$의 F비의 분포

일반적으로, 두 집단 분산의 비값으로 이루어진 F분포에서는 분모의 분산이 분자의 분산보다 클 경우 F값은 1보다 작은 값이 나올 수 있다. 그러나 분산은 적어도 0보다 크기 때문에 모든 F값은 항상 양(+)의 값을 가진다. 그리고, 특히 분산분석에서 F비를 구하기 위해 사용하는 분산은 앞에서 언급한 바와 같이 $MS_{between}$과 MS_{within}의 특수한 성격을 지닌 것이기 때문에 이론적으로 $MS_{between}$과 MS_{within} 간의 비인 F값은 절대로 1보다 작을 수 없다.

3) F검정 결과의 의미

지금까지 설명된 분산분석 과정을 통해 알 수 있는 바와 같이 F검정에서 통계적으로 유의한 것으로 나타날 경우 "H_0: 집단들 간에 차이가 없을 것이다."라는 영가설을 기각하고 "H_A: 최소 한 쌍의 집단들 간에 차이가 있을 것이다."라는 대립가설을 채택하게 된다. 이는 연구하의 여러 집단 간에 차이가 있다는 전반적인 판단이며, 특히 비교 집단의 수가 세 개 이상일 경우 구체적으로 어느 집단과 어느 집단 간에 차이가 존재하는지 구체적으로 말해주지 않는다.

독립변인이 무선변인일 경우에는 독립변인의 수준이 여러 수준(수준들의 모집단) 중에서 무작위로 선정된 불특정 수준들이기 때문에 실제 선정 과정에서 어떤 수준이 선정될 것인지 알 수 없다. 따라서 구체적인 수준들 간의 차이에 대한 관심을 가질 수도 없고, 의미도 없으며, 수준들 간의 전반적인 차이 유무를 확인하려는 데 연구의 목적이 있을 수밖에 없다. 예컨대, 초등학생들의 학업적 자아개념이 학년에 따라 다를 것인지를 알아보기 위해 여섯 개 학년 중 무작위로 세 개의 학년을 선정한 결과, 1, 3, 6학년이 선정되었다고 하자. 이 경우, 독립변인인 학년 변인의 수준(1, 3, 6)은 6개 학년 중에서 무작위로 선정된 것이기 때문에 연구자의 관심은 무작위로 선정된 세 학년들 간의 구체적인 차이 유무에 있는 것이 아니라 선정된 세 학년 간의 전반적인 차이 유무에 있으며, 집단 간 전반적 차이 유무에 대한 통계적 판단을 해 주는 F검정 결과로부터 학년 간 차이 유무에 대한 정보를 충분히 얻을 수 있다.

대부분의 경우와 같이, 독립변인이 고정변인일 경우를 생각해 보자. 독립변인의 수준이 무작위로 선정되지 않고 연구자의 의도적 관심에 따라 특정한 수준이 선택될 경우, 연구자의 관심은 수준들 간의 전반적인 차이 유무에 대한 정보보다 선택된 수준들 간의 구체적인 차이 유무에 있으며 선택되지 않은 수준들 간의 차이에는 관심이 없다. 앞의 예에서 초등학교 여섯 개 학년 중 연구자의 의도적인 관심에 따라 2, 4, 6학년을 선택했다고 가정하자. 이 경우, 2, 4, 6학년은 무작위로 선정된 불특정 수준들이 아니라 연구자의 연구목적에 따라 의도적으로 선택되었고, 연구자의 관심이 2, 4, 6학년들 간의 구체적인 차이 유무에만 고정되어 있고 선택되지 않은 1, 3, 5학년들 간의 차이 유무에는 관심이 없다. 그리고 2, 4, 6학년 간에 차이가 존재할 경우, 그 해석의 범위를 2, 4, 6학년들 간의 구체적인 경우에만 제한하고 전체 학년들 간의 차이로 일반화하지도 않는다. 독립변인이 고정변인일 경우에는 수준들 간에 차이가 있다는 F검정의 전반적인 판단은 연구자가 관심을 가지고 있는 수준들 간의 구체적인 차이에 대한 충분한 정보를 제공해 주지 않는다. 그래서 후속적인 통계적 검정 절차를 통해 수준들 간의 구체적인 차이 유무를 확인해야 하며, 이러한 목적으로 실시되는 후속적인 절차를 사후비교 또는 사후 검정(post hoc procedure)이라 부른다.

결론적으로, 독립변인이 무선변인이면 F검정 결과를 해석하고 모든 분석은 여기서 마무리한다. 그러나 독립변인이 고정변인이면 사후 검정을 통해 수준들 간의 구체적인 차이를 확인할 때까지 결과 해석을 유보한다.

3 사후비교

지금까지 독립변인의 수준이 두 개 이상일 경우, 집단 간 차이에 대한 정보를 얻기 위해 분산분석을 통해 집단 간 분산과 집단 내 분산이 분석되는 절차와 F검정을 통해 집단 간 평균 차이의 유무를 전반적 수준에서 판단하는 과정에 대해 알아보았다. F검정에서 F비가 통계적으로 유의한 것으로 나타날 경우 종속변인의 평균에 있어서 집단들 간에 통계적으로 유의한 차이가 있다는 전반적이 판단이며, 어느 집단과 어느 집단의 평균 간에 차이가 있는지를 구체적으로 말해 주지 않는다. 그래서 필요할 경우, 집단 간 구체적인 차이를 확인하기 위한 사후분석이 필요하다. 집단변인인 독립변인의 성질(고정변인 vs 무선변인, 질적 변인 vs 양적 변인)에 따라 집단 간의 구체적 차이에 대한 정보를 밝혀내기 위한 후속적 분석 실시 여부와 방법이 달라질 수 있다.

첫째, 독립변인의 성질이 고정변인인가 또는 무선변인가에 따라 사후비교 실시 여부가 결정된다. 독립변인이 질적 변인일 경우, 독립변인의 수준이 연구목적에 따라 연구자에 의해 의도적으로 선택된 고정변인일 경우와 모집단에서 무작위로 표집된 무선변인일 경우로 나뉜다. 독립변인을 구성하는 수준이 여러 수준 중에서 무작위로 표집된 불특정 수준으로 구성되어 있을 경우, 이를 무선변인(random variable)이라 한다. 독립변인의 수준들이 무작위로 표집될 경우, 실제 연구에서 어떤 수준들이 표집될 것인지 알 수 없기 때문에 당연히 표집된 수준(집단)들 간의 전반적인 차이에 대한 연구가설만 설정될 수밖에 없다. 따라서 분산분석을 통한 F검정 결과로부터 집단 간 전반적인 차이 유무에 대한 판단을 충분히 할 수 있으며, 더 이상의 부가적인 분석이 필요 없다. 예컨대, 어떤 대학 관계자가 학생들의 학과 만족도에 있어서 학과 간에 차이가 있는지 알아보기 위해 50개 학과 중 무작위로 다섯 개의 학과를 표집한 결과, 경영학과, 체육학과, 산업디자인학과, 심리학과 그리고 자동차공학과가 표집되었다고 가정하자. 이 경우, 독립변인인 학과는 다섯 개의 수준으로 구성된 무선변인이다. 50개 학과 중 다섯 개 학과를 무선표집할 경우, 확률적으로 50개 중 모든 학과가 다섯 개 학과에 표집될 확률이 동일하기 때문에 실제 표집에서 어떤 학과가 표집될지 알 수 없다. 따라서 표집된 학과들 간의 구체적인 차이에 대한 어떤 연구가설도 설정할 수 없으며, 오직 학과 만족도에 있어서 표집된 학과들 간의 전반적인 차이 유무에 대한 연구가설만 설정될 수 있다. 분산분석을 통한 F검정에서 통계적으로 유의한 것으로 나타날 경우, 독립변인을 구성하는 다섯 개 학과는 50개의 학과 중에서 무작위로 표집된 학과들이기 때문에 통계적으로 유의한 F검정 결과는 학과 만족도에 있어서 불특정한 다섯 개 학과 간에 통계적으로 유의한 차이가 존재한다는 의미이다. 동시에, 다섯 개 학과가 무작위로 표집되어 온 50개의 학과들 간에 차이가 존재한다는 의미로 일반화하여 해석할 수 있다.

독립변인의 수준이 연구목적에 따라 연구자에 의해 의도적으로 선택된 고정변인일 경우를 생각해 보자. 예컨대, 어떤 대학 관계자가 학생들의 학과 만족도에 있어서 심리학과, 영문학과, 작곡과, 자동차공학과, 식품공학과를 선정하고 이들 다섯 개 학과 간에 구체적인 차이에 관심을 가지고 있다고 가정하자. 이 경우, 독립변인인 학과는 다섯 개의 수준으로 이루어진 고정독립변인(fixed variable)이며, 연구자의 관심은 선택된 다섯 개 학과 간의 전반적인 차이 유무와 동시에 의도적으로 선택한 다섯 개 학과들 간의 구체적인 차이 유무에 있다.

만약 집단 평균들 간의 구체적인 차이에 대한 연구가설이 설정되면, 자료 수집 전에 이론적으로 설정된 구체적인 집단비교 계획에 따라 일련의 집단 평균비교를 실시하면 된다. 반면에, 집단 평균들 간의 구체적인 차이에 대한 연구가설이 설정되지 않은 경우에는 일단 F검정을 통해 종속변인의 평균에 있어서 연구하의 집단들 간에 차이가 있는지를 전반적 수준에서 검정해 보고, 집단들 간에 통계적으로 유의한 차이가 있는 것으로 판명되면 구체적으로 어느 집단 간에 차이가 존재하는지를 탐색적으로 알아보기 위한 목적으로 사후비교가 실시되어야 한다.

둘째, 독립변인의 성질이 질적이냐 또는 양적이냐에 따라 사후비교로서 중다비교를 할 것인지 또는 경향분석을 할 것인지 결정된다. 독립변인의 수준이 두 개 이상이고 수준의 성질이 교수방법, 자료 유형, 부모 양육 태도, 지역, 종교, 약물 종류 등과 같이 질적으로 다를 경우, 종속변인의 평균에 있어서 독립변인의 수준에 따른 집단 간 차이를 알아보기 위한 중다비교가 실시된다. 그러나 독립변인의 수준의 성질이 약물 섭취량, 소득 수준, 연습량, 학급 크기, 운동량 등과 같이 양적으로 다를 경우, 연구자의 관심은 독립변인의 수준과 종속변인 간에 어떤 함수적 관계(경향)를 가지는지에 더 관심을 가지고 있기 때문에 집단 간 평균을 비교하는 중다비교가 아닌 경향분석(trend analysis)을 실시하게 되면 더 유익한 정보를 부가적으로 얻을 수 있다.

[그림 13-4]에서 볼 수 있는 바와 같이, 사후 검정을 위해 흔히 사용되고 있는 다섯 개의 방법이 소개되어 있다. 이들 중 뉴먼-켈스(Newman-Keuls) 검정법을 제외한 다른 모든 사후 검정법은 제1종 오류율을 내부적으로 여러 개의 개별 비교가 이루어지는 전체 실험 수준에서 통제하고 있다. 그래서 적절한 사후 검정법의 선택을 위해, ① 다중비교에서 전적으로 단수비교만 실시되느냐 또는 단순비교와 복합비교가 동시에 실시되느냐, ② 집단 간 사례수가 동일한가 또는 다른가에 따라 선택된다. 사후 검정의 목적과 연구가설의 성격을 고려할 때 주로 투키(Tukey)의 HSD 검정법과 셰페(Schéffee) 검정법이 사용되고 있으며, 특히 Dunnett 방법과 Dunn 방법은 사후 검정은 물론 계획 비교를 위해서도 사용되는 검정법이기 때문에 여기서는 Tukey의 HSD 검정법, Schéffee 검정법, 그리고 Newman-Keuls 검정법에 대해서만 설명하고자 한다.

1) Tukey의 HSD 검정법

사후비교법 중에서 가장 먼저 개발된 것이 이 분야의 선두자인 Tukey에 의해서 개발된 HSD(Honestly Significant Difference) 검정법이다. Tukey의 HSD 검정법을 이해하기 위해서는, 먼저 이 검정법의 논리적 근거와 검정통계치인 스튜던트 범위통계치(Student's Range Statistics)에 대한 이해가 필요하다.

앞에서 평균의 차이 검정을 설명하면서 언급했던 t 검정법은 평균이 같고 분산이 같은 두 모집단에서 표집을 한다는 가정 위에서 평균 차이의 표집분포가 도출되었음을 기억하고 있을 것이다. 그러나 분산분석 상황에서는 비교 집단의 수가 세 개 이상이기 때문에, 특히 비교 집단이 두 개인 경우를 위해 개발된 t 검정법을 적용하여 여러 개의 집단 평균치의 유의성을 번갈아 검정할 때 심각한 통계적 오류를 범하게 될 수 있음을 설명했다.

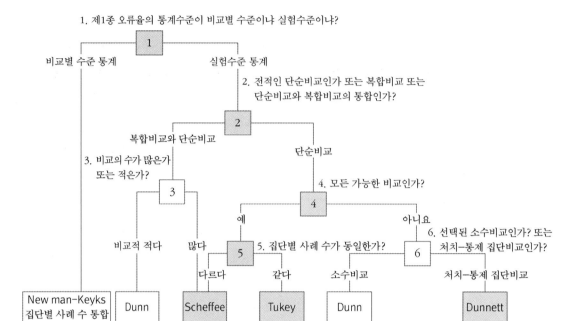

1. 제1종 오류율의 통계수준이 비교별 수준이냐 실험수준이냐?

비교별 수준 통계   실험수준 통계

2. 전적인 단순비교인가 또는 복합비교 또는 단순비교와 복합비교의 통합인가?

복합비교와 단순비교   단순비교

3. 비교의 수가 많은가 또는 적은가?

4. 모든 가능한 비교인가?

예   아니요

6. 선택된 소수비교인가? 또는 처치-통제 집단비교인가?

비교적 적다   많다   5. 집단별 사례 수가 동일한가?   처치-통제 집단비교

다르다   같다   소수비교

New man-Keyks 집단별 사례 수 통합   Dunn   Scheffee   Tukey   Dunn   Dunnett

[그림 13-5] 사후 검정법 선택 절차

이 점을 보다 쉽게 이해하기 위해 확률적인 관점에서 생각해 보자. 분산이 같고 평균이 같으며 정규분포를 이루고 있는 여섯 개의 모집단이 있다고 가정하자. 이제 6개의 모집단에서 각각 일정한 표집 크기로 표집을 한 다음, 각 표집의 평균을 계산하고 계산된 표집평균치들 중에서 가장 큰 것과 가장 작은 것의 차이를 계산한다고 가정하자. 이때 모집단 평균이 같음에도 불구하고 순수한 표집의 오차 때문에 생길 수 있는 평균치 간의 차이점수는 t검정의 상황처럼 오직 두 개의 모집단에서 표집된 두 표집평균치에서 기대할 수 있는 차이점수보다 더 클 것이다. 물론 확률적으로 그렇게 기대할 수 있다는 말이다. 이러한 우연에 따른 두 극단 평균 간 차이의 크기는 동시에 비교되는 평균치의 수가 많으면 많을수록 더 커질 것이다. 따라서 세 개 이상의 평균이 동시에 비교되는 상황에 통상적인 t검정법을 적용하여 통계적 유의성을 검정하면 실제로 설정한 유의수준보다 더 높은 수준에서 유의성을 검정하게 된다.

앞에서 도출해 낸 논리에 따르면, 우연히 생길 수 있는 집단 평균치들 간 차이의 크기는 평균치들의 수에 따라 달라질 수 있다는 것이다. 만약 이러한 점을 고려해서 두 평균치 간의 차이 검정을 할 수 있는 통계치를 찾아낸다면 더 이상 문제가 될 수 없을 것이다. 즉, 처치 집단의 수에 맞는 평균 차이의 표집분포를 도출해 내고 도출된 확률분포를 이용하여 통계적 유의성을 검정하면 된다는 것이다. 바로 이러한 생각을 가지고 도출해 낸 확률분포가 스튜던트 범위분포(Studentized Range Distribution)이다.

스튜던트 범위분포가 구체적으로 어떻게 해서 만들어지게 되었는지를 이해하기 위해 다음과 같은 실험 과정을 가정해 보자. 우선, 평균이 μ이고 분산이 σ_2이며 정규분포를 이루고 있는 어떤 모집단이 있다고 가정해 보자. 그리고 이 모집단에서 표집의 크기가 n인 일련의 표집을 무선표집한 다음, 각 표집의 평균을 계산한다. 계산된 표집의 평균치들 중에서 가장 큰 것과 가장 작은 것을 선택한 다음, 이들 두 평균치들 간의 차이를 계산한다. 그리고 두 평균의 차이인 범위를 R이라 놓자. 그러면 $R = \overline{X}_{\max} - \overline{X}_{\min}$이 된다. 이러한 실험을 무수히 반복하면 반복된 수만큼 R값을 얻게 될 것이다. 그리고 R값의 표집분포 평균은 표집의 수에 따라 달라질 것이고 $\sigma/\sqrt{n}$의 표준편차를 갖는다. R값의 통계적 유의성을 검정하기 위해 R값의 표집분포의 모든 R값을 그 분포의 표준편차인 $\sigma/\sqrt{n}$로 나누어 얻은 분포가 바로 부록 G에 실려 있는 스튜던트 범위분포이다. 이 분포상의 값을, 특히 q라고 부른다. 따라서 연구자가 자신의 표본 자료에서 얻은 표집평균치들의 R값이 과연 통계적으로 유의한지를 검정하기 위한 검정통계치는 $q = R/\sigma/\sqrt{n}$이 된다. 이 q값이 통계적으로 유의하지 않은 것으로 나타날 경우, 가장 극단적인 두 집단 평균 간에 차이가 없다는 것이기 때문에 보다 덜 극단적인 다른 집단 평균 간에도 차이가 없는 것으로 일반화해서 판단할 수 있을 것이다. 그러나 만약 q값이 통계적으로 유의한 것으로 나타날 경우에는 적어도 여러 개의 표집 평균치들 중에서 두 극단치, 즉 최대 평균치와 최소 평균치 간에 통계적으로 유의한 차이가 있다는 것이다. 따라서 다른 평균치들 간에도 통계적으로 유의한 차이가 있을 수 있기 때문에 분산분석에서의 F검정의 결과와 같은 전반적인 판단의 정보를 제공해 준다고 할 수 있다.

이 검정법은 역시 분산분석 이후에 실시되기 때문에 σ 대신 분산분석에서 얻은 모변량 추정치 MS_{within}값으로 대치하여 통계치 q를 다음과 같이 고쳐 쓸 수 있다.

$$q = \frac{\overline{X}_{\max} - \overline{X}_{\min}}{\sqrt{MS_{within}/n}}$$

분산분석에서 F값이 통계적으로 유의한 것으로 나타나면 사후 검정에서 최소한 한 쌍의 처치 집단 평균치 간에 유의한 차이가 나타난다. 그래서 실제 모든 가능한 평균 쌍들 간의 차이값이 통계적으로 유의한지 검정해 보아야 하며, 평균의 수가 증가할수록 검정해야 할 평균 쌍들의 수가 증가하게 된다. 이러한 상황에서 연구자가 설정한 유의수준에서 통계적으로 유의한 것으로 판단될 수 있는 두 극단 평균치 간의 최소한의 차이값만을 보고도 쉽게 통계적 유의성 여부를 결정할 수 있을 것이다. 이러한 목적을 위해 앞의 통계치 계산 공식을 고쳐 쓰면 다음과 같다.

$$HSD = q(a)\sqrt{MS_{within}/n} \qquad\qquad \cdots\cdots(13.1)$$

Tukey의 HSD 절차에서 영가설이 기각될 확률이 가장 높은(즉, 제1종 오류를 범할 확률이 가장 높은) 두 극단 평균치의 차이 검정에서 연구자가 설정한 유의수준이 지켜질 수 있도록 통제한다. 따라서 덜 극단적인 평균치 간의 차이 검정에서는 최소한 확률적으로 제1종 오류의 가능성이 연구자가 설정한 유의수준 이상을 초과하지 않을 것으로 기대할 수 있다. Tukey의 HSD 검정법의 한 가지 실질적인 제한점은 각 단의 표집의 크기가 같은 경우에만 적용될 수 있다는 점이다.

예컨대, 〈표 13-3〉의 분산분석 결과의 사후 검정 절차로서 Tukey의 HSD 검정법을 적용한다고 가정하자. 분산분석의 F검정에서 유의수준 .05에서 통계적 검정이 이루어졌다. 그리고 처치 집단 수가 3이고 각 처치 집단의 피험자 수는 10명이며 분산분석 결과표에서 집단 내변량, 즉 $MS_{within}r = 11.14$이고 집단 내변량의 자유도(df_{within})가 27임을 알 수 있다. 먼저 부록 G에 제시된 스튜던트 범위분포에서 처치 집단 수, 집단 내 자유도, 그리고 유의수준에 대한 정보를 이용하여 결정치 q값을 계산하면 3.49이다. 이 값과 MS_{within} 그리고 사례 수 n에 해당되는 값을 Tukey의 HSD 공식에 대입하여 HSD값을 계산하면 $HSD = 3.49\sqrt{11.14/10} = 3.68$이 된다. 즉, 어떤 두 집단 간의 평균 차이가 앞에서 계산된 3.63 이상이면 두 집단 평균 간에는 통계적으로 유의한 차이가 있는 것으로 통계적 판단을 내릴 수 있다.

사후 검정 결과 요약표는 대체로 〈표 13-4〉와 같은 양식으로 제시되며, 집단 평균들은 내림차순으로 정리하여 제시한다. 그리고 통계적으로 유의한 것으로 나타난 것을 중심으로, 앞에서 언급한 독립변인의 성질을 고려하여 결과를 해석하면 된다.

〈표 13-4〉 사후 검정 결과 요약표

평균	M_{m3}	M_{m2}	M_{m1}
$M_{m3}=77.30$	–	3.70*	9.10*
$M_{m2}=73.60$		–	5.40*
$M_{m1}=68.20$			–
HSD=3.68			*$p<.05$

2) Newman-Keuls 검정법

Newman-Keuls 검정법도 스튜던트 범위통계치(Studentized Range Statistics)를 사용하고 있으며, 다른 중다비교법과 다른 점은 소위 층위법(layer method)이라는 방법을 채택하고 있다는 것이다. 층위법이 어떤 것이며 왜 이러한 방법을 채택하게 되었는지 이해하기 위해 우선 Tukey의 HSD 검정 절차를 다시 한번 상기해 보자. Tukey 검정법은 연구자가 바라는 유의수준이 먼저 두 극단 평균치의 차이 검정에서 지켜질 수 있도록 통제함으로써 평균치들의 크기에 따른 서열에서 보다 덜 극단적인 평균들 간의 차이 검정에서도 유의수준이 연구자가 설정한 수준을 넘지 않도록 한다는 데 논리적 근거를 두고 있다. 그래서 연구자가 바라는 유의수준에서 두 극단의 평균 차이가 통계적으로 유의하기 위해 필요한 최소한의 차이값을 계산한 다음, 이 기준을 적용하여 모든 다른 평균치 간의 차이에 대한 통계적 유의성을 검정하기 위해 사용한다.

Tukey 검정법의 이러한 논리를 확률적인 관점에서 다시 쉽게 이해할 수 있다. 간단한 가상적인 예를 하나 들어 보자. 다섯 개의 처치 집단 평균치 간의 구체적 차이를 통계적으로 검정해 보기 위해 일단 평균치의 크기에 따라 오름차순으로 다음과 같이 정리했다고 하자.

$$\overline{X}_3, \ \overline{X}_2, \ \overline{X}_4, \ \overline{X}_1, \ \overline{X}_5$$

Newman-Keuls 검정법에서는 우선 Tukey 검정법에서와 똑같이 $\overline{X}_3$과 $\overline{X}_5$ 간의 차이 검정을 실시한다. 그리고 $\overline{X}_3$과 $\overline{X}_5$ 간의 차이 검정을 위한 스튜던트 범위분포는 영가설하의 모집단에서 다섯 개의 표집을 한 다음 표집평균치가 가장 극단적인 두 표집평균(최대치, 최소치)의 차이점수들의 표집분포이다. 따라서 $\overline{X}_3$과 $\overline{X}_5$의 차이 검정을 위해 사용된 확률분포는, 예컨대 $\overline{X}_3$과 $\overline{X}_1$의 유의성을 검정하기 위해 사용될 수 있는 정확한 확률분포가 될 수 없을 것이다. 왜냐하면 $\overline{X}_3$과 $\overline{X}_1$는 영가설하의 모집단에서 단지 네 개의 표집을 한 경우이기 때문이다. 이미 앞에서 언급한 바 있지만, 우연에 의해 생길 수 있는 두 극단 표집 평균치의 차이는 표집의 수가 많을수록 더 커진다. 따라서 이러한 극단 평균치의 차이값에 의해 도출된 분포도 표집의 수에 따라 달라질 것이다. 이러한 이유 때문에 Newman-Keuls 검정법에서는 전체 평균치를 이와 같이 크기의 순서에 따라 일단 층화시킨 다음 비교되는 두 집단의 평균치에 따라 적절한 스튜던트 범위분포를 사용하여 통계적 검정을 실시한다.

〈표 13-5〉 Newman-Keuls 검정 예시표

층위별 결정치	비교 집단
$NK(4) = q(4)MS_{within}/n$	$: \overline{X}_3 \; vs \; \overline{X}_5$
$NK(3) = q(3)MS_{within}/n$	$: \overline{X}_3 \; vs \; \overline{X}_1, \; \overline{X}_5 \; vs \; \overline{X}_2$
$NK(2) = q(2)MS_{within}/n$	$: \overline{X}_3 \; vs \; \overline{X}_4, \; \overline{X}_2 \; vs \; \overline{X}_1, \; \overline{X}_4 \; vs \; \overline{X}_5$
$NK(1) = q(1)MS_{within}/n$	$: \overline{X}_3 \; vs \; \overline{X}_2, \; \overline{X}_2 \; vs \; \overline{X}_4, \; \overline{X}_4 \; vs \; \overline{X}_1, \; \overline{X}_1 \; vs \; \overline{X}_5$

따라서 Newman-Keuls 검정법을 사용하여 사후 검정을 하게 될 경우, 실제 〈표 13-5〉와 같이 Tukey 검정법의 통계치 q를 $q(4)$라 표기한다면 〈표 13-4〉에 제시된 것과 같이 통계적 검정이 실시될 수 있다. 〈표 13-5〉에 나열된 비교 집단 간의 평균 차이를 해당 층위별 결정치를 사용하여 통계적 유의성을 검정한 다음, 그 결과를 다음과 같이 〈표 13-6〉으로 정리하여 제시한 후 독립변인의 성질을 고려해서 검정 결과를 적절히 해석하면 된다.

지금까지 설명 과정에서 Newman-Keuls 검정법은 제1종 오류를 범할 확률에 비추어 볼 때 반복적 t검정과 Tukey 검정법의 중간쯤에 속하는 게 아닌가 하고 생각했을 것이다. 왜냐하면 Newman-Keuls 검정에서도 실제 반복적 t검정이 실시되고 있으나 각 층위별로 제1종 오류의 팽창 정도가 훨씬 낮다고 볼 수 있다. 그러나 비교 집단의 수가 많을수록 최극단 평균치들이 포함되는 층위를 제외하고는 역시 반복 t검정 때문에 제1종 오류의 팽창 정도가 심하게 커질 것이다.

〈표 13-6〉 사후 검정 결과 요약표

평균	M_3	M_2	M_4	M_1	M_5
M_3	–	$M_3 - M_2$	$M_3 - M_4$	$M_3 - M_1$	$M_3 - M_5$
M_2		–	$M_2 - M_4$	$M_2 - M_1$	$M_2 - M_5$
M_4			–	$M_4 - M_1$	$M_4 - M_5$
M_1				–	$M_1 - M_5$
M_5					–

그리고 상대적으로 볼 때 층위를 무시한 반복 t검정법보다 훨씬 보수적이라 할 수 있다. 반면에 비교되는 평균 쌍의 수가 얼마든지 간에 전반적인 수준에서 제1종 오류를 통제하고 있는 Tukey 검정법에서는 처치 집단의 수가 많을수록 각 쌍의 비교에 적용되는 유의수준은 대단히 낮게 될 것이고, 따라서 대단히 보수적이 되어 버릴 수 있다. Newman-Keuls 검정법

은 Tukey 검정법에 비해서는 상대적으로 덜 보수적이라고 볼 수 있다. 이러한 이유로 인해 Tukey 검정법에서는 통계적으로 유의한 차이가 없는 것으로 나타난 것이 Newman-Keuls 검정법에서는 유의한 것으로 나타날 수도 있다.

　제1종 오류와 제2종 오류 간의 관계에 비추어 볼 때, 표집의 수가 많아질수록 Newman-Keuls 검정법이 Tukey 검정법보다 더 적절하다고 볼 수 있다. 그러나 표집 집단의 수가 작을 때는 같은 이유로 Tukey 검정법을 권장한다. Newman-Keuls 검정법 역시 처치 집단의 사례 수가 동일한 경우에만 적용될 수 있다는 제한점을 지니고 있다. 독립변인 수준의 수가 대개 네 개 이하인 실험 설계에서는 사후 검정 절차로서 Tukey 검정법을 많이 사용하고 있다.

3) Schèffe 검정법

　모든 사후 중다비교법 중에서 가장 융통성 있고 보수적이며 제1종 오류에 가장 내강한 방법이 Schèffe 검정법이다. 가장 융통성 있는 검정법이라고 하는 이유는 평균의 비교 방법이 단순비교(pairwise comparison)와 복합비교(compound comparison)에 모두 적용될 수 있고 처치 집단의 사례 수가 다를 경우에도 사용될 수 있기 때문이다. 물론 앞에서 소개된 검정법들은 오직 단순비교의 경우에만 적용될 수 있다. 모델 가정이 위배되더라도 사용할 수 있기 때문에 가장 내강성이 강한 검정법이라고 한다. 마지막으로, Schèffe 검정법에서는 비교되는 형태나 비교의 수와 관계없이 연구자가 바라는 유의수준은 대단히 낮아지게 된다. 이러한 점에서 대단히 보수적인 방법이라고 할 수 있다. 상당히 좋은 기법이긴 하나 다른 검정보다 검정력(power)이 높지 못하기 때문에 다른 기법이 적용될 수 없는 상황, 즉 야구 게임에서 대타자의 기능을 지닌 기법으로 평가받고 있다.

　Schèffe 검정법에 내재하는 통계적 논리에 대해서는 생략하겠다. 앞에서 소개된 사후 검정 절차에 따른 결과는 SPSS 프로그램의 ONEWAY 절차의 RANGES를 이용하여 쉽게 얻을 수 있다.

　〈표 13-7〉의 사후 검정 결과는 Tukey의 HSD 절차를 적용하여 사후 검정을 실시한 예이다. 이 프로그램에서 Tukey 대신 Schèffe, Newman-Keuls에 해당하는 명령어만 바꾸면 원하는 사후 검정 결과를 얻을 수 있다.

〈표 13-7〉 분산분석 결과 요약표

Source	SS	df	MS	F	p
Between	418.87	2	209.43	18.12*	.0001
Within	312.10	27	11.56		
Total	730.97	29			*$p<.05$

〈표 13-7〉에서 $F_{Method}=18.12$, $P<.05$로서 교수방법(m_1, m_2, m_3)의 처치 효과가 통계적으로 유의한 것으로 나타났다. 세 가지 교수방법 간의 구체적인 차이를 알아보기 위해 Tukey의 HSD 사후 검정 절차를 적용한 결과, 다음 〈표 13-8〉과 같이 나타났다.

〈표 13-8〉 사후 검정 결과 요약표

평균	M_3	M_2	M_1
$M_3=77.30$	–	3.70*	9.10*
$M_2=73.60$		–	5.40*
$M_1=68.20$			–
HSD=3.63			*$p<.05$

〈표 13-8〉에서 교수방법 3($M_3=77.30$)이 교수방법 2($M_2=73.60$)와 교수방법 1($M_1=68.20$)보다 산수 학습동기에 미치는 효과가 더 우세한 것으로 나타났고, 교수방법 2도 교수방법 1에 비해 아동들의 산수 학습동기에 미치는 효과가 더 우세한 것으로 나타났다.

4 분산분석의 기본 가정

어떠한 통계적 기법이라도 그 기법을 적용하기 위해서 연구자는 자신이 얻은 자료가 적용하고자 하는 통계적 기법을 개발하기 위해 설정된 기본 가정에 부합되는 것인지를 사전에 객관적으로 확인/검정해 보아야 한다. 이미 앞에서 통계학자들이 표집분포인 F분포를 도출하는 실험에서 언급되었지만, 분산분석 기법도 ① 정규분포성, ② 동분산성, 그리고 ③ 독립성의 세 가지 기본 가정 위에서 표본 F비의 표집분포가 개발되었다. 따라서 분산분석 기법을 적용하고자 하는 연구자는 반드시 자신의 자료가 이러한 기본 가정을 충족하고 있는지 검정해 보아야 한다.

그러면 지금부터 분산분석이라는 통계적 기법을 적용하기 위해서는 앞에서 언급한 세 가지 기본 가정이 왜 충족되어야 하며, 이러한 가정이 충족되지 않은 상태에서 분산분석을 하게 될 경우 어떠한 통계적 오류를 범하게 되는지에 대해서 알아보도록 하겠다.

분산분석에서 채택되고 있는 F분포가 어떻게 만들어졌는지 다시 한번 생각해 보자. 통계학자들은 F비의 확률분포를 만들기 위해, ① 평균이 같고, ② 분산이 같으며, 그리고 ③ 정규분포를 이루고 있는 k개의 모집단에서 n_1, n_2, n_3 …… n_k씩 각각 ④ 무선표집한 자료로부터 집단 간 분산($MS_{between}$)과 집단 내 분산(MS_{within})을 계산하고, 그리고 두 분산의 비인 F값을 계산하였다. 그리고 표집된 표본 자료를 각자의 모집단으로 복원시킨 다음, 동일한 절차에 각 모집단에서 표본을 표집하고 F비값을 계산하였다. 이러한 확률 실험을 수천 번 반복하게 되면 반복된 수만큼의 F비값을 얻게 될 것이고, 그리고 이들 F비값들은 확률변수이기 때문에 어떤 확률분포를 따르게 될 것이다. 따라서 F분포표에 제시된 어떤 F분포라도 이러한 조건하에서 도출된 분포이기 때문에 실험을 통해 얻어진 자신의 자료가 이러한 조건을 만족한다는 근거 없이는 절대로 F분포에 확률적 근거를 두고 통계적 검정이 실시되는 분산분석을 적용할 수 없다. 만약 자신의 자료가 이러한 가정에 위배되었음에도 불구하고 부록 D에서 제시된 F분포를 자신의 표집분포로 이용하여 통계적 검정을 하게 되면 전혀 다른 확률분포에 입각하여 통계적 결론을 내리게 되기 때문에 심각한 통계적 판단의 오류를 범하게 된다. 따라서 F검정의 정확성은 바로 연구자가 수집한 자료가 이러한 가정을 얼마나 충족시킬 수 있는 조건하에서 수집되었느냐에 달려 있다. 그러면 각 가정의 충족 여부를 검정할 수 있는 방법과 각 가정이 위배되었을 때 야기될 수 있는 통계적 오류에 대해 알아보도록 하자.

1) 정규분포의 가정

정규분포란 이론적으로만 기대할 수 있는 확률분포이기 때문에 실제 실험을 통해 얻어진 연구자의 자료가 이론적으로 도출된 정규분포를 이루기는 불가능하다. 그렇다면 정규분포의 가정을 요하는 분산분석을 적용할 수 없다는 말인가? 노튼(D. W. Norton, 1952)은 정규분포성의 가정이 위배될 수 있는 정도를 여러 가지로 조작한 다음, 이 가정의 위배 정도가 제1종 오류의 정도와 어떻게 관련되어 있는지를 알아본 결과 〈표 13-9〉와 같은 결과를 얻었다. Norton은 의도적으로 여섯 가지 종류의 모집단분포를 만들었다. 각 모집단은 정규분포성의 가정에 위배되는 정도에 있어서 서로 다르다. 각 모집단의 전체 사례 수(N)는 10,000이었다. 그리고 실험 조건은 집단 수가 4개이고 각 집단에 무선배치된 사례 수는 5였다. 〈표 13-9〉에서 볼 수 있는 바와 같이 처치 집단의 모집단이 정규분포를 이루고 있지 않는 경우(정규분포의 가정에 위배된 경우)에도 실제로 얻어진 제1종 오류의 양이 정규분포에서 이론적으로 기대할 수 있는 양에 비해 무시할 수 있을 정도로 작은 변화를 보이고 있다.

이러한 결과는 다행스럽게도 분산분석에서 정규분포의 가정이 다소 위배되어도 제1종 오류의 양에 비추어 볼 때 그다지 심각한 통계적 오류를 범하지 않는 것으로 나타났다. 그리고 이러한 결과는 표집의 수가 다른 경우에도 비슷하게 나타나는 것으로 밝혀졌다. 따라서 분산분석은 이 가정에 내강(robust)하다고 할 수 있다.

〈표 13-9〉 정상분포 가정에 관한 Norton 연구결과

분포의 종류	유의수준	이론적 기대확률	경험적 발생확률
1. 정상분포	.01	.01	.014
	.05	.05	.056
2. 고용도분포	.01	.01	.016
	.05	.05	.066
3. 사각분포	.01	.01	.018
	.05	.05	.061
4. 약 편포	.01	.01	.013
	.05	.05	.052
5. 강 편포	.01	.01	.010
	.05	.05	.048
6. J형 분포	.01	.01	.010
	.05	.05	.048

2) 독립성의 가정

분산분석에서 "독립성"은 우선 집단 내 독립성과 집단 간 독립성으로 나누어 생각해 볼 수 있다. 물론 실제의 실험 상황에서도 처치 집단의 피험자들을 모집단에서 무선표집한다면 적어도 실험처치가 이루어지기 전까지는 독립성 가정의 충족 여부가 전혀 문제가 되지 않는다. 그러나 무선표집을 하지 않을 경우나 실험처치를 하는 과정에서나 처치 효과를 측정하는 과정에서 여러 가지 요인에 의해 이러한 독립성이 쉽게 파괴되어 버릴 수가 있다. 예

컨대, 자료 수집의 편의성 때문에 학급과 같이 이미 다른 목적을 위해 형성되어 있는 기존 집단(intact group)을 대상으로 실험처치를 하지만, 분석단위는 개개 피험자로 할 경우 실험 자도 모르게 독립성의 가정이 쉽게 위배하게 된다. 가령, 교수방법의 효과를 알아보기 위해 학급단위로 산수 시험을 실시할 경우 학생들이 서로 부정 행위를 하게 된다면 학생들 간의 이러한 상호작용에 의해 학생들의 산수점수는 서로 독립적이라기보다는 어느 정도의 관련 성을 지니게 된다. 만약 이러한 관련성이 존재하게 될 경우, 집단 내 학생들의 점수가 서로 비슷하게 되고 따라서 집단 내 분산이 감소하게 될 것이고, 그 결과 통계치 F값이 실제보다 더 커지게 될 것이다. 이는 바로 처치 집단 간에 차이가 없음에도 불구하고 통계적으로 유의 한 차이가 있다고 판단을 잘못 내릴 확률이 증가하게 되는 결과를 낳게 된다.

이러한 문제점을 사전에 방지하기 위해서는 실험처치와 처치 효과의 측정을 집단별로 하 지 말고 개별적으로 하는 것이 최상의 방책이다. 그러나 실험 여건상 할 수 없이 집단단위로 실험처치나 측정을 하게 될 경우, 분석단위를 개개 피험자로 하지 말고 학급과 같은 집단 전 체를 하나의 분석단위로 사용하는 대안을 생각해 볼 수 있다.

연구목적상 동일한 피험자들을 여러 처치조건에 반복적으로 노출시킨다거나 부부와 같 은 짝진 표집을 사용하게 될 경우, 처치 집단 간의 독립성이 위배되게 된다. 집단 간-독립 성이 위배될 경우 초래될 수 있는 결과는 다소 복잡하다. 만약 자신이 얻은 실험 자료가 집 단 간-독립성에 위배될 경우 집단 간 상관 정도를 고려해서 특별히 개발된 통계적 분석 방 법을 채택해야 한다. 예컨대, 세 가지 처치수준에 동일한 피험자가 반복노출될 경우 반복측 정 설계에 따른 분산분석을 적용해서 자료를 분석해야 함에도 불구하고, 집단 간 상관 정도 를 무시한 통상적인 분산분석 기법으로 자료를 분석하게 될 경우 처치 집단 간에 통계적으 로 유의한 차이가 있음에도 불구하고 차이가 없다는 잘못된 통계적 판단을 내릴 확률이 증 가하게 된다.

이렇게 볼 때, 집단 내 독립성은 피험자들을 무선표집하여 처치조건에 무선배치한다면 실험처치가 이루어지기 전에는 독립성이 위배되지 않을 것이다. 따라서 집단 내 독립성은 실험처치의 과정에서 위배되기 때문에 연구자는 실험처치 계획을 사전에 면밀히 검토하고 실험처치 과정에서 집단 내 독립성을 파괴하는 요인이 개입되지 못하도록 엄격히 통제해야 할 것이다. 그리고 연구목적상 집단 간-독립성이 위배될 경우는 실험 설계에 따라 적절한 통계적 기법을 선택하는 데 주의를 기울이면 쉽게 해결이 가능하다.

3) 동분산성의 가정

분산분석의 세 번째 가정은 모집단들의 분산이 같아야 한다는 것이다. F분포가 모집단 분산이 같은 모집단에서 표집된 자료로부터 도출되었기 때문에 이러한 F분포를 사용하여 F검정을 하려는 연구자는 반드시 자신의 자료가 이러한 조건을 만족하고 있다는 가정을 할 수 있어야 한다. 분산분석은 각 집단의 분산이 실험처치 전이나 후에도 서로 같다는 전제 위에서 출발하는 것이다.

준실험 설계(quasi-experiment)가 자주 채택되고 있는 사회과학 분야의 연구에서 동분산성의 가정이 자주 위배되는 것으로 나타나고 있다. 왜냐하면 준실험 설계 상황하에서는 피험자들이 처치조건에 무선적으로 배치되지 않기 때문에 이미 실험처치가 이루어지기 전에 처치 집단 간 분산이 서로 다를 수 있다. 피험자들이 무선배치되는 조건하에서는 적어도 확률적으로 처치 집단의 분산이 같을 것으로 기대할 수 있다. 그렇다고 피험자들이 처치 집단에 무선배치되는 진실험(true experiment)하에서도 항상 처치 집단 간 분산이 같다고 할 수 없다. 설령 실험처치가 이루어지기 전에는 처치 집단 간에 분산이 같다고 해도 실험처치가 모든 피험자에게 균일하게 이루어지지 못하는 실험처치의 오류로 인해서 같은 실험처치를 받았음에도 처치 효과가 피험자에 따라 다르게 나타날 것이다. 만약 처치 효과가 모든 피험자에게 동일하다면 분산의 성격상 모든 점수에 일정한 상수를 더하거나 빼도 그 점수 집단의 분산은 변함이 없기 때문에 실험 전이나 실험 후의 집단의 분산은 동일할 것이다. 그리고 가끔 실험처치와 피험자의 특성 간의 상호작용으로 인해, 비록 처치를 균일한 조건으로 실시해도 실험처치와 개인차 특성의 성질상 처치 효과가 개개인에 따라 다르게 나타나게 되고, 그 결과 집단 간 분산이 달라질 수 있다.

분산분석에서 정규분포성의 가정은 내강한 것으로 연구결과에서 보고되었고, 독립성의 가정은 면밀하고 체계적인 계획하에서 실험처치를 하거나 적절한 분석 기법의 선택을 통해서 사전에 충족시킬 수 있지만, 마지막 세 번째의 동분산성의 가정은 여러 가지 요인에 의해 쉽게 위배되는 경향이 있기 때문에 연구자는 실험을 통해 얻은 자신의 자료가 이 가정을 충족하고 있는지를 분산분석을 하기 전에 반드시 실제로 통계 검정을 해 보아야 한다.

5   동분산성의 가정 검정 절차

변량분석 자료의 동분산성 가정을 검정하기 위해 개발된 여러 가지 검정 기법 중에서 가장 흔히 사용되고 있는 하틀리(Hartley)의 F_{max} 검정법, 코크란(Cochran) 검정법, 레벤 (Levene) 검정법, 바틀렛(Bartlett) 검정법에 대해 알아보도록 하겠다.

1) Hartley의 F_{max} 검정법

등분산성을 검정하기 위해 개발된 여러 검정법 중에서 가장 계산이 용이하고 검정 절차가 간단한 것이 바로 하틀리(Hartley, 1950)에 의해 개발된 F_{max} 검정법이다. F_{max} 검정법의 기본 논리는 다음과 같다. 실험이 끝난 다음 처치 집단의 분산이 서로 같은지를 통계적으로 검정하기 위해서는, 우선 실험하의 각 처치 모집단으로부터 사례 수를 n명씩 표집하게 될 경우 표집의 오차로 인해서 생길 수 있는 분산의 차이 정도를 알아야 한다. 처치 집단 간에 존재하는 분산의 차이가 표집의 오차로 인해 쉽게 얻어질 수 있는 정도라면 무시해 버릴 수 있다. 그러나 무시할 수 없을 만큼 크다면 처치 집단 간에 분산이 다르다고 말할 것이다. 그렇다면 도대체 처치 집단 간의 분산의 차이가 어느 정도가 되면 무시할 수 없을 만큼 크다고 말할 수 있겠는가? 이러한 판단의 근거를 얻기 위해 다음과 같은 실험을 생각해 보자. 정규 분포를 이루고 분산이 같은 N개의 모집단이 있다고 가정해 보자. 그리고 각 모집단으로부터 n개씩 무선표집한 다음 각 표집의 분산을 계산한다. 계산된 표집 집단의 분산 중에서 가장 큰 것과 가장 작은 것을 선택한 다음 F_{max} =최대분산/최소분산 비를 계산한다. 그리고 다시 각 표집을 모집단으로 돌려보낸 다음 앞과 동일한 절차에 따라 표집을 하고 분산의 비값을 계산한다. 이러한 절차를 수만 번 반복하게 되면 반복된 수만큼의 F_{max}값을 얻게 될 것이다. 만약 표집의 오차가 없는 경우에는 F_{max} =1을 얻게 될 것이고, 표집의 오차가 개입되는 경우에는 F_{max} >1.00 또는 F_{max} <1.00인 값을 얻게 될 것이다. 그래서 수천 번의 반복적 표집을 통해 얻어진 F_{max}값들은 평균=1이 되는 어떤 확률분포를 이루게 될 것이다. 이분포상에서 1을 제외한 모든 값은 표집의 오차로 인해 생긴 값이고, 그리고 1로부터 멀리 떨어져 있는 값일수록 표집의 오차로 인해 얻어질 수는 있으나 얻을 수 있는 확률은 작아진다. 확률분포에서 아주 극단적인 위치에 놓일 만큼 큰 F_{max}값은 오히려 모집단 분산이 다른 경우의 확률 실험에서 얻을 확률이 더 크기 때문에, 이러한 확률적 근거에 바탕을 두고 극단

적인 $F_{\max}$값은 모집단의 분산이 서로 같다고 믿기보다 다르다고 믿는 것이 합리적일 것이다. 그러나 그러한 극단적인 $F_{\max}$값도 역시 모집단 분산이 같은 자료에서 표집의 오차로 인해 얻어질 수 있는 값이기 때문에, 모집단 분산이 같다고 판단을 내리게 될 경우 우리는 판단 오류(제1종 오류)의 가능성을 배제할 수는 없다. 그러므로 이러한 오류를 감안한 판단을 내릴 수밖에 없으며, 어느 정도의 판단 오류를 감수할 것인가는 연구자가 $F_{\max}$값의 분포상에서 어느 정도의 값까지를 극단적인 값으로 볼 것인가에 달려 있다. 예컨대, 순수한 표집의 오차로 인해 얻을 확률이 5% 미만인 모든 값을 극단적인 값으로 볼 수도 있고(유의수준 5%), 1% 미만의 모든 값을 극단적인 값으로 볼 수도 있다. $F_{\max}$ 검정법은 이러한 논리에 따라 처치 집단들 간의 동분산성을 검정하기 위해 개발된 기법이다.

$F_{\max}$ 검정법은 계산과 검정 절차가 간편하다는 장점을 지니고 있는 반면, 몇 가지 약점과 제한점을 지니고 있다. 첫째, 여러 처치 집단 분산 중에서 가장 큰 것과 가장 작은 분산치만을 사용하고 다른 분산치들에 대한 정보를 무시하고 있다. 일반적으로 어떤 통계치라도 그 통계치를 추정하기 위해 사용된 자료의 크기가 크면 클수록 더 신뢰로운 통계치를 얻을 수 있다. 그래서 오직 두 집단의 분산값에 대한 정보만을 사용한 Hartley의 $F_{\max}$ 검정법은 여러 검정법 중에서 효율성이 가장 떨어지는 검정법이다. 둘째, 이 검정법은 처치 집단의 사례 수(n)가 동일한 자료에만 적용될 수 있는 기법이기 때문에 가끔 실험 도중에 피험자들이 탈락하게 되어 처치 집단의 사례 수가 다른 행동과학 분야의 연구에서는 적용될 수 없는 경우가 흔히 있다.

2) Cochran 검정법

Cochran(1941)이 개발한 Cochran 검정법도 Hartley의 $F_{\max}$ 검정법과 마찬가지로 표집 분산치들의 비값을 이용하여 동분산성 여부를 검정한다. Cochran 검정법의 통계치 g는 다음과 같이 모든 처치 집단의 분산에 대한 정보를 이용하고 있다.

$$g = \frac{S_{\max}^2}{\sum_{i=1}^{a}(S_i)^2}$$

통계적 유의성을 검정하기 위해 Cochran의 g값의 표집분포가 부록 H에 실려 있다. 일반적인 검정 절차는 통계치(g)의 계산 단계를 제외하고는 앞의 $F_{\max}$ 검정법과 같다. 이 검정법 역시 처치 집단의 사례 수(n)가 같은 조건에만 적용될 수 있다는 제한점을 지니고 있다. 그러나 이 공식에서 볼 수 있는 바와 같이 통계치 g를 계산하기 위해 모든 집단의 분산에 대한 정보를 이용하기 때문에 $F_{\max}$ 검정법에 비해 상대적으로 효율적인 검정법이다. 이 검정법은 처치 집단의 분산 중에서 어느 한 분산이 나머지 다른 분산에 비해, 특히 더 큰 경우에 적절한 검정법이다.

3) Levene 검정법

분산분석을 이용한 새로운 동분산성 검정법이 Levene(1960)에 의해 개발되었다. 실제 이 검정법은 각 처치 집단의 원점수를 다음과 같이 변환한 다음, 이들 변환 점수에 대한 일원분산분석을 실시함으로써 동분산성을 검정한다.

$$Y_{ij} = \left| X_{ij} - \overline{X}_{\cdot j} \right|$$

여기서, Y_{ij} = 변환된 점수,

X_{ij} = j 집단의 i번째 피험자의 원점수

$\overline{X}_{\cdot j}$ = j 집단의 평균

즉, 각 처치 집단별로 편차점수의 절대값을 계산한 다음, 이들 점수에 일원분산분석을 실시한다. 만약 세 처치 집단의 분산이 같다면 세 집단의 편차점수의 평균이 같을 것이다. 따라서 일원분산분석을 통해 이들 세 집단 평균치 간에 통계적으로 유의한 차이가 있는지를 검정해서 처치 집단 간에 분산이 통계적으로 유의한 차이가 있는지를 검정하려는 것이다.

만약 분산분석 결과 처치 집단 평균치 간에 통계적으로 유의한 차이가 없는 것으로 나타나면 실험 자료가 동분산성의 가정에 위배되지 않았다고 할 수 있다. 만약 통계적 유의성 검정에서 통계적으로 유의한 차이가 있는 것으로 나타났다면 동분산성의 가정에 위배되었기 때문에 분산분석을 적용할 수 없고, 따라서 모집단의 분포에 대한 어떤 가정을 요하지 않는 비모수 통계적 기법을 대안으로 사용하는 것이 좋다.

Levene 검정법은 앞에서 설명한 두 방법보다 계산이 다소 복잡하다는 것 그리고 역시 처치 집단의 사례 수가 같은 조건하에서만 적용될 수 있다는 단점을 지니지만, 이러한 복잡한 계산을 통해 얻어지는 결과를 고려해 보면 오히려 계산의 복잡성 정도는 문제가 되지 않는다. 우선, Levene 검정법은 모든 자료의 정보를 이용하기 때문에 대단히 신뢰로운 검정 결과를 기대할 수 있다. 그리고 무엇보다 정규분포의 위배 정도에 그다지 영향을 받지 않고 동

분산성을 검정할 수 있다는 것이다(Glass, 1966). 가끔 정규분포의 가정이 위배되면 동분산성의 가정도 위배되기 때문에 이러한 점은 Levene 검정법이 지니고 있는 장점이라고 할 수 있다. 동분산성 검정을 위해 개발된 방법들 중 가장 추천할 만한 방법이다.

4) Bartlett 검정법

마지막으로 소개되는 이 검정법은 Bartlett 검정법(1937) 또는 Bartlett-Box 검정법이라고 부른다. 이 검정법은 처치 집단의 사례 수가 다를 때 사용할 수 있는 유일한 방법이다. 그러나 실제적인 측면에서 여러 가지 문제점을 가지고 있다. 첫째, 검정 절차가 복잡하여 직접 계산이 대단히 어렵다는 점이다. 보다 심각한 문제점은 자료의 비정규분포성(non-normality)에 너무 민감하기 때문에 Bartlett 검정법에 따라 주어진 자료가 동분산성의 가정에 위배될 경우, 실제로 자료가 동분산성에 위배되었기 때문인지를 알 수 없다는 것이다. 그러나 Box는 이 검정법은 자료의 정규분포성에 너무 민감하기 때문에 오히려 정규분포성 가정의 위배 여부를 검정하기 위해 사용될 수 있는 좋은 기법이라고 말하고 있다.

5) 처치 집단의 사례 수와 동분산성의 가정

복스(Box, 1954)는 처치 집단의 사례 수의 비율과 처치 집단의 분산의 크기를 의도적으로 다르게 여러 가지 조건으로 조작한 다음, 과연 처치 집단의 사례 수의 비율에 따라 동분산성의 가정 위배가 어느 정도의 통계적 오류를 가져오는지 가상적인 자료를 통해 실험을 해 보았다.

Box는 세 처치 모집단의 분산비가 1:2:3이 되는 가상적인 자료를 만든 다음, 각 모집단에서 표집되는 표집의 크기의 비율을 네 가지 조건으로 조작했다. 그리고 표집 크기의 비율에 따라 실제로 설정된 제1종 오류의 양(.05)이 어떻게 변하는지를 알아본 결과, 〈표 13-10〉과 같은 결과를 얻었다.

〈표 13-10〉 모집단 분산의 이질성이 제1종 오류량에 미치는 효과

구분	모집 분산의 비 1 : 2 : 3			전체 사례 수 N	제1종 오류 확률
표집의 크기	$n=5$	$n=5$	$n=5$	15	.056
	$n=3$	$n=9$	$n=3$	15	.056
	$n=7$	$n=5$	$n=3$	15	.092
	$n=3$	$n=5$	$n=7$	15	.040

　이 실험은 실제 처치 집단이 세 개인 상황에서 표집의 크기를 달리하여 실험을 하고 이들 세 처치 집단 평균치간의 통계적 유의성을 검정하기 위해 일원분산분석을 한 다음, 유의수준을 .05로 놓고 통계적 판단을 내렸을 때 실제로 우리가 기대할 수 있는 제1종 오류의 양이 표집의 사례 수의 비율에 따라 달라짐을 보여 주고 있다.

　〈표 13-10〉에서 알 수 있듯이 처치 집단의 수가 같을 경우에 비록 처치 집단 간 분산이 1:2:3으로 다르다고 하더라도 실제로 얻어진 제1종 오류의 양(.056)이 통계적 검정을 위해 설정한 유의수준(.05)보다 무시할 수 있을 정도로 조금 증가된 것으로 나타났다. 따라서 처치 집단의 크기가 동일한 경우 주어진 자료가 등분산성 가정에서 어느 정도(물론 심각한 정도가 아닌) 위배된다 하더라도 무시할 수 있을 정도로 약간 정적으로 편기된 F-검정을 하게 된다고 할 수 있다. 왜냐하면 연구자는 유의수준 .05에서 모든 통계적 결론을 내렸다고 하지만 실제 결론은 유의수준 .056에서 내려진 것이기 때문이다.

　그러나 처치 집단의 사례 수가 같지 않을 경우에는 문제가 다소 복잡해진다. 집단의 사례 수가 제일 큰 집단이 역시 분산도 가장 큰 것일 때 실제로 얻어진 제1종 오류의 양은 설정한 제1종 오류의 양은 감소되나 오히려 F-통계치의 검정력이 상실되는 결과가 되고 만다. 반면에 사례 수가 제일 큰 집단의 분산이 가장 작을 경우에는 실제로 얻어진 제1종 오류의 양이 설정된 양보다 커지는 것으로 나타났다. 이러한 경향은 표집의 크기가 증가함에 따라 더 심각하게 된다고 Box는 지적하고 있다.

　그래서 지금까지 살펴본 Box의 연구결과에 근거해서 볼 때, 분산분석은 처치 집단의 사례 수가 같을 때는 동분산성의 가정에 내강하나 처치 집단의 사례 수가 비동수인 경우에는 내강성이 다소 떨어진다고 할 수 있다. 그리고 Bartlett 검정법을 제외하고는 모든 처치 집단의 사례 수가 같을 때만 적용될 수 있는 기법이라는 게 다소 아이러니하다고 할 수 있다. 그렇다면 이러한 문제를 어떻게 해결해야 하겠는가? 우선 이 문제가 일어나지 않도록 사전에 방지하기 위해서는 특별한 이유가 없는 한 처치 집단의 사례 수를 같도록 하여 동분산성의 가정을 위배함으로써 통계적 결론에 미치게 될 영향을 최소화할 수 있다. 집단의 사례 수를 특별히 다르게 해야 될 이유가 없지만 가끔 실험 도중에 피험자들이 탈락됨으로써 처치 집단의 사례 수가 비동수가 되어 버릴 경우, 연구자는 자신의 자료가 〈표 13-10〉의 어느 경우에 해당되는지를 살펴본 다음 만약 세 번째의 경우에 해당되면 다음과 같은 몇 가지 대안을 고려해 보아야 한다.

　첫째, 분산분석 결과를 유의수준이 대략 .05 정도에서 검정한 다음 어떤 결론을 내리려고 하는 경우에는 실제 F통계치를 유의수준 .025나 .001 수준으로 낮추어서 검정하면 적어도 제1종 오류의 문제를 다고 최소화할 수 있다. 둘째, 처치 집단의 분포가 어떤 분포를 이루느냐에 따라 Bartlett(1947)가 제시하고 있는 방법으로 자료를 변환시킨 다음, 변환된 자료를 분산분석할 수도 있다. 구체적인 변환 방법에 관심이 있는 사람은 Bartlett의 논문을 참고하기 바란다. 마지막 세 번째로 고려해 볼 수 있는 대안은 적절한 비모수 통계적 기법을 적용하여 분석하는 것이다.

지금까지 소개된 여러 가지 등분산성 검정 방법 중 Levene 검정법이 비교적 신뢰롭고 안정된 절차로 평가받고 있으며, 대부분의 통계 처리 전문 프로그램에서도 Levene 검정법을 통해 동분산성에 대해 검정 결과를 자동으로 산출해 준다. 다음 그림은 SPSS 프로그램을 통한 Levene 검정 절차와 산출 결과를 보여 주고 있다.

SPSS를 이용한 분산분석의 동분산성 검정 절차

1. ① **Analyze** → ② **Compare Means** → ③ **One-Way ANOVA** 순으로 클릭한다.

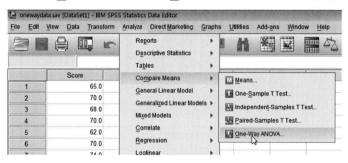

2. 종속변인 Score를 ④ **Dependent List**에, 그리고 독립변인 Method를 ⑤ **Factor**로 이동시킨 다음 ⑥ **Options**을 클릭한다.

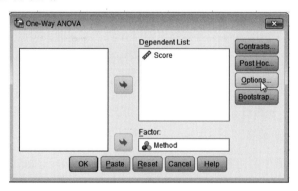

3. ⑦ Statistics 창에서 ⑧ ■ **Homogeneity of variance test**를 선택하고 ⑨ **Continue**를 클릭한다.

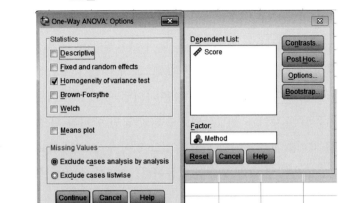

동분산성 검정 산출 결과

Test of Homogeneity of Variances

Score

Levene Statistic	df1	df2	Sig.
.017	2	27	.984

이 산출 결과에서 볼 수 있는 바와 같이, Levene 통계량= .017, $p = .984$이므로 유의수준 .01에서 볼 때 분산에 있어서 집단 간에 통계적으로 유의한 차이가 없는 것으로 판단할 수 있으며, 따라서 자료가 이 가정을 충족했기 때문에 후속적으로 분산분석을 실시할 수 있을 것이다.

6 실제적 유의성 평가

분산분석을 통해 F검정의 결과가 통계적으로 유의한 것으로 나타날 경우, 이는 연구하의 집단 평균들 간에 통계적으로 유의한 차이가 존재한다는 의미이다. 표집오차의 크기는 표집 크기에 반비례하기 때문에, 집단 평균들 간에 존재하는 차이가 실제로 의미가 없을 만큼 작을 경우라도 표집 크기만 충분히 크다면 그 크기가 순수한 표집오차로 인해 발생될 수 있는 확률이 작기 때문에 확률적으로 표집오차로 보지 않고 실제로 존재하는 차이일 것으로 통계적 판단을 내리게 된다. 집단 평균 간에 통계적으로 유의한 차이가 있는 것으로 나타났지만 그 차이가 실제로는 그다지 의미가 없는 작은 차이일 수도 있기 때문에, 연구자는 과연 통계적으로 판단된 유의한 차이가 통계적으로 유의할 뿐만 아니라 과연 얼마나 실제적 의미를 가질 만큼의 큰 차이인지를 평가할 필요가 있을 것이다. F비는 종속변인의 총 분산 중에서 집단 간 차이로 설명될 수 있는 분산의 비율이다. 그래서 종속변인의 분산 중 집단 간 차이로 설명할 수 있는 분산의 비율이 통계적으로 무시할 수 없을 만큼 클 뿐만 아니라, 실제로 얼마나 그 설명량이 충분하고 의미가 있느냐를 평가할 필요가 있다는 것이다. 이를 실제적 유의성(practical significance)이라 부른다. 이러한 실제적 유의성 정도를 측정하는 여러 가지 방법이 있지만 주로 η^2(Eta제곱)과 ω^2(Omega제곱)이 사용되고 있다.

1) η^2 계수

분산분석 결과표에서 SS 중에서 $SS_{between}$이 차지하는 비율을 η^2이라 나타내며 상관비(correlation ratio)라 부른다. η^2은 다음과 같이 정의된다.

$$\eta^2 = \frac{SS_{between}}{SS} \qquad \qquad \cdots\cdots(13.1)$$

η^2 계수는 범주변인과 연속변인 간의 상관 정도를 측정하기 위해 피어슨(Karl Pearson)에 의해 처음 개발되었으며 커린저(Kerlinger, 1964)가 교육 분야에 분산분석의 사후측정치로 η^2을 다시 소개하였다. η^2 계수는 종속변인의 전체 분산 중에서 독립변인에 의해 설명될 수 있는 분산의 비율(Kennedy, 1970)을 나타내기 때문에 η^2은 상관계수의 제곱과 같은 의미로 해석될 수 있다. 〈표 13-11〉의 분산분석 결과로부터 η^2을 계산하면,

〈표 13-11〉일원분산분석 결과 요약표

SOURCES	SS	df	MS	F	η^2
Between Groups	1914.467	2	957.233	64.021*	.83
Within Groups	403.700	27	14.952		
Total	2318.167	29			

$$\eta^2 = \frac{SS_{between}}{SS_{total}} = \frac{1914.467}{2318.167} \fallingdotseq 83$$

가 된다. 따라서 산수 성적의 분산 중 교수방법 간의 차이에 의한 분산이 약 83%가 되는 것으로 설명할 수 있다. 분산분석 결과로부터 독립변인이 종속변인에 미치는 효과의 실제적 유의성을 정도를 평가하기 위해 η^2을 사용하기 위해서, ① 독립변인이 질적 변인이어야 하고(양적 변인이 아닌), 그리고 ② 독립변인이 고정변인(무선변인이 아닌)이어야 한다.

2) ω^2 계수

η^2계수는 추론통계치가 아닌 기술통계치이기 때문에 주어진 자료에 있어서 종속변인의 전체 분산 중에서 독립변인에 의해 설명될 수 있는 분산의 비율이 어느 정도인지 단순히 기술하기 위해 사용한다. 그래서 표본 자료에서 계산된 η^2을 사용할 경우, 표집오차가 고려되지 않는다는 제한점이 있다. Hays( )가 모집단에 있어서 독립변인과 종속변인 간의 관계의 강도를 추정하기 위한 추론통계치로서 $\hat{\omega}^2$ 계수를 개발하였다.

$$\hat{\omega}^2 = \frac{SS_{between} - (a-1)MS_{within}}{SS_{total}}$$

$\hat{\omega}^2$ 계수도 η^2과 마찬가지로 독립변인의 성질이, ① 고정변인이고, ② 질적 변인 경우에만 적용 가능하다. 〈표 13-12〉의 분산분석 결과로부터 $\hat{\omega}^2$을 계산하면,

〈표 13-12〉 일원분산분석 결과 요약표

SOURCES	SS	df	MS	F	ω^2
Between Groups	1914.467	2	957.233	64.021*	.82
Within Groups	403.700	27	14.952		
Total	2318.167	29			

$$\hat{\omega}^2 = \frac{SS_{between} - (a-1)MS_{within}}{SS_{total}}$$

$$\fallingdotseq \frac{1914.467 - (3-1)403.700}{2318.167}$$

$$= .82$$

가 된다. 모집단에 있어서 종속변인의 분산 중 독립변인에 의해 설명될 수 있는 분산의 비율(ω^2)은 약 82% 정도 되는 것으로 추정할 수 있다. 실제 자료를 통해 계산된 η^2과 ω^2의 크기를 비교해 보면 대부분의 경우에서 기대할 수 있는 대로 $\hat{\omega}^2$(.82)값이 η^2(.83)보다 작게 얻어진다. 이는 표집의 오차에 의해 모집단에 있어서 독립변인과 종속변인 간의 관계의 강도가 과대 추정되었기 때문이다. 따라서 다른 모든 조건이 동일하다면 표집의 크기가 증가할수록 $\hat{\omega}^2$와 η^2 간의 차이가 점차적으로 감소될 것으로 기대할 수 있다. 연구자는 F검정의 결과가 통계적으로 유의한 것으로 나타날 경우, 통계적 유의성 검정 결과와 함께 실제적 유의성을 정도를 나타내는 η^2 계수 또는 $\hat{\omega}^2$ 계수를 계산하여 함께 제시한 다음, 독립변인의 통계적 유의성과 함께 실제적 효과의 크기를 제시하기를 권장한다.

제14장 일원분산분석

1. 일원분산분석 절차 및 방법
2. 분산분석의 F검정과 t검정과의 관계

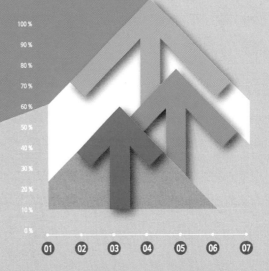

제14장 일원분산분석

　지금까지 분산분석 기법과 관련된 주요 개념 및 분산분석의 기본 원리와 절차에 대해서 알아보았다. 이제 이러한 분산분석 기법이 적용되는 가장 간단한 형태의 단요인설계와 일원분산분석($One-Way\ Analysis\ of\ Variance$) 방법과 절차에 대해서 알아보도록 하겠다.

　집단변인이 사회 계층(상, 중, 하), 지능수준(상, 중, 하), 지역(도시, 농촌, 어촌)과 같이 분류변인일 경우에는 단순히 종속변인에 있어서 집단 간에 차이가 있는지 알아보기 위한 조사연구로서 단요인조사 설계이다. 그러나 교수방법(M_1, M_2, M_3), 약물 섭취량($Icc, 3cc, 5cc$) 등과 같이 독립변인의 수준이 연구자에 의해 조작되는 실험처치변인일 경우는 실험처치의 효과를 알아보기 위한 실험 연구로서 단요인 완전무선배치 설계(One factor completely randomized design)라 부른다. 독립변인이 분류변인이건 또는 처치변인이건 관계없이 하나의 독립변인이 하나의 종속 변인에 미치는 영향 또는 효과를 알아보기 위한 연구 설계를 단요인설계라 하며, 단요인설계에 따라 수집된 자료를 분석하여 하나의 독립변인이 하나의 종속변인에 미치는 영향 또는 효과를 밝혀내기 위해 사용되는 통계적 기법을 일원분산분석이라 부른다. 이 장에서는 가상적인 일원분산분석 자료를 이용하여 제13장에서 제시된 분산분석의 원리와 절차에 따라 일원분산분석의 구체적인 절차와 방법에 대해 알아보도록 하겠다.

1　일원분산분석 절차 및 방법

　한 연구자는 교수방법(m1, m2, m3)이 아동들의 산수 학습동기에 미치는 효과를 알아보기 위해 무선표집된 30명의 아동들을 교수방법에 따른 세 가지 실험처치조건에 각각 10명씩 무선배치하였다. 그리고 12주 동안의 실험처치가 끝난 다음 산수 학습동기 검사를 실시한 결과, 〈표 14-1〉과 같은 자료를 얻었다.

〈표 14-1〉 단요인설계의 자료 모형

교수방법		
A	B	C
65	69	75
70	73	74
68	74	77
70	75	80
62	67	70
70	77	81
74	78	79
68	75	78
70	73	79
65	75	80

단계 1 연구문제의 진술

연구문제 진술 방식은 독립변인의 성질에 따라 다르다. 단요인설계에서 독립변인의 수준은 연구목적에 따라 의도적으로 선택되고, 그리고 선택된 수준 간의 차이에만 관심을 가질 수도 있고(이 경우, 독립변인을 고정독립변인이라 부른다) 또는 독립변인을 구성하는 여러 수준 중에서 무선적으로 표집된 것일 수도 있다(이 경우, 독립변인을 무선독립변인이라 부른다). 예컨대, 연구자가 지역(독립변인)에 따라 TV 시청 시간(종속변인)에 차이가 있는지를 알아보기 위해 여러 대상 지역 중에서 무작위로 세 개의 지역을 표집한 다음 표집된 세 개의 지역 간 TV 시청 시간을 비교할 경우, 독립변인인 지역은 무선-독립변인이 된다. 그러나 연구자가 연구목적에 따라 의도적으로 특정 지역 몇 곳을 의도적으로 선정한 다음 TV 시청 시간에 있어서 의도적으로 선정한 지역 간에 차이가 있는지에 구체적인 관심을 가질 경우, 독립변인인 지역 변인은 고정독립변인이 된다.

연구문제는 앞에서 언급한 바와 같이 변인과 변인 간의 관계로, 그리고 의문문의 형태로 명확하게 진술해야 한다. 앞의 경우, "지역에 따라 TV 시청 시간은 어떠한가?"와 같이 애매하게 진술할 경우 연구가설을 명확하게 설정할 수 없고, 따라서 통계적 가설도 정확하게 설정할 수 없기 때문에 통계적 검정이 정확하게 이루어질 수 없다. 단요인설계에서는 독립 변인이 하나이고 종속변인이 하나이기 때문에 연구문제는 하나의 독립변인과 하나의 종속변인 간의 관계를 의문문의 형식으로 명확하게 진술하면 된다. 단요인설계의 연구문제의 진술은 독립변인의 성질에 따라 다르게 진술된다. 독립변인이 고정독립변인일 경우는 연구문제에서 독립변인의 명칭과 함께 독립변인 수준을 구체적으로 나타내어야 한다. 예컨대, 연구자가 연구목적에 따라 대학의 50개 학과 중, 특히 심리학과, 자동차공학과, 경영학과를 선정하여 학과 만족도에 있어서 이들 세 학과들 간에 차이가 있는지를 알아보려고 한다고 하자. 이 경우, 독립변인인 학과 변인은 고정독립변인이기 때문에 연구문제는 "학과 만족도에 있어서 학과(심리학, 자동차공학, 경영학) 간에 차이가 있는가?"와 같이 진술된다. 만약 연구자의 관심이 학과 만족도에 있어서 학과 간에 차이가 있는지에 관심을 가지고 있기 때문에 50개의 학과 중 무작위로 세 개의 학과를 표집한 결과 심리학과, 자동차공학과, 경영학과가 표집되었다면, 연구자의 관심은 우연히 표집된 이들 세 개 학과 간의 구체적인 차이에 관심을 가지고 있는 것이 아니고 세 개 학과가 표집되어 온 전체 50개 학과 간의 차이에 있다. 따라서 이 경우의 독립변인인 학과 변인은 무선독립변인이며, 연구문제는 독립변인의 수준에 대한 구체적인 언급 없이 "학과 만족도에 있어서 학과 간에 차이가 있는가?"와 같이 진술된다. 독립변인의 성질에 따른 연구문제의 진술 내용은 연구가설의 진술과 다음 장에서 다루게 될 사후 검정 실시 여부를 결정하는 근거가 된다. 이러한 가상적인 연구상황의 경우, 연구자가 관심을 두고 있는 독립변인인 교수방법이 고정독립변인이기 때문에 연구문제는 다음과 같이 진술될 수 있다.

교수방법(M_1, M_2, M_3)에 따라 학습자의 산수 학습동기 정도에 차이가 있는가?

단계 2 연구가설의 설정

연구문제가 명확하게 구체적으로 진술되면 연구가설은 의문문으로 진술된 독립변인과 종속변인 간의 관계를 서술문으로, 그리고 시제를 미래형으로 변환하면 된다. 독립변인이 고정독립변인일 경우에는 연구문제와 마찬가지로 "학과 만족도에 있어서 학과(심리학, 자동차공학, 경영학) 간에 차이가 있을 것이다."와 같이 독립변인의 구체적인 수준을 언급하면서 진술하고, 독립변인이 무선독립변인일 경우는 "학과 만족도에 있어서 학과 간에 차이가 있을 것이다."와 같이 독립변인의 수준을 언급하지 않고 진술한다. 물론 주어진 연구문제에 항상 두 개의 가설이 존재하고, 그리고 두 개의 가설 중에서 이론과 선행연구결과로부터 가장 지지를 많이 받는 가설을 연구자의 연구가설로 설정한다.

H_1 : 교수방법(M_1, M_2, M_3)에 따라

학습자의 산수 학습동기 정도에 차이가 있을 것이다.

H_2 : 교수방법(M_1, M_2, M_3)에 따라

학습자의 산수 학습동기 정도에 차이가 있지 않을 것이다.

단계 3 통계적 가설 설정

만약 연구문제가 "산수 학습동기의 평균에 있어서 교수방법(M_1, M_2, M_3) 간에 차이가 있는가?"일 경우 두 개의 가설, 즉 "산수 학습동기의 평균에 있어서 교수방법(M_1, M_2, M_3) 간에 차이가 있을 것이다." 가설과 "산수 학습동기의 평균에 있어서 교수방법(M_1, M_2, M_3) 간에 차이가 있지 않을 것이다." 가설이 존재한다. 연구자는 독립변인의 수준이 세 개이므로 종속변인의 평균에 있어서 세 집단 간 전반적인 차이에 대한 영가설과 대립가설을 다음과 같이 진술할 수 있다.

H_0 : $\mu_1 = \mu_2 = \mu_3$

산수 학습동기 평균에 있어서

세 가지 교수방법에 따른 집단 간에 차이가 있지 않을 것이다.

H_A : 최소 한 쌍의 $\mu_i \neq \mu_j$

산수 학습동기 평균에 있어서

최소한 두 교수방법 간에는 차이가 있을 것이다.

단계 4 분산분석을 위한 동분산성 가정 검정 실시

분산분석을 실시하기 전에 수집된 자료가 분산분석의 기본 가정인 집단 간 동분산성의 가정을 충족하고 있는지 확인해 보기 위해 수집된 자료를 대상으로 동분산성 가정 검정을 실시한다. 앞에서 설명한 여러 가지 동분산성 검정 방법(Hartley의 F_{max} 검정법, Cochran 검정법, Levene 검정법, Bartlett 검정법) 중에서 가장 신뢰로운 결과를 기대할 수 있는 Levene 검정법을 선택하고 SPSS 프로그램의 등분산성 가정 검정 절차를 사용한다.

가상적인 자료에 대한 등분산성을 알아보기 위해 SPSS의 Levene 검정법을 이용하여 분석한 결과, 다음과 같이 나타났다.

Test of Homogeneity of Variances

Score

Levene Statistic	df1	df2	Sig.
.017	2	27	.984

위의 등분산성 가정 검정 결과표에서 볼 수 있는 바와 같이 Levene 통계치＝.017, p ＝.984 로서 세 집단의 분산에 있어서 유의수준 α ＝.05에서 통계적으로 유의한 차이가 없는 것으로 나타났다. 따라서 집단 간 동분산성 가정이 충족된 것으로 나타났기 때문에 분산분석을 실시하고 그 결과를 해석한다. 만약 동분산성 가정이 위배될 경우, 일원분산분석을 포기하고 비모수 통계 기법인 Kruskal-Wallis 방법을 대안으로 선택하여 실시할 수 있다.

단계 5 검정통계량 F비 계산

수집된 자료로부터 일원분산분석을 실시하여 집단 내 분산(MS_{within})과 집단 간 분산($MS_{Between}$)을 계산하고, 그리고 검정통계량 F를 계산한다. 가상적인 자료의 경우,

- $SS_{within} = (65-68.6)^2 + \cdots (65-68.6)^2 +$
$$(69-73.6)^2 + \cdots (75-73.6)^2 +$$
$$(75-77.3)^2 + \cdots (80-77.3)^2$$
$$= 312.10$$

- $SS_{between} = 730.967 - 312.10 = 418.867$

$MS_{between} = 418.867/2 = 209.433$, $MS_{within} = 312.10/29 = 11.559$이므로

통계량 F비를 계산하면, $F = MS_{Between}/MS_{Within} = 209.433/11.559 = 18.118$가 된다.

Source	SS	df	MS	F
Between Groups	418.867	2	209.433	18.118
Within Groups	312.100	27	11.559	
Total	730.967	29		

단계 6 F비의 표집분포 파악

검정통계량 F비의 통계적 유의성을 검정하기 위해 표본 F비의 표집분포를 파악한다. 검정통계량 $F = MS_{Between}/MS_{Within}$ 의 표집분포는 분자의 $MS_{Between}$ 의 자유도 $df_{bewteen}$ 와 MS_{within} 의 자유도 df_{within} 에 의해 결정되므로 F분포표에서 $df_{bewteen}$ 과 df_{within} 에 해

당되는 분포를 파악한다. 본 예제의 경우, $df_{bewteen} = 2$, $df_{within} = 27$이므로 사용해야 할 표집분포는 $F_{(2,27)}$이다.

단계 7 통계 검정을 위한 유의수준 α 설정

설정된 영가설을 통계적으로 검정하기 위해 연구의 성격과 통계적 검정력을 고려하여 적절한 유의수준(.05, .01, .001)을 미리 설정한다. 영가설이 기각될 경우 대립가설을 수용하게 되고, 그 결과 연구 설계하의 집단들 중에서 어느 집단 간에 차이가 있는지를 알아보기 위해 사후 검정이 실시된다. 이 경우, 집단 간 개별 비교가 몇 번 실시되어도 전반적인 제1종 오류의 정도가 설정된 유의수준을 넘지 않도록 통제하기 위해 개별 비교를 위한 유의수준은 (α/개별비교의 수) 수준에서 실시된다. 따라서 사회과학 분야의 연구에서는 대개의 경우, 통계적 검정력을 고려하여 유의수준을 가능한 한 .05 또는 .01 수준을 사용하면 무난하다.

통계량 F비에 대한 통계적 유의성 검정은 다른 통계 검정과 마찬가지로 기각역 방법과 p값 방법 중 하나를 선택하여 실시한다. SPSS 프로그램의 일원분산분석 절차를 이용하여 자료를 분석할 경우, 검정통계량 F비에 대한 p값이 일원분산분석 요약표에 자동으로 제공되므로 p값 방법을 사용하여 검정하는 것이 용이하다.

● 기각역 방법을 이용한 통계 검정 절차 ●

단계 8 임계치 파악과 기각역 설정

표집분포 $F_{(df_{between}, df_{within})}$에서 연구자가 설정한 유의수준 α에 따라 임계치 F값을 파악한다. 가상적인 자료의 경우 $df_{2,27}$이고 $\alpha = .05$로 설정할 경우 임계치 $F_{.05(2,27)} = 3.35$이다.

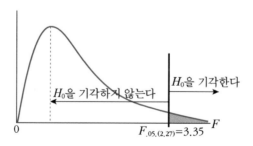

단계 9 통계적 유의성 판단

통계치 $F \geq F_{\alpha}$이면 H_0을 기각하고 H_A을 채택한다.

통계치 $F < F_{\alpha}$이면 H_0을 기각하지 않는다.

가상적인 자료의 경우, $F = 18.118 > 3.35$이므로 영가설을 기각하고 대립가설을 채택하는 통계적 판단을 내린다. 즉, 학습자들의 학습동기에 있어서 세 가지 교수방법(M_1, M_2, M_3) 간에 통계적으로 유의한 차이가 있다.

● p값 방법을 이용한 유의성 검정 절차 ●

단계 8 검정통계치 F에 해당되는 p값 파악

검정통계치 F에 해당되는 p값은 연구자가 도표에서 읽어서 직접 파악하거나 SPSS와 같은 통계분석 전문 프로그램을 실행시켜 산출 도표에서 파악할 수 있다.

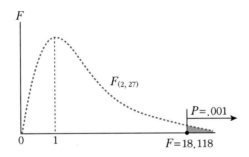

통계분석 전문 프로그램 SPSS를 사용하여 분석한 결과, $F = 18.118$에 해당되는 p값이 .000으로 파악되었다. 즉, 영가설이 진일 경우 $F = 18.118$이 순수하게 표집오차에 의해서 적어도 1,000번 중에 한 번도 얻어질 확률이 없다는 것이다.

Oneway

[DataSet1] D:₩Basic statistics₩자료₩onewaydata.sav

ANOVA

Score

	Sum of Squares	df	Mean Square	F	Sig.
Between Groups	418.867	2	209.433	18.118	.000
within Groups	312.100	27	11.559		
Total	730.967	29			

단계 9 통계적 유의성 판단

만약 $p \leq \alpha$이면 H_o을 기각하고 H_A을 수용한다. 그리고 집단 간에 통계적으로 유의한 차이가 있다고 기술한다. 만약 $p > \alpha$이면 H_o을 기각하지 않는다. 따라서 집단 간에 통계적으로 유의한 차이가 없다고 기술한다.

단계 10 통계 검정 결과 해석

Source	SS	df	MS	F	p
Between Groups	418.867	2	209.433	18.118^*	.000
Within Groups	312.100	27	11.559		
Total	730.967	29			

$^*p < .05$

앞에서 볼 수 있는 바와 같이, $F = 18.118$, $p < .05$이므로 H_0을 기각하고 H_A을 채택할 수 있는 것으로 나타났다. 즉, 학습자들의 학습동기에 있어서 세 가지 교수방법(M_1, M_2, M_3) 간에 통계적으로 유의한 차이가 있는 것으로 나타났다.

단계 11 사후 검정 실시 및 결과 해석

F검정을 실시한 결과 통계적으로 유의한 것으로 나타나고, 그리고 독립변인의 성질이 고정변인이면 제13장에서 소개한 여러 가지 사후 검정 절차(Tukey의 HSD 검정법, Schêffee 검정법, 그리고 Newman-Keuls 검정법) 중에서 적절한 절차를 선택하여 사후 검정을 실시한다. 그리고 사후 검정 결과를 해석한다.

이 장의 가상적인 연구의 경우, 독립변인인 교수방법 변인이 고정변인이고 각 집단별 사례 수가 동일하기 때문에 Tukey의 HSD 절차를 적용하여 집단 간의 구체적인 차이를 알아볼 수 있다. 다음의 사후 검정 결과는 SPSS의 사후 검정 절차 중 Tukey 절차를 선택하여 분석한 것이다.

Post Hoc Tests

Mulltiple Comparisons

Dependent Variable: Score

Tukey HSD

(I) Method	(J) Method	Mean Difference (I-J)	Std. Error	Sig.	95% Confidence Interval	
					Lower Bound	Upper Bound
1.00	2.00	-5.4000^*	1.5205	.004	-9.170	-1.630
	3.00	-9.1000^*	1.5205	.000	-12.870	-5.330
2.00	1.00	5.4000^*	1.5205	.004	1.630	9.170
	3.00	-3.7000	1.5205	.055	-7.470	.070
3.00	1.00	9.1000^*	1.5205	.000	5.330	12.870
	2.00	3.7000	1.5205	.055	$-.070$	7.470

* The mean difference is significant at the 0.05 level.

Homogeneous Subsets

Score

Tukey HSD*

Method	N	Subset for alpha=0.05	
		1	2
1.00	10	68.200	
2.00	10		73.600
3.00	10		77.300
Sig.		1.000	.055

SPSS 산출 결과를 〈표 14-2〉와 같이 간단하게 사후 검정 결과표로 요약해서 정리한다. 이를 위해 각 집단의 평균을 내림차순으로 정리한 다음, 집단 간 평균치의 차이값을 정리하여 제시한다.

〈표 14-2〉 Tukey의 HSD 사후 검정 결과 요약표

구분	$M_3 = 77.30$	$M_2 = 73.60$	$M_1 = 68.20$
$M_3 = 77.30$	–	3.70	9.10*
$M_2 = 73.60$		–	5.40*
$M_1 = 68.20$			–

*$p < .05$

〈표 14-2〉에서 볼 수 있는 바와 같이, 가상적 연구의 경우 교수방법 M_3 집단의 학습자들의 산수 학습동기 수준이 교수방법 M_2와 M_1보다 높은 것으로 나타났다. 그러나 교수방법 M_2과 M_1 간에는 학습자들의 산수 학습동기 수준에 있어서 통계적으로 유의한 차이가 없는 것으로 나타났다.

SPSS를 이용한 일원분산분석

1. <u>A</u>nalyze → Co<u>m</u>pare Means → <u>O</u>ne-Way ANOVA 순으로 클릭한다.

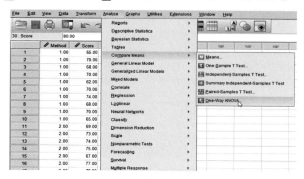

2. 독립변인은 **<u>F</u>actor**로, 그리고 종속변인은 **<u>D</u>ependent List**로 이동시킨다.

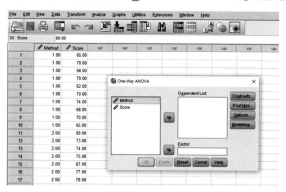

3. **Post <u>H</u>oc** 단추를 클릭한다.

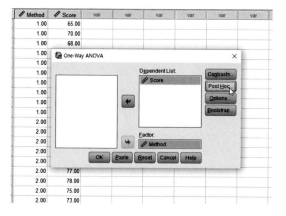

3. Tukey 메뉴를 선택한다.

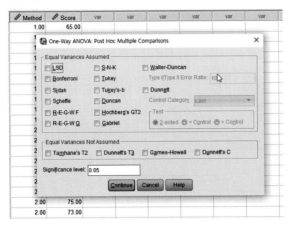

4. Continue 단추를 클릭한다.

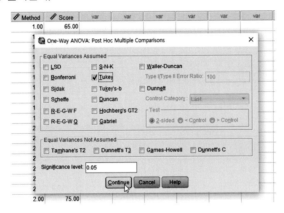

5. OK 단추를 클릭한다.

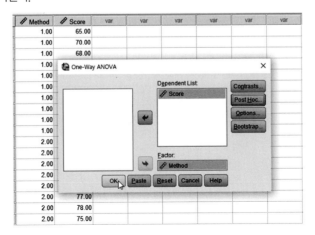

일원분산분석 산출 결과

ANOVA

Score

	Sum of Squares	df	Mean Square	F	Sig.
Between Groups	418.867	2	209.433	18.118	.000
Within Groups	312.100	27	11.559		
Total	730.967	29			

Post Hoc Tests

Multiple Comparisons

Dependent Variable: Score

Tukey HSD

(I) Method	(J) Method	Mean Difference (I-J)	Std. Error	Sig.	95% Confidence Interval	
					Lower Bound	Upper Bound
1.00	2.00	-5.40000*	1.52048	.004	-9.1699	-1.6301
	3.00	-9.10000*	1.52048	.000	-12.8699	-5.3301
2.00	1.00	5.40000*	1.52048	.004	1.6301	9.1699
	3.00	-3.70000	1.52048	.055	-7.4699	.0699
3.00	1.00	9.10000*	1.52048	.000	5.3301	12.8699
	2.00	3.70000	1.52048	.055	-.0699	7.4699

*. The mean difference is significant at the 0.05 level.

예제 14-1

한 연구자는 자료 유형(시각, 청각, 시청각)이 아동들의 언어개념 학습에 미치는 효과를 알아보기 위해 무선표집된 30명의 아동들을 교수방법에 따른 세 가지 실험처치조건에 각각 10명씩 무선배치하였다. 그리고 12주 동안의 실험처치가 끝난 다음 언어개념 습득도 검사를 실시한 결과, 〈표 A〉와 같은 자료를 얻었다. SPSS를 이용하여 일원분산분석을 실시하고 p값 방법에 따라 자료 유형에 따라 언어개념 습득도에 차이가 있는지 유의수준 .05에서 검정하시오.

〈표 A〉 자료 유형에 따른 언어개념 습득도 점수

자료 유형		
시각	청각	시청각
80	77	90
77	75	98
80	78	96
81	74	97
79	79	95
75	74	91
75	70	92
74	73	90
76	80	89
73	71	92

2 분산분석의 F검정과 t검정과의 관계

t검정은 두 모집단 평균 간의 차이에 대한 정보를 얻기 위해 사용되는 통계적 분석 방법이고, 그리고 집단의 수가 두 개 이상일 경우 두 가지 통계적 오류로 인해 t검정을 반복해서 적용할 수 없기 때문에 분산분석의 F검정을 통해 두 개 이상의 모집단 평균 간에 차이가 있는지를 알아본다고 했다. 그렇다면 두 모집 집단 간 평균 차이에 대한 정보를 얻기 위해서도 분산분석을 사용할 수 있는가? 이 질문에 답을 하기 위해서 F검정에서 설정된 통계적 가설과 t검정에서 설정된 통계적 가설의 내용을 다시 한번 상기해 볼 필요가 있다.

F검정은 종속변인의 평균에 있어서 연구하의 집단들 간에 차이가 있을 것인가에 관심을 갖고 있기 때문에, 비교 집단이 두 개일 경우 다음과 같이 통계적 가설이 설정될 것이다.

$$H_o : \mu_1 = \mu_2$$
$$H_A : \mu_1 \neq \mu_2$$

즉, 두 집단 간 차이 유무에 대한 영가설과 대립가설만 설정된다. 즉, 등가설만 설정된다. 반면에 t검정의 경우에는 이론적 근거에 따라 등가설과 부등가설이 모두 설정될 수 있으며, 다음과 같은 세 가지 경우의 통계적 가설이 설정될 수 있다.

가설 형태		t검정	F검정
등가설	$H_o : \mu_1 = \mu_2$ $H_A : \mu_1 \neq \mu_2$	○	○
부등가설	$H_o : \mu_1 \geq \mu_2$ $H_A : \mu_1 < \mu_2$	○	×
	$H_o : \mu_1 \leq \mu_2$ $H_A : \mu_1 > \mu_2$	○	×

t검정이 실시되는 세 가지 경우 중에서 F검정의 통계적 가설과 동일한 경우는 등가설일 경우이며, 부등가설일 경우는 F검정을 위한 통계적 가설과 다름을 알 수 있을 것이다. 따라서 두 집단 간 평균 차이에 대한 통계적 가설이 등가설일 경우는 F검정과 t검정이 동일한 목적으로 통계적 검정이 이루어지기 때문에 통계적 검정 결과도 동일할 것이다. 그러나 두

집단 간 차이에 대한 부등가설이 설정될 경우에는 F검정은 실시할 수 없고 t검정만 가능함을 알 수 있다. 그리고 분산분석을 위해 집단 간 모분산이 동일해야 한다는 기본 가정 때문에 집단 간 모분산이 다를 경우에는 당연히 이분산 검정통계치를 사용해야한다.

결론적으로, 두 집단 간 모분산이 동일하고 설정된 통계적 가설이 등가설일 경우에는 F검정과 t검정 중 어느 것을 사용하거나 동일한 통계적 결과를 얻을 수 있다는 것이다. 그러면 두 모집단에서 각각 10명씩 무선표집하여 얻어진 가상적인 자료를 이용하여 검정통계치 F비와 t를 계산한 다음, 두 검정통계치 간의 관계를 알아보겠다.

〈표 14-3〉 두 모집단 평균 차이 검정을 위한 표본 자료

집단 A	집단 B
56	59
54	58
57	60
58	62
60	65
63	65
65	68
58	62
62	66
66	70

제12장에서 설명한 바와 같이, 두 모집단 분산이 동일할 경우 등가설을 검정하기 위한 검정통계치를 계산하는 공식은 다음과 같다.

$\sigma_1^2 = \sigma_2^2$	$t = \dfrac{(\overline{X}_1 - \overline{X}_2)}{\sqrt{\widehat{S}_p^2 (\frac{1}{n_1} + \frac{1}{n_2})}}$	
$\sigma_1^2 \neq \sigma_2^2$	$t = \dfrac{(\overline{X}_1 - \overline{X}_2)}{\sqrt{(\frac{S_1^2}{n_1} + \frac{S_2^2}{n_2})}}$	$t = -2.355$

Independent Samples Test

	Levene's Test for Equality of Variances				
	F	Sig.	t	df	Sig. (2-tailed)
Score Equal variacnes assumed	.393	.538	−2.355	18	.030
Equal variacnes not assumed			−2.355	17.507	.030

분산분석을 통해 $MS_{between}$과 MS_{within}을 계산한 다음, 검정통계량 F비를 계산하면 다음과 같다.

$$F = \frac{MS_{between}}{MS_{within}} = 5.548$$

ANOVA

Score

	Sum of Squares	df	Mean Square	F	Sig.
Between Groups	105.800	1	105.800	5.546	.030
Within Groups	343.400	18	19.078		
Total	449.200	19			

앞에서 계산된 두 통계량을 비교해 보면, $5.548 = -2.355^2$이기 때문에 $F = t^2$의 관계임을 알 수 있으며 각 검정통계치의 통계적 유의성을 위한 p값도 동일하게 .030이다. 따라서 두 모집단 간 평균 차이에 대한 통계적 가설이 등가설일 경우에는 F검정을 하거나 t검정을 하거나 동일한 통계적 결론을 얻을 수 있으며, 통계적 가설이 부등가설일 경우에는 F검정을 통해 검정할 수 없기 때문에 t검정만 가능하다.

이원분산분석

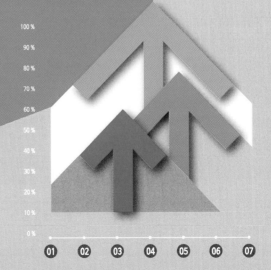

제15장 이원분산분석

제13장에서는 분산분석의 원리와 분석 절차에 대해 설명하였다. 그리고 제14장에서는 연구 설계 속에 한 개의 독립변인(요인)만을 다루는 단요인설계의 일원분산분석 절차에 대해 살펴보았다. 이 장에서는 주로 실험 연구상황에서 하나의 실험 설계 속에 두 개의 독립변인이 교차적 결합을 통해 다루어지는 이요인설계의 이원분산분석(Two Way Analysis of Variance) 절차에 대해 알아보고자 한다.

오늘날 행동과학 분야에서 행해지는 실험에서는 대부분 한 개 이상의 독립변인을 하나의 실험 설계 속에 동시에 통합해서 다루고 있다. 우리는 Fisher의 연구 덕택에 하나의 실험 설계 속에 두 개 이상의 독립변인을 동시에 다룰 수 있는 다요인적 현상을 인식하게 되었다. 그리고 실제로 다요인적 관점에서 주어진 현상을 설명하려는 시도로부터 소위 "실험 설계(experimental design)"라는 체계적인 이론을 갖게 되었다고 볼 수 있다. 두 개 이상의 독립변인이 하나의 실험 설계 속에 통합될 때 통합되는 방법 혹은 독립변인의 성질에 따라 여러 종류의 다요인설계가 만들어질 수 있다. 〈표 15-1〉은 독립변인이 두 개인 이요인설계의 일반적 자료 모형이다.

1 요인설계의 목적

케펠(Keppel, 1987)은 한 실험 설계 속에 두 개 이상의 독립변인을 동시에 통합해서 다루는 실험이 실제 현상을 더 적절하게 설명해 줄 수 있는 과학적인 지식을 가장 효과적으로 얻을 수 있는 방법이라고 말하고 있다. 단요인설계에 비해 다요인설계가 가지는 이점을 경제성, 실험적 통제력, 일반화 가능성의 세 가지로 요약해 볼 수 있다(문수백, 2008).

예컨대, 한 연구자가 초등학교 아동들을 대상으로 영어회화 학습을 보다 효율적인 방법으로 가르칠 수 있는 새로운 교수방법을 개발하여 이 방법이 전통적인 교수방법보다 효과적인지, 그리고 수업매체유형에 따라 회화 학습의 정도가 다른지에 관심이 있다고 가정하자. 그래서 연구자는 교수방법(3)×수업매체유형(3)에 이요인설계에 따라 아홉 개의 실험처치조건에 피험자들을 각각 10명씩 무선배치하여 6주 동안의 실험처치를 끝낸 다음, 회화학습 정도를 측정한 결과 〈표 15-1〉과 같이 얻어졌다고 가정하자.

〈표 15-1〉 교수방법(3)×수업매체유형(3)에 의한 이요인설계 자료

수업매체유형

		T_1	T_3	T_3
	M_1	80	77	90
		77	75	98
		80	78	96
		81	74	97
		79	79	95
		75	74	91
		75	70	92
		74	73	90
		76	80	89
		73	71	92
교수방법	M_2	80	85	88
		87	88	87
		86	87	85
		86	84	82
		90	82	87
		82	88	80
		85	90	82
		90	97	85
		83	92	84
		91	94	81
	M_3	72	74	78
		78	78	79
		77	79	74
		86	85	75
		83	82	76
		72	78	70
		78	80	73
		83	87	85
		76	82	74
		83	84	72

1) 경제성

만약 A라는 연구자가 교수방법과 수업매체유형이 산수 학업 성취에 미치는 효과를 알아보기로 했다고 하자. 연구자는 먼저 [그림 15-1]과 같이 교수방법의 효과를 알아보기 위해 세 가지 교수방법(M_1, M_2, M_3)을 조작한 다음, 조작된 세 가지 처치조건에 피험자를 각각 30명씩 무선배치하여 실험을 했다. 그리고 수업매체유형이 산수 학습 정도에 미치는 효과를 알아보기 위해 수업매체유형을 세 가지(T_1, T_2, T_3)로 조작한 다음, 세 가지 처치조건에 각각 30명의 피험자들을 무선배치하여 실험을 했다. 따라서 이 연구자는 두 개의 개별적 단요인설계에 따라 자료를 수집한 다음, 두 번의 일원분산분석을 통해 교수방법과 수업매체유형이 산수 학습 정도에 미치는 효과를 각각 알아낸 것이다.

교수방법				수업매체유형		
M_1	M_2	M_3		T_1	T_2	T_3
$n=30$	$n=30$	$n=30$		$n=30$	$n=30$	$n=30$

[그림 15-1] 개별적 단요인설계의 경우

결국 연구자 A는 교수방법과 수업매체유형이 산수 학업 성취에 미치는 효과를 알아보기 위해 180명의 피험자를 대상으로 실험을 해야 한다. 여기서 이들 180명을 대상으로 실험을 실시하는 데 소요되는 시간과 비용을 한번 생각해 보기 바란다. 이것이 바로 두 개의 단요인설계에서 기대할 수 있는 비용이다.

동일한 연구문제에 대한 가설을 검정하기 위해 연구자 B는 다음과 같이 두 개의 독립변인을 하나의 실험 설계 속에 통합시켜 다루는 다요인설계로서 교수방법과 수업매체유형이 산수 학습에 미치는 효과를 알아내기로 했다고 가정하자.

		교수방법		
		M_1	M_2	M_3
수업매체유형	T_1	$n=10$	$n=10$	$n=10$
	T_2	$n=10$	$n=10$	$n=10$
	T_3	$n=10$	$n=10$	$n=10$

[그림 15-2] 3×3 이요인설계의 경우

그래서 연구자 B는 [그림 15-2]와 같이 두 독립변인의 수준이 교차적 결합으로 통합되는 이요인설계로 이 문제를 해결하려고 했다. 경제성의 이점에서 볼 때, 다른 형태의 단요인설계를 채택하여도 그 효과는 동일하다.

[그림 15-2]의 설계는 교수방법(3)×수업매체유형(3)에 의한 아홉 개의 처치조건에 피험자들을 각각 10명씩 무선배치한 이요인 완전무선배치 설계(two factor completely randomized design)로서 전체 90명의 피험자가 사용되었다. 그러나 연구자 A의 실험 설계에서 얻은 동일한 정도(정보의 정확성, 즉 신뢰도에 있어서)의 정보를 이 설계에서 얻을 수 있다. 왜냐하면 분산분석 과정에서 교수방법의 효과를 검정할 때는 수업매체유형에 따른 집단의 구분이 무시되므로 실제 각 처치수준별로 30명씩 배치하여 전체 90명의 피험자가 사용된 A의 설계와 같다. 또한 수업매체유형의 효과를 검정할 때도 같은 논리로 A의 설계와 같다. 그러므로 연구자 B의 실험 설계는 사용된 피험자의 수로 비교해 볼 때 A의 설계보다 경제적임을 알 수 있다.

요인설계를 통해 연구자가 얻을 수 있는 이점 중에서 가장 중요한 것이 한 처치변인의 효과가 다른 독립변인의 수준에 따라 어떻게 달라지는지에 대한 정보를 제공해 주는 소위 상호작용효과(interaction effects)에 대한 결과일 것이다. 이러한 상호작용효과에 관한 정보는 요인설계의 구조적 특성, 즉 독립변인들 간의 수준이 서로 교차적 결합으로 통합되는 설계상의 특성에 의해서 나타나는 정보이기 때문에 연구자의 의도와 관계없이 얻어지게 되는 정보이다.

만약 연구가설이 실험 설계 속에 포함된 독립변인의 주효과에만 관한 것이고, 그리고 독립변인이 두 개 이상이기 때문에 단순히 실험 설계의 경제성을 위해 요인설계를 택하게 되었을 경우, 분산분석을 통해 얻어진 독립변인들 간의 상호작용효과에 관한 정보는 분명히 요인설계를 택했기 때문에 얻을 수 있는 부산물이라고 할 수 있다. 연구 방법적인 맥락에서 볼 때, 이러한 경우는 물론 주효과만이 연구의 주된 관심의 대상이다. 따라서 주효과와 관련된 연구문제와 연구가설을 분명히 진술하고 주효과에 관한 연구가설을 도출하게 된 논리적 근거를 이론적 배경 또는 선행연구의 고찰을 통해 제시해야 한다. 가끔 연구의 초보자들은 요인설계를 했기 때문에 자동적으로 아무런 이론적 또는 경험적 근거 없이 상호작용효과에 대한 가설을 설정하고 상호작용효과에 대한 결과를 연구보고서의 결과 부분에 다루는 경우를 볼 수 있다. 이는 연구문제와 요인설계 간의 관계를 확실히 이해하지 못했기 때문일 것이다.

만약 연구문제가 주어진 독립변인들의 상호작용효과에 관한 것일 경우, 연구자는 반드시 요인설계를 선택할 수밖에 없는 것이며 이 경우에는 상호작용효과가 연구의 부산물이 아닌 주산물이 될 것이다. 연구자는 이론적 또는 경험적 근거를 통해, 왜 상호작용효과에 관한 연구문제와 그에 따른 연구가설을 설정하게 되었는지 근거를 분명히 제시해야 한다. 요인설계를 택했기 때문에 자동적으로 상호작용효과에 대한 가설을 설정하게 된다고 생각해서는 안 된다는 것이다.

이 장에서 다루고자 하는 이요인설계는 하나의 연구 설계 속에 독립변인이 두 개이며 두 독립변인의 수준이 서로 교차적 결합으로 통합되어 있다. 물론 한 실험 속에 여러 개의 독립변인을 통합시켜 다룰 수 있지만, 이러한 요인적 결합 방식으로 통합됨으로써 기대될 수 있는 변인들 간의 상호작용효과의 해석이 복잡하기 때문에 일반적으로 세 개 이상은 포함시키지 않도록 권장하고 있다(Kennedy, 1987). 이요인설계를 통해 얻어지는 이러한 상호작용효과는 단요인설계에 비해 경제적임을 알 수 있다.

2) 실험적 통제력

교수방법이 산수 학습 정도에 미치는 효과를 알아보기 위해 단요인 실험 설계에 따라 자료를 수집하려 할 경우, 비록 동일한 방법으로 가르친다고 해도 학습자들의 학습동기, 선수 학습 정도 등과 같은 개인차 변인 때문에 교수방법의 효과가 달라질 수 있다. 그러므로 이들 변인의 효과를 어떤 방법으로든 통제하지 않으면 개인차 변인에 의해 체계적으로 설명될 수 있는 분산이 모두 오차 분산으로 취급되어서 실험 설계의 효율성이 떨어진다. 개인차 변인을 통제할 수 있는 방법은 다양하지만, 그중의 한 가지 방법이 바로 문제의 변인을 하나의 독립변인으로 실험 설계 속에 직접 통합시켜 분산분석을 통해 개인차 변인이 종속변인에 미치는 영향을 주효과로 직접 뽑아낼 수 있게 된다. 이 경우의 다요인설계는 바로 실험적 오차를 통제하는 기능을 가지고 있으며 이를 위해 개발된 실험 설계로서 구획 설계, 처치-구획 설계 등이 있다(문수백, 2008).

3) 실험 결과의 일반화 가능성

단요인 실험 설계에서는 실험자가 조작한 하나의 원인 변인 이외의 모든 변인은 모든 처치 집단에 있어서 같은 수준으로 통제된다. 이러한 통제가 잘 이루어질 때 실험의 내적 타당도가 높아진다. 즉, 실험 결과가 실험자에 의해 조작된 처치변인 때문이라고 결론을 내릴 수 있는 가능성이 증가하게 된다. 실험에서 얻어진 결과는 실험 과정에서 통제된 조건, 즉 처치변인을 제외한 다른 변인들의 특정한 수준에 한해서만 타당성을 갖기 때문에 연구결과의 일반화 가능성을 제한하게 된다. 따라서 다른 변인들을 체계적인 방법으로 변이시키면(실험 설계 속의 한 독립변인으로 다루게 되면) 적어도 변이된 조건 내에서는 실험 결과의 타당성이 인정될 수 있게 된다. 이렇게 볼 때, 여러 개의 독립변인이 동시에 다루어지는 다요인설계는 실험 결과의 일반화 가능성이 그만큼 높아지는 이점도 가지고 있다.

2 이요인설계의 효과 모델

단요인설계에서 통계적 모델을 인출해 내기 위해 적용했던 논리를 그대로 적용시켜 각 사례의 측정치에 영향을 미칠 수 있는 요인을 논리적으로 도출해 보자.

첫째, 독립변인 A와 독립변인 B에 따른 구분을 무시하고 〈표 15-1〉과 같이 이요인설계하 전체 사례의 점수를 하나의 집단으로 생각해 보자. 전체 사례 간에 존재하는 측정치의 차이(예컨대, X_{1b1}와 X_{ak1} 간의 차이)는 바로 서로 다른 개인차 특성으로 인해 생긴 것이다. 그래서 전체 평균점수로부터 각 사례의 측정치들이 변이하는 정도를 나타내는 편차점수($X_{jki} - \overline{X}_{...}$)가 서로 다르게 나타날 수 있다. 그리고 종속변인을 측정하기 위해 사용된 측정 도구가 완벽한 신뢰도를 지닌 것이 아니기 때문에 측정의 오차로 인해 점수들이 서로 다를 수도 있다. 혹은 실험 절차의 오류로 인해 이러한 차이가 나타날 수도 있다. 이 세 가지 요인을 실험적 오차라고 부른다는 것을 단요인설계를 다루면서 언급한 바 있다. 통계분석에서는 측정의 오차와 자료 수집 절차에 따른 오차가 없다고 가정하고 있기 때문에 ($X_{jki} - \overline{X}_{...}$)는 개인 특성에 의한 차이로 간주한다.

둘째, 집단 간 차이가 사례별 측정치에 영향을 미칠 수 있다. 그러나 전체 사례는 독립 변인 A와 B의 수준에 따라 분류할 경우, 세 가지 형태의 집단이 존재한다. ① 전체 사례는 (독립변인 B에 따른 집단 간 구분을 무시할 경우) 독립변인 A의 수준에 따라 $A_1, A_2 \cdots A_a$의 집단으로 나눠진다. 따라서 독립변인 A의 수준에 따라 서로 다른 집단에 속한 사례들 간의 차이는 개인 특성에 따른 차이와 함께 이러한 집단 간 차이($\overline{X}_{j.} - \overline{X}_{...}$)로 인해 사례들 간에 측정치가 다르게 얻어질 수 있다. ② 전체 사례는 (독립변인 A에 따른 집단 간 구분을 무시할 경우) 독립변인 B의 수준에 따라 $B_1, B_2 \cdots B_b$의 집단으로 나눠진다. 따라서 독립변인 B의 수준에 따라 서로 다른 집단에 속한 사례들 간의 차이는 개인 특성에 따른 차이와 독립변인 B의 이러한 집단 간 차이($\overline{X}_{k.} - \overline{X}_{...}$)로 인해 사례들 간에 측정치가 다르게 얻어질 수 있다. 마지막으로, ③독립변인 A와 독립변인 B의 수준을 동시에 고려할 경우, 전체 사례는 $a*b$개의 집단으로 나누어지기 때문에 $a*b$수준에 따라 서로 다른 집단에 속한 사례들 간의 차이는 역시 개인 특성에 따른 차이와 함께 이러한 집단 간 차이($\overline{X}_{jk.} - \overline{X}_{j..} - \overline{X}_{.k.} + \overline{X}_{...}$)가 각 사례의 측정치에 영향을 미치게 될 수 있다. 지금까지 X_{jki}에 미치는 변량원에 대해 살펴보았으며, 이를 정리하면 다음과 같은 통계적 모델과 같다.

$$
\begin{aligned}
X_{jki} = \overline{X}_{...} & + \\
& (\overline{X}_{j..} - \overline{X}_{...}) + \\
& (\overline{X}_{.k.} - \overline{X}_{...}) + \\
& (\overline{X}_{jk.} - \overline{X}_{j..} - \overline{X}_{.k.} + \overline{X}_{...}) + \\
& (X_{jki} - \overline{X}_{jk.})
\end{aligned}
$$

이 통계적 모델에서, ① $\overline{X}_{j..} - \overline{X}_{...}$는 독립변인 A의 효과 A_j를 나타내고, ② $\overline{X}_{.k.} - \overline{X}_{...}$는 독립변인 B의 효과 B_k를 나타내며, ③ $\overline{X}_{jk.} - \overline{X}_{j..} - \overline{X}_{.k.} + \overline{X}_{...}$는 독립변인 A와 B의 상호작용효과 AB_{jk}를 나타낸다. 그리고 ④ $X_{jki} - \overline{X}_{jk.}$는 개인차에 따른 효과 ϵ_{jki}를 나타낸다. 이를 간단히 다음과 같은 효과 모델로 나타낼 수 있다.

$$
X_{ijk} = \mu + A_j + B_k + AB_{jk} + \epsilon_{jki}
$$

이 통계적 모델에 의하면, 자료 전체에 존재하는 총 분산은 집단 간 분산(between)과 집단 내 분산(Within)으로 분할되고, 그리고 집단 간 분산은 다시 독립변인 A의 효과에 의한 분산 A, 독립변인 B의 효과에 의한 분산 B, 그리고 독립변인 A와 B의 상호작용효과에 의한 분산 AB로 분할된다. 특히 각 독립변인 A의 효과와 B의 효과를 이요인설계에서 주효과(main effects)라 부른다. 총 분산요인은 다음과 같이 분할되어 이요인분산분석표의 분산원을 구성하게 된다.

Sources
Between
A
B
AB
Within

한 연구자가 초등학교 아동들을 대상으로 영어회화 학습을 보다 효율적인 방법으로 가르칠 수 있는 새로운 교수방법을 개발하여 이 방법이 전통적인 교수방법보다 효과적인지, 그리고 수업매체유형에 따라 회화 학습의 정도가 다른지에 관심이 있다고 가정하자. 이를 위해 연구자는 교수방법(2)×수업매체유형(3)에 따른 여섯 개의 실험처치조건에 피험자들을 각각 10명씩 무선배치하여 6주 동안의 실험처치를 끝낸 다음, 회화 학습 정도를 측정한 결과 〈표 15-2〉의 자료를 얻었다고 가정하자.

〈표 15-2〉 2×3 이요인설계의 자료 모형

교수방법

	전통적 방법(1)	새로운 방법(2)		전통적 방법(1)	새로운 방법(2)
시각(1)	80 77 80 81 79 75 75 74 76 73 **가**	80 87 86 86 90 82 85 90 83 91 **라**		80 77 80 81 79 75 75 74 76 73	80 87 86 86 90 82 85 90 83 91
청각(2)	77 75 78 74 79 74 70 73 80 71 **나**	85 88 87 84 82 88 90 97 92 94 **마**		77 75 78 74 79 74 70 73 80 71	85 88 87 84 82 88 90 97 92 94
시청각(3)	90 98 96 97 95 91 92 90 89 92 **다**	88 87 85 82 87 80 82 85 84 81 **바**		90 98 96 97 95 91 92 90 89 92	88 87 85 82 87 80 82 85 84 81

수업매체유형

A. 전체 집단

전통적 방법(1)	새로운 방법(2)
80 77 80 81 79 75 75 74 76 73	80 87 86 86 90 82 85 90 83 91
77 75 78 74 79 74 70 73 80 71	85 88 87 84 82 88 90 97 92 94
90 98 96 97 95 91 92 90 89 92	88 87 85 82 87 80 82 85 84 81
가 + 나 + 다	다 + 라 + 마

B. 교수방법에 따른 집단

	전통적 방법(1)	새로운 방법(2)	
시각(1)	80 77 80 81 79 75 75 74 76 73	80 87 86 86 90 82 85 90 83 91	가 + 라
청각(2)	77 75 78 74 79 74 70 73 80 71	85 88 87 84 82 88 90 97 92 94	나 + 마
시청각(3)	90 98 96 97 95 91 92 90 89 92	88 87 85 82 87 80 82 85 84 81	다 + 바

C. 수업매체에 따른 집단

〈표 15-2〉의 자료를 실험처치가 끝난 뒤에 측정을 통해 얻어진 측정치라고 가정해 보자. 교수방법과 수업매체유형에 따른 구분을 무시하고 전체 60명의 점수를 하나의 집단으로 볼 때, 이들 60개의 점수들이 서로 다른 것은 사례들 간에 서로 다른 개인차 특성 때문이다. 물론 측정의 오차와 실험 절차의 오류로 인해 점수들이 서로 다를 수도 있지만, 통계적 분석을 위해 측정의 오차와 실험 절차의 오류로 인한 차이는 없는 것으로 가정하고 있다.

이제 집단 간 차이에 대해 생각해 보자. 첫째, 교수방법에 따른 두 집단, 즉 [가+나+다] 집단(전통적 방법)의 피험자들의 점수와 [라+마+바] 집단(새로운 방법)의 피험자들이 받은 점수가 서로 다른 이유는 무엇일까? 다른 교수방법으로 배웠기 때문일 수도 있다. 그리고 개인차 특성 때문이다. 둘째, [가+라] 집단(시각), [나+마] 집단(청각), 그리고 [다+바] 집단

(시청각) 간의 피험자들의 점수가 다른 것은 서로 다른 수업매체유형의 효과와 개인 특성 때문이다. 마지막으로, [가], [나], [다], [라], [마], [바] 집단의 피험자들의 점수가 다른 이유는 교수방법×수업매체유형에 따른 서로 다른 실험처치를 받았기 때문일 수도 있다. 그리고 개인차 특성 때문이다. 이렇게 볼 때 전체 60명의 피험자의 점수가 서로 다른 이유는 구체적으로, ① 교수방법 효과(M_m), ② 수업매체유형 효과(T_t), ③ 교수방법×수업매체유형의 상호작용효과(MT_{mt}), 그리고 ④ 개인 특성 효과(E_{imt})로 분할해서 생각해 볼 수 있다. 따라서 이들 네 가지 요인의 효과를 안다면 어떤 피험자의 점수라도 다음과 같은 효과 모델(effect model)에 입각해서 완벽하게 설명할 수 있을 것이다.

$$X_{imt} = \mu + M_m + T_t + MT_{mt} + \epsilon_{mti}$$

Sources
Between
Method
Type
Method* Type
Within

3 이요인 분산분석 절차 및 방법

이요인설계의 가상적인 연구사례의 자료를 사용하여 이요인분산분석 절차에 대해 알아보겠다. 한 연구자가 초등학교 아동들을 대상으로 영어회화 학습을 보다 효율적인 방법으로 가르칠 수 있는 새로운 교수방법을 개발하여 이 방법이 전통적인 교수방법보다 효과적인지, 그리고 수업매체유형에 따라 회화 학습의 정도가 다른지에 관심이 있다고 가정하자. 이를 위해 연구자는 교수방법(2)×수업매체유형(3)에 따른 여섯 개의 실험처치조건에 피험자들을 각각 10명씩 무선배치하여 6주 동안의 실험처치를 끝낸 다음, 회화 학습 정도를 측정한 결과 〈표 15-3〉의 자료를 얻었다고 가정하자.

〈표 15-3〉 2×3 이요인설계의 자료 모형

		교수방법	
		전통적 방법	새로운 방법
수업매체 유형	시각	80 77 80 81 79 75 75 74 76 73	80 87 86 86 90 82 85 90 83 91
	청각	77 75 78 74 79 74 70 73 80 71	85 88 87 84 82 88 90 97 92 94
	시청각	90 98 96 97 95 91 92 90 89 92	88 87 85 82 87 80 82 85 84 81

[단계 1] 연구문제의 진술

이요인설계의 구체적인 분석 절차는 연구자가 이요인설계를 통해 얻고자 하는 정보, 즉 연구문제에 따라 달라진다. 앞의 효과 모델에서 볼 수 있는 바와 같이, 이요인설계하에서는 세 개의 연구문제가 진술될 수 있다. ① 독립변인 A의 주효과, ② 독립변인 B의 주효과, 그리고 ③ 독립변인 A와 B 간의 상호작용효과이다. 따라서 이요인설계하의 연구문제는 크게 세 가지 경우로 나뉜다.

첫째, 연구자의 관심이 두 독립변인의 주효과에만 있을 경우, 자료 수집에 따른 비용을 절감하기 위해 이요인설계를 통해 자료를 수집할 수 있다. 이 경우, 다음과 같이 두 독립변인의 주효과에 대한 연구문제만 진술된다.

• 학업 성취도 평균에 있어서 교수방법(M_1, M_2) 간에 차이가 있는가?
• 학업 성취도 평균에 있어서 수업매체유형(T_1, T_2, T_3) 간에 차이가 있는가?

둘째, 연구자의 관심이 두 독립변인의 상호작용효과에만 있을 경우, 상호작용효과를 검정하기 위해 이요인설계를 통해 자료를 수집할 수밖에 없으며, 다음과 같이 상호작용효과에 대한 연구문제만 진술된다.

• 학업 성취도 평균에 있어서 교수방법(M_1, M_2) 간의 차이가 수업매체유형(T_1, T_2, T_3)에 따라 차이가 있는가?

셋째, 연구자의 관심이 두 독립변인의 주효과와 상호작용효과 모두에 있을 경우, 두 개의 주효과와 상호작용효과에 대한 연구문제가 다음과 같이 진술된다.

- 학업 성취도 평균에 있어서 교수방법(M_1, M_2) 간에 차이가 있는가?
- 학업 성취도 평균에 있어서 수업매체유형(T_1, T_2, T_3) 간에 차이가 있는가?
- 학업 성취도 평균에 있어서 교수방법(M_1, M_2) 간의 차이가 수업매체유형(T_1, T_2, T_3)에 따라 차이가 있는가?

단계 2 연구가설의 설정

각 연구문제 상황별로 진술된 연구문제를 서술문으로 변환하면 각 연구문제에 대한 연구가설을 도출할 수 있다.

첫째, 연구문제가 두 독립변인의 주효과에 대해 진술된 경우, 연구가설은 다음과 같이 설정될 수 있다.

- 학업 성취도 평균에 있어서 교수방법(M_1, M_2) 간에 차이가 있을 것이다.
- 학업 성취도 평균에 있어서 수업매체유형(T_1, T_2, T_3) 간에 차이가 있을 것이다.

둘째, 연구문제가 두 독립변인의 상호작용효과에 대해 진술된 경우, 연구가설은 다음과 같이 설정될 수 있다.

- 학업 성취도 평균에 있어서 교수방법(M_1, M_2) 간의 차이가 수업매체유형(T_1, T_2, T_3)에 따라 차이가 있을 것이다.

셋째, 연구문제가 두 독립변인의 주효과와 상호작용효과에 대해 진술된 경우, 연구가설은 다음과 같이 설정될 수 있다.

- 학업 성취도 평균에 있어서 교수방법(M_1, M_2) 간에 차이가 있을 것이다.
- 학업 성취도 평균에 있어서 수업매체유형(T_1, T_2, T_3) 간에 차이가 있을 것이다.
- 학업 성취도 평균에 있어서 교수방법(M_1, M_2) 간의 차이가 수업매체유형(T_1, T_2, T_3)에 따라 차이가 있을 것이다.

단계 3 통계적 가설의 설정

첫째, 연구가설이 두 독립변인의 주효과에 대해 진술된 경우, 통계가설은 다음과 같이 설정될 수 있다.

- 교수방법의 주효과

  $H_o : \mu_{M_1} = \mu_{M_2}$

  학업 성취정도 평균에 있어서 교수방법(M_1, M_2) 간에 차이가 있지 않을 것이다.

  $H_A : \mu_{M_1} \neq \mu_{M_2}$

  학업 성취정도 평균에 있어서 교수방법(M_1, M_2) 간에 차이가 있을 것이다.

- 수업매체유형의 주효과

  $H_o : \mu_{T_1} = \mu_{T_2} = \mu_{T_3}$

  학업 성취정도 평균에 있어서 수업매체유형(T_1, T_2, T_3) 간에 차이가 있지 않을 것이다.

  $H_A :$ 최소한 한 쌍의 $\mu_{T_i} \neq \mu_{T_j}$

  학업 성취정도 평균에 있어서 세 가지 수업매체유형(T_1, T_2, T_3) 중 적어도 두 매체 유형 간에 차이가 있을 것이다.

둘째, 연구가설이 두 독립변인 간의 상호작용효과에 대해 진술된 경우, 통계가설은 다음과 같이 설정될 수 있다.

- 교수방법×수업매체유형 상호작용효과

  $H_0 :$ 학업 성취정도 평균에 있어서 교수방법(M_1, M_2) 간에 차이가 수업매체유형(T_1, T_2, T_3)에 따라 같을 것이다.

  $H_A :$ 학업 성취정도 평균에 있어서 교수방법 간의 차이가 세 가지 수업매체유형(T_1, T_2, T_3) 중 적어도 두 매체 유형 간에 차이가 같지 않을 것이다.

셋째, 연구가설이 두 독립변인의 주효과와 상호작용효과에 대해 진술된 경우, 통계가설은 다음과 같이 설정될 수 있다.

- 교수방법의 주효과

  $H_o : \mu_{M_1} = \mu_{M_2}$

  학업 성취정도 평균에 있어서 교수방법(M_1, M_2) 간에 차이가 있지 않을 것이다.

  $H_A : \mu_{M_1} \neq \mu_{M_2}$

  학업 성취정도 평균에 있어서 교수방법(M_1, M_2) 간에 차이가 있을 것이다.

- 수업매체유형의 주효과

$H_o : \mu_{T_1} = \mu_{T_2} = \mu_{T_3}$

학업 성취정도 평균에 있어서 수업매체유형(T_1, T_2, T_3) 간에 차이가 있지 않을 것이다.

H_A : 최소한 한 쌍의 $\mu_{T_i} \neq \mu_{T_j}$

학업 성취정도 평균에 있어서 세 가지 수업매체유형(T_1, T_2, T_3) 중 적어도 두 매체 유형 간에 차이가 있을 것이다.

- 교수방법×수업매체유형 상호작용효과

$H_o : \mu_{M_1 T_1} = \mu_{M_1 T_2} = \mu_{M_1 T_3} = \mu_{M_2 T_1} = \mu_{M_2 T_2} = \mu_{M_2 T_3}$

학업 성취정도 평균에 있어서 교수방법(M_1, M_2) 간에 차이가 수업매체유형(T_1, T_2, T_3)에 따라 같을 것이다.

H_A : 학업 성취정도 평균에 있어서 교수방법 간의 차이가 세 가지 수업매체유형 (T_1, T_2, T_3) 중 적어도 두 매체 유형 간에 차이가 같지 않을 것이다.

단계 4 기본 가정 검정

통계적 검정을 위한 영가설과 대립가설이 설정되면 연구자는 이요인설계를 통해 수집된 자료가 제14장의 일원분산분석에서 설명된 분산분석을 위한 세 가지 기본 가정인, ① 정규분포성, ② 동분산성, ③ 독립성의 가정을 충족하고 있는지를 먼저 확인해야 한다. 특히 이요인분산분석에서의 동분산성 가정은 독립변인 A의 수준이 a개이고 독립변인 B의 수준이 b개일 경우 두 독립변인의 수준이 교차적 결합을 통해 생긴 $a*b$개의 집단 간의 동분산성을 말한다. $SPSSwin$의 Univariate Options 창에서 Homogeneity test 선택하여 실행시키면 제14장에서 설명한 논리에 따라 Levene 검정법에 의한 $a*b$개 집단 간 동분산성을 통계적으로 검정해 준다.

- 동분산성 검정 결과 -

Levene's Test of Equality of Error Variances[a]

Dependent Variable: 산수성취도

F	df1	df2	Sig.
.872	3	36	.464

Tests the null hypothesis that the error
variance of the dependent variable is equal
across groups.

단계 5 분산원별 자승화의 합 계산

이요인설계의 효과 모델과 통계적 모델을 통해 총 분산이 집단 간 분산과 집단 내 분산으로 분할되고, 그리고 집단 간 분산은 다시 주효과(A, B) 분산과 상호작용효과(AB) 분산으로 분할될 수 있음을 알았다. 이제 총 분산, 집단 간 분산(독립변인 A의 주효과 분산, 독립변인 B의 주효과 분산, 독립변인 A와 B의 상호작용효과 분산)과 집단 내 분산을 계산하기 위한 공식을 유도하기 위한 절차에 대해 알아보겠다. 이를 위해 통계적 모델에서 양변을 제곱한 다음 $a*b$ 조합에 따른 모든 사례의 점수 i에 대하여 합을 구한다.

$$\sum_{j=1}^{a}\sum_{k=1}^{b}\sum_{i=1}^{r}(X_{jki}-\overline{X}_{...})^2 = \sum_{j}^{a}\sum_{k}^{b}\sum_{i}^{r}(\overline{X}_{j..}-\overline{X}_{...})^2$$
$$+\sum_{j}^{a}\sum_{k}^{b}\sum_{i}^{r}(\overline{X}_{.k.}-\overline{X}_{...})^2$$
$$+\sum_{j}^{a}\sum_{k}^{b}\sum_{i}^{r}(\overline{X}_{jk.}-\overline{X}_{j..}-\overline{X}_{.k.}+\overline{X}_{...})^2$$
$$+\sum_{j}^{a}\sum_{k}^{b}\sum_{i}^{r}(X_{jki}-\overline{X}_{jk.})^2$$

앞의 식에서,

① $\displaystyle\sum_j\sum_k\sum_i(X_{jki}-\overline{X}_{...})^2$을 총 자승화의 합이라 부르고 SS_{total}로 나타내고,

② $\displaystyle\sum_j\sum_k\sum_i(\overline{X}_{j..}-\overline{X}_{...})^2$은 독립변인 A에 의한 집단 간 자승화의 합이며 SS_A로 나타내며,

③ $\displaystyle\sum_j\sum_k\sum_i(\overline{X}_{.k.}-\overline{X}_{...})^2$은 독립변인 B에 의한 집단 간 자승화의 합이며 SS_B로 나타낸다.

④ $\displaystyle\sum_j\sum_k\sum_i(\overline{X}_{jk.}-\overline{X}_{j..}-\overline{X}_{.k.}+\overline{X}_{...})^2$은 두 독립변인 간 상호작용에 의한 집단 간 자승화의 합이며 SS_{AB}로 나타내며,

⑤ $\displaystyle\sum_j\sum_k\sum_i(X_{jki}-\overline{X}_{jk.})^2$은 개인차에 의한 집단 내 자승화의 합이며 SS_{within}으로 나타낸다.

따라서 분산원별 자승화를 계산하기 위한 공식은 아래와 같다.

$$SS_{total}=\sum_j\sum_k\sum_i(X_{jki}-\overline{X}_{...})^2$$

$$SS_{A}=\sum_j\sum_k\sum_i(\overline{X}_{j..}-\overline{X}_{...})^2$$

$$SS_{B}=\sum_j\sum_k\sum_i(\overline{X}_{.k.}-\overline{X}_{...})^2$$

$$SS_{AB}=\sum_j\sum_k\sum_i(\overline{X}_{jk.}-\overline{X}_{j..}-\overline{X}_{.k.}+\overline{X}_{...})^2$$

$$SS_{between}=SS_A+SS_B+SS_{AB}$$

$$SS_{within}=\sum_j\sum_k\sum_i(X_{jki}-\overline{X}_{jk.})^2$$

Sources	SS
Between	$SS_{between}$
A	SS_A
B	SS_B
AB	SS_{AB}
Within	SS_{within}
SS_{total}	

앞의 가상적인 이요인설계의 자료의 경우, 통계적 모델에 따라 SS_{total}은 교수방법에 의한 SS_{method}, 수업매체에 의한 SS_{type}, 교수방법×수업매체에 의한 $SS_{methodXtype}$, 그리고 실험적 오차에 의한 SS_{within}으로 분할된다. 특히 SS_{method}, SS_{type} 그리고 $SS_{methodXtype}$는 집단 간의 차이를 설명하는 분산 정도이기 때문에 모두 합해서 $SS_{between}$으로 나타낸다. 변산원별 자승화의 합을 계산하면 다음과 같다.

$$SS_{total} = \sum_j \sum_k \sum_i (X_{jki} - \overline{X}_{...})^2 = 3002.983$$

$$SS_{between} = SS_A + SS_B + SS_{AB} = 2353.083$$

$$SS_{method} = \sum_j \sum_k \sum_i (\overline{X}_{j..} - \overline{X}_{...})^2 = 312.817$$

$$SS_{type} = \sum_j \sum_k \sum_i (\overline{X}_{.k.} - \overline{X}_{...})^2 = 627.233$$

$$SS_{methodXtype} = \sum_j \sum_k \sum_i (\overline{X}_{jk.} - \overline{X}_{j..} - \overline{X}_{.k.} + \overline{X}_{...})^2$$

$$= 1413.033$$

$$SS_{within} = \sum_j \sum_k \sum_i (X_{jki} - \overline{X}_{jk.})^2 = 649.90$$

Sources	SS
Between	2353.083
교수방법	312.817
수업매체유형	627.233
교수방법×수업매체유형	1413.033
Within	649.900
Total	3002.983

단계 6 분산원별 df 파악

$SS_{total} = SS_{between} + SS_{within}$이므로 $df = df_{between} + df_{within}$이 된다. 그리고 $df_{between} = df_A + df_B + df_{AB}$이므로 $df_{between}$을 파악하기 위해 df_A, df_B, df_{AB}를 파악한다.

- df_A는 독립변인 A의 수준이 a개이므로, $df_A = a - 1$이 된다.
- df_B는 독립변인 B의 수준이 b개이므로, $df_B = b - 1$
- df_{AB}는 상호작용의 수준이 $(a-1)(b-1)$이므로, $df_{AB} = (a-1)(b-1)$

- $df_{between} = df_A + df_B + df_{AB}$이므로,

  $df_{between} = (a-1) + (b-1) + (a-1)(b-1) = ab-1$

- df_{within}는 $a*b$개 집단의 각 집단 내 자유도를 모두 합한 것이다.

  집단별 사례 수가 동일할 경우, $df_{within} = ab(n-1)$이 된다.

  집단별 사례 수가 다를 경우,

  $N = n_{11} + n_{12} \cdots n_{ab}$이라 할 때, $df_{within} = N - ab$가 된다.

- $df = df_{between} + df_{within}$

Sources	SS	df
Between	$SS_{between}$	$ab-1$
A	SS_A	$a-1$
B	SS_B	$b-1$
AB	SS_{AB}	$(a-1)(b-1)$
Within	SS_{within}	$ab(n-1)$
Total	SS_{total}	$N-1$

앞의 가상적인 자료의 경우,

- df_{method}는 독립변인 교수방법의 수준이 2개이므로

  $df_{method} = 2 - 1 = 1$이 된다.

- df_{type}는 독립변인 수업매체유형의 수준이 3개이므로,

  $df_{type} = 3 - 1 = 2$

- $df_{method*type}$은 $(2-1)(3-1)$이므로,

  $df_{method*type} = 2$

- $df_{between} = df_A + df_B + df_{AB}$이므로,

  $df_{between} = 6 - 1 = 5$

- $df_{within} = 6(10-1) = 54$가 된다.

- $df = 60 - 1 = 59$

Sources	SS	df
Between	2353.083	5
교수방법	312.817	1
수업매체유형	627.233	2
교수방법×수업매체유형	1413.033	2
Within	649.900	54
Total	3002.983	59

단계 7 분산원별 MS의 계산

- $MS_{between} = \dfrac{SS_{between}}{df_{between}}$, $MS_{within} = \dfrac{SS_{within}}{df_{within}}$

  $MS_{between} = MS_A + MS_B + MS_{AB}$이므로,

- $MS_A = \dfrac{SS_A}{df_A}$, $MS_B = \dfrac{SS_B}{df_B}$, $MS_{AB} = \dfrac{SS_{AB}}{df_{AB}}$

	SS	df	MS
Between	$SS_{between}$	$ab-1$	$SS_{between}/(ab-1)$
A	SS_A	$a-1$	$SS_A/(a-1)$
B	SS_B	$b-1$	$SS_B/(b-1)$
AB	SS_{AB}	$(a-1)(b-1)$	$SS_{AB}/(a-1)(b-1)$
Within	SS_{within}	$ab(n-1)$	$SS_{within}/ab(n-1)$
Total	SS_{total}	$N-1$	

앞의 가상적인 자료의 경우,

- $MS_{between} = 2353.083/5 = 39.103$

- $MS_{method} = 312.817/1 = 312.817$

- $MS_{type} = 627.233/2 = 313.617$

- $MS_{method*type} = 1413.033/2 = 706.517$

- $MS_{within} = 649.900/54 = 12.035$

Sources	SS	df	MS
Between	2353.083	5	470.617
교수방법	312.817	1	312.817
수업매체유형	627.233	2	313.617
교수방법×수업매체유형	1413.033	2	706.517
Within	649.900	54	12.035
Total	3002.983	59	

단계 8 주효과 및 상호작용효과의 F비 계산

이요인 분산분석에서는 독립변인이 두 개이므로 집단 간 차이에 대한 연구문제가 각 독립변인의 주효과 A와 B, 상호작용효과 AB에 대해 제기될 수 있다. 물론 연구목적에 따라, ① 연구자의 관심이 두 독립변인의 주효과에만 있지만 자료 수집을 위해 소요되는 시간과 비용을 줄이기 위해 이요인설계에 따라 자료를 수집할 수 있을 것이다. 이 경우, 두 변인 간 상호작용효과는 연구문제와 직접 관련이 없으나 이요인설계를 했기 때문에 얻어진 부산물이다. 따라서 주효과의 유의성을 검정하기 위해 주효과에 대한 F비만 결정하면 된다. 반대로, ② 연구자의 관심이 두 독립변인 간의 상호작용효과에만 있을 경우 이요인설계를 할 수밖에 없다. 이 경우, 각 독립변인의 주효과는 이요인설계를 통해 얻어진 부산물이다. 따라서 연구자는 상호작용효과의 유의성을 검정하기 위해 상호작용효과에 대한 F비만 결정하면 된다. 마지막으로, ③ 연구자의 관심이 주효과와 상호작용효과 모두에 있을 경우, 연구자는 주효과와 상호작용효과의 유의성을 검정하기 위해 두 개의 주효과와 상호작용효과에 대한 F비를 결정해야 한다. F비를 결정하기 위해 앞에서 계산된 MS_A, MS_B, MS_{AB}, MS_{within}의 의미를 다시 한번 생각해 보자.

MS_A는 독립변인 A의 수준에 따른 집단 간 분산이다. 내용적으로, 독립변인 A의 수준에 따른 a개 집단 간 사례들 간에 측정치가 다른 것은, 첫째, 사례들 간의 개인적 특성이 다르기 때문이다. 이는 집단 내 분산MS_{within}이 존재하는 이유와 같다. 둘째 서로 다른 집단에 속해 있기 때문일 수 있다. 즉, 집단 간 차이 때문이다. 따라서 독립변인 A의 주효과를 나타내는 F_A비는 다음과 같이 나타낼 수 있다.

$$F_A = \frac{MS_A}{MS_{within}} = \frac{(a\text{개 집단 간 차이})+(\text{개인차})}{(\text{개인차})}$$

만약 a개의 집단들 간에 차이가 없을 경우, $F_A = 1.00$이 될 것이다. 그러나 집단 간 차이가 존재할 경우 $F_A > 1.00$인 값으로 얻어질 것이다.

MS_B는 독립변인 B의 수준에 따른 b개 집단 간에 존재하는 분산이다. 내용적으로, 독립변인 B의 수준에 따른 집단 b개 집단 간 사례들 간에 측정치가 다른 것은, 첫째, 사례들 간의 개인적 특성이 다르기 때문이다. 이는 집단 내 분산 MS_{within}이 존재하는 이유와 같다. 둘째, 서로 다른 집단에 속해 있기 때문일 수 있다. 즉, 집단 간 차이 때문이다. 따라서 독립변인 B의 주효과를 나타내는 F_B비는 다음과 같이 나타낼 수 있다.

$$F_B = \frac{MS_B}{MS_{within}} = \frac{(b개\ 집단\ 간\ 차이)+(개인차)}{(개인차)}$$

만약 b개의 집단들 간에 차이가 없을 경우, $F_B = 1.00$이 될 것이다. 그러나 집단 간 차이가 존재할 경우, $F_B > 1.00$인 값으로 얻어질 것이다.

마지막으로, MS_{AB}는 독립변인 A와 독립변인 B의 수준에 따른 $a*b$개 집단에 존재하는 분산이다. 내용적으로, $a*b$개 집단 간 사례들 간에 측정치가 다른 것은, 첫째, 사례들 간의 개인적 특성이 다르기 때문이다. 이는 집단 내 분산 MS_{within}이 존재하는 이유와 같다. 둘째 서로 다른 $a*b$ 집단에 속해 있기 때문일 수 있다. 즉, 집단 간 차이 때문이다. 따라서 상호작용효과 AB를 나타내는 F_{AB}는 다음과 같이 나타낼 수 있다.

$$F_{AB} = \frac{MS_{AB}}{MS_{within}} = \frac{(a*b\ 집단\ 간\ 차이)+(개인차)}{(개인차)}$$

만약 $a*b$개의 집단들 간에 차이가 없을 경우, $F_{AB} = 1.00$이 될 것이다. 그러나 집단 간 차이가 존재할 경우, $F_{AB} > 1.00$인 값으로 얻어질 것이다.

	SS	df	MS	F
Between	$SS_{between}$	$ab-1$	$MS_{between}$	$MS_{between}/MS_{within}$
A	SS_A	$a-1$	MS_A	MS_A/MS_{within}
B	SS_B	$b-1$	MS_B	MS_B/MS_{within}
AB	SS_{AB}	$(a-1)(b-1)$	MS_{AB}	MS_{AB}/MS_{within}
Within	SS_{within}	$ab(n-1)$	MS_{within}	
	SS	$N-1$	MS	

가상적인 자료의 경우,

$$F_{method} = 312.817/12.035 = 25.992$$

$$F_{type} = 313.617/12.035 = 26.058$$

$$F_{method*type} = 706.517/12.035 = 58.704$$

Sources	SS	df	MS	F
Between	2353.083	5	470.617	39.103
Method	312.817	1	312.817	25.992
Type	627.233	2	313.617	26.058
Method* Type	1413.033	2	706.517	58.704
Within	649.900	54	12.035	
	3002.983	59		

단계 9 통계 검정을 위한 유의수준 α 설정

주효과 및 상호작용효과의 통계적 유의성을 검정하기 위해 사용할 유의수준을 설정해야 한다. 이원분산분석을 통해 두 개의 주효과 및 한 개의 상호작용효과에 대한 F비가 계산되면, 연구자는 모두 동일한 유의수준에서 통계적 유의성을 검정해야 한다. 그리고 차후에 주효과별 사후비교를 하거나 상호작용효과의 성질을 구체적으로 알아보기 위해 단순 주효과 분석 결과에 대한 통계적 유의성을 검정할 경우에도 동일한 유의수준을 적용한다. 따라서 이원분산분석에서 연구자는 각 효과를 위한 통계량을 계산하기 모든 효과의 통계적 유의성 검정을 위해 필요한 유의수준을 오직 하나만 사전에 설정한다. 다른 통계적 검정과 마찬가지로, 사회과학연구의 경우 $\alpha = .05, 01, .001$ 중 하나를 선택하여 설정한다.

단계 10 주효과 및 상호작용효과 F비의 표집분포 파악

앞에서 언급한 바와 같이, 이요인분산분석에서는 두 개의 주효과에 대한 통계량 F비와 상호작용효과의 F비에 대한 통계적 유의성을 검정하기 위해 각 효과의 F비에 해당되는 표집분포를 정확하게 파악하여 적용해야 한다.

첫째, 주효과 A의 통계량은 $F_A = MS_A / MS_{within}$이므로 F_A의 표집분포는 분자의 자유도 $df_A = a - 1$와 분모의 자유도 $df_{within} = ab(n-1)$인 F분포이다.

$$F[a-1, ab(n-1)]$$

둘째, 주효과 B의 통계량은 $F_B = MS_B / MS_{within}$이므로 F_B의 표집분포는 분자의 자유도 $df_B = b - 1$와 분모의 자유도 $df_{within} = ab(n-1)$인 F분포이다.

$$F[b-1, ab(n-1)]$$

셋째, 상호작용효과 AB의 통계량은 $F_{AB} = MS_{AB} / MS_{within}$이므로 F_{AB}의 표집분포는 분자의 자유도 $df_{AB} = (a-1)(b-1)$와 분모의 자유도 $df_{within} = ab(n-1)$인 F분포이다.

$$F[(a-1)(b-1), ab(n-1)]$$

가상적인 자료의 경우, 첫째, 주효과 교수방법의 통계량은 $F_{method} = MS_{mwthod} / MS_{within}$이므로 F_{mwthod}의 표집분포는 $F(1, 54)$인 F분포이다. 둘째, 주효과 수업매체유형의 통계량은 $F_{type} = MS_{type} / MS_{within}$이므로 F_{type}의 표집분포는 $F(2, 54)$인 F분포이다. 셋째, 상호작용효과 교수방법×수업매체유형의 통계량은 $F_{method*type} = MS_{method*type} / MS_{within}$이므로 $F_{method*type}$의 표집분포는 $F(2, 54)$인 F분포이다.

주효과와 상호작용효과에 대한 F비가 결정되면, 앞에서 파악된 표집분포를 이용하여 각 F비에 대한 통계적 유의성을 검정하고 그 결과를 해석한다. 통계적 유의성 검정은 기각역 방법 또는 p값 방법 중 어느 한 가지 방법을 적용하여 실시한다. 이요인분산분석은 계산 과정이 복잡하고 까다롭기 때문에 정확한 분석을 위해 직접 계산 방법보다 SPSS와 같은 통계 분석 전문 프로그램을 사용하여 분석하기를 권장한다.

• 기각역 방법을 사용할 경우 •

단계 11 임계치 파악 및 기각역 설정

각 효과에 해당되는 표집분포에서 설정된 유의수준에 해당되는 결정치를 파악하고, 그리

고 기각역을 설정한다.

독립변인 A의 주효과의 통계적 유의성을 검정하기 위한 결정치는,

$$F[a-1, ab(n-1)]분포에서 유의수준 \alpha에 해당되는$$

$$F_\alpha[a-1, ab(n-1)]값이 된다.$$

독립변인 B의 주효과의 통계적 유의성을 검정하기 위한 결정치는,

$$F[b-1, ab(n-1)]분포에서 유의수준 \alpha에 해당되는$$

$$F_\alpha[b-1, ab(n-1)]값이 된다.$$

두 독립변인 간 상호작용효과의 통계적 유의성을 검정하기 위한 결정치는,

$$F[(a-1)(b-1), ab(n-1)]분포에서 유의수준 \alpha에 해당되는$$

$$F_\alpha[(a-1)(b-1), ab(n-1)]값이 된다.$$

가상적인 자료의 독립변인 교수방법의 주효과의 통계적 유의성을 검정하기 위한 결정치는 유의수준을 $\alpha = .05$로 설정할 경우 $F_{.05}(1, 54) = 4.00$이 된다.

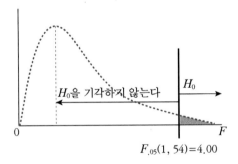

$$F_{.05}(1, 54) = 4.00$$

독립변인 수업매체유형의 주효과의 통계적 유의성을 검정하기 위한 결정치는 유의수준을 $\alpha = .05$로 설정할 경우 $F_{.05}(2, 54) = 3.15$이 된다.

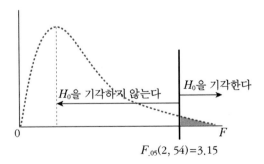

$$F_{.05}(2, 54) = 3.15$$

상호작용효과 교수방법×수업매체유형의 통계적 유의성을 검정하기 위한 결정치는 유의수준을 $\alpha = .05$로 설정할 경우 $F_{.05}(2, 54) = 3.15$이 된다.

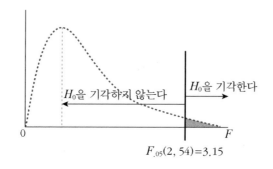

$$F_{.05}(2, 54)=3.15$$

단계 12 통계적 유의성 판단

통계량과 결정치를 비교하여 통계적 유의성을 판단한다.

- $F_{[a-1, ab(n-1)]}$분포에서 독립변인 A의 통계적 유의성 판단

  통계치 $F_A \geq F_{.05}$이면,

  독립변인 A의 수준에 따른 집단 간 평균에 있어서 통계적으로 유의한 차이가 있는 것으로 판단한다.

  통계치 $F_A < F_{.05}$이면,

  독립변인 A의 수준에 따른 집단 간 평균에 있어서 통계적으로 유의한 차이가 없는 것으로 판단한다.

가상적인 자료의 경우, 독립변인 교수방법의 주효과 $F_{method} = 25.992 > F_{.05}(1, 54) = 4$이므로 산수 학업 성취도 평균에 있어서 두 교수방법(M_1, M_2)에 따른 두 집단 간에 유의수준 .05에서 통계적으로 유의한 차이가 있는 것으로 판단할 수 있다.

- $F_{[b-1, ab(n-1)]}$에서 독립변인 B의 통계적 유의성 판단

  통계치 $F_B \geq F_{.05}$이면, 유의수준 .05에서

  독립변인 B의 수준에 따른 집단 간 평균에 있어서 통계적으로 유의한 차이가 있는 것으로 판단한다.

  통계치 $F_B < F_{.05}$이면, 유의수준 .05에서

  독립변인 A의 수준에 따른 집단 간 평균에 있어서 통계적으로 유의한 차이가 없는 것으로 판단한다.

가상적인 자료의 경우, 독립변인 $Type$의 주효과 $F_{type} = 26.058 > F_{.05}(2, 54) = 3.15$이 므로 산수 학업 성취도 평균에 있어서 세 가지 자료 유형(T_1, T_2, T_3)에 따른 세 집단 간에 유의수준 .05에서 통계적으로 유의한 차이가 있는 것으로 판단할 수 있다.

- $F_{[(a-1)(b-1),\, ab(n-1)]}$분포에서 독립변인 A와 B 간의 상호작용효과의 통계적 유의성 판단
  통계치 $F_{AB} \geq F_{.05}$이면, 유의수준 .05에서
  독립변인 A의 수준에 따른 집단 간 평균에 있어서 차이가 독립변인 B의 수준에 따른 집단에 따라 통계적으로 유의하게 다른 것으로 판단한다.
  통계치 $F_{AB} < F_{.05}$이면, 유의수준 .05에서
  독립변인 A의 수준에 따른 집단 간 평균에 있어서 차이가 독립변인 B의 수준에 따른 집단에 따라 통계적으로 유의하게 다르지 않는 판단한다.

가상적인 자료의 경우, 상호작용효과 $F_{method*type} = 58.04 > F_{.05}(2, 54) = 3.15$이므로 산수 학업 성취도 평균에 있어서 두 가지 교수방법(M_1, M_2) 차이가 유의수준 .05에서 세 가지 수업매체유형(T_1, T_2, T_3)에 따라 통계적으로 유의하게 달라지는 것으로 판단할 수 있다. 즉, 교수방법(M_1, M_2)이 산수 학업 성취도에 미치는 효과가 수업매체유형(T_1, T_2, T_3)에 따라 다르다는 것이다.

● p값 방법을 사용할 경우 ●

단계 11 주효과 및 상호작용효과의 F비의 p값 파악

이미 앞에서 언급한 바 있지만, 이 p값은 표집분포인 F분포에서 주어진 통계량 F비가 표집오차에 의해 얻어질 확률을 나타낸다. 대부분의 통계분석 프로그램은 통계적 검정을 쉽게 할 수 있도록, 산출 결과에서 볼 수 있는 바와 같이 각 효과에 해당되는 F비와 함께 p값을 동시에 제공해 주고 있다.

Test of Between-Subjects Effects

Dependent Variable: Score

Source	Type III Sum of Squares	df	Mean Square	F	Sig.
Corrected Model	2353.083[a]	5	470.617	39.103	.000
Intercept	423192.017	1	423192.017	35162.900	.000
Method	312.817	1	312.817	25.992	.000
Type	627.233	2	313.317	26.058	.000
Method*Type	141.033	2	706.517	58.704	.000
Error	649.900	54	12.035		
Total	426195.000	60			
Corrected Total	3002.983	59			

a. R Squared=784(Adjusted R Squared=764)

[단계 12] 통계적 유의성 판단

연구자는 자신이 설정해 놓은 유의수준 α와 p값을 비교하여 통계량 F값의 통계적 유의성을 판단하면 된다.

- 독립변인 A의 통계적 유의성 판단

$p \leq \alpha$이면,

독립변인 A의 수준에 따른 집단 간 평균에 있어서 통계적으로 유의한 차이가 있는 것으로 판단한다.

$p > \alpha$이면,

독립변인 A의 수준에 따른 집단 간 평균에 있어서 통계적으로 유의한 차이가 없는 것으로 판단한다.

가상적인 자료의 경우, 독립변인 교수방법의 주효과 $F_{method} = 25.992$, $p = .001$이므로 산수 학업 성취도 평균에 있어서 두 교수방법(M_1, M_2)에 따른 두 집단 간에 유의수준 .05에서 통계적으로 유의한 차이가 있는 것으로 판단할 수 있다.

- 독립변인 B의 통계적 유의성 판단

$p \leq \alpha$이면, 유의수준 .05에서

독립변인 B의 수준에 따른 집단 간 평균에 있어서 통계적으로 유의한 차이가 있는 것으로 판단한다.

$p > \alpha$이면, 유의수준 .05에서

독립변인 A의 수준에 따른 집단 간 평균에 있어서 통계적으로 유의한 차이가 없는 것으로 판단한다.

가상적인 자료의 경우, 독립변인 수업매체유형의 주효과 $F_{type}=26.058$, $p=.001$이므로 산수 학업 성취도 평균에 있어서 세 가지 수업매체유형(T_1, T_2, T_3)에 따른 세 집단 간에 유의수준 .05에서 통계적으로 유의한 차이가 있는 것으로 판단할 수 있다.

- 독립변인 A와 B 간의 상호작용효과의 통계적 유의성 판단

$p \leq \alpha$이면, 유의수준 .05에서

독립변인 A의 수준에 따른 집단 간 평균에 있어서 차이가 독립변인 B의 수준에 따른 집단에 따라 통계적으로 유의하게 다른 것으로 판단한다.

$p > \alpha$이면, 유의수준 .05에서

독립변인 A의 수준에 따른 집단 간 평균에 있어서 차이가 독립변인 B의 수준에 따른 집단에 따라 통계적으로 유의하게 다르지 않는 판단한다.

가상적인 자료의 경우, 상호작용효과 $F_{method*type}=58.04$, $p=.001$이므로 산수 학업 성취도 평균에 있어서 두 가지 교수방법(M_1, M_2) 간의 차이가 세 가지 수업매체유형(T_1, T_2, T_3)에 따라 유의수준 .05에서 통계적으로 유의하게 달라지는 것으로 판단할 수 있다.

단계 13 단순 주효과 분석

이요인설계를 통해 수집된 자료에 대한 이원분산분석에서 두 독립변인 간의 상호작용효과가 통계적으로 유의한 것으로 나타날 경우, 이는 종속변인의 평균에 있어서 한 독립변인의 수준에 따른 집단 간 차이가 다른 독립변인의 수준에 따라 달라진다는 것을 의미한다. 상호작용효과의 성질은 상호작용의 형태에 따라 다음 [그림 15-3]에서와 같이 양적 상호작용효과와 질적 상호작용효과의 두 가지 형태로 나타난다.

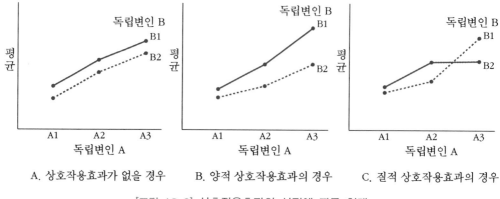

A. 상호작용효과가 없을 경우　　B. 양적 상호작용효과의 경우　　C. 질적 상호작용효과의 경우

[그림 15-3] 상호작용효과의 성질에 따른 형태

[그림 15-3]의 A는 상호작용효과가 유의하지 않는 경우로 독립변인 B의 집단 간(B1, B2) 평균 차이가 독립변인 A의 수준(A1, A2, A3)에 따라 달라지지 않고 동일한 것으로 나타남을 알 수 있다. 그래서 상호작용효과가 없을 경우 상호작용효과 그래프에서 평행선으로 나타난다. 그림 B와 C의 경우는 독립변인 B의 집단 간(B1, B2) 평균 차이가 독립변인 A의 수준 (A1, A2, A3)에 따라 달라지는 것으로 나타난 경우이다. 그러나 상호작용효과의 성질은 서로 다르다. 즉, 독립변인 A의 모든 수준(A1, A2, A3)에서 B1이 B2보다 평균이 높은 것으로 나타났으나 B1과 B2의 차이가 A1, A2, A3에서 다르게 나타나고 있다. 이러한 형태의 상호작용효과를 양적 상호작용효과라 부르며, 그래프의 형태가 그림 A와 달리 평형이 아님을 알 수 있다. 그림 C의 경우 독립변인 B의 집단 간(B1, B2) 평균 차이가 독립변인 A의 수준(A1, A2, A3)에 따라 달라지는 것으로 나타난 경우이다. 즉, 독립변인 A의 A1, A2, A3 수준 중 A1과 A2에 있어서 B1과 B2의 차이와 A3에서 B1과 B2의 차이가 질적으로 달라짐을 알 수 있다. 이와 같이 상호작용효과의 그래프가 교차적인 형태로 나타날 경우, 두 변인 간에 질적 상호작용효과가 있다고 말한다.

상호작용효과가 통계적으로 유의한 것으로 나타날 경우, 이는 종속변인의 평균에 있어서 한 독립변인의 수준간의 차이가 다른 독립변인의 수준에 따라 달라진다는 전반적인 판단이기 때문에 한 독립변인의 수준간의 차이가 다른 독립변인의 수준에 따라 달라 구체적으로 어떻게 다른지를 알아보기 위해서는 후속적인 분석이 추가적으로 필요하며, 이를 단순 주효과(simple main effects) 분석이라 부른다. 상호작용효과가 통계적으로 유의한 것으로 나타날 경우, 종속변인의 평균에 있어서 어느 한 독립변인의 수준 간 차이(주효과)가 다른 독립변인의 각 개별 수준에서 어떻게 차이가 있는지를 알아보기 위해 다음과 같은 절차에 따라 단순 주효과를 분석해야 한다.

① 각 독립변인별 단순 주효과 변산원 파악

- 독립변인 A의 단순 주효과
  ○ 독립변인 B의 B1 수준에서 독립변인 A의 A1, A2, A3 간의 비교
  ○ 독립변인 B의 B2 수준에서 독립변인 A의 A1, A2, A3 간의 비교

- 독립변인 B의 단순 주효과
  ○ 독립변인 A의 A1 수준에서 독립변인 B의 B1, B2 간의 비교
  ○ 독립변인 A의 A2 수준에서 독립변인 B의 B1, B2 간의 비교
  ○ 독립변인 A의 A3 수준에서 독립변인 B의 B1, B2 간의 비교

앞의 각 독립변인별 단순 주효과를 통계적 용어로 다음과 같이 나타낸다.

- 독립변인 A의 단순 주효과

$$A@B_1$$

$$A@B_2$$

- 독립변인 B의 단순 주효과

$$B@A_1$$

$$B@A_2$$

$$B@A_3$$

② 단순 주효과 변산원을 분산분석표 형식으로 정리한다.

$$Sources$$
$$A$$
$$A@B_1$$
$$.$$
$$.A@B_k$$
$$.$$
$$A@B_b$$
$$B$$
$$B@A_1$$
$$.$$
$$.B@A_j$$
$$.$$
$$B@A_a$$
$$Within$$

가상적인 자료의 경우,

Sources
교수방법
$Method@Type_1$
$Method@Type_2$
$Method@Type_3$
수업매체유형
$Type@Method_1$
$Type@Method_1$
Within

③ 단순 주효과별 자승화의 합 계산

단순 주효과를 검정하기 위해 다음과 같은 절차에 따라 각 단순 주효과별로 자승화의 합을 계산해야 한다.

A. 각 독립변인의 단순 주효과를 검정하기 위해 [그림 15−4]와 같이 각 독립변인의 수준별 점수의 합계와 수준들의 교차로 인해 생긴 각 처치조건의 점수의 합계를 계산한다.

독립변인 A

독립변인 B		A_1	…	A_j	…	A_a	총합
	B_1	T_{11}	…	T_{j1}	…	T_{a1}	TB_1
		⋮	…	⋮	…	⋮	⋮
	B_k	T_{1k}	…	T_{jk}	…	T_{ak}	TB_k
	⋮	⋮	…	⋮	⋮	⋮	⋮
	B_b	T_{1b}	…	T_{jb}	…	T_{ab}	TB_b
	총합	TA_1	…	SA_j	…	TA_a	

TA_j =독립변인 A의 수준별 점수의 합
TB_k =독립변인 A의 수준별 점수의 합
$T_{jk} = j*k$ 집단별 점수의 합

[그림 15-4] 분산분석을 위한 이요인설계의 자료 모형

B. 각 단순 주효과별 SS 계산

• 독립변인 A의 단순 주효과 SS

$$SS_{A@B_1} = (T_{11}^2/n_{11} + T_{j1}^2/n_{j1} \cdots\cdots T_{a1}^2/n_{a1}) - TA_1^2/(n_{11} + n_{j1} \cdots + n_{a1})$$

$$\vdots$$

$$SS_{A@B_k} = (T_{12}^2/n_{12} + T_{jk}^2/n_{jk} \cdots\cdots T_{ak}^2/n_{ak}) - TA_1^2/(n_{12} + n_{jk} \cdots + n_{ak})$$

• 독립변인 B의 단순 주효과 SS

$$SS_{B@A_1} = (T_{11}^2/n_{11} + T_{k1}^2/n_{k1} \cdots\cdots T_{b1}^2/n_{b1}) - TA_1^2/(n_{11} + n_{k1} \cdots + n_{b1})$$

$$\vdots$$

$$SS_{B@A_a} = (T_{a1}^2/n_{a1} + T_{ak}^2/n_{ak} \cdots\cdots T_{ab}^2/n_{ab}) - TA_1^2/(n_{a1} + n_{ak} \cdots + n_{ab})$$

Sources	SS
Between	$SS_{between}$
A	
$A@B_1$	$SS_{A@B_1}$
$\vdots$	$\vdots$
$A@B_b$	$SS_{A@B_b}$
B	
$B@A_1$	$SS_{B@A_1}$
$\vdots$	$\vdots$
$B@A_a$	$SS_{B@A_A}$

가상적인 자료에 대한 단순 주효과별 SS를 계산하면 다음과 같다.

		교수방법		
		M1	M2	총합
	T1	770	860	1630
수업매체유형	T2	751	887	1638
	T3	930	841	1771
	총합	2451	2588	5039

• 수업매체유형

$$SS_{type@method_1} = (770^2/10 + 751^2/10 + 930^2/10) - 2451^2/30 = 1933.4$$

$$SS_{type@method_2} = (860^2/10 + 887^2/10 + 841^2/10) - 2588^2/30 = 106.87$$

• 교수방법

$$SS_{method@type_1} = (770^2/10 + 860^2/10) - 1630^2/20 = 405$$

$$SS_{method@type_2} = (751^2/10 + 887^2/10) - 1638^2/20 = 924$$

$$SS_{method@type_3} = (930^2/10 + 841^2/10) - 1771^2/20 = 396.05$$

Sources	SS
교수방법	
$Method@Type_1$	405
$Method@Type_2$	924
$Method@Type_3$	396
수업매체유형	
$Type@Method_1$	1933.4
$Type@Method_1$	106.8
$Within$	649.900

C. 단순 주효과별 자유도 파악

단순 주효과 검정은 한 독립변인의 주효과를 다른 독립 변인의 수준에 따라 통계적으로 검정하는 것이기 때문에 단순 주효과의 자유도는 결국 주효과의 자유도와 같다. 따라서 독립변인 A의 단순 주효과별 자유도는 a−1이고 독립변인 B의 단순 주효과별 자유도는 b−1이 된다.

Sources	SS	df
A		$a-1$
$A@B_1$	$SS_{A@B_1}$	$a-1$
$\vdots$	$\vdots$	$a-1$
$A@B_b$	$SS_{A@B_b}$	$a-1$
B		$b-1$
$B@A_1$	$SS_{B@A_1}$	$b-1$
$\vdots$	$\vdots$	$b-1$
$B@A_a$	$SS_{B@A_A}$	$b-1$

D. 단순 주효과별 MS 계산

각 단순 주효과의 SS를 각자의 자유도로 나누어 주면 MS를 얻을 수 있다.

Sources	SS	df	MS
A			
$A@B_1$	$SS_{A@B_1}$	$a-1$	$SS_{A@B_1}/a-1$
$\vdots$	$\vdots$	$\vdots$	$\vdots$
$A@B_b$	$SS_{A@B_b}$	$a-1$	$SS_{A@B_b}/a-1$
B			
$B@A_1$	$SS_{B@A_1}$	$b-1$	$SS_{B@A_1}/b-1$
$\vdots$	$\vdots$	$\vdots$	$\vdots$
$B@A_a$	$SS_{B@A_A}$	$b-1$	$SS_{B@A_A}/b-1$

가상적인 자료의 경우,

Sources	SS	df	MS
교수방법			
$Method@Type_1$	405	1	405
$Method@Type_2$	924	1	924
$Method@Type_3$	396	1	396
수업매체유형			
$Type@Method_1$	1933.4	2	966.70
$Type@Method_1$	106.8	2	53.43
$Within$	649.900	54	12.035

E. 단순 주효과별 F비 계산

각 단순 주효과의 MS를 MS_{within}으로 나누어 주면 F비값을 얻을 수 있다.

$Sources$	SS	df	MS	F
A				
$A@B_1$	$SS_{A@B_1}$	$a-1$	$SS_{A@B_1}/a-1$	$MS_{A@B_1}/MS_{within}$
$\vdots$	$\vdots$	$\vdots$	$\vdots$	$\vdots$
$A@B_b$	$SS_{A@B_b}$	$a-1$	$SS_{A@B_b}/a-1$	$MS_{A@B_b}/MS_{within}$
B				
$B@A_1$	$SS_{B@A_1}$	$b-1$	$SS_{B@A_1}/b-1$	$MS_{B@A_1}/MS_{within}$
$\vdots$	$\vdots$	$\vdots$	$\vdots$	$\vdots$
$B@A_a$	$SS_{B@A_A}$	$b-1$	$SS_{B@A_A}/b-1$	$MS_{B@A_a}/MS_{within}$

가상적인 자료의 각 단순 주효과별 F비를 계산하면 아래와 같다.

$Sources$	SS	df	MS	F
교수방법				
$Method@Type_1$	405	1	405	33.65
$Method@Type_2$	924	1	924	76.78
$Method@Type_3$	396	1	396	32.90
수업매체유형				
$Type@Method_1$	1933.4	2	966.70	80.32
$Type@Method_1$	106.8	2	53.43	4.44
$Within$	649.900	54	12.035	

F. 단순 주효과별 F비의 통계적 유의성 검정

독립변인 A의 단순 주효과에 대한 통계적 유의성 검정을 위해 사용해야 할 표집분포인 F분포는 해당 주효과의 F분포인 $F[a-1, ab(n-1)]$이고, 독립변인 B의 단순 주효과의 경우는 $F[b-1, ab(n-1)]$이다. 따라서 통계적 유의성 검정을 위해 유의수준을 $\alpha = .05$로 설정할 경우, 독립변인 A의 단순 주효과에 대한 통계적 유의성을 검정하기 위한 결정치는 $F_{.05}[a-1, ab(n-1)]$가 되고, 독립변인 B의 단순 주효과에 대한 통계적 유의성을 검정하기 위한 결정치는 $F_{.05}[b-1, ab(n-1)]$가 된다. 가상적인 연구 자료의 경우, 유의수준을 $\alpha = .05$로 설정할 경우 Method의 단순 주효과에 대한 통계적 유의성을 검정하기 위한 결정치는 $F_{.05}(1, 54) = 4.00$이고, Type의 단순 주효과에 대한 통계적 유의성을 검정하기 결정치는 $F_{.05}(2, 54) = 3.15$이다.

 독립변인 A의 수준이 a개이고 독립변인 B의 수준이 a개인 이요인분산분석에서 상호작용효과 AB가 통계적으로 유의한 것으로 나타날 경우, 만약 모든 단순 주효과의 통계적 유의성을 검정한다면 $a \times b$개의 단순 주효과를 검정해야 한다. 각 단순 주효과의 F검정을 위해 유의수준을 $\alpha = .05$로 설정할 경우, 각 비교오차율은 $.05*(a*b)$가 된다. 따라서 모든 가능한 단순 주효과를 검정하지 않고 주요한 단순 주효과만 검정함으로써 제1종 오류율을 낮출 수 있도록 해야 한다.

SPSS를 이용한 이원분산분석 절차

1. ① Analyze → ② General Linear Model → ③ Univariate… 순으로 클릭한다.

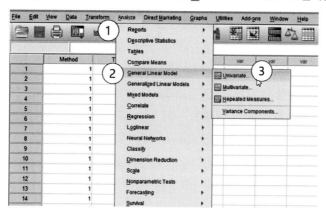

2. Univariate 메뉴창에서 ④ Dependent Variable란에 종속변인인 Score 변인을 ⑤ Fixed Factor(s)란에 독립변인 Method와 Type 변인을 이동시킨다.

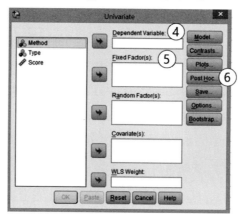

3. 독립변인 Type의 수준이 3개이므로 사후 검정을 위해 ⑥ **Post Hoc** 명령 아이콘을 클릭한다.

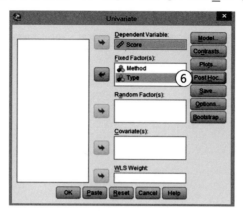

4. 독립변인 Type를 ⑦ **Post Hoc tests for:** 란으로 이동시키고, 그리고 사후 검정을 위해 ⑧ **Tukey** 를 선택한 다음 ⑨ **Continue** 아이콘을 클릭한다.

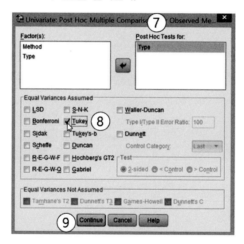

5. 동분산성의 가정을 검정하기 위해 ⑩ **Options** 아이콘을 클릭한다.

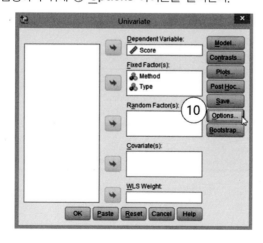

6. ⑪ **Univariate: Option** 메뉴창에서 ⑫ **Homogeneity tests**를 선택한 다음 ⑬ **Continue** 아이콘을 클릭한다.

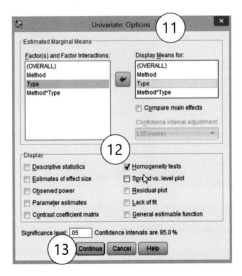

7. 실행을 위해 ⑭ **OK** 아이콘을 클릭한다.

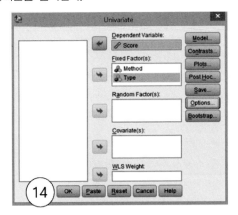

Levene's Test of Equality of Error Variances a

Dependent Variable: Score

F	df1	df2	Sig.
.686	5	54	.636

Tests the null hypothesis that the error variance of the dependent variable is equal across groups.

a. Design: Intercept + Method + Type + Method * Type

이원분산분석 산출 결과

2. Method

Dependent Variable: Score

Method	Mean	Std.Error	95% Confidence Interval	
			Lower Bound	Upper Bound
1	81.700	.633	80.430	82.970
2	86.267	.633	84.997	87.537

3. Type

Dependent Variable: Score

Type	Mean	Std.Error	95% Confidence Interval	
			Lower Bound	Upper Bound
1	81.500	.776	79.945	83.055
2	81.900	.776	80.345	83.455
3	88.550	.776	86.995	80.105

4. Method * Type

Dependent Variable: Score

Method	Type	Mean	Std.Error	95% Confidence Interval	
				Lower Bound	Upper Bound
1	1	77.000	1.097	74.801	79.199
	2	75.100	1.097	72.901	77.299
	3	93.000	1.097	90.801	95.199
2	1	86.000	1.097	83.801	88.199
	2	88.700	1.097	86.501	90.899
	3	84.100	1.097	81.901	86.299

Tests of Between-Subjects Effects

Dependent Variable: Score

Source	Type III Sum of Squares	df	Mean Square	F	Sig.
Corrected Model	2353.083[a]	5	470.617	39.103	.000
Intercept	423192.017	1	423192.017	35162.900	.000
Method	312.817	1	312.817	25.992	.000
Type	627.233	2	313.317	26.058	.000
Method*Type	141.033	2	706.517	58.704	.000
Error	649.900	54	12.035		
Total	426195.000	60			
Corrected Total	3002.983	59			

a. R Squared=784(Adjusted R Squared=764)

Post Hoc Tests

Type

Multiple Comparisons

Dependent Variable: Score

Tukey HSD

(I) Type	(J) Type	Mean Difference(I-J)	Std. Error	Sig.	95% Confidence Interval	
					Lower Bound	Upper Bound
1	2	-.40	1.097	.929	-3.04	2.24
	3	-7.05*	1.097	.000	-9.69	-4.41
2	1	.40	1.097	.929	-2.24	3.04
	3	-6.65*	1.097	.000	-9.29	-4.01
3	1	7.05*	1.097	.000	4.41	9.69
	2	6.65*	1.097	.000	4.01	9.29

Based on observed means.

The error term is Mean Square(Error)=12.035.

*. The mean difference is significant at the 0.05 level.

예제 15-1

연구자는 독립변인 강화 계획과 과제 유형이 산수 학업 성취도에 미치는 효과를 알아보기 위해 독립변인 강화 계획의 처치수준을 R_1, R_2로 조작하고 독립변인 과제 종류의 처치수준을 T_1, T_2로 조작한 다음 강화 계획(2)×과제 유형(2)에 따른 4개의 처치조건에 피험자를 각각 10명씩 무선배치하였다. 그리고 실험처치가 끝난 후 산수 학업 성취도를 측정한 결과 다음 표와 같다. 이원분산분석 절차에 따라 자료를 분석한 다음 기각역 방법에 따라 주효과와 상호작용효과의 통계적 유의성을 유의수준 α=.05 수준에서 검정하고 그 결과를 해석하시오.

강화 계획

		R_1		R_2	
과제 유형	T_1	73 71		75 77	
		70 68		77 76	
		74 70		78 76	
		71 73		79 75	
		69 71		76 78	
	T_2	76 78		67 69	
		77 75		72 66	
		73 77		66 67	
		76 79		69 70	
		78 74		72 68	

제16장

단일 모집단
모비율의 추론

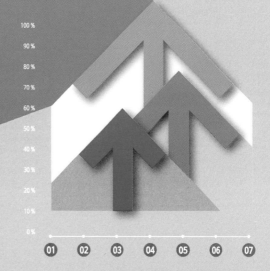

제16장 단일 모집단 모비율의 추론

1 단일 모집단 모비율과 표본비율

앞에서 모집단의 평균과 분산의 추론을 위한 추정 및 가설검정 절차와 방법에 대해 알아보았다. 평균과 분산은 자료가 등간척도 또는 비율척도로 측정된 구간 자료일 경우에 연구자가 관심을 가질 수 있는 모수 중의 하나이다. 자료가 명명척도로 측정된 범주형 자료일 경우 평균과 분산을 계산할 수 없으며, 각 범주별 빈도나 비율이 자료의 유일한 특성이다. 따라서 모집단에 있어서 주어진 변인의 범주의 빈도(비율)가 주로 연구의 관심 대상이 된다.

관심변인이 범주변인일 경우, 연구자는 연구목적에 따라 주어진 범주변인의 여러 범주 중에서 특정한 범주의 빈도 또는 비율에 관심을 가질 수도 있고 동시에 여러 범주 간 빈도분포(비율)에 관심을 가질 수도 있다. 범주변인을 측정할 경우, 성별과 같이 오직 두 개의 범주만 존재할 경우도 있고 사회 계층, 국적, 직업, 종교 등과 같이 두 개 이상의 범주를 가질 수도 있다.

연구목적에 따라 선택된 범주변인을 측정하여 얻어진 자료는 범주변인의 범주에 따라 분류한 다음, 다음과 같이 각 범주별 빈도 또는 비율로 정리한다. [그림 16-1]의 범주변인 A는 두 개의 범주로 구성되어 있고, 그리고 범주변인 B는 3개의 범주로 되어 있다. 이와 같이 단일 범주변인의 측정 결과를 범주별 빈도(f) 또는 비율(p)로 정리한 도표를 일원분할표(*one-way contingency table*)라 부른다.

A

A_1	A_2	주변빈도
$f_1(P_1)$	$f_2(P_2)$	N

B

B_1	B_2	B_3	주변빈도
$f_1(P_1)$	$f_2(P_2)$	$f_3(P_3)$	N

[그림 16-1] 단일 범주변인의 일원분할표

　단일 범주변인의 자료가 정리된 [그림 16-1]의 일원분할표로부터 어떤 연구문제가 가능한지 생각해 보자. 앞에서 여러 차례 언급한 바와 같이, 연구문제와 연구가설은 항상 모집단의 모수치에 대한 의문이며 세 가지 정도로 요약해 볼 수 있다.

　첫째, 모집단을 대상으로 주어진 범주변인을 측정할 경우 여러 범주 중에서 특정한 하나의 범주에 분류된 빈도 또는 비율을 알고 싶어 할 수 있을 것이다. 예컨대, 범주변인 A의 범주 A_1의 비율이나 범주변인 B의 범주 B_2의 비율에 대한 추론과 관련된 연구문제를 제기할 수 있다. 그래서 "범주변인 A의 범주 A_1의 비율을 어느 정도인가? (추정)" 또는 "범주변인 A의 범주 A_1의 비율은 .30보다 높은가? (가설검정)", "범주변인 B의 범주 B_2의 비율은 어느 정도인가? (추정)" 또는 "범주변인 B의 범주 B_1의 비율은 .30보다 높은가? (가설검정)" 등과 같은 연구문제가 제기될 수 있다.

　둘째, 모집단을 대상으로 주어진 범주변인을 측정할 경우 범주들 간의 빈도 또는 비율의 차이가 존재하는지 알고 싶어 할 수 있을 것이다. 예컨대, "범주변인 A의 범주 A_1과 A_2의 비율이 다른(같은)가?", "범주변인 B의 세 범주(B_1, B_2, B_3) 간에 비율이 다른가?"와 같이 연구문제를 제기할 수 있다.

　셋째, 모집단을 대상으로 어떤 범주변인을 측정할 경우 범주들의 빈도분포가 이론적 기대 또는 경험적으로 기대하는 빈도분포와 같은지 알고 싶어 할 수 있을 것이다. 예컨대, "범주변인 A의 모집단 빈도분포는 이론적으로 기대하는 빈도분포와 같은(다른)가?"와 같은 연구문제가 제기될 수 있다.

　일반적으로, 관심하의 범주변인의 여러 범주 중에서 연구자가 관심을 가지고 있는 특정 범주를 "성공(S)"이라 표시하고 나머지 범주를 "실패(F)"라 표시한다. 성별과 같은 이분변인들(dichotomous variable)일 경우에는 두 개의 범주 중에서 연구자가 관심을 두고 있는 한 범주는 성공으로 표시되고, 나머지 다른 하나의 범주는 자연히 실패로 표시된다. 그러나 사회 계층, 국적, 종교 등과 같은 다분변인들(multichotomous variables)일 경우에는 연구자가 관심을 두고 있는 특정한 범주는 성공으로 표시되고, 나머지 범주들은 모두 합쳐서 실패로 표시한다. 그래서 연구자는 단일 모집단의 전체 사례(N) 중에서 성공 범주에 해당되는 사례(X)의 모비율(π)에 관심을 가질 수 있다.

$$\pi = \frac{f}{N}$$ ……(16.1)

여기서, f =모집단에서 관심하의 범주에 속하는 사례의 수

- 지난 한 달 동안 생산 라인 A에서 제작된 제품의 불량률은 어느 정도인가?
- A 제품의 재구매 의사를 가진 소비자의 비율은 어느 정도인가?
- 고등학교 재학생들의 흡연율은 어느 정도인가?

연구자는 모집단에 있어서 주어진 변인의 특정 범주의 비율에 관심을 가지고 있으나 대부분의 경우 시간과 비용 문제로 인해 모집단을 대상으로 관심하의 범주비율을 직접 계산할 수 없다. 그래서 모집단으로부터 무선적으로 표집된 표본 자료(n)에서 파악된 관심하의 범주에 속하는 사례의 수(f)의 비율인 표본비율(p)로부터 표집의 오차를 고려하여 확률적으로 모집단 비율(π)을 추론할 수밖에 없다.

$$p = \frac{f}{n}$$ ……(16.2)

여기서, f =표본에서 관심하의 범주에 속하는 사례의 수

표본평균과 마찬가지로, 표본비율로부터 모비율을 확률적으로 추론하기 위해서는 반드시 표본비율 p의 표집분포(sampling distribution of sample proportions)를 이용해야 하기 때문에 표본비율의 표집분포에 대해 알아보도록 하겠다.

2 표본비율 p의 표집분포

표본비율 p는 표본평균과 마찬가지로 표집오차 때문에 표본에 따라 변하는 확률변수이다. 따라서 표본으로부터 계산된 표본비율(p)로부터 모집단의 모비율(π)을 추론하기 위해서는 모평균의 추론에서 표본평균의 표집분포를 이용한 것과 같이 이론적 확률 실험(중심극한정리)을 통해 개발된 표본비율의 표집분포를 이용해야 한다. 이론적 확률분포인 표본비율의 표집분포를 이용하기 위해서 표본비율의 표집분포의 평균과 표준오차를 알아야 한다.

모집단으로부터 무선표집된 표본(n) ($X_1, X_2, X_3 \cdots\cdots X_n$)을 대상으로 범주변인을 관찰한 다음 각 관찰 결과에서,

연구자 관심을 가지는 특정한 범주에 속할 경우: $X_i = 1$

연구자가 관심을 가지는 특정한 범주에 속하지 않을 경우: $X_i = 0$

여기서, $i = 1, 2, 3 \cdots\cdots n$

라고 하면, 표본평균은 다음과 같은 공식에 의해 계산하여 얻을 수 있다.

$$\overline{X} = \frac{1}{n}\sum_{i}^{n}X_i$$

$$\sum_{i}^{n}X_i = f \text{이므로}$$

$$= \frac{f}{n}$$

$$= p$$

결국 표본비율(p)은 표본평균($\overline{X}$)과 같음을 알 수 있다. 즉, 비율은 평균의 특수한 경우에 해당되기 때문에 표본비율도 표본평균의 성질을 그대로 가진다. 따라서 표본비율의 표집분포의 평균(μ_p)은 모비율(π)과 같다.

$$\mu_p = \pi$$

그러나 표본비율의 표집분포의 표준오차 σ_p는 모집단 크기(N)와 표본 크기(n) 간의 비율에 따라 두 가지 경우로 나뉜다.

$$n/N < .05 이면, \sigma_p = \sqrt{\frac{\pi(1-\pi)}{n}} \qquad \cdots\cdots(16.3)$$

$$n/N > .05 이면, \sigma_p = \sqrt{\frac{\pi(1-\pi)}{n}} \sqrt{\frac{N-n}{N-1}} \qquad \cdots\cdots(16.4)$$

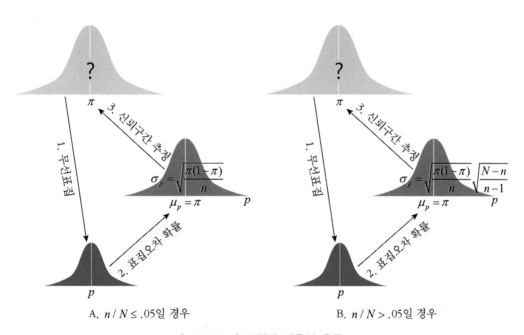

[그림 16-2] 모집단 비율의 추론

표본비율의 표준오차는 표본평균과 마찬가지로 표본의 크기가 커지면 표본비율의 표준오차도 점점 작아지면서 결국 0에 수렴하게 되는 일치성을 가진 모수추정량이다. 표본비율의 표집분포는 제8장의 이항분포에서 설명한 바와 같이, 중심극한정리에 의해 표본의 크기 n이 커질수록 표본비율의 표집분포의 모양은 모집단분포와 관계없이 다음과 같은 평균과 표준오차를 지닌 근사적 정규분포를 따른다.

$$\mu_p = \pi, \; \sigma_p = \sqrt{\frac{\pi(1-\pi)}{n}}$$

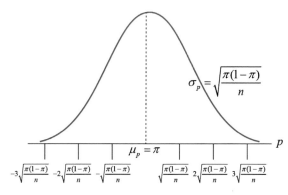

[그림 16-3] 표본비율(p)의 표집분포

3 모비율의 추정 절차 및 방법

모비율에 대한 아무런 정보가 없을 경우, 표본에서 계산된 표본비율 p로부터 표본비율의 표집분포를 이용하여 모비율을 확률적으로 추정해야 한다. 이를 위해 표집분포의 표준오차를 계산해야 한다. 연구자가 모비율을 추정하려고 할 경우에는 모비율 π를 모르기 때문이다. 그래서 모비율 π를 추정하려는 연구상황의 경우, 실제로 π와 $1-\pi$를 알 수 없기 때문에 표본비율의 표집분포의 표준오차를 직접 계산할 수 없다.

$$SE = \sigma_p = \sqrt{\frac{\pi(1-\pi)}{n}} \qquad \cdots\cdots(16.5)$$

그래서 표본 자료로부터 계산된 $p, 1-p$ 값을 이용하여 다음과 같이 σ_p 대신 S_p을 계산해야 한다.

$$SE = S_p = \sqrt{\frac{p(1-p)}{n}} \qquad \cdots\cdots(16.6)$$

그리고 표본비율의 표집분포가 근사적으로 정규분포를 이루기 위해서는 이항분포가 정규분포를 이루기 위한 다음 조건을 만족해야 한다.

$$n\pi > 5, n(1-\pi) > 5$$

만약 $n\pi > 5$, $n(1-\pi) > 5$의 조건을 만족하면, 표본을 대표본으로 보고 단위정규확률분포인 Z분포를 표집분포로 사용한다. 그러나 모비율을 추정하는 경우에는 앞에서 언급한 바와 같이 모집단에서의 π와 $1-\pi$를 모르는 상황이기 때문에 $n\pi > 5$, $n(1-\pi) > 5$ 대신 표본에서 계산된 p와 $1-p$를 이용하여 $np, n(1-p) > 5$의 조건을 충족하는지 확인해야 한다.

단계 1 표본비율 p 계산

모집단으로부터 무선적으로 표집된 표본 자료(n)에서 파악된 관심하의 범주에 속하는 사례의 수(f)의 비율인 표본비율(p)을 계산한다.

$$p = \frac{f}{n}$$

단계 2 표본비율의 표집분포의 표준오차 계산

중심극한정리에 따라 표본비율의 표집분포의 표준오차를 다음과 같이 계산한다.

$$SE = \sqrt{\frac{p(1-p)}{n}}$$

단계 3 모비율 π의 구간 추정을 위해 사용할 신뢰수준(%) 결정

연구자의 연구목적에 따라 90%, 95%, 99% 중에서 적합한 신뢰수준을 선택한다.

단계 4 신뢰계수(CC) 파악

설정된 신뢰수준을 신뢰계수(CC)로 변환한다.

$$90\% = .90, 95\% = .95, 99\% = .99$$

단계 5 신뢰구간 추정치를 파악하기 위해 필요한 α값 파악

.90 CI일 경우	.95 CI일 경우	.99 CI일 경우
$\alpha = 1 - .90 = .05$	$\alpha = 1 - .95 = .025$	$\alpha = 1 - .99 = .005$

단계 6 신뢰구간 추정량의 하한계와 상한계에 해당되는 $\alpha/2$ 값 계산

.90 CI일 경우	.95 CI일 경우	.99 CI일 경우
$\alpha/2 = .10/2 = .05$	$\alpha/2 = .05/2 = .025$	$\alpha/2 = .01/2 = .005$

단계 7 표집분포인 Z분포에서 $Z_{\alpha/2}$값 파악

.90 CI일 경우	.95 CI일 경우	.99 CI일 경우
$Z_{.05} = 1.645$	$Z_{.025} = 1.96$	$Z_{.005} = 2.53$

단계 8 모비율 π에 대한 신뢰구간 추정량 계산

.90 CI일 경우	.95 CI일 경우	.99 CI일 경우
$p \pm Z_{.05} * SE$	$p \pm Z_{.025} * SE$	$p \pm Z_{.005} * SE$

단계 9 모비율 π에 대한 신뢰구간 추정량 해석

추정된 구간이 모비율 π를 포함하는 구간일 확률이 90%, 95%, 99%라고 해석한다.

예제 **16-1**

고급통계학 특강에 참가한 수강생들 중 10명을 표집하여 기초통계학 코스 수강 여부를 조사한 결과, 다음과 같이 나타났다. π를 기초통계학을 수강한 학생의 비율이라 할 경우,

수강생	수강 여부
A	○
B	×
C	×
D	○
E	×
F	○
G	×
H	○
I	×

1. 만약 10명 중 5명을 표집할 경우, 모비율 π의 추정치인 표본비율 p의 표집분포의 평균 μ_p과 표준오차 σ_p를 구하시오.
2. 표본비율 p의 표집분포의 정규분포 여부를 판단하시오.

4   모비율 추정을 위한 표본 크기의 결정

앞에서 모평균을 추정하기 위한 표본의 크기를 결정하기 위한 방법을 설명하면서 표본의 크기는 연구자가 연구의 성격을 고려하여 설정한 표집오차(E)의 허용 정도와 신뢰수준에 의해 결정된다고 했다. 모평균과 마찬가지로, 모비율의 추정을 위한 적절한 표본 크기도 연구자가 설정한 표집오차 허용 정도와 신뢰수준 정도에 의해 결정된다. 표본오차의 크기는 $SE = \sigma_p = \sqrt{\pi(1-\pi)/n}$ 이기 때문에 전적으로 표본의 크기에 달려 있음을 알 수 있다. 일반적으로 생각할 때, 모집단이 클수록 정확하게 모비율을 추정하기 위해 요구되는 표본의 크기도 더 커야 될 것으로 생각할 수 있다. 그러나 모비율 π의 추정치로서 표본비율 추정치 p의 정확성은 실제 모집단의 크기 또는 모집단 크기에 대한 표본 크기의 비율과 관계없이 표본의 절대적 크기에 의해 결정됨을 알 수 있다. 모비율의 신뢰구간 추정량은,

$$p \pm Z_{\alpha/2} \sqrt{\frac{p(1-p)}{n}} \qquad \cdots\cdots(16.7)$$

이기 때문에 모비율 π를 추정하기 위한 신뢰구간의 범위는,

$$\pm Z_{\alpha/2} \sqrt{\frac{p(1-p)}{n}}$$

에 의해 결정될 것이다. 그래서 연구자가 연구의 성격과 연구목적을 고려하여 자신이 원하는 모비율 π를 $p \pm E$ 이내로 추정하길 원할 경우,

$$E = Z_{\alpha/2} \sqrt{\frac{p(1-p)}{n}} \qquad \cdots\cdots(16.8)$$

의 조건을 만족하는 n을 구하면 된다. 앞의 식을 n에 대해 정리하면 다음과 같은 모비율 추정을 위한 표본 크기 결정 공식을 얻을 수 있다.

$$n = \left(\frac{Z_{\alpha/2} \sqrt{p(1-p)}}{E} \right)^2 \qquad \cdots\cdots(16.9)$$

만약 한 연구자가 어떤 정책에 대한 국민들의 찬성 비율을 95% 신뢰수준에서 표집오차를 ±.03 이내로 추정하기를 원한다고 가정하자. 지금 우리가 원하는 것은 표본 추출이 이루어지기 전에 적절한 표본 크기를 구하는 것이다. 따라서 표본 크기 결정 공식에서 $Z_{.025} = 1.96$, $E = ±.03$의 값은 알 수 있으나 아직 표본이 추출되기 전이기 때문에 표본비율 p를 알 수 없다. 그래서 이러한 경우, n값을 구하기 위해 대체로 두 가지 방법이 사용된다.

첫째, 표본비율 p에 대한 어떤 추측도 불가능할 경우 대개 $p = .05$를 사용한다. 왜냐하면 $p = .5$일 때 $p(1-p)$의 값이 최대가 되기 때문이다. 즉, $p(1-p)$값이 최대가 된다는 것은 $p = .5$를 대입하여 구해진 n에 해당되는 표집을 할 경우 추정될 신뢰구간이 $p±.03$보다 더 넓게 구해지지 않는다는 것을 의미한다. 그래서 나중에 실제로 구해진 표본이 추출되어 p를 계산한 결과, $p ≠ .5$이면 신뢰구간 추정치는 연구자가 처음에 계획했던 것보다 더 좁게 얻어질 것이다.

$$n = \left(\frac{Z_{\alpha/2} \sqrt{p(1-p)}}{E} \right)^2$$
$$= \left(\frac{1.95 \sqrt{.5(1-.5)}}{.03} \right)^2$$
$$= 1,068$$

둘째, 만약 p에 대한 확실한 정보는 모르지만 이런 저런 정황에 비추어 짐작이 가능할 경우 유추된 p를 사용하여 n을 구할 수도 있다. 예컨대, $p = .30$으로 유추될 경우,

$$n = \left(\frac{Z_{\alpha/2} \sqrt{p(1-p)}}{E} \right)^2$$
$$= \left(\frac{1.96 \sqrt{.3(1-.3)}}{.03} \right)^2$$
$$\approx 896.$$

앞에서 언급한 바와 같이, $p = .5$일 때 $p(1-p)$의 값이 최대가 되기 때문에 이 방법을 사용하여 추정된 n은 항상 첫 번째 방법보다 작은 값으로 구해진다. 실제 표본 자료에서 계산된 p가 .3~.7 사이에 있을 경우 실제로 구간은 연구자가 바라는 구간보다 더 넓게 얻어진다. 모집단 비율을 추정하는 대부분의 연구에서 신뢰수준을 95%, 표집오차를 3% 이내로 하여 모비율을 추정한다. 표집오차 비율을 $E = ±.03\%$가 아닌 $E = ±.01$로 설정할 경우, 필요

한 표본 크기는 다음과 같다.

$$n = \left(\frac{Z_{\alpha/2}\sqrt{p(1-p)}}{E} \right)^2$$

$$= \left(\frac{1.96\sqrt{.5(1-.5)}}{.01} \right)^2$$

$$= 9,604$$

표집오차가 .03 대신 .01로 설정될 경우, 모비율을 추정하기 위해 필요한 표집 크기는 무려 9배 정도가 된다. 즉, 신뢰구간의 넓이가 1/3로 줄어든 대신 표본 크기는 9배를 증가시켜야 하기 때문에 얻어진 구간 추정치의 정확성을 3배 증가시킴으로써 얻을 수 있는 이익과 표본을 9배 이상 증가시킴으로써 지불되는 비용을 고려할 때 현명한 선택은 아닐 것이다. 반대로, 표집오차를 .05 또는 .10으로 증가시킬 경우 필요한 표집 크기는 385 또는 97로 감소하여 표집을 위한 비용은 절감할 수 있으나 얻어지는 신뢰구간 추정치가 너무 넓어서 효용성이 없어지게 된다. 그래서 이러한 비용과 정확성을 동시에 고려할 때 표집오차의 크기를 .03으로 하는 것이 합리적이기 때문에 대부분의 실제 표본조사 연구에서 모비율 추정을 위한 표집오차의 크기를 ±.03으로 가장 많이 설정하여 사용하고 있다.

예제 16-2

K 자동차 보험 회사 관계자는 현재 가입 중인 고객들을 대상으로 재가입 의도를 가진 고객들의 비율(π)을 95%신뢰수준에서 표준오차=±.03 이내로 추정하기를 원한다. 이 경우에 필요한 표본의 크기를 결정하시오.

5 단일 모집단 모비율에 대한 가설검정 절차 및 방법

앞에서 모집단 비율(π)에 대한 아무런 정보가 없을 경우, 표본비율(p)과 표본비율의 표집분포를 이용하여 모비율을 구간 추정하는 절차와 방법에 대해 설명했다. 그러나 경우에 따라 경험적 근거나 이론적 추측을 통해 모집단 비율이 어떤 값을 가질 것인지에 대한 기대를 하거나 또는 이런저런 현실적 이유로 모비율이 어떤 값을 가져야만 할 경우, 연구자는 과연 모집단에서 주어진 범주변인의 특정 범주의 비율이 가설적으로 설정된 비율값을 가지는 것으로 판단할 수 있는지를 자신의 표본 자료에서 계산된 표본비율값과 이론적 확률분포인 표본비율의 표집분포를 이용하여 통계적으로 검정해야 한다.

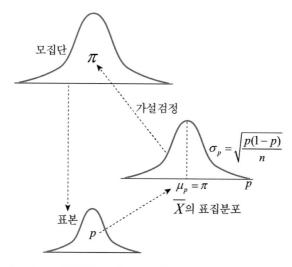

[그림 16-4] 단일 모집단 모비율에 대한 가설검정 절차

단계 1 연구문제 진술

단일 모집단 모비율에 대한 연구문제는 단일 모집단 모평균의 경우와 마찬가지로 세 가지 중에서 어느 하나의 내용으로 선정된다. 첫째, 예컨대 A 지역 총선에 출마한 여성 후보자가 자신의 공약이 맞벌이 부부들의 자녀들을 위한 보육과 관련된 공약이 많기 때문에 유권자들 중, 특히 30~40대 젊은 층의 투표 참여가 당락을 결정하는 대단히 중요한 요인이 될 것으로 판단했다. 그래서 유세 기간 중 30~40대 젊은 층 유권자들을 대상으로 공약 내용을 알리는 홍보 활동에 집중하기로 하였다고 가정하자. 이 경우, 연구자로서 후보자는 유세 활동을 하기 전에 과연 올해 30~40대 젊은 층들이 투표에 참여하려는 비율이 실제 지난 총선 시 참여 비율(45%)과 차이가 있을 것인가에 관심을 가질 수도 있을 것이다. 이와 같이 모집단에서 연구자가 관심을 두고 있는 어떤 범주변인의 특정 범주의 비율이 가설적으로 설정된 비율과 같을(다를) 것인가에 대한 연구문제를 제기할 수도 있을 것이다. 즉, 연구문제를 "30~40대 젊은 층의 유권자들의 참여 비율은 50%일 것인가?"와 같이 진술할 수 있다.

둘째, 앞의 후보자는 30일 동안의 선거 유세를 통해 젊은 층을 대상으로 자신의 공약을 집중적으로 홍보하면서 유권자들로부터 긍정적인 반응을 확인할 수 있었다고 가정하자. 그리고 만약 젊은 층의 유권자들의 투표 참여율이 50% 이상만 되면 당선 가능이 있기 때문에 투표 3일 전에 다시 여론조사 기관에 의뢰하여 투표에 참여하겠다는 의사를 표명하는 30～40대 젊은 층의 유권자들의 비율이 50% 이상 높을 것인지를 알아보기로 하였다고 가정하자. 이와 같이 모집단에서 연구자가 관심을 두고 있는 어떤 범주변인의 특정 범주의 비율이 가설적으로 설정된 비율보다 높을 것인가에 대한 연구문제를 제기할 수도 있을 것이다. 즉, 연구문제를 "30～40대 젊은 층의 유권자들의 참여 비율이 50% 이상 될 것인가?"와 같이 진술할 수 있다.

셋째, 앞의 경우와는 반대로 투표에 참여하겠다는 의사를 표명하는 30～40대 젊은 층의 유권자들의 비율이 50% 이하가 될 것인지를 알아보기로 하였다고 가정하자. 이와 같이 모집단에서 연구자가 관심을 두고 있는 어떤 범주변인의 특정 범주의 비율이 가설적으로 설정된 비율보다 낮을 것인가에 대한 연구문제를 제기할 수도 있을 것이다. 즉, 연구문제를 "30～40대 젊은 층의 유권자들의 참여 비율이 50% 이하가 될 것인가?"와 같이 진술할 수 있다.

단계 2 연구가설 설정

일단 모비율에 대한 연구문제가 명확히 진술되면, 진술된 연구문제를 서술문 형식으로 변환하여 연구자가 가설검정을 통해 확인하고자 하는 연구가설을 얻을 수 있다.

첫째, 연구문제가 모비율 π가 π_{hypo}와 차이가 있는가?"의 형태로 제기될 경우, 연구자는 "모비율 π가 π_{hypo}와 차이가 있을 것이다." 또는 "모비율 π가 π_{hypo}와 차이가 있지 않을 것이다." 중에서 이론과 선행연구결과로부터 가장 지지를 많이 받는 가설이 연구자의 연구가설로 설정될 것이다.

둘째, 연구문제가 "모비율 π가 π_{hypo}보다 큰가?"의 형태로 제기될 경우, 연구자는 "모비율 π가 π_{hypo}보다 클 것이다." 또는 "모비율 π가 π_{hypo}보다 크지 않을 것이다." 가설 중에서 이론과 선행연구결과로부터 가장 지지를 많이 받는 가설이 연구자의 연구가설로 설정될 것이다.

셋째, 연구문제가 "모비율 π가 π_{hypo}보다 작은가?"의 형태로 제기될 경우, 연구자는 "모비율 π가 π_{hypo}보다 작을 것이다." 또는 "모비율 π가 π_{hypo}보다 작지 않을 것이다." 가설 중에서 이론과 선행연구결과로부터 가장 지지를 많이 받는 가설이 연구자의 연구가설로 설정될 것이다.

단계 3 **통계적 가설 설정**

연구가설이 설정되면, 연구가설의 형태에 따라 연구자는 설정된 연구가설의 진위 여부를 통계적으로 검정하기 위해 다음과 같이 영가설과 대립가설로 이루어진 통계적 가설을 설정한다.

등가설일 경우	$\pi_{hypo} = .30$일 경우
$H_0 : \pi = \pi_{hypo}$	$H_0 : \pi = .30$
$H_A : \pi \neq \pi_{hypo}$	$H_A : \pi \neq .30$

부등가설일 경우	$\pi_{hypo} = .30$일 경우
$H_0 : \pi \leq \pi_{hypo}$	$H_0 : \pi \leq .30$
$H_A : \pi > \pi_{hypo}$	$H_A : \pi > .30$
$H_0 : \pi \geq \pi_{hypo}$	$H_0 : \pi \geq .30$
$H_A : \pi < \pi_{hypo}$	$H_A : \pi < .30$

단계 4 **표본비율 p 계산**

$$p = \frac{f}{n}$$

예컨대, $n = 1,000$을 대상으로 한 표본조사에서 $f = 450$일 경우 $p = .45$가 된다.

단계 5 **표본비율의 표집분포의 표준오차 계산**

$$SE = \sigma_p = \sqrt{\frac{\pi_{hypo}(1 - \pi_{hypo})}{n}}$$

예컨대, $\pi_{hypo} = .45$로 설정된 연구에서 $n = 1,000$을 대상으로 표본조사를 실시할 경우, 표본비율 p의 표집분포의 표준오차 σ_p는 다음과 같이 계산된다.

$$\sigma_p = \sqrt{\frac{.45(1 - .45)}{1000}} = 0.015$$

단계 6 **검정통계량 Z 계산**

$$Z = \frac{p - \pi_{hypo}}{\sigma_p}$$

$$= \frac{p - \pi_{hypo}}{\sqrt{\dfrac{\pi_{hypo}(1 - \pi_{hypo})}{n}}}$$

예컨대, $\pi_{hypo} = .45$로 설정된 연구에서 $n = 1,000$을 대상으로 표본조사를 한 결과 $p = .47$로 얻어진 경우 검정통계량 Z는 다음과 같이 계산된다.

$$Z = \frac{p - \pi_{hypo}}{\sigma_p}$$

$$= \frac{p - \pi_{hypo}}{\sqrt{\dfrac{\pi_{hypo}(1 - \pi_{hypo})}{n}}}$$

$$= \frac{.47 - .45}{\sqrt{\dfrac{.45(1 - .45)}{1000}}}$$

$$= 1.27$$

단계 7 통계 검정을 위한 유의수준 α 설정

연구의 성격, 통계적 검정력 등을 고려하여 적절한 유의수준을 설정한다. 그리고 설정된 유의수준은 통계적 가설의 형태에 따라 다음과 같이 조정된다.

등가설일 경우	부등가설일 경우
α로 설정한다.	$\alpha/2$로 설정한다.
$\alpha = .05, .01, .001$	$\alpha = .025, .005, .0005$

차후의 가설검정을 위한 구체적인 절차는 가설검정을 위해 ① 기각역 방법과 ② p값 방법 중 어떤 방법을 사용할 것인가에 따라 달라진다.

● 기각역 방법을 사용할 경우 ●

단계 8 임계치 파악과 기각역 설정

기각역은 통계적 가설의 형태에 따라 양측 검정과 단측 검정으로 구별된다.

• 등가설: $H_0 : \pi = \pi_{hypo}$, $H_A : \pi \neq \pi_{hypo}$ 일 때,

$\alpha/2$에 해당되는 임계치 $Z_{\alpha/2}$, 검정통계치 $|Z| \leq Z_{\alpha/2}$

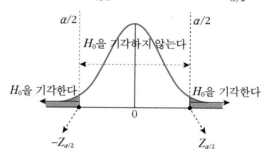

• 부등가설: α에 해당되는 임계치 Z_α

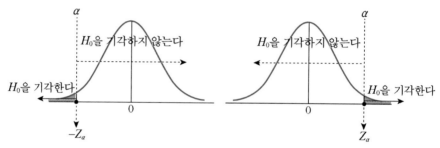

$H_A : \pi < \pi_{hypo}$ 일 때, 통계치 $Z \leq - Z_\alpha$ $\quad$ $H_A : \pi > \pi_{hypo}$ 일 때, 통계치 $Z \geq Z_\alpha$

단계 9 통계적 유의성 검정

• 등가설: $H_0 : \pi = \pi_{hypo}$, $H_A : \pi \neq \pi_{hypo}$

검정통계치 $|Z| \geq Z_{\alpha/2}$이면,

영가설을 기각하고 대립가설을 채택한다.

검정통계치 $|Z| < Z_{\alpha/2}$이면,

영가설을 기각하지 않는다.

• 부등가설: $H_0 : \pi \leq \pi_{hypo}$, $H_A : \pi > \pi_{hypo}$

검정통계치 $Z \geq Z_\alpha$이면,

영가설을 기각하고 대립가설을 채택한다.

검정통계치 $Z < Z_\alpha$이면, 영가설을 기각하지 않는다.

- 부등가설: $H_0 : \pi \geq \pi_{hypo}$, $H_A : \pi < \pi_{hypo}$

  검정통계치 $Z \leq Z_\alpha$이면,

  영가설을 기각하고 대립가설을 채택한다.

  검정통계치 $Z > -Z_\alpha$이면, 영가설을 기각하지 않는다.

● p값 방법을 사용할 경우 ●

단계 8 표집분포에서 검정통계치 Z에 해당되는 **확률값 p** 파악

검정통계치 Z에 해당되는 p값 파악

단계 9 통계적 유의성 검정

- 부등가설의 경우

  $p \leq \alpha$이면, 영가설을 기각하고 대립가설을 채택한다.

  $p > \alpha$이면, 영가설을 기각하지 않는다.

- 등가설의 경우

  $p \leq \alpha/2$이면, 영가설을 기각하고 대립가설을 채택한다.

  $p > \alpha/2$이면, 영가설을 기각하지 않는다.

단계 10 통계적 검정 결과 해석

통계적 검정에서 영가설 H_o의 기각 여부에 따라 대립가설 H_A의 채택 여부를 기술하고 그 의미를 해석한다.

SPSS를 이용한 모비율의 가설검정

1. ① <u>A</u>nalyze → ② <u>N</u>onparametric Tests → ③ <u>L</u>egacy Diologs → ④ <u>B</u>inomial… 순으로 클릭한다.

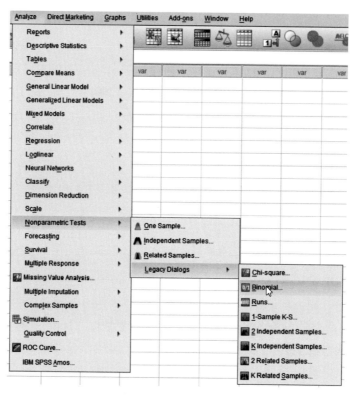

2. ⑤ Binomial Test 명령어창에서 해당 범주변인을 ⑥ <u>T</u>est variable List 영역으로 이동시킨다. 그리고 ⑦ T<u>e</u>st Proportion란에 연구가설에서 설정된 비율을 입력하고 ⑧ OK를 클릭한다.

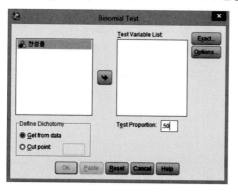
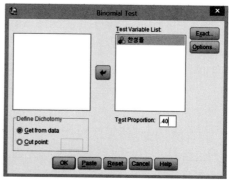

산출 결과

Descriptive Statistics

	N	Mean	Std.Deviation	Minimum	Maximum
찬성률	100	.4300	.49757	.00	1.00

Binomial Test

		Category	N	Observed Prop.	Test Prop.	Exact Sig. (1-tailed)
찬성률	Group 1	1.00	43	.4	.4	.303
	Group 2	.00	57	.6		
	Total		100	1.0		

앞의 산출 결과에서 볼 수 있는 바와 같이, 표본에서 찬성률 관찰 비율이 $p = .43$로 나타났다. 그리고 $n = 100$인 경우 모집단 비율 $\pi_0 = .40$인 모집단에서 표집오차에 의해 $p = .43$을 얻을 확률이 .303으로 나타났다. 따라서 실제로 표본에서 관찰된 관찰 비율 $p = .43$이 설정된 모집단 비율 $\pi = .40$과 유의하게 차이가 없는 것으로 나타났다.

예제 16-3

A 당은 대선을 앞두고 20~30대 연령층의 투표 참여율이 예년보다 높을 것인지를 알아보기 위해 무작위로 추출된 20~30대 유권자 100명을 대상으로 투표 참여 여부를 조사한 결과, 투표에 참여하겠다는 비율이 .43으로 나타났다. 지난 여러 차례의 대선에서 투표에 참여한 20~30대의 비율은 평균 .40으로 알려져 있다. A 당은 만약 20~30대 젊은 층의 투표 참여율이 예년보다 높게 나온다면 선거에서 승리할 수 있을 것으로 판단하고 있다. 조사된 대선 투표 참여율을 고려할 때 A 당은 대선에서 승리할 것으로 판단할 수 있겠는지 기각역 방법을 사용하여 유의수준 .05에서 통계적 검정을 실시하시오.

---

6 두 모집단 간 모비율 차이에 대한 추론

앞에서 단일 모집단에 있어서 관심하의 범주변인의 특정한 범주의 비율에 대한 추론 절차와 방법에 대해 다루었다. 이 장에서는 관심하의 범주변인의 특정한 범주의 비율에 있어서 두 모집단 간 차이의 추론(추정과 가설검정)에 대해 알아보고자 한다.

두 모집단 간 비율의 차이에 대한 추론은 두 모집단의 관계가 독립적인 경우와 의존적인 경우로 나뉜다. 예컨대, 동일한 제품을 생산하는 두 생산 라인의 제품 불량률을 비교한다거나 또는 특정 정당의 지지율에 있어서 두 지역(서울과 지방) 간에 차이가 있는지 알고 싶을 경우는 독립적인 두 집단 간 모비율의 추론 절차를 따르게 된다. 반면, 금연 홍보용 영화를 시청하기 전후에 금연 찬성 비율의 차이에 관심을 가질 경우는 의존적 두 집단 간 비율의 차이를 추론하는 절차를 따르게 된다.

- 흡연 비율에 있어서 남자 대학생 집단과 여자 대학생 집단 간의 차이(독립)
- 이직 의도 비율에 있어서 사립학교 교사와 공립학교 교사 집단 간의 차이(독립)
- 금연 프로그램 참여 전후에 금연에 대한 찬성 비율의 차이(의존)

이와 같이 두 모집단 간 비율 차이를 추정하거나 비율의 차이에 대한 가설을 검정하고자 할 경우, 다른 모든 통계적 추론에서와 같이 두 표본비율 차의 표집분포를 알아야 한다.

1) 두 독립표본 간 비율 차이의 표집분포

두 표본비율 차의 표집분포가 어떤 성질의 확률분포를 가지는지 알아보기 위해 비율이 각각 π_1, π_2인 모집단 1과 모집단 2의 두 개의 모집단 자료가 있다고 가정하자. 모집단 1로부터 표집 크기 n_1인 표본과 모집단 2로부터 표본 크기 n_2인 표본을 각각 무선적으로 표집한 다음, 각 표본으로부터 성공 횟수 f_1과 f_2를 각각 파악한다. 그리고 각 집단별 범주의 비율을 각각 계산한다.

$$p_1 = \frac{f_1}{n_1}$$

$$p_2 = \frac{f_2}{n_2}$$

그리고 두 표본비율 간의 차이 $p_1 - p_2$를 계산한다. 표본을 모집단으로 다시 복원시킨 다음 다시 동일한 절차에 따라 두 표본비율 차를 계산한다. 이러한 절차를 무한히 반복하면 반복된 수 만큼의 두 표본비율 차이값을 얻을 것이고 이들 표본비율의 차이값들은 불편향성 추정치이기 때문에 $E(p_1 - p_2) = \pi_1 - \pi_2$가 된다. 따라서 두 표본비율 차의 표집분포는 다음과 같은 평균과 표준편차를 지닌 확률분포로 나타날 것이다.

$$\mu_{p_1 - p_2} = \pi_1 - \pi_2$$

$$\sigma_{p_1 - p_2} = \sqrt{\frac{\pi_1(1 - \pi_1)}{n_1} + \frac{\pi_2(1 - \pi_2)}{n_2}} \qquad \cdots\cdots(16.10)$$

만약 표본 크기가 $n_1\pi_1$, $n_1(1 - \pi_1)$, $n_2\pi_2$, $n_2(1 - \pi_2)$가 모두 5 이상이 될 만큼 충분히 크다면, 두 표본비율 차이값들은 근사적으로 정규분포를 따른다. 모집단 비율 차를 추정할 경우, 모집단 비율 π_1, π_2에 대한 정보가 없기 때문에 연구자는 π_1, π_2 대신 표본에서 계산된 비율 p_1, p_2을 이용하여 n_1p_1, $n_1(1 - p_1)$, n_2p_2, $n_2(1 - p_2)$가 모두 5 이상이 되는지 확인해야 한다.

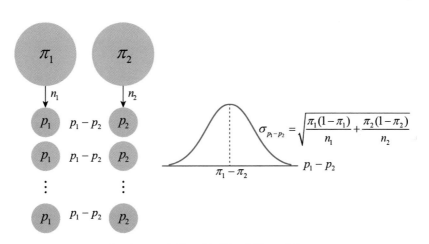

[그림 16-5] 두 표본비율 차의 표집분포

2) 두 독립 모집단 간 비율 차이의 추정 절차

일단 두 표본비율 차이의 표집분포가 파악되면, 두 모집단 비율에 대한 아무런 정보가 없을 경우 두 표본비율 차이의 표집분포를 이용하여 두 표본에서 계산된 표본비율 차이로부터 두 모집단 비율 차이를 다음과 같은 절차에 따라 확률적으로 추정할 수 있다.

단계 1 두 표본비율 차이의 계산

$p_1 = \dfrac{f_1}{n_1}$, $p_2 = \dfrac{f_2}{n_2}$ 라 할 때,

두 표본 간 비율 차이 = $p_1 - p_2$

단계 2 두 표본비율 차의 표집분포의 표준오차 계산

두 모집단 π_1과 π_2를 알 수 있을 경우, 다음과 같이 표집분포의 표준오차를 계산한다.

$$\sigma_{p_1 - p_2} = \sqrt{\frac{\pi_1(1-\pi_1)}{n_1} + \frac{\pi_2(1-\pi_2)}{n_2}}$$

두 모집단 비율 π_1과 π_2를 알 수 없을 경우, 표본비율 p_1과 p_2를 이용하여 다음과 같이 표집분포의 표준오차 $S_{p_1 - p_2}$를 계산한다.

$$S_{p_1 - p_2} = \sqrt{\frac{p_1(1-p_1)}{n_1} + \frac{p_2(1-p_2)}{n_2}}$$

단계 3 구간 추정을 위해 사용할 신뢰수준(%)을 결정

연구목적을 고려하여 90%, 95%, 99% 중에서 선택한다.

단계 4 신뢰계수(CC) 파악

설정된 신뢰수준을 신뢰계수(CC)로 변환한다.

90% = .90, 95% = .95, 99% = .99

단계 5 신뢰구간 추정치를 파악하기 위해 필요한 α값 파악

.90 CI일 경우	.95 CI일 경우	.99 CI일 경우
$\alpha = 1 - .90 = .05$	$\alpha = 1 - .95 = .025$	$\alpha = 1 - .99 = .005$

단계 6 신뢰구간 추정량의 하한계와 상한계에 해당되는 $\alpha/2$값 계산

.90 CI일 경우	.95 CI일 경우	.99 CI일 경우
$\alpha/2 = .10/2 = .05$	$\alpha/2 = .05/2 = .025$	$\alpha/2 = .01/2 = .005$

단계 7 표집분포인 Z분포에서 $Z_{\alpha/2}$값 파악

.90 CI일 경우	.95 CI일 경우	.99 CI일 경우
$Z_{.05} = 1.645$	$Z_{.025} = 1.96$	$Z_{.005} = 2.53$

단계 8 모비율 차 $\pi_1 - \pi_2$에 대한 신뢰구간 추정량 계산

• .90 CI일 경우

$$(p_1 - p_2) \pm 1.645 \sqrt{\frac{p_1(1-p_1)}{n_1} + \frac{p_2(1-p_2)}{n_2}}$$

• .95 CI일 경우

$$(p_1 - p_2) \pm 1.96 \sqrt{\frac{p_1(1-p_1)}{n_1} + \frac{p_2(1-p_2)}{n_2}}$$

• .99 CI일 경우

$$(p_1 - p_2) \pm 2.53 \sqrt{\frac{p_1(1-p_1)}{n_1} + \frac{p_2(1-p_2)}{n_2}}$$

단계 9 모비율 차 $\pi_1 - \pi_2$에 대한 신뢰구간 추정량 해석

두 표본비율 간 차이를 중심으로 설정된 구간 범위가 두 모집단 간 비율 차이값을 포함하는 구간일 확률이 90%, 95%, 99%라고 기술한다.

예제 16-4

아동용 완구업체의 관계자는 새로 개발한 완구의 색상을 시력에 좋은 초록색으로 하기로 하였다. 그리고 초록색에 대한 선호 비율에 있어서 남녀 아동 간에 어느 정도의 차이가 있는지 알아보고자 한다. 이를 위해 남녀 아동 집단으로부터 무작위로 각각 100명을 표집한 다음 각 집단별 선호 비율을 계산한 결과, $p_{남} = .65$, $p_{여} = .59$로 나타났다. 완구의 색상으로 초록색에 대한 선호에 있어서 남녀 아동 간에 어느 정도의 차이가 있는지 95% 신뢰수준에서 구간 추정하시오.

3) 두 독립적 모집단 간 비율의 차이에 대한 가설검정 절차

앞에서 두 모집단 비율 π_1, π_2에 대한 아무런 정보가 없을 경우, 통계치인 두 표본비율 간 차이$(p_1 - p_2)$와 두 표본비율 간 차이의 표집분포를 이용하여 모비율 차이$(\pi_1 - \pi_2)$를 확률적으로 추정하는 절차와 방법에 대해 설명했다. 그러나 경우에 따라 경험적 근거나 이론적 추측을 통해 두 모집단 비율이 어떤 값을 가질 것인지 또는 두 모집단 간에 어느 정도의 비율 차이를 가질 것인지에 대한 기대를 할 수 있거나 또는 이런저런 현실적 이유로 두 모집단 간에 비율의 차이가 어떤 값을 가져야만 할 경우, 연구자는 과연 두 모집단이 가설적으로 설정된 비율 차이를 가지는 것으로 판단할 수 있는지를 두 표본비율 차이와 두 표본비율 차이의 표집분포를 이용하여 통계적으로 검정해야 한다. 구체적인 통계 검정량의 계산 방법은 두 모집단의 관계가 독립적일 경우와 의존적인 경우에 따라 달라진다. 먼저, 독립적인 두 모집단 간 비율 차이에 대한 가설검정 절차에 대해 알아보겠다.

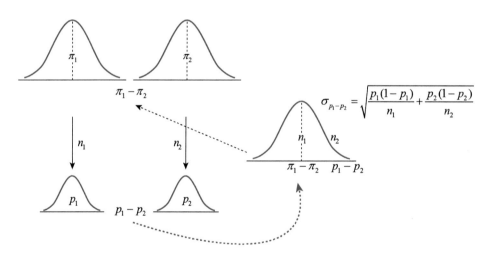

$$\sigma_{p_1 - p_2} = \sqrt{\frac{p_1(1-p_1)}{n_1} + \frac{p_2(1-p_2)}{n_2}}$$

[그림 16-6] 두 독립적 모집단 간 비율 차이에 대한 가설검정

단계 1 연구문제 진술

관심하의 범주변인이 찬성과 반대, 합격과 불합격, 성공과 실패 등과 같이 이분 변수로 측정되는 종속변인이고 집단변인은 남자와 여자, 실험 집단과 통제 집단, 도시와 농촌, 사립대학과 국립대학 등과 같이 분류되는 독립변인일 때, 연구자가 관심하의 종속변인에 있어서 두 모집단 간(집단 1, 집단 2) 비율의 차이에 관심을 가질 경우, 비율의 차이값을 어떤 값으로 설정하느냐에 따라 두 가지 형태의 연구문제로 나타난다.

첫째, 두 모집단 비율의 차이값을 0으로 설정할 경우 연구자의 관심은 두 모집단 간에 비율에 있어서 차이가 있을 것인가 또는 두 집단 중 어느 집단이 상대적으로 비율이 더 높을 것인가에 대한 연구문제가 설정될 수 있다. 그래서 두 모집단(집단 1, 집단 2) 간 비율 차이에 대해 다음과 같은 세 가지 종류의 연구문제가 제기될 수 있다.

- 변인 A의 특정한 범주의 비율에 있어서 집단 1과 집단 2 간에 차이가 있는(없는)가?
  대학기여입학제 도입에 대한 찬성 비율에 있어서 여당 국회의원 집단과 야당 국회의원 집단 간에 차이가 있는(없는)가?
- 변인 A의 특정한 범주의 비율에 있어서 집단 1이 집단 2보다 높(낮)은가?
  대학기여입학제 도입에 대한 찬성 비율에 있어서 여당 국회의원 집단이 야당 국회의원 집단보다 높(낮)은가?

둘째, 두 모집단 간 비율의 차이가 어떤 구체적인 값(π_{hypo})과 다를 것인가 또는 두 모집단 간 평균의 차이가 가설적으로 설정된 값(π_{hypo})보다 클 것인가 또는 작을 것인가에 대한 연구문제를 제기할 수도 있다. 이 경우 두 모집단(집단 1, 집단 2) 간 비율 차이에 대해 다음과 같은 세 가지 종류의 연구문제가 제기될 수 있다. 변인 A의 특정한 범주의 비율에 있어서,

- 집단 1과 집단 2 간의 비율의 차이가 π_{hypo}와 다른(같은)가?
  대학기여입학제 도입에 대한 찬성 비율에 있어서 여당 국회의원 집단과 야당 국회의원 집단 간에 차이가 20%와 다른(같은)가?
- 집단 1과 집단 2 간의 비율의 차이가 π_{hypo}보다 높(낮)은가?
  대학기여입학제 도입에 대한 찬성 비율에 있어서 여당 국회의원 집단과 야당 국회의원 집단 간에 차이가 20%보다 높(낮)은가?

두 모집단 비율의 차이에 대한 연구문제가 이와 같이 두 가지 형태로 진술될 수 있으나 두 모집단의 모비율에 대한 정보가 주어지는 경우가 드물고, 그리고 구체적인 비율 차이 정도에 대한 가설 설정이 가능한 경우가 흔하지 않기 때문에 실제 연구상황에서는 집단 간 차이의 유무 또는 상대적 차이 유무에 대한 연구문제가 주로 다루어지고 있다. 사실, $\pi_{hypo} = 0$인 특별한 경우가 바로 전자에 해당되기 때문에 내용상으로는 구분되지만 형식상으로는 동일한 연구문제로 볼 수 있다.

단계 2 연구가설의 설정

두 모집단(집단 1, 집단 2) 간 비율 차이에 대한 연구문제에 두 가지 가설이 도출된다. 그리고 두 개의 가설 중에서 이론적·경험적 근거에 의해 가장 많은 지지를 받는 가설을 연구문제에 대한 연구가설로 설정한다.

변인 A의 특정한 범주의 비율에 있어서 집단 1과 집단 2 간에 차이가 있는가?

변인 A의 특정한 범주의 비율에 있어서 집단 1과 집단 2 간에 차이가 있을 것이다.

$$H_1 : \pi_1 = \pi_2$$

변인 A의 특정한 범주의 비율에 있어서 집단 1과 집단 2 간에 차이가 없을 것이다.

$$H_2 : \pi_2 \neq \pi_2$$

변인 A의 특정한 범주의 비율에 있어서 집단 1이 집단 2보다 높은가?

변인 A의 특정한 범주의 비율에 있어서 집단 1이 집단 2보다 높을 것이다.

$$H_1 : \pi_1 > \pi_2$$

변인 A의 특정한 범주의 비율에 있어서 집단 1이 집단 2보다 높지 않을 것이다.

$$H_2 : \pi_2 \leq \pi_2$$

변인 A의 특정한 범주의 비율에 있어서 집단 1이 집단 2보다 낮은가?

변인 A의 특정한 범주의 비율에 있어서 집단 1이 집단 2보다 낮을 것이다.

$$H_1 : \pi_1 < \pi_2$$

변인 A의 특정한 범주의 비율에 있어서 집단 1이 집단 2보다 낮지 않을 것이다.

$$H_2 : \pi_2 \geq \pi_2$$

단계 3 통계 검정을 위한 통계적 가설 설정

두 모집단 간 비율의 차이에 대한 구체적인 연구문제가 진술되면, 연구자는 두 모집단 평균에 대한 가설검정 절차에서 설명한 동일한 원리와 절차에 따라 논리적으로 제기된 연구문제에 대한 통계적 가설을 진술한다.

- 연구문제: 변인 A의 특정한 유목의 비율에 있어서 집단 1과 집단 2 간에 차이가 있는가?
  ○ 영가설: $H_0 : \pi_1 = \pi_2$ 또는 $\pi_1 - \pi_2 = 0$

    변인 A의 특정한 유목의 비율에 있어서 집단 1과 집단 2 간에 차이가 있지 않을 것이다.
    대학기여입학제 도입에 대한 찬성 비율에 있어서 여당 국회의원 집단과 야당 국회의원 집단 간에 차이가 있지 않을 것이다.

○ 대립가설: $H_A : \pi_1 \neq \pi_2$ 또는 $\pi_1 - \pi_2 \neq 0$

변인 A의 특정한 유목의 비율에 있어서 집단 1과 집단 2 간에 차이가 있을 것이다.

대학기여입학제 도입에 대한 찬성 비율에 있어서 여당 국회의원 집단과 야당 국회의원 집단 간에 차이가 있을 것이다.

• 연구문제: 변인 A의 특정한 유목의 비율에 있어서 집단 1이 집단 2보다 높은가?

○ 영가설: $H_o : \pi_1 \leq \pi_2$ 또는 $\pi_1 - \pi_2 \leq 0$

변인 A의 특정한 유목의 비율에 있어서 집단 1이 집단 2보다 높지 않을 것이다.

대학기여입학제 도입에 대한 찬성 비율에 있어서 여당 국회의원 집단이 야당 국회의원 집단보다 높지 않을 것이다.

○ 대립가설: $H_A : \pi_1 > \pi_2$ 또는 $\pi_1 - \pi_2 > 0$

변인 A의 특정한 유목의 비율에 있어서 집단 1이 집단 2보다 높을 것이다

대학기여입학제 도입에 대한 찬성 비율에 있어서 여당 국회의원 집단이 야당 국회의원 집단보다 높을 것이다.

• 연구문제: 변인 A의 특정한 유목의 비율에 있어서 집단 1이 집단 2보다 낮은가?

○ 영가설: $H_A : \pi_1 < \pi_2$ 또는 $\pi_1 - \pi_2 < 0$

변인 A의 특정한 유목의 비율에 있어서 집단 1이 집단 2보다 낮을 것이다.

대학기여입학제 도입에 대한 찬성 비율에 있어서 여당 국회의원 집단이 야당 국회의원 집단보다 낮을 것이다.

○ 대립가설: $H_0 : \pi_1 \geq \pi_2$ 또는 $\pi_1 - \pi_1 \geq 0$

변인 A의 특정한 유목의 비율에 있어서 집단 1이 집단 2보다 높지 않을 것이다.

대학기여입학제 도입에 대한 찬성 비율에 있어서 여당 국회의원 집단이 야당 국회의원 집단보다 낮지 않을 것이다.

단계 4 두 표본비율 차이의 표집분포의 표준오차 계산

표본비율 차이 $p_1 - p_2$의 표집분포의 표준오차는 다음과 같이 계산한다.

$$\sigma_{p_1 - p_2} = \sqrt{\frac{\pi_1(1 - \pi_1)}{n_1} + \frac{\pi_2(1 - \pi_2)}{n_2}}$$

그러나 통계적 가설이 $H_0 : \pi_1 = \pi_2$, $H_A : \pi_1 \neq \pi_2$일 경우에는 영가설하에서 $\pi_1 = \pi_2$이기 때문에 공통 모비율 π를 대치하여 앞의 식을 다시 정리하면 다음과 같다.

$$\sigma_{p_1 - p_2} = \sqrt{\frac{\pi(1-\pi)}{n_1} + \frac{\pi(1-\pi)}{n_2}}$$

$$= \sqrt{\pi(1-\pi)(\frac{1}{n_1} + \frac{1}{n_2})} \qquad \cdots (16.11)$$

대부분의 경우, 모비율 π_1과 π_2를 모르기 때문에 표본 자료로부터 통합 모비율 추정치(pooled proportion esimate) $\bar{p}$를 다음과 같이 구해서 사용한다.

$$\bar{p} = \frac{f_1 + f_2}{n_1 + n_2} \qquad \cdots (16.12)$$

따라서 $p_1 - p_2$의 표준오차를 계산하는 공식은 다음과 같다. 이는 앞에서 다룬 통합분산 추정치를 구하는 원리와 유사하다.

$$S_{p_1 - p_2} = \sqrt{\bar{p}(1-\bar{p})(\frac{1}{n_1} + \frac{1}{n_2})} \qquad \cdots (16.13)$$

단계 5 표본통계치를 검정통계치로 변환

$\pi_1 - \pi_2 = 0$이므로 영가설하의 표집분포는 평균=0을 중심으로 정규분포를 따른다.

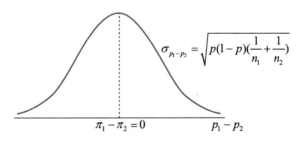

$$\sigma_{p_1 - p_2} = \sqrt{p(1-p)(\frac{1}{n_1} + \frac{1}{n_2})}$$

$\pi_1 - \pi_2 = 0 \qquad p_1 - p_2$

[그림 16-7] $\pi_1 = \pi_2$인 경우의 $p_1 - p_2$의 표집분포

검정통계량의 계산 공식은 다음과 같다.

$$Z = \frac{(p_1 - p_2) - (\pi_1 - \pi_2)}{\sqrt{\bar{p}(1-\bar{p})(\frac{1}{n_1} + \frac{1}{n_2})}} \qquad \cdots(16.14)$$

$$= \frac{(p_1 - p_2)}{\sqrt{\bar{p}(1-\bar{p})(\frac{1}{n_1} + \frac{1}{n_2})}}$$

단계 6 두 표본비율 차이의 표집분포 결정

만약 표본 크기가 $n_1\pi_1$, $n_1(1-\pi_1)$, $n_2\pi_2$, $n_2(1-\pi_2)$가 모두 5 이상이 될 만큼 충분히 크다면, 두 표본비율 차이의 표집분포가 근사적으로 정규분포를 따른다고 했다. 그러나 모집단 비율 π_1, π_2에 대한 정보가 없기 때문에 연구자는 π_1, π_2 대신 표본에서 계산된 비율 p_1, p_2을 이용하여 $n_1 p_1$, $n_1(1-p_1)$, $n_2 p_2$, $n_2(1-p_2)$가 모두 5 이상이 되는지 확인해야 한다.

단계 7 통계적 유의성 검정을 위한 유의수준 α 결정

두 표본비율 차의 검정통계량을 계산하기 전에 통계적 유의성 검정을 위한 유의수준 α를 먼저 결정해야 한다. 연구의 성격, 통계적 검정력 등을 고려하여 적절한 유의수준을 결정한다. 사회과학연구에서는 특별한 이유가 없는 한 $\alpha = .05$, .01, .001 중에서 선택하면 된다. 일단 통계적 가설검정을 위한 유의수준 α가 결정되면 연구자는 통계적 검정을 위해 ① 기각역 방법을 사용할 것인지 또는 ② p값 방법을 사용할 것인지를 결정해야 한다.

● 기각역 방법을 이용한 통계 검정 절차 ●

단계 8 임계치 파악과 기각역 설정

기각역 설정을 위해 유의수준 α값을 사용하여 표준 표집분포인 Z분포에서 임계치를 파악한다.

- 등가설의 경우: $\alpha/2$에 해당되는 임계치: $Z_{\alpha/2}$

- 부등가설의 경우: α에 해당되는 임계치: Z_{α}

그리고 임계치가 파악되면, 연구가설의 내용(등가설/부등가설)에 따라 다음과 같이 기각역을 설정된다.

- 등가설의 경우: $H_o : \pi_1 = \pi_2$, $H_A : \pi_1 \neq \pi_2$

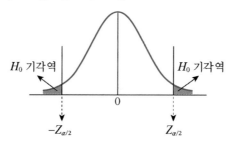

- 부등가설의 경우: $H_o : \pi_1 \leq \pi_2$, $H_A : \pi_1 > \pi_2$

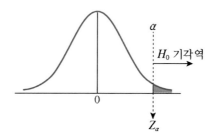

- 부등가설의 경우: $H_o : \pi_1 \geq \pi_2$, $H_A : \pi_1 < \pi_2$

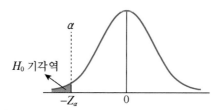

단계 9 통계적 유의성 판단

통계적 가설		통계적 유의성 결정 규칙
등가설	$H_o : \pi_1 - \pi_2 = 0$	통계치 $\lvert Z \rvert \geq Z_{\alpha/2}$이면 H_o을 기각하고 H_A을 채택한다.
	$H_A : \pi_1 - \pi_2 \neq 0$	통계치 $\lvert Z \rvert < Z_{\alpha/2}$이면 H_o을 기각하지 않는다.
부등가설	$H_o : \pi_1 - \pi_2 \leq 0$	통계치 $Z \geq Z_\alpha$이면 H_o을 기각하고 H_A을 채택한다.
	$H_A : \pi_1 - \pi_2 > 0$	통계치 $Z < Z_\alpha$이면 H_o을 기각하지 않는다.
	$H_o : \pi_1 - \pi_2 \geq 0$	통계치 $Z \leq Z_\alpha$이면 H_o을 기각하고 H_A을 채택한다.
	$H_A : \pi_1 - \pi_2 < 0$	통계치 $Z > -Z_\alpha$이면 H_o을 기각하지 않는다.

• p값 방법을 이용한 유의성 검정 절차 •

단계 8 검정통계치 Z의 p값 파악

두 표본에서 계산된 비율 차이값을 표준 표집분포인 Z분포하의 값으로 변환하여 얻어진 검정통계치가 주어진 표집분포상에서 표집의 오차에 의해서 얻어질 확률 p가 어느 정도인지를 파악한다.

- 등가설의 경우: $H_o : \pi_1 - \pi_2 = 0$, $H_A : \pi_1 - \pi_2 \neq 0$

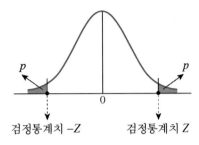

- 부등가설의 경우: $H_o : \pi_1 - \pi_2 \leq 0$, $H_A : \pi_1 - \pi_2 > 0$

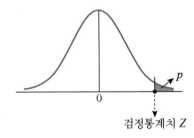

- 부등가설의 경우: $H_o : \pi_1 - \pi_2 \geq 0$, $H_A : \pi_1 - \pi_2 < 0$

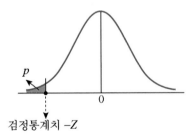

단계 9 통계적 유의성 판단

계산된 검정통계치가 주어진 표집분포상에서 순수한 표집오차에 의해 얻어질 확률 p와 통계적 유의성 판단을 위해 설정된 유의수준과 비교하여 두 모집단 비율 차이에 대한 영가설을 검정한다.

통계적 가설		통계적 유의성 결정 규칙
등가설	$H_0 : \pi_1 - \pi_2 = 0$ $H_A : \pi_1 - \pi_2 \neq 0$	$p \leq \alpha/2$이면, H_o을 기각하고 H_A을 채택한다. $p > \alpha/2$이면, H_o을 기각하지 않는다.
부등가설	$H_0 : \pi_1 - \pi_2 \leq 0$ $H_A : \pi_1 - \pi_2 > 0$ $H_0 : \pi_1 - \pi_2 \geq 0$ $H_A : \pi_1 - \pi_2 < 0$	$p \leq \alpha$이면, H_o을 기각하고 H_A을 채택한다. $p > \alpha$이면, H_o을 기각하지 않는다.

단계 10 **통계적 검정 결과의 해석**

통계적 검정에서 영가설 H_0 기각 여부에 따라 대립가설 H_A의 채택 여부를 기술하고 그
의미를 해석한다.

SPSS를 이용한 독립적 두 집단 간 모비율의 차이 검정

1. ① Analyze → ② Descreptive Statisticss → ③ Crosstabs… 순으로 클릭한다.

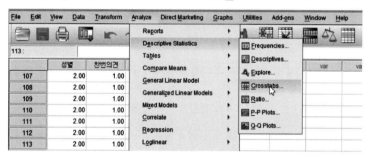

2. ④ Crosstabs 메뉴창에서 독립변인을 ⑤ Row(s)에, 종속변인을 ⑥ Column(s)로 이동시킨다. 그리
고 ⑦ Statistics를 클릭한다.

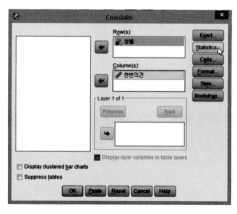

3. ⑧ Crosstabs Statistics 메뉴에서 ⑨ Chi-square를 선택한 다음 ⑩ Continue를 클릭한다.

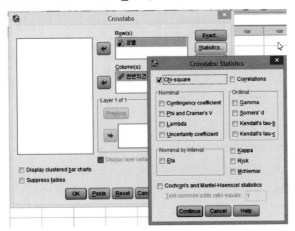

4. ⑪ OK를 클릭한다.

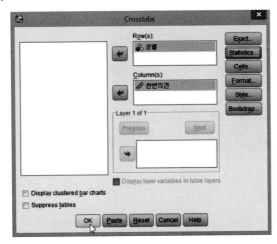

산출 결과

성별 찬반 의견 Crosstabulation

Count

		찬반 의견		
		반대	찬성	Total
성별	남자	35	65	100
	여자	41	59	100
Total		76	124	200

Chi-Square Tests

	Value	df	Asymp. Sig. (2-sided)	Exact Sig. (2-sided)	Exact Sig. (1-sided)
Pearson Chi-Square	.764[a]	1	.382		
Continuity Correction[b]	.531	1	.466		
Likelihood Ratio	.765	1	.382		
Fisher's Exact Test				.466	.233
Linear-by-Linear Association	.760	1	.383		
N of Valid Cases	200				

a. 0 cells (0.0%) have expected count less than 5. The minimum expected count is 38.00.

b. Computed only for a 2×2 table

Chi-Square Tests 요약표에서 볼 수 있는 바와 같이, 영가설을 검정하기 위해 Pearson의 근사적 χ^2 검정을 실시한 결과 $\chi^2 = .764$, $p > .382$로 나타났음을 알 수 있다.

예제 16-5

아동용 완구업체의 관계자는 새로 개발한 완구의 색상을 시력에 좋은 초록색으로 하기로 하였다. 그리고 초록색에 대한 선호 비율에 있어서 남녀 아동 간에 차이가 있는지 알아보고자 한다. 이를 위해 남녀 아동 집단으로부터 무작위로 각각 100명을 표집한 다음 각 집단별 선호 비율을 계산한 결과, $p_남 = .65$, $p_여 = .59$로 나타났다. 완구의 색상으로 초록색에 대한 선호에 있어서 남녀 아동 간에 통계적으로 유의한 차이가 있는지 유의수준 .05에서 기각역 방법으로 검정하시오.

4) 두 의존 모집단 간 비율 차이의 가설검정 절차 및 방법

동일한 집단을 대상으로 두 번 반복하여 범주변인을 측정하거나 짝진 두 집단을 대상으로 범주변인을 측정한 다음 특정 범주의 비율에 대한 차이를 검정하고자 할 경우, 의존적 두 모집단 비율의 차이를 검정하게 된다. 이와 같이 범주변인의 범주가 두 개로만 분류될 경우, 특정 범주에 대한 반응 비율에 있어서 두 의존적 집단 간 차이를 검정하기 위한 절차를 *McNemar* 검정이라 부른다. 예컨대, 금연 홍보 프로그램에 참여한 n명의 대학생들을 대상으로 교육 전후에 금연에 대한 찬·반 여부를 조사하여 2×2 분할표로 정리하면 다음과 같다.

〈표 16-1〉 교육 전후에 따른 금연에 대한 찬반 여부를 나타내는 2×2 분할표

<table>
<tr><td rowspan="5">교육 전</td><td colspan="4" style="text-align:center">교육 후</td></tr>
<tr><td>구분</td><td>찬성</td><td>반대</td><td>합계</td></tr>
<tr><td>찬성</td><td>A(p_a)</td><td>B(p_b)</td><td>A+B(p_1)</td></tr>
<tr><td>반대</td><td>C(p_c)</td><td>D(p_d)</td><td>C+D</td></tr>
<tr><td>합계</td><td>A+C(p_2)</td><td>B+D</td><td>n</td></tr>
</table>

연구자의 관심은 교육 전후의 찬성 비율 간 차이 $p_1 - p_2$에 있기 때문에 앞의 분할표에서 B와 C 간의 차이가 주요 관심의 대상이 된다. B는 찬성에서 반대로 의견을 바꾼 사람들의 수를 나타내고 C는 반대에서 찬성으로 의견을 바꾼 사람들의 수를 나타낸다. 따라서 교육 전과 교육 후의 찬성 비율에 있어서 차이는 바로 B와 C 간의 차이를 의미하기 때문에 만약 B=C이면, 교육 전과 교육 후의 찬성 비율에 있어서 차이가 없다는 말이다. 반대로, 만약 B≠C이면 교육 전과 교육 후의 찬성 비율에 있어서 차이가 있다는 말이다. 그래서 교육 전/후에 찬반 의견에 변화가 없다면,

$$(B+C)/2 = B$$
$$(B+C)/2 = C$$

일 것으로 기대할 수 있을 것이다. 따라서 $(B+C)/2$는 B와 C의 기대빈도가 됨을 알 수 있다. *McNemar* 검정은 변화된 의견의 비율에 대한 검정이기 때문에 B와 C를 이용한 *McNemar* 검정을 위한 검정통계량 χ^2을 계산하기 위한 공식은 다음과 같이 유도할 수 있다. 이 방법은 주로 실험처치 전후에 일어나는 변화의 유무를 통계적으로 검정하기 위해 적용되는 통계적 기법이다.

$$\chi^2 = \sum \frac{(O_i - E_i)^2}{E_i} \qquad \cdots(16.15)$$
$$= \frac{(B-\frac{B+C}{2})^2}{\frac{B+C}{2}} + \frac{(C-\frac{B+C}{2})^2}{\frac{B+C}{2}}$$
$$= \frac{(B-C)^2}{B+C}$$

식 (16.15)에 연속성을 유지하도록 교정을 하면 식 (16.16)과 같다.

$$\chi^2 = \frac{(|B - C| - 1)^2}{\sqrt{B + C}} \quad\quad \cdots\cdot(16.16)$$

앞의 *McNemar* 검정통계량은 근사하게 $\chi^2(1)$분포를 따른다. 그리고 $Z = \sqrt{\chi^2}$ 의 관계로부터 다음과 같이 *McNemar* 검정통계량 χ^2을 Z 검정통계량으로 변환한 다음 검정을 할 수도 있다.

$$Z = \frac{(|B - C| - 1)}{\sqrt{B + C}} \sim n(0, 1) \quad\quad \cdots\cdot(16.17)$$

앞의 빈도 자료에 적용되는 통계량 공식을 비율 자료에 적용되는 통계량 공식으로 변환하면 다음과 같다.

$$Z = \frac{p_2 - p_1}{\sqrt{\dfrac{p_b + p_c}{n}}} \quad\quad \cdots\cdot(16.18)$$

단계1 두 의존 모집단 간 비율 차이에 대한 연구문제 진술

앞에서 언급한 바와 같이, 두 의존적 모집단 비율 차이의 검정은 주로 처치 전후로 관찰되는 변화의 유무를 검정하기 위한 연구상황에 적용되는 기법이다. 따라서 처치 후에 실패의 범주로부터 성공 범주로 변화된 사례들의 비율과 성공 범주에서 실패 범주로 변화된 사례들의 비율 간 차이에 대한 세 가지 종류의 연구문제가 제기될 수 있다.

- 처치 전 성공 비율과 처치 후 성공 비율 간에 차이가 있는가?
  처치 후에 실패의 범주로부터 성공 범주로 변화된 사례들의 비율과 성공 범주에서 실패 범주로 변화된 사례들의 비율 간에 차이가 있는가?
- 처치 후 성공 비율이 처치 전 성공 비율보다 높(낮)은가?
  처치 후에 실패의 범주로부터 성공 범주로 변화된 사례들의 비율이 성공 범주에서 실패 범주로 변화된 사례들의 비율보다 높(낮)은가?

단계 2 연구가설 설정

의존적 두 모집단(집단 1, 집단 2) 간 비율 차이에 대해 연구가설은 연구문제의 형태에 따라 다음과 같은 세 가지 중에서 어느 하나로 설정될 수 있다.

처치 후 성공 비율이 처치 전 성공 비율보다 높은가?
$H_1 : \pi_1 > \pi_2,\ H_2 : \pi_2 \leq \pi_2$
처치 후 성공 비율이 처치 전 성공 비율보다 낮은가?
$H_1 : \pi_1 < \pi_2,\ H_2 : \pi_2 \geq \pi_2$
처치 전 성공 비율과 처치 후 성공 비율 간에 차이가 있는가?
$H_1 : \pi_1 = \pi_2,\ H_2 : \pi_1 \neq \pi_2$

단계 3 두 모집단 간 비율 차이 검정을 위한 통계적 가설 설정

두 모집단 간 비율 차이에 대한 구체적인 연구가설이 설정되면, 연구자는 두 모집단 평균에 대한 가설검정 절차에서 설명한 동일한 원리와 절차에 따라 논리적으로 제기된 두 개의 가설들을 통계적 가설로 진술한다. 모집단에 있어서 처치 전 성공 범주의 비율을 $\pi_{처치\ 전/성공}$, 처치 후 성공 범주의 비율을 $\pi_{처치\ 후/성공}$로 나타내면, 각 연구문제 형태에 따른 통계적 가설은 다음과 같이 설정된다.

- 처치 전 성공 비율과 처치 후 성공 비율 간에 차이가 있는가?

  H_0: 처치 전 성공 비율과 처치 후 성공 비율 간에 차이가 있지 않을 것이다.

  $$H_0 : \pi_{처치\ 후/성공} = \pi_{처치\ 전/성공}$$

  H_A: 처치 전 성공 비율과 처치 후 성공 비율 간에 차이가 있을 것이다.

  $$H_A : \pi_{처치\ 후/성공} \neq \pi_{처치\ 전/성공}$$

- 처치 후 성공 비율이 처치 전 성공 비율보다 높은가?

  H_0: 처치 후 성공 비율이 처치 전 성공 비율보다 높지 않을 것이다.

  $$H_0 : \pi_{처치\ 후/성공} \leq \pi_{처치\ 전/성공}$$

  H_A: 처치 후 성공 비율이 처치 전 성공 비율보다 높을 것이다.

  $$H_A : \pi_{처치\ 후/성공} > \pi_{처치\ 전/성공}$$

- 처치 후 성공 비율이 처치 전 성공 비율보다 낮은가?

  H_0: 처치 후 성공 비율이 처치 전 성공 비율보다 낮지 않을 것이다.

$$H_0 : \pi_{\text{처치 후/성공}} \geq \pi_{\text{처치 전/성공}}$$

  H_A: 처치 후 성공 비율이 처치 전 성공 비율보다 낮을 것이다.

$$H_A : \pi_{\text{처치 후/성공}} < \pi_{\text{처치 전/성공}}$$

단계 4 검정통계량 계산

교육 후

구분	찬성	반대	합계
찬성	A	B	A+B
반대	C	D	C+D
합계	A+C	B+D	n

교육 전

$$Z = \frac{(|B - C| - 1)}{\sqrt{B + C}}$$

단계 5 두 표본비율 차이의 표집분포 결정

$Z = \dfrac{(|B - C| - 1)}{\sqrt{B + C}}$ 를 검정통계량으로 사용할 경우, Z분포를 표집분포로 사용한다. 표집분포가 결정되고 통계적 가설검정을 위한 유의수준이 결정되면 연구자는 통계적 검정을 위해, ① 기각역 방법을 사용할 것인지, 또는 ② p값 방법을 사용할 것인지를 결정해야 한다.

단계 6 가설검정을 위한 유의수준 α 결정

두 표본 간 비율 차의 검정통계량을 계산하기 전에 통계적 유의성 검정을 위한 유의수준 α를 먼저 결정해야 한다. 연구의 성격, 통계적 검정력 등을 고려하여 적절한 유의수준을 결정한다. 사회과학연구에서는 특별한 이유가 없는 한 $\alpha = .05, .01, .001$ 중에서 선택하면 된다.

• 기각역 방법을 이용한 통계 검정 절차 •

단계 7 유의수준을 이용한 임계치 파악과 기각역 설정

기각역 설정을 위해 유의수준 α값을 사용하여 표준 표집분포인 Z분포에서 임계치를 파

악한다.

- 등가설: $\alpha/2$에 해당되는 임계치: $Z_{\alpha/2}$
- 부등가설: α에 해당되는 임계치: Z_{α}

그리고 임계치가 파악되면 연구가설의 내용(등가설/부등가설)에 따라 다음과 같이 기각역이 설정된다.

- 등가설의 경우: $H_0 : \pi_{처치\ 전/성공} = \pi_{처치\ 후/성공}$, $H_A : \pi_{처치\ 전/성공} \neq \pi_{처치\ 후/성공}$

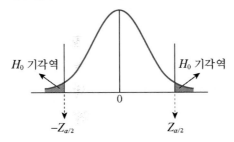

- 부등가설의 경우: $H_0 : \pi_{처치\ 전/성공} \leq \pi_{처치\ 후/성공}$, $H_A : \pi_{처치\ 전/성공} > \pi_{처치\ 후/성공}$

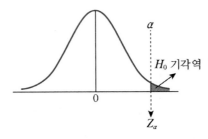

- 부등가설의 경우: $H_o : \pi_{처치\ 전/성공} \geq \pi_{처치\ 후/성공}$, $H_A : \pi_{처치\ 전/성공} < \pi_{처치\ 후/성공}$

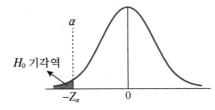

단계 8 통계적 유의성 판단

통계적 가설	통계적 유의성 결정 규칙
$H_0 : \pi_{처치\ 전/성공} = \pi_{처치\ 후/성공}$ $H_A : \pi_{처치\ 전/성공} \neq \pi_{처치\ 후/성공}$	검정통계치 $\lvert Z \rvert \geq Z_{\alpha/2}$이면 H_0을 기각하고 H_A을 채택한다. 검정통계치 $\lvert Z \rvert < Z_{\alpha/2}$이면 H_0을 기각하지 않는다.
$H_0 : \pi_{처치\ 전/성공} \leq \pi_{처치\ 후/성공}$ $H_A : \pi_{처치\ 전/성공} > \pi_{처치\ 후/성공}$	검정통계치 $Z \geq Z_{\alpha}$이면 H_0을 기각하고 H_A을 채택한다. 검정통계치 $Z < Z_{\alpha}$이면 H_0을 기각하지 않는다.
$H_0 : \pi_{처치\ 전/성공} \geq \pi_{처치\ 후/성공}$ $H_A : \pi_{처치\ 전/성공} < \pi_{처치\ 후/성공}$	검정통계치 $Z \leq Z_{\alpha}$이면 H_0을 기각하고 H_A을 채택한다. 검정통계치 $Z > -Z_{\alpha}$이면 H_0을 기각하지 않는다.

• p값 방법을 이용한 유의성 검정 절차 •

단계 7 검정통계치 Z의 p값 파악

두 표본에서 계산된 비율 차이값을 표집분포인 Z분포하의 값으로 변환하여 얻어진 검정통계치가 주어진 표집분포상에서 표집의 오차에 의해서 얻어질 확률 p가 어느 정도인지를 파악한다.

• 등가설의 경우: $H_o : \pi_{처치\ 전/성공} = \pi_{처치\ 후/성공}$, $H_A : \pi_{처치\ 전/성공} \neq \pi_{처치\ 후/성공}$

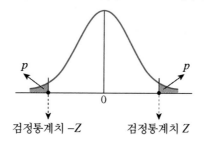

검정통계치 $-Z$ 　　　검정통계치 Z

• 부등가설의 경우: $H_o : \pi_{처치\ 전/성공} \leq \pi_{처치\ 후/성공}$, $H_A : \pi_{처치\ 전/성공} > \pi_{처치\ 후/성공}$

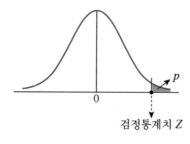

검정통계치 Z

- 부등가설의 경우: $H_o : \pi_{처치\ 전/성공} \geq \pi_{처치\ 후/성공}$, $H_A : \pi_{처치\ 전/성공} < \pi_{처치\ 후/성공}$

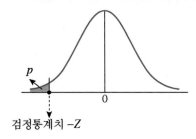

검정통계치 $-Z$

단계 8 통계적 유의성 판단

계산된 검정통계치가 주어진 표집분포상에서 순수한 표집오차에 의해 얻어질 확률 p와 통계적 유의성 판단을 위해 설정된 유의수준과 비교하여 두 모집단 비율 차이에 대한 영가설을 검정한다.

통계적 가설		통계적 유의성 결정 규칙
등가설	$H_0 : \pi_{처치\ 전/성공} = \pi_{처치\ 후/성공}$ $H_A : \pi_{처치\ 전/성공} \neq \pi_{처치\ 후/성공}$	$p \leq \alpha/2$이면, H_0을 기각하고 H_A을 채택한다. $p > \alpha/2$이면, H_0을 기각하지 않는다.
부등가설	$H_0 : \pi_{처치\ 전/성공} \leq \pi_{처치\ 후/성공}$ $H_A : \pi_{처치\ 전/성공} > \pi_{처치\ 후/성공}$	$p \leq \alpha$이면, H_0을 기각하고 H_A을 채택한다.
	$H_0 : \pi_{처치\ 전/성공} \geq \pi_{처치\ 후/성공}$ $H_A : \pi_{처치\ 전/성공} < \pi_{처치\ 후/성공}$	$p > \alpha$이면, H_0을 기각하지 않는다.

단계 9 통계적 검정 결과의 해석

통계적 검정에서 영가설 H_o 기각 여부 또는 대립가설 H_A의 채택 여부를 기술하고 그 의미를 해석한다.

SPSS를 이용한 의존적 두 집단 간 모비율의 차이 검정

1. ① <u>A</u>nalyze → ② <u>N</u>omparameric Tests → ③ <u>L</u>egacy Diologs··· → ④ 2 Related Samples···
   순으로 클릭한다.

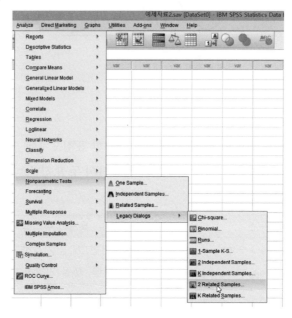

2. ⑤ Two-Related Sample Tests 메뉴에서 두 변인을 ⑥ <u>T</u>est Pairs의 Variable 1과 Variable
   2란으로 이동시켜 짝을 만든다. 그리고 ⑦ <u>T</u>est Type 메뉴에서 ⑧ □McNemar을 선택한 다음
   ⑨ OK를 클릭한다.

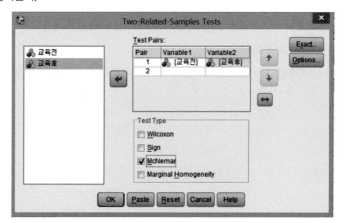

산출 결과

Crosstabs

교육 전 & 교육 후

교육전	교육 후	
	1.00	2.00
1.00	48	12
2.00	32	8

Test Statistics[a]

	교육 전 & 교육 후
N	100
Chi-Square[b]	8.205
Asymp. Sig.	.004

a. McNemar Test
b. Continuity Corrected

이 산출 결과에서 Test Statistics에 McNemar 검정 결과가 제시되어 있다. $\chi^2 = 8.205$, $p = .004$로 나타나 있다. 따라서 유의수준을 .05로 설정할 경우, 교육 전과 교육 후에 금연 찬성률에 있어서 통계적으로 유의한 차이가 있는 것으로 나타났다.

예제 16-6

한 연구자가 금연 홍보 프로그램에 참여한 100명의 대학생들을 대상으로 교육 전후에 금연에 대한 찬반 여부를 조사하여 2×2 분할표로 정리한 결과, 다음과 같이 나타났다. 금연 홍보교육 프로그램 참가 전 금연 찬성 의견을 가진 대학생들의 비율과 금연 홍보교육 프로그램 참가 후 금연 찬성 의견을 가진 대학생들의 비율 간에 차이가 있는지 유의수준 .05에서 검정하시오.

	구분	교육 후 찬성	반대	합계
교육 전	찬성	48	12	60
	반대	32	8	40
	합계	80	20	100

7 단일 모집단 범주변인의 빈도분포에 대한 적합도 검정

지금까지 단일 모집단에 있어서 성별을 측정한 다음 남자의 비율을 추정 또는 검정하거나 사회 계층을 측정한 다음 사회 계층이 "중"인 가구의 비율을 추정 또는 검정하는 경우와 같이, 단일 모집단에 있어서 관심하의 범주변인의 범주 중에서 특정 범주의 빈도(비율)에 대한 추정 및 가설검정 절차와 방법에 대해 알아보았다. 그리고 동일한 범주변인의 특정한 범주의 비율에 있어서 집단 간 차이에 대한 추정과 가설검정 절차에 대해 알아보았다.

세 개 이상의 범주를 가지는 어떤 범주변인의 모집단 빈도분포가 과연 이론적 또는 경험적으로 기대되는 분포와 같은지를 알아보기 위해 표본을 통해 관찰된 범주변인의 범주별 관찰빈도와 주어진 표집에 따른 표집의 오차를 고려하여 확률적인 판단을 하기 위한 통계적 검정 방법으로 카이자승 검정법을 사용한다. 이 경우, 표본의 관찰빈도를 통해 모집단 분포가 이론적 기대빈도분포와 얼마나 유사한지를 검정하기 위해 사용되는 통계적 검정 방법이기 때문에 이를 적합도 검정(Goodness-of-Fit test)이라 부른다.

범주변인의 관찰 결과를 연구자가 관심을 가지는 성공 범주와 관심을 가지지 않는 실패 범주로 분류하는 실험을 이항 실험이라고 했다. 그래서 이항 실험에서 범주 자료는 성공 또는 실패로 분류되는 두 가지 가능한 값 중의 어느 하나의 값만 가질 수 있다. 반면, 범주변인의 관찰 결과가 두 개 이상의 가능한 범주(C)로 분류될 수 있는 확률 실험을 다항 실험(multinomial experiments)이라 부른다. 특히 C=2일 경우 다항 실험은 바로 이항 실험이 된다. 다항 실험은 다음과 같은 특성을 가지고 있다.

- 실험은 n번의 고정된 시행으로 구성된다.
- 실험하의 시행들은 서로 영향을 주지 않기 때문에 독립적이다.
- 각 시행의 결과는 $C(C>2)$개의 범주 중에서 어느 하나의 범주로 분류된다.
- 각 시행에서 범주 C_i의 발생확률 p_i는 일정하다.
- 따라서, $p_1 + p_2 + \cdots\cdots p_c = 1.00$

1) 관찰빈도와 기대빈도

이항 실험 또는 다항 실험을 통해 관찰된 범주별 빈도를 관찰빈도라 부른다. 반면, 이론적 또는 경험적 근거를 통해 확률 실험을 통해 관찰될 것으로 기대되는 각 범주별 빈도를 기대빈도라 부른다. 만약 어떤 주사위가 과연 완벽하게 균형이 잡힌 것인지 알아본다고 가정하자. 주사위가 완벽하게 균형 잡힌 것일 경우, 주사위를 던져서 나타나는 눈의 수는 1∼6 중의 하나이기 때문에 각 숫자가 나타날 확률은 정확히 이론적으로 1/6로 나타날 것으로 기대할 수 있다.

따라서 만약 주사위를 600번 던지는 확률 실험을 실시한다면, 적어도 이론적으로 각 눈의 관찰빈도가 다음과 같이 나타날 것으로 기대할 수 있다는 것이다.

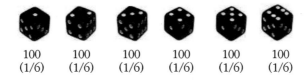

물론 완벽하게 균형 잡힌 주사위가 아니라도 주사위를 600번 던질 경우 오차에 의해 우연히 각 눈의 관찰빈도가 기대빈도와 동일하게 나타날 수도 있고, 그리고 완벽하게 균형 잡힌 주사위라 할지라도 주사위를 600번 던지는 확률 실험에서 각 눈의 관찰빈도가 오차로 인해 항상 기대빈도와 동일하게 나타나지 않을 수도 있다. 그러나 완벽하게 균형 잡힌 주사위일 경우에 각 눈의 관찰빈도가 1/6으로 동일하게 나타날 확률이 가장 높을 것이다. 그리고 확률 실험의 시행 횟수가 증가할수록 각 눈의 관찰빈도가 이론적 기대확률인 1/6에 근접해 갈 것이다. 이러한 결과를 역으로 생각하면, 만약 어떤 주사위를 여러 번 던져서 나타난 눈의 수를 관찰한 결과 각 눈의 관찰빈도가 앞의 그림과 같이 기대빈도와 동일(부합)하게 나타난다면, 우리는 주어진 주사위가 완벽하게 균형 잡힌 주사위일 것으로 확률적 판단을 할 수 있을 것이다. 이와 같이 모집단에 있어서 주어진 범주변인의 범주별 빈도가 이론적·경험적으로 어떤 분포를 지닐 것인지 기대할 수 있을 경우, 연구자는 모집단에 있어서 주어진 범주변인의 유목별 분포가 과연 이론적·경험적으로 기대하는 분포와 동일한 분포를 가질 것인가에 대한 연구문제를 제기할 수 있다. 만약 모집단을 대상으로 범주변인을 관찰할 수 있다면, 범주별 빈도를 직접 확인할 수 있기 때문에 관찰된 모집단 빈도분포가 이론적·경험적

인 빈도분포와 일치하는지 여부와 정도를 정확하게 직접적으로 확인할 수 있을 것이다. 그러나 대부분의 경우 모집단의 크기가 방대하기 때문에 시간과 비용 문제로 인해 모집단을 대상으로 직접 관찰하지 않고 모집단에서 대표적으로 표집된 표본을 대상으로 범주변인의 범주별 빈도를 관찰하고, 그리고 관찰된 빈도분포가 표집에 따른 오차를 고려할 경우에 과연 이론적으로 기대하는 모집단 빈도분포와 동일한(부합되는) 것으로 볼 수 있는지를 통계적으로 검정(부합도 검정)한 다음 그 결과를 모집단으로 일반화하여 판단하게 된다.

　표본을 통해 직접 관찰된 주어진 범주변인의 범주별 빈도를 관찰빈도(observed frequencies: O_j)라 부른다. 반면, 표본에서 범주변인의 범주별 빈도가 이론적·경험적 근거에 따라 어떻게 관찰될 것이라는 기대를 나타내는 범주별 빈도를 기대빈도(Expected frequencies: E_j)라 부른다. 즉, N명을 대상으로 범주변인을 관찰할 경우, j 범주에서 관찰될 것으로 기대되는 빈도 E_j는,

$$E_j = N\pi_j$$

가 된다. 여기서 π_j는 모집단에 있어서 (이론적으로 기대되는) j 번째 범주의 기대 비율이다. 〈표 16-2〉의 자료는 어느 유아용 의류를 제작하는 회사에서 유아들이 좋아하는 모자 색상에 있어서 차이가 있는지 알아보기 위해 무작위로 표집된 만 5세 유치원 아동 $n = 200$명에게 네 가지 색상 중 어느 한 색상으로 만들어진 4개의 모자를 제시한 다음, 자신이 좋아하는 모자를 선택하게 하여 얻어진 가상적인 결과이다. 연구자의 연구목적이 유아의 모자 색상 선호에 있어서 4개 색상 간에 차이가 있을 것인가를 알아보려는 데 있기 때문에 각 색상별 기대 비율은 동일하게 1/4($\pi_j = .25$)로 설정된다. 따라서 각 색상별 기대빈도는 $E_j = n\pi_j = 200 * .25 = 50$이 된다.

〈표 16-2〉 네 가지 모자 색상에 대한 선호빈도($n = 200$)

범주	기대 비율 π_j	기대빈도 $E_j = N\pi_j$	관찰빈도 O_j
빨간색	.25	50	70
노란색	.25	50	60
초록색	.25	50	20
파란색	.25	50	50

2) 표집분포와 검정통계량 χ^2

만약 유아들이 선호하는 색상에 차이가 없다면 각 색상의 관찰빈도가 기대빈도와 동일하게 관찰될 것이다. 그러나 만약 유아들이 선호하는 색상에 차이가 있다면 일부 범주 또는 범주 전반에 걸쳐 관찰빈도가 기대빈도와 다르게 얻어질 것이다. 개념적으로, 전체 범주에 대한 차이값은 다음과 같이 각 색상 범주별 관찰빈도와 기대빈도 간의 차이를 계산하고 모두 합산하면 된다.

$$\sum_{j=1}^{k} (O_j - E_j)$$

이는 주어진 범주변인의 기대빈도분포에 대한 관찰빈도분포의 전반적인 부합 정도를 나타내는 값이 된다. 그러나 문제는 개념적으로는 $\sum_{j=1}^{k}(O_j - E_j)$을 계산하여 부합도의 정도를 얻을 수 있으나 산술적으로 항상 $\sum_{j=1}^{k}(O_j - E_j) = 0$이 되기 때문에 부합 정도를 나타내는 $\sum_{j=1}^{k}(O_j - E_j)$값을 계산할 수 없다는 것이다. 그래서 한 가지 방법은 각 범주별 빈도 차이의 부호를 없애고 동시에 부호가 다른 동일한 차이값을(예컨대, 앞의 자료에서 +30과 -30) 같은 정도의 차이값으로 다루기 위해 다음과 같이 자승화의 합을 구하는 것이다.

$$\sum_{j=1}^{k} (O_j - E_j)^2$$

범주	기대 비율(π_j)	기대빈도(E_j)	관찰빈도(O_j)	$(O_j - E_j)^2$
빨간색	.25	50	70	400
노란색	.25	50	60	100
초록색	.25	50	20	900
파란색	.25	50	50	0

연구자의 관심이 네 가지 색상의 범주 간에 차이가 있는지를 알아보려는 데 있기 때문에 색상 범주별 기대빈도가 모두 동일하게 설정되었지만, 많은 경우에 이론적 · 경험적 기대에 따라 범주 간에 기대빈도(E_j)가 다르게 설정될 수 있다. 전반적인 적합 정도를 계산하기 위

해서는 공식 (15.19)와 같이 각 범주별 $(O_j - E_j)^2$을 해당 범주의 기대빈도 E_j로 나누어 얻어진 값들의 합을 구한다. 각 범주별 $(O_j - E_j)^2$값을 해당 범주의 기대빈도 E_j로 나누어 주는 이유는 동일한 크기의 $(O_j - E_j)^2$값이 의미하는 비적합도의 정도가 기대빈도의 크기에 따라 다르기 때문이다.

$$\chi^2 = \sum_{j=1}^{k} \frac{(O_j - E_j)^2}{E_j} \qquad \cdots(16.19)$$

범주	기대 비율(π_j)	기대빈도(E_j)	관찰빈도(O_j)	$(O_j - E_j)^2$	$(O_j - E_j)^2/E_j$
빨간색	.25	50	70	400	8.0
노란색	.25	50	60	100	2.0
초록색	.25	50	20	900	18
파란색	.25	50	50	0	0

만약 계산된 $\chi^2 = 0$이면 모든 범주의 관찰빈도분포가 기대빈도분포와 일치하는 경우이고, $\chi^2 > 0$이면 일부 또는 모든 범주의 관찰빈도분포가 기대빈도분포와 일치하지 않는 경우일 것이다. χ^2이 (대부분의 연구에서와 같이) 모집단이 아닌 표본 자료에서 얻어질 경우, 표집에 따른 오차가 오염된 값이기 때문에 실제로는 $\chi^2 = 0$임에도 불구하고 표집오차에 의해 $\chi^2 > 0$인 값으로 얻어질 수도 있기 때문에, 실제로 $\chi^2 > 0$으로 얻어진 경우라도 관찰빈도가 기대빈도와 다른 것으로 기술하지 않고 과연 $\chi^2 > 0$이 표집오차에 의해 얻어진 것인지 아니면 표집오차에 의한 값으로 볼 수 없는지 여부를 확률적으로 판단하기 위해 통계적 검정을 해 보아야 한다.

이를 위해 연구자는 자신의 표본 자료에서 얻어진 통계치 χ^2값이 표집오차에 의해 얻어질 수 있는 확률을 알아야 하기 때문에 반드시 표본 χ^2의 표집분포에 대한 정보가 필요하다.

(1) 표본 χ^2의 표집분포

모집단 N에서 어떤 범주변인의 각 범주별 기대빈도가 E_1, E_2, …… E_k이고 모집단에서 표집 크기 n으로 표집된 표본에서 관찰된 범주별 관찰빈도가 O_1, O_2, …… O_k라고 할 때, 반복표집을 통해 χ^2값을 관찰할 경우 χ^2값들의 표집분포가 근사적으로 자유도 $v = j - 1$인 χ^2분포를 따르는 것으로 나타났다. 따라서 연구자는 통계학자들이 확률 실험을 통해 개발한 χ^2_{j-1} 분포를 표집분포로 사용하여 자신의 표본에서 얻어진 통계치 χ^2 가 표집오차에 의해 얻어질 수 있는 확률을 파악한 다음, 통계적 유의성을 검정하기 위한 임계치나 p 값을 파악하면 된다.

3) χ^2 검정을 위한 기본 가정

통계적 추론을 위해 통계학자들이 제공해 주는 표집분포인 t 분포, Z 분포, F 분포 등을 이용하기 위해 연구자들은 자신의 표본 자료가 반드시 통계학자들이 중심극한정리에 따라 오차확률분포를 개발하기 위해 사용한 이론적 자료의 성질과 확률 실험 조건과 관련된 기본 가정의 충족 여부를 확인해 보아야 한다고 했다. 마찬가지로, 통계적 검정을 위해 χ^2 분포를 표집분포로 사용하기 위해서도 다음과 같은 몇 가지 기본 가정을 충족해야 한다.

첫째, 측정변인이 명명척도로 측정된 범주변인 또는 범주화 변인이어야 한다. 예컨대, 측정변인이 성별, 국적, 종교 등과 같은 질적 변인이거나 또는 기온, 수입 정도, 키, 지능, 체중 등과 같은 양적 변수를 연구목적에 따라 몇 개의 범주에 따라 범주화한 변인이어야 한다. 둘째, 표본의 크기가 충분히 커야 한다. Pearson의 χ^2 통계량은 표집 크기가 충분히 클 때만이 근사적으로 χ^2 분포를 따르기 때문에 일반적으로 관심하의 범주변인의 각 범주에 대한 관찰빈도나 이론적 기대빈도의 크기가 5 이상이어야 한다. 좀 더 정확히 말하면, $df = 1$ 인 경우는 각 범주의 기대빈도가 10 이상이 되어야 하고, $df > 1$ 인 경우에는 각 범주의 기대빈도가 5 이상이어야 한다. 만약 표본 자료가 이 가정을 충족하지 못할 경우, 표본의 크기를 충분히 크게 하거나 또는 범주 통합이 연구맥락상 문제가 되지 않으면 인접 범주를 의미 있게 통합하여 범주별 기대빈도와 관찰빈도가 5 이상이 되도록 한 다음 통계적 검정을 실시해야 한다. 셋째, 범주별로 분류된 관찰값들 간에 서로 독립적이어야 한다.

4) 적합도 검정 절차 및 방법

한 연구자가 네 가지 모자 색상(빨강, 노랑, 초록, 파랑)에 대한 만 5세 유아들의 선호가 각각 다음과 같이 나타났다고 가정하자.

$$P(빨강) = .35, P(노랑) = .30, P(초록) = .10, P(파랑) = .25$$

이러한 연구결과에 근거하여, 한 연구자는 유아들이 모자를 통해 보여 준 색상의 선호빈도가 가방의 색상에서도 동일하게 나타날 것인지를 알아보기 위해 만 5세 유아 300명을 대상으로 네 가지 가방 색상 간의 선호도를 조사한 결과, 〈표 16-3〉과 같이 나타났다고 가정하자.

〈표 16-3〉 가방 색상에 대한 유아들의 선호빈도

범주	기대 비율(π_j)	기대빈도(E_j)	관찰빈도(O_j)	$(O_j - E_j)^2/E_j$
빨간색(R)	.35	105	95	.95
노란색(Y)	.30	90	105	2.5
초록색(G)	.10	30	20	3.3
파란색(B)	.25	75	80	.30

단계 1   연구문제의 진술

연구자의 관심은 모집단에 있어서 범주변인의 범주별 빈도분포가 과연 이론적 또는 경험적으로 설정된 기대빈도분포와 동일한 분포를 가지는지를 알고 싶어 하는 것이다. 앞의 가상적인 연구상황에서 연구자는 유아들이 네 가지 가방 색상에 대한 선호가 과연 이미 선행연구에서 모자의 색상 선호에서 관찰된 선호와 같을 것인지에 대해 알고 싶어 하는 것이다. 따라서 연구문제를 다음과 같이 진술할 수 있다.

> 네 가지 기본 색상(빨강, 노랑, 파랑, 초록)에 대한
> 유아들의 가방 색상 선호는 모자 색상 선호와 같은가?

단계 2   연구가설 진술

일단 연구문제가 진술되면, 진술된 의문문 형태의 연구문제를 서술문으로 변환하면 연구가설을 설정할 수 있다. 앞의 예에서 연구문제 "관찰된 선호와 같을 것인지"에 대해 알고 싶어 하는 것이다. 따라서 앞에서 진술된 연구문제 "네 가지 기본 색상(빨강, 노랑, 파랑, 초록)에 대한 유아들의 가방 색상 선호는 모자 색상 선호도와 같을 것인가?"에 대해 두 가지 가설이 가능하다.

> H_1: 네 가지 기본 색상(빨강, 노랑, 파랑, 초록)에 대한
> 유아들의 가방 색상 선호는 모자 색상 선호와 같을 것이다.

H_2: 네 가지 기본 색상(빨강, 노랑, 파랑, 초록)에 대한

유아들의 가방 색상 선호는 모자 색상 선호와 같지 않을 것이다.

단계 3 통계적 가설 설정

연구가설이 설정되면, 연구자는 설정된 연구가설의 진/위 여부를 통계적으로 검정하기 위해 영가설과 대립가설로 이루어진 통계적 가설을 설정해야 한다.

H_0: 네 가지 기본 색상(빨강, 노랑, 파랑, 초록)에 대한

유아들의 가방 색상 선호는 모자 색상 선호와 같을 것이다.

H_A: 네 가지 기본 색상(빨강, 노랑, 파랑, 초록)에 대한

유아들의 가방 색상 선호는 모자 색상 선호와 같지 않을 것이다.

단계 4 통계 검정을 위한 표집분포 선정

범주의 수가 J개일 경우, $df_v = J-1$인 χ^2분포를 선정한다. 이 예제의 경우, 범주(J)$=4$ 이므로 통계적 유의성 검정을 위해 사용해야 할 표집분포는 $df = 3$인 $\chi^2(3)$분포이다.

단계 5 검정통계량 χ^2 계산

$$\chi^2 = \sum_{j=1}^{k} \frac{(O_j - E_j)^2}{E_j} \text{ 이므로,}$$

본 예제의 경우,

$$\chi^2 = \frac{(105-95)^2}{105} + \frac{(90-105)^2}{90} + \frac{(30-20)^2}{30} + \frac{(75-80)^2}{75}$$

$=7.05$이다.

단계 6 통계적 검정을 위한 유의수준 α 설정

연구의 성격, 통계적 검정력 등을 고려하여 $\alpha = .001, .01, .05$ 중 적절한 유의수준을 설정한다.

● 기각역을 이용한 통계적 검정 방법을 사용할 경우 ●

단계 7 임계치 파악과 기각역 설정

단일표본의 분산에 대한 χ^2 검정과 달리 빈도에 대한 Pearson의 χ^2 검정에서는 H_0을 기

각하기 위해 설정되는 기각역이 항상 주어진 χ^2분포의 우측에 설정된다. 예컨대, 유의수준을 $\alpha = .05$로 설정할 경우 이 예제에서 통계적 유의성 검정을 위해 사용해야 할 임계치는 $\chi^2_{.05}(3) = 7.81$이며, 따라서 기각역은 $\chi^2 \geq 7.81$이다.

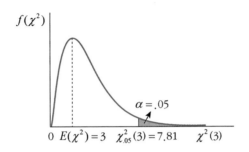

단계 8 통계적 유의성 판단

통계치 $\chi^2 \geq \chi^2_{.05}(3) = 7.81$이면, 영가설을 기각하고 대립가설을 채택한다. 그리고 $\chi^2 < \chi^2_{.05}(3) = 7.81$이면, 영가설을 기각하지 않는다.

단계 9 통계적 검정 결과 해석

이 예제의 경우, 통계치 $\chi^2 = 7.05 < \chi^2_{.05}(3) = 7.81$이므로 영가설을 기각하고 대립가설을 채택할 충분한 확률적 증거가 없기 때문에 영가설을 기각하지 않는다는 통계적 결론을 내린다. 즉, "5세 유아들의 네 가지 가방 색상에 대한 선호빈도가 모자의 색상 선호빈도와 다르지 않다."라고 통계적 판단을 내릴 수 있다.

• p값을 이용한 통계 검정 방법을 사용할 경우 •

단계 7 검정통계치 χ^2에 해당되는 확률값 p 파악

이 예제의 경우, 표집분포인 $\chi^2(3)$에서 검정통계치 $\chi^2 \leq 7.05$에 해당되는 확률값 p를 파악한다. 부록에 제시되는 표집분포에서 $\chi^2(3)$에는 $\chi^2 \leq 7.05$에 해당되는 p값을 파악해야 하지만 도표에서는 모든 χ^2값에 대한 p값을 제공해 주지 않는다. 그러나 SPSS와 같은 통계분석 프로그램을 사용하여 분석할 경우, 주어진 통계량에 해당되는 정확한 p값을 얻을 수 있다.

단계 8 **통계적 유의성 판단**

만약 $p \leq \alpha$이면 영가설을 기각하고 대립가설을 채택한다. 그리고 만약 $p > \alpha$이면 영가설을 기각하지 않는다.

단계 9 **통계 검정 결과 해석**

이 예제의 경우, $p = .07 > .05$이므로 대립가설을 채택할 충분한 확률적 증거가 없기 때문에 영가설을 기각하지 않는다는 통계적 결론을 내린다. 즉, 5세 유아들의 경우 "네 가지 가방 색상에 대한 선호빈도가 모자의 색상 선호빈도와 다르지 않다."라는 통계적(확률적) 판단을 내릴 수 있다.

예제 16-7

한 연구에서 일반인을 대상으로 3개 통신사(A, B, C)에 대한 선호를 조사한 결과, $A = .37$, $B = 33$, $C = .30$으로 조사되었다. 한 연구자는 대학생들을 대상으로 3개 통신사에 대한 선호에 있어서 일반인들의 선호와 차이가 있는지를 알아보기 위해 무작위로 표집된 대학생 300명을 대상으로 3개 통신사에 대한 선호를 조사한 결과, 〈표 A〉와 같이 나타났다고 가정하자. 대학생들의 통신사 선호에 있어서 3개 통신사 간에 차이가 있는지 유의수준 .05에서 통계적 유의성을 검정하시오.

〈표 A〉 3개 통신사에 대한 대학생들의 선호빈도

범주	관찰빈도(O_j)
A사	96
B사	93
C사	111

---

8 범주변인 빈도분포의 두 모집단 간 동질성 검정

앞에서 소개된 단일 모집단 적합도 검정에서는 한 모집단에 있어서 한 범주변인의 빈도분포가 과연 이론적으로 기대되는 빈도분포와 같은지를 확인하기 위해 표본 자료에서 관찰된 빈도분포를 이용하여 통계적으로 검정하는 절차에 대해 알아보았다. 그러나 만약 네 가지 모자 색상에 대한 유아들의 선호빈도에 있어서 남녀 아동 집단 간에 차이가 있을 것인지에 관심을 가질 경우와 같이 연구자가 주어진 범주변인의 범주별 빈도분포가 J개의 집단 간에 동일한지 여부에 관심을 가질 경우, 각 집단으로부터 표집된 표본을 대상으로 관심하의 범주변인의 빈도를 관찰한 다음 관찰된 표본 간 빈도분포의 차이로부터 표집오차를 고려하여 통계적 검정을 실시하고, 그 결과에 따라 집단 간 빈도분포의 동질성 여부를 판단할 수 있을 것이다. 이 경우 집단 변인을 독립변인이라 하고, 관찰 변인을 종속변인이라 한다.

1) 이원분할표

자료는 실제 〈표 16-4〉와 같이 각각의 모집단에서 표집된 표본을 대상으로 범주변인을 관찰하여 얻어지지만 연구문제가 범주변인의 빈도분포에 있어서 집단 간의 차이 여부를 알아보려는 데 있기 때문에 개별·집단별 범주변인의 빈도분포를 하나의 빈도분포로 통합하여 일반적으로 집단(I) × 반응 범주(J) 이원분할표로 정리하여 〈표 16-5〉와 같이 나타낸다. 그래서 집단 수(I)와 범주변인의 범주 수(J)에 따라 2×2, 2×3, 3×2, 3×3 … $I×J$의 이원분할표가 만들어질 수 있다. 아래 그림은 집단(2) × 범주 수(3)인 경우의 분할표의 예이다.

〈표 16-4〉 자료 수집에 따른 집단별 범주변인의 빈도분포

구분		집단 1
범주(J)	1	O_{11}
	2	O_{12}
	3	O_{13}
전체		$O_{1.}$

범주		집단 2
범주(J)	1	O_{21}
	2	O_{22}
	3	O_{23}
전체		$O_{2.}$

〈표 16-5〉 범주변인(J)×집단(I)에 따른 유관표

범주		집단(I)		주변빈도(j)
		집단 1	집단 2	
범주(J)	1	O_{11}	O_{21}	$O_{.1}$
	2	O_{12}	O_{22}	$O_{.2}$
	3	O_{13}	O_{23}	$O_{.3}$
주변빈도(i)		$O_{1.}$	$O_{2.}$	$O_{..}$

〈표 16-5〉 유관표에서 각 칸(cell)의 O_{11}, O_{12}, O_{13}, O_{21}, O_{22}, O_{23}은 표본을 통해 관찰된 관찰빈도 또는 획득빈도이다. 그리고 $O_{1.}$, $O_{2.}$는 집단 I의 주변빈도(marginal frequency)이고, 그리고 $O_{.1}$, $O_{.2}$, $O_{.3}$은 범주 J의 주변빈도를 나타낸다. 마지막으로 $O_{..}$은 전체 사례 수 N을 나타낸다.

2) 기대빈도 계산

각 칸의 관찰빈도는 집단별 주변빈도와 범주별 주변빈도에 따라 달라지기 때문에 주변빈도가 모두 동일한 경우가 아니면 동일한 빈도수가 동일한 의미를 지니지 않는다. 따라서 각 범주별 빈도에 있어서 집단 간 동질성을 판단하기 위해서는 각 집단별 주변빈도를 고려한 기대빈도를 구하고, 그리고 관찰빈도와 기대빈도 간의 차이를 이용하여 집단 간 동질성 정도를 계산해야 한다. 예컨대, $O_{.1}/O_{..}$은 범주 1에 반응한 반응 비율이다. 그리고 $O_{1.}$은 전체 사례 수 중 집단 1의 반응자의 비율이다. 따라서 $E_{ij} = O_{1.}*(O_{.1}/O_{..})$은 바로 O_{11}에 대한 기대빈도가 된다. 동일한 방법에 따라 각 칸에 대한 기대빈도를 다음과 같이 계산한다.

$$E_{11} = O_{1.}*(O_{.1}/O_{..})$$
$$E_{21} = O_{2.}*(O_{.1}/O_{..})$$
$$E_{12} = O_{1.}*(O_{.2}/O_{..})$$
$$E_{22} = O_{2.}*(O_{.2}/O_{..})$$
$$E_{13} = O_{1.}*(O_{.3}/O_{..})$$
$$E_{23} = O_{2.}*(O_{.3}/O_{..})$$

구분		집단 1		집단 2		주변빈도(j)
		관찰빈도	기대빈도	관찰빈도	기대빈도	
범주(J)	1	O_{11}	E_{11}	O_{21}	E_{21}	$O_{.1}$
	2	O_{12}	E_{12}	O_{22}	E_{22}	$O_{.2}$
	3	O_{13}	E_{13}	O_{23}	E_{23}	$O_{.3}$
주변빈도(i)		$O_{1.}$		$O_{2.}$		$O_{..}$

3) 동질성 정도 계산

만약 두 집단 간에 범주변인의 범주별 빈도분포가 동일하다면 각 셀의 기대빈도와 관찰빈도의 차이가 $E_{ij} - O_{ij} = 0$일 것이고, 따라서 개념적으로 $\sum_{j=1}\sum_{i=1}(O_{ij} - E_{ij})$의 값을 구하면 관찰빈도의 기대빈도에 대한 전반적인 적합도, 즉 동질성 정도를 나타내는 값을 얻을 수 있을 것이다. 그러나 앞에서 이미 언급한 바와 같이, 문제는 항상 $\sum_{j=1}\sum_{i=1}(O_{ij} - E_{ij}) = 0$가 되기 때문에 산술적으로 부합 정도를 나타내는 $\sum_{j=1}\sum_{i=1}(O_{ij} - E_{ij})$값을 계산할 수 없다는 것이다. 그래서 이러한 문제를 해결하기 위해 $\sum_{j=1}\sum_{i=1}(O_{ij} - E_{ij})$ 대신 $\sum_{j=1}\sum_{i=1}(O_{ij} - E_{ij})^2$의 값을 계산한다. 그리고 각 셀별 기대빈도가 (E_{ij})가 다르게 설정되기 때문에 전반적인 동질성 정도를 나타내는 값을 구하기 위해서는 공식 (16.20)과 같이 각 셀의 $(O_{ij} - E_{ij})^2$을 해당 범주의 기대빈도 E_{ij}로 나누어 얻어진 값들의 총합을 구해야 한다.

$$\chi^2 = \sum_{j=1}\sum_{i=1}(O_{ij} - E_{ij})^2/E_{ij} \qquad \cdots (16.20)$$

만약 계산된 $\chi^2 = \sum_{j=1}\sum_{i=1}(O_{ij} - E_{ij})^2/E_{ij} = 0$이면 모든 범주에서 관찰빈도분포와 기대빈도분포와 일치하는 경우이고, $\chi^2 = \sum_{j=1}\sum_{i=1}(O_{ij} - E_{ij})^2/E_{ij} > 0$이면 일부 또는 모든 범주의 관찰빈도분포가 기대빈도분포와 일치하지 않는 경우이다. 그 값이 클수록 관찰빈도와 기대빈도 간에 차이가 더 크기 때문에 빈도분포에 있어서 집단 간에 차이가 더 클 것으로 기대할 수 있다.

표본 자료에서 계산된 통계치 $\chi^2 = \sum_{j=1}\sum_{i=1}(O_{ij} - E_{ij})^2/E_{ij}$는 표집에 따른 오차가 오염된 값이기 때문에 실제로는 $\chi^2 = \sum_{j=1}\sum_{i=1}(O_{ij} - E_{ij})^2/E_{ij} = 0$임에도 불구하고 표집오차에 의해 $\chi^2 = \sum_{j=1}\sum_{i=1}(O_{ij} - E_{ij})^2/E_{ij} > 0$인 값으로도 얻어질 수 있다. 그래서 실제로 $\chi^2 = \sum_{j=1}\sum_{i=1}(O_{ij} - E_{ij})^2/E_{ij} > 0$으로 얻어진 경우라도 관찰빈도가 기대빈도와 다른 것으로 판단하지 않고, 과연 $\chi^2 = \sum_{j=1}\sum_{i=1}(O_{ij} - E_{ij})^2/E_{ij}$이 표집오차에 의해 얻어진 것인지 아니면 표집오차에 의한 값으로 볼 수 없는지 여부를 판단하기 위해 통계적 검정을 해 보아야 한다. 이를 위해 연구자는 자신의 연구 자료인 표본에서 얻어진 $\chi^2 = \sum_{j=1}\sum_{i=1}(O_{ij} - E_{ij})^2/E_{ij}$가 순수하게 표집오차에 의해 얻어질 확률을 알아야 하기 때문에 반드시 $\chi^2 = \sum_{j=1}\sum_{i=1}(O_{ij} - E_{ij})^2/E_{ij}$의 표집분포를 알아야 한다.

4) χ^2의 표집분포 파악

이미 앞에서 설명한 바와 같이, 반복표집을 통해 $\chi^2 = \sum_{j=1}^{}\sum_{i=1}^{}(O_{ij} - E_{ij})^2/E_{ij}$값들을 관찰할 경우 $\chi^2 = \sum_{j=1}^{}\sum_{i=1}^{}(O_{ij} - E_{ij})^2/E_{ij}$값들의 표집분포가 근사적으로 자유도 $v = (j-1)(i-1)$인 χ^2분포를 따르는 것으로 나타났다. 따라서 연구자는 $\chi^2_{(j-1)(i-1)}$분포를 표집분포로 사용하여 자신의 표본에서 얻어진 통계치 $\chi^2 = \sum_{j=1}^{}\sum_{i=1}^{}(O_{ij} - E_{ij})^2/E_{ij}$가 표집오차에 의해 얻어질 확률적 정보를 파악한 다음, 통계적 검정을 실시해야 한다.

지금까지 J개 모집단 빈도분포의 동질성 정도를 나타내는 통계치 $\chi^2 = \sum_{j=1}^{}\sum_{i=1}^{}(O_{ij} - E_{ij})^2/E_{ij}$를 계산하는 이유와 방법 그리고 $\chi^2 = \sum_{j=1}^{}\sum_{i=1}^{}(O_{ij} - E_{ij})^2/E_{ij}$의 분포가 어떤 확률분포를 이루고 있는지를 알아보았다. 이제 동질성 비교를 위한 집단의 수가, ① 두 개인 경우와, ② 두 개 이상인 경우의 구체적인 예를 통해 $\chi^2 = \sum_{j=1}^{}\sum_{i=1}^{}(O_{ij} - E_{ij})^2/E_{ij}$의 표집분포를 이용하여 집단 간 동질성 검정(적합도 검정)을 실시하기 위한 구체적인 절차와 방법에 대해 알아보겠다.

단계 1 연구문제 진술

한 연구자는 어느 유아용 의류를 제작하는 회사에서 유아들이 좋아하는 모자 색상의 선호에 있어서 남녀 아동 간에 차이가 있는지 알아보기 위해 만 5세 아동 중 무작위로 남자 120명과 여자 130명을 표집한 다음, 각 표본 집단에 네 가지 색상(빨강, 노랑, 초록, 파랑) 중 어느 한 색상으로 만들어진 4개의 모자를 제시한 후 자신이 좋아하는 모자를 선택하도록 하였다. 〈표 16-6〉은 수집된 자료를 성별(2) × 색상(4)에 따른 이원분할표에 관찰빈도를 정리한 가상적인 자료이다. 이 가상적인 자료를 이용하여 집단 간 동질성 검정을 위한 구체적인 χ^2 검정 절차에 대해 알아보도록 하겠다.

〈표 16-6〉 성별(2)×색상(4)에 따른 분할표

구분		독립변인		주변빈도(j)
		남자	여자	
종속변인	빨간색	50	47	97
	노란색	35	37	67
	초록색	20	28	43
	파란색	15	18	33
주변빈도(i)		120	130	250

연구자의 관심은 남녀 유아들 간에 네 가지 가방 색상에 대한 선호에 차이가 있을 것인가를 알아보려는 데 있기 때문에 연구문제는 다음과 같이 진술할 수 있다.

네 가지 가방 색상(빨강, 노랑, 파랑, 초록)의 선호 비율에 있어서
남녀 아동 집단 간에 차이가 있는가?

단계 2 연구가설 설정

일단 연구문제가 진술되면, 진술된 의문문 형태의 연구문제를 서술문으로 변환하면 연구가설을 설정할 수 있다. 앞의 예에서 연구문제 "관찰된 선호와 같을 것인지"에 대해 알고 싶어 하는 것이다. 따라서 앞에서 진술된 연구문제 "네 가지 기본 색상(빨강, 노랑, 파랑, 초록)에 대한 유아들의 가방 색상 선호에 있어서 남녀 아동 집단 간에 차이가 있는가?"에 대해 두 가지 가설이 가능하다.

H_1: 네 가지 가방 색상(빨강, 노랑, 파랑, 초록)에 대한 유아들의 색상 선호
비율에 있어서 남녀 아동 집단 간에 차이가 있을 것이다.

H_2: 네 가지 가방 색상(빨강, 노랑, 파랑, 초록)에 대한 유아들의 색상 선호
비율에 있어서 남녀 아동 집단 간에 차이가 있지 않을 것이다.

단계 3 통계적 가설 설정

연구가설이 설정되면, 연구자는 설정된 연구가설의 진/위 여부를 통계적으로 검정하기 위해 영가설과 대립가설로 이루어진 통계적 가설을 설정해야 한다.

H_0: 네 가지 가방 색상(빨강, 노랑, 파랑, 초록)에 대한 유아들의 색상 선호
비율에 있어서 남녀 아동 집단 간에 차이가 있지 않을 것이다.

H_A: 네 가지 가방 색상(빨강, 노랑, 파랑, 초록)에 대한 유아들의 색상 선호
비율에 있어서 남녀 아동 집단 간에 차이가 있을 것이다.

단계 4 통계 검정을 위한 표집분포 선정

통계적 검정을 위한 표집분포는 $df_v = (j-1)(i-1)$인 χ^2분포이다. 이 예제의 경우, 집단$(i)=2$, 범주$(J)=4$이기 때문에 $df_v = (j-1)(i-1) = 3$이며, 통계적 유의성 검정을 위해 사용해야 할 표집분포는 $df = 3$인 $\chi^2(3)$분포이다.

단계 5 검정통계량 χ^2 계산

각 셀별로 E_{ij}과 $(O_{ij} - E_{ij})^2$를 파악한 다음, 검정통계량을 계산한다.

$$E_{11} = O_{1.}*(O_{.1}/O_{..}), E_{21} = O_{2.}*(O_{.1}/O_{..}), E_{12} = O_{1.}*(O_{.2}/O_{..})$$
$$E_{22} = O_{2.}*(O_{.2}/O_{..}), E_{13} = O_{1.}*(O_{.3}/O_{..}), E_{23} = O_{2.}*(O_{.3}/O_{..})$$
$$\chi^2 = \sum_{j=1}\sum_{j=1} \frac{(O_{ij}-E_{ij})^2}{E_{ij}}$$

범주	남자			여자			주변빈도(j)
	O_{ij}	E_{ij}	$(O_{ij}-E_{ij})^2$	O_{ij}	E_{ij}	$(O_{ij}-E_{ij})^2$	
빨간색	50	46.56	11.83	47	50.44	11.83	97
노란색	35	32.16	8.07	37	34.84	4.67	67
초록색	20	20.64	0.41	28	22.36	31.81	43
파란색	15	15.84	0.71	18	17.16	0.71	33
주변빈도(i)	120			130			250

$$\chi^2 = \frac{(50-46.56)^2}{46.56} + \frac{(47-50.44)^2}{50.44} + \frac{(35-32.16)^2}{32.16} + \frac{(37-34.84)^2}{34.84}$$
$$+ \frac{(20-20.64)^2}{20.64} + \frac{(28-22.36)^2}{22.36} + \frac{(15-15.84)^2}{15.84} + \frac{(18-17.16)^2}{17.16}$$
$$= 2.40$$

단계 6 통계적 검정을 위한 유의수준 α 선정

연구의 성격, 통계적 검정력 등을 고려하여 $\alpha = .001, .01, .05$ 중 적절한 유의수준을 설정한다.

• 기각역을 이용한 통계적 검정 방법을 사용할 경우 •

단계 7 임계치 파악과 기각역을 설정

유의수준을 $\alpha = .05$로 설정할 경우, 이 예제에서 통계적 유의성 검정을 위해 사용해야 할 임계치는 $\chi^2_{.05}(3) = 7.81$이며, 따라서 기각역은 $\chi^2 \geq 7.81$이다.

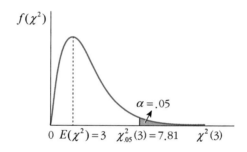

단계 8 통계적 유의성 판단

통계치 $\chi^2 \geq \chi^2_{.05}(3) = 7.81$이면, 영가설을 기각하고 대립가설을 채택한다. 통계치 $\chi^2 < \chi^2_{.05}(3) = 7.81$이면, 영가설을 기각하지 않는다.

단계 9 통계 검정 결과 해석

이 예제의 경우, $\chi^2 = 2.40 < \chi^2_{.05}(3) = 7.81$이므로 영가설을 기각하지 않는다는 통계적 결론을 내린다. 즉, 5세 유아들의 네 가지 가방 색상에 대한 선호 비율에 있어서 남녀 아동 집단 간에 차이가 없는 것으로 해석한다.

• p값을 이용한 통계적 검정 방법을 사용할 경우 •

단계 7 검정통계치에 해당되는 확률값 p를 파악

표집분포인 $\chi^2(3)$분포에서, 이 예제의 경우 검정통계치 $\chi^2 = 2.40$에 해당되는 확률값 p를 파악한다. 확률값 p는 도표에 제시된 $\chi^2(3)$에서 직접 파악할 수 없기 때문에 내삽법으로 추정해야 하며, SPSSwin 프로그램을 실행할 경우 산출표에 통계치와 함께 제공해 준다.

단계 8 통계적 유의성 판단

만약 $p \leq \alpha$이면 영가설을 기각하고 대립가설을 채택한다. 그리고 만약 $p > \alpha$이면 영가설을 기각하지 않는다. 이 예제의 경우, $p > .05$이므로 영가설을 기각할 만한 충분한 확률적 근거가 없기 때문에 영가설을 기각하지 않는다.

단계 9 통계 검정 결과 해석

영가설이 기각되지 않을 경우, "5세 유아들의 네 가지 가방 색상에 대한 선호 비율에 있어서 남녀 아동 집단 간에 차이가 없다."라고 해석한다. 만약 이 결과와 달리 통계적으로 유의한 것으로 나타날 경우, 이는 범주변인의 유목별 빈도에 있어서 집단 간에 통계적으로 유의한 차이가 있다는 전반적인 판단인기 때문에 범주변인의 유목 중 어느 유목에서 집단 간 차이가 있는지를 알아보기 위해 구체적인 사후비교를 해 보아야 한다.

SPSS를 이용한 단일표본 적합도 검정

1. ① <u>A</u>nalyze → ② <u>D</u>escriptive Statistics → ③ <u>C</u>roddtabs… 순으로 클릭한다.

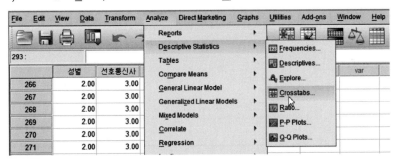

2. ⑤ Crosstabs 메뉴창에서 ⑥ 독립변인은 ⑦ <u>R</u>ow(s)로 ⑧ 종속변인은 ⑨ <u>C</u>olumn(s)로 이동시킨다. 그리고 ⑩ <u>S</u>tatistics를 클릭한다.

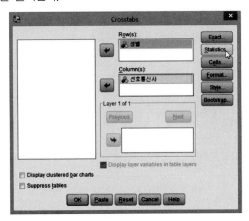

3. ⑪ Crosstab Statistics 메뉴창에서 ⑫ □ Chi-Square를 선택한 다음 ⑬ Continue를 클릭한다.

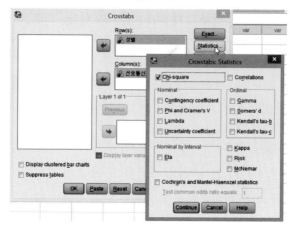

4. OK를 클릭한다.

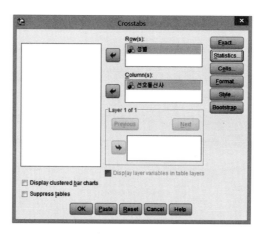

산출 결과

성별 선호 통신사 Crosstabulation

			선호 통신사			
			1.00	2.00	3.00	Total
성별	1.00	Count	70	55	45	170
		Expected Count	56.7	65.2	48.2	170.0
	2.00	Count	30	60	40	130
		Expected Count	43.3	49.8	36.8	130.0
Total		Count	100	115	85	300
		Expected Count	100.0	115.0	85.0	300.0

Chi-Square Tests

	Value	df	Asymp. Sig. (2-sided)
Pearson Chi-Square	11.380[a]	2	.003
Likelihood Ratio	11.619	2	.003
Linear-by-Linear Association	5.997	1	.014
N of Valid Cases	300		

a. 0 cells (0.0%) have expected count less than 5. The minimum expected
   count is 36.83.

Chi-Square Tests 요약표에서 볼 수 있는 바와 같이, 검정통계량 $Pearson\ \chi^2 = 11.380$, $p = .003$으로 나타나 있다. 따라서 3개 통신사 선호 비율에 있어서 남녀 대학생 집단 간에 통계적으로 유의한 차이가 있다.

예제 16-8

한 연구자는 3개 통신사(A, B, C)에 대한 선호 비율에 남녀 대학생들 간 차이가 있는지 알아보기 위해 대학생들 중에서 무작위로 남자=170, 여자=130명씩 표집한 다음 각 표본 집단의 대학생들을 대상으로 종속변인인 3개 통신사 중 자신들이 선호하는 통신사를 조사하였다. 〈표 A〉는 수집된 자료를 성별(2)×통신사(3)에 따라 분할표에 관찰빈도를 정리한 가상적인 자료이다. 다음의 가상적인 자료를 이용하여 집단 간 동질성을 유의수준 .05에서 검정하시오.

〈표 A〉 성별(2)×통신사 선호(3)에 따른 분할표

종속변인	남자	여자	주변빈도(j)
A사	70	30	100
B사	55	60	115
C사	45	40	85
주변빈도(i)	170	130	300

5) 다집단 간 범주변인의 빈도분포의 동질성 검정 절차

앞에서는 두 집단 간 빈도분포의 동질성 검정 절차에 대해 알아보았다. 그러나 집단의 수가 두 개 이상인 다집단 간 동질성에 대한 연구문제를 다루는 경우도 많다. 여기서는 집단의 수가 3개인 경우를 통해 다집단 간 범주변인의 빈도분포의 동질성을 검정하기 위해 절차와 방법에 대해 알아보고자 한다. 집단 수가 두 개인 경우, χ^2 검정을 통해 통계적으로 집단 간에 유의한 차이가 있는 것으로 나타날 경우에 두 집단 중 빈도수가 큰 집단이 작은 집단보다 크다는 결론을 바로 내릴 수 있다. 그러나 만약 집단 수가 두 개 이상일 경우에 통계적으로 유의하게 나타난 χ^2 검정 결과는 집단 간에 다르다는 전반적인 통계적 판단이며, 구체적으로 어느 집단과 어느 집단이 다른지에 대한 구체적인 결과를 말해 주지는 않는다. 만약 연구문제가 오직 집단들 간의 동질성 여부에 대한 전반적인 정보를 알고 싶은 것이라면 "범주변인의 범주별 빈도에 있어서 집단 간에 차이가 있다."라는 결과를 제시하면 된다. 그러나 집단들 간의 구체적인 차이에 대한 정보에 추가적인 관심을 가질 경우에는 사후 검정(post hoc comparison)을 통해 모든 가능한 집단짝(all pairwise comparison) 간의 동질성 여부를 분석하고 통계적 검정을 통해 확인하는 절차가 필요하다. 이는 다분히 탐색적인 절차이기 때문에 모든 가능한 단순 집단짝 간의 동질성 여부가 검정된다. 즉, 사후비교에서는 원칙적으로 복합짝별 비교(complex comparison)가 아닌 단순 집단짝들 간의 동질성 여부가 탐색적으로 검정된다는 것이다.

연구자의 관심이 처음부터 구체적인 집단들 간의 차이 여부에 있거나 또는 특정 집단들을 통합하여 비교하는 복합비교에 있다면, 집단들 간의 동질성 여부에 대한 전반적인 검정을 할 필요 없이 사전에 특정 비교 집단을 구체적으로 설정하고, 그리고 설정된 집단들 간의 동질성만을 직접 검정하는 사전비교 절차(planned comparison)를 따라야 한다.

예컨대, 한 연구자가 어느 유아용 의류를 제작하는 회사에서 유아들이 좋아하는 모자 색상의 선호에 있어서 연령 간(4세, 5세, 6세)에 차이가 있는지 알아보려 한다고 가정하자. 이 경우의 집단 간 동질성 검정을 위한 구체적인 χ^2 검정 절차에 대해 알아보도록 하겠다.

단계 1 연구문제 진술

연구자의 관심은 유아들의 연령에 따라 네 가지 가방 색상에 대한 선호에 차이가 있을 것인가를 알아보려는 데 있기 때문에 연구문제를 다음과 진술할 수 있다.

> 네 가지 가방 색상(빨강, 노랑, 파랑, 초록)에 대한 선호 비율에 있어서
> 연령(4, 5, 6) 집단 간에 차이가 있는가?

단계 2 연구가설 설정

일단 연구문제가 진술되면, 진술된 의문문 형태의 연구문제를 서술문으로 변환하면 연구가설을 설정할 수 있다. 따라서 앞에서 진술된 연구문제 "네 가지 가방 색상(빨강, 노랑, 파랑, 초록)에 대한 선호 비율에 있어서 연령(4세, 5세, 6세) 집단 간에 차이가 있는가?"에 대해 두 가지 가설이 가능하다.

H_1: 네 가지 가방 색상(빨강, 노랑, 파랑, 초록)에 대한 유아들의 선호 비율
에 있어서 연령(4세, 5세, 6세) 간에 차이가 있을 것이다.

H_2: 네 가지 가방 색상(빨강, 노랑, 파랑, 초록)에 대한 유아들의 선호 비율
에 있어서 연령(4세, 5세, 6세) 간에 차이가 있지 않을 것이다.

연구자는 이 두 가지 가설 중에서 이론적 · 경험적 근거로부터 가장 지지를 많이 받는 가설을 자신의 연구가설로 설정한다.

단계 3 통계적 가설 설정

연구가설이 설정되면, 연구자는 설정된 연구가설의 진위 여부를 통계적으로 검정하기 위해 영가설과 대립가설로 이루어진 통계적 가설을 설정해야 한다.

H_0: "네 가지 가방 색상(빨강, 노랑, 파랑, 초록)에 대한 유아들의 선호 비
율에 있어서 연령(4세, 5세, 6세) 간에 차이가 있지 않을 것이다.

H_A: "네 가지 가방 색상(빨강, 노랑, 파랑, 초록) 중 최소 한 가지 색상에 대
한 선호 비율에 있어서 연령 간에 차이가 있을 것이다.

단계 4 통계 검정을 위한 표집분포 선정

통계적 검정을 위한 사용해야 할 표집분포는 $df_v = (j-1)(i-1)$인 $\chi^2(j-1, i-1)$분포이다. 이 예제의 경우, 집단$(i)=3$, 범주$(j)=4$이기 때문에 $df_v = (j-1)(i-1)=6$이다. 따라서 통계적 유의성 검정을 위해 사용해야 할 표집분포는 $\chi^2(6)$분포이다.

단계 5 검정통계량 χ^2 계산

각 셀별로 E_{ij}과 $(O_{ij} - E_{ij})^2$를 계산하고, 그리고 검정통계량 χ^2을 계산한다.

종속변인	4세			5세			6세			주변빈도 (j)
	O_{ij}	E_{ij}	$(O_{ij}-E_{ij})^2$	O_{ij}	E_{ij}	$(O_{ij}-E_{ij})^2$	O_{ij}	E_{ij}	$(O_{ij}-E_{ij})^2$	
빨간색	20	24.3	18.49	30	24.3	32.49	23	24.3	1.69	73
노란색	40	31.7	68.89	30	31.7	2.89	25	31.7	44.89	95
초록색	20	25.0	25.0	25	25.0	0	30	25.0	25.0	75
파란색	20	19.0	1.0	15	19.0	16.0	22	19.0	9	57
주변빈도(i)	100			100			100			300

$$\chi^2 = \sum_{j=1}\sum_{j=1} \frac{(O_{ij}-E_{ij})^2}{E_{ij}}$$

$$= \frac{18.49}{24.3} + \frac{32.49}{24.3} + \frac{1.69}{24.3} + \frac{68.89}{31.7} + \frac{2.89}{31.7} + \frac{44.89}{31.7}$$

$$+ \frac{25}{25} + \frac{0}{25} + \frac{25}{25} + \frac{1}{19} + \frac{16}{19} + \frac{9}{19}$$

$$= 9.21$$

단계 6 통계적 검정을 위한 유의수준 α 선정

연구의 성격, 통계적 검정력 등을 고려하여 $\alpha = .05, .01, .001$ 중에서 적절한 유의수준을 설정한다.

● 기각역을 이용한 통계적 검정 방법을 사용할 경우 ●

단계 7 임계치 파악과 기각역을 설정

유의수준을 $\alpha = .05$로 설정할 경우, 이 예제에서 통계적 유의성 검정을 위해 사용해야 할 임계치는 $\chi^2_{.05}(6) = 12.59$이며, 따라서 기각역은 $\chi^2 \geq 12.59$이다.

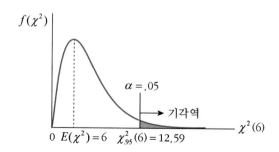

단계 8 통계적 유의성 판단

$\chi^2 \geq \chi^2_{.05}(6) = 12.59$이면, 영가설을 기각하고 대립가설을 채택한다. 그리고 $\chi^2 < \chi^2_{.05}(6)$ $= 12.59$이면, 영가설을 기각하지 않는다.

• p값을 이용한 통계적 검정 방법을 사용할 경우 •

단계 7 검정통계치에 해당되는 확률값 p 파악

표집분포인 $\chi^2(6)$분포에서 검정통계치 χ^2에 해당되는 확률값 p를 파악한다. 확률값 p는 도표에 제시된 $\chi^2(6)$에서 직접 파악할 수 없으며 내삽법에 의해 근사치를 구할 수밖에 없다. SPSSwin과 같은 통계분석 프로그램을 이용할 경우, 산출 결과에 주어진 χ^2에 대한 정확한 p값을 제공해 준다.

단계 8 통계적 유의성 판단

만약 $p \leq \alpha$이면 영가설을 기각하고 대립가설을 채택한다. 그리고 만약 $p > \alpha$이면 영가설을 기각하지 않는다.

단계 9 통계 검정 결과 해석

본 예제의 경우, $p > .05$이므로 영가설을 기각하고 대립가설을 수용할 만한 충분한 확률적 근거가 없기 때문에 영가설을 기각하지 않는다. 따라서 네 가지 가방 색상(빨강, 노랑, 파랑, 초록)에 대한 유아들의 선호 비율에 있어서 연령(4세, 5세, 6세) 간에 차이가 없는 것으로 해석한다.

SPSS를 이용한 다집단 모집단분포의 동질성 검정

1. ① **A**nalyze → ② **D**escriptive Statistics → ③ **C**rosstabs… 순으로 클릭한다.

2. ⑤ Crosstabs 메뉴창에서 ⑥ 독립변인은 ⑦ R_ow(s)로 ⑧ 종속변인은 ⑨ C_olumn(s)로 이동시킨다. 그리고 ⑩ S_tatistics를 클릭한다.

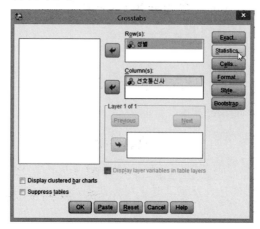

3. ⑪ Crosstab Statistics 메뉴창에서 ⑫ □ Ch_i-Square를 선택한 다음 ⑬ Continue를 클릭한다.

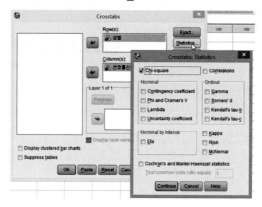

4. OK를 클릭한다.

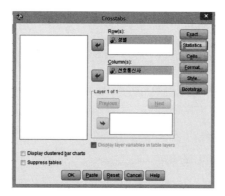

산출 결과

연령*선호 색상 Crosstabulation

			선호 색상				Total
			1.00	2.00	3.00	4.00	
연령	4.00	Count	20	40	20	20	100
		Expected Count	24.3	31.7	25.0	19.0	100.0
	5.00	Count	30	30	25	15	100
		Expected Count	24.3	31.7	25.0	19.0	100.0
	6.00	Count	23	25	30	22	100
		Expected Count	24.3	31.7	25.0	19.0	100.0
Total		Count	73	95	75	57	300
		Expected Count	73.0	95.0	75.0	57.0	300.0

Chi-Square Tests

	Value	df	Asymp. Sig. (2-sided)
Pearson Chi-Square	9.217[a]	6	.162
Likelihood Ratio	9.174	6	.164
Linear-by-Linear Association	.546	1	.460
N of Valid Cases	300		

a. 0 cells (0.0%) have expected count less than 5. The minimum expected count is 19.00.

Chi-Square Tests 요약표에서 볼 수 있는 바와 같이, 검정통계량 Pearson $\chi^2 = 9.21$, $p = .162$으로 나타나 있다. 따라서 유아들의 가방 색상 선호 비율에 있어서 연령(4세, 5세, 6세) 간에 통계적으로 유의한 차이가 없다.

예제 16-9

한 연구자는 어느 유아용 의류를 제작하는 회사에서 유아들이 좋아하는 모자 색상의 선호에 있어서 연령 간(4세, 5세, 6세)에 차이가 있는지 알아보기 위해 각 연령 집단별로 100명씩 무작위로 표집한 다음 각 표본 집단에 네 가지 색상(빨강, 노랑, 초록, 파랑) 중 어느 한 색상으로 만들어진 4개의 모자를 제시한 후 자신이 좋아하는 모자를 선택하게 한 결과, 다음과 같이 나타났다. 유아들이 좋아하는 모자 색상의 선호에 있어서 연령 간(4세, 5세, 6세)에 차이가 있는지 유의수준 .05에서 기각역 방법으로 검정하시오.

〈표 A〉 연령에 따른 색상 선호 빈도분포

범주	4세	5세	6세	주변빈도(j)
빨간색	20	30	23	73
노란색	40	30	25	95
초록색	20	25	30	75
파란색	20	15	22	57
주변빈도(i)	100	100	100	300

9   두 범주변인 간 독립성 검정

한 모집단으로부터 두 개의 범주변인을 동시에 관찰할 경우, 두 가지 경우를 기대할 수 있다. 첫째, 관찰된 한 범주변인의 범주별 빈도가 다른 범주변인의 범주에 따라 다른 경우이다. 즉, 두 범주변인이 서로 독립적이지 않은 경우이다. 둘째, 한 범주변인의 범주별 빈도가 다른 한 범주변인의 범주에 따라 동일한 경우이다. 즉, 두 범주변인이 서로 독립적인 경우이다.

1) 두 범주변인 간 독립성 검정을 위한 분할표 파악

한 범주변인의 범주별 빈도가 여러 집단 간에 차이가 있는지를 알아보려는 경우에는 J개의 모집단으로부터 표본을 표집한 다음, 각 모집단별로 관심하의 범주변인의 빈도분포를 관찰하여 얻어진 빈도분포 자료로 (범주변인의 범주의 수)×(집단의 수)에 따른 분할표(contingency table)를 작성한다.

두 범주변인 간의 독립성 검정에서는 한 모집단에서 무작위로 표집된 표본을 대상으로 범주변인 A와 범주변인 B를 동시에 측정한 다음, 관찰된 자료를 〈표 16-7〉과 같이 (범주변인 A)×(범주변인 B)의 분할표로 정리한 다음 분할표 분석(contingency table analysis)을 한다.

〈표 16-7〉 (범주변인 A)×(범주변인 B)의 분할표 형태

범주		범주변인 B				주변빈도
		B_1	B_2	$\cdots$	B_c	
범주변인 A	A_1	O_{11}	O_{12}	$\cdots$	O_{1c}	$O_{1.}$
	A_2	O_{21}	O_{22}	$\cdots$	O_{2c}	$O_{2.}$
	$\vdots$	$\vdots$	$\vdots$	$\vdots$	$\vdots$	$\vdots$
	A_r	O_{r1}	O_{r2}	$\cdots$	O_{rc}	$O_{r.}$
주변빈도		$O_{.1}$	$O_{.2}$		$O_{.c}$	N

두 범주변인 간의 독립성 여부를 알아보기 위해, 실제로 대부분의 경우 모집단을 대상으로 두 범주변인을 관찰할 수 없기 때문에 모집단에서 표집된 표본을 대상으로 두 범주변인

의 범주별 빈도를 관찰할 수밖에 없다.

이 분할표에서 각 칸(cell)의 O_{11}, O_{12}, O_{13}, O_{21}, O_{22}, O_{23} ··· O_{rc}은 표본을 통해 관찰된 관찰빈도 또는 획득빈도이다. 그리고 $O_{1.}$, $O_{2.}$ ··· $O_{r.}$는 범주변인 A의 주변빈도이고, 그리고 $O_{.1}$, $O_{.2}$, $O_{.3}$ ··· $O_{.c}$은 범주변인 B의 주변빈도를 나타낸다. 마지막으로, $O_{..}$은 전체 사례 수 N을 나타낸다.

$$O_{i.} = \sum_{j=1}^{c} O_{ij}$$

$$O_{.j} = \sum_{i=1}^{r} O_{ij}$$

$$N = \sum_{i=1}^{r} \sum_{j=1}^{c} O_{ij}$$

그리고 $O_{i.}/N$은 변인 A의 하위 범주 i의 관찰 비율이고 $O_{.j}/N$는 변인 B의 하위 범주 j의 관찰 비율이다. 만약 범주변인 A와 범주변인 B가 서로 독립적이라면, 어떤 한 조사 대상자의 반응이 하위 범주 A_i와 B_j에 동시에 속할 확률은 각 범주에 속할 확률의 곱이 된다. 따라서 $r \times c$에 따른 각 칸의 기대빈도는 확률의 곱에 전체 사례 수를 곱하면 된다. 예컨대, $A_1 B_1$의 기대빈도 E_{11}은 다음과 같이 계산된다. 어떤 사례가 A_1일 확률은 $P(A_1)$이고 어떤 사람이 B_1일 확률은 $P(B_1)$이다. 영가설에서 변인 A와 변인 B가 독립이므로 $P(A_1 \text{ and } B_1) = P(A_1) X P(B_1) = \dfrac{O_{1.}}{N} X \dfrac{O_{.1}}{N}$ 이다. 영가설이 진일 때 A_1 그리고 B_1인 경우의 기대빈도는 $E_{11} = N(\dfrac{O_{1.}}{N})(\dfrac{O_{.1}}{N}) = \dfrac{O_{1.} O_{.1}}{N}$ 이 된다. 따라서 E_{ij}의 기대빈도를 계산하기 위한 공식은 다음과 같이 나타낼 수 있다.

$$E_{ij} = N(\frac{O_{i.}}{N})(\frac{O_{.j}}{N}) = \frac{O_{i.} O_{.j}}{N} \qquad \cdots\cdots(16.21)$$

구분		변인 B							주변빈도 (A)
		B_1		B_2		$\cdots$	B_c		
		관찰빈도	기대빈도	관찰빈도	기대빈도		관찰빈도	기대빈도	
변인 A	A_1	O_{11}	E_{11}	O_{12}	E_{12}		O_{1c}	E_{1c}	$O_{1.}$
	A_2	O_{21}	E_{21}	O_{22}	E_{22}		O_{2c}	E_{2c}	$O_{2.}$
	$\vdots$	$\vdots$	$\vdots$	$\vdots$	$\vdots$	$\vdots$	$\vdots$	$\vdots$	$\vdots$
	A_r	O_{r1}	E_{r1}	O_{r2}	E_{r2}		O_{rc}	E_{rc}	$O_{r.}$
주변빈도(B)		$O_{.1}$		$O_{.2}$		$\cdots$	$O_{.c}$		N

앞에서 관찰빈도 O_{ij}에 대한 기대빈도 E_{ij}를 계산하는 절차를 알아보았다. 만약 두 범주변인이 서로 독립적이라면 관찰빈도 O_{ij}와 기대빈도 E_{ij} 간에 밀접한 일치도를 보여야 한다. $O_{ij} - E_{ij}$는 특정한 칸에서 관찰된 불일치(lack of agreement)의 정도를 나타낸다. 전반적인 일치도의 정도를 계산하기 위해서는 $\sum_{i=1}^{c} \sum_{j=1}^{r} (O_{ij} - E_{ij})$를 계산해야 한다. 그러나 $\sum_{i=1}^{c} \sum_{j=1}^{r} (O_{ij} - E_{ij})$은 산술적으로 항상 0이 되기 때문에 산술적으로 전반적인 일치도의 정도를 계산할 수 없다.

$O_{ij} - E_{ij}$값의 부호와 관계없이 편차의 절대값이 같은 경우 같은 정도의 불일치도를 의미하기 때문에 이러한 문제를 해결하기 위해 $O_{ij} - E_{ij}$의 제곱의 합을 구하는 방법을 생각해 볼 수 있다. 그리고 각 셀별 기대빈도(E_{ij})가 다를 수 있기 때문에 $(O_{ij} - E_{ij})^2$을 E_{ij}로 나누어 준다.

$$\chi^2 = \sum_{i=1}^{c} \sum_{j=1}^{r} \frac{(O_{ij} - E_{ij})^2}{E_{ij}}$$

만약 $\sum_{j=1}^{c} \sum_{i=1}^{r} (O_{ij} - E_{ij})^2 / E_{ij} = 0$이면 모든 관찰빈도와 기대빈도가 정확하게 일치하는 경우이고, $\sum_{j=1}^{c} \sum_{i=1}^{r} (O_{ij} - E_{ij})^2 / E_{ij} > 0$이면 관찰빈도와 기대빈도 간에 불일치가 존재하는 경우이며, 이는 관찰된 빈도가 독립적인 조건하에서 기대되는 빈도와 다르다는 것이기 때문에 두 변인이 서로 독립적이지 않음을 말한다. 물론 유목 변인 간 독립성의 검정에서는 관계의 형태 또는 방향은 관심의 대상이 아니다.

$\sum_{j=1}^{c}\sum_{i=1}^{r}(O_{ij}-E_{ij})^2/E_{ij}$값이 모집단이 아닌 표본 자료에서 얻어진 경우, 표집에 따른 오차가 오염된 값이기 때문에 실제로는 모집단에서는 $\sum_{j=1}^{c}\sum_{i=1}^{r}(O_{ij}-E_{ij})^2/E_{ij}=0$임에도 불구하고 표집오차에 의해 $\sum_{j=1}^{c}\sum_{i=1}^{r}(O_{ij}-E_{ij})^2/E_{ij}>0$인 값으로도 얻어질 수 있다. 그래서 표본 자료에서 계산된 통계치가 $\sum_{j=1}^{c}\sum_{i=1}^{r}(O_{ij}-E_{ij})^2/E_{ij}>0$으로 얻어진 경우라도, 관찰빈도가 기대빈도와 다른 것으로 판단하지 않고 과연 $\sum_{j=1}^{c}\sum_{i=1}^{r}(O_{ij}-E_{ij})^2/E_{ij}>0$값이 순수한 표집오차에 의해 얻어진 것인지 아니면 표집오차에 의한 값으로 볼 수 없는지 여부를 확률적으로 판단하기 위해 통계적으로 검정해 보아야 한다. 이를 위해 연구자는 $\sum_{j=1}^{c}\sum_{i=1}^{r}(O_{ij}-E_{ij})^2/E_{ij}$의 표집분포를 이용하여 자신의 표본 자료에서 얻어진 통계치 $\sum_{j=1}^{c}\sum_{i=1}^{r}(O_{ij}-E_{ij})^2/E_{ij}$가 순수하게 표집오차에 의해 얻어질 확률적 정보를 근거로 통계적 검정을 실시한다.

이미 앞에서 설명한 바와 같이, 반복표집을 통해 $\sum_{j=1}^{c}\sum_{i=1}^{r}(O_{ij}-E_{ij})^2/E_{ij}$값들을 관찰할 경우 $\sum_{j=1}^{c}\sum_{i=1}^{r}(O_{ij}-E_{ij})^2/E_{ij}$값들의 표집분포가 근사적으로 자유도 $v=(r-1)(c-1)$인 χ^2분포를 따르는 것으로 나타났다. 따라서 연구자는 $\chi^2_{(r-1)(c-1)}$분포를 표집분포로 사용하여 자신의 표본에서 얻어진 통계치 $\chi^2=\sum_{j=1}^{c}\sum_{i=1}^{r}(O_{ij}-E_{ij})^2/E_{ij}$가 표집오차에 의해 얻어질 확률적 정보를 파악한 다음, 통계적 검정을 실시해야 한다.

지금까지 두 범주변인 간 독립성 정도를 나타내는 통계치 $\chi^2=\sum_{j=1}^{c}\sum_{i=1}^{r}(O_{ij}-E_{ij})^2/E_{ij}$를 계산하는 이유와 방법 그리고 $\chi^2=\sum_{j=1}^{c}\sum_{i=1}^{r}(O_{ij}-E_{ij})^2/E_{ij}$의 분포가 어떤 확률분포를 이루고 있는지를 알아보았다. 2×2 분할표의 경우와 같이 $df=1$인 경우 연속성을 위해, Yates의 교정 공식을 적용하여 통계량을 계산하기 위해 다음과 같이 수정한 공식을 사용하기도 한다.

$$\chi^2=\sum_{j=1}^{c}\sum_{i=1}^{r}\frac{(|O_{ij}-E_{ij}|-1)^2}{E_{ij}}$$

그러나 대부분의 경우 이미 χ^2값이 대단히 보수적으로 추정된 값이고, 부차적인 교정 없이 그대로 사용해도 통계적 판단에 심각할 정도로 영향을 미치지 않기 때문에 교정하지 않고 그대로 사용해도 무방한 것으로 보고 있다.

2) 두 범주변인 간 독립성 검정을 위한 기본 가정

두 범주변인 간 독립성을 검정하기 위해 각 범주변인별로 빈도로 측정된 자료는 반드시 다음의 기본 가정을 충족해야 한다. 첫째, 각 범주변인의 범주는 망라적이어야 한다. 즉, 모든 사례가 반드시 어느 한 범주에 포함될 수 있도록 가능한 한 모든 범주를 포함할 수 있어야 한다. 둘째, 범주변인별로 각 사례는 반드시 어느 하나의 범주에만 분류될 수 있어야 한다. 즉, 동일한 사례가 하나 이상의 범주에 중복적으로 분류될 수 없도록 배타적이어야 한다. 셋째, 각 범주별 기대빈도는 반드시 5보다 커야 한다. 물론 실제로 범주별 관찰빈도의 크기는 5보다 작아도 문제가 되지 않는다.

3) 두 범주변인 간 독립성 검정 절차 및 방법

이제 가상적인 예를 통해 $\chi^2 = \sum_{j=1}^{c} \sum_{i=1}^{r} (O_{ij} - E_{ij})^2 / E_{ij}$의 표집분포를 이용하여 두 범주변인 간 독립성 검정을 실시하기 위한 절차와 방법에 대해 알아보겠다. 예컨대, 한 연구자가 대학원생들의 대학원 재학 중 고급통계학 수강 여부와 학위 취득 여부 간에 관계가 있는지 알아보려 한다고 가정하자.

단계 1 연구문제 진술

연구자의 관심은 대학원 졸업생들의 고급통계학 수강 여부와 학위 취득 여부 간에 관계가 있을 것인가를 알아보려는 데 있기 때문에 연구문제는 다음과 같이 진술할 수 있다.

> 대학원 졸업생들의 고급통계학 수강 여부와 학위 취득 여부 간에 관계가 있는가?

단계 2 연구가설 설정

앞에서 진술된 연구문제 "대학원 졸업생들의 고급통계학 수강 여부와 학위 취득 여부 간에 관계가 있을 것인가?"에 대해 두 가지 가설이 가능하다.

> H_1: 대학원 졸업생들의 고급통계학 수강 여부와 학위 취득 여부 간에 관계가 있을 것이다.

H_2: 대학원 졸업생들의 고급통계학 수강 여부와 학위 취득 여부 간에 관계가 있지 않을 것이다.

이 두 가설 중에서 이론적·경험적 지지적 근거를 많이 가지는 가설을 연구자의 연구가설로 설정한다.

단계 3 통계적 가설 설정

연구가설이 설정되면, 연구자는 설정된 연구가설의 진위 여부를 통계적으로 검정하기 위해 영가설과 대립가설로 이루어진 통계적 가설을 설정해야 한다.

H_0: 대학원 졸업생들의 고급통계학 수강 여부와 학위 취득 여부 간에 관계가 없을 것이다.
H_A: 대학원 졸업생들의 고급통계학 수강 여부와 학위 취득 여부 간에 관계가 있지 않을 것이다.

단계 4 통계 검정을 위한 표집분포 선정

통계 검정을 위한 표집분포는 $df_v = (r-1)(c-1)$인 χ^2분포이다.

단계 5 검정통계량 χ^2 계산

각 셀별로 E_{ij}과 $(O_{ij} - E_{ij})^2$를 파악하고, 그리고 검정통계량 χ^2을 계산한다.

$$\chi^2 = \sum_{j=1}\sum_{j=1} \frac{(O_{ij} - E_{ij})^2}{E_{ij}}$$

단계 6 통계적 검정을 위한 유의수준 α 설정

연구의 성격, 통계적 검정력 등을 고려하여 $\alpha = .001, .01, .05$ 중 적절한 유의수준을 설정한다.

● 기각역을 이용한 통계적 검정 방법을 사용할 경우 ●

단계 7 임계치 파악과 기각역 설정

유의수준 α에 따른 임계치는 $\chi^2_\alpha(v)$이며 기각역은 $\chi^2 \geq \chi^2_\alpha(v)$이 된다.

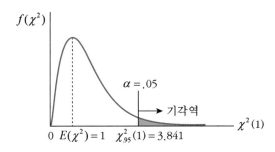

단계 8 통계적 유의성 판단

검정통계치 $\chi^2 \geq \chi^2_{.05}(1) = 3.841$이면 영가설을 기각하고 대립가설을 채택한다. 그리고 검정통계치 $\chi^2 < \chi^2_{.05}(1) = 3.841$이면 영가설을 기각하지 않는다.

● p값을 이용한 통계적 검정 방법을 사용할 경우 ●

단계 7 검정통계치에 해당되는 확률값 p를 파악

$df_v = (r-1)(c-1)$, χ^2분포에서 검정통계치 χ^2에 해당되는 확률값 p를 파악한다. 확률값 p는 도표에 제시된 $df_v = (r-1)(c-1)$ χ^2에서 직접 파악할 수 없기 때문에 SPSSwin 프로그램을 실행하여 정확한 p값을 파악한다.

단계 8 통계적 유의성 판단

만약 $p \leq \alpha$이면 영가설을 기각하고 대립가설을 채택한다. 그리고 만약 $p > \alpha$이면 영가설을 기각하지 않는다.

단계 9 통계 검정 결과 해석

영가설을 기각하고 대립가설을 채택하는 통계적 유의성 판단이 내려질 경우, 대학원 졸업생들의 고급통계학 수강 여부와 학위 취득 여부 간에 관계가 있는 것으로 해석한다. 그러나 만약 영가설을 기각할 수 없는 것으로 나타날 경우, 대학원 졸업생들의 고급통계학 수강 여부와 학위 취득 여부 간에 관계가 없는 것으로 해석한다.

10 *Cramer* 상관계수 V_c와 파이계수 Φ

두 범주변인 간 독립성 검정에서 두 범주변인 간 관계성의 유무를 알아보기 위해 $r \times c$ 분할표로부터 계산된 통계치 $\chi^2 = \sum_{j=1}^{c} \sum_{i=1}^{r} (O_{ij} - E_{ij})^2 / E_{ij}$은 단순히 두 범주변인 간의 독립성 여부만을 판단할 수 있는 정보만 제공한다. 특히 통계적 유의성 검정에서 계산된 통계치의 χ^2의 값이 통계적으로 유의한 것으로 나타날 경우, 두 범주변인 간에 관계가 독립적이 아니라는, 즉 관계가 있을 것이라는 대립가설을 채택하게 된다. χ^2 검정 결과와 χ^2의 크기는 두 범주변인 간에 관계가 있다는 정보만 제공해 줄 뿐 관계의 강도(*strength of association*)가 어느 정도인지에 대해 말해 주지 않는다. 앞에서 언급한 바와 같이, $\chi^2 = \sum_{j=1}^{c} \sum_{i=1}^{r} (O_{ij} - E_{ij})^2 / E_{ij}$는 두 범주변인이 독립적이라는 가정하에서 계산된 기대빈도와 관찰빈도 간의 불일치 정도를 나타낸다. 따라서 만약 $\chi^2 = \sum_{j=1}^{c} \sum_{i=1}^{r} (O_{ij} - E_{ij})^2 / E_{ij} = 0 = 0$이면 범주변인이 서로 독립적인 것으로 해석하게 된다. 그러나 $\chi^2 = \sum_{j=1}^{c} \sum_{i=1}^{r} (O_{ij} - E_{ij})^2 / E_{ij}$값의 크기가 사례 수($N$)와 자유도의 수에 의해 영향을 받기 때문에 관계의 정도에 대한 해석을 할 수 없고, 그리고 $r \times c$ 분할표의 차원이 다른 두 분할표에서 계산된 값을 서로 비교할 수 없다는 제한점을 지니고 있다는 것이다. $r \times c$ 분할표에서 기대할 수 있는 $\chi^2 = \sum_{j=1}^{c} \sum_{i=1}^{r} (O_{ij} - E_{ij})^2 / E_{ij}$값의 최대값은 $N(t-1)$이며, 여기서 t는 분할표의 r과 c 중 작은 것을 의미한다. 그래서 $\chi^2 = \sum_{j=1}^{c} \sum_{i=1}^{r} (O_{ij} - E_{ij})^2 / E_{ij}$값을 $N(t-1)$로 나누어 얻어진 값을 *Cramer* V_c계수라 부른다.

$$V_c = \sqrt{\frac{\chi^2}{N(t-1)}} \quad \cdots(16.21)$$

여기서, $t = $ 최소(r, c)

Cramer V_c계수는 $\chi^2 = \sum_{j=1}^{c} \sum_{i=1}^{r} (O_{ij} - E_{ij})^2 / E_{ij}$을 최대값 $N(t-1)$로 나누어 얻어진 값이기 때문에 다른 상관계수와 같은 의미로 해석할 수 있다. 특히 $r = c = 2$인 경우 $t = 2$이므로 $N(2-1) = N$이 되며, 이 경우의 *Cramer* V_c를 파이계수(Phi coefficient)라 부르고 Φ로 나타낸다.

$$\Phi = \sqrt{\frac{\chi^2}{N}} \qquad\qquad \cdots\cdots(16.22)$$

두 범주변인이 서로 완전히 독립적인 관계이면 $Cramer\ V_c$ 또는 Φ 계수가 0으로 얻어지며 반면에 상관이 완벽할 경우에는 +1.00으로 얻어진다. V_c 은 항상 $\chi^2 = \sum_{j=1}^{c}\sum_{i=1}^{r}(O_{ij}-E_{ij})^2/E_{ij}$ 의 선형함수이기 때문에 $\chi^2 = \sum_{j=1}^{c}\sum_{i=1}^{r}(O_{ij}-E_{ij})^2/E_{ij}$ 의 p값은 곧 V_c 의 p값에 해당되기 때문에 동일한 자료에서 계산된 $\chi^2 = \sum_{j=1}^{c}\sum_{i=1}^{r}(O_{ij}-E_{ij})^2/E_{ij}$ 의 p값과 V_c 의 p값은 같다.

SPSS를 이용한 두 범주변인 간 독립성 검정

1. ① Analyze → ② Descriptive Statistics → ③ Crosstabs 순으로 클릭한다.

2. ④ Crosstabs 명령메뉴에서 ⑤ 두 변인을 ⑥ Row(s)와 ⑦ Column(s)으로 이동시킨다. 그리고 ⑧ Statistics를 클릭한다.

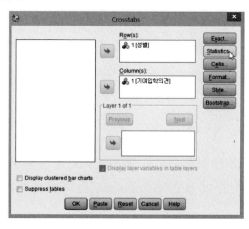

3. ⑨ Crosstabs Statistics 명령메뉴에서 ⑩ □Chi-square와 Phi Cramer's V를 선택한다. 그리고
⑪ Continue를 클릭한다.

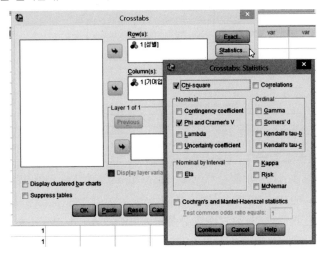

4. ⑫ OK를 클릭한다.

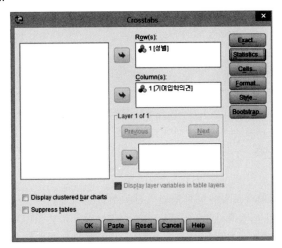

산출 결과

1 * 1 Crosstabulation

			1			Total
			찬성	반대	유보	
1	남자	Count	120	80	70	270
		Expected Count	145.8	64.8	59.4	270.0
	여자	Count	150	40	40	230
		Expected Count	124.2	55.2	50.6	230.0
Total		Count	270	120	110	500
		Expected Count	270.0	120.0	110.0	500.0

Chi-Square Tests

	Value	df	Asymp. Sig. (2-sided)
Pearson Chi-Square	21.788[a]	2	.000
Likelihood Ratio	22.015	2	.000
Linear-by-Linear Association	16.190	1	.000
N of Valid Cases	500		

a. 0 cells (0.0%) have expected count less than 5. The minimum expected count is 50.60.

Symmetric Measures

		Value	Approx. Sig.
Nominal by Nominal	Phi	.209	.000
	Cramer's V	.209	.000
N of Valid Cases		500	

이 산출 결과에서 볼 수 있는 바와 같이, Chi-Square Tests 요약표에 통계량 *Pearson* Chi-Square 의 값이 21.788, $p = .000$으로 나타나 있다. 즉, 얻어진 $\chi^2 = 21.788$, $p < .05$이므로 통계적으로 유의한 것으로 나타나 있다. 즉, 두 범주변인 간에 통계적으로 유의한 상관이 있는 것으로 나타났으며 그리고 관계의 강도를 나타내는 *Cramer* V_c를 추정한 결과, *Symmetric Measures*에 나타나 있는 바와 같이 $\Phi = .209$, $p < .000$으로 나타나 있다.

예제 **16-10**

한 연구자는 대학생 집단에 있어서 기여입학제 도입에 대한 의견과 성별 간에 관계가 있는지를 알아보기 위해 무작위로 추출된 대학생 500명을 대상으로 성별과 기여입학제 도입에 대한 의견(찬성, 반대, 유보)을 조사하였다.

1. 대학생들의 기여입학제 도입에 대한 찬반의견과 성별 간에 관계가 있는지 유의수준 .05에서 기각역 방법에 따라 검정하시오.
2. 만약 두 변인이 독립적이지 않는 것으로 나타날 경우 관계의 강도를 계산하시오.

〈표 A〉 성별(3)×의견(3)에 따른 분할표

범주	남	여	주변빈도(j)
찬성	120	150	270
반대	80	40	120
유보	70	40	110
주변빈도(i)	270	230	500

제17장

상관분석

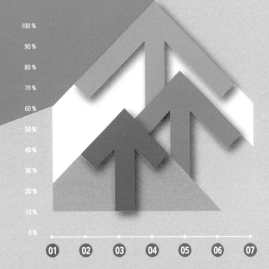

100 %
90 %
80 %
70 %
60 %
50 %
40 %
30 %
20 %
10 %
0 %

01　02　03　04　05　06　07

제17장 상관분석

　우리는 가끔 관심하의 변인을 직접 측정할 수 없거나 관심하의 변인에 대한 측정치가 존재하지 않을 경우, 주어진 변인과 관계있는 다른 변인에 대한 정보로부터 관심하의 변인에 대한 정보를 예측하고 싶어 한다. 예컨대, 지능과 학업 성적이 서로 관계가 있는 것으로 연구를 통해 확인된다면, 차후에 어떤 학생의 학업 성적에 대한 정보만 주어지면 교사는 지능과 성적 간의 관계로부터 학생의 지능수준을 직접 측정하지 않고 예측할 수 있을 것이다. 이와 같이 만약 연구를 통해 어떤 변인 X와 변인 Y 간에 관계(association)가 있는 것으로 밝혀진다면, 두 변인 중 어느 한 변인(X)에 대한 정보가 주어지면(측정되면) 두 변인 간의 관계의 정도와 성질을 고려하여 다른 한 변인(Y)의 값을 직접 측정하지 않고 예측할 수 있는 예측 공식을 얻을 수 있을 것이다.

　이러한 목적을 위해 어떤 경험적 관찰로부터 두 변인이 서로 관계가 있을 것으로 기대되거나 또는 이론적 특성에 근거하여 두 변인이 서로 관계가 있을 것으로 추론될 경우, (우생학적 이론에 의해 아버지의 지능과 아들의 지능 간에 관계가 있을 것으로 기대할 수 있는 것과 같이) 실제로 두 변인을 측정하여 얻어진 자료를 분석하여 두 변인 간에 상관 정도를 탐색(추정)하거나 확인(검정)하기 위한 경험적 연구가 실시될 수 있을 것이다.

　　　　① 상관이 있는지(상관 유무),
　　　　② 상관이 있다면 어느 정도 있는지도(상관 정도),
　　　　③ 어떤 성질의 상관이 있는지(상관의 성질)

　Galton은 인간이 지니고 있는 여러 가지 신체적 특성들이 서로 어떻게 같이 변이하는지(covary)를 알아보기 위해 "상관(correlation)"이라는 개념을 처음 생각해 내었다. 그리고 Pearson은 Galton의 "상관" 개념에 바탕을 두고 변인들 간의 상관 정도와 방향을 동시에 계산하여 제시할 수 있는 "상관계수(correlation coefficient)"를 계산할 수 있는 통계적 공식을 개발하였다(Crocker & Algina, 1986; Furguson & Takane, 1989, pp.7-8).

어떤 두 변인 X, Y 간에 서로 관련(association)이 있을 때 두 변인 간에 "상관(correlation)"이 있다고 말한다. 두 변인 간에 과연 상관이 있는지(상관 유무) 또는 어떤 성질의 상관이 있는지(상관의 방향) 개략적으로 알아보기 위한 가장 간단하고 쉬운 방법은 일련의 관찰 대상자들로부터 두 변인을 측정하여 얻어진 자료를 이용하여 병합분포(joint distribution)인 산포도(scatter plot)를 그려 보는 것이다. 산포도로부터 우리는 두 변인 간의 관계의 유무에 대한 개략적인 정보와 관계의 성질에 대한 정보를 얻을 수는 있어도, 정확히 두 변인 간에 어느 정도의 상관이 있는지 말할 수 있는 객관적인 계량적 정보를 얻을 수는 없다. 특히 산포도를 통한 변인 간의 상관의 정도에 대한 판단은 다소 주관적일 수 있기 때문에 동일한 산포도로부터 판단된 두 변인 간의 상관 정도가 사람마다 다를 수 있고, 경우에 따라 산포도의 모양이 애매할 경우 상관의 유무에 대한 판단도 다를 수 있다. 따라서 우리는 두 변인 간 관계의 성질과 정도를 보다 객관적으로, 그리고 계량적으로 요약해서 말해 줄 수 있는 어떤 척도가 필요하다. 변인 간의 상관 정도를 계량적으로 요약해 주는 척도에는 공분산과 상관계수가 있다.

1 공분산

두 변인 간에 상관이 있다면 어떤 성질의 상관이 있으며, 그리고 어느 정도 상관이 있는지를 동시에 말해 줄 수 있는 어떤 객관적 "척도"를 얻기 위해 [그림 17-1]의 산포도를 보면서 다음과 같이 생각해 보자. 먼저, 산포도를 두 변인 X, Y 각각의 평균을 이용하여 네 개의 구역으로 나누어 보자. 산포도를 각 변인의 평균을 중심으로 나누는 이유는 각 변인에 있어서 변이 정도(개인차)를 편차점수로 나타내기 위해서이다. 즉, 편차점수를 주어진 변인의 점수가 평균으로부터 변이하는 정도로 본다는 것이다. 앞에서 언급한 바와 같이, 상관이란 두 변인이 같이 변이하는 현상을 말하기 때문에 두 변인의 변이 정도를 알기 위해서는 각 사례의 측정치(X_i, Y_i)를 각각의 평균으로부터 떨어져 있는 편차점수($X_i - \overline{X}$, $Y_i - \overline{Y}$)로 변환한 다음 변환된 두 편차점수의 곱을 계산하면 된다.

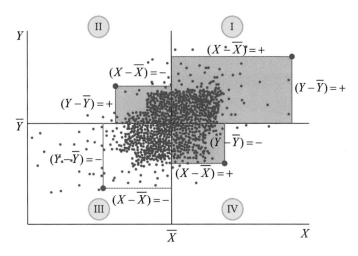

[그림 17-1] 변인 X, Y 간의 공분산 계산을 위한 편차점수의 곱

　다음으로, [그림 17-1]의 제I구역에 있는 사례들을 대상으로 변이 정도에 대해 생각해 보자. 제I 구역에는 두 변인 모두에서 양의 편차점수(개인차)를 가진 사례들만이 분포되어 있음을 알 수 있다. 즉, 두 변인 모두에서 평균 이상의 점수를 받은 사례들은 구역 I에 분포하게 된다. 각 사례별로 계산된 두 변인의 편차점수의 곱$=(X_i-\overline{X})(Y_i-\overline{Y})$은 바로 $\overline{X}\to X_i$만큼 변할 때 $\overline{Y}\to Y_i$만큼 변하는 공변이(covary) 정도를 나타낸다. 제I구역에 속한 모든 사례는 변인 X의 편차점수$(X_i-\overline{X})$와 변인 Y의 편차점수$(Y_i-\overline{Y})$가 모두 양(+)의 값을 가지기 때문에 산술적으로 두 편차점수의 곱$[(X_i-\overline{X})(Y_i-\overline{Y})]$은 양(+)의 어떤 값을 가지게 된다. 제II구역에 속한 모든 사례의 경우에는 변인 X의 편차점수는 음(-)의 값을 가지고 변인 Y의 편차점수는 양(+)의 값을 가지기 때문에 두 변인의 변이 정도를 나타내는 두 변인의 편차점수의 곱은 음(-)의 어떤 값을 가지게 될 것이다. 물론 개념적으로 두 변인의 변이 정도는 산술적 부호와 관계없는 어떤 값으로 존재하지만, 이 경우 단지 산술적으로 음(-)의 값을 가지는 것으로 나타낸다는 것이다. 제III구역의 경우에는 모든 사례는 두 변인 모두에서 음(-)의 표준편차를 가지기 때문에 편차점수의 곱은 양(+)의 어떤 값으로 나타나게 된다. 마지막으로, 제IV구역의 모든 사례는 변인 X에서는 양(+)의 편차점수를 가지나 변인 Y에서는 음(-)의 편차점수를 가지기 때문에 이 구역의 모든 사례는 편차점수의 곱의 값이 음(-)의 값을 가지게 될 것이다.

　지금까지 두 변인이 공변이하는 정도를 각 사례별 수준에서 편차점수의 곱의 개념으로 생각해 보았다. 이제 단일 사례의 변이 정도가 아닌 전반적인 공변이 정도를 알기 위해서는 전체 사례의 편차점수의 곱의 합(Sum of Cross Product of Deviation Scores)을 계산하면 된다.

즉, 편차점수의 곱의 합은 전체 사례로부터 계산된 총 공변이 정도를 나타낸다.

$$\sum_{i=1}^{N}(X_i - \overline{X})(Y_i - \overline{Y}) \qquad \cdots\cdots(17.1)$$

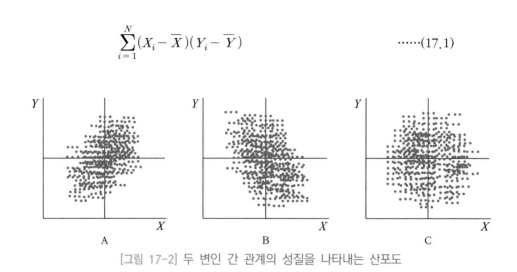

[그림 17-2] 두 변인 간 관계의 성질을 나타내는 산포도

[그림 17-2]의 산포도 A의 경우, 각 사례의 편차점수의 곱의 값이 양(+)의 값을 갖는 구역 1과 3에 놓인 사례들이 음(-)의 값을 갖는 구역 2와 4의 사례 수에 비해 더 많기 때문에 전체 사례에 대한 편차점수의 곱의 합은 어떤 양(+)의 값을 가지게 될 것이다. 그리고 산포도 B의 경우에도 이와 반대로 편차점수의 곱의 값이 음(-)의 값을 갖는 구획 2와 4의 사례 수가 양(+)의 값을 갖는 구획 1과 3의 사례 수보다 많기 때문에 편차점수의 곱의 합은 어떤 음(-)의 값을 가지게 된다. 물론 산포도 C의 경우에는 편차점수의 곱의 값이 양(+)의 값을 갖는 구역 1과 3의 사례 수와 음(-)의 값을 갖는 구역 2와 4의 사례 수가 같기 때문에 편차점수의 곱의 합은 0이 될 것이다.

$$\sum_{i}^{N}(X_i - \overline{X})(Y_i - \overline{Y}) > 0: 정적 상관$$

$$\sum_{i}^{N}(X_i - \overline{X})(Y_i - \overline{Y}) < 0: 부적 상관$$

$$\sum_{i}^{N}(X_i - \overline{X})(Y_i - \overline{Y}) = 0: 영상관$$

따라서 $\sum_{i}^{N}(X_i - \overline{X})(Y_i - \overline{Y})$값만으로 두 변인 간의 관계의 성질(정적 또는 부적)과 두 변인 간 상관의 유무를 판단할 수 있음을 알 수 있다. 그러나 변인 간의 상관에 대한 정보를 얻기 위한 방법으로 편차점수의 곱의 합을 사용할 경우, 두 가지 제한점을 가지게 된다. 첫째, $\sum_{i}^{N}(X_i - \overline{X})(Y_i - \overline{Y})$을 통해 두 변인 간의 상관의 유무와 성질에 대한 정보를 얻을 수는 있으나 두 변인 간의 상관의 크기를 평가할 수 있는 정보를 얻을 수 없다는 것이다. 왜냐하면 $\sum_{i}^{N}(X_i - \overline{X})(Y_i - \overline{Y})$은 각 사례별로 계산된 두 변인의 편차점수의 곱을 모두 합산하여 얻어진 값이기 때문에 사례 수가 증가하면 편차점수의 곱의 합도 무한히 증가하여 결국 $-\infty \sim +\infty$의 값을 가지게 된다. 만약 어떤 자료에서 계산된 $\sum_{i}^{N}(X_i - \overline{X})(Y_i - \overline{Y})$ $=86,749,235$로 얻어졌다고 가정하자. 이 경우, 두 변인 간에 정적 상관이 있다는 해석을 할 수 있지만 정적 상관의 크기를 말할 수 없다는 것이다. 둘째, 두 변인 간의 상관 정도를 나타내는 척도로서 $\sum_{i}^{N}(X_i - \overline{X})(Y_i - \overline{Y})$이 지니고 있는 또 다른 제한점은 사례 수가 다른 두 집단에서 계산된 $\sum_{i}^{N}(X_i - \overline{X})(Y_i - \overline{Y})$을 통해 상관 정도를 서로 비교할 수 없다는 것이다.

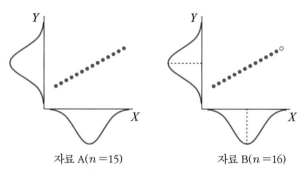

자료 A($n=15$)　　자료 B($n=16$)

[그림 17-3] 사례 수가 다른 두 집단의 산포도

[그림 17-3]의 자료 A와 B의 산포도에서 볼 수 있는 바와 같이, 두 자료 모두에서 변인 X, Y 간에 완벽한 상관이 있음을 알 수 있다. 그러나 두 자료 각각에 대해 $\sum_{i}^{N}(X_i - \overline{X})(Y_i - \overline{Y})$을 계산할 경우, 자료 A< 자료 B로 나타나게 되어 자료 B가 자료 A보다 상관이 더 높은 것으로 해석될 수 있다. 즉, 상관의 성질과 정도가 두 자료 모두에서 동일한 것으로 나타나야 함에도 불구하고 산술적으로 자료 B의 $\sum_{i}^{N}(X_i - \overline{X})(Y_i - \overline{Y})$이 자료 A의 $\sum_{i}^{N}(X_i - \overline{X})(Y_i - \overline{Y})$보다 큰 값을 가지는 것으로 나타남에 따라 상관의 크기에 대한 판단이 타당하지 않음을 알 수 있다. 그 이유는 자료의 사례 수가 증가하면 편차점수의 곱의 합의 값도 증가하기 때문에 사례 수가 더 큰 자료 B가 자료 A보다 더 큰 값을 가지는 것으로 나타날 수 있기 때문이다. 상관 정도를 비교하고자 할 경우, 사례 수가 동일할 경우에 한해서만 편차점수의 곱의 합의

값이 더 클수록 더 높은 상관이 있는 것으로 해석될 수 있지만, 사례 수가 다른 자료의 경우 편차점수의 곱의 합을 통해 상관 정도를 서로 비교할 수 없음을 알 수 있다. 그렇다면 집단 간에 사례 수가 달라도 두 변인 간의 상관 정도를 비교할 수 있는 척도를 얻을 수 있는 방법은 무엇인가? 이 문제를 해결할 수 있는 방법은 편차점수의 곱의 합을 사례 수(N)로 나누어 (총 공변이 정도 대신) 사례 수와 관계없는 평균적인 공변이 정도를 나타내는 값을 구하면 된다. 평균적인 공변이의 정도를 구하기 위해 $\sum_{i}^{N}(X_i - \overline{X})(Y_i - \overline{Y})$을 사례 수 N으로 나누어 얻어진 값을 공분산 또는 공분산(covariance)이라 부르고 $Cov(xy)$로 나타낸다. 그리고 특히 모집단 공분산은 σ_{xy}로, 표본 공분산은 S_{xy}로 구분하여 나타낸다.

- 모집단 공분산$= Cov(xy) = \sigma_{xy} = \dfrac{\sum_{i=1}^{N}(X_i - \mu_x)(Y_i - \mu_y)}{N}$ ......(17.2)

- 표본 공분산$= Cov(xy) = S_{xy} = \dfrac{\sum_{i=1}^{n}(X_i - \overline{X})(Y_i - \overline{Y})}{n-1}$ ......(17.3)

표본의 크기가 작을 경우, 표본 공분산을 직접 계산하기 위해 앞의 공식을 다음과 같이 변환하여 사용할 수 있다.

$$S_{xy} = \frac{1}{n-1}\left[\sum_{i=1}^{n}XY - \frac{\sum_{i=1}^{n}X_i \sum_{i=1}^{n}Y_i}{n}\right] \qquad ......(17.4)$$

공분산계수는 바로 평균적인 공변이의 정도를 나타낸 값이며, 사례 수가 다른 경우에도 상관의 정도를 서로 비교할 수 있다. 만약 어떤 자료에서 계산된 공분산계수 $S_{xy} = 0$이면 두 변인 간에 상관이 없으며, $S_{xy} > 0$이면 정적 상관, 그리고 $S_{xy} < 0$이면 두 변인 간에 부적 상관이 있는 것으로 해석한다. 그리고 사례 수가 다른 집단 간 상관의 방향과 정도를 비교하기 위해 공분산계수를 사용할 수 있다.

공분산계수의 한 가지 결정적 제한점은 동일한 두 변인 간의 공분산계수의 크기도 두 변인을 측정하기 위해 사용한 척도의 크기에 따라 다르게 나타나며, 척도의 크기가 큰 경우의 공분산계수값이 척도의 크기가 상대적으로 작은 경우의 공분산계수값보다 더 크게 얻어지는 문제를 가지고 있다. 개념적으로 두 변인 간의 상관은 측정되는 변인의 척도와 무관한 것임에도 불구하고, 산술적으로 공분산계수를 계산하여 변인 간의 상관 정도를 계산할 경우 두 변인을 측정하기 위해 사용된 척도치에 따라 다르게 얻어지고 척도치가 클수록 상관이 더 높은 것으로 나타난다는 것이다. [그림 17-4] 산포도에서 볼 수 있는 바와 같이, 두 변인 간의 상관 정도가 모두 완벽하며 상관 정도가 같은 것으로 얻어져야 함에도 불구하고 두 자료 각각에 대해 공분산계수를 계산할 경우 자료 B의 공분산계수가 자료 A의 공분산계수보다 더 크게 얻어지며, 그 결과 자료 B에서의 두 변인 간의 상관이 자료 A에서의 상관보다 더 높은 것으로 잘못 해석되는 결과를 낳는다.

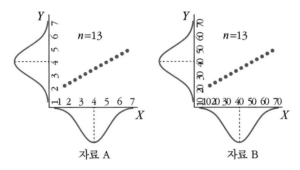

[그림 17-4] 척도의 크기에 따른 산포도

유용성의 측면에서 볼 때, 공분산계수는 편차점수의 곱의 합이 지니고 있는 제한점 중에서 사례 수가 다른 집단 간에 상관 정도를 비교할 수 있다는 점 이외에 여전히 상관의 크기를 해석할 수 없다는 것과 척도의 크기가 다른 자료 간에 상관의 크기를 비교할 수 없다는 제한점을 그대로 지니고 있다.

예제 **17-1**

한 연구자가 신생아들의 청각자극에 대한 반응잠시와 시각자극에 대한 반응잠시 간에 관계가 있는지 알아보기 위해 10명의 신생아들을 대상으로 시/청각 자극에 대한 반응잠시를 측정한 결과, 〈표 A〉와 같이 나타났다. 두 반응잠시 간의 공분산을 계산하고, 그리고 상관의 유무와 성질을 기술하시오.

〈표 A〉 신생아의 반응잠시 측정 자료

신생아	반응잠시	
	시각자극 X	청각자극 Y
A	15	12
B	13	11
C	17	11
D	11	9
E	21	16
F	14	12
G	13	11
H	15	13
I	12	10
J	13	11

2   Pearson의 적률상관계수 r_{xy}

공분산계수가 지니고 있는 제한점을 동시에 해결할 수 있는 방법은 각 변인의 측정치를 각각의 표준편차로 나누어 척도의 크기와 무관한 값을 계산하는 것이다. 즉, 두 변인을 모두 평균＝0, 표준편차＝1의 Z점수로 변환한 다음 Z점수 간의 공변이 정도를 추정하는 것이다. 이렇게 얻어진 값을 Pearson 적률상관계수(Pearson product-moments correlation coefficient)라 부르며, 모집단 자료에서 얻어질 경우에는 ρ_{xy}로 표기하고 rho로 읽는다. 그리고 표본 자료에서 계산된 것일 경우 r_{xy}로 나타낸다.

모집단일 경우,

$$\rho_{xy} = \frac{\sum_{i=1}^{N}(X_i - \mu_x)(Y_i - \mu_y)}{\sigma_x \sigma_y N} = \frac{\sigma_{xy}}{\sigma_x \sigma_y} \qquad \cdots\cdots(17.5)$$

$$= \frac{Z_x Z_y}{N}$$

표본일 경우,

$$r_{xy} = \frac{\sum_{i=1}^{n}(X_i - \overline{X})(Y_i - \overline{Y})}{S_x S_y (n-1)} = \frac{S_{xy}}{S_x S_y} \qquad \cdots\cdots(17.6)$$

$$= \frac{Z_x Z_y}{n-1}$$

상관계수의 값은 +1.00 ~ −1.00의 범위를 가지며, +1.00은 완전 정적 상관을 나타내며 −1.00은 완전 부적 상관을 나타낸다. 그리고 0은 상관이 없음을 나타낸다.

$$-1 \le r_{xy} \le +1$$
$$-1 \le \rho_{xy} \le +1$$

지금까지 Pearson 적률상관계수 r_{xy}의 도출 과정에 대한 설명을 통해 알 수 있는 바와 같이, 두 변인 간의 상관 정도를 나타내는 적률상관계수 r_{xy}은 사례 수의 크기나 변인을 측정하기 위해 사용되는 측정 도구의 척도치의 크기가 다른 자료로부터 얻어진 경우라도 서로 직접 비교할 수 있는 표준화 측정치(Standardized measure)이기 때문에 비표준화 측정치(Unstandardized measure)인 $Cov(xy)$와는 달리 변인들 간의 상관 정도를 직접 비교하기 위해 사용할 수 있다.

예제 **17-2**

한 연구자가 신생아들의 청각자극에 대한 반응잠시와 시각자극에 대한 반응잠시 간에 관계가 있는지 알아보기 위해 10명의 신생아들을 대상으로 시/청각 자극에 대한 반응잠시를 측정한 결과, 〈표 A〉와 같이 나타났다. 두 반응잠시 간의 상관계수를 계산하고 그리고 상관의 유무와 성질을 기술하시오.

〈표 A〉 신생아의 반응잠시 측정 자료

신생아	반응잠시	
	시각자극 X	청각자극 Y
A	15	12
B	13	11
C	17	11
D	11	9
E	21	16
F	14	12
G	13	11
H	15	13
I	12	10
J	13	11

1) Pearson 적률상관계수 r_{xy}의 크기에 영향을 미치는 요인

공분산계수 $Cov(xy)$와 상관계수 r_{xy}는 회귀분석(regression analysis), 요인분석(factor analysis), 판별분석(discriminant analysis), 정준상관분석(canonical analysis), 경로분석(path analysis), 구조방정식모형(structural equation modeling) 등 변인들 간의 관계를 분석하기 위해 사용하는 고급통계 기법에서 가장 핵심적인 역할을 한다. 그래서 연구자는 정확한 상관계수 추정을 위협하는 요인에는 어떤 것이 있으며 이러한 요인들이 어떻게 영향을 주는지를 이해하고 있어야 한다.

(1) 변인 간 관계의 선형성

Pearson의 적률상관계수 r_{xy}는 두 변인이 공변이하는 현상을 선형적 관계(linear relationship)로만 요약해 주는 지수이다. 만약 두 변인 간의 관계가 선형적인 관계가 아닐 경우, r_{xy}로 요약된 두 변인 간의 관계의 정도는 실제의 관계의 정도를 과소 추정하게 된다. 두 변인의 관계가 선형성에서 심하게 벗어날 경우, 실제로는 두 변인 간에 높은 상관이 있음에도 불구하고 r_{xy} 추정에서 상관이 아주 낮거나 전혀 상관이 없는 것으로 나타난다.

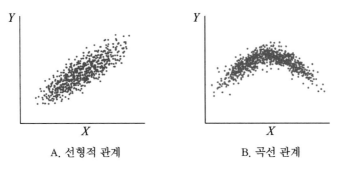

A. 선형적 관계   B. 곡선 관계

[그림 17-5] 선형적 관계 및 비선형적 관계의 산포도 모양

[그림 17-5]의 A는 두 변인 X와 Y가 선형적으로 공변이하는 현상을 산포도로 나타낸 것이다. 산포도에서 볼 수 있는 바와 같이, 변인 X가 증가하면 변인 Y도 증가하고 변인 X가 감소하면 변인 Y도 감소하는 공변이 현상을 보이고 있다. 두 변인의 공변이 정도가 정확히 일치하지는 않지만 대체로 두 변인이 공변이하는 양상을 정적인 선형 관계로 요약할 수 있음을 알 수 있다. 따라서 r_{xy}로 추정된 상관계수의 성질과 정도는 실제 자료에 존재하는 두 변인 간의 관계의 성질과 정도를 잘 반영하게 된다. 반면, 그림 B의 경우 두 변인이 공변이하는 양상이 대체로 2차 곡선 관계(curvilineal relation)로 나타나고 있다. 이러한 자료에 r_{xy}를 이용하여 두 변인 간의 관계를 선형 관계로 요약할 경우, 두 변인 간에 관계가 없거나 거의 없는 것으로 나타나게 된다. 따라서 자료 속에 존재하는 두 변인 간의 실제의 높은 곡선 관계가 r_{xy} 추정 과정에서 과소 추정되어 나타나게 되는 것이다. 연구자는 r_{xy}를 사용하여 어떤 변인들 간의 상관 정도를 추정하고자 할 경우, 먼저 두 변인 간의 관계가 선형적 관계임을 지지해 주는 이론적인 또는 경험적 증거를 확인해야 한다. 그리고 만약 두 변인 간의 선형적 관계를 말해 주는 이론적 근거나 선행연구결과들이 없을 경우, 두 변인 간의 공변이 양상을 보여 주는 산포도를 먼저 작성한 다음 두 변인 간의 관계가 그림 A와 같이 선형적 관계로 요약될 수 있는지를 직접 확인해 보아야 한다. 그리고 두 변인 간에 이론적으로 선형 관계가 있는 것으로 예측되나 실제 수집된 자료를 통해 작성된 산포도에서 비선형적 관계가 관찰될 경우, 자료 수집 과정에서 생길 수 있는 오류를 살펴보거나 자료 입력 과정에서 야기될 수 있는 오류를 면밀히 살펴본 후에 자료를 다시 정확하게 수집하거나 자료 입력 오류를 수정해서 분석해야 한다.

마지막으로, 산포도의 선형성과 상관관계의 판단과 관련하여 한 가지만 더 언급해 두고 자 한다. 통상적으로 r_{xy}은 두 변인 간의 상관 정도와 성질을 개략적으로 알아보기 위해 산 포도를 작성했을 때 점들이 직선상에 얼마나 근접해서 분포되어 있는지를 측정해 준다고 종종 들어 왔다. 그래서 산포도의 형태가 하나의 직선을 이루면 두 변인 간에 완벽한 상관이 있음을 말해 주고, 점들이 직선 형태에서 벗어나 마치 럭비공 모양처럼 타원 모양을 이루면 상관이 있으나 완벽하지 못하고, 그리고 산포도가 축구공 모양처럼 완전한 원 모양을 하면 상관이 없음을 말해 준다는 것이다. 산포도 모양에 따른 상관의 유무와 성질에 대한 이러한 일반적 해석은 물론 거의 사실이라고 말할 수는 있어도, 특히 산포도 모양이 직선을 이루면 상관이 완벽하다는 해석의 경우 반드시 그렇다고 말할 수 없다.

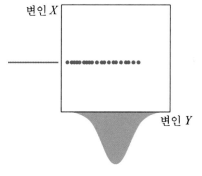 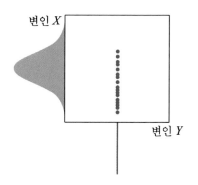

[그림 17-6] 변인 X의 분산이 0인 경우   [그림 17-7] 변인 Y의 분산이 0인 경우

[그림 17-6]의 경우 산포도 모양이 완벽한 수평선의 직선을 이루고 있고, [그림 17-7]의 경우는 완벽한 수직선의 직선 모양을 보이고 있다. 이때 두 경우 모두 산포도의 모양이 직선을 이루고 있기 때문에 두 변인 간에 완벽한 상관이 있다고 말할 수 있는가? 상관계수 r_{xy}의 공식에서 분자 부분의 요소를 살펴보면, 우선 수학적으로 볼 때 두 변인의 편차점수의 곱의 합으로 이루어져 있기 때문에 두 변인 X, Y 중 어느 한 변인의 편차점수가 0이면 편차점수의 곱의 합이 0이 되고, 결국 $r_{xy} = 0$이 되어 두 변인 간에 상관이 없는 것으로 나타난다. 의미상으로 볼 때, 상관이란 두 변인이 같이 변이하는 정도를 말하며 두 변인 중 어느 한 변인이라도 다른 변인의 변이에도 불구하고 전혀 변이하지 않으면 당연히 공변이는 존재할 수 없는 것이다. 이는 두 변인 간 상관을 알아보기 위해 측정된 자료에서 각 변인의 측정치들이 척도에 따른 가능한 측정치의 범위 내에서 충분히 변이하지 않을 경우, 얻어진 적률상관계수 r_{xy}은 이론적으로 기대되는 상관계수보다 과소 추정되어 얻어질 수 있다는 것을 암시해 주고 있다.

(2) 두 변인의 정규분포성

r_{xy}은 두 변인 모두가 정규분포를 따를 때 최대값 $r = -1.00$ 또는 $+1.00$을 기대할 수 있도록 개발되었다. 만약 두 변인 간에 이론적으로 완벽한 정적 상관이나 완벽한 부적 상관이 있을 경우라도 두 변인을 측정하여 얻어진 자료의 분포가 정확하게 정규분포를 이루지 않으면 결코 이론적으로 기대되는 상관계수 -1.00이나 $+1.00$을 얻을 수 없다. 또한 묵시적이지만 두 변인이 모두 정규분포이어야 한다는 가정은 두 변인의 분포의 모양이 같아야 한다는 가정이 내포되어 있다. 따라서 두 변인의 분포의 모양이 다르면 이론적으로 기대되는 정도의 상관계수를 얻을 수 없음을 말해 준다.

변인의 분포가 정규분포에서 벗어날 경우를 여러 가지 형태로 나누어 볼 수 있다. 주로 정규분포의 특성인 왜도와 첨도에 의해 달라지며, 어떤 변인은 왜도와 첨도 중 어느 한 특성에서 정규분포의 수준에서 이탈되어 나타나기도 하고, 어떤 변인은 두 특성 모두에서 정규분포를 벗어나는 경우도 있다. 정규분포는 분포의 모양이 평균을 중심으로 좌우 대칭성을 지니기 때문에, 왜도(편포도)란 분포의 모양이 평균을 중심으로 비대칭적인 정도를 의미한다. 정규분포의 경우와 동일한 분산을 지니면서 대부분의 점수(전체 사례의 50% 이상)가 평균 이하의 값을 가질 때 정적 편포라 부르고, 이와 반대로 대부분의 점수가 평균 이상의 값을 가지면 변인의 분포가 부적 편포를 이룬다고 한다.

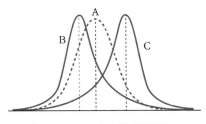

[그림 17-8] 왜도와 정규분포

첨도는 분포의 모양이 평균을 중심으로 얼마나 뾰족한지 또는 완만한지를 의미한다. 평균치를 중심으로 좌우 대칭을 이루고 있는 분포의 모양이 정규분포에 비해 많은 점수가 평균을 중심으로 집중되어, 정규분포의 첨도에 비해 더 뾰족한 정적 첨도의 분포를 이루면 이를 고첨도(leptokurtic)라 부르고, 반대로 정규분포에 비해 평균을 중심으로 집중도가 낮을 경우 정규분포의 첨도에 비해 완만한 부적 첨도의 분포를 이루며 이러한 분포를 평첨도(platykurtic)라 부른다.

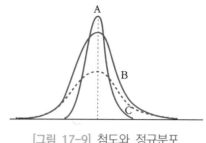

[그림 17-9] 첨도와 정규분포

심한 편포도는 빈도분포를 통해 쉽게 알아볼 수 있다. 실제 자료의 표준점수와 정규분포하에서 기대되는 표준점수 간의 관계를 그래프로 나타낸 정규확률 그래프(normal probability plot)를 작성해 보면 편포와 첨도 모두를 쉽게 파악할 수 있다. 그리고 실제 연구자들에게 가장 잘 알려져 있는 변인의 분포의 편포도와 첨도의 정도에 대한 표준화 측정치를 얻기 위한 방법은 다음과 같다.

- 표준편포지수$(SSI) = \dfrac{S^3}{(S^2)^{3/2}}$ ·····(17.6)

  여기서, $S^2 = \sum(X - Mean)^2/N$

  $S^3 = \sum(X - Mean)^3/N$

- 표준첨도지수$(SKI) = \dfrac{S^4}{(S^2)^2} - 3.00$ ·····(17.7)

  여기서, $S^2 = \sum(X - Mean)/N$

  $S^4 = \sum(X - Mean)^4/N$

표준편포지수의 부호는 편포의 방향(부적, 정적)을 나타내며, 값이 0일 경우 분포의 모양이 좌우 대칭임을 말해 준다. 정규분포의 경우 표준첨도지수=3.0이며, 표준첨도지수의 값이 3.0보다 크면 정적 첨도, 그리고 3.0 이하면 부적 첨도를 나타낸다. 가끔 어떤 컴퓨터 프로그램에서는 앞의 공식에 따라 첨도를 추정한 다음 추정된 (첨도지수−3)의 값을 제시해 준다. 이 경우 정규분포의 첨도지수는 0이며, 부호는 역시 첨도의 형태(부적, 정적)를 나타낸다.

표준편포지수와 표준첨도지수를 통해 분포의 편포도와 첨도를 판단하기 위한 절대적 기준이 명확하게 결정되어 있지는 않지만, 컴퓨터 시뮬레이션을 통해 얻어진 결과에 근거해서(Curran, West, & Finch, 1977) 제시하고 있는 기준을 소개하면 다음과 같다. 어떤 변인의 분포의 표준편포지수의 절대값이 3.0보다 크면 편포도가 심한 것으로 판정할 수 있다. 첨도의 절대적 기준에 대해서는 다소 학자들 간에 일치도가 낮으며 표준첨도지수가 약 8.0 ~ 20.0 정도가 되면 첨도가 심한 분포로 기술하고 있다. 그래서 다소 보수적인 입장에 있는 연구자들은 표준첨도지수의 절대값이 10보다 크면 분포에 문제가 있는 것으로 볼 수 있고, 그 값이 20보다 크면 분포에 아주 심각한 문제가 있는 것으로 판단하고 있다(DeCarlo, 1997).

연구자가 측정을 통해 얻어진 두 변인의 분포가 정규분포를 이루지 않을 경우, 실제로 추정된 상관계수 r_{xy}는 항상 이론적으로 기대되는 r_{xy}보다 과소 추정되어 얻어지며, 과소 추정의 정도는 자료의 분포가 정규분포에서 얼마나 이탈되었느냐에 따라 다르고 이탈된 두 변인의 분포의 모양이 서로 얼마나 다르냐에 따라 달라진다. 변인의 분포가 정규분포에서 벗어날 경우, 이 문제를 해결하기 위한 한 가지 방법은 변환을 통해 원점수의 분포를 수학적 조작을 통해 보다 정규분포를 이루는 새로운 분포로 바꾸는 것이다. 변환은 분포의 모양을 변화시키기 때문에 이상치(outliers)를 다루는 데도 역시 유용하다.

연구자는 자신의 자료가 정규분포에서 벗어난 경우 여러 가지 변환 방법을 시도하여 어느 방법이 효과적인지를 찾아볼 필요가 있지만, 자료의 분포가 정규분포에서 심하게 이탈된 경우 어떤 변환 방법을 사용해도 효과가 없을 수 있다. 변환은 변인의 본래의 척도가 없어지고 변환된 변인에 대한 결과의 해석도 변환된 척도에 맞추어 해야 하기 때문에 본래 척도의 의미가 사라지게 됨을 알아야 한다.

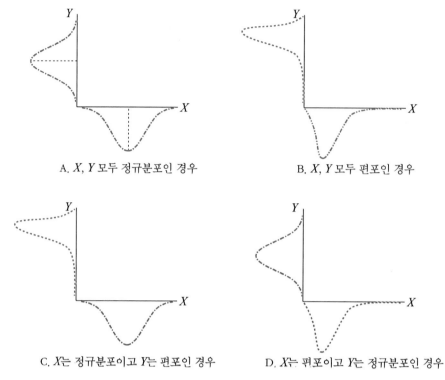

A. X, Y 모두 정규분포인 경우   B. X, Y 모두 편포인 경우

C. X는 정규분포이고 Y는 편포인 경우   D. X는 편포이고 Y는 정규분포인 경우

[그림 17-10] 다양한 경우의 X, Y 분포의 형태

(3) 척도의 변환

r_{xy}은 자료의 선형변환(linear transformation)에 아무런 영향을 받지 않는다. 즉, 두 변인 X, Y 중 어느 한 변인 또는 두 변인 모두를 $a + bX$ 또는 $c + dY$ 형태로 선형변환을 해도 (단, b와 d가 0이 아닐 경우) 변환 전의 원자료에서 추정한 r_{xy}과 선형변환된 자료로부터 추정된 r_{xy}값은 같다는 것이다. 척도의 선형변환에 따른 r_{xy}의 불변성(invariance)의 성질은, 특히 사회과학 연구에 대단히 중요한 의미를 갖는다. 예컨대, 사회과학 분야의 연구에서 가장 흔히 사용하고 있는 Likert식 척도의 경우 연구상황에 따라 다양한 채점 규칙을 사용하여 측정할 수 있다.

5=매우 좋아한다.	2=매우 좋아한다.
4=좋아한다.	1=좋아한다.
3=잘 모르겠다.	0=잘 모르겠다.
2=싫어한다.	−1=싫어한다.
1=매우 싫어한다.	−2=매우 싫어한다.
X	X^*

앞의 두 척도는 동일한 Liker식 반응양식에 채점 규칙만 다른 경우이다. 척도 A를 사용하여 측정된 변인의 점수를 X라 하고 척도 B를 사용하여 측정된 점수를 X^*라 하면, $X = 3 + 1X^*$이기 때문에 X는 X^*를 선형변환한 결과와 같다. 따라서 X를 사용하든 X^*를 사용하든 동일한 r_{xy}값을 얻게 된다.

상관의 이러한 성질은 연구자가 이런저런 이유로 측정된 변인의 원자료를 선형변환하여도 연구자가 구하고자 하는 상관계수의 추정에 아무런 영향을 미치지 않기 때문에, 연구 자료를 보다 융통성 있게 다룰 수 있게 된다. 또 다른 이점은 사회과학에서 다루는 대부분의 변인은 구성 개념이며 구성 개념을 측정하기 위해 사용하는 검사는 검사개발자나 연구자 임의대로 척도를 설정하여 사용할 수 있기 때문에, 동일한 변인을 서로 다른 척도로 측정하기도 하고 변인마다 척도가 서로 다를 수 있다. 그래서 연구자가 변인 간의 측정 결과를 직접 비교하고자 할 경우, 척도가 다른 변인 간 비교가 불가능하기 때문에 모든 변인을 Z점수와 같은 어떤 공통적인 척도로 선형변환하여 자료를 분석한 다음 분석된 결과를 서로 비교하게 된다.

X	$X+2$	$2X+1$	Y	$Y+3$	$2Y+2$
1	3	3	6	9	14
2	4	5	5	8	12
3	5	7	7	10	16
4	6	9	9	12	20
5	7	11	8	11	18

$$r_{xy} = \frac{\sum_{i=1}^{n}(X_i - \overline{X})(Y_i - \overline{Y})}{S_x S_y (n-1)} = \frac{Z_x Z_y}{n-1}$$

상관계수 r_{xy}은 바로 두 변인 X, Y를 표준점수(평균=0, 표준편차=1)로 선형변환하여 얻어진 값이기 때문에 상관계수가 선형변환되는 과정을 살펴보면 몇 가지 중요 성질을 음미해 낼 수 있다.

이미 앞에서 상관계수를 산출하기 위한 공식이 만들어지는 과정을 상세히 설명했다. 공식에서 우측 부분은 상관계수의 성질을 결정하는 세 가지 요소로 구성되어 있으며, 이들 세 가지 요소로부터 상관계수 r_{xy}의 여러 가지 성질을 탐색해 낼 수 있다. 첫째, 분자 부분에서 볼 수 있는 바와 같이 상관계수를 산출하기 위해 각 변인의 원점수로부터 각각의 평균을 뺀 다음, 그 차이값(편차점수)의 곱을 계산하여 얻어진 값을 두 변인이 공변이하는 정보로 사용하고 있다는 것이다. 따라서 상관계수 r_{xy}은 각 변인의 평균이 무엇이든 계산 과정에서 정확히 그 값만큼 빼 버리기 때문에 척도의 평균의 변화가 상관계수 r_{xy}의 크기에 전혀 영향을 미치지 않는다는 것이다. 예컨대, 평균이 C만큼 증가한다는 말은 모든 사례에 상수 C만큼 더한다는 것이기 때문에 각 사례별로 계산되는 $(X_i - \overline{X}), (Y_i - \overline{Y})$값의 크기에 전혀 영향을 미치지 않으며, 결과적으로 두 변인의 공변이 정도를 결정하는 편차점수의 곱의 값도 변함이 없다.

구분	X	$X+2$	$2X+1$	Y	$Y+3$	$2Y+2$
X	1.00	.000	.000	.800	.800	.800
$X+2$		1.00	.000	.800	.800	.800
$2X+1$			1.00	.800	.800	.800
Y				1.00	.000	.000
$Y+3$					1.00	.000
$2Y+2$						1.00

상관계수 r_{xy}의 이러한 성질을 평균무관성(location-free)이라 부른다. 둘째, r_{xy} 계산 공식의 분모 부분에 있는 S_x, S_y는 두 변인 X, Y의 표준편차(척도의 크기)의 크기가 얼마이든 두 표준편차(두 표준편차의 곱)로 나누어 주기 때문에 연구마다 척도의 크기가 서로 다른 경우에도 상관계수를 서로 비교할 수 있다. 상관계수의 이러한 성질을 척도무관성 또는 척도독립성(scale-free)이라 부른다. 셋째, r_{xy} 계산 공식의 분모 부분에 있는 $n-1$은 총 공변이의 정도를 나타내는 $\sum (X_i - \overline{X})(Y_i - \overline{Y})$을 전체 사례 수로 나누어 평균 공변이를 얻기 위한 절차이기 때문에, 결과적으로 r_{xy}은 표본 크기 무관성(sample size-free)의 성질을 지니게 된다.

(4) 자료의 이상치

상관계수 r_{xy}의 특성 중의 하나는 두 변인 X, Y의 측정치 중에 이상치(outliers)가 존재할 경우 추정된 상관계수의 크기에 심각한 영향을 미칠 수 있다는 것이다. 즉, 상관계수 r_{xy}은 측정치의 크기에 대단히 민감하게 반응하기 때문에 이상치에 내강성(robust)을 지니고 있지 못하다. 앞에서 다른 평균과 분산도 이상치에 내강하지 못하다. 그래서 어떤 통계학자들은 내강성이 없는 이들 통계치들의 민감성을 꼬집기 위해 "statisics"라 부르지 않고 농담조로 "sadistics"라 비꼬아 부르기도 한다. [그림 17-11]의 자료는 단 한 개의 이상치가 상관계수의 크기에 어떤 영향을 미칠 수 있는지를 보여 주기 위한 가상적인 자료와 산포도이다.

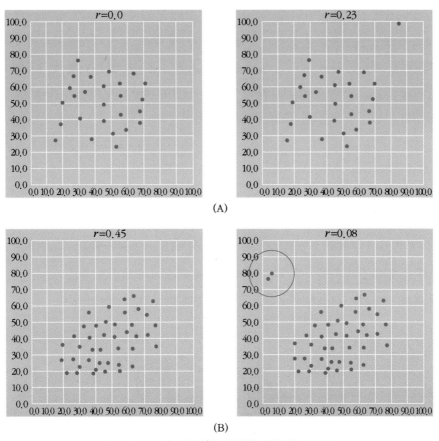

(A)

(B)

[그림 17-11] 이상치를 포함한 자료의 산포도

[그림 17-11]의 (A)에서 볼 수 있는 바와 같이, 산포도의 모양이 거의 원에 가깝기 때문에 두 변인 간에 상관이 거의 없는 것으로 얻어질 수 있다. 실제 r_{xy}를 추정한 결과, $r_{xy} = 0$으로 나타났다. 그러나 이상치를 포함한 산포도를 작성할 경우, 산포도의 모양이 긴 타원에 가깝고 정적 상관이 있는 것으로 판단된다. 실제 적률상관계수를 추정한 결과, $r_{xy} = .23$으로 나타났다. 오직 한 사례에 의해 r_{xy}가 0에서 .23으로 증가되었다. 물론 한두 개의 극단치에 의해 상관계수가 감소되는 경우도 있을 수 있다. 자료 B의 경우, 두 개의 이상치를 포함하지 않을 경우에 $r_{xy} = .45$로 나타났다. 그러나 두 개의 이상치를 포함할 경우에는 $r_{xy} = .08$로 나타났다. 앞의 예는 한두 개의 이상치가 두 변인 간의 선형 관계로 요약되는 상관계수의 크

기와 성질에 얼마나 큰 영향을 미칠 수 있는지를 보여 주고 있다.

연구자는 수집된 자료를 분석하기 전에, 먼저 수집된 자료에 극단치가 존재하는지를 파악해 보고 파악된 이상치가 실제로 정상적인 측정치가 아닌 이상치인지의 여부를 검토해야 한다. 이상치의 존재를 파악해 내기 위해 여러 가지 통계적 기법이 개발되어 있다. 그러나 어느 방법이 가장 정확한 방법인지는 아직 밝혀지지 않고 있다. 이상치를 다루는 한 가지 방법은 자료 속에서 이상치로 의심되는 측정치가 파악될 경우, 이상치를 포함하여 분석한 결과와 이상치를 제외한 다음 얻어진 분석 결과를 비교해 본다. 만약 두 분석 결과에 차이가 없으면 그대로 두고, 만약 분석 결과에 차이가 있을 경우 극단치의 이론적 가능성을 포함하여 이상성의 가능성에 대해 심각하게 고민해 보아야 한다.

(5) 측정 범위의 축소

상관계수 r_{xy}의 크기에 영향을 미치는 가장 중요한 요인 중의 하나는 변인 측정치의 범위의 축소이다. 측정치의 범위가 축소(Restriction of Range)된다는 것은 측정된 변인의 점수가 실제 두 변인 간의 공변이 정도를 충분히 관찰하기 위해 필요한, 그리고 실제 측정 가능한 범위보다 좁게 축소되어 얻어질 경우를 의미한다. 측정치의 범위가 축소되는 문제는 연구 목적에 의해 제한되는 경우와 연구자의 실수로 인해 축소되는 경우가 있다.

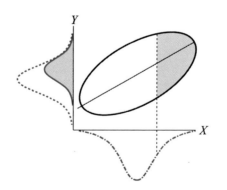

[그림 17-12] 측정 범위의 축소로 인한 산포도

전자의 경우는 연구의 목적이 특정한 집단에 있어서 두 변인 간의 상관의 정도를 추정하려는 경우에 일어날 수 있는 현상이기 때문에 얻어진 상관계수의 크기를 주어진 연구 집단에만 제한하여 해석하면 된다. 물론 그러한 해석이 이론적으로 또는 실제적으로 얼마나 의미 있는 것이냐는 별개의 문제이다. 예컨대, ① 한 연구자가 지능과 학업 성취도 간의 상관을 알아보기 위해 자료 수집의 편의성 때문에 영재학원에 재학 중인 아동들만을 대상으로 자료를 수집할 경우와 ② 영재아동 집단에 있어서 지능과 학업 성취도 간의 상관을 알아보고 자 할 경우를 생각해 보자. 전자의 경우는 연구자의 관심이 지능과 학업 성취도 변인 간의 상관을 알아보려는 데 있기 때문에 지능과 학업 성취도 변인의 측정치가 충분한 범위(변산 성)의 값을 갖도록 자료 수집 대상을 선정해야 한다. 그리고 얻어진 상관계수는 특정한 집단 과 관계없이 두 변인 간의 관계로만 기술해야 한다. 그러나 연구자가 자료 수집의 편의성 때 문에 영재학원에 다니는 아동을 대상으로 자료를 수집했기 때문에 얻어진 상관계수는 영재 아동 집단에서의 지능과 학업 성취 간의 관계를 나타내며, 연구자가 알고자 하는 지능 변인 과 학업 성취 변인 간의 관계를 관찰해 낼 수 없다는 것이다. 그럼에도 불구하고 얻어진 상 관계수를 두 변인 간의 상관관계로 해석할 경우, 과잉 일반화로 인한 해석의 타당성에 오류 가 생기게 된다는 것이다. 만약 연구자가 두 변인 간의 상관 정도에 대한 정보를 정확히 얻 고 싶다면 두 변인의 측정치가 이론적으로 그리고 실제적으로 가능한 충분한 범위에 걸쳐 얻어져야 한다는 것이다. "범위의 축소" 문제는 상관계수 그 자체의 문제가 아니라 얻어진 상관 정보와 해석 내용의 불일치의 문제이기 때문에 연구자는 얻어진 상관계수를 연구 대 상과 관련하여 타당하게 해석해야 한다.

그리고 등간 또는 비율척도에서 점수들 간의 범위가 충분히 커야 점수들 간의 분산을 기 대할 수 있다. 점수의 범위가 제한되면 상관의 정도도 낮아지게 된다. 집단 내 피험자들의 동질성이 증가하면 결국 분산은 작아지게 되고, 결과적으로 두 변인들 간의 상관계수의 값 도 작아지게 된다. 이것은 변인 간에 존재하는 상관 정도를 충분히 밝혀내기 위해서는 점수 들 간에 충분한 분산이 있어야 함을 의미한다. 그래서 실제 두 변인 간에는 높은 상관이 있 는 경우라도 자료를 수집하기 위해 표집된 집단이 아주 동질적이거나 측정 규칙에 따라 사 용된 측정값의 범위가 너무 좁을 경우 측정치 간에 분산이 작아지게 되고, 그 결과 상관계수 도 낮게 나타나게 된다는 것이다.

2) 특수상관계수

비록 Pearson 적률상관계수 r_{xy}가 통계학 분야에 있어서 주요한 영향을 미쳤음에도 불구 하고, 측정된 두 변인이 모두 등간척도 이상의 연속변인이어야 한다는 측정의 조건 때문에 변인의 여러 가지 측정수준에 적합한 여러 가지 특수한 상관계수 추정 방법이 개발되었다. 이 장에서는, 특히 *Pearson* 적률상관계수의 특별한 경우로 볼 수 있는 〈표 17-1〉에 제시 된 몇 가지 주요 특수상관계수에 대해서만 소개하도록 하겠다.

〈표 17-1〉 **특수상관계수의 유형**

상관계수		측정의 수준
Pearson r	r	둘 다 등간척도
Spearman rank	r_s	둘 다 서열척도
Point-biserial	r_{pb}	등간척도, 양분척도(자연적: 명명척도)
Biserial	r_b	등간척도, 양분척도(인위적: 등간척도 또는 비율척도)
Phi	Φ	둘 다 양분척도(명명척도)
Tetrachoric	r_t	둘 다 양분척도(자연적 양분: 명명척도)
Pearson C	C	두 변인의 질적인 유목의 수가 각각 2개 이상일 경우

* 인위적이란 연속변인으로 측정된 변인의 값을 연구목적에 따라 의도적으로 양분하여 채점한 것을 말한다.

(1) Spearman 등위상관계수 r_s

앞에서 언급한 바와 같이, Pearson 적률상관계수 r_{xy}는 두 변인 모두가 등간척도 또는 비율척도로 측정된 연속변인일 경우에만 사용될 수 있다. 대학 입학 등수(X)와 졸업 등수(Y) 간에 상관이 있는지 알아보려고 할 경우나 또는 본래는 등간척도 이상의 연속변인으로 측정된 X, Y 자료이지만 실제 자료가 여러 가지 이유로 서열 자료로 주어지거나 변환된 경우, 두 변인의 자료가 모두 서열척도로 측정되거나 변환된 비연속변인이기 때문에 다음 공식 (17.8)을 사용하여 Spearman의 등위상관계수(*Spearman rank correlatin coefficient*) r_s를 계산해야 한다.

$$r_s = 1 - \frac{6\sum D_i^2}{n(n^2-1)} \qquad \cdots\cdots(17.8)$$

여기서 D_i는 사례 i의 등위 간 차이를 나타내며 n은 사례 수를 나타낸다. 공식 (17.8)에서 볼 수 있는 바와 같이, 만약 두 변인의 등위가 정확하게 일치하면(예컨대, X=1, 2, 3, 4, 5 그리고 Y=1, 2, 3, 4, 5) 각 사례별 $D_i = 0$이 되고, 따라서 $D_i^2 = 0$이 되기 때문에 $\sum D_i^2 = 0$가 되어서 두 변인 간 상관 정도를 나타내는 등위상관계수 $r_s = 1.00$이 된다. 반대로, 만약 X와 Y의 등위가 완전히 반대일 경우(예컨대, X=1, 2, 3, 4, 5 그리고 Y=5, 4, 3, 2, 1), $r_s = -1.00$이 된다.

〈표 17-2〉 등위상관 계산을 위한 가상적인 자료

사례	X	Y	순위 X	순위 Y	D_i	D_i^2
1	35.0	105.0	6	9	−3	9
2	45.0	75.0	7	5.5	1.5	2.25
3	69.0	85.0	10	7	3	9
4	182.0	208.0	13	12	1	1
5	48.7	146.0	8	11	−3	9
6	100.0	100.0	12	10	2	4
7	25.0	75.0	5	5.5	−0.5	0.25
8	98.0	300.0	11	13	−2	4
9	52.0	88.0	9	8	1	1
10	8.0	16.0	2	2	0	0
11	22.8	19.2	4	4	0	0
12	5.9	13.9	1	1	0	0
13	19.0	17.0	3	3	0	0
						$\sum D_i^2 = 39.5$

예제 17-3

다음 〈표 A〉의 자료는 새로운 다이어트 프로그램에 지원한 지원자 13명을 대상으로 훈련 전 기대감(X)과 훈련 후 만족도(Y)를 측정한 다음 서열척도로 변환한 가상적인 자료이다. 훈련 전 기대감(X)과 훈련 후 만족도(Y) 간의 상관 정도를 추정하시오.

〈표 A〉 등위상관 계산을 위한 자료

사례	X	Y	순위 X	순위 Y
1	35.0	105.0	6	9
2	45.0	75.0	7	5.5
3	69.0	85.0	10	7
4	182.0	208.0	13	12
5	48.7	146.0	8	11
6	100.0	100.0	12	10
7	25.0	75.0	5	5.5
8	98.0	300.0	11	13
9	52.0	88.0	9	8
10	8.0	16.0	2	2
11	22.8	19.2	4	4
12	5.9	13.9	1	1
13	19.0	17.0	3	3

(2) 양류상관계수 r_{pb}

Pearson 적률상관계수 r_{xy} 계산 공식은 두 변인 X, Y 모두 연속 변수일 경우 두 변인 간 상관 정도를 계산하기 위해 적용될 수 있는 공식이다. 만약 두 변인 중 한 변인은 연속 변수이고 다른 한 변인이 명명척도에 의해 측정된 이분 변수(dichotomous variable)일 경우를 생각해 보자. 예컨대, Y가 언어 능력점수이고 X가 성별 변인일 경우에 언어 능력은 등간척도에 의해 측정된 연속 변수이고 성별은 명명척도(예컨대, 남자=0, 여자=1)로 측정된 이분 변수가 된다. 성별은 질적 변인이고, 그리고 남/여 양분이 인위적 이분이 아닌 자연적 이분이다. 이와 같이 두 변인 중에서 한 변인은 연속 변수이고 다른 한 변인이 명명척도에 의해 측정된 자연적 이분 변수일 경우, 두 변인 간의 상관 정도를 나타내는 상관계수를 양류상관계수(*point − bisearial correlation coefficient*)라 부르고 r_{pb}로 나타낸다. 양류상관계수를 계산하기 위해, 예컨대 이분 변수를 X라 할 때 $X=0$ 또는 1로 측정한 다음 Pearson 적률상관계수 r_{xy} 공식을 다음과 같이 변형하여 X와 Y 간의 상관 정도를 추정하면 된다.

$$r_{pb} = \frac{\overline{Y_1} - \overline{Y_2}}{S_Y} \sqrt{(\frac{n_1}{n})(\frac{n_2}{n})} \qquad \cdots\cdots(17.9)$$

$\overline{Y_1}$: 두 집단 중 평균이 높은 집단의 평균

$\overline{Y_2}$: 두 집단 중 평균이 낮은 집단의 평균

S_Y: 연속변인 Y의 표준편차

n_1: 두 집단 중 평균이 높은 집단의 사례 수

n_2: 두 집단 중 평균이 낮은 집단의 사례 수

n: 전체 사례 수($n_1 + n_2$)

공식 (17.9)에서 볼 수 있는 바와 같이, r_{pb}의 값이 두 집단 평균 차이에 근거해 있음을 알 수 있다. 만약 두 집단 평균 간에 차이가 없을 경우, $r_{pb}=0.00$가 된다. X, Y 간 상관의 유무를 따지는 것은 결국 두 집단 평균 간에 차이의 유무를 알아보려는 것과 같다. 그래서 r_{pb}의 유의성 검정은 변인 Y에 있어서 두 집단 간 평균 차이에 대한 t 검정과 동등하다고 할 수 있다. 두 집단 평균 차이를 전체 표준편차로 나누어 얻어진 표준화 평균차를 "d"라고 부르며, d와 r_{pb} 간에는 어떤 함수 관계가 존재한다(Hunter and Schmidt, 1990).

$$d = r_{pb} / \sqrt{p_1 p_2 (1 - r_{pb}^2)} \qquad \cdots(17.10)$$

$$여기서, p_1 = n_1(n_1 + n_2)$$
$$p_2 = n_2(n_1 + n_2)$$

예제 17-4

다음 〈표 A〉 자료는 아동의 성별(X)과 탐구력(Y) 간에 상관이 있는지 알아보기 위해 아동 10명을 대상으로 성별과 탐구력을 측정한 가상적인 자료이다. 성별과 탐구력 간의 상관 정도를 계산하시오.

〈표 A〉 성별과 탐구력

아동	성별(X)	탐구력(Y)
1	1	87
2	1	79
3	1	93
4	1	75
5	1	80
6	2	77
7	2	74
8	2	80
9	2	73
10	2	69

r_{pb} 는 $Pearson\ r_{xy}$의 특별한 경우에 해당되기 때문에 r_{pb}의 사용 조건은 아주 간단하다. 그러나 만약 이분변인이 자연적 이분(naturally dichotomous variable)이 아니고 연속변인을 편의대로 인위적으로 양분시킨 인위적 이분변인일 경우 문제가 생길 수 있다. 예컨대, 실제로는 연속변인으로 측정된 측정치를 중앙치나 평균을 기준으로 상하로 양분시켜 인위적 이분 변수로 변환할 경우, 양분 과정에서 원자료의 정보가 손실되고 r_{pb}값은 실제로 연속변인일 경우에 얻어질 수 있는 r보다 축소되어 얻어지게 된다(Cohen, 1983). 이러한 문제를 해결하기 위한 한 가지 방법은 다음에 소개하는 양분상관계수(biserial correlation coefficient) 계산 공식을 사용하여 상관계수를 계산하는 것이다.

(3) 양분상관계수 r_b

두 변인 X, Y 중 어느 한 변인이 자연적 양분변인이고 다른 한 변인이 연속변인일 경우에 양류상관계수 공식을 사용하여 상관 정도를 추정한다고 했다. 그러나 만약 양분된 변인이 자연적 이분변인이 아니고 연속변인을 연구목적이나 자료 수집의 편의성 등으로 인해 인위적으로 이분변인으로 측정했을 경우, 양류상관계수 r_{pb}가 실제의 두 변인 간 상관 정도를 나타내는 상관계수 r_{xy}를 축소 추정하게 된다고 했다. 예컨대, 지능(X)과 학업 성적(Y) 간의 상관 정도를 알아보기 위해 자료를 수집하는 과정에서 생활기록부에 기록된 지능에 대한 정보를 원점수로 얻을 수 없어서 상($IQ > 100$)과 하($IQ < 100$)로 분류된 정보를 얻게 될 경우를 생각해 보자. 지능점수는 본 연속 변수이지만 자료 수집 과정에서 인위적으로 두 범주로 양분된 이분 변수로 얻게 된 경우이다. 이와 같이 두 변인 중 한 변인은 인위적 양분 변수이고 다른 한 변인은 연속변인일 경우 두 변인 간의 상관관계를 나타내는 상관계수를, 특히 양분상관계수(biserial correlation coefficient)라 부르고 r_b로 나타낸다. r_b를 계산하기 위한 공식은 다음 (17.11)과 같다.

$$r_b = \frac{\overline{Y_H} - \overline{Y_L}}{S_Y} \frac{p_H \, p_L}{\lambda} \qquad \cdots (17.11)$$

여기서, $\overline{Y_H}$: 두 집단 중 평균이 높은 집단의 평균

$\overline{Y_L}$: 두 집단 중 평균이 낮은 집단의 평균

S_Y: 연속변인 Y의 표준편차

p_H: 두 집단 중 평균이 높은 집단의 사례 수의 비율

p_L: 두 집단 중 평균이 낮은 집단의 사례 수의 비율

λ: 단위정규분포에서 p_H와 p_L가 분할되는 점에서의 높이

공식 (17.11)을 다시 다음과 같이 간단하게 나타낼 수 있다.

$$r_b = r_{pb}\left(\frac{\sqrt{p_H p_L}}{\lambda}\right) \qquad \cdots (17.12)$$

$\sqrt{p_H p_L}/\lambda$의 비율은 1.25($p_H = p_L = .50$)에서 약 3.70(p_H, p_L 중 어느 하나의 비율이 .99)까지 변한다. 인위적 양분을 하는 과정에서 정보의 손실(loss of information)이 발생되고, 따라서 축소된 r_{pb}값이 얻어지기 때문에 r_b값의 크기는 항상 상응하는 r_{pb}보다 크게 얻어지게 된다.

예제 17-5

〈표 A〉의 자료는 아동의 지능(X)과 창의력(Y) 간에 상관이 있는지 알아보기 위해 아동 10명을 대상으로 지능과 탐구력을 측정한 가상적인 자료이다. 지능과 탐구력 간의 상관 정도를 계산하시오.

〈표 A〉 지능과 탐구력

아동	지능(X^*)	탐구력(Y)
1	1	87
2	1	79
3	1	93
4	1	75
5	1	80
6	2	77
7	2	74
8	2	80
9	2	73
10	2	69

* 지능(X)=1($IQ > 100$), 2=($IQ < 100$)

r_b는 인위적으로 양분되는 변인의 모집단분포가 정규분포를 이룬다는 가정하에서 정확한 값으로 얻어진다. 만약 인위적으로 양분되는 변인의 모집단분포가 정규분포를 따르지 않을 경우, r_b는 r_{xy}의 좋은 추정치가 될 수 없다. 다시 말하면, r_b는 정규분포의 가정에 대단히 취약하기 때문에 정규분포성의 가정에 내강한 추정치가 아니라는 의미이다. r_b의 표준오차는 항상 상응되는 r_{xy}이나 r_{pb}보다 크며, 특히 양분된 두 집단의 사례 수의 차이가 클수록 r_b의 표준오차의 크기도 증가한다. 그래서 r_b는 양분변인의 모집단분포가 정규분포의 가정을 충족하거나 증가되는 표준오차의 크기를 약화시킬 만큼 충분히 크지 않을 경우에는 조심해서 사용할 필요가 있다.

(4) Φ계수

양류상관계수와 양분상관계수는 두 변인 중 어느 한 변인이 이분 변수로 측정되고 다른 한 변인이 연속 변수로 측정된 경우에 두 변인 간 상관의 정도를 추정하기 위한 $Pearson$ 적률상관계수의 특별한 경우였다. 만약 두 변 X, Y 모두가 이분 변수로 측정된 자료일 경우, r_{xy}, r_{pb}, r_b 모두 적절한 상관 추정 방법이 될 수 없다. 그리고 양분된 두 변인 X, Y가 모두 자연적 양분변인일 경우와 양분된 두 변인 X, Y가 모두 인위적 양분변인일 경우를 생각해 볼 수 있다. 예컨대, 대학 졸업생들의 성별(X)과 취업 여부(Y) 간에 상관 정도를 추정하고 자 할 경우, 두 변인 모두가 자연적 양분변인이다. 이와 같이, 특히 두 변인 모두가 자연적인 양분변인이 이분 변수로 측정된 경우, 앞에서 소개한 r_{xy}, r_{pb}, r_b의 적용 조건에 부합되지 않기 때문에 공식 (17.13)과 같이 각 변인의 점수를 0, 1로 측정한 다음 특별히 개발된 파이 계수($\phi\ coefficient$) 공식을 사용하여 $Pearson$ 적률상관계수를 구해야 하며, 이를 r_ϕ로 나타낸다.

$$r_\phi = \frac{p_{xy} - p_x p_y}{\sqrt{p_x q_x p_y q_y}} \qquad \cdots\cdots(17.13)$$

$p_x = X$ 변인에서 1점을 받은 사례들의 비율

$q_x = X$ 변인에서 0점을 받은 사례들의 비율: $1 - p_x$

$p_y = Y$ 변인에서 1점을 받은 사례들의 비율

$q_y = Y$ 변인에서 0점을 받은 사례들의 비율: $1 - p_y$

$p_{xy} = X$, Y 변인 모두에서 1점을 받은 사례들의 비율

수집된 자료를 다음과 같이 〈표 17-3〉과 같은 2×2 유관표($contingency\ table$)로 정리하면 공식 (17.14)와 같이 보다 편리한 공식을 통해 r_ϕ를 쉽게 계산할 수 있다.

〈표 17-3〉 X와 Y에 따른 2×2 유관표

구분		X		전체
		1	0	
Y	1	a	b	$a+b$
	0	c	d	$c+d$
전체		$a+c$	$b+d$	n

앞의 유관표에서 $(b+d)/n = p_x$, $(a+b)/n = p_y$, $b/n = p_{xy}$를 나타내기 때문에 공식 (17.13)은 결국 다음 공식 (17.14)와 같이 나타낼 수 있다.

$$r_\phi = \frac{bc - ad}{\sqrt{(a+c)(b+d)(a+b)(c+d)}} \qquad \cdots\cdots(17.14)$$

  r_Φ계수는 통상적으로 최대값의 크기가 1.00보다 훨씬 작은 값으로 얻어진다. 예컨대, 〈표 17-3〉의 2×2 유관표의 자료를 살펴보면, 도표의 주변빈도수는 고정된 값이다. 그래서 $a+c$, $b+d$는 주어진 연구 내에서 절대로 변하지 않는다. 마찬가지로, $a+b$, $c+d$ 역시 고정되어 있는 숫자이다. 그러나 유일하게 불확실한 것은 유관표 내의 네 개의 빈도를 나타내는 a, b, c, d 숫자들이다. 주변빈도가 고정되어 있기 때문에 가장 큰 상관계수를 얻기 위해 내부의 a, b, c, d가 어떻게 재배열되어야 할지 생각해 보자. 만약 주변빈도가 모두 같을 경우, $\Phi_{max}=1.00$이 될 수 있다. 그리고 〈표 17-4〉에서와 같이 2×2 유관표 내의 모든 자료가 대각선상에 떨어질 경우에도 $\Phi_{max}=1.00$을 얻을 수 있다.

〈표 17-4〉 주변빈도가 동일할 경우

구분		X		전체
		1	0	
Y	1	100	0	100
	0	0	100	100
전체		100	100	$n=200$

〈표 17-5〉 주변빈도가 다를 경우

구분		X		전체
		1	0	
Y	1	100	0	100
	0	0	50	50
전체		100	50	$n=150$

  r_Φ가 정적인 값을 가지는 것으로 나타날 경우, 변인 X에서 범주=1에 속한 사람들이 변인 Y에서도 범주=1에 속하는 경향이 있음을 의미한다. 반대로, r_Φ가 부적인 값으로 나타날 경우에는 변인 X에서 범주=1에 속하는 사람들이 변인 Y에서는 범주=0에 속하는 경향이 있는 것으로 해석한다.

예제 17-6

〈표 A〉의 자료는 대학생들 100명을 대상으로 성별(X)과 낙태 지지 여부(Y)를 조사한 가상적인 자료이다. 성별과 낙태 지지 간의 상관 정도를 계산하시오.

〈표 A〉 성별에 따른 낙태 지지 여부를 나타내는 유관표

구분		성별(X)		전체
		남(1)	여(0)	
낙태 지지(Y)	예(1)	$a=38$	$b=20$	$a+b=38$
	아니요(0)	$c=12$	$d=30$	$c+d=42$
전체		$a+c=50$	$b+d=50$	$n=100$

(5) 사분상관계수 r_ϕ

두 변인 모두가 양분된 이분 변수이고, 그리고 두 변인 모두가 자연적인 양분변인이 이분 변수로 측정된 경우 r_ϕ계수를 통해 두 변인 간 상관의 정도를 계산하였다. 이제 두 변인 X, Y의 모집단분포가 정규분포를 따르는 연속변인이지만 두 변인이 모두 인위적으로 이분 변수로 측정한 다음 두 이분 변수 간의 상관 정도를 나타내는 상관계수를 사분상관계수 (*tetrachoric correlation coefficient*)라 부르고 r_t로 나타낸다.

$$r_t = \frac{bc - ad}{\lambda_x \lambda_y n^2} \qquad \cdots(17.15)$$

여기서, bc, ad: 유관표에서 정의된 교차 부분의 빈도

$\quad\quad\quad \lambda_x$: 단위정규분포에서 p_x가 분할되는 점에서의 높이

$\quad\quad\quad \lambda_y$: 단위정규분포에서 p_y가 분할되는 점에서의 높이

$\quad\quad\quad p_x, p_y$는 X와 Y에서 1에 반응한 사례들의 비율

$\quad\quad\quad n$: 전체 사례 수

예제 17-7

〈표 A〉의 자료는 아동 100명을 대상으로 순차처리 능력(X)과 주의집중력(Y)을 측정한 다음 두 변인 모두를 이분 변수로 변환한 가상적인 자료이다. 주의집중력과 순차처리 능력 간의 상관 정도를 계산하시오.

〈표 A〉 성별에 따른 낙태 지지 여부를 나타내는 유관표

구분		순차처리(X)		전체
		고(1)	저(0)	
주의집중력(Y)	고(1)	$a = 38$	$b = 20$	$a+b = 38$
	저(0)	$c = 12$	$d = 30$	$c+d = 42$
전체		$a+c = 50$	$b+d = 50$	$n = 100$

(6) 유관계수 C

지금까지 두 변인 중 한 변인 또는 두 변인 모두 이분 변수로 측정된 자료의 상관계수를 구하는 특별한 경우에 대해 알아보았다. 만약 두 변인 모두가 이분, 삼분, 사분 등 각 변인의 질적인 유목의 수가 각각 2개 이상으로 측정되어 측정된 자료가 2×2뿐만 아니라 2×3, 3×

3, 4×4 등의 유관표로 정리될 경우, 지금까지 소개된 $r_{xy}, r_s, r_{pb}, r_b, r_t, \Phi$ 계수를 통해 두 변인 간 상관 정도를 정확히 계산할 수 없다. 이와 같이 다양한 형태의 유관표로 나타나는 두 범주변인의 자료에 대한 상관계수를 계산하기 위해 개발된 상관계수를 유관계수 (contingency coefficient) 또는 Pearson C계수라 부르며 C로 나타낸다. C는 두 변인이 이분, 삼분, 사분 등 몇 개의 범주로 측정되어도 관계가 없고, 그리고 범주의 성질이 자연적이건 또는 인위적이건 관계가 없다. 유관계수 C의 계산 공식은 다음과 같다.

$$C = \sqrt{\frac{\chi^2}{N+\chi^2}} \qquad \cdots(17.16)$$

$$여기서, \chi^2 = \sum_{j=1}\sum_{j=1} \frac{(O_{ij}-E_{ij})^2}{E_{ij}}$$

제18장에서 상세하게 설명하겠지만, 앞의 공식에서 χ^2은 2×3, 3×3 등에 의해 만들어진 각 셀의 관찰빈도와 기대빈도 간의 일치도의 정도를 나타내는 값이며 두 변인이 관계 유무만을 나타내는 값이기 때문에 관계의 정도를 나타내는 상관계수로 나타내기 위해 변용된 것이 유관계수 C이다.

C의 단점 중의 하나는 X, Y 변인의 유목 수에 따라 심각하게 영향을 받는다. 유목 수가 많아질수록 C는 r_{xy}에 근접해 간다. 이는 유목 수가 작아질수록 C의 값이 r_{xy}로부터 멀어진다는 것을 의미한다. 그래서 유목 수에 따라 C값의 최대치가 한정되기 때문에 각 변인의 유목 수가 2개 또는 3개 정도로 작을 경우, C값은 절대로 최대값이 1.00으로 얻어지지 않는다. 예컨대, 유관표가 2×2, 3×3, 4×4와 같이 $K×K$ 정방형의 유관표일 경우, 기대되는 최대값 C는 다음과 같이 계산된다.

$$C_{\max} = \sqrt{\frac{K+1}{K}} \qquad \cdots(17.17)$$

2×2 유관표에서 기대할 수 있는 최대값은 $C_{\max} = \sqrt{(2-1)/2} = .707$이고 3×3 유관표에서 기대할 수 있는 최대값은 $C_{\max} = \sqrt{(32-1)/3} = .816$이다. 따라서 유목 수가 적을 경우, 두 변인 간의 이론적 상관 정도와 관계없이 실제로 얻어진 상관계수 C는 1.00으로 얻어지지 않는다는 것이다. C는 이론적으로 두 변인의 유목 수가 무한개일 때만이 1.00의 값을 가질 수 있다는 단점을 지니고 있다.

| 예제 | **17-8** |

〈표 A〉의 유관표는 성별(남, 여)과 낙태에 대한 의견(찬성, 반대, 유보) 간에 상관이 있는지 알아보기 위해 500명의 대학생들을 대상으로 측정한 자료를 2×3 유관표로 정리한 것이다. 성별과 낙태에 대한 의견 간의 상관 정도를 나타내는 유관계수 C를 계산하시오.

〈표 A〉 성별(2)×의견(3)에 따른 분할표

범주	남	여	주변빈도(j)
찬성	120	150	270
반대	80	40	120
유보	70	40	110
주변빈도(i)	270	230	500

(7) Cramer계수 V_c

Cramer는 두 변인의 유목 수가 유관계수 C에 미치는 영향을 해결하기 위해 다음과 같이 Cramer V_C계수를 개발하였다.

$$V_C = \sqrt{\frac{\chi^2}{N(L-1)}} \qquad \cdots(17.18)$$

여기서 N은 총 사례 수이고 L은 두 변인의 유목의 수중 적은 쪽의 유목 수를 나타낸다. 예컨대, 3×4 유관표의 경우 $L = 3$이다. 이 경우, 유관계수 V_C를 계산하기 위한 공식은 다음과 같다.

$$V_C = \sqrt{\frac{\chi^2}{N(3-1)}}$$

17-9

한 연구자는 어느 유아용 의류를 제작하는 회사에서 유아들이 좋아하는 모자 색상의 선호와 연령 간 (4세, 5세, 6세)에 차이가 있는지 알아보기 위해 어린이집 아동 300명을 무작위로 표집한 다음 연령 과 네 가지 모자 색상(빨강, 노랑, 초록, 파랑)에 대한 선호를 조사한 결과, 〈표 A〉와 같이 3×4 유관 표로 나타났다. 유아들이 좋아하는 모자 색상의 선호와 연령 간(4세, 5세, 6세)의 상관 정도를 나타 내는 V_C계수를 계산하시오.

〈표 A〉 연령(3)×색상 선호(4)에 따른 유관표

범주	4세	5세	6세	주변빈도(j)
빨간색	20	30	23	73
노란색	40	30	25	95
초록색	20	25	30	75
파란색	20	15	22	57
주변빈도(i)	100	100	100	300

3) 상관계수의 해석

상관계수의 크기를 언어적으로 기술하기 위해 일반적으로 〈표 17-6〉에서 제시된 기준 이 제시되어 있다. 그러나 실제 상관계수의 의미는 상관계수가 얻어진 연구맥락에 따라 달 라질 수 있기 때문에(Bobko, 2001) 모든 상관계수의 크기를 동일한 기준에 따라 해석할 수는 없다.

예컨대, 여러분이 두 개의 출입문이 달려 있는 어떤 방안에 앉아 있다고 가정해 보자. 그 리고 여러분이 방을 나가기 위해 두 개의 출입문 중 어느 하나를 선택하도록 되어 있다고 하 자. 여러분이 어떤 출입문을 선택하느냐에 따라 콜라가 주어질 수도 있고 사이다가 주어질 수도 있다. 그런데 출입문의 선택(앞문, 뒷문)과 주어지는 음료수(콜라, 사이다) 간의 상관이 $r = .10$이라는 것을 알고 있다고 가정해 보자.

〈표 17-6〉 상관계수 크기의 해석

상관계수	언어적 기술
.90~1.00	아주 상관이 높다.
.70~.90	상관이 높다.
.40~.70	확실히 상관이 있다.
.20~.40	상관이 있지만 낮다.
.00~.20	상관이 아주 낮다.

아마 여러분은 이러한 상황에서 $r = .10$ 정도의 상관계수는 그다지 크지 않은 것으로 보고 신경을 쓰지 않고 아무 출입문이나 선택할 것이다. 왜냐하면 콜라를 마시느냐 또는 사이다를 마시느냐가 그다지 중요한 관심사가 아니고, 그리고 주어지는 결과도 그다지 심각하지 않기 때문에 $r = .10$을 크게 생각하지 않을 것이다. 그러나 만약 여러분이 어떤 출입문을 열고 나가느냐에 따라 벼랑 밑으로 떨어져 죽을 수도 있고 또는 안전하게 집으로 돌아갈 수도 있는 상황이라면 여러분은 아마 전자의 상황과 달리 똑같은 정도의 상관계수 $r = .10$를 매우 높은 상관으로 인식하고, 아마 죽을 확률이 낮은 문을 선택하기 위해 매우 고심할 것이다.

앞의 경우와 정반대의 상황을 한번 생각해 보자. 일반적으로 두 변인 간에 $r_{xy} = .80$ 정도의 상관이 있는 것으로 나타날 경우, 아주 높은 정적 상관이 있는 것으로 해석한다. 그러나 검사-재검사 신뢰도의 경우 검사와 재검사 점수 간의 상관이 적어도 $r_{xy} = .90$ 이상이 되어야 의미 있는 것으로 해석하기 때문에 $r_{xy} = .80$ 정도의 상관은 낮은(의미 없는) 상관으로 해석된다. 이와 같이 상관계수의 실제적인 의미는 어떤 연구상황하에서 얻어진 것이냐에 따라 달라짐을 알 수 있다. 연구자는 상관계수를 해석할 경우, 연구맥락에 비추어 실제적인 의미를 고려하여 해석할 필요가 있다는 것이다.

(1) 결정계수 ρ_{xy}^2

상관계수를 해석하기 위한 통계적 방법 중의 하나는 변인 X의 분산 중 변인 Y의 분산과 서로 몇 % 관련(중복)되어 있는지를 나타내는 결정계수 $\rho_{xy}^2 \times 100\%$를 계산하는 것이다.

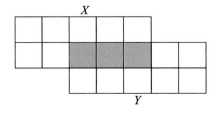

[그림 17-13] $\rho^2 = .30$의 경우

수학적으로 말하면, 결정계수 ρ_{xy}^2은 두 변인 중 어느 한 변인의 측정치의 변이 정도를 알면 다른 변인의 측정치의 변이 정도를 몇 %를 설명할 수 있는지를 말해 준다. 예컨대, 지능과 학업 성위도 간의 상관이 $\rho_{xy} = .80$일 경우 $\rho_{xy}^2 = .64$이므로 학습자의 지능점수에 대한 정보를 알면 관찰된 학업 성취도 분산의 64% 정도를 설명할 수 있다는 말이다. 이는 바로 두 변인 간에 상관이 있을 경우, 상관계수를 제곱하여 얻어진 값은 두 변인 중 한 변인으로부터 다른 한 변인을 예측할 수 있는 정도를 나타낸다.

(2) 비결정계수

$1 - \rho_{xy}^2$를 비결정계수($coefficient\ of\ non-determination$)라 부르고 비결정계수의 평방근을 A라 나타내면,

$$A = \sqrt{1 - \rho_{xy}^2} \qquad \cdots\cdot(17.19)$$

A를 무관계수 또는 이관계수(coefficient of alienation)라 부른다. r_{xy}가 두 변인 간의 상관 정도를 나타낸다면 A는 무상관도를 나타낸다고 할 수 있다. 예컨대, $r_{xy} = .50$일 경우 $A = \sqrt{1 - .50^2} = .87$이므로 두 변인 간의 상관 정도보다 무상관 정도가 더 크다는 것을 알 수 있다. 상관계수의 크기로부터 상관 정도를 해석할 경우, 이러한 점을 주의해서 해석해야 한다.

(3) 예측효율성 지수

무관계수 A는 상관이 있는 두 변인 중 어느 한 변인(X)으로부터 다른 한 변인(Y)을 예측할 경우, 예측오차가 σ_Y의 몇 %가 되는지를 나타낸다. 예컨대, $r_{xy} = .80$일 경우 $A = .60$이기 때문에 예측오차는 표준편차로 표현된 Y의 전체 변산 중 .60정도이다. 이는 X 없이 Y를 예측할 때보다 예측의 오차가 $.40(1 - .60)$, 즉 40% 감소할 수 있음을 말해 준다. 따라서 $(1 - A)$값은 상관이 있는 변인(X)을 이용하여 Y를 예측할 경우가 단순히 Y의 평균을 이용하여 Y를 예측할 경우보다 예측오차가 감소되는 비율을 나타낸다. $(1 - A)$를 다음과 같이 E로 나타내고 예측효율성 지수($Index\ of\ forcasting\ efficiency$)라 부른다.

$$E = 1 - A \qquad \cdots\cdot(17.20)$$

만약 연구자가 Y를 예측하기 위해 상관이 있는 다른 변인 X를 사용하면서 예측의 오차가 50% 감소하길 원할 경우, 즉 $E(1-A)=.50$이 되기 위해 $1-r^2=.50$이어야 하기 때문에 변인 Y와 X 간의 상관계수가 적어도 $r_{xy}=.87$이 되어야 한다.

예제 **17-10**

한 연구자가 전업 주부들의 시간 관리 능력과 결혼 만족 간의 상관관계를 알아보기 위해 무선표집된 1,000명의 전업 주부들을 대상으로 시간 관리 능력(X)과 결혼 만족도(Y)를 측정한 다음 *Pearson* 적률상관계수 r_{xy}를 계산한 결과, $r_{xy}=.80$으로 나타났다.

$r_{xy}=.80$를 해석하시오.

예제 **17-11**

한 연구자가 주부의 시간 관리 능력과 결혼 만족 간의 상관을 알아보기 위해 100명의 전업 주부들을 대상으로 시간 관리 능력(X)과 결혼 만족도(Y)를 측정한 다음 r_{xy}를 계산한 결과, $r_{xy}=.40$으로 나타났다.

---

1. 결정계수 r_{xy}^2을 계산하시오.
2. 무관계수 A를 계산하시오.
3. 예측효율성 지수 E를 계산하시오.
4. 결혼 만족도에 대한 예측오차를 40% 정도 감소시킬 수 있는 새로운 예측변인 X_2를 찾고자 한다. 이러한 목적을 위해 r_{x_2y}가 최소한 어느 정도의 예측변인을 찾아야 하는가?

4) 상관계수와 인과관계

두 변인 X, Y 간에 상관이 존재할 경우, 논리적으로 상관이 있는 여러 가지 이유를 추론해 볼 수 있다. [그림 17-14]에서 볼 수 있는 바와 같이 변인 X가 변인 Y에 영향을 주기 때문에 그림 (A)의 두 변인 간에 상관이 있을 수도 있고, 반대로 변인 Y가 변인 X에 영향을 주어서 (B)의 두 변인 간에 상관이 생길 수도 있다. 그리고 두 변인이 서로 직접 영향을 주고받는 관계일 경우에도 (C)의 두 변인 간에 상관이 존재할 수 있으며, (E)의 경우처럼 두 변인 간에 직접적인 관계가 없으나 제3변인의 영향으로 인해 상관이 있는 것으로 나타날 수 있다. 마지막으로, (D)의 경우처럼 두 변인 중에서 어느 한 변인이 제3변인을 통해 다른 한 변인에 간접적인 영향을 미치게 될 경우 역시 두 변인 간에 상관이 있는 것으로 나타나게 된다. 이와 같이 두 변인 간의 상관은 여러 가지 복합적인 인과적 관계 및 허위 요인들에 의해 생겨날 수 있다. 연구자가 상관계수를 통해 알 수 있는 유일한 정보는 두 변인 간에 상관의 존재 유무와 크기 및 상관의 성질이며, 상관의 이유에 대한 어떤 정보도 얻을 수 없기 때문에 연구자는 상관계수를 통해 두 변인 간에 존재하는 상관의 성질과 정도를 단순히 기술할 수 있을 뿐 결코 두 변인 간의 관계를 인과적으로 설명하려 해서는 안 된다.

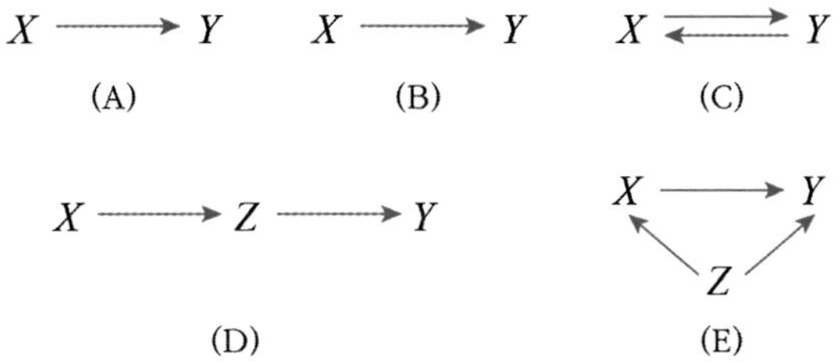

$$X \longrightarrow Y \qquad X \longrightarrow Y \qquad X \rightleftharpoons Y$$
$$\text{(A)} \qquad\qquad \text{(B)} \qquad\qquad \text{(C)}$$

$$X \longrightarrow Z \longrightarrow Y$$
$$\text{(D)}$$

[그림 17-14] 변인 X, Y 간 상관의 가능한 원인

만약 전혀 모르는 두 남녀가 데이트를 하고 있는 모습을 보고 있다고 가정하자. 데이트 장면을 통해 여러분이 알 수 있는 정보는 단순히 두 남녀가 데이트를 하고 있다는 사실뿐(두 변인 간에 상관이 존재한다는 사실), 두 남녀가 데이트를 하게 된 이유를 알 수 없다는 것이다. ① 남자가 여자에게 직접 데이트를 신청해서 만나게 되었을 수도 있고(남자 → 여자), ② 여자가 남자에게 직접 데이트를 신청해서 만나게 되었을 수도 있고(여자 → 남자), ③ 남녀가 서로 만나자고 직접 요청을 해서 만나게 되었을 수도 있고(남자 ⇄ 여자), ④ 남자와 여자가 서로 좋아하지 않지만 제3자인 친구가 두 남녀에게 부탁을 해서 서로 만나고 있을 수도 있다(친구 → 남자, 친구 → 여자). 물론 이러한 여러 이유가 복합적으로 작용해서 서로 만나고 있을 수도 있다. 두 남녀가 데이트를 하는 모습을 보면서 여러분은 두 남녀가 데이트를 하고 있다는 사실만 기술할 수 있을 뿐 데이트를 하게 된 이유를 결코 직접 알 수 없기 때문에 마음대로 그 이유를 인과적으로 유추해서 말할 수 없다는 것이다.

5) 상관계수의 한계

앞에서 살펴본 바와 같이, 상관계수는 두 변인 간의 상관 정도를 추정하기 위해 각 변인을 직접 측정하여 얻어진 두 측정 변수 간의 상관 정도를 선형적 관계로 추정한 값이다. 두 변인 간의 선형적 상관 정도를 추정한 상관계수는, 첫째, 추정된 상관계수의 해석이 정확 (reliable)하고 타당(valid)하기 위해서는 두 변인을 측정하기 위해 사용되는 측정 도구의 신뢰도와 타당도가 완벽해야 한다. 그러나 측정 도구를 통해 직접 측정된 두 변인의 측정치는 측정 도구의 현실적 한계로 인해 완벽하게 신뢰롭고 타당한 측정치를 얻을 수 없기 때문에, 얻어진 상관계수 역시 두 변인 간의 상관 정도에 대해 완벽하게 신뢰롭고 타당한 정보를 제공할 수 없다는 가장 본질적 약점을 지니고 있다. 실제의 연구에서 완벽한 신뢰도와 타당도의 증거를 가진 측정 도구를 개발한다는 것이 거의 불가능하기 때문에, 상관계수에 대한 해석의 신뢰도와 타당도에 항상 어느 정도의 측정의 오차와 관련된 문제점을 지닐 수밖에 없다. 그래서 상관분석에서는 측정된 두 변인의 신뢰도와 타당도가 완벽하다는 비현실적 가정 위에서 변인 간의 상관 정도에 대한 해석을 할 수밖에 없다는 것이다.

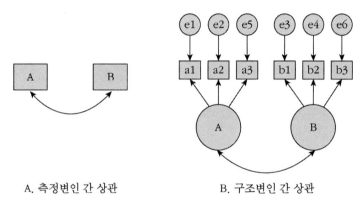

A. 측정변인 간 상관   B. 구조변인 간 상관

[그림 17-15] 상관모델

이러한 이유 때문에 연구자는 비록 완벽한 신뢰도를 지닌 측정 도구를 개발할 수는 없지만 최소한의 신뢰도계수 조건을 만족하는 (검사–재검사 신뢰도>.90, 동형 검사 신뢰도>.90, 내적합치도>.70~.80) 도구를 사용할 것을 요구하는 것이다.

측정 도구로 인해 상관계수가 지니고 있는 이러한 현실적인 문제점을 직접 해결할 수 없기 때문에, 간접적인 방법으로 신뢰도와 타당도의 문제를 해결하기 위해 관찰된 측정치로부터 수학적으로 신뢰롭고 타당한 정보만을 추출하여 적어도 수학적으로 측정의 오차가 제거된 변인의 측정치를 만든 다음에 새롭게 만들어진 두 변인 간에 상관 정도를 추정하는 구조방정식모형 분석 기법이 사용되고 있다.

둘째, 두 변인 간의 상관 정도에 제3변인이 영향을 미칠 수 있기 때문에, 관심하의 두 변인 간의 상관에 대한 타당한 정보를 얻기 위해서는 제3변인들이 두 변인 간의 상관에 미치는 영향을 통제한 상태에서 두 변인 간의 상관 정도를 추정할 수 있어야 한다. 그러나 앞의 적률상관계수 추정 공식에서 볼 수 있는 바와 같이, 공식 속에 제3변인들의 영향을 통제하기 위한 절차가 없음을 알 수 있을 것이다.

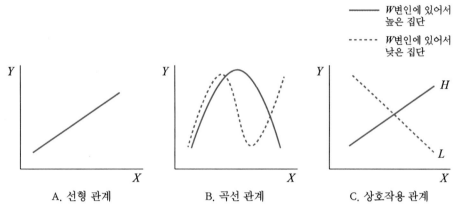

　　　　A. 선형 관계　　　　　　　　　B. 곡선 관계　　　　　　C. 상호작용 관계

[그림 17-16] 두 변인 간의 관계의 성질 및 상호작용

　셋째, 적률상관계수는 두 변인 간의 관계의 성질이 선형적일 경우에만 타당하며, 두 변인 간의 관계의 성질이 곡선 관계일 경우 선형 관계로 요약된 상관계수는 두 변인 간의 관계에 대한 타당한 정보를 제공해 주지 못한다. 곡선상관을 보이는 자료를 적률상관계수로 요약할 경우 두 변인 간에 높은 상관이 존재함에도 불구하고 상관이 거의 0에 가깝게 얻어지며, 결국 두 변인이 서로 관계가 없다는 잘못된 결론을 내리게 된다.

　넷째, [그림 17-16]의 C에서 볼 수 있는 바와 같이, 두 변인 X, Y 간의 상관의 크기와 성질이 다른 변인인 W 변인(성별과 같은 양분 변인)의 수준에 따라 달라질 수 있으나, 상관계수는 두 변인 간의 관계만을 다루기 때문에 적어도 세 변인 간의 관계를 통해 존재할 수 있는 이러한 상호작용 관계에 대한 정보를 상관계수를 통해 얻을 수 없다. 그림 C에서 변인 W는 변인 X와 Y 간의 관계를 조절하기 때문에 조절변인(moderator variable)이라 부른다.

　지금까지 언급된 상관계수의 한계점 중에서 첫 번째의 "완벽한 신뢰도와 타당도에 대한 가정"을 제외한 모든 제한점이 회귀모델을 통해 해결될 수 있다. 이 점에 대해서는 차후 제19장의 중다회귀모델에서 자세하게 설명하도록 하겠다.

3 모집단 상관계수 ρ_{xy}의 추론

지금까지 두 변인 간 상관관계의 성질과 크기를 알아보기 위해, Pearson 적률상관계수가 어떻게 만들어졌으며 자료 수집 절차와 관련된 어떤 오류 요인들이 상관계수의 크기를 과대 또는 과소 측정하게 만들 수 있는지를 살펴보았다. 그리고 상관계수의 해석 방법과 변인의 형태에 따른 여러 가지 상관계수의 유형과 계산 방법에 대해 알아보았다.

두 변인 간의 상관에 대한 연구문제는 항상 모집단에 대해 제기되지만, 대부분의 경우 변인 간 상관관계를 알아보기 위해 모집단이 아닌 표본을 대상으로 자료 수집이 이루어지며, 표본 자료에서 계산된 표본상관계수 r_{xy}로부터 표집에 따른 오차를 감안하여 모상관계수 ρ_{xy}를 추론하게 된다.

이미 앞에서 언급한 바와 같이, 표본상관 r_{xy}로부터 모집단 상관 ρ_{xy}를 추론할 경우 표본에서 계산된 r_{xy} 속에 표집오차만 존재하고 측정 오차가 없다는 가정을 할 수 있어야 한다. 이러한 가정이 타당하다는 전제하에서 연구자는 표집의 크기에 따라 발생되는 표집오차의 크기만을 고려하여 자신의 표본 자료에서 계산된 통계치 r_{xy}로부터 모집단에서의 X, Y 간의 상관 정도를 나타내는 모수치 ρ_{xy}을 확률적으로 추론하게 된다. 표본상관계수 r_{xy}로부터 표집오차를 확률적으로 감안하여 모수치 ρ_{xy}를 추정하거나 추론하기 위해서는 표본상관계수 r_{xy}의 표집분포가 어떤 확률적 특성을 지니고 있는지 알아야 한다.

1) 표본상관계수 r_{xy}의 표집분포

표본 자료에서 계산된 표본상관계수 r_{xy}로부터 표집에 따른 오차 정도를 고려하여 모집단 상관계수 ρ_{xy}를 확률적으로 추론하기 위해서 주어진 표집 크기(n)에 따른 표집오차의 정도를 확률적으로 추정할 수 있게 해 주는 표본상관계수의 표집분포(sampling distribution of r_{xy})가 어떤 오차확률분포를 따르는지 알 수 있어야 한다. 표본상관계수의 표집분포의 확률적 특성은 모집단 상관계수 ρ_{xy}의 크기에 따라 달라진다.

- $\rho_{xy} = 0$인 경우: $\rho_{xy} = 0$인 모집단에서 무작위로 표집된 표본(n)으로부터 표본상관계수 r_{xy}를 계산한다. 그리고 동일한 절차에 따라 수천 번의 반복적 확률 실험을 통해 r_{xy}를 계산할 경우 얻어진 표본상관계수 r_{xy}들은 어떤 확률적 분포로 나타날 것이다. 이를 r_{xy}의

표집분포(sampling distribution of r_{xy})라 부르고, 중심극한정리에 의해 r_{xy}표집분포는,

$$E(r) = 0,$$
$$SE_r = \sqrt{(1 - \rho^2)/(n-2)}$$
····(17.21)

인 근사적 정규분포를 따르게 된다.

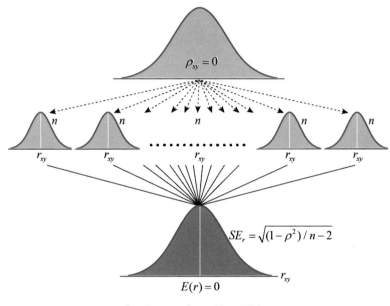

[그림 17-17] r_{xy}의 표집분포

• $\rho_{xy} \neq 0$인 경우: 영가설하의 모집단 상관계수가 0이 아닌 어떤 $\rho_{hypo} > 0$값을 가질 경우, 확률적 실험을 통해 얻어질 수 있는 r_{xy}표집분포는 당연히 정규분포를 따르지 않고 어느 정도의 편포로 나타나며, ρ_{hypo}의 절대값 1에 가까워질수록 편포 정도가 더 심하게 나타난다. 예컨대, $\rho_{xy} = .70$인 모집단으로부터 $n = 10$인 조건하에서 반복적 확률적 실험을 통해 r_{xy} 표집분포를 생성할 경우, [그림 17-18]과 같이 편포된 표집분포로 나타난다. 즉, $\rho_{xy} = 0$이 아닌 모든 경우의 r_{xy}의 표집분포는 정규분포를 따르지 않고 어느 정도의 편포를 갖는다. [그림 17-18]에서 볼 수 있는 바와 같이, ρ_{hypo}의 값이 커질수록 r_{xy}의 표집분포가 근사적 정규분포에 접근하는 것으로 나타난다.

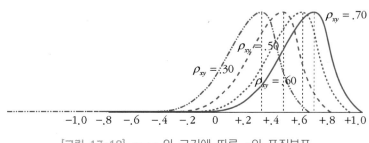

[그림 17-18] $\rho = \rho_0$의 크기에 따른 r의 표집분포

만약 r_{xy}표집분포가 편포되면 모집단 상관계수 ρ_{xy}에 대한 확률적 추정이 정확하지 않기 때문에 ρ_{xy}에 대한 구간 추정은 물론 가설검정 결과도 정확하지 않게 된다. Fisher는 이러한 문제를 해결하기 위해, 모집단 상관계수의 크기(ρ_{xy})나 표본 크기(n)와 관계없이 r_{xy}의 표집분포가 근사적 정규분포를 따르게 하기 위해 r_{xy}를 다음 공식 (17.1)과 같이 수학적으로 변환하여 Z_r로 바꾸는 소위 *Fisher Z* 변환 절차를 개발했다.

$$Z_r = \frac{1}{2} \ln \left(\frac{1+r}{1-r} \right) \qquad \cdots\cdots(17.1)$$

반복적 확률 실험을 통해 관찰된 각 r_{xy}을 앞의 변환 공식에 따라 *Fisher Z*로 변환한 다음 Z_r의 표집분포를 생성할 경우, [그림 17-19]와 같이 Z_r표집분포는 $E(Z_r)=Z_\rho$, $SE_{Z_r} = 1/\sqrt{n-3}$인 근사적 정규분포를 따른다. 그리고 ρ의 절대값이 작고 표본 크기 n이 클수록 Z_r표집분포가 급격하게 정규분포에 접근하게 된다.

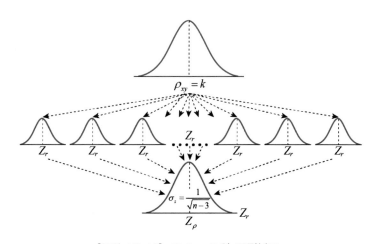

[그림 17-19] *Fisher Z_r*의 표집분포

〈표 17-7〉은 표본에서 얻어질 수 있는 다양한 r_{xy}을 위에서 소개된 *Fisher Z* 변환 공식에 따라 변환할 경우 얻어질 수 있는 Z_r값을 제공해 주고 있는 부록 E의 *Fisher Z* 변환표의 일부를 예시한 것이다. 〈표 17-7〉에서 볼 수 있는 바와 같이, r_{xy}이 작을 경우는 변환된 Z_r과 거의 차이가 없지만 r_{xy}이 커질수록 r_{xy}과 Z_r의 차이가 커짐을 알 수 있다.

〈표 17-7〉 *Fisher Z* 변환표

r	Z_r	r	Z_r	r	Z_r
.01	.010	.40	.424	.80	1.099
⋮	⋮	⋮	⋮	⋮	⋮
.10	.100	.50	.549	.85	1.256
⋮	⋮	⋮	⋮	⋮	⋮
.20	.203	.60	.693	.90	1.472
⋮	⋮	⋮	⋮	⋮	⋮
.30	.310	.70	.867	.99	2.647

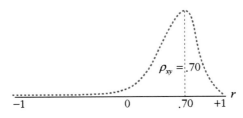

[그림 17-20] $\rho = .70$일 경우의 r의 표집분포

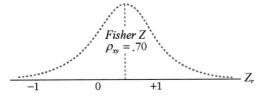

[그림 17-21] $\rho_{xy} = .70$일 경우의 *Fisher Z*의 표집분포

[그림 17-20]에서 볼 수 있는 바와 같이, $\rho_{xy} = .70$일 경우 r의 표집분포는 심한 부적 편포를 보이고 있으나 r_{xy}을 *Fisher Z*로 변환하여 얻어진 Z_r의 표집분포는 [그림 17-21]과

같이 $SE_{Z_r} = \sqrt{1/n-3}$ 의 근사적 정규분포를 따르기 때문에, Z_r 의 표집분포를 Z분포라 부르고 Z분포의 확률적 특성을 적용하여 통계적 검정을 실시한다.

2) 모집단 상관계수 ρ_{xy}의 추정 절차 및 방법

연구자가 관심을 가지는 모집단 상관 ρ_{xy}에 대한 아무런 정보가 없을 경우, 표본에서 계산된 통계치 r_{xy}와 주어진 표본 크기에 따른 표집오차를 확률적으로 고려하여 탐색적으로 모집단 상관계수를 추정할 수밖에 없다. 이 장에서는 제8장에서 설명된 모수치 추정 절차에 따라 단계별로 모상관 ρ_{xy} 추정 절차와 방법에 대해 설명하고자 한다.

단계 1 수집된 표본 자료에서 통계량인 표본상관계수 r_{xy} 계산

$$r_{xy} = \frac{\sum_{i=1}^{n}(X_i - \overline{X})(Y_i - \overline{Y})}{S_x S_y \, n-1}$$

단계 2 표본상관계수 r_{xy}를 Fisher Z값으로 변환

부록 E의 $Fisher\ Z$ 변환표를 사용하거나 다음 변환 공식을 사용하여 r_{xy} 값에 해당되는 Z_r값을 파악한다.

$$Z_r = \frac{1}{2}\ln\left(\frac{1+r}{1-r}\right)$$

단계 3 Z_r의 표집분포 및 표준오차 계산

모상관계수의 탐색적 추정은 $-1.00 \sim 1.00$의 모든 범위에서 이루어지고, 그리고 모상관계수의 구간 추정을 위한 표준오차는 $SE_{Z_r} = \sqrt{1/n-3}$를 사용한다.

단계 4 신뢰구간 추정을 위해 사용할 신뢰수준 p 결정

일단 통계량과 표집분포의 표준오차가 계산되면, 계산된 통계량으로부터 모수치에 대한 신뢰구간 추정량을 구하기 위해 필요한 신뢰수준을 결정한다. 일반적으로 가장 흔히 사용되고 있는 신뢰수준은 95%이며, 연구의 성격에 따라 90%, 99% 신뢰수준을 선택할 수 있다.

단계 5 $\alpha = 1 - p$ 파악

연구자가 원하는 신뢰수준(90%, 95%, 99%)에 따라 대응되는 신뢰계수(.90, .95, .99)가 정해지면, 신뢰구간 추정량을 계산하기 위해 $\alpha = 1 - p$에 의해 필요한 α값을 파악한다.

- 90% 신뢰수준을 선택할 경우,

  $\alpha = 1 - .90 = .10$

- 95% 신뢰수준을 선택할 경우,

  $\alpha = 1 - .95 = .05$

- 99% 신뢰수준을 선택할 경우,

  $\alpha = 1 - .99 = .01$

단계 6 $\alpha / 2$ 값 계산

주어진 신뢰수준에 해당되는 α값이 파악되면, 설정될 신뢰구간 추정량의 하한계와 상한계에 해당되는 값을 계산하기 위해 $\alpha / 2$을 파악한다.

- 신뢰수준이 90%일 경우,

  $\alpha / 2 = .10 / 2 = .05$

- 신뢰수준이 95%일 경우,

  $\alpha / 2 = .05 / 2 = .025$

- 신뢰수준이 99%일 경우,

  $\alpha / 2 = .01 / 2 = .005$

단계 7 Z분포에서 $\alpha / 2$에 해당되는 $z_{\alpha/2}$값 파악

- 90% 신뢰수준일 경우,

  $\alpha / 2 = .05$, $Z_{.05} = 1.645$

- 95% 신뢰수준일 경우,

  $\alpha / 2 = .025$, $Z_{.025} = 1.96$

- 99% 신뢰수준일 경우,

  $\alpha / 2 = .005$, $Z_{.005} = 2.575$

단계 8 설정된 신뢰구간 추정량 계산

- 90% 신뢰수준일 경우,

$$Z_{.05} = 1.645 \text{이므로} \quad Z_r \pm 1.645 \sqrt{\frac{1}{n-3}}$$

- 95% 신뢰수준일 경우,

$$Z_{.025} = 1.96 \text{이므로} \quad Z_r \pm 1.96 \sqrt{\frac{1}{n-3}}$$

- 99% 신뢰수준일 경우,

$$Z_{.005} = 2.575 \text{이므로} \quad Z_r \pm 2.5755 \sqrt{\frac{1}{n-3}}$$

단계 9 추정된 Z_r 값을 Fisher Z 변환표를 이용하여 r_{xy} 구간으로 변환

연구자가 설정한 신뢰구간의 하한계와 상한계로 파악된 Z_r 구간값을 $Fisher\ Z$ 변환표를 이용하여 다시 상관계수 구간값으로 변환한다.

단계 10 신뢰구간 추정치의 해석

앞에서 모집단의 모수치는 고정된 값, 즉 상수이며 우리가 그 값을 모르고 있을 뿐이기 때문에 모수치가 어떤 구간 범위에 있을 확률이 몇 %라고 모수치를 마치 확률변수처럼 확률적으로 해석을 하는 것은 잘못된 것이라고 했다. 신뢰구간은 표본통계치(평균)의 표집분포에서 도출된 것임을 상기할 필요가 있다. 예컨대, 정규분포를 이루는 표집분포하의 각 표본평균들을 중심으로 95% 신뢰구간을 설정할 경우, 설정된 신뢰구간들 중에서 확률적으로 95%만이 모집단 ρ_{xy}를 포함하고 나머지 5%는 ρ_{xy}를 포함하지 않는 것으로 나타날 수 있다는 것이다. 그리고 실제 연구에서 계산된 표본상관계수 r_{xy}은 r_{xy}의 표집분포하의 수많은 r_{xy} 중의 하나일 수 있기 때문에 연구자의, 예컨대 표본상관계수 $r_{xy} = .15$를 중심으로 95% 신뢰구간 추정량이 $.15 \pm .08$일 경우, 장기적으로 볼 때 설정된 $.15 \pm .08$ 신뢰구간이 ρ_{xy}를 포함할 수 있는 구간일 확률이 95%이고 ρ_{xy}를 포함하지 않는 구간일 확률이 5%라고 할 수 있다. 즉, ρ_{xy}가 $.15 \pm .08$ 구간 속에 포함될 확률이 95%가 아니라 $.15 \pm .08$ 구간이 ρ_{xy}를 포함하는 구간일 확률이 95%라는 의미로 해석해야 한다.

예제 **17-12**

한 연구자가 아동들의 또래 지지도와 자살 충동 간에 어느 정도의 상관이 있는지 알아보기 위해 $n=100$명을 대상으로 또래 지지도와 자살 충동을 측정한 다음 두 변인 간의 상관 정도를 계산한 결과, $r=.25$로 나타났다. 모집단에 있어서 두 변인 간의 상관 정도를 신뢰수준 95%에서 추정하시오.

3) 모집단 상관계수 ρ_{xy}에 대한 가설검정 절차 및 방법

상관계수 r_{xy}에 대한 통계적 유의성 검정 절차는 모집단 상관계수 ρ_{xy}에 대한 연구문제가 어떻게 진술되는가에 따라 두 가지 경우로 나뉜다. 첫째, "두 변인 X, Y 간에 상관이 있을 것인가?" 또는 "두 변인 X, Y 간에 정적(부적) 상관이 있을 것인가?"와 같이 상관의 유무 또는 방향의 추론에 가지고 있을 경우와, 둘째, 두 변인 X, Y 간에 존재하는 상관계수의 구체적 크기의 추론에 관심을 가지고 있는 경우이다.

사회과학 분야의 연구에서는 어떤 변인들 간에 상관이 없다는 확실한 이론적·경험적 증거가 없는 한 상관이 있는 것으로 설정하고, 경험적 자료를 통해 상관 여부를 확인하는 절차를 따르게 된다. 그래서 인간의 행동을 설명하기 위해 행해지는 사회과학연구에는 대부분의 경우 변인 간에 상관이 없다는 것을 증명하기 위한 연구보다 상관의 가능성에 대한 합리적 기대를 경험적 자료를 통해 직접 확인하기 위한 연구가 이루어진다. 제1장에서 소개된 가설검정 절차에 따라 모집단에서의 두 변인 간 상관의 유무 및 상관의 방향에 대한 연구가설을 검정하는 절차를 단계별로 설명하겠다.

단계 1 연구문제의 진술

모집단 상관계수에 대한 가설검정 절차는 모집단 상관계수를 어떤 값으로 설정하느냐에 따라 두 가지 상황으로 나뉜다.

첫째, 연구자가 상관의 구체적인 성질과 관계없이 상관의 유무에만 관심을 가질 수도 있다. 이 경우에는 변인 간의 상관의 성질이 어떠하든(정적 또는 부적) 관계없이 상관의 유무에만 관심이 있는 경우이며, 연구문제는 다음과 같이 진술된다.

변인 X와 변인 Y 간에 상관이 있는가?
$(\rho_{xy} \neq 0)$

둘째, 상관의 유무와 함께 상관의 구체적인 성질에 대해서 관심을 가질 수도 있다. 두 변인 간 상관의 구체적 방향에 대한 의문은 잠정적으로 두 변인 간에 상관이 존재한다는 전제하에서 제기될 수 있다. 따라서 변인 간의 상관의 특정한 방향에 대한 연구문제를 제기하는 연구자는 두 변인 간에 상관이 존재한다는 근거와 함께 특정한 상관의 방향에 대한 의문을 제기하게 된 이론적 · 경험적 근거를 제시할 수 있어야 한다.

연구자는 두 변인의 상관에 대한 자신의 연구문제가 어느 경우에 해당되는지를 분명히 파악하고 연구문제를 명확하게 진술할 수 있어야 한다. 왜냐하면 연구문제의 진술 내용이 곧 연구가설의 명확한 진술과 구체적인 가설검정 절차와 직접 연결되기 때문이다.

> 변인 X와 변인 Y 간에 정적 상관이 있는가?
> 변인 X와 변인 Y 간에 부적 상관이 있는가?

단계 2 연구가설의 설정

첫째, "연구자가 변인 X와 변인 Y 간에 상관이 있는가?"와 같이 변인 간의 상관유무에 관심을 가질 경우, 연구문제에 대한 잠정적인 해답인 가설은 논리적으로 다음과 같이 두 개가 가능하다.

• 연구문제가 상관의 유무에 관한 것일 경우 •

연구문제: 변인 X, Y 간에 상관이 있는가?

> H_1: 변인 X와 변인 Y 간에 상관이 있을 것이다.
> H_2: 변인 X와 변인 Y 간에 상관이 있지 않을 것이다.

둘째, "연구자가 변인 X와 변인 Y 간에 정적 상관이 있을 것인가?" 또는 "변인 X와 변인 Y 간에 부적 상관이 있을 것인가?"와 같이 변인 간의 상관의 방향(성질)에 대한 연구문제를 제기할 경우, 제10장의 가설검정 원리 및 절차에서 설명한 바와 같이 연구가설 역시 상관의 성질에 따라 두 경우로 설정될 수 있을 것이다.

• 연구문제가 정적 상관에 관한 것일 경우 •

연구문제: 변인 X와 변인 Y 간에 정적 상관이 있는가?

H_1: 변인 X와 변인 Y 간에 정적 상관이 있을 것이다. ($\rho_{xy} > 0$)
H_2: 변인 X와 변인 Y 간에 정적 상관이 있지 않을 것이다. ($\rho_{xy} \leq 0$)

• 연구문제가 부적 상관에 관한 것일 경우 •

연구문제: 변인 X와 변인 Y 간에 부적 상관이 있는가?

H_1: 변인 X와 변인 Y 간에 부적 상관이 있을 것이다. ($\rho_{xy} < 0$)
H_2: 변인 X와 변인 Y 간에 부적 상관이 있지 않을 것이다. ($\rho_{xy} \geq 0$)

각 연구문제별로 설정된 두 개의 가설 중에서 이론적 · 경험적 근거로부터 가장 지지를 많이 받는 가설을 연구자의 연구가설로 설정한다.

단계 3 통계적 가설 설정

앞에서 살펴본 바와 같이, 연구문제의 내용에 따라 일단 두 개의 연구가설이 설정되면 연구자는 두 개의 가설 중에서 실제 통계적 검정을 통해 진위 여부를 검정해야 할 영가설(H_0)과 영가설이 기각될 경우 대안적으로 수용하게 될 대립가설(H_A)로 구분하여 통계적 가설을 설정한다.

• 연구문제가 모집단 상관의 유무에 대해 진술된 경우: 두 개의 연구가설 $H_1 : \rho_{xy} \neq 0$, $H_2 : \rho_{xy} = 0$ 중 실제 검정 가능한 $H_2 : \rho_{xy} = 0$을 영가설로 설정하고 $H_1 : \rho_{xy} \neq 0$을 대립가설로 하여 다음과 같이 통계적 가설을 설정한다.

연구문제: 변인 X, Y 간에 상관이 있는가?

$$H_0 : \rho_{xy} = 0$$
$$H_A : \rho_{xy} \neq 0$$

• 연구문제가 정적 상관에 관한 것일 경우: 진술된 두 개의 연구가설 $H_1 : \rho_{xy} > 0$, $H_2 : \rho_{xy} \leq 0$ 중 실제 검정 가능한 $H_2 : \rho_{xy} \leq 0$을 영가설로 설정하고 $H_1 : \rho_{xy} > 0$을 대립가설로

하여 다음과 같이 통계적 가설을 설정한다.

연구문제: 변인 X, Y 간에 정적 상관이 있는가?

$$H_0 : \rho_{xy} \leq 0$$
$$H_A : \rho_{xy} > 0$$

• 연구문제가 부적 상관에 관한 것일 경우: 진술된 두 개의 연구가설 $H_1 : \rho_{xy} < 0$, $H_2 : \rho_{xy} \geq 0$ 중 실제 검정 가능한 $H_2 : \rho_{xy} \geq 0$을 영가설로 설정하고 $H_1 : \rho_{xy} < 0$을 대립가설로 하여 다음과 같이 통계적 가설을 설정한다.

연구문제: 변인 X, Y 간에 부적 상관이 있는가?

$$H_0 : \rho_{xy} \geq 0$$
$$H_A : \rho_{xy} < 0$$

단계 4 표본상관계수 r_{xy}의 표집분포 파악

표본 자료에서 계산된 표본상관계수 r_{xy}로부터 표집에 따른 오차 정도를 고려하여 모집단 상관계수 ρ_{xy}를 확률적으로 추론하기 위해서 주어진 표집 크기(n)에 따른 표집오차의 정도를 확률적으로 추정할 수 있게 해 주는 표본상관계수의 표집분포(sampling distribution of r_{xy})가 어떤 오차확률분포를 따르는지 알 수 있어야 한다.

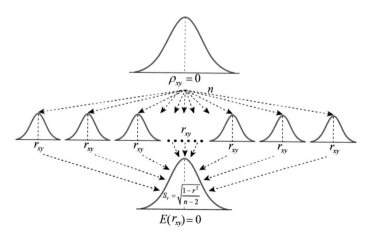

[그림 17-22] 상관계수 r_{xy}의 표집분포

표본상관계수의 표집분포의 확률적 특성은 영가설의 형태에 따라 다르다. 통계적 가설설정에서 영가설이 $H_0 : \rho_{xy} = 0$과 같이 설정될 경우, 표본 크기 n이 충분히 클 경우, $\rho_{xy} = 0$인 모집단에서 확률 실험을 통해 r 표집분포(sampling distribution of r_{xy})를 생성할 경우 r_{xy} 표집분포는 $E(r) = 0$, $SE_r = \sqrt{(1-r^2)/(n-2)}$, 그리고 $df = n-2$인 t분포를 따른다.

단계 5 검정통계량 계산

통계적 검정을 위해 기각역 방법과 p값 방법 중 어느 방법을 적용하든 연구자는 자신의 표본 자료에서 계산된 표본상관 r_{xy}을 r_{xy}표집분포하의 검정통계량으로 변환하기 위해 표본상관 r_{xy}에서 표집분포의 평균을 빼고 표준오차(SE_r)로 나누어 준다. r_{xy}표집분포가 $E(r) = 0$, $SE_r = \sqrt{(1-r^2)/(n-2)}$인 $df = n-2$의 t분포를 따르기 때문에 검정통계량은 다음과 같이 계산한다.

$$\text{검정통계치 } t = \frac{r - E(r)}{SE} = \frac{r}{SE}$$

단계 6 통계적 검정을 위한 유의수준 α의 선정

통계적 검정을 위해 선택되는 구체적인 유의수준은 설정된 통계적 가설이 ① 상관의 유무에 대해 설정될 경우와 ② 상관의 성질(정적·부적)에 대해 설정될 경우에 따라 다르다. 전자의 경우는 상관의 구체적 방향과 관계없이 상관의 유무만 검정하기 때문에 양측 검정 절차에 따라 통계적 검정을 위해 설정된 유의수준은 α가 아닌 $\alpha/2$ 수준에서 설정된다. 반면에 후자의 경우는 상관의 구체적 한 방향에 대해만 통계적 가설이 설정되기 때문에, 단측 검정 절차에 따라 유의수준 α에서 통계 검정이 이루어진다.

연구문제	통계적 가설	유의수준
변인 X, Y 간에 상관이 있는가?	$H_0 : \rho_{xy} = 0$, $H_A : \rho_{xy} \neq 0$	$\alpha/2$
변인 X, Y 간에 정적 상관이 있는가?	$H_0 : \rho_{xy} \geq 0$, $H_A : \rho_{xy} < 0$	α
변인 X, Y 간에 부적 상관이 있는가?	$H_0 : \rho_{xy} \leq 0$, $H_A : \rho_{xy} > 0$	α

적절한 유의수준이 선정되면, 연구자는 선정된 유의수준을 이용하여 ① 기각역 방법과 ② p값 방법 중 어느 하나를 선택하여 구체적인 통계적 검정을 실시한다.

• 기각역 방법을 이용한 통계 검정 •

기각역 방법은 부록 A에 제시된 $df = n - 2$ t분포에서 유의수준 α에 해당되는 t값을 파악하여 기각역 설정을 위한 임계치로 사용한다.

단계 7 임계치 파악 및 기각역 설정

• 통계가설이 등가설일 경우($H_0 : \rho_{xy} = 0$, $H_A : \rho_{xy} \neq 0$):

상관의 구체적인 방향과 관계없이 상관의 유무만을 검정하는 경우이기 때문에 양측 검정에 해당된다. 그래서 $df = n - 2$의 t-분포에서 $\alpha/2$에 해당되는 $_{\alpha/2}t$값을 파악하여 임계치로 사용하며 기각역은 검정통계치 $|t| \geq {_{\alpha/2}}t$가 된다.

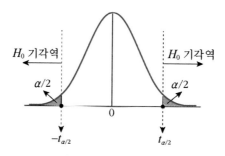

• 부등가설의 경우($H_0 : \rho_{xy} \geq 0$, $H_A : \rho_{xy} < 0$):

상관의 성질 중 부적 상관의 유무만을 검정하는 경우이기 때문에 단측 검정에 해당된다. 그래서 $df = n - 2$의 t-분포에서 α에 해당되는 $-{_\alpha}t$값을 파악하여 임계치로 사용하며 기각역은 검정통계치 $t \leq -{_\alpha}t$가 된다.

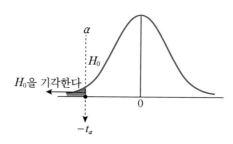

• 부등가설의 경우($H_0 : \rho_{xy} \geq 0$, $H_0 : \rho_{xy} < 0$):

상관의 성질 중 정적 상관의 유무만을 검정하는 경우이기 때문에 단측 검정에 해당된다. 그래서 $df = n - 2$의 t-분포에서 α에 해당되는 $_\alpha t$값을 파악하여 임계치로 사용하며 기각역은 검정통계치 $t \geq {}_\alpha t$가 된다.

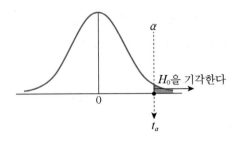

단계 8 통계적 유의성 판단

　계산된 통계치가 임계치를 기준으로 설정된 기각역에 속하는 값일 경우, H_0을 기각하고 H_A을 채택하는 통계적 결정을 내린다. 그러나 계산된 통계치가 임계치를 기준으로 설정된 기각역에 속하지 않을 경우에는 H_0을 기각할 수 없다는 통계적 결정을 내린다.

- 등가설 $H_o : \rho_{xy} = 0$, $H_A : \rho_{xy} \neq 0$일 경우
  검정통계치 $|t| \geq {}_{\alpha/2}t$이면, H_o을 기각하고 H_A을 채택한다.
- 부등가설 $H_0 : \rho_{xy} \leq 0$, $H_A : \rho_{xy} > 0$일 경우
  검정통계치 $t \geq t_\alpha$이면, H_o을 기각하고 H_A을 채택한다.
- 부등가설 $H_0 : \rho_{xy} \geq 0$, $H_A : \rho_{xy} < 0$일 경우
  검정통계치 $t \leq -t_\alpha$이면, H_o을 기각하고 H_A을 채택한다.

• p값을 이용한 통계 검정 •

단계 7 검정통계치 t의 확률값 p 파악

　검정통계치가 계산되면, 선정된 표준 표집분포하에서 주어진 검정통계치가 표집오차에 의해 얻어질 확률 p값을 파악한다. 통계 처리 전문 프로그램을 사용할 경우 검정통계치에 대한 정확한 p값을 파악하여 제공해 주기 때문에, 이 방법은 통계 처리 전문 프로그램을 사용할 경우에 편리하게 사용할 수 있는 방법이다.

단계 8 통계적 유의성 판단

- 등가설의 경우($H_o : \rho = 0$, $H_A : \rho \neq 0$)
  $p \leq \alpha/2$이면 H_o을 기각하고 H_A을 채택한다.

$p > \alpha/2$이면 H_o을 기각하지 않는다.

- 부등가설의 경우($H_0 : \rho_{xy} \leq 0$, $H_A : \rho_{xy} > 0$)

  $p \leq \alpha$이면 H_o을 기각하고 H_A을 채택한다.

  $p > \alpha$이면 H_o을 기각하지 않는다.

- 부등가설의 경우($H_0 : \rho_{xy} \geq 0$, $H_A : \rho_{xy} < 0$)

  $p \leq \alpha$이면 H_o을 기각하고 H_A을 채택한다.

  $p > \alpha$이면 H_o을 기각하지 않는다.

단계 9 통계적 검정 결과 해석

이미 가설검정의 원리에서 언급한 바와 같이, 통계적 검정에서 H_0의 기각 여부를 통계적으로 검정하기 때문에 H_0이 기각될 경우 H_0가 기각되고 H_A을 채택한다고 해석한다. 그러나 H_0이 기각되지 않을 경우에는 H_0을 수용한다고 해석하지 않고 단순히 H_0이 기각되지 않은 것으로 해석한다.

예제 17-13

한 연구자가 주부들의 시관 관리 능력과 결혼 만족도 간에 상관이 있는지 알아보기 위해 100명의 주부들을 대상으로 시간 관리 능력과 결혼 만족도를 측정한 다음 두 변인 간의 상관을 계산한 결과, $r=.38$로 나타났다. 기각역 방법에 따라 유의수준 .05에서 두 변인 간에 통계적으로 유의한 상관이 있는지를 검정하시오.

---

4) 상관의 크기에 대한 가설검정

지금까지 상관계수의 유의성 검정 절차에 대해 알아보았다. 여기서는 가설검정 절차에 따라 모집단에서 기대되는 두 변인 간 상관의 크기 ρ_{hypo}에 대한 여러 가지 형태의 연구가설($H_A : \rho \neq \rho_{hypo}$, $H_A : \rho < \rho_{hypo}$, $H_A : \rho > \rho_{hypo}$)을 검정하기 위한 단계별 절차와 방법에 대해 알아보겠다.

단계 1 연구문제의 진술

상관의 유무 및 방향을 검정하는 경우와 달리, 모집단에 있어서 두 변인 간의 상관계수가 이론적 또는 경험적 근거에 따라 설정된 어떤 구체적인 값(예컨대, $\rho_{hypo} = .30$)을 가질 것으로 기대될 경우, 연구자는 모집단에 있어서 두 변인 간의 상관의 크기와 관련하여 다음과 같은 세 가지 연구문제 중 어느 한 연구문제를 제기할 수 있을 것이다. 앞에서 다룬 상관의 유무에 대한 검정은 $\rho_{hypo} = 0$인 특별한 경우에 해당된다.

모집단에 있어서 두 변인 X, Y 간의 상관이

○ $\rho \neq \rho_{hypo}$인가?

○ $\rho > \rho_{hypo}$인가?

○ $\rho < \rho_{hypo}$인가?

단계 2 연구가설의 설정

모집단에 있어서 두 변인 간의 상관계수가 이론적 또는 경험적 근거에 따라 어떤 구체적인 값(ρ_{hypo})을 가질 것으로 기대될 경우, 연구자는 모집단에 있어서 두 변인 간의 상관의 크기와 관련하여 이론적 · 경험적 근거를 검토한 후에 하나의 연구가설을 설정한다.

첫째, 연구문제가 "변인 X와 변인 Y 간에 상관은 ρ_{hypo}인가?"와 같이 특정한 값을 가질 것인가에 대해 진술될 경우, 연구가설은 이론적 또는 경험적 근거에 입각해서 다음 중 어느 하나로 설정될 것이다.

변인 X와 변인 Y 간에 상관은 ρ_{hypo}와 차이가 있는가?

> H_1: 변인 X와 변인 Y 간에 상관은 ρ_{hypo}와 차이가 있지 않을 것이다. ($H_1 : \rho_{xy} = \rho_{hypo}$)
> 수입 정도와 충동구매력 간의 상관은 .35과 차이가 없을 것이다.
> H_2: 변인 X와 변인 Y 간에 상관은 ρ_{hypo}과 차이가 있을 것이다. ($H_2 : \rho_{xy} \neq \rho_{hypo}$)
> 수입 정도와 충동구매력 간의 상관은 .35와 차이가 있을 것이다.

둘째, 연구문제가 "변인 X와 변인 Y 간에 상관은 ρ_{hypo}보다 큰가?"와 같이 진술될 경우, 연구가설은 이론적 또는 경험적 근거에 입각해서 다음 중에서 어느 하나로 설정될 것이다.

변인 X와 변인 Y 간에 상관은 ρ_{hypo}보다 큰가?

> H_1: 변인 X와 변인 Y 간에 상관은 ρ_{hypo}보다 클 것이다. ($H_1 : \rho_{xy} > \rho_{hypo}$)
> 수입 정도와 충동구매력 간의 상관은 .35보다 클 것이다.
> H_2: 변인 X와 변인 Y 간에 상관은 ρ_{hypo}보다 크지 않을 것이다. ($H_2 : \rho_{xy} \leq \rho_{hypo}$)
> 수입 정도와 충동구매력 간의 상관은 .35보다 크지 않을 것이다.

셋째, 연구문제가 "변인 X와 변인 Y 간에 상관은 ρ_{hypo}보다 작은가?"와 같이 특정한 범위의 값을 가질 것인가에 대해 진술될 경우, 연구가설은 이론적 또는 경험적 근거에 입각해서 다음 중 어느 하나로 설정될 것이다.

변인 X와 변인 Y 간에 상관은 ρ_{hypo}보다 작은가?

H_1: 변인 X와 변인 Y 간에 상관은 ρ_{hypo}보다 작을 것이다. ($H_1 : \rho_{xy} < \rho_{hypo}$)
　　수입 정도와 충동구매력 간의 상관은 .35보다 작을 것이다.
H_2: 변인 X와 변인 Y 간에 상관은 ρ_{hypo}보다 작지 않을 것이다. ($H_2 : \rho_{xy} \geq \rho_{hypo}$)
　　수입 정도와 충동구매력 간의 상관은 .35보다 작지 않을 것이다.

각 연구문제 유형별로 설정된 두 개의 가설 중에서 이론적·경험적 근거로부터 가장 지지를 많이 받는 가설을 연구자의 연구가설로 설정한다.

단계 3 통계적 가설 설정

앞에서 살펴본 바와 같이, 각 연구문제의 내용에 따라 일단 연구가설이 설정되면 연구자는 두 개의 가설 중 실제 통계적 검정을 통해 진위 여부를 검정해야 할 영가설(H_0)과 영가설이 기각될 경우 대안적으로 채택하게 될 대립가설(H_A)로 구분하여 통계직 가설을 설정힌다.

첫째, 연구문제가 "변인 X와 변인 Y 간에 상관은 ρ_{hypo}와 다른가?"의 경우: 두 개의 연구가설 $H_1 : \rho_{xy} = \rho_{hypo}$과 $H_2 : \rho_{xy} \neq \rho_{hypo}$, 중에서 실제 검정 가능한 $H_1 : \rho_{xy} = \rho_{hypo}$을 영가설로 설정하고 $H_2 : \rho_{xy} \neq \rho_{hypo}$을 대립가설로 하여 다음과 같이 통계적 가설을 설정한다.

변인 X와 변인 Y 간에 상관은 ρ_{hypo}과 차이가 있는가?

수입 정도와 충동구매력 간의 상관은 .35과 차이가 있지 않을 것이다.
$$H_0 : \rho_{xy} = \rho_{hypo}$$
수입 정도와 충동구매력 간의 상관은 .35과 차이가 있을 것이다.
$$H_A : \rho_{xy} \neq \rho_{hypo}$$

둘째, 연구문제가 "변인 X와 변인 Y 간에 상관은 ρ_{hypo}보다 큰가?"의 경우: 두 개의 연구가설 $H_1 : \rho_{xy} > \rho_{hypo}$과 $H_2 : \rho_{xy} \leq \rho_{hypo}$ 중 실제 검정 가능한 $H_2 : \rho_{xy} \leq \rho_{hypo}$을 영가설로 설정하고 $H_1 : \rho_{xy} > \rho_{hypo}$을 대립가설로 하여 다음과 같이 통계적 가설을 설정한다.

변인 X와 변인 Y 간에 상관은 ρ_{hypo}보다 큰가?

수입 정도와 충동구매력 간의 상관은 .35보다 크지 않을 것이다.
$$H_0 : \rho_{xy} \leq \rho_{hypo}$$
수입 정도와 충동구매력 간의 상관은 .35보다 클 것이다.
$$H_A : \rho_{xy} > \rho_{hypo}$$

셋째, 연구문제가 "변인 X와 변인 Y 간에 상관은 ρ_{hypo}보다 작은가?"의 경우: 두 개의 연구가설 $H_1 : \rho_{xy} < \rho_{hypo}$과 $H_2 : \rho_{xy} \geq \rho_{hypo}$ 중 실제 검정 가능한 $H_2 : \rho_{xy} \geq \rho_o$을 영가설로 설정하고 $H_1 : \rho_{xy} < \rho_{hypo}$을 대립가설로 하여 다음과 같이 통계적 가설을 설정한다.

변인 X와 변인 Y 간에 상관은 ρ_{hypo}보다 작은가?

예: 수입 정도와 충동구매력 간의 상관은 .35보다 작지 않을 것이다.
$$H_0 : \rho_{xy} \geq \rho_{hypo}$$
예: 수입 정도와 충동구매력 간의 상관은 .35보다 작을 것이다.
$$H_A : \rho_{xy} < \rho_{hypo}$$

단계 4 표본상관계수(r_{xy})의 표집분포 파악

$E(Z_r)$는 모집단 상관계수를 $Fisher\ Z$로 변환된 값 Z_ρ이고, 그리고 표준오차 $SE_{Z_r} = 1/\sqrt{n-3}$인 근사적 정규분포를 따른다. 그리고 ρ_{xy}의 절대값이 작고 표본 크기 n이 클수록 Z_r표집분포가 급격하게 정규분포에 접근하게 된다.

$$\text{평균: } E(Z_r) = \frac{1}{2}\ln\left(\frac{1+\rho}{1-\rho}\right) = Z_\rho$$

$$\text{표준오차: } SE_{Z_r} = \sqrt{\frac{1}{n-3}}$$

단계 5 검정통계량 계산

일단 표집분포가 결정되면, 표본에서 계산된 통계치(r_{xy})를 표집분포하의 검정통계량으로 변환해야 한다. $H_0 : \rho_{xy} = \rho_{hypo}$일 경우, Z_r표집분포가 $E(Z_r) = Z_\rho$, $SE_{Z_r} = \sqrt{1/(n-3)}$인 Z분포를 따르기 때문에 검정통계량은 다음과 같이 계산한다.

$$\text{검정통계치} \ Z_r = \frac{Z_r - Z_\rho}{SE}$$

$$\text{여기서,} \ Z_r = \frac{1}{2}\ln\left(\frac{1+r}{1-r}\right), \ Z_\rho = \frac{1}{2}\ln\left(\frac{1+\rho_0}{1-\rho_o}\right)$$

단계 6 통계적 검정을 위한 유의수준 α의 선정

통계적 검정을 위해 선택되는 구체적인 유의수준은 설정된 통계적 가설이 등가설인 경우와 부등가설인 경우에 따라 다르다. 전자의 경우는 양측 검정이기 때문에 통계적 검정을 위해 설정된 유의수준이 α가 아닌 $\alpha/2$ 수준에서 설정된다. 반면에 후자의 경우는 단측 검정이기 때문에 유의수준이 α에서 통계 검정이 이루어진다.

통계적 가설	유의수준
$H_0 : \rho_{xy} = \rho_{hypo}, \ H_A : \rho_{xy} \neq \rho_{hypo}$	$\alpha/2$
$H_0 : \rho_{xy} \leq \rho_{hypo}, \ H_A : \rho_{xy} > \rho_{hypo}$	α
$H_0 : \rho_{xy} \geq \rho_{hypo}, \ H_0 : \rho_{xy} < \rho_{hypo}$	α

적절한 유의수준이 선정되면, 연구자는 선정된 유의수준을 이용하여 ① 기각역 방법과 ② p값 방법 중 어느 하나를 선택하여 구체적인 통계적 검정을 실시한다.

단계 7 임계치 파악 및 기각역 설정

• 등가설($H_0 : \rho_{xy} = \rho_{hypo}, \ H_A : \rho_{xy} \neq \rho_{hypo}$)일 경우

Z분포에서 $\alpha/2$에 해당되는 $Z_{\alpha/2}$값을 파악하여 임계치로 사용하며 기각역은 검정통계치 $|Z_r| \geq Z_{\alpha/2}$가 된다.

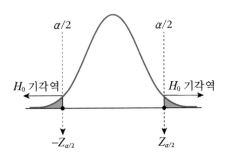

- 부등가설($H_0 : \rho_{xy} \leq \rho_{hypo}$, $H_A : \rho_{xy} > \rho_{hypo}$)일 경우

Z분포에서 α에 해당되는 Z_α값을 파악하여 임계치로 사용하며 기각역은 검정통계치 $Z_r \geq Z_\alpha$가 된다.

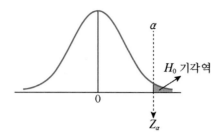

- 부등가설($H_0 : \rho_{xy} \geq \rho_{hypo}$, $H_A : \rho_{xy} < \rho_{hypo}$)일 경우

Z분포에서 α에 해당되는 $-Z_\alpha$값을 파악하여 임계치로 사용하며 기각역은 검정통계치 $Z \leq -Z_\alpha$가 된다.

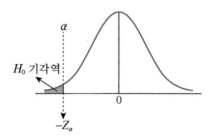

단계 8 통계적 유의성 판단

계산된 통계치가 임계치를 기준으로 설정된 기각역에 속하는 값일 경우, H_0을 기각하고 H_A을 채택하는 통계적 결정을 내린다. 그러나 계산된 통계치가 임계치를 기준으로 설정된 기각역에 속하지 않을 경우에는 H_0을 기각할 수 없다는 통계적 결정을 내린다.

- 등가설의 경우: $H_0 : \rho_{xy} = \rho_{hypo}$, $H_A : \rho_{xy} \neq \rho_{hypo}$

  검정통계치 $|Z_r| \geq Z_{\alpha/2}$이면, H_o을 기각하고 H_A을 채택한다.

- 부등가설의 경우: $H_0 : \rho_{xy} \leq \rho_{hypo}$, $H_A : \rho_{xy} > \rho_{hypo}$

  검정통계치 $Z_r \geq Z_\alpha$이면, H_o을 기각하고 H_A을 채택한다.

- 부등가설의 경우: $H_0 : \rho_{xy} \geq \rho_{hypo}$, $H_A : \rho_{xy} < \rho_{hypo}$

  검정통계치 $Z_r \leq -Z_\alpha$이면, H_o을 기각하고 H_A을 채택한다.

단계 9   통계적 검정 결과 해석

이미 가설검정의 원리에서 언급한 바와 같이, 통계적 검정에서 H_0의 기각 여부를 통계적으로 검정하기 때문에 H_0이 기각될 경우 H_0가 기각되고 H_A을 채택한다고 해석한다. 그러나 H_0이 기각되지 않을 경우에는 단순히 H_0을 기각할 수 없는 것으로 해석한다.

SPSS를 이용한 상관분석

1. Analyze → Correlate → Bivarite… 순으로 클릭한다.

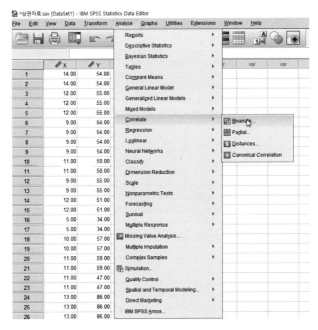

2. 두 변인 X, Y를 Variables로 이동시킨다.

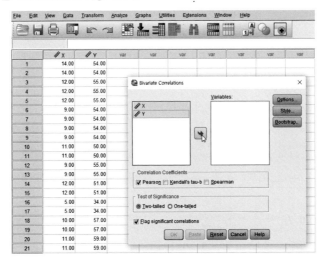

3. OK 단추를 클릭한다.

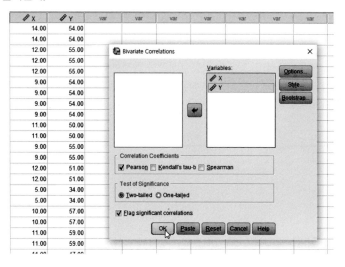

상관분석 산출 결과

Correlations

		X	Y
X	Pearson Correlation	1	.608**
	Sig. (2-tailed)		.000
	N	200	200
Y	Pearson Correlation	.608**	1
	Sig. (2-tailed)	.000	
	N	200	200

**. Correlation is significant at the 0.01 level (2-tailed).

예제 **17-14**

한 연구자가 주부들의 시간 관리 능력과 결혼 만족도 간에 상관이 있는지 알아보기 위해 100명의 주부들을 대상으로 시간 관리 능력과 결혼 만족도를 측정한 다음 두 변인 간의 상관을 계산한 결과, $r=.38$로 나타났다. p값 방법에 따라 유의수준 .05에서 두 변인 간에 통계적으로 유의한 상관이 있는지를 검정하시오.

한 연구자가 홈쇼핑 소비자들의 수입 정도와 충동구매력 간에 정적 상관이 있는지 알아보기 위해 30명의 주부들을 대상으로 수입 정도와 충동구매력을 측정한 다음 두 변인 간의 상관을 계산한 결과, $r=.17$로 나타났다. 기각역 방법에 따른 상관계수의 유의성 검정 절차에 따라 유의수준 .05에서 두 변인 간에 통계적으로 유의한 상관이 있는지를 검정하시오.

4 두 독립적 표본상관계수의 차이 검정

지금까지 단일 모집단 상관계수의 추론 절차와 방법에 대해 알아보았다. 연구자는, ① 독립적인 두 모집단(A, B)을 대상으로 변인 X, Y 간의 상관계수 $\rho_{xy}(A)$, $\rho_{xy}(B)$를 추정할 경우 두 모집단 상관계수 $\rho_{xy}(A)$와 $\rho_{xy}(B)$ 간에 차이가 있는지 알고 싶어 하거나, 또는 ② 단일 모집단을 대상으로 변인 X, Y 그리고 X, Z 간의 상관계수 ρ_{xy}와 ρ_{xz}를 추정할 경우 두 상관계수 간에 차이가 있는지를 알고 싶어 할 수 있을 것이다. 물론 단일 모집단을 대상으로 변인 X, Y, W, Z를 측정한 다음 X, Y 간의 상관계수 ρ_{xy}와 W, Z 간의 상관계수 ρ_{wz}를 추정할 경우 상관계수ρ_{xy}와 ρ_{wz} 간에 차이가 있는지 알고 싶어 할 수 있다.

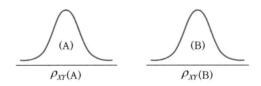

[그림 17-23] 독립적 두 모집단 상관계수 차이

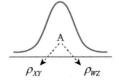

[그림 17-24] 의존적 두 모집단 상관계수 차이

전자의 경우, 연구자는 서로 독립적인 두 모집단으로부터 표집된 각 표본으로부터 표본상관계수 $r_{xy}(A)$와 $r_{xy}(B)$를 계산한 후 표집오차를 고려하여 두 표본상관계수 간에 통계적으로 유의한 차이가 있는지 검정한 한 다음, 그 결과를 모집단 상관계수 $\rho_{xy}(A)$와 $\rho_{xy}(B)$ 간의 차이로 추론하게 된다. 이를 두 독립표본 간 상관계수차이의 유의성 검정이라 부른다. 후자의 경우는 연구자는 단일 모집단으로부터 표집된 단일 표본을 대상으로 표본상관계수 r_{xy}와 r_{xz}를 계산한 후 표집오차를 고려하여 두 표본상관계수 간에 통계적으로 유의한 차이가 있는지 검정한 다음, 그 결과를 모집단 상관계수 ρ_{xy}와 ρ_{xz} 간의 차이로 추론하게 된다. 이를 두 의존표본 간 상관계수차이의 유의성 검정이라 부른다. 이와 같이 연구자의 관심이 두 상관계수의 차이의 유의성 검정에 있을 경우, 통계적 검정을 위해 두 표본상관계수의 차이의 표집분포가 어떻게 정의되어 있는지 알아야 한다.

1) 두 독립적 표본상관계수 차이의 표집분포

독립적 두 표본상관계수 간의 차이로부터 두 모집단 상관계수 간의 차이를 통계적으로 검정하기 위해서는 $Z_{r_{xy}(A)} - Z_{r_{xy}(B)}$의 표집분포가 어떤 오차확률분포를 따르는지 알 수 있어야 한다. 각 모집단으로부터 표집된 표본에서 계산된 상관계수 r_{xy}를 각각 Fisher Z로 변환한 다음, 그 차이값 $Z_{r_{xy}(A)} - Z_{r_{xy}(B)}$를 계산한다. 이러한 절차를 무한히 반복하게 되면 반복된 수만큼의 $Z_{r_{xy}}(A) - Z_{r_{xy}}(B)$값을 얻을 수 있을 것이다. 중심극한정리에 의해 도출된 $Z_{r_{xy}(A)} - Z_{r_{xy}(B)}$의 표집분포는 평균과 표준오차가 다음과 같은 근사적 정규분포를 따른다.

$$E(Z_{r_{xy}(A)} - Z_{r_{xy}(B)}) = 0$$

$$SE_{Z_{r_{xy}(A)} - Z_{r_{xy}(B)}} = \sqrt{\frac{1}{n_A - 3} - \frac{1}{n_B - 3}}$$

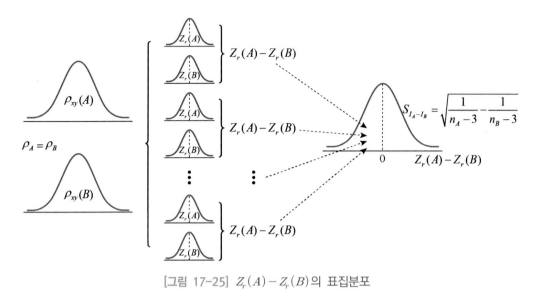

[그림 17-25] $Z_r(A) - Z_r(B)$의 표집분포

2) 두 독립적 표본상관계수 차이의 검정 절차 및 방법

단계 1 연구문제의 진술

변인 간 상관의 집단 간 차이 유무에만 관심이 있는 경우, 연구문제는 다음과 같이 진술된다.

두 변인 X, Y 간의 상관 정도가 집단 A와 집단 B 간에 차이가 있는가?

단계 2 연구가설의 설정

연구자가 "두 변인 X, Y 간의 상관 정도가 집단 A와 집단 B 간에 차이가 있는가?"와 같이 변인 간의 상관의 유무에 관심을 가질 경우, 연구문제에 대한 잠정적인 해답인 가설은 논리적으로 다음과 같이 두 개가 가능하다.

H_1: 두 변인 X, Y 간의 상관 정도에 있어서 집단 A와 집단 B 간에 차이가 있을 것이다.

$$H_1 : \rho_{xy}(A) - \rho_{xy}(B) \neq 0$$

H_2: 두 변인 X, Y 간의 상관 정도에 있어서 집단 A와 집단 B 간에 차이가 있지 않을 것이다.

$$H_2 : \rho_{xy}(A) - \rho_{xy}(B) = 0$$

이 두 가설 중에서 이론적·경험적 근거에 의해 가장 지지를 많이 받는 가설을 연구자의 연구가설로 설정한다.

단계 3　통계적 가설 설정

앞에서 살펴본 바와 같이, 연구문제의 내용에 따라 일단 두 개의 연구가설이 설정되면 연구자는 두 개의 가설 중 실제 통계적 검정을 통해 진위 여부를 검정해야 할 영가설(H_0)과 영가설이 기각될 경우 대안적으로 채택하게 될 대립가설(H_A)로 구분하여 통계적 가설을 설정한다.

$$H_1 : \rho_{xy}(A) - \rho_{xy}(B) \neq 0,\ H_2 : \rho_{xy}(A) - \rho_{xy}(B) = 0$$

두 개의 연구가설 중에서 실제 검정 가능한 $H_2 : \rho_{xy}(A) - \rho_{xy}(B) = 0$을 영가설로 설정하고 $H_1 : \rho_{xy}(A) - \rho_{xy}(B) \neq 0$을 대립가설로 하여 다음과 같이 통계적 가설을 설정한다.

> H_0: 두 변인 X, Y 간의 상관 정도에 있어서 집단 A와 집단 B 간에 차이가 있지 않을 것이다.
>
> $$H_0 : \rho_{xy}(A) - \rho_{xy}(B) = 0$$
>
> H_A: 두 변인 X, Y 간의 상관 정도에 있어서 집단 A와 집단 B 간에 차이가 있을 것이다.
>
> $$H_A : \rho_{xy}(A) - \rho_{xy}(B) \neq 0$$

단계 4　표본상관계수 r_{xy}을 $Fisher\ Z_r$ 값으로 변환

부록 E의 $Fisher\ Z$ 변환표를 사용하거나 다음의 변환 공식을 사용하여 각 집단의 r_{xy}값에 해당되는 Z_r값을 파악한다.

$$Z_{r_{xy}(A)} = \frac{1}{2} \ln \left(\frac{1 + r_A}{1 - r_A} \right),\ Z_{r_{xy}(B)} = \frac{1}{2} \ln \left(\frac{1 + r_B}{1 - r_B} \right)$$

단계 5　$Z_{r_{xy}(A)} - Z_{r_{xy}(B)}$ 차이의 표집분포 파악

두 표본 자료에서 계산된 표본상관계수 간의 차이로부터 모집단 상관계수 간의 차이를 통계적으로 검정하기 위해서는 $Z_{r_{xy}(A)} - Z_{r_{xy}(B)}$의 표집분포가 어떤 오차확률분포를 따르는지 알 수 있어야 한다. $Z_{r_{xy}(A)} - Z_{r_{xy}(B)}$의 표집분포의 평균과 표준오차가 다음과 같은 근사적 정규분포를 따른다.

$$E(Z_{r_{xy}(A)} - Z_{r_{xy}(B)}) = 0$$

$$SE_{Z_{r_{xy}(A)} - Z_{r_{xy}(B)}} = \sqrt{\frac{1}{n_A - 3} - \frac{1}{n_B - 3}}$$

단계 6 검정통계량 계산

통계적 검정을 위해 기각역 방법과 p값 방법 중 어느 방법을 적용하든 연구자는 자신의 표본 자료에서 계산된 두 표본상관 간의 차이 $Z_{r_{xy}(A)} - Z_{r_{xy}(B)}$을 표집분포하의 검정통계량으로 변환한다. 검정통계량은 다음과 같이 계산한다.

$$검정통계량\ Z_r = \frac{Z_{r_{xy}(A)} - Z_{r_{xy}(B)}}{SE}$$

단계 7 유의수준 α의 선정

상관계수 간 차이의 유무를 검정하기 때문에 양측 검정 절차에 따라 통계적 검정을 위해 설정된 유의수준은 α가 아닌 $\alpha/2$ 수준에서 설정된다.

연구문제	통계적 가설	유의수준
두 변인 X, Y 간의 상관 정도에 있어서 집단 A와 집단 B 간에 차이가 있는가?	$H_0 : \rho_A - \rho_B = 0$ $H_A : \rho_A - \rho_B \neq 0$	$\alpha/2$

단계 8 임계치 파악 및 기각역 설정

상관계수의 집단 간 차이의 유무만을 검정하는 경우이기 때문에 양측 검정에 해당된다. 그래서 Z분포에서 $\alpha/2$에 해당되는 $Z_{\alpha/2}$값을 파악하여 임계치로 사용하며 기각역은 검정통계치 $|Z| \geq Z_{\alpha/2}$가 된다.

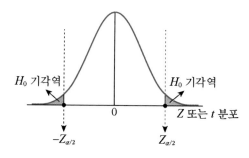

단계 9 통계적 검정 실시

계산된 통계치가 임계치를 기준으로 설정된 기각역에 속하는 값일 경우, $H_0 : \rho_A - \rho_B = 0$ 을 기각하고 $H_A : \rho_A - \rho_B \neq 0$을 채택하는 통계적 결정을 내린다. 그러나 계산된 통계치가 임계치를 기준으로 설정된 기각역에 속하지 않을 경우에는 H_0을 기각할 수 없다는 통계적 결정을 내린다.

$$\text{검정통계치 } |Z_r| = \frac{Z_{r_{xy}(A)} - Z_{r_{xy}(B)}}{SE} \geq Z_{\alpha/2}$$

이면, H_0을 기각하고 H_A을 채택한다.

단계 10 통계적 검정 결과 해석

이미 가설검정의 원리에서 언급한 바와 같이, 통계적 검정에서 H_0의 기각 여부를 통계적으로 검정하기 때문에 H_0이 기각될 경우, H_0가 기각되고 H_A을 채택한다고 해석한다. 그러나 H_0이 기각되지 않을 경우에는 H_0을 수용한다고 해석하지 않고 단순히 H_0이 기각되지 않은 것으로 해석한다.

예제 17-16

한 연구자는 초등학생들의 순차처리 능력과 산수 성적 간의 상관과 순차처리 능력과 과학 성적 간의 상관 간에 차이가 있는지 알아보기 위해 4~6학년 아동 중 남녀 각각 100명씩을 표집한 다음 순차처리 능력, 산수 성적, 과학 성적을 측정하였다. 그리고 상호 상관계수를 계산한 결과, 다음과 같이 나타났다.

$$r_{\text{남자}} = .45, \ r_{\text{여자}} = .36$$

유의수준 .05에서 순차처리 능력과 산수 성적 간의 상관과 순차처리 능력과 과학 성적 간의 상관 간에 차이가 있는지 검정하시오.

---

3) 의존적 두 표본상관계수의 차이 검정

의존적 두 표본상관계수 간의 차이 검정은 두 표본상관계수 간의 두 개의 상황으로 나뉜다. ① 두 표본상관계수가 r_{12}와 r_{13}과 같이 동일한 변인을 포함하고 있을 경우와 ② 두 표본상관계수가 r_{12}와 r_{34}와 같이 서로 다른 변인들 간의 상관을 측정한 경우이다.

(1) 의존적 두 표본상관계수 차이의 표집분포

첫째, 두 표본상관계수가 r_{12}와 r_{13}과 같이 동일한 변인을 포함하고 있을 경우, 호텔링(H. Hotelling, 1940)의 검정 절차에 따라 $r_{12} - r_{13}$의 표집분포는 $df = n - 3$인 t분포를 따르며 표준오차는 다음과 같다.

$$SE_{r_{12} - r_{13}} = \sqrt{\frac{2(1 - r_{12}^2 - r_{13}^2 - r_{23}^2 + 2r_{12}r_{13}r_{23})}{(n-3)(1 + r_{23})}}$$

둘째, 두 표본 상관계수가 r_{12}와 r_{34}과 같이 서로 다른 변인 간 상관계수일 경우, $r_{12} - r_{34}$의 표집분포는 중심극한정리에 따라 근사적 Z분포를 따르며 표준오차는 다음과 같다.

$$SE_{r_{12} - r_{34}} = D(r_{12} - r_{34})$$

여기서, $D^2(r_{12} - r_{34}) = \dfrac{1}{n}(1 - r_{12})^2 + (1 - r_{34})^2 - (r_{13} - r_{14}r_{34}) -$

$$(r_{24} - r_{12}r_{14}) - (r_{14} - r_{13}r_{34})(r_{23} - r_{12}r_{13}) -$$

$$(r_{14} - r_{12}r_{24})(r_{23} - r_{24}r_{34}) - (r_{13} - r_{12}r_{23})(r_{24} - r_{23}r_{34})$$

(2) 의존적 두 표본상관계수 차이의 표집분포

두 표본상관계수가 r_{12}와 r_{13}과 같이 동일한 변인을 포함하고 있을 경우, 의존적 두 표본 상관계수의 차이 검정 절차는 다음과 같다.

단계 1 연구문제의 진술

의존적 두 상관계수가 ρ_{12}와 ρ_{13}일 경우 연구문제를 다음과 같이 진술할 수 있다.

ρ_{12}와 ρ_{13} 간에 차이가 있는가?

성적과 지능 간의 상관은 성적과 선수 학습 정도 간의 상관과 차이가 있는가?

단계 2 연구가설의 설정

연구문제	ρ_{12}와 ρ_{13} 간에 차이가 있는가?
가설	H_1: ρ_{12}와 ρ_{13} 간에 차이가 있을 것이다. ($H_1 : \rho_{12} - \rho_{13} \neq 0$)
	H_2: ρ_{12}와 ρ_{13} 간에 차이가 있지 않을 것이다. ($H_2 : \rho_{12} - \rho_{13} = 0$)

두 개의 가설 중에서 이론적 · 경험적 근거에 의해 가장 많은 지지를 받는 가설을 연구자의 연구가설로 설정한다.

단계 3 통계적 가설 설정

두 개의 연구가설 중에서 실제 검정 가능한 $H_2 : \rho_{12} - \rho_{13} = 0$을 영가설로 설정하고 $H_1 : \rho_{12} - \rho_{13} \neq 0$을 대립가설로 하여 다음과 같이 통계적 가설을 설정한다.

ρ_{12}와 ρ_{13} 간에 차이가 있는가?

$$H_0 : \rho_{12} - \rho_{13} = 0$$
$$H_A : \rho_{12} - \rho_{13} \neq 0$$

단계 4 $r_{12} - r_{13}$ 차이의 표집분포 파악

$r_{12} - r_{13}$의 표집분포는 중심극한정리에 따라 다음과 같은 평균과 표준오차를 지닌 $df = n - 3$인 t분포를 따른다.

- $E(r_{12} - r_{13}) = 0$
- $SE_{r_{12} - r_{13}} = \sqrt{\dfrac{2(1 - r_{12}^2 - r_{13}^2 - r_{23}^2 + 2r_{12}r_{13}r_{23})}{(n-3)(1+r_{23})}}$

단계 5 검정통계량 계산

통계적 검정을 위해 기각역 방법과 p값 방법 중 어느 방법을 적용하든 연구자는 자신의 표본 자료에서 계산된 두 표본상관 간의 차이 $r_{12} - r_{13}$을 표집분포하의 검정통계량으로 변환한다. 검정통계량은 다음과 같이 계산한다.

$$\text{검정통계치 } t = \frac{(r_{12} - r_{13})\sqrt{(n-3)(1+r_{23})}}{SE}$$

단계 6 유의수준 α의 선정

상관계수 간 차이의 유무를 검정하기 때문에 양측 검정 절차에 따라 통계적 검정을 위해 설정된 유의수준은 α가 아닌 $\alpha/2$ 수준에서 설정된다.

통계적 가설	유의수준
$H_0 : \rho_{12} - \rho_{13} = 0$	$\alpha/2$
$H_A : \rho_{12} - \rho_{13} \neq 0$	

단계 7 임계치 파악 및 기각역 설정

두 상관계수의 차이의 유무만을 검정하는 경우이기 때문에 양측 검정에 해당된다. 그래서 t분포에서 $\alpha/2$에 해당되는 $t_{\alpha/2}$값을 파악하여 임계치로 사용하며 기각역은 검정통계치 $|t| \geq {}_{n-3}t_{\alpha/2}$가 된다.

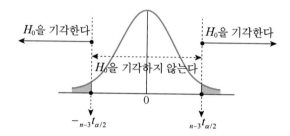

단계 8 통계적 검정 실시

계산된 검정통계치가 임계치를 기준으로 설정된 기각역에 속하는 값일 경우, $H_0 : \rho_{12} - \rho_{13} = 0$을 기각하고 $H_A : \rho_{12} - \rho_{13} \neq 0$을 채택하는 통계적 결정을 내린다.

$$검정통계치\ |t| = \left| \frac{(r_{12} - r_{13})\sqrt{(n-3)(1+r_{23})}}{SE} \right| \geq {}_{n-3}t_{\alpha/2}$$

그러나 계산된 검정통계치가 임계치를 기준으로 설정된 기각역에 속하지 않을 경우에는 H_0을 기각할 수 없다는 통계적 결정을 내린다.

단계 9 통계적 검정 결과 해석

이미 가설검정의 원리에서 언급한 바와 같이, 통계적 검정에서 H_0의 기각 여부를 통계적으로 검정하기 때문에 H_0이 기각될 경우 H_0가 기각되고 H_A을 채택한다고 해석한다. 그러나 H_0이 기각되지 않을 경우에는 H_0을 수용한다고 해석하지 않고 단순히 H_0을 기각할 수 없는 것으로 해석한다.

> **예제 17-17**
>
> 한 연구자가 초등학생의 경우 과학 성적과 지능 간의 상관 정도와 과학 성적과 창의성 간의 상관 정도에 있어서 차이가 있는지 알아보기 위해 초등학생 $n=100$을 대상으로 지능(1), 창의성(2), 과학 성적(3)을 측정한 다음 세 변인 간 상호 상관계수를 계산한 결과, $r_{12}=.63$, $r_{13}=.58$, $r_{23}=.45$로 나타났다. 유의수준 .05에서 두 상관계수 간에 차이가 있는지 검정하시오.

(3) 의존적 두 표본상관계수 차이의 표집분포

단일 모집단에서 표집된 표본을 대상으로 변인 1, 2, 3, 4를 측정한 다음, 변인 1과 2 간의 상관계수 r_{12}와 변인 3과 4 간의 상관계수 r_{34} 간에 통계적으로 유의한 차이가 있는지를 알아보려고 할 경우, 연구자는 의존적 두 표본상관계수 차이 검정을 하게 된다. 예컨대, 한 연구자가 아동들을 대상으로 아동용 표준화 인지 능력 진단 검사를 개발하기 위해 아동 100명을 대상으로 인간의 인지 능력에 대한 신경심리학 이론인 PASS 이론에 따라 측정되는 네 가지 인지 능력인 계획력(P), 주의집중력(A), 순차처리 능력(SE), 동시처리 능력(SI)을 측정하였다. 연구자는 계획력과 주의집중력 간의 상관 정도(ρ_{PA})와 순차처리와 동시처리 간의 상관 정도($\rho_{SE,SI}$) 간에 차이가 있는지에 관심을 가질 수 있다.

단계 1 연구문제의 진술

의존적 두 상관계수가 ρ_{12}와 ρ_{34}일 경우, 연구문제를 다음과 같이 진술할 수 있다.

$$\rho_{12}와 \ \rho_{34} \ 간에 \ 차이가 \ 있는가?$$

> H_1: ρ_{12}와 ρ_{34} 간에 차이가 있을 것이다: $\rho_{12} - \rho_{34} \neq 0$
>
> H_2: ρ_{12}와 ρ_{34} 간에 차이가 있지 않을 것이다: $\rho_{12} - \rho_{34} = 0$

단계 2 연구가설의 설정

두 개의 가설 중에서 이론적·경험적 근거에 의해 가장 지지를 많이 받는 가설을 연구자의 연구가설로 설정한다.

단계 3 통계적 가설 설정

두 개의 연구가설 중에서 실제 검정 가능한 $H_2 : \rho_{12} - \rho_{34} = 0$을 영가설로 설정하고 $H_1 : \rho_{12} - \rho_{34} \neq 0$을 대립가설로 하여 다음과 같이 통계적 가설을 설정한다.

$$H_0 : \rho_{12} - \rho_{34} = 0,\ H_A : \rho_{12} - \rho_{34} \neq 0$$

단계 4 $r_{12} - r_{34}$ 차이의 표집분포 파악

$r_{12} - r_{34}$의 표집분포가 중심극한정리에 따라 근사적 정규분포를 따르며 표준오차는 다음과 같다.

$$SE_{(r_{12} - r_{34})} = D_{(r_{12} - r_{34})}$$

$$\text{여기서, } D^2_{(r_{12} - r_{34})} = \frac{1}{n}(1 - r_{12})^2 + (1 - r_{34})^2 - (r_{13} - r_{14}r_{34}) -$$

$$(r_{24} - r_{12}r_{14}) - (r_{14} - r_{13}r_{34})(r_{23} - r_{12}r_{13}) -$$

$$(r_{14} - r_{12}r_{24})(r_{23} - r_{24}r_{34}) - (r_{13} - r_{12}r_{23})(r_{24} - r_{23}r_{34})$$

단계 5 검정통계량 계산

통계적 검정을 위해 기각역 방법과 p값 방법 중 어느 방법을 적용하든 연구자는 자신의 표본 자료에서 계산된 두 표본상관 간의 차이 $r_{12} - r_{34}$을 표집분포하의 검정통계량으로 변환한다. 검정통계량은 다음과 같이 계산한다.

$$\text{검정통계치 } Z = \frac{r_{12} - r_{34}}{D_{(r_{12} - r_{34})}} \qquad \cdots\cdots(17.24)$$

$$D^2_{(r_{12} - r_{34})} = \frac{1}{n}(1 - r_{12})^2 + (1 - r_{34})^2 - (r_{13} - r_{14}r_{34}) -$$

$$(r_{24} - r_{12}r_{14}) - (r_{14} - r_{13}r_{34})(r_{23} - r_{12}r_{13}) -$$

$$(r_{14} - r_{12}r_{24})(r_{23} - r_{24}r_{34}) - (r_{13} - r_{12}r_{23})(r_{24} - r_{23}r_{34})$$

단계 6 유의수준 α의 선정

상관계수 간 차이의 유무를 검정하기 때문에 양측 검정 절차에 따라 통계적 검정을 위해 설정된 유의수준은 α가 아닌 $\alpha/2$ 수준에서 설정된다.

통계적 가설	유의수준
$H_0 : \rho_{12} - \rho_{34} = 0,\ H_A : \rho_{12} - \rho_{34} \neq 0$	$\alpha/2$

단계 7 임계치 파악 및 기각역 설정

두 상관계수의 차이의 유무만을 검정하는 경우이기 때문에 양측 검정에 해당된다. 그래서 Z분포에서 $\alpha/2$에 해당되는 $Z_{\alpha/2}$값을 파악하여 임계치로 사용하며 기각역은 검정통계치 $|Z| \geq Z_{\alpha/2}$가 된다.

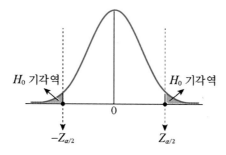

단계 8 통계적 검정 실시

계산된 통계치가 임계치를 기준으로 설정된 기각역에 속하는 값일 경우, $H_0 : \rho_{12} - \rho_{34} = 0$을 기각하고 $H_A : \rho_{12} - \rho_{34} \neq 0$을 채택하는 통계적 결정을 내린다. 그러나 계산된 검정통계치가 임계치를 기준으로 설정된 기각역에 속하지 않을 경우에는 H_0을 기각할 수 없다는 통계적 결정을 내린다. 즉, 검정통계치 $|Z| \geq Z_{\alpha/2}$이면, H_0을 기각하고 H_A을 채택한다.

단계 9 통계적 검정 결과 해석

이미 가설검정의 원리에서 언급한 바와 같이, 통계적 검정에서 H_0의 기각 여부를 통계적으로 검정하기 때문에 H_0이 기각될 경우 H_0이 기각되고 H_A을 채택한다고 해석한다. 그러나 H_0이 기각되지 않을 경우에는 H_0을 수용한다고 해석하지 않고 단순히 H_0을 기각할 수 없는 것으로 해석한다.

예제 17-18

한 연구자는 아동용 표준화 인지 능력 진단 검사를 개발하기 위해 아동 100명을 대상으로 인간의 인지 능력에 대한 신경심리학 이론인 PASS 이론에 따라 측정되는 네 가지 인지 능력인 계획력(P), 주의집중력(A), 순차처리 능력(SE), 동시처리 능력(SI)을 측정하였다. 그리고 4개 인지 능력들 간의 상호 상관 정도를 계산한 결과, 다음과 같다.

〈표 A〉 상호 상관행렬표

구분	계획력	주의집중력	순차처리	동시처리
계획력(P)	1.00	.57	.34	.59
주의집중력(A)		1.00	.69	.38
순차처리(SE)			1.00	.48
동시처리(SI)				1.00

연구자는 계획력과 주의집중력 간의 상관 정도(ρ_{PA})와 순차처리와 동시처리 능력 간의 상관 정도($\rho_{SE.SI}$) 간에 차이가 있는지 알아보고자 한다. 유의수준 .05에서 두 상관계수 간에 유의한 차이가 있는지 검정하시오.

제18장 단순회귀분석

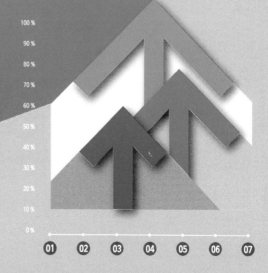

제18장 단순회귀분석

상관연구를 통해 두 변인 간에 상관이 존재하는 것으로 경험적으로 밝혀졌거나 이론적으로 기대될 경우, 연구자는 두 변인 중 어느 한 변인을 예측변인(predictor)으로 설정하고 다른 한 변인을 준거변인(criterion variable)으로 설정한 다음, 예측변인의 측정치로부터 준거변인의 구체적인 측정치의 예측에 관심을 가질 수 있다. 예측변인으로부터 준거변인의 예측과 관련하여 연구자는 세 가지 정보에 관심을 가질 수 있다. 첫째, 준거변인을 직접 측정하지 않고 예측변인의 측정치로부터 준거변인의 구체적인 측정치를 예측하기 위해 사용할 수 있는 어떤 예측방정식(prediction equation)을 얻고 싶어 할 수 있다. 둘째, 주어진 예측방정식을 통해 준거변인을 어느 정도 예측할 수 있는지의 예측력 유무와 예측력 정도에 관심을 가질 수 있다. 셋째, 예측변인이 두 개 이상일 경우에는 예측변인들 간의 상대적 예측력에 대한 정보를 알고 싶어 할 수 있다. 이와 같이 예측변인(들)과 준거변인 간의 상관을 이용하여 예측변인(들)으로부터 준거변인의 예측과 관련된 연구문제를 다루기 위해 설정되는 연구모델을 회귀모델(Regression model)이라 부른다. 그리고 설정된 회귀모델의 예측력이나 예측변인(들)의 예측력을 분석하기 위한 통계적 분석 기법을 회귀분석(Regression analysis)이라 부른다.

회귀모델은 예측변인(들)과 준거변인 간의 관계로 이루어지며, 예측변인으로부터 준거변인에 대한 예측과 관련된 다양한 정보(예측방정식, 예측력, 예측변인 간 상대적 예측력)를 얻기 위해 설정되는 연구모델이기 때문에 회귀모델을 설정하기 위한 첫 단계는 예측의 대상인 준거변인을 선정하는 것이다. 연구 분야에 따라 예측하고 싶어 하는 준거변인이 다르고 동일한 분야 내에서도 연구자의 관심에 따라 준거변인의 선택이 다를 수 있다. 만약 어떤 변인을 현실적인 이유로 직접 측정하기 어렵거나 문제의 현상(물가, 강수량, 제품 수요, 주택 가격, 주택 수요, 이자율, 인플레이션, 원자재 가격, 자살 충동, 비만, 대출상환 등)을 미리 예측함으로써 사전에 예방하거나 통제할 수 있는 처방과 조치들을 계획할 필요성이 있을 경우, 연구자는 문제의 변인을 준거변인으로 선정한다. 선정된 준거변인의 이론적 또는 실제적 중요성이 바로 연구모델로서의 회귀모델의 중요성이 된다. 그래서 이론적으로 또는 실제적으로 의미 있는 예측 대상 변인을 찾아 준거변인으로 선정하는 것이다.

1 준거변인의 예측

준거변인의 예측은 준거변인과 관련된 아무런 외적 정보가 없는 경우와, 준거변인과 상관이 있는 것으로 밝혀졌거나 이론적 관계로부터 상관이 있을 것으로 추론되는 다른 변인에 대한 정보가 있을 경우로 나누어 생각해 볼 수 있다.

1) 준거변인의 평균을 이용한 준거변인의 예측

예측의 대상인 준거변인과 관련된 아무런 외적 정보가 없는 경우에 준거변인을 어떻게 예측할 것인가에 대해 먼저 생각해 보자. 준거변인과 관련된 아무런 외적 정보가 없을 경우, 준거변인을 예측하기 위한 가장 좋은 정보는 바로 준거변인의 내적 정보인 평균이다. 제4장에서 언급한 바와 같이, 평균은 주어진 자료에서 다른 어떤 값보다 편차점수의 제곱합이 최소가 되는 값이다. 즉, 평균을 예측치로 사용할 경우 편차점수는 바로 각 사례별 점수에 대한 예측오차의 정도를 나타내기 때문에, 평균은 바로 예측의 오차가 최소가 될 수 있는 예측치임을 의미한다.

준거변인의 자료가 이질적일수록, 즉 분산이 클수록 편차점수 제곱의 합이 더 커질 것이고, 따라서 평균을 이용한 예측오차제곱의 합도 더 커질 것이다. 주어진 준거변인 측정 자료에서 계산된 분산의 크기는 바로 평균에 의해 더 이상 예측할 수 없는 예측오차량을 의미하기 때문에 자료가 아주 이질적이면 예측변인 분산이 커지게 될 것이고, 따라서 준거변인의 평균을 이용한 준거변인의 예측은 효용성이 없어지게 된다. 이러한 경우 준거변인에 대한 예측의 오차를 줄이기 위해, 즉 준거변인의 예측력을 높이기 위해 준거변인과 상관이 있는 외적 정보인 예측변인을 이용하여 예측할 수 있는 방안이 필요할 것이다. 이러한 상황에서 예측을 위한 연구모델, 즉 회귀모델을 설정하는 것이다.

[그림 18-1]은 준거변인의 평균을 사용하여 각 사례별 준거변인의 측정치를 예측할 경우

기대되는 사례별 예측오차 정도를 편차점수의 개념으로 보여 주고 있다. 준거변인의 측정치에서 평균보다 클 경우는 예측오차를 나타내는 편차점수가 +값으로 얻어질 것이다. 즉, 평균이 준거변인의 실제 값보다 작은 값으로 예측하게 되는 경우이다.

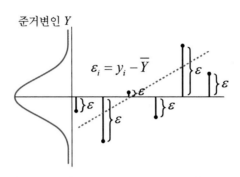

[그림 18-1] 평균을 통한 사례별 예측오차

반면에 준거변인의 측정치에서 평균보다 작을 경우는 예측오차를 나타내는 편차점수가 −값으로 얻어질 것이다. 즉, 평균이 준거변인의 실제 값보다 큰 값으로 예측하게 되는 경우이다. 준거변인의 측정치와 평균이 같을 경우에는 평균이 준거변인의 실제 값을 정확하게 예측하게 되는 경우이기 때문에 편차점수는 0이 될 것이다. 평균을 이용하여 준거변인을 예측할 경우에 기대되는 총 예측오차량은 산술적으로 전체 사례의 예측오차의 총합을 계산하면 된다.

$$\sum_{i=1}^{N}\epsilon_i = \sum_{i=1}^{N}(Y_i - \overline{Y})$$

평균은 자료의 중심에 위치하는 무게의 중심이기 때문에 예측오차의 합은 항상 $\sum(Y_i - \hat{Y})$ = 0가 되어 총 예측오차량인 $\sum(Y_i - \hat{Y})$을 산술적으로 계산할 수 없다. 그래서 산술적 조작을 통해 이러한 산술적 문제를 해결하기 위해 [그림 18-2]와 같이 각 사례별 예측오차를 제곱한 다음 모든 사례의 예측오차제곱값들의 합 $\sum\epsilon_i^2$을 계산하면 적어도 산술적으로 문제가 없는 총 예측오차량을 계산해 낼 수 있다. 이를 예측오차의 제곱합이라 부르며, 평균은 바로 주어진 준거변인의 측정치 중에서 예측오차의 제곱합이 최소가 되는 가장 좋은 예측치이다.

$$\sum_{i=1}^{N}\epsilon_i^2 = \sum_{i=1}^{N}(Y_i - \overline{Y})^2$$

준거변인의 분산이 작을 경우에는 평균을 예측치로 사용해도 예측오차가 작기 때문에 예측력의 측면에서 별다른 문제가 되지 않을 수 있다. 그리고 준거변인의 분산이 클 경우에는 평균을 통한 예측이 너무 심한 예측오차를 가져오기 때문에 준거변인과 상관이 있는 다른 외적 변인을 이용하여 예측을 시도할 수밖에 없다.

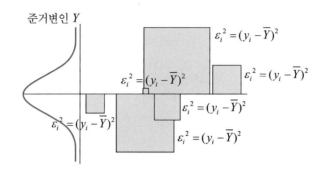

[그림 18-2] 평균과 예측오차제곱

예제 18-1

〈표 A〉는 생후 4주의 영아 10명을 대상으로 시각자극에 대한 반응잠시를 측정한 가상적인 결과이다. 평균을 이용하여 영아들의 반응잠시를 예측할 경우 기대되는 총 예측오차의 정도를 계산하시오.

〈표 A〉 시각자극에 대한 반응잠시

영아	반응잠시
1	10
2	9
3	15
4	12
5	8
6	11
7	10
8	15
9	12
10	11

2) 예측변인을 이용한 준거변인의 예측

준거변인의 분산이 클 경우(평균을 통한 예측오차가 클 경우), 주어진 준거변인과 상관(선형적 관계)이 있는 것으로 밝혀졌거나 이론적으로 상관이 있을 것으로 추론되는 다른 외적 변인(들)을 예측변인으로 설정한 다음 예측변인과 준거변인 간의 상관을 이용하여 준거변인에 대한 예측을 시도해 볼 수 있을 것이다. 예컨대, 학생의 학업 성취도를 예측하기 위해 학업 성취도와 상관이 있는 것으로 밝혀진 지능, 학습동기, 선수 학습 정도 등을 이용하여 학업 성취도를 예측해 볼 수 있다. 그래서 연구자는 준거변인의 평균을 사용하여 준거변인을 예측할 경우에 기대되는 예측오차량보다, ① 외적 정보인 예측변인을 사용하여 준거변인을 예측할 경우 기대되는 예측의 오차량이 과연 감소할 것인지, ② 어느 예측변인이 예측오차량의 감소에 상대적으로 더 기여하는지(중다회귀모델의 경우)를 알고 싶어 할 수 있을 것이다. 즉, 학업 성취도 평균을 가지고 학생들의 학업 성취도를 예측하는 대신 학업 성취도와 상관이 있는 것으로 밝혀진 학습자의 지능, 학습동기를 예측변인으로 하여 학업 성취도를 예측할 경우 예측력은 어느 정도 더 향상될 수 있는지, 예측변인이 두 개 이상일 경우에는 어느 예측변인이 학업 성취도 예측에 상대적으로 더 효과적인지, 그리고 ③ 예측변인의 점수로부터 준거변인의 점수를 예측하기 위해 사용할 수 있는 예측의 방정식은 어떻게 나타날 것인지를 알아볼 수 있다.

준거변인을 예측하기 위해 선택된(회귀모델 속에 설정된) 예측변인이 하나뿐인 회귀모델을 단순회귀모델(simple regression model) 또는 단순선형회귀모델(simple linear regression model)이라 부른다. 그리고 예측변인이 두 개 이상 설정된 회귀모델을 중다회귀모델(multiple regression model)이라 부른다. 준거변인을 예측하기 위해 설정되는 예측변인의 수는 예측의 정확성 및 예측을 위한 경제성과 관련된다. 준거변인을 예측하기 위해 설정되는 예측변인의 수가 증가할수록 이론적으로 예측력은 증가할 수 있지만, 동시에 예측변인을 측정하기 위해 걸리는 시간과 비용이 증가하기 때문에 연구자는 가능한 한 최소의 예측변인으로 준거변인에 대한 최대의 예측력을 얻을 수 있는 간명한 회귀모델을 설정하려고 할 것이다. 그리고 예측변인들 간의 중복(상관)이 최소가 되도록 예측변인을 선택하려 할 것이다.

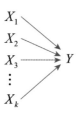

[그림 18-3] 단순회귀모델　　　[그림 18-4] 중다회귀모델

　　모델이란 복잡한 현상을 가장 간단하게, 그리고 가장 정확하게 예측할 수 있어야 하며 이를 모델의 간명성이라 부른다. 일반적으로 준거변인과 관련된 예측변인의 수가 증가할수록 모델의 예측력은 증가하지만 동시에 모델의 간명성이 감소하게 된다. 따라서 연구자는 모델의 예측력이 연구자가 원하는 정도의 수준을 나타낼 경우 예측변인의 수를 줄여 가면서 회귀모델의 간명성을 추구해 갈 것이고, 반면에 모델의 예측력이 연구자가 원하는 수준 이하로 낮을 경우 새로운 예측변인을 추가적으로 설정하면서 모델의 예측력을 높이는 방향으로 모델을 수정해 갈 것이다. 전자를 모델 간명화(model trimming)라 부르고 후자를 모델 부합화(model building)라 부른다. 이와 같이, 모델의 예측력과 간명성을 동시에 고려하는 과정에서 단순회귀모델에서 예측변인의 수를 달리하는 다양한 중다회귀모델이 설정될 수 있다.

2　준거변인과 예측변인 간 관계의 성질

　　회귀모델은 서로 상관이 있는 변인들 중에서 연구자의 관심과 연구목적에 따라 어느 한 변인을 예측변인으로 설정하고 다른 한 변인(들)을 준거변인으로 설정한 다음, 예측변인(들)부터 준거변인을 예측하기 위한 예측 방정식인 회귀방정식의 도출과 회귀방정식의 예측력을 알아보기 위한 목적으로 설정되는 연구모델이다. 따라서 서로 상관이 있는 변인들 중에서 어느 변인을 예측변인으로 설정하고 어느 변인을 준거변인으로 설정할 것인가의 결정은 이론적 근거나 통계적 분석 결과에 의해 이루어지는 것이 아니라 전적으로 연구자의 실제적 연구목적에 의해 정해진다. 예컨대, 아버지의 IQ와 아들의 IQ가 서로 상관이 있는 것으로 경험적 상관연구를 통해 밝혀졌기 때문에 연구자는 아버지의 지능을 예측변인으로 설정하고, 아들의 지능을 준거변인으로 설정하여 [아버지의 지능 → 아들의 지능]의 단순회귀모델을 설정할 수도 있고, 반대로 [아들의 지능 → 아버지의 지능]을 예측하기 위한 단순회귀모델을 설정할 수도 있다. 두 회귀모델 모두 두 변인 간에 상관이 있는 것으로 밝혀진 연구결과에 근거하여 설정된 연구모델이기 때문에 예측의 방향이 서로 다르지만 연구모델로서 타당성에 아무런 문제가 없다. 다시 말하자면, 회귀모델에서의 예측변인과 준거변인 간의 관계 설정은 이론적인 인과관계가 아니라 단순히 연구자의 실제적 관심에 따른 예측의 방향을 나타내는 것이며, 구체적인 예측의 방향은 이론적 판단이 아닌 바로 연구자의 실제적 연구목적을 나타내는 것이다. 따라서 회귀모델은 준거변인에 대한 예측변인의 예측력을 알아보려는 것이지 결과변인에 대한 원인변인의 인과적 영향력(설명력)을 알아보려는 것이 아니다. 아버지 지능과 아들 지능 간에 경험적 또는 이론적인 근거를 통해 [아버지의 지능 → 아들의 지능]의 인과적 관계가 설정될 경우, 두 변인 간의 관계는 회귀모델이 아니라 인과적 모델(causal model)이 된다. 이론적 근거에 의해 변인 간의 관계가 인과적으로 설정된 모델을 경로 모델(path model)이라 부르며 경로 모델에서의 화살표 방향은 원인변인이 결과변인에 미치는 인과적 방향을 나타낸다. 즉, 화살표는 원인변인이 결과변인에 미치는 효과 또는 영향의 방향을 나타내는 경로를 나타낸다. 물론 경로 모델에 설정된 변인들 간의 인과적 관계를 분석하기 위한 분석 방법은 수학적으로 회귀분석이 사용되지만, 변인들 간의 직접적인 관계(화살표로 설정된 관계)를 분석하기 위해 설정된 연구모델이 경로 모델(인과적 관계)이냐 또는 회귀모델(상관관계)이냐는 통계적 분석에 의해 결정되는 것이 아니라 변인 간의 이론적 관계에 의해 결정된다. 그래서 [아버지의 지능 → 아들의 지능]을 설명하는 인과적 모델은 이론적으로 타당하지만 [아들의 지능 → 아버지의 지능]을 설명하는 인과적 모델은 이론적으로 타당하지 않기 때문에(이론적으로 아들의 지능이 아버지의 지능에 영향을 미칠 수 없기 때문에), [아들의 지능 → 아버지의 지능] 모델은 예측을 위한 회귀모델로서는 문제가 되지 않지만 인과적 영향력을 설명하기 위한 경로 모델로는 설정될 수 없는 연구모델이다.

예측변인이 두 개 이상 설정되는 중다회귀모델은 모든 예측변인(들)이 준거변인과 상관이 있는 것으로 선행연구를 통해 밝혀졌거나 이론적으로 상관이 있을 것으로 추론될 수 있으면 설정될 수 있는 타당한 연구모델이다. 만약 중다회귀모델하의 모든 예측변인이 준거변인에 영향을 미치는 원인으로 이론적으로 확인되었거나 추론될 수 있으면 주어진 중다회귀모델은 바로 중다회귀모델의 모습을 닮은 경로 모델이 된다. 여러 개의 예측변인 중 어느 한 변인이라도 준거변인의 원인임을 지지하는 경험적·이론적 근거를 제시할 수 없으면 전체 모델은 경로 모델이 될 수 없으며 중다회귀모델로 설정될 수 있는 것이다. 엄격히 말하면, 회귀모델에서 예측변인은 준거변인을 예측하는 것으로만 해석해야 하며 인과적으로 설명해서는 안 된다. 변인 간의 관계가 인과적 관계일 경우에만 원인변인으로부터 결과변인을 설명할 수 있으며, 변인 간의 관계가 상관관계일 경우에는 예측변인으로부터 준거변인을 설명할 수 없고 예측력의 유무와 정도를 기술만 할 수 있는 것이다. 가끔 회귀분석의 결과를 기술하면서 예측변인이 준거변인을 설명한다는 말을 사용하고 있지만, 이 경우의 "설명"은 인과적 설명을 의미하는 것이 아니고 준거변인의 분산이 예측변인에 의해 수학적으로 설명되었음을 기술하기 위해서만 사용해야 할 표현이다.

3 회귀분석의 원리

상관계수는 [그림 18-5]의 A의 경우와 같이 선형적인 관계를 가지는 두 변인 간 상관의 유무, 성질, 그리고 크기에 대한 정보를 제공해 주기 때문에 그림 B, C와 같이 변인 간의 관계기 비선형적일 경우에는 상관계수를 통해 두 변인 간 상관의 크기를 과소평가하거나 상관의 성질을 타당하게 파악해 낼 수 없다.

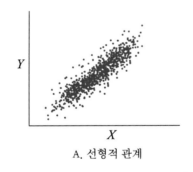

A. 선형적 관계

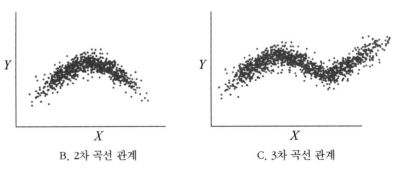

B. 2차 곡선 관계   C. 3차 곡선 관계

[그림 18-5] 두 변인 간의 관계를 나타내는 다양한 모양의 산포도

회귀분석은 회귀모델하의 변인들 간의 선형적 관계는 물론 비선형적 관계도 분석해 낼 수 있기 때문에 변인들 간의 관계를 다룰 수 있는 기능 면에서 상관분석보다 더 확장성을 가지고 있다고 할 수 있다. 먼저, 회귀모델 속에 예측변인으로 설정된 변인이 하나뿐인 단순선형회귀모델의 경우를 통해 회귀분석의 일반적 원리에 대해 알아보도록 하겠다.

1) 회귀방정식의 도출

단순회귀모델은 준거변인을 예측하기 위해 설정되는 예측변인이 하나뿐인 경우의 회귀모델이기 때문에 단순회귀분석의 목적은, ① 단일 예측변인으로부터 준거변인을 예측하기 위해 사용될 수 있는 단순선형회귀방정식(단순회귀방정식) 도출, ② 단순회귀방정식의 예측력 분석, 그리고 ③ 회귀방정식 속에 설정된 예측변인의 예측력에 대한 정보(예측의 크기와 성질)를 얻으려는 데 있다.

제4장과 제17장에서 두 변인 간 상관관계를 나타내는 산포도로부터 상관의 유무, 성질, 그리고 정도를 나타내는 상관계수가 만들어지는 과정을 알아보았다. 그리고 두 변인 간의 관계를 산포도로 나타낼 경우, 크게 다섯 형태의 산포도가 가능함을 알 수 있었다. 준거변인에 대한 예측변인의 예측력, 예측의 성질, 예측의 정도는 전적으로 변인 간 상관의 성질과 정도에 의해 결정되므로 상관에서 다룬 동일한 산포도로부터 두 변인 간 예측적 관계에 대한 다양한 정보를 파악해 낼 수 있다.

만약 예측변인과 준거변인 간의 상관이 [그림 18-6]과 같이 직선 모양의 산포도로 나타날 경우를 생각해 보자. 이 경우 예측변인 X의 측정치의 변이에 따른 준거변인 Y의 측정치의 변이 형태를 정확하게 하나의 선형적 관계로 요약할 수 있다. 다시 말하자면, 예측변인의 값이 주어질 때 준거변인을 예측하기 위해 사용할 수 있는 예측방정식을 $Y = aX + b$의 직선의 방정식으로 나타낼 수 있을 것이다. 여기서 a는 직선의 기울기(slope)이고 b은 절편(intercept)을 나타낸다. 준거변인과 예측변인 간의 예측적 관계가 $Y = aX + b$와 같이 주어지면, 예측변인 X의 모든 x_i값에 따른 준거변인 Y의 예측값 $\hat{Y}_i$를 직접 계산할 수 있을 뿐만 아니라 예측값 $\hat{Y}_i$와 실제의 준거변인의 값 y_i가 정확하게 일치하기 때문에 예측오차 없이 완벽하게 준거변인을 예측할 수 있다. 이와 같이 예측변인(들)으로부터 준거변인을 예측의 오차 없이 완벽하게 예측할 수 있을 경우, 예측변인과 준거변인 간의 수학적 관계를 함수적 관계(functional relationship)라 하고 함수적 관계를 수학적으로 진술한 모델을 확정적 모델(deterministic model)이라 한다. 예컨대, 이러한 모델은 주로 자연과학 분야의 변인들 간에 존재하는 수학적 모델이며 사회과학 분야에서는 거의 존재하지 않는다.

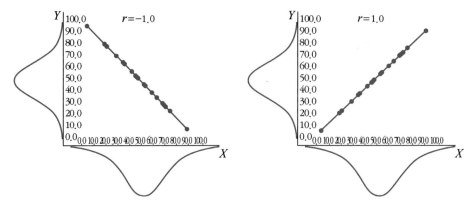

[그림 18-6] 예측변인과 준거변인 간의 선형적 함수 관계

사회과학에서 주로 다루고 있는 지능, 지도력, 광고 인지도, 업무 만족도, 고객 만족도 등과 같은 구성 개념(construct)은 어떤 변인들에 의해서도 완벽하게 예측될 수 없는 변인이다. 이들 구성 개념이 준거변인으로 설정된 어떤 회귀모델에서도 주어진 준거변인을 완벽하게 예측해 줄 수 있는 예측변인(들)이 무엇이며 몇 개나 존재하는지 결코 완전히 알 수 없다. 연구자가 준거변인의 예측을 위해 선택한 예측변인(들)은 수많은 예측변인 중의 일부에 불과하기 때문에 관심하의 준거변인을 완벽하게 예측할 수는 없다. 그래서 사회과학 분야에서 변인들 간의 관계를 나타내는 산포도는 일반적으로 다음 [그림 18-7]과 같은 형태로 나타난다.

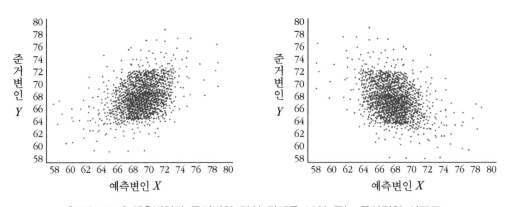

[그림 18-7] 예측변인과 준거변인 간의 관계를 보여 주는 통상적인 산포도

산포도의 모양이 [그림 18-7]과 같이 나타날 경우, 예측변인의 변이에 따른 준거변인의 변이의 경향을 [그림 18-8]과 같이 정확한 직선은 아니지만 전반적인 경향을 직선적인 경향으로 요약할 수 있을 것이다. [그림 18-8]의 산포도에서 볼 수 있는 바와 같이, 확정적 모델

의 경우와 달리 예측변인 X의 주어진 x_i값에 따른 준거변인 Y의 y_i값이 하나가 아니라 여러 개가 존재한다. 즉, 예측변인에서 동일한 x_i값을 가진 사례들이 동일한 준거변인 측정치 y_i값을 가지는 것이 아니라 다양한 값을 가진다는 것이다. 산포도가 직선 모양일 경우 예측변인에서 동일한 x_i값을 가진 사례들은 준거변인의 측정치에서도 모두 동일한 y_i값을 가진다. 그래서 주어진 x_i값에 따른 예측치 $\hat{Y}_i$와 실제 y_i가 모두 일치하기 때문에 예측변인으로부터 준거변인을 예측오차 없이 정확하게 예측할 수 있다. 그러나 [그림 18-8]의 경우와 같이 주어진 x_i값에 해당되는 준거변인의 측정치 y_i들이 여러 개 존재할 경우 각 x_i별로 y_i값들의 어떤 분포를 생각해 볼 수 있으며, 이러한 분포를 조건분포(conditional distribution)라 부른다.

우리가 원하는 것은 예측변인의 주어진 x_i값에 해당되는 준거변인의 하나의 예측치 $\hat{Y}_i$이다. 그러나 확정적 모델의 경우와 달리 주어진 x_i값에 해당되는 여러 개의 y_i값이 존재하며 [그림 18-9]와 같이 각 x_i값에 대한 y_i값들이 조건분포를 이루게 된다. 각 조건분포하의 y_i값들 중에서 임의로 어느 하나의 값을 x_i에 해당되는 예측값 $\hat{Y}_i$로 정할 수는 없다. 그래서 조건분포의 평균, 즉 기대값 $E(y_i|x_i)$을 구한 다음 그 값을 x_i에 대한 예측치 $\hat{Y}_i$라 하면, $\hat{Y}_i$는 조건분포의 중심에 있는 평균이기 때문에 주어진 조건분포에서 예측의 오차가 최소가 되는 가장 좋은 예측치가 될 것이다.

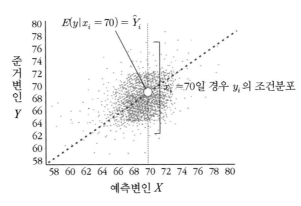

[그림 18-8] 두 변인 간의 관계를 직선 관계로 요약한 산포도

각 조건분포별 y_i값들의 기대값(평균)인 $\hat{Y}_i$는 주어진 조건분포하의 모든 y_i가 회귀하는 하나의 회귀점(regression point)이 된다. 왜냐하면 주어진 조건분포하에서 서로 다른 모든 y_i가 하나의 $\hat{Y}_i$값으로 취급되기 때문에 예측변인과 준거변인 간의 관계가 선형적이라면,

각 x_i별로 파악된 회귀점($\hat{Y}_i$)들을 연결하면 예측변인과 준거변인의 평균점($\overline{X}$, $\overline{Y}$)을 지나는 기울기가 a이고 절편이 b인 어떤 직선을 얻을 수 있을 것이다.

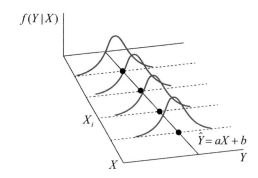

[그림 18-9] 예측변인 X의 x_i별 준거변인 Y의 조건분포

이렇게 얻어진 직선은 회귀점을 연결하여 얻어진 선이기 때문에 회귀선(regression line)이라 부른다. 이 회귀선은 예측오차가 최소인 조건하에서 예측변인으로부터 준거변인을 예측할 수 있는 직선이 될 것이며, 이 회귀선을 수학적으로 표현한 것이 회귀방정식 $\hat{Y} = aX + b$이다. 따라서 실제의 모든 y_i값은 다음과 같이 나타낼 수 있을 것이다.

$$y_i = aX_i + b + \epsilon_i$$
$$= \hat{Y}_i + \epsilon_i$$

예측변인의 각 x_i별 준거변인의 예측치 $\hat{Y}_i$는 조건분포하의 실제의 모든 y_i값을 정확하게 예측할 수 있는 값이 아니고 예측의 오차가 최소가 되는 회귀점을 나타내는 추정치이기 때문에, 이러한 회귀점의 연결로 만들어진 회귀선의 기울기 a와 절편 b도 역시 수학적 조건인 최소제곱 기준을 충족하는 조건하에서 추정된 값이다. 그럼, 최소제곱 기준과 회귀선의 관계를 더 상세하게 알아보도록 하겠다.

산포도가 [그림 18-8]과 같이 나타날 경우, [그림 18-10]에서 볼 수 있는 바와 같이 준거변인과 예측변인 간의 관계를 선형적으로 요약해서 나타낼 수 있는 수많은 직선을 생각해 볼 수 있다. 수많은 직선 중에서 전체 자료의 중심을 관통하는 직선이 평균적으로 모든 자료에 가장 가까운(가장 적합한) 선이기 때문에 예측오차의 정도가 가장 최소가 되는 예측선이 될 것이다. 자료의 중심을 관통하는 직선인 회귀선 $\hat{Y} = aX + b$을 구한다는 의미는 직선의 기울기와 절편이 예측오차의 총 제곱의 합이 최소가 되어야 한다는, 소위 최소제곱 기준

(least square criterion)이라 부르는 수학적 기준을 충족하는 기울기 a와 절편 b를 구한다는
것이다. 그래서 최소제곱 기준의 수학적 조건을 만족하는 기울기와 절편을 가진 예측선을
최소자승선(least squares line) 또는 회귀선이라 부른다.

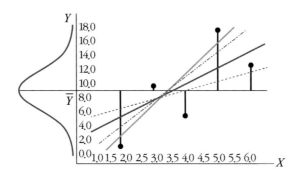

[그림 18-10] 가능한 여러 개의 회귀선

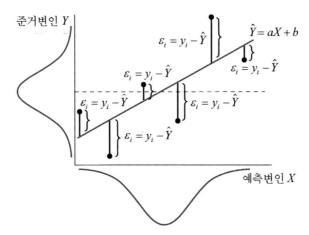

[그림 18-11] 회귀선을 중심으로 발생되는 예측오차들

[그림 18-11]에서 볼 수 있는 바와 같이, $\hat{Y} = aX + b$에 의해 예측된 $\hat{Y}_i$는 실제의 모든
y_i과 같지 않다. 즉, 각 사례별로 $e_i = y_i - \hat{Y}_i$ 만큼의 예측오차가 존재한다. 그렇다면 이러
한 예측의 오차가 생기는 이유는 무엇일까? 준거변인의 예측과 관련하여 세 종류의 예측변
인을 생각해 볼 수 있다. ① 준거변인을 예측하기 위해 연구자가 자신의 회귀모델에 실제로
설정한 예측변인(들), ② 연구자가 그 존재를 알고는 있지만 예측변인으로 선택하지 않거나
연구자가 그 존재를 몰라서 선택하지 못한 변인(들), 즉 예측변인의 선택에서 제외된 변인
들, 그리고 ③ 준거변인의 측정치에 무작위로 오염되어 측정되는 오차 요인(들)이다. 특히
세 번째 오차 요인은 무작위로 발생하여 준거변인의 측정치에 나타나기 때문에 그 예측 정

도를 확정적으로 추정할 수 없으며 확률적으로 추정할 수밖에 없다. 그래서 준거변인과 이들 세 가지 요인 간의 관계를 수학적으로 진술하는 수학적 모델에서 두 번째 요인과 세 번째 요인을 하나로 묶어서 임의항(random term) 또는 오차항(error term)이라 부르고 그리스문자 ϵ(epsilon)로 나타낸다. 이는 단순하게 준거변인의 예측량을 수학적으로 100%로 맞추기 위해 더해지는 값이다. 사회과학연구에서 다루어지고 있는 대부분의 준거변인은 확정적 모델의 경우와 같이 예측변인(들)만으로 완벽하게 예측될 수 있는 수학적 모델 설정이 불가능하기 때문에 $Y = \hat{Y} + \epsilon = (aX+b) + \epsilon$와 같이 항상 예측변인과 함께 확률적으로 추정되는 오차항 ϵ를 고려한 수학적 모델을 설정할 수밖에 없으며, 이러한 모델을 확률적 모델(probabilistic model)이라 부른다.

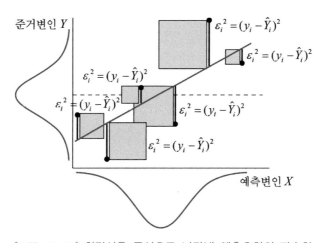

[그림 18-12] 회귀선을 중심으로 나타낸 예측오차의 자승화

앞에서 회귀선은 수학적으로 예측오차의 제곱합이 최소가 되는 조건, 즉 최소제곱 기준을 만족하는 수학적 조건으로 구해지는 직선이라고 했다. 이는 $\hat{Y} = aX + b$에서 직선의 기울기 a와 절편 b가 최소제곱 기준을 만족하는 조건으로 구해져야 $\hat{Y} = aX + b$가 예측의 오차가 최소가 되는 예측방정식이 된다는 것이다. 예측오차는 $\epsilon_i = y_i - \hat{Y_i} = y_i - (ax_i + b)$이며, 최소제곱 기준은 [그림 18-12]에서 볼 수 있는 바와 같이 바로 모든 예측오차제곱의 합 $(\sum e_i^2)$이 최소가 되는 조건이다.

$$\text{minimize} \sum \epsilon_i^2 = \sum (y_i - \hat{Y_i})^2 = \sum [y_i - (aX_i + b)]^2$$

2) 최소제곱 기준과 회귀계수의 추정

회귀방정식의 회귀계수는 수학적으로 최소제곱 기준을 충족하는 조건하에서 추정된다고 했다. 그렇다면 최소제곱 기준을 만족하는 회귀선을 얻기 위해 회귀선의 기울기 a와 절편 b를 어떻게 구하는지 수리적 절차를 통해 알아보겠다.

$$Q = \sum_{i=1}^{n} \epsilon_i^2 = \sum_{i=1}^{n} [y_i - (b + ax_i)]^2 \qquad \cdots\cdots(18.1)$$

$$= \sum_{i=1}^{n} (y_i^2 + b^2 + a^2 x_i^2 + 2a_1 b x_i - 2b y_i - 2a_1 x_i y_i)$$

예측오차제곱의 합을 Q라고 나타낸다면, Q가 최소가 되도록 a와 b값을 구하기 위해 식 (18.1)을 a과 b에 대해 각각 편미분을 실시하여 얻어진 도함수가 0이 되도록 설정한 다음 각각의 도함수로부터 a와 b를 구하면 된다.

$$\frac{dQ}{da} | \sum_{i=1}^{n} (y_i^2 + b^2 + a^2 x_i^2 + 2ab x_i - 2b y_i - 2a x_i y_i) \quad \cdots\cdots(18.2)$$

$$= \sum_{i=1}^{n} (2a x_i^2 - 2x_i y_i + 2b x_i)$$

$$= 2a \sum_{i=1}^{n} x_i^2 + 2b \sum_{i=1}^{n} x_i - 2 \sum_{i=1}^{n} x_i y_i$$

이제 a에 대해 미분하여 얻어진 식 (18.2)를 0으로 놓으면,

$$2a \sum_{i=1}^{n} x_i^2 + 2b \sum_{i=1}^{n} x_i - 2 \sum_{i=1}^{n} x_i y_i = 0$$

$$\sum x_i y_i = a \sum x_i^2 + b \sum x_i \qquad \cdots\cdots(18.3)$$

식 (18.1)을 b에 대해 미분하면,

$$\frac{dQ}{db} | \sum_{i=1}^{n} (y_i^2 + b^2 + a^2 x_i + 2ab x_i - 2b y_i - 2a x_i y_i)$$

$$= \sum_{i=1}^{n} (2b + 2ax_i - 2y_i)$$

$$= 2nb + 2a \sum_{i=1}^{n} x_i - 2 \sum_{i=1}^{n} y_i$$

이제 b에 대해 미분하여 얻어진 앞의 식을 0으로 놓고 다시 정리하면,

$$2nb + 2a \sum_{i=1}^{n} x_i - 2 \sum_{i=1}^{n} y_i = 0$$

$$\sum_{i=1}^{n} y_i = nb + a \sum_{i=1}^{n} x_i \qquad \cdots\cdots(18.4)$$

이제 편미분을 통해 얻어진 두 방정식 (18.3)과 (18.4)를 풀어서 a와 b를 각각 구한다. 먼저, $nb + a \sum_{i=1}^{n} x_i = \sum_{i=1}^{n} y_i$를 b를 중심으로 정리하면,

$$b = \frac{\sum_{i=1}^{n} y_i - a \sum_{i=1}^{n} x_i}{n} = \bar{y} - a\bar{x} \qquad \cdots\cdots(18.5)$$

식 (18.5)를 식 (18.3)에 대입하여 a를 구한다.

$$a = \frac{n \sum_{i=1}^{n} x_i y_i - \sum_{i=1}^{n} x_i \sum_{i=1}^{n} y_i}{n \sum_{i=1}^{n} x_i^2 - (\sum_{i=1}^{n} x_i)^2} = \frac{\sum_{i=1}^{n} x_i y_i - n\bar{x}\bar{y}}{\sum_{i=1}^{n} x_i^2 - n\bar{x}^2} \qquad \cdots\cdots(18.6)$$

$$= \frac{S_{xy}}{S_x^2}$$

$$= r_{xy} \frac{S_y}{S_x}$$

식 (18.6)을 다시 식 (18.5)에 대입한 다음 b에 대하여 풀면,

$$b = \bar{y} - r_{xy}\frac{S_Y}{S_x}\bar{x} \qquad\qquad \cdots\cdots(18.7)$$

$$= \bar{y} - \frac{S_{xy}}{S_x^2}$$

이렇게 얻어진 a와 b를 식 (18.1)에 다시 대입하여 정리하면 다음과 같은 회귀방정식을 얻게 된다.

$$\hat{Y} = r_{xy}\frac{S_y}{S_x}(x - \bar{x}) + \bar{y} \qquad\qquad \cdots\cdots(18.8)$$

기울기 a를 계산하기 위한 간편 공식을 사용하면 간단한 자료의 경우 기울기를 직접 쉽게 계산할 수 있다.

a와 b를 계산하기 위한 간편 공식	
• $\bar{x} = \dfrac{\sum x_i}{n}$ • $\bar{y} = \dfrac{\sum y_i}{n}$ • $S_{xy} = \dfrac{1}{n-1}[\sum\limits_{i=1}^{n}x_iy_i - \dfrac{\sum\limits_{i=1}^{n}x_i\sum\limits_{i=1}^{n}y_i}{n}]$ • $S_x^2 = \dfrac{1}{n-1}[\sum\limits_{i=1}^{n}x_i^2 - \dfrac{(\sum\limits_{i=1}^{n}x_i)^2}{n}]$	$a = \dfrac{S_{xy}}{S_x^2}$ $b = \bar{y} - b_1\bar{x}$

4 비표준화 회귀계수와 표준화 회귀계수

준거변인과 예측변인 간의 선형적 관계를 나타내는 직선의 방정식 $\hat{Y} = aX + b$에 대한 기울기 a와 절편 b가 구해지면, 회귀분석의 목적에 따라 두 가지 형태의 회귀방정식으로 나타낸다. 첫째, 준거변인과 예측변인 간의 선형적 관계를 원점수 단위로 표현되는 B계수이며, 이를 비표준화 회귀계수(unstandardized regression coefficient)라 부르며 회귀방정식 $\hat{Y} = aX + b$ 를 다음과 같이 나타낸다.

$$\hat{Y} = B_1X + B_0 \qquad\qquad \cdots\cdots(18.9)$$

여기서, $B_1 = a$ 이고 $B_0 = b$

둘째, 예측변인과 준거변인 간의 관계를 원점수가 아닌 Z점수(평균=0 표준편차=1) 단위로 표현되는 β계수이며 이를 표준화 회귀계수(unstandardized regression coefficient)라 부른다. 예측변인마다 측정 도구가 다르고 척도가 다르기 때문에 준거변인에 대한 예측변인의 예측력을 나타내는 비표준화 회귀계수는 서로 단위가 다르기 때문에 예측변인 간 예측력의 크기를 직접 비교할 수 없다. 연구자가 준거변인에 대한 예측변인들 간의 상대적 예측력에 관심이 있을 경우, 예측변인과 준거변인의 척도를 어떤 공통적인 표준점수로 변환해야 한다. 이러한 목적을 위해 회귀모델하의 모든 변인의 원점수를 평균=0, 표준편차=1인 Z점수 단위로 변환하여 얻어진 회귀방정식의 회귀계수를 표준화 회귀계수라 부른다. 두 변인의 측정치를 표준점수인 Z점수로 변환할 경우 회귀식의 절편이 0이 되기 때문에 표준화 회귀식은 다음과 같다.

$$\hat{Z}_Y = \beta Z_X$$

여기서, $\hat{Z}_Y = \dfrac{\hat{Y} - \overline{Y}}{S_Y}$, $\beta Z_X = r\dfrac{X - \overline{X}}{S_X}$

1) 비표준화 회귀계수의 의미

비표준화 회귀방정식 $\hat{Y} = B_1X + B_0$의 기울기 B_1은 원점수 단위로 표현된 예측변인의 단위변화량(ΔX)에 따른 준거변인의 단위변화량(ΔY)을 의미한다. 예컨대, 1일 생선 섭취량(g)을 예측변인으로 하고 체지방량(g)을 준거변인으로 하여 단순회귀모델을 설정한 다음, 회귀분석을 통해 회귀계수를 추정한 결과 비표준화 회귀방정식이 다음과 같이 나타났다고 가정하자.

$$\widehat{\text{체지방량}} = -1.5 \text{ 생선 섭취량} + 15.5$$

예측변인인 1일 생선 섭취량이 g 단위로 측정되었고 준거변인인 체지방량도 g 단위로 측정되었기 때문에 앞의 회귀방정식에서 기울기인 회귀계수 $B_1 = -1.5$는 1일 생선 섭취량이 1g 증가하면(ΔX: 예측변인의 원점수 단위변화량) 체지방량은 1.5g 감소함(ΔY: 준거변인의 원점수 단위변화량)을 의미한다.

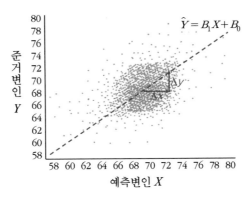

[그림 18-13] 예측변인의 단위변화량에 따른 준거변인의 단위변화량

앞의 가상적인 예에서 예측변인과 준거변인 모두 측정단위가 실측단위를 나타내는 원점수이고, 그리고 생선 섭취량 1g의 의미와 체지방량 1g의 의미가 모두 구체적이고 직접 해석가능하다. 만약 예측변인을 주부들의 시간 관리 능력(X)으로 하고 준거변인을 결혼 만족도(Y)로 하여 단순회귀분석을 실시한 결과 비표준화 회귀방정식이 다음과 같이 나타났다고 가정하자.

$$\widehat{\text{결혼 만족도}} = 2.5\ \text{시간 관리 능력} + 20.5$$

결혼 만족도와 시간 관리 능력은 생선 섭취량(g)과 체지방량(g)과 달리 직접 관찰할 수 없는 구성 개념이고 결혼 만족도 척도와 시간 관리 능력 척도에 의해 측정된 점수를 원점수로 하여 추정된 회귀방정식이기 때문에, B계수로 나타낸 회귀방정식의 기울기 $B_1 = 2.5$는 "주부들의 시간 관리 능력이 한 단위, 즉 1점 증가하면 결혼 만족도는 2.5점 증가한다."라는 의미로 해석할 수는 있다. 그러나 시간 관리 능력이 1점 증가한다는 의미와 결혼 만족도가 2.5점 증가한다는 의미가 구체적으로 어느 정도의 변화를 의미하는지 수학적으로는 이해할 수 있으나 개념적으로 이해하기 어렵다. 따라서 비표준화 계수인 기울기 B_1의 해석은 키, 체중, 가족 수, 수입 정도, 연습 시간, 자동차 보유 수, 사고 수 등과 같이 변인의 양적인 단위변화량이 개념적으로 의미 있게 해석할 수 있는 경우에만 실시하는 게 좋다.

비표준화 회귀방정식 $\hat{Y} = B_1 X + B_0$에서 절편 B_0는 회귀방정식을 통해 준거변인의 측정치를 예측하기 위해서는 대단히 중요한 수학적 의미를 가지나, 예측변인의 예측력을 나타내는 기울기 B_1과 가법적인(독립적)인 관계로 설정되어 있기 때문에 예측력과 관련하여 그 의미를 특별히 해석하지 않는다. B_0은 예측변인 $x_i = 0$일 때 준거변인의 예측치 y_i값들의 평균을 나타낸다. 만약 이론적으로 예측변인의 값이 0일 때 준거변인의 값도 0일 경우, 예측변인과 준거변인 간의 수학적 관계를 나타내는 회귀방정식은 다음과 같이 절편이 없는 형태의 회귀방정식으로 설정되며, 이러한 회귀모델을 무절편 모델(no intercept model)이라 부른다.

$$\hat{Y} = B_1 X$$

회귀모델이 무절편 모델로 설정될 경우, 예측변인의 값이 0이면 준거변인의 값도 항상 0임을 의미한다. 예컨대, 학업 성적을 준거변인으로 하고 학습동기를 예측변인으로 하여 단순회귀모델을 설정할 경우, 학습자의 학습동기=0인 경우 학업 성취도=0일 것으로 보는 것이 이론적으로 타당하다면 무절편 단순회귀방정식으로 두 변인 간의 관계를 나타낼 수 있다. 그러나 학습자의 학습동기=0인 경우라도 학습자의 학업 성취도=0가 아닐 수 있다면 절편을 포함하는 회귀방정식으로 두 변인 간의 관계를 나타내야 한다.

$$\text{학업 성적} = B_1 \text{ 학습동기(무절편 모델)}$$
$$\text{학업 성적} = B_1 \text{ 학습동기} + B_0 \text{(절편 모델)}$$

여기서 기울기 B_1의 정확한 해석과 관련하여 하나 더 추가적으로 언급해 두고자 한다. 앞에서 B_1은 예측변인의 단위변화량에 따른 준거변인의 단위변화량을 의미한다고 했다. 만약 예측변인과 준거변인 간의 상관이 완벽할 경우 B_1은 예측변인의 단위변화량에 따른 준거변인의 단위변화량 정도로 해석하면 된다. 왜냐하면 예측변인 X에서 x_i값을 받은 모든 피험자가 준거변인 Y에서 동일한 y_i값을 받은 경우이기 때문에 모든 $y_i = \hat{Y}_i$가 된다. 그래서 예측변인의 단위변화량에 따른 준거변인의 단위변이량을 $\hat{Y}_i$의 변이 정도로 해석할 수도 있고 또는 y_i의 변이 정도로 해석할 수도 있다. 그러나 만약 예측변인과 준거변인 간의 상관이 완벽하지 않을 경우, 조건분포 y_i분포의 기대값인 $\hat{Y}_i$가 x_i에 의한 유일한 예측치이기 때문에 B_1은 예측변인의 단위변화량에 따른 준거변인 y_i의 평균적인 변화량으로 해석해야 한다.

2) 표준화 회귀계수의 의미

표준화 회귀방정식 $\hat{Z}_Y = \beta Z_X$의 기울기 β는 Z점수 단위로 변환된 예측변인의 단위변화량에 따른 준거변인의 Z점수 단위의 단위변화량을 의미한다. 예컨대, 1일 섭취량(g)을 예측변인으로 하고 체지방량을 준거변인으로 하여 단순회귀모델을 설정한 다음 회귀계수를 추정한 결과 다음과 같이 나타났다고 가정하자.

$$\hat{Z}_Y = \beta Z_X$$

체지방량$= -0.15$ 생선 섭취량

예측변인과 준거변인 모두 Z점수로 변환된 자료로부터 추정된 회귀방정식의 기울기 $\beta = -0.15$의 의미는 생선 섭취량이 1 표준편차 증가하면 체지방량은 0.15 표준편차 감소한다는 것이다. 원점수 단위를 표준점수인 Z점수 단위로 변환하여 얻어진 회귀방정식이기 때문에 예측변인의 단위변화량에 따른 준거변인의 단위변화량을 산술적으로는 표현할 수 있으나 그 의미를 해석할 수 없다. 왜냐하면 원점수를 Z점수로 변환하면 원점수의 척도가 지닌 실제적 의미가 사라지기 때문이다. 따라서 단순회귀모델의 표준화 회귀계수는 사실 예측변인과 준거변인 간의 관계를 의미 있게 해석하기 위한 아무런 정보를 제공해 주지 못하며, 예측변인들 간에 측정단위가 다른 중다회귀모델에서(대부분의 경우에 그렇지만) 예측변인들 간의 상대적 예측력을 비교하고자 할 경우 원점수 단위로 표현된 B계수는 각 예측변인의 측정단위를 나타내기 때문에 회귀계수의 크기를 직접 비교할 수 없다. 그래서 예측변인들 간의 상대적 예측력을 비교하기 위해 모든 예측변인과 준거변인을 동일한 Z점수 단위로 통일한 자료로부터 얻어진 표준화 회귀계수인 β계수들을 비교한다.

$$\hat{Z}_Y = \beta Z_X$$

$$\beta Z_X = r \frac{X - \overline{X}}{S_X} \qquad \cdots (18.10)$$

식 (18.10)에서 볼 수 있는 바와 같이, 단순회귀모델의 경우 예측변인의 예측력을 나타내는 β는 바로 예측변인과 준거변인 간의 상관 정도를 나타내는 상관계수 r과 같다. 따라서 단순회귀방정식의 표준화 회귀계수 β는 상관계수 r과 같이 해석하면 된다.

$$\beta = r$$

5 회귀모델의 예측력과 결정계수 R^2

회귀분석의 주요 목적 중의 하나는 주어진 예측변인으로부터 준거변인을 어느 정도 예측할 수 있는지를 알아보려는 데 있다. 준거변인과 상관이 있는 예측변인이 회귀모델 속에 많이 설정될수록 (예측변인들 간에 상관이 완벽하지 않는 한) 회귀모델의 예측력은 증가할 것이다. 앞에서 언급한 바와 같이, 예측변인을 사용하지 않을 경우 준거변인을 가장 잘 예측할 수 있는 측정치는 바로 준거변인의 평균이라고 했다. 그러나 평균을 사용할 경우 각 사례의 경우 $(y_i - \overline{y})$만큼의 예측오차를 범하기 때문에, 자료 전체의 경우 $\sum(y_i - \overline{y})$만큼의 예측오차를 범하게 된다. 그러나 $\sum(y_i - \overline{y})$은 자료 전체의 예측오차량을 나타내지만 산술적으로 항상 $\sum(y_i - \overline{y}) = 0$이 되기 때문에 산술적으로 예측오차의 합을 계산할 수 없다. 그래서 $\sum(y_i - \overline{y})$가 아닌 예측오차제곱의 합인 $\sum(y_i - \overline{y})^2$ 값을 계산한다. 이 값을 준거변인의 총 제곱합이라 부르며 SS_T로 나타낸다.

$$SS_T = \sum_{i}^{N}(y_i - \overline{y})^2$$

회귀모델에서는 준거변인의 평균을 가지고 준거변인을 예측할 때보다 준거변인과 상관이 있는 예측변인을 이용하여 예측할 경우 예측의 오차가 감소(예측력이 증가)되기를 기대하는 것이다. 다시 말하면, 준거변인의 평균 $\overline{y}$보다 예측변인에 의해 예측된 $\hat{y_i}$가 y_i에 더 근접한 값이길 기대하는 것이다. [그림 18-15]에서 볼 수 있는 바와 같이, 사례 i의 경우 평균 $\overline{y}$을 사용할 경우 $(y_i - \overline{y})$만큼의 예측오차를 범하게 되지만, 예측변인을 사용하여 예측할 경우 $(\widehat{Y}_i - \overline{y})$만큼의 예측오차가 감소되고 $(y_i - \widehat{Y}_i)$만큼의 예측오차를 범하게 된다. 물론 사례 k의 경우와 같이 예측변인을 사용함으로써 오히려 $(y_k - \widehat{Y}_k) > (y_k - \overline{y})$가 되어 예측오차가 증가하는 것으로 나타날 경우도 있다. 이와 같이 예측변인을 이용하여 준거변인을 예측하게 될 경우, 어떤 사례의 경우는 예측오차가 증가하고 어떤 사례의 경우는 예측오차가 감소하는 경우로 나타나지만 전체 사례를 통해서 볼 때 대부분의 사례에서 예측오차가 감소되기 때문에 전체적으로 예측오차가 감소되는 결과로 나타난다. 개별 사례의 경우 이들 간의 관계를 다음과 같이 나타낼 수 있다.

$$(y_i - \overline{y}) = (y_i - \widehat{Y}_i) + (\widehat{Y}_i - \overline{y})$$

자료 전체를 통해서 볼 때, 총 분산은 다음과 같이 나타낼 수 있다.

$$\sum_i^N (y_i - \overline{y})^2 = \sum_i^N (\widehat{Y}_i - \overline{y})^2 + \sum_i^N (y_i - \widehat{Y}_i)^2$$

①　　　　　②　　　　　③

총 제곱합　=　회귀제곱합　+　오차제곱합

① 평균에 의한 총 예측오차량을 나타내는 총 제곱합 $\sum (y_i - \overline{y})^2$: 총 제곱합 $\sum (y_i - \overline{y})^2$는 준거변인의 평균으로부터 준거변인을 예측할 경우 기대되는 편차제곱합으로서, 예측변인을 통해 준거변인을 예측하기 전에 존재하는 준거변인의 변산 정도를 말해 준다. 이 변산 정도를 줄이기 위해 예측변인을 도입하여 회귀모델을 설정하는 것이다.

$$SS_T = \sum (y_i - \overline{y})^2$$

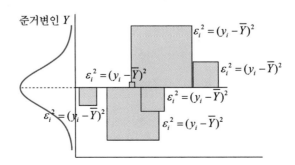

[그림 18-14] 준거변인의 평균에 의한 예측오차

② 예측변인에 의해 설명된 예측량을 나타내는 회귀제곱합 $\sum(\hat{y_i} - \overline{y})^2 : \sum(\hat{y_i} - \overline{y})^2$는 평균을 사용할 때보다 예측변인을 사용함으로써 감소된 예측오차량 또는 향상된 예측량 또는 설명량이라 부르고 SS_R(sum *of squared improvement*)로 나타낸다.

$$SS_R = \sum(\hat{y_i} - \overline{y})^2$$

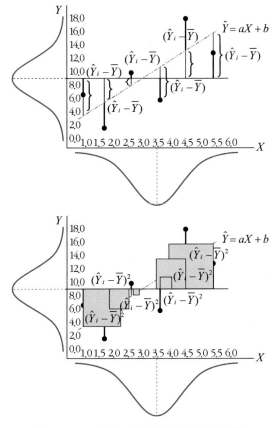

[그림 18-15] 회귀선에 의한 회귀제곱합

③ 예측변인에 의한 총 예측오차량을 나타내는 오차제곱합 $\sum(y_i - \hat{y_i})^2 : \sum(y_i - \widehat{Y_i})^2$는 예측변인을 사용해도 여전히 예측할 수 없는 예측오차제곱합이며 SS_E(sum of squared error)으로 나타낸다. SS_E는 회귀모델 속에 설정된 예측변인에 의해 설명될 수는 없으나 모델 밖의 다른 변인(들)을 예측변인으로 추가적으로 설정될 수 있을 것으로 기대되는 잔차량이기 때문에 이를 잔차제곱합(sum of squared residuals)이라 부르기도 한다.

$$SS_E = \sum(y_i - \hat{y}_i)^2 = (n-1)(S_y^2 - \frac{S_{xy}^2}{S_x^2})$$

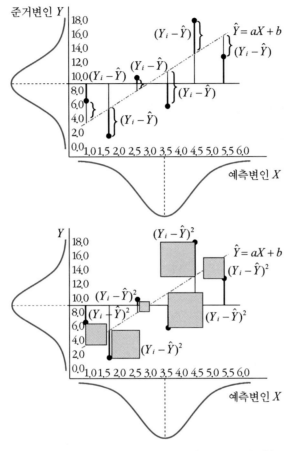

[그림 18-16] 예측변인에 의한 예측오차의 제곱합

　　만약 어떤 예측변인과 준거변인 간 상관계수가 $r_{xy} = |1.00|$이라면 $SS_E = 0$가 되기 때문에, $SS_T = SS_R$가 되어 준거변인의 평균을 예측치로 사용할 때 발생되는 모든 오차량을 주어진 예측변인을 사용할 경우 완벽하게 설명할 수 있음을 의미한다. 만약 예측변인과 준거변인 간 상관계수가 $r_{xy} = 0$이라면 $SS_R = \sum(\hat{Y}_i - \bar{y})^2 = 0$가 되어, 준거변인의 평균을 예측치로 사용할 때 기대되는 총 오차량을 나타내는 총 제곱합이 예측변인을 사용해도 전혀 감소되지 않음을 의미한다. 만약 예측변인과 준거변인 간 상관계수가 $0 < |r_{xy}| < 1.00$일 경우에는 총 제곱합 중에서 일부는 예측변인에 의해 설명되고 나머지는 모델 밖의 다른 변인들에 의해 설명될 수 있는 잔차로 남게 되기 때문에 $SS_T = SS_R + SS_E$가 된다.

회귀모델의 예측력은 예측변인을 사용하지 않고 준거변인의 평균을 가지고 예측할 때 기대되는 예측오차량보다 예측변인을 사용할 경우 감소되는 정도를 말하며, 이는 회귀모델의 설명력을 나타낸다. 여기서 말하는 "설명력"이라는 말은 예측변인으로부터 준거변인을 인과적으로 설명한다는 의미가 아니고, 준거변인의 분산이 예측변인에 의해 줄어든다는 의미이다. 왜냐하면 회귀모델은 상관이 있는 두 변인 중 어느 한 변인을 준거변인으로, 그리고 나머지 다른 변인을 예측변인으로 설정된 연구모델이고 예측변인과 준거변인 간의 관계가 인과 관계를 의미하는 것이 아니기 때문에 회귀모델에서는 예측변인이 항상 준거변인의 원인으로 설정되지 않는다. 아버지의 지능과 아들의 지능이 상관이 있을 경우, 아들의 지능을 예측변인으로 하고 아버지의 지능을 준거변인으로 설정된 회귀모델도 타당한 연구모델로 설정될 수 있기 때문이다.

SS_T 중에서 SS_R가 차지하는 비율을 R^2으로 표기하고, 이를 결정계수(coefficient of determination)라 부른다.

$$R^2 = \frac{\text{예측변인을 사용할 경우의 감소된 오차량}}{\text{평균을 사용할 경우의 총 오차량}} \quad \cdots(18.11)$$

$$= \frac{\text{회귀제곱합}}{\text{총 제곱합}}$$

$$R^2 = \frac{SS_R}{SS_T} = \frac{\sum_i^N (\widehat{Y}_i - \overline{y})^2}{\sum_i^N (y_i - \overline{y})^2} \quad (0 \leq R^2 \leq 1)$$

만약 지능을 예측변인으로, 그리고 학업 성적을 준거변인으로 설정한 단순회귀모델의 분석에서 $R^2 = .35$를 얻었다고 가정하자. 이는 학생들의 지능점수를 알면 학생들 간의 학업 성적의 차이로 인해 존재하는 총 분산 중에서 35% 정도가 설명될 수 있음을 의미한다. 예측변인이 하나뿐인 단순회귀모델의 R^2은 예측변인과 준거변인 간의 상관 정도를 나타내는 상관계수 r^2과 같은 값으로 얻어진다. 상관분석에서는 r^2값을 두 변인 X와 Y가 r^2만큼의 공통적인 정보를 지니고 있는 것으로 해석하고, 회귀분석에서 R^2은 예측변인 X로부터 준거변인 Y를 R^2만큼 예측할 수 있는 것으로 해석한다. R^2과 r^2의 분명한 차이는 여러 개의 예측변인이 설정되는 중다회귀모델에서 분명하게 나타난다.

R^2이 1에 가까워질수록 준거변인에 대한 예측변인의 예측력이 크고 설정된 회귀모델의 적합도가 높은 것으로 평가한다. 그리고 R^2이 0에 가까워질수록 설정된 회귀모델의 적합

도가 낮아지며 주어진 준거변인의 예측에 기여할 수 있는 새로운 예측변인을 회귀모델 속에 추가적으로 설정할 필요가 생기게 된다. 이 점에 대해서는 차후 중다회귀모델에서 상세하게 설명하도록 하겠다.

6 분산분석을 통한 회귀모델의 예측력 검정

　단순회귀모델의 경우에는 예측변인이 하나뿐이기 때문에 회귀방정식 $\hat{Y} = B_1 X + B_0$의 예측력이나 예측변인 X의 회귀계수 B_1의 예측력이 동일하다. 그러나 만약 회귀모델 속에 k개의 예측변인이 설정되는 중다회귀모델 $\hat{Y} = B_1 X_1 + B_2 X_2 \cdots\cdots B_k X_{k}. + B_0$의 경우, 각 예측변인별 회귀계수 B_j에 대한 예측력을 생각해 볼 수 있지만 모든 예측변인을 포함하는 회귀모델 $\hat{Y} = B_1 X_1 + B_2 X_2 \cdots\cdots B_k X_{k}. + B_0$의 전반적인 예측력에도 관심을 가질 수 있을 것이다.

　회귀모델의 전반적인 예측력을 분산분석의 논리에 따라 분석할 수 있다. 분산분석은 제13장에서 설명한 바와 같이 독립변인이 범주변인이고 종속변인이 연속변인인 경우, 주어진 종속변인의 평균에 있어서 독립변인의 범주에 따른 집단 간에 차이가 있는지를 알아보기 위해 사용되는 통계적 분석 기법이었다. 그렇다면 예측변인이 연속변인이고 종속변인도 연속변인인 회귀모델 자료에 어떻게 변량분석 방법이 적용 가능한지 생각해 보자.

　변량분석이나 회귀분석은 모두 수학적으로 일반선형모형(General Linear Model)에 속하며, 회귀분석의 입장에서 볼 때 분산분석은 예측변인이 연속변인이 아니고 범주변인인 특별한 경우에 해당된다. 그래서 회귀모델의 예측변인 X는 연속변인이지만 각 x_i를 하나의 범주로 생각해 볼 수 있다. 그리고 앞에서 조건분포를 설명하면서 예측변인 X의 각 x_i 별로 준거변인 y_i들의 조건분포가 정규분포를 이룬다고 했다. 따라서 회귀분석 자료는 〈표 18-1〉에서 볼 수 있는 바와 같이 마치 독립변인 X의 범주가 r개($x_1, x_2, x_3, \cdots\cdots x_r$)인 변량분석 자료의 형태와 유사함을 알 수 있다.

　예측변인 X의 x_i별 조건분포의 평균(기대값)인 $\hat{Y}_i$들 간에 차이가 존재할 경우, $\hat{Y}_i$들의 연결로 이루어진 회귀선의 기울기 $B_1 \neq 0$가 될 것이다. 만약 예측변인 x_i별 조건분포의 평균($\hat{Y}_i$)간에 차이가 없는 것으로 나타날 경우에는 회귀선의 기울기 $B_1 = 0$가 될 것이다.

〈표 18-1〉 회귀분석용 자료 모형

구분	예측변인 X			
	x_1	x_2	$\cdots$	x_r
준거변인 Y	y_{11}	y_{21}	$\cdots$	y_{r1}
	y_{12}	y_{22}	$\cdots$	y_{r2}
	y_{13}	y_{23}	$\cdots$	y_{r3}
	$\vdots$	$\vdots$	$\cdots$	$\vdots$
$E(y_i) = \widehat{Y}_i$	$\widehat{Y}_1$	$\widehat{Y}_2$	$\cdots$	$\widehat{Y}_r$
총 평균	$\overline{y}$			

따라서 분산분석을 통해 r개의 집단 간에 통계적으로 유의한 차이가 있는 것으로 나타날 경우 이는 회귀선의 기울기 $B_1 \neq 0$임을 의미한다. 그리고 예측변인이 두 개 이상 설정된 중다회귀모델의 경우, 이는 여러 개의 회귀계수 중 최소한 한 개의 예측변인의 회귀계수 $B_i \neq 0$일 수 있음을 의미한다. 여기서 설명의 편의를 위해 가장 간단한 단순회귀모델의 자료에 대한 분산분석 절차와 방법에 대해 알아보겠다.

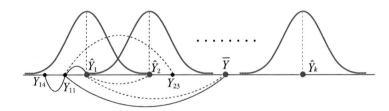

[그림 18-17] 각 조건분포별 예측치, 총 평균 그리고 사례별 측정치의 관계

1) 오차분산 MS_E

[그림 18-17]에서 볼 수 있는 바와 같이, 예컨대 x_1의 조건분포하의 사례 y_{11}과 y_{14}같이 동일한 조건분포에 속한(동일한 집단에 속한) 사례들 간에 존재하는 준거변인 측정치 간의 차이는 순수하게 사례들 간에 존재하는 개인 간 차이 때문이다. 따라서 자료 전체의 예측오차 제곱합 $SS_E = \sum(y_i - \widehat{Y}_i)^2$은 바로 개인 간 차이에 의한 변산 정도를 의미한다. SS_E를 자유도 $n-2$로 나누어 주면 평균예측오차제곱인 오차분산 MS_E를 얻을 수 있다.

$$MS_E = \frac{SS_E}{n-2}$$

MS_E를 계산하기 위해 분자에 자유도 $n-1$이 아닌 $n-2$를 사용한 것은 분자 $SS_E = \sum(y_i - \widehat{Y}_i)^2 = \sum(y_i - \hat{B}_1 X - \hat{B})^2$에서 $\hat{B}_1$과 $\hat{B}_0$을 계산하기 위해 자유도를 각각 하나씩 사용하기 때문이다.

2) 회귀분산 MS_R

이제 x_i에 따른 서로 다른 조건분포에 속해 있는 사례 간 차이에 대해 생각해 보자. 예컨대, [그림 18-17]에서 x_1 조건분포하의 y_{11}과 x_2 조건분포하의 y_{23} 간의 차이의 의미에 대해 생각해 보자. 서로 다른 조건분포에 속해 있는 사례 간의 차이는, 우선 ① 서로 다른 사례이기 때문에 개인차에 의한 차이를 반영할 수 있다. 그리고 동시에 ② 서로 다른 집단(x_i에 따른 다른 조건분포)에 속해 있기 때문에 집단 간의 차이를 반영할 수 있다. 따라서 $SS_R = \sum(\widehat{Y}_i - \overline{y})^2$는 바로 집단 간 변산 정도를 나타내며, 변산의 내용은 [개인 간 차이] + [집단 간 차이]를 반영한다. 따라서 $SS_R = \sum(\widehat{Y}_i - \overline{y})^2$은 회귀방정식을 사용함으로써 설명된 변산 정도를 나타낸다.

$$\begin{aligned} SS_R &= \sum(\widehat{Y}_i - \overline{y})^2 = \hat{B}_1 \left[\sum x_i y_i - \frac{\sum x_i \sum y_i}{n} \right] \\ &= \hat{B}_1 \left[\sum(x_i - \overline{x})(y_i - \overline{y}) \right] \\ &= \hat{B}_1^2 \sum(x_i - \overline{x})^2 \end{aligned}$$

SS_R은 하나의 모수에 의해 결정되기 때문에 $df = 1$이다. 따라서 SS_R을 $df = 1$로 나누어 주면 평균 회귀제곱합, 즉 회귀분산 MS_R을 얻을 수 있다.

$$MS_R = \frac{SS_R}{1} = (개인 간 차) + (집단 차이)$$

만약 x_i에 따른 $\widehat{Y}_i$들 간에 차이가 없을 경우 회귀선의 기울기 $\hat{B}_1 = 0$가 될 것이며, 이는 x_i에 따른 집단 간 차이는 모두 개인차에 의한 차이일 뿐 예측변인에 의한 집단 간 차이가 없다는 것이다. 즉, 예측변인에 의해 예측된 준거변인의 예측치와 준거변인의 평균에 의해 예측된 준거변인의 예측치 간에 전반적으로 볼 때 차이가 없다는 것이고, 따라서 예측변인이 준거변인을 예측하는 데 전혀 도움이 되지 않는다는 의미이다.

3) 회귀방정식의 예측력과 F 비

위에서 회귀방정식의 예측량을 나타내는 회귀분산 MS_R과 예측오차량을 나타내는 오차분산 MS_E의 의미와 계산 방법에 대해 알아보았다. 만약 회귀방정식하의 예측변인(들)이 준거변인을 예측할 수 없다면, MS_R과 MS_E의 비값을 F라 할 때

$$F = \frac{MS_R}{MS_E} = \frac{\text{개인 간 차} + \text{집단 차이}}{\text{개인 간 차}}$$

이므로 집단 차이=0이 되어 결국 $F = 1$이 될 것이다.

$$F = \frac{MS_R}{MS_E} = \frac{\text{개인 간 차} + 0}{\text{개인 간 차}} = 1.00$$

만약 회귀방정식하의 예측변인들 중 최소 한 개라도 준거변인을 예측할 수 있다면, 분자의 집단 간 차이>0이므로 $F > 1.00$이 될 것이다.

$$F = \frac{MS_R}{MS_E} = \frac{\text{개인 간 차} + \text{집단 차이}}{\text{개인 간 차}} > 1.00$$

지금까지의 분산분석의 결과를 변량분석의 양식에 따라 정리하면 다음 〈표 18-2〉와 같다.

〈표 18-2〉 단순회귀모델의 변량분석 결과 요약표 구성 양식

Soure	SS	df	MS	F	R^2
Regression	$\sum_{i}^{N}(\widehat{Y}_i - \overline{y})^2$	1	$\sum_{i}^{N}(\widehat{Y}_i - \overline{y})^2/1$	MS_R/MS_E	$\dfrac{\sum_{i}^{N}(\widehat{Y}_i - \overline{y})^2}{\sum_{i}^{N}(y_i - \overline{y})^2}$
Residual	$\sum_{i}^{N}(y_i - \widehat{Y}_i)^2$	$n-2$	$\sum_{i}^{N}(y_i - \widehat{Y}_i)^2/n-2$	–	
Total	$\sum_{i}^{N}(y_i - \overline{y})^2$	$n-1$	–	–	

모집단을 대상으로 자료를 수집했을 경우, 표집오차=0이기 때문에 얻어진 F비는 회귀방정식의 예측력을 그대로 반영한다. 그래서 $F=1$이면 회귀방정식의 예측력이 없는 것으로 해석하고, 그리고 $F>1$이면 회귀방정식의 예측력이 있는 것으로 해석하면 된다. 물론 $F=MS_R/MS_E$이기 어떤 경우에도 $F<1$인 값은 얻어질 수 없다. 그리고 예측력의 크기는 결정계수인 R^2값의 크기로 기술하면 된다.

SPSS를 이용한 단순회귀분석

한 연구자가 아동들의 TV 시청 시간과 과체중 간의 관계를 알아보기 위해 무작위로 표집된 10명의 아동들을 대상으로 1일 평균 TV 시청 시간과 과체중 정도를 조사한 결과, 다음과 같이 나타났다.

〈표 A〉 TV 시청 시간과 과체중

아동	과체중	시청 시간
1	1.2	3
2	1.5	4
3	1.1	3
4	1.2	3
5	1.2	1
6	1.3	2
7	1.4	3
8	1.6	4
9	1.4	3
10	1.6	5

1. ① Analyze → ② Regression → ③ Linear 순으로 클릭한다.

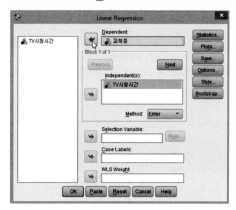

2. ④ Linear Regression 메뉴에서 ⑤ 예측변인을 ⑥ Independent(s)로, 그리고 ⑦ 준거변인을 ⑧ Dependent로 이동시킨다. 그리고 ⑨ Statistics를 클릭한다.

3. ⑩ Linear Regression Statistics 메뉴에서 ⑪ □Estimate ⑫ □Model Fit를 선택한 다음 ⑬ Continue를 클릭한다.

4. OK를 클릭한다.

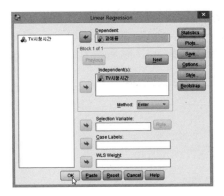

Model Summary

Model	R	R Square	Adjusted R Square	Std. Error of the Estimate	Change Statistics				
					R Square Change	F Change	df1	df2	Sig. F Change
1	.711[a]	.505	.478	.12517	.505	18.383	1	18	.000

a. Predictors: (constant), TV 시청 시간

그리고 Model Summary 도표에 결정계수 $R\ Square = .505$로 나타나 있다. 즉, 아동의 1일 평균 TV 시청 시간에 대한 정보를 알면 아동들 간에 존재하는 과체중 정도의 분산을 50% 설명할 수 있음을 말해 준다.

ANOVA[a]

Model		Sum of Squares	df	Mean Square	F	Sig.
1	Regression	.288	1	.288	18.383	.000[b]
	Residual	.282	18	.016		
	Total	.570	19			

a. Dependent Variable: 과체중
b. Predictors: (constant), TV 시청 시간

ANOVA 도표에는 예측변인인 1일 평균 TV 시청 시간의 예측력의 통계적 유의성을 검정하기 위한 *F*비와 *p*값이 추정되어 있다. 즉, $F=18.383$, $p=.000$으로서 유의수준을 $\alpha=.05$로 설정할 경우 $F=18.383$, $p=.001<\alpha=.05$이므로 아동의 1일 평균 TV 시청 시간이 아동의 과체중 정도를 통계적으로 유의하게 예측할 수 있는 것으로 나타났다.

Coefficients[a]

Model		Unstandardized Coefficients		Standardized Coefficients	t	Sig.
		B	Std. Error	Beta		
1	(Constant)	.990	.089		11.186	.000
	TV 시청 시간	.120	.028	.711	4.288	.000

a. Dependent Variable: 과체중

이 산출 결과의 Coefficients 도표에서 볼 수 있는 바와 같이, $B = .120$, $B_0 = .990$으로 나타났다. 즉, TV 시청 시간으로부터 과체중을 예측하기 위한 단순회귀방정식은 다음과 같이 나타낼 수 있다.

$$과체중\ 예측치 = .120(TV\ 시청\ 시간) + .990$$

7 회귀분석과 추론

회귀분석을 통해 예측변인(들)과 준거변인 간의 예측적 관계에 관한 정보를 가장 정확히 얻을 수 있는 방법은 모집단을 대상으로 예측변인과 준거변인을 측정하는 것이다. 연구자가 회귀분석을 통해 얻고자 하는 정보는 항상 모집단에 있어서 예측변인과 준거변인 간의 예측적 관계에 관한 것이다. 지금까지 설명의 편의를 위해 모집단 자료를 대상으로 단순회귀모델의 회귀방정식 도출과 예측력에 대한 정보를 얻기 위한 절차와 방법에 대해 다루었다. 그러나 현실적 연구상황에서는 실제 모집단을 대상으로 자료를 수집하는 것이 거의 불가능하기 때문에 표본을 대상으로 수집된 자료로부터 예측변인(들)과 준거변인 간의 관계를 나타내는 회귀방방정식을 도출하고, 그리고 예측력을 추론하게 된다. 그러나 문제는 앞에서 언급한 바와 같이, 표본에서 계산된 모든 통계치는 표집에 따른 표집오차가 오염되어 얻어지는 값이기 때문에 통계적 검정을 통해 표집오차를 고려하여 통계치로부터 연구자가 원하는 모수치를 추론(추정 또는 가설검정)할 수밖에 없다. 그래서 표본 자료에서 계산된 예측치, 회귀계수, 회귀모델의 예측량에 대해 각각의 표준오차를 고려하여 추정 또는 가설검정을 한다.

1) 통계치 $\hat{B}_1$의 표집분포

표본 자료를 통해 계산된 통계치 $\hat{B}_1$으로부터 모수치 B_1을 추론하기 위해서 주어진 표집 크기 n에 따라 발생될 수 있는 다양한 크기의 표집오차와 각 크기별 표집오차의 발생확률이 정의된 $\hat{B}_1$의 표집분포가 필요하다. 제8장에서 설명한 표집분포의 도출 절차에 따라 회귀계수가 B_1인 모집단에서 표집 크기 n인 표본을 무작위로 추출한 다음, 표본회귀계수

$\hat{B}_1$을 계산한다. 그리고 다시 표본을 모집단으로 복귀시킨 후 동일한 절차에 따라 표집 크기 n인 표본을 추출한 다음, 또 다른 $\hat{B}_1$을 계산한다. 이러한 절차를 수없이 반복하면 반복된 수만큼의 $\hat{B}_1$값들을 얻을 수 있을 것이다. 표집의 오차가 개입되지 않은 경우에는 $\hat{B}_1 = B_1$인 값들이 얻어질 것이고, 표집오차가 생길 경우에는 $\hat{B}_1 \neq B_1$인 값들이 얻어질 것이다. 물론 $\hat{B}_1$과 B_1 간의 차이가 클수록 그러한 $\hat{B}_1$값을 표집오차에 의해 얻어질 확률은 작아질 것이다. 반복적 확률 실험을 통해 얻어진 표본 $\hat{B}_1$값들의 확률분포, 즉 중심극한정리에 의한 표본 $\hat{B}_1$의 표집분포는 평균 $E(\hat{B}_1) = B_1$이고 표준오차가 $SE_{\hat{B}_1}$인 정규분포를 따르며 표준오차($SE_{\hat{B}_1}$)는 공식 (18.12)와 같다.

$$SE_{\hat{B}_1} = \sqrt{\frac{\sigma^2}{\sum(x_i - \overline{x})^2}} \qquad \cdots\cdots(18.12)$$

이러한 오차확률분포를 표본회귀계수 $\hat{B}_1$의 표집분포(sampling distribution of $\hat{B}_1$)라 부른다.

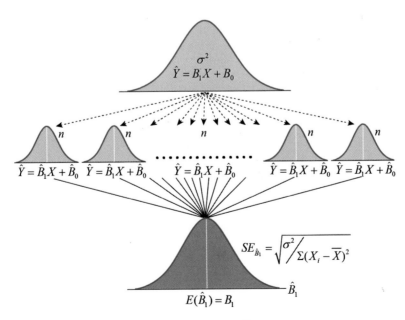

[그림 18-18] 표본회귀계수 $\hat{B}_1$의 표집분포

공식 (18.12) 속의 준거변인의 분산 σ^2은 모집단 모수이기 때문에 대부분의 경우 그 값이

알려져 있지 않다. 그래서 대부분의 경우, 표본에서 계산된 불편향 추정치인 $\hat{S}^2$값을 대체하여 사용한다.

$$SE_{\hat{B}_1} = \sqrt{\frac{s^2}{\sum(x_i - \overline{x})^2}} \qquad \cdots(18.13)$$

$$\text{여기서, } \hat{S}^2 = \frac{SS_E}{n-2} = \frac{\sum(y_i - \hat{y}_i)^2}{n-2}$$

$$= \frac{(n-1)(S_y^2 - \frac{S_{xy}^2}{S_x^2})}{n-2}$$

모수 σ^2 대신 표본통계량 $\hat{S}^2$을 대체하여 $\hat{B}_1$의 표집분포의 표준오차 $SE_{\hat{B}}$를 추정할 경우, $\hat{B}_1$값들의 표집분포는 단위정규분포인 Z분포가 아닌 표집의 크기에 따라 분포의 확률적 특성이 달라지는 $df = n-2$의 t분포와 근사한 확률분포를 따른다.

2) 회귀계수 B_1의 추정 절차 및 방법

모집단에 있어서 예측변인과 준거변인 간의 예측적 관계를 나타내는 회귀방정식의 회귀계수 B_1, B_0가 어떤 값을 가질 것인지에 대한 아무런 정보가 없을 경우, 표본 자료에서 계산된 표본회귀계수 $\hat{B}_1$, $\hat{B}_0$을 통해 모수 B_1, B_0를 확률적으로 추정해야 한다. 표본 자료에서 도출된 단순회귀모델의 회귀방정식 $\hat{Y} = \hat{B}_1 X + \hat{B}_0$의 회귀계수 $\hat{B}_1$, $\hat{B}_0$은 표집오차가 오염된 값이기 때문에 모집단에서의 예측변인과 준거변인 간의 예측적 관계를 나타내는 회귀방정식 $\hat{Y} = B_1 X + B_0$에서의 회귀계수 B_1, B_0로 사용할 수 없다. 회귀분석에서 회귀계수 B_1, B_0가 모두 관심의 대상이 되지만, 특히 연구자들은 예측변인의 예측력을 나타내는 기울기인 B_1을 추론하기 위해 표본에서 얻은 $\hat{B}_1$의 통계적 유의성에 주된 관심을 두고 통계적 검정이 이루어진다. 절편인 B_0은 대부분의 경우 관심의 대상이 아니기 때문에 통계적 검정의 대상이 아니지만, 연구의 목적이 예측변인과 준거변인 간의 이론적·경험적 관계를 무절편 모델과 절편 모델 중에서 어느 모델이 더 타당하게 설명할 수 있는지를 경험적 자료를 통해 확인하고자 할 경우, 표본에서 얻은 $\hat{B}_0$도 통계적 유의성 검정이 된다.

앞에서 $\hat{B}_1$의 표집분포의 특성과 표준오차에 대해 알아보았다. 이제 $\hat{B}_1$의 표집분포의 표준오차를 이용한 모집단 회귀계수 B_1의 구간 추정 절차와 방법에 대해 가상의 자료를 이용하여 단계별로 알아보겠다. 다음 〈표 18-3〉은 한 연구자가 예측변인 X로부터 준거변인 Y를 예측하기 위해 단순회귀모델을 설정한 다음, $n = 22$명을 대상으로 예측변인과 준거변인을 측정한 가상적 자료이다.

〈표 18-3〉 단순회귀분석을 위한 가상적인 자료

사례	X	Y	사례	X	Y
1	89	65	12	110	92
2	121	90	13	105	90
3	111	88	14	89	89
4	98	81	15	98	88
5	78	76	16	100	90
6	89	66	17	99	78
7	130	98	18	86	76
8	145	99	19	115	88
9	123	93	20	125	93
10	145	99	21	129	94
11	152	98	22	130	96

단계 1 표본 자료에서 통계량인 회귀계수 $\hat{B}_1$의 계산

회귀계수 B_1의 간편 계산 공식인 $B_1 = S_{xy}/S_x^2$을 이용하여 표본통계량 $\hat{B}_1$을 계산한다.

사례	X	X^2	Y	XY
1	89	7921	65	5785
2	121	14641	90	10890
3	111	12321	88	9768
4	98	9604	81	7938
5	78	6084	76	5928
6	89	7921	66	5874
7	130	16900	98	12740
8	145	21025	99	14355
9	123	15129	93	11439
10	145	21025	99	14355
11	152	23104	98	14896
12	110	12100	92	10120
13	105	11025	90	9450
14	89	7921	89	7921
15	98	9604	88	8624
16	100	10000	90	9000
17	99	9801	78	7722
18	86	7396	76	6536
19	115	13225	88	10120
20	125	15625	93	11625
21	129	16641	94	12126
22	130	16900	96	12480
합계	$\sum_{i=1}^{22} x_i = 2467$	$\sum_{i=1}^{22} x_i^2 = 285913$	$\sum_{i=1}^{22} y_i = 1927$	$\sum_{i=1}^{22} x_i y_i = 219692$

$$\sum_{i=1}^{n} x_i = 2469 \quad \sum_{i=1}^{n} x^2 = 285913 \quad \sum_{i=1}^{n} y_i = 1927 \quad \sum_{i=1}^{n} x_i y_i = 219692$$

$$\hat{B}_1 = \frac{S_{xy}}{S_x^2} = \frac{163.335}{420.184} = .389$$

$$S_{XY} = \frac{1}{n-1} \left[\sum_{i=1}^{n} x_i y_i - \frac{\sum_{i=1}^{n} x_i \sum_{i=1}^{n} y_i}{n} \right]$$

$$= \frac{1}{22-1}[219,692 - \frac{2469*1927}{22}]$$

$$= 163.335$$

$$\hat{S}_X^2 = \frac{1}{n-1}[\sum_{i=1}^{n} x_i^2 - \frac{(\sum_{i=1}^{n} x_i)^2}{n}]$$

$$= \frac{1}{22-1}[285,913 - \frac{(2469)^2}{22}]$$

$$= 420.184$$

단계 2 B_1 추정을 위해 사용해야 할 표집분포 파악

모집단 회귀계수 B_1에 대한 아무런 정보가 없을 경우, B_1이 어떤 값을 가지는지 표본회귀계수 $\hat{B}_1$부터 확률적으로 추정하기 위해 연구자는 반드시 $\hat{B}_1$의 표집분포인 정규분포와 $_{n-2}t$분포 중 어느 하나를 자신의 연구상황에 따라 선택해야 한다. 앞 예제의 경우, 모집단 σ^2의 값이 알려져 있지 않기 때문에 표본 자료에서 계산된 $\hat{S}^2$을 $\hat{B}_1$ 표집분포의 표준오차를 계산하기 위해 사용해야 한다. 이 경우, $\hat{B}_1$의 표집분포는 정규분포를 따르지 않고 표집 크기가 $n=21$이므로 $_{20}t$ 분포를 따르기 때문에 $_{20}t$ 분포를 표준 표집분포로 사용해야 한다.

단계 3 $\hat{B}_1$의 표집분포의 표준오차 계산

표집분포의 표준오차의 계산은 두 가지 경우로 나뉜다. 모집단 분산 σ^2가 알려져 있는 경우에는 모집단 분산 σ^2을 이용하여 $\hat{B}_1$의 표집분포의 표준오차(SE_{B_1})를 계산한다.

$$SE_{\hat{B}_1} = \sqrt{\frac{\sigma^2}{\sum_{i=1}^{n} (x_i - \overline{x})^2}}$$

그러나 모집단 표준편차 σ^2을 모르는 경우는 표본에서 계산된 분산 $\hat{S}^2$를 대체하여 표집분포의 표준오차 $SE_{\hat{B}_1}$을 계산한다.

$$SE_{\hat{B}_1} = \sqrt{\frac{\hat{S}^2}{\sum_{i=1}^{n}(x_i - \overline{x})^2}}$$

앞 예제의 경우 모집단 σ^2를 모르는 경우이기 때문에 표본에서 계산된 분산 $\hat{S}^2 = 39.610$을 표본오차 계산 공식에 대체하여 계산한다.

$$\hat{S}^2 = \frac{SS_E}{n-2} = \frac{\sum(y_i - \hat{y}_i)^2}{n-2}$$

$$= \frac{(22-1)(98.444 - \dfrac{7904396.476}{176554.583856})}{n-2}$$

$$= 39.610$$

$$SE_{\hat{B}_1} = \sqrt{\frac{39.610}{9272.59}}$$

$$= .060$$

단계 4 신뢰구간 추정을 위해 사용할 신뢰수준 p 결정

일단 통계량이 계산되고 표집분포의 표준오차가 계산되면, 계산된 통계량으로부터 모수치 B_1에 대한 신뢰구간 추정치를 구하기 위해 필요한 신뢰수준(90%, .95%, .99%)을 결정한다.

90% 신뢰수준을 선택할 경우: $p = .90$

95% 신뢰수준을 선택할 경우: $p = .95$

99% 신뢰수준을 선택할 경우: $p = .99$

단계 5 $\alpha = 1 - p$ 파악

연구자가 원하는 신뢰수준(90%, 95%, 99%)에 따라 이에 따라 대응되는 신뢰계수(.90, .95, .99)가 정해지면 신뢰구간 추정량을 계산하기 위해 필요한 α값을 파악한다.

90% 신뢰수준을 선택할 경우: $\alpha = 1 - .90 = .10$

95% 신뢰수준을 선택할 경우: $\alpha = 1 - .95 = .05$

99% 신뢰수준을 선택할 경우: $\alpha = 1 - .99 = .01$

단계 6 $\alpha/2$ 값 계산

주어진 신뢰수준에 해당되는 α값이 파악되면, 설정될 신뢰구간 추정량의 하한계와 상한계에 해당되는 값을 계산하기 위해 $\alpha/2$을 파악한다.

$$90\% \text{ 신뢰수준을 선택할 경우: } \alpha/2 = .10/2 = .05$$
$$95\% \text{ 신뢰수준을 선택할 경우: } \alpha/2 = .05/2 = .025$$
$$99\% \text{ 신뢰수준을 선택할 경우: } \alpha/2 = .01/2 = .005$$

단계 7 검정통계량의 확률분포(Z분포 또는 $_{n-2}t$분포)에서 $\alpha/2$에 해당되는 $Z_{\alpha/2}$값 또는 $_{n-2}t_{\alpha/2}$값 파악

모집단 σ^2를 알고 있을 경우에는 표준확률분포인 Z분포를 표집분포로 사용하여 $\alpha/2$에 해당되는 $Z_{\alpha/2}$값을 파악한다. 그러나 모집단 σ^2를 모를 경우에는 $_{n-2}t$분포를 표집분포로 사용하여 $\alpha/2$에 해당되는 $_{n-2}t_{\alpha/2}$값을 파악한다. 모집단 σ^2를 알고 있을 경우, $n > 30$이상의 대표본일 경우에도 $_{n-2}t$분포를 사용해도 거의 유사한 확률적 결과를 얻을 수 있기 때문에 $Z_{\alpha/2}$분포 대신 $_{n-2}t$분포를 표준 표집분포로 사용할 수 있다.

- 표집분포가 Z분포일 경우: $Z-$분포에서 $\alpha/2$에 해당되는 $Z_{\alpha/2}$값을 파악한다.
  - 90% 신뢰수준을 선택할 경우: $\alpha/2 = .05$, $Z_{.05} = 1.645$
  - 95% 신뢰수준을 선택할 경우: $\alpha/2 = .025$, $Z_{.025} = 1.960$
  - 99% 신뢰수준을 선택할 경우: $\alpha/2 = .005$, $Z_{.005} = 2.575$
- 표집분포가 t분포일 경우: $df = n-2$인 $_{n-2}t$분포에서 $\alpha/2$에 해당되는 $_{n-2}t_{\alpha/2}$값을 파악한다. 앞 예제의 경우 $df = 20$이므로 $_{20}t_{\alpha/2}$을 파악하는 경우를 예를 들어 제시하면 다음과 같다.
  - 90% 신뢰수준을 선택할 경우: $\alpha/2 = .05$, $_{20}t_{.05} = 1.725$
  - 95% 신뢰수준을 선택할 경우: $\alpha/2 = .025$, $_{20}t_{.025} = 2.086$
  - 99% 신뢰수준을 선택할 경우: $\alpha/2 = .005$, $_{20}t_{.005} = 2.845$

단계 8 신뢰구간 추정량 계산
- 표집분포가 Z분포일 경우
  - 90% 신뢰수준일 경우: $Z_{.05} = 1.645$이므로,

$$\hat{B}_1 \pm Z_{.05} * SE_{B_1} = \hat{B}_1 \pm 1.645 * SE_{B_1}$$

- ○ 95% 신뢰수준일 경우: $Z_{.025} = 1.96$이므로,

$$\hat{B}_1 \pm Z_{.025} * SE_{B_1} = \hat{B}_1 \pm 1.96 * SE_{B_1}$$

- ○ 99% 신뢰수준일 경우: $Z_{.005} = 2.575$이므로,

$$\hat{B}_1 \pm Z_{.005} * SE_{B_1} = \hat{B}_1 \pm 2.575 * SE_{B_1}$$

- 표집분포가 t분포일 경우($df = 20$일 경우)

- ○ 90% 신뢰수준일 경우: $_{20}t_{.05} = 1.725$이므로,

$$\hat{B}_1 \pm t_{.05} * SE_{B_1} = \hat{B}_1 \pm 1.725 * SE_{B_1}$$

- ○ 95% 신뢰수준일 경우: $_{20}t_{.025} = 2.086$이므로,

$$\hat{B}_1 \pm t_{.025} * SE_{B_1} = \hat{B}_1 \pm 2.086 * SE_{B_1}$$

- ○ 99% 신뢰수준일 경우: $_{20}t_{.005} = 2.845$이므로,

$$\hat{B}_1 \pm t_{.005} * SE_{B_1} = \hat{B}_1 \pm 2.845 * SE_{B_1}$$

앞 예제의 경우, 통계량의 확률분포가 $_{20}t$인 분포를 따르고 $SE_{\hat{B}_1} = 0.060$이므로 다음과 같이 90%, 95%, 99% 신뢰구간을 설정할 수 있다.

- 90% 신뢰수준일 경우: $_{20}t_{.05} = 1.725$이므로,

$$\hat{B}_1 - {}_{20}t_{.05} * SE_{\hat{B}_1} \le B_1 \le \hat{B}_1 + {}_{20}t_{.05} * SE_{\hat{B}_1}$$
$$.389 - 1.725 * 0.060 \le B_1 \le .389 + 1.725 * 0.060$$
$$0.285 \le B_1 \le < 0.493$$

- 95% 신뢰수준일 경우: $_{20}t_{.025} = 2.086$이므로,

$$\hat{B}_1 - {}_{20}t_{.025} * SE_{\hat{B}_1} \le B_1 \le \hat{B}_1 + {}_{20}t_{.025} * SE_{\hat{B}_1}$$
$$.389 - 2.086 * 0.06 \le B_1 \le .389 + 2.0865 * 0.06$$
$$0.264 \le B_1 \le 0.514$$

• 99% 신뢰수준일 경우: $_{20}t_{.005} = 2.845$이므로,

$$\hat{B}_1 - _{20}t_{.005}*SE_{\hat{B}_1} \le B_1 \le \hat{B}_1 + _{20}t_{.0025}*SE_{\hat{B}_1}$$

$$.389 - 2.845*0.06 \le B_1 \le .389 + 2.845*0.06$$

$$0.218 \le B_1 \le 0.559$$

3) 회귀계수 B_1에 대한 가설검정 절차 및 방법

모수 B_1의 크기에 대한 아무런 정보가 없을 경우, 앞에서 설명한 구간 추정 절차에 따라 표본에서 계산된 $\hat{B}_1$과 표집에 따른 표준오차의 크기를 고려하여 B_1의 크기를 탐색적으로 구간 추정한다고 했다. 그러나 만약 경험적 또는 이론적 근거를 통해 모수 B_1이 어떤 값을 가질 것으로 기대될 경우, 과연 모수 B_1의 크기가 경험적·이론적으로 기대하고 있는 정도 ($B_1 = 0, B_1 \ne 0$, $B_1 > 0$, $B_1 < 0$, $B_1 > k$, $B_1 < k$, $B_1 = k$, $B_1 \ne k$ 등)의 값을 갖는지의 여부를 표본회귀계수 $\hat{B}_1$으로부터 표집오차를 고려하여 확률적으로 확인한다. 그러나 대개의 경우 회귀계수의 유의성 여부($B_1 = 0$ 또는 $B_1 \ne 0$)가 관심의 대상이 된다.

단계 1 모집단 회귀계수 B_1에 대한 연구문제의 진술

회귀계수 B_1의 크기에 대한 다양한 가설적 설정이 가능하지만, 실제의 사회과학연구에서는 B_1의 구체적 크기에 대한 의문이 경험적 또는 이론적 의미를 지니지 못하기 때문에 대부분의 경우 예측변인의 예측력 유무($B_1 = 0$ 또는 $B_1 \ne 0$)에 대한 의문만 연구문제로 다룬다. 모집단 회귀계수 B_1에 대한 연구문제는 두 가지 경우로 나누어 볼 수 있다.

첫째, 예측변인의 예측력 유무에 의문을 제기할 경우 예측변인의 예측 방향과 관계없이 "예측변인 X는 준거변인 Y를 예측할 수 있는가?"와 같이 예측의 유무에 대한 연구문제를 제기할 수 있다. 예컨대, 학습동기를 예측변인으로 하고 학업 성취도를 준거변인으로 하여 단순회귀모델을 설정할 경우 연구문제는 구체적으로 다음과 같이 진술할 수 있다

예측변인 X는 준거변인 Y를 예측할 수 있는가?

(예: 학습동기는 학업 성취도를 예측할 수 있는가?)

둘째, 예측변인의 예측 유무와 함께 예측의 방향에 구체적인 의문을 제기할 경우, ① "예측변인의 점수가 높을수록 준거변인의 점수도 높은가?" 또는 ② "예측변인의 점수가 높을수

록 준거변인의 점수가 낮은가?"와 같이 예측 방향(정적 또는 부적)을 나타내는 구체적인 연구문제를 제기할 수 있다. 예컨대, 학습동기를 예측변인으로 하고 학업 성취도를 준거변인으로 설정할 경우 연구문제를 구체적으로 다음과 같이 진술할 수 있다

- 정적 관계의 예측일 경우
  예측변인 X의 점수가 높을수록 준거변인 Y의 점수도 높은가?
  예: 학습동기가 높을수록 학업 성취도가 높은가?

- 부적 관계의 예측일 경우
  예측변인 X의 점수가 높을수록 준거변인 Y의 점수가 낮은가?
  예: 학습동기가 높을수록 학업 성취도가 낮은가?

단계 2 모집단 회귀계수 B_1에 대한 연구가설 설정

제9장 '가설검정의 일반적 원리 및 절차'에서 언급한 바와 같이, 일단 모집단 회귀계수 B_1에 대한 연구문제가 명확히 구체적으로 진술되면 진술된 연구문제에 대한 두 개의 가설이 설정된다. ① "예측변인 X는 준거변인 Y를 예측할 수 있을 것이다."와 ② "예측변인 X는 준거변인 Y를 예측할 수 없을 것이다." 가설이다. 연구자는 두 개의 가설 중에서 이론적·경험적 근거에 의해 지지를 많이 받고 있는 가설을 연구가설로 설정한다.

단계 3 모집단 회귀계수 B_1에 대한 통계적 가설 설정

연구문제에 따라 연구가설이 설정되면, 연구자는 설정된 연구가설의 진위 여부를 통계적으로 검정하기 위해 두 개의 가설을 다음과 같이 영가설과 대립가설로 이루어진 통계적 가설로 변환한다. 영가설은 직접적인 통계적 검정의 대상이고, 대립가설은 영가설이 기각될 경우 대안으로 채택될 연구문제에 대한 잠정적인 해답이다.

영가설이 등가설일 경우	영가설이 부등가설일 경우
$H_0 : B_1 = 0$	$H_0 : B_1 \leq 0$
$H_A : B_1 \neq 0$	$H_A : B_1 > 0$
	또는
	$H_0 : B_1 \geq 0$
	$H_A : B_1 < 0$

단계 4 **통계적 검정을 위한 표집분포 선정**

원칙적으로, 모집단 분산 σ^2를 알 수 있을 경우에는 정규분포를 표집분포로 사용하고 그리고 모집단 분산 σ^2를 모를 경우 $df = n-2$인 t분포를 표집분포로 사용한다. 그러나 표본이 대표본일 경우에는 $\sigma^2 = s^2$일 것으로 기대할 수 있으며, 따라서 t분포가 근사하게 정규분포에 접근해 가기 때문에 정규분포를 사용하지 않고 t분포를 사용해도 해석의 확률적 오류 정도가 문제가 되지 않는다.

단계 5 **통계적 유의수준 α 결정**

연구의 성격과 통계적 검정력을 고려하여 적절한 수준의 유의수준을 선정해야 한다. 사회과학 분야의 연구에서는 일반적으로 .05, .01, .001 중에서 하나를 선정하여 통계적 유의성 검정을 실시한다. 적절한 유의수준이 선정되면 연구자는 유의수준을 이용하여, ① 기각역 방법과, ② p값 방법 중 어느 하나를 선택하여 구체적인 통계적 검정을 실시한다.

부등가설일 경우	등가설일 경우
α로 설정한다.	$\alpha/2$로 설정한다.

단계 6 **검정통계량 계산**

표본 자료에서 직접 계산된 표본회귀계수 $\hat{B}_1$을 표준 표집분포(t 또는 Z분포)하의 점수인 검정통계량으로 변환한다. $H_0 : B_1 = 0$이므로 검정통계량을 계산하기 위한 공식은 다음과 같다.

σ^2을 알고 있을 경우	S^2을 사용할 경우
$Z = \dfrac{\hat{B}_1 - 0}{\sqrt{SE_{\hat{B}_1}}}$	$t = \dfrac{\hat{B}_1 - 0}{\sqrt{SE_{\hat{B}_1}}}$
$SE_{\hat{B}_1} = \sqrt{\dfrac{\sigma^2}{\displaystyle\sum_{i=1}^{n}(x_i - \overline{x})^2}}$	$SE_{\hat{B}_1} = \sqrt{\dfrac{\hat{S}^2}{\displaystyle\sum_{i=1}^{n}(x_i - \overline{x})^2}}$

• 기각역 방법을 이용한 통계 검정 •

단계 7 **임계치 파악 및 기각역 설정**

기각역 방법은 표준 표집분포표(Z분포 또는 t분포)에서 유의수준 α에 해당되는 Z값 또는 t값을 파악하여 기각역 설정을 위한 임계치로 사용한다.

- Z분포를 이용한 양측 검정: ($H_0 : B_1 = 0 , H_A : B_1 \neq 0$)

  Z분포에서 $\alpha/2$에 해당되는 $Z_{\alpha/2}$값을 파악하여 임계치로 사용하며 기각역은 검정통계치 $|Z| \geq Z_{\alpha/2}$가 된다.

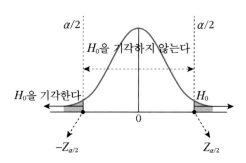

- Z분포를 이용한 단측 검정: ($H_0 : B_1 \geq 0 , H_A : B_1 < 0$)

  Z분포에서 α에 해당되는 $-Z_\alpha$값을 파악하여 임계치로 사용하며 기각역은 검정통계치 $Z \leq -Z_\alpha$가 된다.

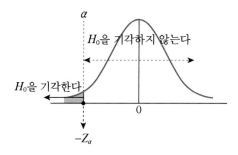

- Z분포를 이용한 단측 검정: ($H_0 : B_1 \leq 0 \quad H_A : B_1 > 0$)

  Z분포에서 α에 해당되는 Z_α값을 파악하여 임계치로 사용하며 기각역은 검정통계치 $Z \leq Z_\alpha$가 된다.

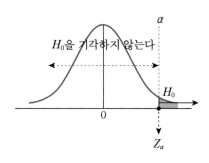

- t분포를 이용한 양측 검정: $(H_0 : B_1 = 0, H_A : B_1 \neq 0)$

  $df = n - 2$인 $_{n-2}t$분포에서 $\alpha/2$에 해당되는 $_{n-2}t_{\alpha/2}$값을 파악하여 임계치로 사용하며 기각역은 검정통계치 $|t| \leq {}_{n-2}t_{\alpha/2}$가 된다.

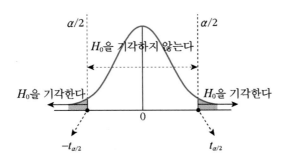

- t분포를 이용한 단측 검정: $(H_0 : B_1 \geq 0,\ H_A : B_1 < 0)$

  $df = n - 2$의 $_{n-2}t$분포에서 α에 해당되는 $-{}_{\alpha}t_{n-2}$값을 파악하여 임계치로 사용하며 기각역은 검정통계치 $t \leq -{}_{n-2}t_{\alpha}$가 된다.

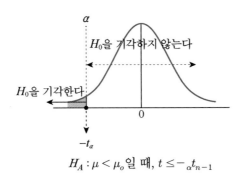

$$H_A : \mu < \mu_o \text{일 때}, \ t \leq -{}_{\alpha}t_{n-1}$$

- t분포를 이용한 단측 검정: $(H_0 : B_1 \leq 0\ \ H_A : B_1 > 0)$

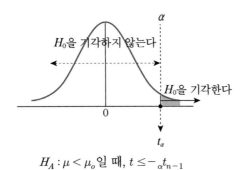

$$H_A : \mu < \mu_o \text{일 때}, \ t \leq -{}_{\alpha}t_{n-1}$$

$df = n-2$의 $_{n-2}t$분포에서 α에 해당되는 $_{n-2}t_\alpha$값을 파악하여 임계치로 사용하며 기각역은 검정통계치 $t \geq {}_{n-2}t_\alpha$가 된다.

단계 8 통계적 유의성 검정

계산된 검정통계치가 임계치를 기준으로 설정된 기각역에 속하는 값일 경우 H_0을 기각하고 H_A을 채택하는 통계적 결정을 내린다. 그러나 계산된 검정통계치가 임계치를 기준으로 설정된 기각역에 속하지 않을 경우에는 H_0을 기각하지 않는 통계적 결정을 내린다.

- Z분포를 이용한 양측 검정: $H_0 : B_1 = 0$, $H_A : B_1 \neq 0$

  검정통계치 $|Z| \geq Z_{\alpha/2}$이면, H_o을 기각하고 H_A을 채택한다.

  검정통계치 $|Z| < Z_{\alpha/2}$이면, H_o을 기각하지 않는다.

- t분포를 이용한 양측 검정: $H_0 : B_1 = 0$, $H_A : B_1 \neq 0$

  검정통계치 $|t| \geq {}_{n-2}t_{\alpha/2}$이면, H_o을 기각하고 H_A을 채택한다.

  검정통계치 $|t| < {}_{n-2}t_{\alpha/2}$이면, H_o을 기각하지 않는다.

- Z분포를 이용한 단측 검정:
  ① $H_o : B_1 \leq 0$, $H_A : B_1 > 0$일 경우,

    검정통계치 $Z \geq Z_\alpha$이면, H_o을 기각하고 H_A을 채택한다.

    검정통계치 $Z < Z_\alpha$이면, H_o을 기각하지 않는다.

  ② $H_o : B_1 \geq 0$, $H_A : B_1 < 0$일 경우,

    검정통계치 $Z \leq -Z_\alpha$이면, H_o을 기각하고 H_A을 채택한다.

    검정통계치 $Z > -Z_\alpha$이면, H_o을 기각하지 않는다.

- t분포를 이용한 단측 검정:
  ① $H_o : B_1 \leq 0$, $H_A : B_1 > 0$일 경우,

    검정통계치 $t \geq -{}_{n-2}t_\alpha$이면, H_o을 기각하고 H_A을 채택한다.

    검정통계치 $t < -{}_{n-2}t_\alpha$이면, H_o을 기각하지 않는다.

  ② $H_o : B_1 \geq 0$, $H_A : B_1 < 0$일 경우,

    검정통계치 $t \leq -{}_{n-2}t_\alpha$이면, H_o을 기각하고 H_A을 채택한다.

    검정통계치 $t > -{}_{n-2}t_\alpha$이면, H_o을 기각하지 않는다.

• p값을 이용한 통계 검정 •

단계 7 검정통계치의 확률값 p 파악

검정통계치가 계산되면, 선정된 표준 표집분포하에서 주어진 검정통계치가 순수하게 표집의 오차에 의해 얻어질 확률 p값을 파악한다.

Z분포일 경우	t분포일 경우
통계치 $Z = \dfrac{\hat{B}_1}{\sqrt{SE_{\hat{B}_1}}}$ 에 해당되는 p값	통계치 $t = \dfrac{\hat{B}_1}{\sqrt{SE_{\hat{B}_1}}}$ 에 해당되는 p값

단계 8 통계적 유의성 검정

• 양측 검정의 경우: $H_0 : B_1 = 0$, $H_A : B_1 \neq 0$

  $p \leq \alpha/2$이면, H_0을 기각하고 H_A을 수용한다.

  $p > \alpha/2$이면, H_0을 기각하지 않는다.

• 단측 검정의 경우: $H_0 : B_1 \geq 0$, $H_A : B < 0$ 또는 $H_0 : B_1 \leq 0$, $H_A : B_1 > 0$

  $p \leq \alpha$이면, H_0을 기각하고 H_A을 수용한다.

  $p > \alpha$이면, H_0을 기각하지 않는다.

단계 9 통계적 검정 결과 해석

통계적 검정에서, ① 영가설($H_0 : B_1 = 0$)이 기각되지 않을 경우, 측정된 자료에서 예측변인 X와 준거변인 Y 간의 관계를 선형적 회귀모델에 의해 통계적으로 유의할 만큼 예측할 수 없음을 의미한다. 이러한 통계적 검정 결과는 선형적 관계로 설정된 회귀모델이 통계적으로 유의할 만큼 적합한 모델이 아님을 의미하는 것이지, 예측변인이 준거변인을 예측할 수 없음을 의미하는 것은 아니다. 만약 측정 자료에서 예측변인과 준거변인 간의 관계가 선형 관계가 아니고 비선형 관계일 경우, 당연히 통계적 검정에서 영가설 $H_0 : B_1 = 0$이 기각되는 것으로 나타난다. 그래서 $H_0 : B_1 = 0$이 기각될 경우, 통계적 검정 결과를 해석하면서 예측변인 X와 준거변인 Y 간의 관계가 어쩌면 선형 관계가 아니고 비선형적 관계(2차, 3차 …)일 수도 있음을 배제하지 않아야 한다. ② 영가설($H_0 : B_1 = 0$)이 기각될 경우, 측정된 자료 속에 존재하는 예측변인 X와 준거변인 Y 간의 관계를 선형적 회귀모델에 의해 통계적으로 유의할 만큼 예측할 수 있음을 의미한다. 즉, 준거변인의 평균 $\overline{Y}$를 가지고 예측할 경우보다 예측변인 X와 준거변인 Y 간의 선형적 관계를 이용하여 예측할 경우 준거변인을 더 정확하게 예측할 수 있음을 의미한다. 이러한 결과는 선형적 관계의 회귀모델에 의해 예측변인으로부터 준거변인을 통계적으로 유의하게 예측할 수도 있음을 의미하는 것이지만, 그렇다고 해서 선형적 회귀모델이 유일한 최적 예측 모델임을 의미하는 것은 아니다. 즉, 준거변인의 평균을 가지고 준거변인을 예측할 경우보다 예측변인 X를 가지고 선형적 관계로 예측할 경우에 준거변인을 통계적으로 유의할 만큼 더 예측할 수 있음을 의미하며, 어쩌면 선형 모델보다 비선형 모델이 자료에 더 적합한 모델일 수도 있음에 유의해서 결과를 해석해야 한다.

예제 18-2

아동의 순차처리 능력으로부터 언어지식을 예측할 수 있는지 알아보기 위해 만 5~6세 아동 22명을 대상으로 순차처리 능력과 언어지식을 측정한 결과, 다음 〈표 A〉와 같다. 회귀분석을 실시하고 기각역 방법에 따라 유의수준 .05에서 회귀계수의 통계적 유의성을 검정하시오.

〈표 A〉 순차처리 능력 및 언어지식

사례	X	Y	사례	X	Y
1	89	65	12	110	92
2	121	90	13	105	90
3	111	88	14	89	89
4	98	81	15	98	88
5	78	76	16	100	90
6	89	66	17	99	78
7	130	98	18	86	76
8	145	99	19	115	88
9	123	93	20	125	93
10	145	99	21	129	94
11	152	98	22	130	96

4) 회귀모델의 전반적인 예측력에 대한 가설검정 절차 및 방법

회귀모델의 전반적인 예측력에 대한 통계적 유의성을 검정한다는 의미는 주어진 회귀모델 속에 설정된 모든 예측변인(들)에 의해 준거변인의 분산이 통계적으로 무시할 수 없을 만큼 설명된 것으로 볼 수 있는지를 판단한다는 것이다. 단순회귀모델의 경우에는 예측변인이 하나뿐이기 때문에 단순회귀모델에 의한 예측량이나 예측변인에 의한 예측량이 동일할 것이다. 그러나 예측변인이 두 개 이상 설정되는 중다회귀모델의 경우, 회귀모델의 예측량이란 모델하의 모든 예측변인의 수학적 합성으로 만들어진 총 예측량에 대한 전반적인 판단이기 때문에 각 예측변인별 예측량에 대한 통계적 판단과 다를 수 있다. 왜냐하면 회귀계수의 통계적 유의성 검정을 통해 중다회귀모델하의 예측변인들 중 최소 하나만 통계적으로 유의한 예측력을 가지는 것으로 확인될 경우라도 회귀모델의 예측량이 통계적으로 유의한 것으로 판단될 수 있기 때문이다. 그래서 회귀모델의 예측력 검정은 모든 예측변인을 동시에 고려한 전반적인 예측력에 대한 통계적 판단이고, 회귀계수의 예측력에 대한 판단은 회귀모델하의 각 예측변인의 예측력에 대한 통계적 판단이다. 〈표 18-3〉의 자료를 가상적인 단순회귀모델의 표본 자료라고 가정하고, 회귀모델의 예측력에 대한 가설검정 절차 및 방법에 대해 알아보도록 하겠다.

단계 1 연구문제 진술

앞에서 설명한 바와 같이, 회귀모델의 예측력은 모집단 자료일 경우 분산분석을 통해 회귀분산과 오차분산을 분석하고 두 분산의 비를 계산한 결과 $F=1.00$이면 회귀모델의 예측력이 없는 것으로 기술하고, 그리고 $F>1.00$이면 회귀모델의 예측력이 있는 것으로 기술한다고 했다.

$F>1.00$의 의미는 예측변인의 X의 x_i에 따른 조건분포의 기대값 $\hat{y}_i$들 간에 차이가 있다는 것이며, 이는 $\hat{y}_i$들의 연결로 이루어진 회귀선의 기울기가 0보다 크다는 것을 의미한다. 따라서 주어진 회귀모델의 예측력에 대한 연구문제는 바로 예측변인의 X의 x_i에 따른 집단 간 평균(조건분포의 기대값 $\hat{y}_i$) 차이에 대한 연구문제의 제기와 같다. 회귀모델의 예측력에 대한 연구문제는 다음과 같이 진술할 수 있다.

예측변인 X의 측정치 x_i에 따른 모집단 예측치 $\hat{y}_i$가 모두 같은가?

단계 2 연구가설 설정

단계 1에서 제기된 연구문제가 어떤 것으로 제기되건 연구문제에 대한 잠정적인 해답인 가설은 두 가지로 설정된다.

H_1: 예측변인 X의 측정치 x_i에 따른 모집단 예측치 $\hat{y}_i$가 모두 같을 것이다.
H_2: 예측변인 X의 측정치 x_i에 따른 모집단 예측치 $\hat{y}_i$가 모두 같지 않을 것이다.

첫 번째 가설은 "예측변인 X의 측정치 x_i에 따른 모집단 예측치들 $\hat{y}_i$이 모두 같을 것이다."이기 때문에 $H_1 : E(Y|x_1) = E(Y|x_2) = E(Y|x_3) \cdots\cdots E(Y|x_k)$로 나타낼 수 있다. 그리고 두 번째 가설의 "예측변인 X의 측정치 x_i에 따른 모집단 예측치 $\hat{y}_i$가 모두 같지 않을 것이다."는 최소 두 예측치 간에 차이가 있을 경우를 내포하고 있기 때문에 $H_2 :$ 최소한 $E(Y|x_i) \neq E(Y|x_j)$의 형태로 나타낼 수 있다. 연구자는 경험적 · 이론적 근거를 통해 이 두 가지 가설 중 하나를 자신의 연구가설로 설정한다.

단계 3 통계적 가설 설정

연구상황에 따라 연구가설이 어떤 것으로 설정되건 설정된 연구가설을 통계적으로 검정하기 위해 영가설과 대립가설로 설정된다.

$$H_0 : E(Y|x_1) = E(Y|x_2) = E(Y|x_3) \cdots\cdots E(Y|x_k)$$
$$H_A : E(Y|x_i) \neq E(Y|x_j)$$

단계 4 검정통계량 F비 계산

수집된 표본 자료에서 회귀분산 MS_R과 오차분산 MS_E을 분석한 다음, 분석 결과를 변량분석표로 요약해서 정리하고 검정통계량 F비를 파악한다.

$$SS_R = \sum_{i}^{N}(\hat{y}_i - \overline{y})^2 = 1401.729 \quad MS_R = \sum_{i}^{N}(\hat{y}_i - \overline{y})^2/1 = 1401.729$$

$$SS_E = \sum_{i}^{N}(y_i - \hat{y}_i)^2 = 665.589 \quad MS_E = \sum_{i}^{N}(y_i - \hat{y}_i)^2/20 = 33.279$$

$$SS_T = SS_R + SS_E = 2067.318$$

〈표 18-4〉 변량분석 결과 요약표

Source	SS	df	MS	F
Regression	1401.729	1	1401.729	42.120
Residual	665.589	20	33.279	
	2067.318	21		

단계 5 검정통계량 F비의 표집분포 파악

검정통계량 F비의 통계적 유의성을 검정하기 위해 사용해야 할 표집분포는 $df = 1,$ $n-2$인 F분포이다. 이 가상 자료의 경우 $df = 1, 20$이므로 표집분포는 $F_{(1, 20)}$이다. 분산분석 절차를 통해 회귀분산(MS_R)과 잔차분산(MS_E)이 파악되고 두 분산의 비값인 F비가 결정되면, F비의 표집분포인 $F_{1, n-2}$를 이용하여 표본에서 계산된 F비에 대한 통계적 유의성을 검정한다. 본 예제의 경우, $F_{(1, 20)}$분포를 이용하여 통계적 유의성을 결정한다.

통계적 유의성 검정은 다른 통계적 유의성 검정과 마찬가지로 기각역 방법과 p값 방법 중 하나를 선택하여 실시한다. 자료를 직접 분석할 경우에는 기각역 방법을 사용하고, SPSS와 같은 통계분석 전문 프로그램을 이용할 경우 검정통계치에 대한 정확한 p값이 산출 결과표에 제공되기 때문에 p값 방법을 사용하는 것이 편리하다. 회귀분석의 경우, 직접 계산을 통한 분석 절차가 복잡하고 까다롭기 때문에 대부분의 경우 통계분석 전문 프로그램을 이용하여 p값 방법을 이용한 통계적 유의성 검정을 실시한다. 일단 표본 자료로부터 검정통계량이 계산되고 통계 검정을 위한 유의수준 및 표집분포가 확인되면, 기각역 방법과 p값 방법 중 어느 하나의 방법으로 통계적 검정을 실시한다.

단계 6 유의수준 결정

유의수준 $\alpha = .05, .01, .001$ 중에서 연구의 성격을 고려하여 하나를 선정한다.

● 기각역 방법을 사용할 경우 ●

단계 7 유의수준 α에 해당되는 임계치 파악과 기각역 설정

$df_{1, n-2}$에 따른 $F_{(1, n-2)}$분포에서 유의수준 $.05$($\alpha = .05$로 설정할 경우)에 해당되는 임계치 $F_{.\alpha(1, n-2)}$를 파악한다. 가상적인 자료의 경우, $df = 1, 20$이므로 임계치는 $F_{.05(1, 20)} = 4.35$이다. 임계치 $F_{.05(1, 20)} = 4.35$를 기준으로 기각역을 설정한다.

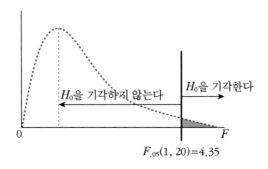

$F_{.05}(1, 20) = 4.35$

단계 8 통계적 유의성 검정

검정통계치 $F \geq F_{\alpha(1,n-2)}$이면 H_o을 기각하고 H_A을 채택한다. 그리고 검정통계치 $F < F_{\alpha(1,n-2)}$이면 H_o을 기각하지 않는다. 검정통계치 $F = 42.120 \geq F_{.05(1,20)} = 4.35$이므로 영가설을 기각하고 대립가설을 채택한다. 즉, 회귀모델하의 예측변인들로부터 준거변인을 유의수준 .05에서 통계적으로 유의하게 예측할 수 있는 것으로 나타났다.

• p값 방법을 이용한 유의성 검정 절차 •

단계 7 표집분포 $F_{(1,n-2)}$분포에서 검정통계치 F에 해당되는 p값 파악

본 가상 자료의 경우, 표집분포 $F_{(1,20)}$에서 $F = 42.120$에 해당되는 확률값 p를 파악한다. 통계분석 전문 프로그램 SPSS를 사용하여 분석한 결과, $F = 42.120$에 해당되는 p값이 .001로 파악되었다. 즉, 영가설이 참일 경우 통계치 $F = 42.120$이 순수하게 표집의 오차에 의해서 1,000번 중에 한 번 정도 얻어질 수 있다는 것이다.

ANOVA[a]

Model		Sum of Squares	df	Mean Square	F	Sig.
1	Regression	1401.729	1	1401.729	42.120	.000[b]
	Residual	665.589	20	33.279		
	Total	2067.318	21			

a. Dependent Variable: Y
b. Predictors: (constant), X

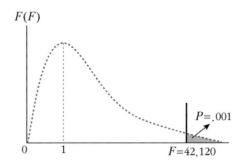

단계 8 통계적 유의성 검정

만약 $p \leq \alpha$이면 H_0을 기각하고 H_A을 채택한다. 그리고 만약 $p > \alpha$이면 H_o을 기각하지 않는다.

⟨표 18-5⟩ 분산분석 결과 요약표

Source	SS	df	MS	F	p
Regression	1401.729	1	1401.729	42.120	.001
Residual	665.589	20	33.279		
	2067.318	21			

앞에서 볼 수 있는 바와 같이, $F = 42.120$, $p < .05$ 이므로 H_0 을 기각하고 H_A 을 채택한다. 즉, 회귀모델하의 예측변인들로부터 준거변인을 유의수준 .05에서 통계적으로 유의하게 예측할 수 있는 것으로 나타났다.

단순회귀모델의 경우, 예측변인이 하나뿐이기 때문에 $F = t^2$ 으로서 단순회귀방정식의 예측력을 나타내는 F값에 대한 검정 결과나 예측변인의 예측력을 나타내는 회귀계수 $\hat{B}_1$ 에 대한 검정 결과가 정확하게 일치한다. 즉, 단순회귀모델에서 $\hat{B}_1$ 이 통계적으로 유의하면 회귀모델의 예측력을 나타내는 F비도 통계적으로 유의하게 나타난다. 그러나 회귀계수 $\hat{B}_1$ 에 대한 유의성 검정을 위해 F검정을 실시하지 않는다. 그 이유는 회귀계수 $\hat{B}_1$ 에 대한 t검정은 설정되는 영가설의 형태에 따라 양측 검정($H_0 : B_1 = 0$)과 단측 검정($H_0 : B_1 \geq 0$, $H_0 : B_1 \leq 0$)이 모두 실시될 수 있지만 F검정은 단측 검정만 가능하기 때문이다. 단순회귀모델과는 달리 예측변인이 두 개 이상 설정되는 중다회귀모델에서 회귀모델의 예측력을 나타내는 F비가 통계적으로 유의하게 나타날 경우, 모델하의 모든 회귀계수가 통계적으로 유의할 수도 있고 최소 하나 또는 그 이상의 회귀계수가 유의한 것으로 나타날 수도 있기 때문에 F비에 대한 검정 결과와 각 예측변인의 회귀계수에 대한 검정 결과가 항상, 그리고 모두 일치하는 것은 아니다. 중다회귀모델의 F검정에 대해서는 차후에 상세하게 다루도록 하겠다.

지금까지 회귀분석의 논리를 이해하기 위해 회귀모델 추출, 회귀계수의 계산 및 추론, 그리고 회귀모델의 예측력 추정 및 통계 검정 절차에 대해 상세하게 설명하였다. 이제 ⟨표 18-3⟩의 가상적인 단순회귀모델 자료를 SPSS 프로그램을 이용하여 회귀분석을 하는 방법과 절차에 대해 알아보겠다.

SPSS를 이용한 회귀분석

1. ① <u>A</u>nalyze → ② <u>R</u>egression → ③ <u>L</u>inear 순으로 클릭한다.

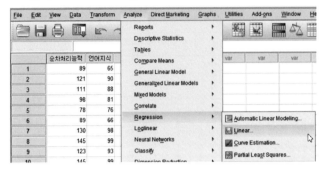

2. ④ <u>L</u>inear Regression 메뉴에서 ⑤ 예측변인을 ⑥ <u>I</u>ndependent(s)로, 그리고 ⑦ 준거변인을 ⑧ <u>D</u>ependent로 이동시킨다. 그리고 ⑨ <u>S</u>tatistics를 클릭한다.

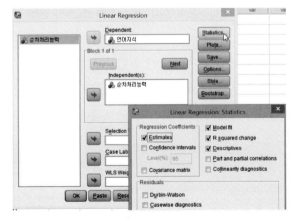

3. ⑩ <u>L</u>inear Regression: Statistics 메뉴에서 ⑪ ☐<u>E</u>stimate ⑫ ☐<u>M</u>odel Fit를 선택한 다음 ⑬ Continue를 클릭한다.

4. OK를 클릭한다.

산출 결과

▶ 회귀방정식 및 회귀계수 추정 결과

Coefficients[a]

Model		Unstandardized Coefficients		Standardized Coefficients	❸	❹
		B	Std. Error	Beta	t	Sig.
1	(Constant)	43.992	6.830		6.441	.000
	X	❶ .389	.060	❷ .823	6.490	.000

a. Dependent Variable: Y

Coefficients 산출 결과는 표본 자료에서 계산된 회귀방정식의, ① 비표준화 회귀계수($B-coefficients$) 및, ② 표준화 회귀계수($\beta-coefficients$)와 회귀계수의 통계적 유의성 검정을 위한, ③ 통계량(t) 및, ④ p값(Sig.)을 제시해 주고 있다. 앞의 표에서 볼 수 있는 바와 같이, $\hat{B}_1 = .389$, $\hat{B}_0 = 43.992$이므로 비표준화 회귀방정식은 $\hat{Y} = .389X + 43.992$이다. 그리고 $\hat{\beta}_1 = .823$이므로 표준화 회귀방정식은 $Z_{\hat{Y}} = .828Z_X$인 것으로 나타났다.

회귀계수 $\hat{B}_1 = .389$의 통계적 유의성을 검정하기 위해 표준 표집분포인 t분포하의 검정통계량으로 변환한 결과, $t = 6.4890$, $p < .001$로서 통계적으로 유의한 것으로 나타났다.

▶ 회귀방정식의 예측력 추정 결과

Model	❶ R	❷ R Square	Adjusted R Square	Std. Error of the Estimate
1	.823[a]	.678	.662	5.769

a. Predictors: (constant), X

앞의 Model Summary산출 결과는 단순회귀모델하의 예측변인과 준거변인 간의 상관 정도를 말해 주는 R값과 단순회귀모델의 예측력 정도를 말해 주는 결정계수 R^2을 제시해 주고 있다. 앞의 표에서 볼 수 있는 바와 같이, $R = .823$이고 $R^2 = .678$로 나타났다. 따라서 예측변인과 준거변인 간의 상관은 .823이고 그리고 단일 예측변인이 설정된 회귀모델을 사용할 경우 준거변인의 분산을 약 68% 설명할 수 있음을 보여 주고 있다.

▶ 회귀방정식의 예측력의 통계적 유의성 검정 결과

ANOVA[a]

Model		Sum of Squares	df	Mean Square	❶ F	❷ Sig.
1	Regression	1401.729	1	1401.729	42.120	.000[b]
	Residual	665.589	20	33.279		
	Total	2067.318	21			

a. Dependent Variable: Y
b. Predictors: (constant), X

앞의 ANOVA 산출 결과표에는 회귀모델하의 예측변인을 이용한 준거변인의 예측력을 보여 주는, ① F비와 F비의 통계적 유의성 검정을 위한, ② $p(Sig.)$을 제시해 주고 있다. 앞의 표에 나타나 있는 바와 같이, $F=42.120$, $p<.001$로서 회귀방정식을 통한 예측력이 유의수준 .001에서 통계적으로 유의한 것으로 나타났다. 단순회귀모델의 경우, 예측변인이 하나뿐이기 때문에 F비와 t값과의 관계가 $F=t^2$이므로 예측변인의 회귀계수 $\hat{B}_1$의 검정통계량 $t=6.489$의 제곱과 $F=42.120$과 정확하게 일치함을 알 수 있다.

제19장 중다회귀분석

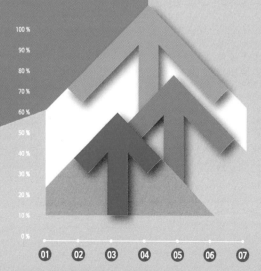

제19장 중다회귀분석

　단순회귀모델의 분석에서 예측변인으로부터 준거변인을 충분히 예측할 수 없는 것으로 나타나거나 예측력을 높이고 싶을 경우, 단순회귀모델에 추가적으로 예측변인을 투입하여 회귀모델 속에 두 개 이상의 예측변인이 투입되는 연구모델을 설정하게 된다. 이와 같이 두 개 이상의 예측변인이 설정되는 회귀모델을 중다회귀모델(multiple regression model)이라 부르며, 이 용어는 Pearson(1908)이 처음 사용하였다.

1 중다회귀모델의 설정 목적

　회귀모델 속에 두 개 이상의 예측변인이 설정되는 중다회귀모델은 여러 가지 목적을 위해 설정될 수 있다. 첫째, 준거변인에 대한 예측력을 높이기 위한 목적으로 하나 이상의 예측변인이 설정될 수 있다. 둘째, 준거변인과 상관이 있는 것을 밝혀졌거나 이론적으로 상관이 있을 것으로 추론되는 여러 변인을 하나의 회귀모델하의 예측변인으로 설정한 다음, 중다회귀분석을 통해 준거변인에 대한 예측력에 있어서 예측변인들 간의 상대적 차이를 확인하기 위한 목적으로 중다회귀모델이 설정될 수 있다. 셋째, 기존의 회귀모델 속에 준거변인과 상관이 있는 것으로 다른 연구를 통해 확인되었거나 이론적 관계로부터 상관이 있을 것으로 추론되는 특정 변인을 새로운 예측변인으로 추가할 경우, 기존의 회귀모델의 예측력이 유의하게 향상될 것인지 알아보기 위해 중다회귀모델이 설정될 수 있다. 이는 중다회귀모델의 예측 목적의 특별한 경우로 볼 수 있다. 마지막으로, 기존의 회귀모델 속에 포함된 예측변인(들)과 준거변인 간에 존재하는 허상관을 통제하기 위한 목적으로 예측변인과 준거변인에 동시에 영향을 미칠 수 있는 것으로 추론되는 제3의 변인(들)을 통제변인으로 설정하여 준거변인에 대한 예측변인들의 타당한 예측력을 평가하기 위한 목적으로 중다회귀모델이 설정될 수 있다. 이 모든 경우에 결과적으로 하나의 회귀모델 속에 예측변인이 두 개 이상 설정되는 중다회귀모델을 설정하게 된다.

1) 예측력 향상의 목적

회귀모델의 가장 본질적인 목적은 가능한 한 적은 수의 예측변인이 설정된(간명 모델) 회귀모델을 사용하여 준거변인을 완벽에 가깝게 예측하려는 데 있으며, 이를 회귀모델의 예측(prediction)의 목적이라 부른다. 그래서 이론적으로는 하나의 회귀모델 속에 k개의 예측변인이 설정되는 중다회귀모델이 설정될 수도 있지만, 예측변인 측정을 위해 소요되는 시간과 비용 그리고 모델의 생명인 간명성을 고려할 때 가능한 한 적은 수의 예측변인이 설정되는 간명한 중다회귀모델이 선호된다. 만약 오직 한 개의 예측변인이 설정되는 단순회귀모델을 통해 준거변인을 완벽하게 예측할 수 있다면, 준거변인을 예측하기 위한 시간과 비용, 모델의 간명성 그리고 예측력을 고려할 때 가장 이상적인 모델일 것이다.

앞에서 언급한 바와 같이, 사회과학 분야에서 다루는 대부분의 변인은 이런저런 이유로 인해 서로 상관이 있는 경우보다 상관이 없는 경우를 찾기가 더 힘들다. 그래서 상관이 없다는 확실한 증거가 없는 한 변인 간에 상관이 존재하는 것으로 설정한다. 그러나 서로 상관이 있다고 하더라도 어느 한 변인으로부터 다른 한 변인을 완벽하게 설명할 수 있는 경우도 거의 없다. 따라서 연구자가 연구목적상 어떤 변인을 준거변인으로 설정할 경우 단순회귀모델로 주어진 준거변인을 이론적으로 타당하게, 그리고 통계적으로 충분한 것으로 판단할 수 있을 만큼의 예측력을 얻을 경우가 거의 없다.

준거변인에 대한 예측력을 높일 수 있는 한 가지 방법은 준거변인과 상관이 있는 것으로 밝혀진 다른 예측변인들을 찾아 회귀모델 속에 추가적으로 포함시키는 것이다. 일반적으로 새로 추가되는 예측변인(들)이 준거변인과 상관이 높을수록, 그리고 모델 속의 기존의 예측변인(들)과 상관이 낮을수록 준거변인에 대한 예측력은 더 높아진다. 연구자는 기존의 회귀모델에 새로운 예측변인을 추가함으로써 준거변인에 대한 예측력을 높일 수 있지만, 예측변인의 수가 증가할수록 모델이 복잡해져서 모델의 주요 조건인 간명성 때문에 예측변인을 무한히 증가시킬 수도 없다. 회귀모델의 예측력과 간명성이 모두 중다회귀모델의 적합도를 평가하기 위한 주요 조건이지만, 일단 연구자가 설정한 회귀모델은 예측력이 통계적으로, 그리고 실질적으로 충분한 것으로 판단되어야 한다. 따라서 회귀모델을 연구모델로 설정한 연구자는 일차적으로 자신이 설정한 예측변인들로부터 준거변인을 통계적으로 유의하게 그리고 실질적으로 적절히 예측할 수 있는지 확인하기 위해 회귀모델의 적합도를 평가하거나 검정한다. 예측력 향상을 목적으로 중다회귀모델을 설정할 경우 연구문제는 다음과 같이 진술될 수 있다.

- 학업 성취도는 학습자의 지능, 학습동기, 그리고 선수 학습 정도에 의해 예측될 수 있는가?
- 학업 성취도는 학습자의 지능, 학습동기, 그리고 선수 학습 정도에 의해 어느 정도 예측될 수 있는가?

2) 준거변인에 대한 예측변인들 간의 상대적 예측력 평가 목적

연구자가 준거변인에 대한 예측력을 높이기 위한 목적으로 회귀모델 속에 두 개 이상의 예측변인을 설정할 경우, 일단 설정된 중다회귀모델의 예측력이 통계적으로 유의한 것으로 판단되면 연구자는 구체적으로 어떤 예측변인이 준거변인의 예측에 어느 정도 기여했는지, 즉 준거변인에 대한 예측에 있어서 예측변인들 간의 상대적 영향력에 관심을 가질 수 있다. 이를 중다회귀모델의 설명(explanation)의 목적이라 부른다. 예측력에 있어서 예측변인들 간의 상대적 차이에 관심을 가질 경우, 연구문제는 일반적으로 다음과 같은 형태로 진술된다.

- 학업 성취도의 예측에 있어서 학습자의 지능, 학습동기, 그리고 선수 학습 정도 간에 차이가 있는가?

3) 준거변인에 대한 특정 예측변인의 추가적 예측력 평가 목적

앞의 연구상황에서는 회귀모델 속에 포함된 모든 예측변인 간의 상대적 예측력 평가에 관심을 두고 있다. 그러나 경우에 따라 이미 회귀모델 속에 설정된 예측변인(들)을 그대로 유지한 상태에서 새롭게 하나의 예측변인을 추가하면서 새로 추가되는 예측변인이 기존의 예측변인이 예측할 수 없는 준거변인의 분산(잔차분산)을 통계적으로 유의할 만큼 설명해 줄 수 있는지를 평가하기 위해 새로운 예측변인을 기존의 회귀모델 속에 추가시킨 회귀모델을 설정한 다음, 추가된 새로운 예측변인의 추가적 예측력 유무와 정도를 중다회귀분석을 통해 검정하고 평가하려는 데 관심을 둘 수 있다. 예컨대, 학업 성취도를 예측하기 위해 지능과 학습동기 변인을 예측변인으로 하여 중다회귀모델을 설정한 다음, 회귀모델의 예측력을 검정한 결과 통계적으로 유의한 예측력을 가지는 것으로 나타났다고 가정하자. 그래서 연구자가 기존의,

$$\overbrace{\text{학업 성취도}} = a + b_1(\text{지능}) + b_2(\text{학습동기})$$

중다회귀모델에 학업 성취도와 상관이 높은 것으로 밝혀진 선수 학습 정도 변인을 추가적으로 설정할 경우, 과연 학업 성취도에 대한 예측력이 통계적으로 무시할 수 없을 만큼 유의하게 향상될 것인가에 관심을 두고 회귀분석을 실시할 수도 있을 것이다. 이 경우, 연구자는 이론적 또는 실제적 이유에서 학업 성취도를 예측하기 위해 반드시 지능 변인과 학습동기 변인을 예측변인으로 설정한 후에 선수 학습 정도 변인을 예측변인으로 추가적으로 설정할 것인지를 통계적으로 결정하기 위해 이러한 연구문제를 제기할 수 있다는 것이다. 학업 성취도를 예측하기 위해 지능, 학습동기 그리고 선수 학습 정도 변인을 예측변인으로 동시에 설정하여 회귀분석을 통해 각 예측변인들의 예측력을 추정할 경우와 연구자가 연구목적에 따라 회귀분석에 투입되는 예측변인들의 투입 순서를 달리할 경우 각 예측변인들의 예측력을 나타내는 회귀계수의 크기는 달라진다. 예측변인의 투입 방법과 순서에 따른 예측변인들의 회귀계수 크기의 변화에 대해서는 차후에 회귀계수의 추정 원리를 설명하면서 다시 상세하게 다루도록 하겠다.

> 학업 성취도를 예측하기 위해
> 예측변인으로 학습자의 지능과 학습동기가 설정된 회귀모델에
> 선수 학습 정도 변인을 추가할 경우 회귀모델의 예측력은 증가할 것인가?

4) 통제변인을 설정한 회귀모델의 예측변인의 예측력 평가 목적

단순회귀모델 역시 상관모델과 마찬가지로 두 변인 간의 관계 유무와 성질 그리고 정도만을 추정하여 변인 간의 예측적 관계를 해석하는 통계적 분석 방법이다. 그래서 상관모델이나 단순회귀모델을 통해 추정된 두 변인 간의 관계의 성질과 정도는 전부 또는 상당한 부분이 실제로 두 변인 간의 관계가 아니고 제3변수(들)에 의한 허위적 상관(spurious correlation)일 수도 있다.

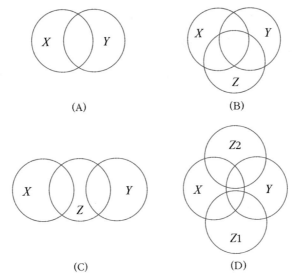

(A)   (B)

(C)   (D)

[그림 19-1] 진상관과 허상관을 나타내는 변인들 간의 관계

[그림 19-1]에서 (A)는 이론적으로 두 변인 X, Y 간의 다양한 직접적인 인과적 관계 ($X \rightarrow Y$, $X \leftarrow Y$, $X = Y$)로 인해 상관이 존재하는 것으로 나타난 경우이며, 이를 진상관(true correlation)이라 부른다. (B)의 경우는 두 변인 간 상관 속에 제3변인인 Z변인에 의한 허상 관이 일부분 포함되어 있는 경우이다. 이 경우, 두 변인 X, Y만을 측정하여 상관계수를 추정할 경우 얻어진 상관계수 중에서 일부가 허상관을 나타내기 때문에, 상관계수를 X, Y 간의 직접적 관계의 크기로 해석하는 것은 타당하지 않을 것이다. 그래서 두 변인 간의 진상관 정도를 알기 위해서는 얻어진 상관계수에서 제3변수에 의해 야기된 허상관 정도를 수학적으로 제거하거나, 또는 제3변수를 미리 측정한 다음 동일한 측정값을 가진 사례들만을 대상으로 변인 X, Y를 측정하여 상관계수를 추정하는 방법으로 제3변인(들)의 영향을 통제해야 한다. 후자를 물리적 통제(physical control) 또는 직접적 통제라 부르며, 전자와 후자의 절차를 통계적 통제 또는 간접적 통제라고 부른다.

만약 초등학생들을 각 학년별로 n명씩 표집한 다음 언어 능력(X)과 신발 크기(Y)를 측정한 다음 두 변인 간의 상관 정도를 추정하면 $r_{xy} = .50$정도의 정적 상관을 얻게 된다. 그래서 신발 크기를 예측변인으로 하고 언어 능력을 준거변인으로 설정한 단순회귀모델을 설정한 다음 회귀분석을 실시하면 예측변인의 표준화 회귀계수가 $\beta = .50$으로 얻어진다. 따라서 상관계수의 크기와 부호 그리고 회귀계수의 크기와 부호를 고려할 때 "아동의 신발이 클수록 아동의 언어 능력이 높다."라고 해석하게 될 것이다. 실제로 신발 크기와 언어 능력 간에는 이론적으로 직접적인 상관이 없기 때문에 이러한 해석은 타당하지 않음을 알 수 있다. 상관분석에서 두 변인 간에 $r_{xy} = .50$ 정도의 상관이 있는 것으로 나타난 것은, 그리고 단순회귀분석에서 신발 크기로부터 어휘력을 예측할 수 있는 것으로 나타난 것은 사실은 연령 변인에 의한 허위 효과 때문이다. 즉, 연령이 어휘력에 정적인 영향을 미치고 연령이 신발 크기에 정적인 영향을 미치기 때문이다. 그러나 상관분석이나 단순회귀분석에서 연령이 아동들의 신발 크기와 어휘력에 미치는 허위 효과를 전혀 통제하지 않았기 때문에 이러한 연령의 효과가 신발 크기와 어휘력 간의 상관계수로 또는 신발 크기의 변화에 따른 어휘력의 변화의 크기를 나타내는 회귀계수로 나타나게 되는 것이다. 그림 C가 바로 이 경우에 해당된다. 그림 D에서 볼 수 있는 바와 같이 두 변인 간에 공통으로 영향을 미치는 제3변인이 이론적으로 여러 개 존재할 수 있다. 이 경우, 모든 제3변인의 효과를 통제하지 않는 한 두 변인 간의 진상관 정도를 정확하게 추정할 수 없을 것이다.

결론적으로, 두 변인 간의 관계만을 분석하는 상관분석이나 하나의 예측변인만이 설정되는 단순회귀모델의 회귀분석 결과가 타당하기 위해서는 이론적으로 존재하는 제3변인(들)에 의한 허위 효과를 모두 완벽하게 통제할 수 있어야 함을 알 수 있을 것이다. 실제의 연구 상황에서는 연구자가 이론적으로 존재하는 이러한 제3변인의 존재를 모두 인지하고 완벽하게 통제할 수 없으며, 설상가상으로 통제해야 할 제3변인들이 몇 개나 존재하는지조차 완벽하게 파악할 수도 없고 그리고 모두 파악했음을 확인할 수도 없기 때문에, 연구모델로서 상관모델이나 단순회귀모델은 모두 어느 정도 설정 오류(specification error)를 범하고 있는 것으로 볼 수 있다.

상관계수 추정 공식에서 볼 수 있는 바와 같이 상관분석은 두 변인 간의 상관 정도만을 분석할 수 있으며, 제3변인의 존재를 파악하고 자료를 수집했다고 하더라도 상관계수 공식 속에 제3변인을 통제하기 위한 분석 절차가 내재되어 있지 않다. 그러나 단순회귀모델은 모델 속에 제3변인을 마치 예측변인처럼 추가적으로 포함시켜서 통제할 수 있는 절차가 수학적으로 가능하며, 제3변인을 동시에 여러 개를 포함시킬 수도 있는 확장성을 지니고 있다. 그래서 회귀모델 속에 예측변인이 두 개 이상 설정된 모델을 수학적으로 모두 중다회귀모델이라고 부르지만, 모델 속에 설정된 예측변인은 ① 순수한 예측 목적으로 설정된 예측변인일 수도 있고, ② 예측변인과 준거변인 간의 허위 효과를 통제할 목적으로 포함시킨 통제변인일 수도 있다. 그래서 중다회귀모델 설정과 중다회귀분석의 결과를 정확하게 이해하기 위해서는 회귀모델 속에 포함된 예측변인들의 설명 기능과 통제 기능에 대해 통계적으로 정확히 이해할 수 있어야 한다.

2   중다회귀모델의 예측변인과 통제변인

　단순회귀모델에 새로운 예측변인을 추가적으로 설정할 경우, 추가되는 예측변인의 추가 목적과 관계없이 수학적으로는 동일한 중다회귀모델을 설정하게 된다. 여기서 새로운 변인을 "추가한다."라고 말하는 것은 우리가 원하는 가장 좋은 회귀모델은 예측변인이 하나뿐인 단순회귀모델이 비용 측면에서 가장 경제적이고 가장 간단한 간명 모델이라는 것이다. 그러나 만약 단순회귀모델 속에 설정된 예측변인이 준거변인을 충분히 예측할 수 없거나 또는 타당하게 예측할 수 없을 경우, 연구자는 회귀모델의 목적인 예측력을 향상시키기 위해 기존의 예측변인과 가능한 한 중복이 되지 않게 준거변인을 추가적으로 더 예측해 줄 수 있는 것으로 기대되는 새로운 예측변인을 추가적으로 모델에 포함시킬 수 있을 것이다. 새롭게 추가된 예측변인이 기존의 예측변인에 의해 설명되지 않고 남아 있는 준거변인의 잔차분산을 더 설명하게 된다면 예측력이 향상된 것으로 나타날 것이다. 그래서 순수하게 준거변인의 잔차분산을 더 설명할 목적으로 회귀모델에 포함시킨 변인을 예측변인 또는 설명변인이라 부른다.

　만약 회귀모델 속에 포함되어 있는 기존의 예측변인과 준거변인 간의 관계의 일부 또는 전부가 제3변인(들)에 의해 야기된 관계일 가능성이 이론적으로 확인할 수 있거나 의심될 경우, 연구자는 문제의 제3변인(들)을 기존의 회귀모델에 포함시켜 통계적 방법으로 제3변인의 효과를 통제한 다음, 본래 예측 목적으로 회귀모델 속에 설정된 예측변인과 준거변인 간의 관계를 정확하고 타당하게 밝혀내야 한다. 이와 같이 준거변인을 예측하기 위한 목적이 아닌 기존 회귀모델 속의 예측변인(들)과 준거변인 간의 관계 속에 존재하는 허위적 관계를 통제할 목적으로 포함시킨 변인을 통제변인이라 부른다.

　준거변인을 예측할 목적으로 설정된 회귀모델을 통제변인 없이 모두 설명 변인으로만 설정할 경우, 연구자는 자신이 설정한 회귀모델하의 예측변인(들)과 준거변인 간에 허위적 상관관계가 있을 수 없다는 이론적 근거를 제시할 수 있어야 한다. 예측변인과 준거변인 간에 허위적 상관이 존재함에도 불구하고 연구자가 제3변인의 존재를 인식하지 못하고 자신의 연구모델인 회귀모델 속에 제3변인을 포함시키지 않게 될 경우, 연구자는 모델 설정 오류(specification error)를 범하게 되며, 이를 특히 생략 오류(ommission error)라 부른다.

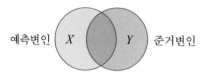

(A) 통제 전 예측변인과 준거변인 간의 상관 정도

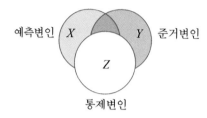

(B) 통제 후 예측변인과 준거변인 간의 상관 정도

[그림 19-2] 통제변인이 포함된 회귀모델의 예측변인과 준거변인 간의 관계

---

3 중다회귀계수의 추정 원리

앞에서 언급한 바와 같이 연구모델로서 회귀모델의 목적은 관심하의 준거변인에 대한 예측에 있으며, 이를 위해 가능한 한 최소한의 예측변인이 설정된 회귀모델을 통해 준거변인을 완벽하게 예측하려고 한다. 따라서 가장 이상적인 회귀모델은 예측력이 완벽하고 동시에 가장 간단한 단순회귀모델이다. 그러나 단일 예측변인으로 준거변인을 충분히 예측할수 없거나 예측변인과 준거변인 간의 관계가 허위적 관계일 경우, 연구자는 새로운 예측변인을 추가하여 예측력을 높이거나 또는 새로운 통제변인을 추가하여 기존의 예측변인과 준거변인 간의 허위적 관계를 통제하려고 할 경우 중다회귀모델을 설정하게 된다고 했다.

어떤 목적으로 중다회귀모델이 설정되건 일단 중다회귀모델이 설정되면, 중다회귀분석을 통해 변인들 간의 수학적 관계를 나타내는 중다회귀방정식을 추정하고, 그리고 추정된 회귀방정식의 예측력과 중다회귀방정식하의 각 예측변인들의 예측력을 나타내는 중다회귀계수를 추정하게 된다. 예측변인이 k개인 경우 중다회귀방정식은 한 개의 절편과 k개의 기울기로 이루어지며, 일반적으로 다음과 같은 형태의 회귀방정식을 얻게 된다.

$$\hat{Y} = a + b_1 X_1 + b_2 X_2 \cdots\cdots b_k X_k$$

　예컨대, 예측변인이 두 개뿐인 경우 회귀방정식은 3개의 회귀계수를 가진 $\hat{Y}= a+ b_1 X_1$ $+ b_2 X_2$ 와 같은 형태의 중다회귀방정식을 얻게 될 것이다. 중다회귀분석을 통해 얻어진 중다회귀방정식의 각 예측변인별 회귀계수의 추정 방법과 의미는 단순회귀분석을 통해 추정된 단순방정식하의 예측변인의 회귀계수의 추정 방법과 의미와 다르다. 따라서 중다회귀분석의 결과를 정확하게 이해하고 해석할 수 있기 위해서는 중다회귀분석을 통해 중다회귀계수가 추정되는 과정과 원리에 대한 이해가 필요하다.

　최소제곱 기준과 중다회귀계수의 추정 원리: 단순회귀분석과 마찬가지로 중다회귀분석의 목적은 중다회귀모델 속에 설정된 예측변인들로부터 관심하의 준거변인을 최소한의 예측오차를 범하면서 예측할 수 있는 중다회귀방정식을 얻고자 하는 데 있다. 이러한 추정 목적을 위해 단순회귀분석과 마찬가지로 예측오차제곱합 $\sum_{i=1}^{N} \epsilon_i^2$ 이 최소가 되는 최소제곱 기준을 만족하는 회귀선을 얻기 위해 $\sum_{i=1}^{N} \epsilon_i^2$ 을 $a, b_1, b_2, \cdots\cdots b_k$ 로 각각 편미분하여 얻어진 도함수를 0으로 설정한 $k+1$ 개의 방정식을 풀어 상수인 절편 a 와 k 개의 기울기 b_i 를 구한다. 설명의 편의를 위해 여기서는 예측변인이 두 개인 가장 간단한 중다회귀모델의 회귀방정식 $\hat{Y}= b_1 X_1 + b_2 X_2 + a$ 을 통해 회귀계수가 수학적으로 구해지는 과정을 예시하도록 하겠다.

$$\sum_{i=1}^{n} \epsilon_i^2 = \sum_{i=1}^{n} [y_i - (a + b_1 x_{1i} + b_1 x_{2i})]^2$$

$$= \sum_{i=1}^{n} [y_i^2 - 2ay_i - 2b_1 x_{1i} y_i - 2b_2 x_{2i} y_i + a^2 + b_1^2 x_{1i}^2 + b_2^2 x_{2i}^2$$

$$+ 2ab_1 x_{1i} + 2ab_2 x_{2i} + 2b_1 b_2 x_{1i} x_{2i}]$$

$\sum_{i=1}^{N} \epsilon^2$ 을 a, b_1, b_2 로 각각 편미분을 하여 얻어진 도함수를 0으로 놓고 다시 정리하면,

$$\frac{dQ}{dB_0} = 2\sum_{i=1}^{n} (y_i - a - b_1 x_{1i} - b_2 x_{2i})(-1) \qquad \cdots\cdots(19.1)$$

$$\frac{dQ}{dB_1} = 2\sum_{i=1}^{n} (y_i - a - b_{1i} x_{1i} - b_{2i})(- x_{1i})$$

$$\frac{dQ}{dB_2} = 2\sum_{i=1}^{n} (y_i - a - b_{1i} - b_2 x_{2i})(- x_{2i})$$

　식 (19.1)을 0으로 만드는 a, b_1, b_2 을 각각 b_0, b_1, b_2 으로 놓으면 b_0, b_1, b_2 는 B_0, B_1, B_1 의

최소자승 추정량이 되므로 식 (19.1)을 0으로 놓고 b_0, b_1, b_2을 구한다.

$$\sum_{i=1}^{n} y_i = nb_0 + b_1 \sum_{i=1}^{n} x_{1i} + b_2 \sum_{i=1}^{n} x_{2i} \qquad \cdots\cdots(19.2)$$

$$\sum_{i=1}^{n} x_{1i}y_i = b_0 \sum_{i=1}^{n} x_{1i} + b_1 \sum_{i=1}^{n} x_{1i}^2 + b_2 \sum_{i=1}^{n} x_{1i}x_{2i}$$

$$\sum_{i=1}^{n} x_{2i}y_i = b_0 \sum_{i=1}^{n} x_{2i} + b_1 \sum_{i=1}^{n} x_{1i}x_{2i} + b_2 \sum_{i=1}^{n} x_{2i}^2$$

앞의 정규방정식 (19.2)는 모두 세 개의 미지수 b_0, b_1, b_2을 포함하고 있는 연립방정식이 므로, 이를 풀면 b_0, b_1, b_2의 값을 구할 수 있다.

$$b_1 = \frac{(\sum_{i=1}^{n} x_{1i}y_i)(\sum_{i=1}^{n} x_{2i}^2) - (\sum_{i=1}^{n} x_{2i}y_i)(\sum_{i=1}^{n} x_{1i}x_{2i})}{(\sum_{i=1}^{n} x_{1i}^2)(\sum_{i=1}^{n} x_{2i}^2) - (\sum_{i=1}^{n} x_{1i}x_{2i})^2} \qquad \cdots\cdots(19.3)$$

$$b_2 = \frac{(\sum_{i=1}^{n} x_{2i}y_i)(\sum_{i=1}^{n} x_{1i}^2) - (\sum_{i=1}^{n} x_{1i}y_i)(\sum_{i=1}^{n} x_{1i}x_{2i})}{(\sum_{i=1}^{n} x_{1i}^2)(\sum_{i=1}^{n} x_{2i}^2) - (\sum_{i=1}^{n} x_{1i}x_{2i})^2}$$

$$b_0 = \overline{y} - b_1 \overline{x}_1 - b_2 \overline{x}_2$$

4   중다회귀분석의 유형과 절차

지금까지 중다회귀모델의 여러 가지 설정 목적과 중다회귀방정식의 중다회귀계수가 추 정되는 일반적 원리에 대해 설명하였다. 중다회귀분석을 통해 얻어진 중다회귀방정식의 회 귀계수는 회귀분석을 위해 회귀모델하의 예측변인을 어떤 방법으로, 그리고 어떤 순서에 따라 투입하느냐에 따라 달라진다. 어떤 경우에는 모든 예측변인을 회귀분석에 동시에 투 입한 다음 얻어진 회귀방정식의 총 예측력과 각 예측변인의 예측력을 추정한다. 이러한 분석 방법을 표준중다회귀분석(standard multiple regression analysis)이라 부른다. 반면, 어떤 경우에는 예측변인을 하나씩 순차적으로 투입하면서 순차적으로 분석된 회귀방정식의 예측력 변화와 예측변인들의 예측력을 설명한다. 예측변인의 투입 순서를 결정하는 방법에 따라 위계적 중다회귀분석(hierarchical multiple regression analysis)과 단계적 중다회귀분석 (stepwise multiple regression analysis) 절차로 나뉜다.

[그림 19-3]과 [그림 19-4]는 세 개(X_1, X_2, X_3)의 예측변인과 준거변인(Y) 간의 가상적인 상호 상관관계와 정도를 보여 주고 있다.

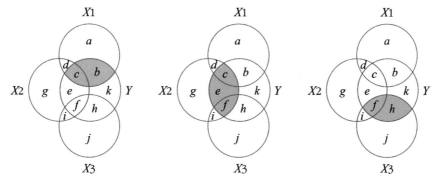

[그림 19-3] 세 개의 예측변인(X_1, X_2, X_3)과 준거변인(Y) 간의 상호 상관

[그림 19-3]에서 [b+c]는 예측변인 X_1과 준거변인 Y 간의 상관 정도를 나타내며 준거변인 Y와 예측변인 X_1 간의 단순상관계수의 제곱 $r^2_{Y.X_1}$을 나타내고, [c+e+f]는 준거변인 Y와 예측변인 X_2 간의 단순상관계수의 제곱 $r^2_{Y.X_2}$을 나타내며, 그리고 [f+h]는 준거변인 Y와 예측변인 X_3 간의 단순상관계수의 제곱 $r^2_{Y.X_3}$을 나타낸다.

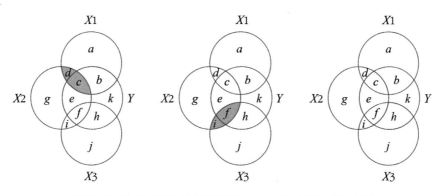

[그림 19-4] 세 개의 예측변인(X_1, X_2, X_3) 간의 상호 상관

[그림 19-4]에서 [d+c]는 예측변인 X_1과 X_2 간의 상관 정도를 나타내고, [f+i]는 예측변인 X_2와 X_3 간의 상관 정도를 나타내며, 그리고 예측변인 X_1과 X_3 간에는 상관이 없음을 보여 주고 있다.

이 가상적인 자료를 통해 표준중다회귀분석 절차, 위계적 중다회귀분석 절차, 그리고 단계적 중다회귀분석 절차에 대해 설명하고자 한다.

1) 표준중다회귀분석 절차

중다회귀모델의 설정 목적이 예측을 목적으로 설정된 모든 예측변인을 사용하여 준거변인을 예측할 경우, 과연 준거변인을 통계적으로 유의하게 그리고 실질적으로 충분히 설명할 수 있는지를 알아보려는 데 있을 경우를 생각해 보자. 이 경우, 회귀분석의 목적은 중다회귀방정식의 예측력을 추정하고 검정하려는 데 있기 때문에 모든 예측변인을 특정한 순서 없이 모두 동시에 투입한 다음 모든 예측변인에 의한 총 예측량과 각 예측변인의 예측량을 나타내는 회귀계수를 추정하는 절차를 따르게 된다. 이와 같이 중다회귀모델하의 모든 예측변인을 동시에 투입하여 중다회귀방정식을 도출하는 회귀분석 절차를 표준중다회귀분석이라 부른다.

$$\hat{Y} = B_1 X_1 + B_2 X_2 + B_3 X_3 + B_0$$

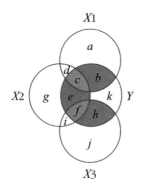

[그림 19-5] 표준회귀분석 절차에 따른 각 예측변인별 고유설명량과 공통설명량

표준중다회귀분석 절차에 따라 회귀방정식이 추정될 경우, [그림 19-5]에서 볼 수 있는 바와 같이 모든 예측변인이 동시에 투입되기 때문에 예측변인 간 중복된 예측량을 나타내는 [c]와 [f]는 예측변인 X_1, X_2, X_3 간의 공통설명량으로 처리되고, 각 예측변인의 고유의

설명량 [b], [e], [h]만이 각 예측변인의 예측력을 나타내는 회귀계수의 크기에 반영되어 나타난다.

첫째, 예측변인 X_1의 준거변인 Y에 대한 설명량을 살펴보자. [그림 19-3]에서 볼 수 있는 바와 같이, 예측변인 X_1은 준거변인과의 상호 상관 정도에 의해 [b+c]/[a+b+c+d]만큼 예측할 수 있는 것으로 기대할 수 있으나, 예측변인 X_1과 X_2 간에 [c+d]만큼의 상관이 존재하기 때문에 예측변인 X_2의 통제를 통해 예측변인 X_1의 총 분산 [a+b+c+d] 중에서 [c+d]만큼이 통제된다. 따라서 [a+b] 중에서 [b]만큼만 Y를 예측하기 위한 예측변인 X_1의 고유설명량으로 처리되어 회귀계수 β_1의 크기로 추정된다.

$$\beta_1 = \frac{b}{a+b}$$

둘째, 예측변인 X_2의 준거변인 Y에 대한 설명량을 살펴보자. 예측변인 X_2는 준거변인과의 상호 상관 정도에 의해 [c+e+f]/[c+d+e+f+i+g]만큼 예측할 수 있는 것으로 기대할 수 있으나, 예측변인 X_1과 X_2 간에 [c+d]만큼의 상관이 존재하고, 그리고 예측변인 X_2와 X_3 간에 [f+i]만큼의 상관이 존재하기 때문에 예측변인 X_1와 X_3의 통제를 통해 X_2의 총 분산[c+d+e+f+i+g] 중에서 예측변인 X_1에 의해 [c+d]만큼 통제되고 예측변인 X_3에 의해 [f+i]만큼 통제됨으로써 실제로 남아 있는 [e+g] 중에서 [e]만큼만 준거변인 Y를 설명하기 위한 고유설명량으로 처리되어 회귀계수 β_2의 크기로 추정된다.

$$\beta_2 = \frac{e}{e+g}$$

마지막으로, 예측변인 X_3의 준거변인 Y에 대한 설명량을 살펴보자. 예측변인 X_3는 준거변인과의 상호 상관 정도에 의해 [f+h]/[f+h+i+j]만큼 예측할 수 있는 것으로 기대할 수 있으나, 예측변인 X_3과 X_2 간에 [f+i]만큼의 상관이 존재하기 때문에 예측변인 X_2의 통제를 통해 예측변인 X_3의 총 분산 [f+h+i+j] 중에서 예측변인 X_2에 의해 [f+i]만큼 통제된 다음, 실제로 [h+j] 중에서 [h]만큼만 예측변인 X_2의 고유설명량으로 계산되어 회귀계수 β_3의 크기로 추정된다.

$$\beta_3 = \frac{h}{h+j}$$

이와 같이 표준중다회귀분석 절차에서는 준거변인에 대한 각 예측변인들의 총 설명량이 고유설명량과 공통설명량으로 분리되어 처리되기 때문에 각 예측변인별 고유설명량만이 회귀계수로 나타나게 된다. 표준중다회귀분석의 이러한 절차적 특성으로 인해 예측변인 간 상관이 높아질수록 공통설명량이 증가하게 되고, 그리고 상관이 높아질수록 준거변인에 대한 예측변인들의 고유설명량이 미미한 것으로 나타날 수 있다. 예측변인 간 상관이 아주 높을 경우, 회귀계수의 부호가 바뀌어 예측변인과 준거변인 간의 이론적 관계를 타당하게 반영하지 못하는 것으로 나타날 수도 있고, 아주 심할 경우에는 산술적으로 예측변인들의 회귀계수를 계산할 수 없는 것으로 나타나게 된다. 중다회귀분석에서 흔히 발생되는 이러한 현상을 다중공선성(multi colinearity)이라 부른다.

표준중다회귀분석의 이러한 절차적 특성을 고려해 볼 때, 중다회귀모델의 설정 목적이 준거변인에 대한 예측변인들의 예측력에 있을 경우에는 타당한 분석 절차이지만, 예측변인들 간의 상대적 예측력을 평가하는 설명의 목적일 경우에는 분석 결과의 해석이 타당하지 않을 수 있다. 물론 예측변인들 간에 상관이 전혀 없는 경우에는 예측변인들 간 공통설명량이 존재하지 않기 때문에 표준회귀계수를 통해 예측변인 간 상대적 예측력을 정확하게 평가할 수 있으나, 대부분의 경우에서처럼 예측변인들 간에 상관이 존재할 경우 그리고 상관 정도가 높아질수록 상대적 예측력에 대한 분석 결과가 타당하지 않게 된다. 사회과학 분야에서 다루어지는 변인들 간에 상관이 없는 경우가 거의 없다는 점을 고려할 때, 준거변인에 대한 예측변인들 간의 상대적 예측력을 설명하기 위한 목적으로 표준중다회귀분석 절차를 적용할 수 있는 경우는 거의 없을 것이다. 만약 중다회귀모델을 설정한 연구자의 관심이 관심하의 예측변인들로부터 설정한 중다회귀모델의 예측력뿐만 아니라 예측변인들 간의 상대적 예측력을 알아보려는 데 있다면, 다음에 소개하는 위계적 중다회귀분석 절차 또는 단계적 중다회귀분석 절차를 적용하여 분석해야 타당한 정보를 얻을 수 있다.

표준중다회귀분석을 보다 쉽게 이해하기 위해, 표준중다회귀분석 절차가 적용된 구체적인 분석 사례를 통해 표준중다회귀분석 결과와 내용을 살펴보도록 하겠다.

한 연구자가 가구별로 사용하고 있는 신용카드의 수를 예측하기 위해 신용카드 사용과 상관이 있는 것으로 밝혀진 가족 수, 가구별 수입 정도, 그리고 가구별 차량 보유 수를 예측변인으로 설정하였다. 준거변인과 세 개의 예측변인 간의 예측적 관계를 알아보기 위해 100개의 가구를 표집한 다음, 준거변인과 예측변인을 측정하였다. 그리고 가구의 신용카드 소지

수가 가족 수, 가구별 수입 정도, 그리고 가구별 차량 보유 수에 의해 예측될 수 있는지 알아
보기 위해 수집된 자료를 SPSSwin의 회귀분석 절차 중 표준중다회귀분석 절차에 따라 분석
한 결과, 다음과 같은 산출 결과를 얻었다.

SPSS를 이용한 표준회귀분석 실시 절차

1. **Analyze → Regression → Linear** 순으로 클릭한다.

2. **Dependent**에 준거변인을, 그리고 **Independent**에 예측변인을 이동시킨다.
   그리고 **Statistics**를 클릭한다.

3. **Linear Regression Statistics** 메뉴창에서 필요한 분석 항목을 선택한다.
그리고 **Continue** 를 클릭한다.

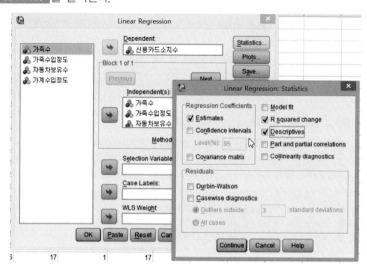

4. **Method** 메뉴에서 **Enter** 항목을 선택한다. 그리고 **OK** 를 클릭한다.

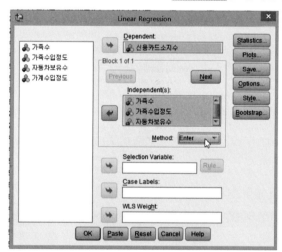

SPSS 산출 결과

Correlations

		신용카드 소지 수	가족 수	가족 수입 정도	자동차 보유 수
Pearson Correlation	신용카드 소지 수	1.000	.859	.724	.312
	가족 수	.859	1.000	.821	.190
	가족 수입 정도	.724	.821	1.000	.105
	자동차 보유 수	.312	.190	.105	1.000
Sig.(1-tailed)	신용카드 소지 수	.	.000	.000	.001
	가족 수	.000	.	.000	.029
	가족 수입 정도	.000	.000	.	.150
	자동차 보유 수	.001	.029	.150	.
N	신용카드 소지 수	100	100	100	100
	가족 수	100	100	100	100
	가족 수입 정도	100	100	100	100
	자동차 보유 수	100	100	100	100

Correlations 도표에 준거변인과 예측변인 간 상관계수 및 예측변인들 간 상호 상관계수가 제시되어 있다. 그리고 상관계수의 통계적 유의성을 판단하기 위한 p값과 각 변인별 사례 수에 대한 정보가 제시되어 있다.

Variables Entered/Removed[a]

Model	Variables Entered	Variables Removed	Method
1	자동차 보유 수, 가족 수입 정도, 가족 수[b]	.	Enter

a. Dependent Variable: 신용카드 소지 수
b. All requested variables entered.

앞의 **Variables Entered/Removed** 산출 결과표는 준거변인인 신용카드 소지 수를 예측하기 위해 중다회귀모델 속에 설정된 세 개의 예측변인 가족 수, 가계 수입 정도, 자동차 보유 수를 **Enter** 투입 절차(표준중다회귀분석 절차)에 따라 동시에 투입했음을 보여 주고 있다.

Model Summary

Model	R	R Square	Adjusted R Square	Std.Error of the Estimate	R Square Change	F Change	df1	df2	Sig.F Change
1	.874[a]	.763	.756	.783	.763	103.215	3	96	.000

a. Predictors: (constant), 자동차 보유 수, 가족 수입 정도, 가족 수

앞의 **Model Summary** 산출 결과 요약표에는 오직 한 개의 회귀방정식 모델이 분석되었고, 세 개의 예측변인을 동시에 투입하여 준거변인을 예측한 결과 $R^2=.763$으로 나타났으며, 이는 준거변인의 평균을 사용하여 예측할 경우에 기대되는 오차량이 회귀분석을 통해 약 76.3%가 설명됐음을 보여 주고 있다. 그리고 $R^2=.763$의 $p=.000$으로써 유의수준을 .001로 설정해도 통계적으로 유의한 것으로 판단할 수 있음을 보여 주고 있다.

ANOVA[a]

Model		Sum of Squares	df	Mean Square	F	Sig.
1	Regression	189.736	3	63.245	103.215	.000[b]
	Residual	58.824	96	.613		
	Total	248.560	99			

a. Dependent Variable: 신용카드 소지 수
b. Predictors: (Constant), 자동차 보유 수, 가족 수입 정도, 가족 수

앞의 **ANOVA** 산출표는 변량분석을 통해 회귀방정식의 예측의 크기를 나타내는 통계량 F값(F = 103.215)과 이 값이 순순하게 표집오차에 따라 얻어질 확률을 나타내는 p값($Sig.$ = .000)을 제시해 주고 있다.

Coefficients[a]

Model		Unstandardized Coefficients		Standardized Coefficients	t	Sig.
		B	Std.Error	Beta		
1	(Constant)	2.252	.326		6.897	.000
	가족 수	.870	.101	.761	8.609	.000
	가족 수입 정도	.026	.027	.083	.946	.347
	자동차 보유 수	.369	.118	.159	3.130	.002

a. Dependent Variable: 신용카드 소지 수

앞의 **Coefficients** 산출표는 표준중다회귀분석 절차에 의해 얻어진 중다회귀방정식의 각 예측변인별 회귀계수(비표준화 계수, 표준화 계수)와 각 회귀계수의 통계적 유의성 검정을 위해 필요한 통계량 t값과 p값을 제시해 주고 있다. 산출표에 보고된 회귀계수를 이용하여 세 개의 예측변인과 준거변인간의 예측적 관계를 다음과 같은 중다회귀방정식으로 나타낼 수 있다.

> 신용카드 소지 수=2.252+.870*가족 수+0.26*가족 수입 정도+.369*자동차 보유 수

이 산출 결과에서 볼 수 있는 바와 같이, 세 개의 예측변인으로부터 설명된 준거변인의 총 설명량은 R^2 = .763이다. 그러나 각 예측변인의 고유설명량을 나타내는 표준회귀계수로부터 합산된 총 설명량은 $.761^2$+$.083^2$+$.159^2$=0.61121로서 약 .61이 설명되었다. 따라서 .153(.763−.61)가 공통설명량으로 처리되었음을 알 수 있다.

19-1

한 연구자가 가구별로 사용하고 있는 신용카드의 수(Y)를 예측하기 위해 신용카드 사용과 상관이 있는 것으로 밝혀진 가족 수(X1), 가구별 수입 정도(X2), 그리고 가구별 차량 보유 수(X3)를 예측변인으로 설정하였다. 준거변인과 세 개의 예측변인 간의 예측적 관계를 알아보기 위해 100개의 가구를 표집한 다음 준거변인과 예측변인을 측정한 결과 〈표 A〉와 같다. SPSSwin의 회귀분석 절차를 이용하여 표준중다회귀분석을 실시하시오.

〈표 A〉 신용카드 보유 수 예측을 위한 중다회귀분석 자료

사례	Y	X1	X2	X3	사례	Y	X1	X2	X3
1	4	2	14	1	51	6	4	14	2
2	6	2	6	2	52	7	4	17	1
3	6	4	14	2	53	8	5	18	3
4	7	4	17	1	54	7	5	21	2
5	8	5	18	3	55	8	6	17	1
6	7	5	21	2	56	10	6	25	2
7	8	6	17	1	57	4	2	14	1
8	10	6	25	2	58	6	2	6	2
9	4	2	14	1	59	6	4	14	2
10	6	2	6	2	60	7	4	17	1
11	6	4	14	2	61	8	5	18	3
12	7	4	17	1	62	7	5	21	2
13	8	5	18	3	63	8	6	17	1
14	7	5	21	2	64	10	6	25	2
15	8	6	17	1	65	6	4	14	2
16	10	6	25	2	66	7	4	17	1
17	6	4	14	2	67	8	5	18	3
18	7	4	17	1	68	7	5	21	2
19	8	5	18	3	69	8	6	17	1
20	7	5	21	2	70	10	6	25	2
21	8	6	17	1	71	4	2	14	1
22	10	6	25	2	72	6	2	6	2
23	4	2	14	1	73	6	4	14	2
24	6	2	6	2	74	7	4	17	1
25	6	4	14	2	75	8	5	18	3
26	7	4	17	1	76	4	2	14	1
27	8	5	18	3	77	10	6	25	2
28	4	2	14	1	78	6	2	6	2
29	6	2	6	2	79	6	4	14	2

30	6	4	14	2	80	7	4	17	1
31	7	4	17	1	81	8	5	18	3
32	8	5	18	3	82	7	5	21	2
33	7	5	21	2	83	8	6	17	1
34	8	6	17	1	84	10	6	25	2
35	10	6	25	2	85	4	2	14	1
36	4	2	14	1	86	6	2	6	2
37	6	2	6	2	87	6	4	14	2
38	6	4	14	2	88	7	4	17	1
39	7	4	17	1	89	8	5	18	3
40	8	5	18	3	90	7	5	21	2
41	7	5	21	2	91	8	6	17	1
42	8	6	17	1	92	10	6	25	2
43	10	6	25	2	93	6	4	14	2
44	6	4	14	2	94	7	4	17	1
45	7	4	17	1	95	8	5	18	3
46	8	5	18	3	96	10	6	25	2
47	7	5	21	2	97	6	2	6	2
48	8	6	17	1	98	6	4	14	2
49	10	6	25	2	99	7	4	17	1
50	6	2	6	2	100	8	5	18	3

Y=카드 소지 수, X1=가족 수, X2=가구 수입 정도, X3=자동차 보유 수

2) 위계적 중다회귀분석 절차

중다회귀모델 속에 설정된 예측변인들을 이론적 또는 실제적 근거에 따라 연구자가 투입 순서를 정한 다음 회귀모델에 하나씩 차례대로 투입해 가면서 회귀방정식의 예측력과 회귀 계수의 변화를 추정하기 위한 회귀분석 절차를 위계적 중다회귀분석이라 부른다. 중다회귀 모델에 설정된 예측변인들 간에 이론적으로 위계적 관계가 존재할 경우, 연구자는 예측변 인들 간의 위계적 순서에 따라 보다 간단한 하위 회귀모델에서 보다 복잡한 상위 회귀모델 로 설정해 가면서 준거변인에 대한 예측변인의 예측력의 정도와 변화 그리고 각 위계적 단 계하에서 예측변인들의 예측력에 관심을 가질 수 있다. 즉, 위계적 중다회귀분석 절차의 목 적은 (모든 예측변인을 투입하여 얻어진 중다회귀방정식의 예측력보다) 예측변인을 하나씩 추가 적으로 투입하면서 각 투입 단계에서 변화되는 회귀방정식의 예측력과 회귀방정식에 투입 된 예측변인들의 회귀계수의 변화를 파악하려는 데 있다. 표준중다회귀분석 절차의 경우는

연구자가 선택한 모든 예측변인으로부터 과연 준거변인을 예측할 수 있는지(예측 유무 확인) 그리고 어느 정도 예측할 수 있는지(예측력의 정도)를 확인하려는 데 있었다. 그러나 위계적 중다회귀분석 절차의 목적은 이론적 또는 실제적 필요성에 의해 선택한 예측변인이 준거변인을 유의하게 예측할 수 있는 것으로 선행연구를 통해 (표준회귀분석을 통한 선행연구결과 등) 확인되었거나 이론적으로 기대할 수 있을 경우에 예측변인을 하나씩 회귀방정식에 투입하면서(예컨대, 측정 비용이 적게 소요되는 순서대로 투입할 수도 있고, 측정이 용이한 순서대로 투입할 수도 있다. 또는 이론적 맥락에서 중요한 변인 순으로 투입을 결정할 수도 있다.) 각 투입 단계별로 나타나는 회귀방정식의 예측력을 관찰하고 그리고 예측변인들의 회귀계수의 변화를 관찰한다. 그래서 선택된 모든 예측변인이 투입되는 마지막 단계까지 회귀방정식을 추정해 가면서 각 단계별 중다회귀방정식의 예측력과 예측변인들의 예측력을 관찰한다.

위계적 중다회귀분석에서는 예측변인의 투입 순서가 예측변인의 예측력에 따라 정해지는 것이 아니라 이론적 또는 실제적 필요성에 의해 위계적 순서에 따라 결정되기 때문에 준거변인과의 상관 정도가 다른 예측변인보다 상대적으로 낮고, 그리고 다른 예측변인들과 상관이 높은 예측변인이 회귀식에 먼저 투입될 수도 있다. 따라서 위계적 중다회귀분석 절차를 통해 얻어진 중다회귀방정식의 예측변인들 간 상대적 예측력은 이론적 또는 실제적 필요성에 따른 투입 순서의 조건하에서만 의미 있게 해석될 수 있다. 그래서 위계적 중다회귀분석의 결과에 대한 해석은 예측변인 간 상대적 예측력 비교보다 각 단계별 회귀모델의 예측력과 단계 간 예측력의 변화에 초점을 두고 실시되어야 한다.

지금까지 설명된 위계적 중다회귀분석 절차에 따른 단계별 예측력과 예측변인들의 회귀계수의 변화 과정을 표준중다회귀분석 절차에서 사용한 가상적인 [그림 19-5]의 예시 자료를 통해 구체적으로 살펴보도록 하겠다. 예컨대, 이론적 또는 실제적 필요성에 예측변인의 투입 순서를 $X_2 \rightarrow X_1 \rightarrow X_3$ 순으로 투입하기로 했다고 가정하자.

단계 1 모든 예측변인이 동시에 투입되는 표준중다회귀분석 절차와 달리, 정해진 순서에 따라 예측변인 X_2를 먼저 투입한다. 준거변인과의 상관 정도에 의해 예측변인의 총 분산 [c+d+e+f+g+i] 중에서 [c+e+f]만큼의 분산이 고유설명량으로 계산되어 예측변인 X_2의 회귀계수 β_2로 추정된다. 그리고 준거변인에 대한 예측변인 X_2의 설명량은 다음과 같다.

$$R^2 = \frac{c+e+f}{b+c+e+f+h+k}$$

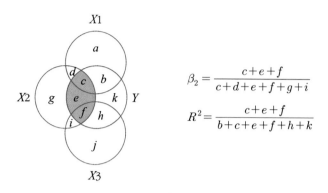

$$\beta_2 = \frac{c+e+f}{c+d+e+f+g+i}$$

$$R^2 = \frac{c+e+f}{b+c+e+f+h+k}$$

[그림 19-6] 예측변인 X_2 투입 후의 예측량 및 R^2

단계 2 정해진 순서에 따라 예측변인 X_1을 회귀방정식에 추가적으로 투입한다. 새로 투입되는 예측변인 X_1과 준거변인 간의 상호 상관 정도에 의해 예측변인 X_1의 총 분산 [a+b+c+d] 중에서 [b+c]만큼의 분산이 준거변인 Y를 예측하는 데 기여할 것으로 기대되지만, 이미 단계 1에서 투입되어 있는 예측변인 X_2와 예측변인 X_1 간 상관 정도에 따라 예측변인 X_1의 총 분산 [a+b+c+d] 중에서 [c+d]만큼의 분산이 예측변인 X_2에 의해 통제됨으로써 예측변인 X_1의 잔여분산 [a+b] 중의 [b]만큼만이 준거변인 Y에 대한 고유한 예측력으로 계산되어 예측변인 X_1의 회귀계수 β_1으로 추정되게 된다.

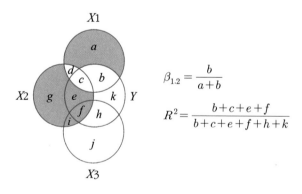

$$\beta_{1.2} = \frac{b}{a+b}$$

$$R^2 = \frac{b+c+e+f}{b+c+e+f+h+k}$$

[그림 19-7] 예측변인 X_1 투입 후 X_1의 고유예측량

예측변인 X_1이 새로 투입될 경우 회귀모델 속의 예측변인들 간에 서로 통제를 받게 되기 때문에 단계 1에서 먼저 투입된 예측변인 X_2 역시 새로 투입되는 예측변인 X_1에 의해 통제를 받게 된다. 따라서 예측변인 X_2의 준거변인 Y에 대한 설명량 역시 [e+f]/[e+f+i+g]로

조정되어 회귀계수 β_2에 반영되어 나타나게 된다. 그리고 X_2가 투입되어 있는 회귀식에 예측변인 X_1을 추가 투입함으로써 준거변인 Y에 대한 설명량은 [b]/[b+c+e+f+h+k]만큼 증가하게 되고, 따라서 예측변인 X_1과 X_2에 의해 준거변인의 총 분산은 [b+c+e+f]/[b+c+e+f+h+k]만큼 설명된다.

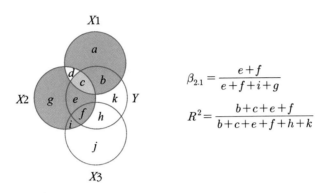

$$\beta_{2.1} = \frac{e+f}{e+f+i+g}$$

$$R^2 = \frac{b+c+e+f}{b+c+e+f+h+k}$$

[그림 19-8] 예측변인 X_1 추가 투입 후의 X_2의 고유예측량 및 R^2의 변화

단계 3 마지막으로, 정해진 투입 순서에 따라 예측변인 X_3을 투입한다. 새로 투입되는 예측변인 X_3과 예측변인 X_2 간의 상호 상관 정도에 의해 예측변인 X_3의 총 분산 [f+h+i+J] 중에서 [f+i]만큼의 분산이 예측변인 X_2에 의해 통제된다. 그러나 예측변인 X_3과 X_1 간에는 상관이 없기 때문에 예측변인 X_1에 의한 통제 효과는 없다. 따라서 예측변인 X_3의 잔여분산 [h+j] 중에서 [h]만큼만이 준거변인 Y에 대한 고유한 예측력으로 계산되어 예측변인 X_3의 회귀계수 β_3로 추정되게 된다. 예측변인 X_3이 기존의 회귀식에 새로 투입될 경우, 회귀모델 속의 예측변인들이 서로 통제를 받게 되기 때문에 단계 2에서 먼저 투입되어 있던 예측변인 X_2 역시 새로 투입되는 예측변인 X_3에 의해 통제를 받게 되고 예측변인 X_2의 준거변인 Y에 대한 예측력 역시 [e]/[g+e]로 다시 조정되어 회귀계수 β_2에 반영되어 나타나게 된다.

$$\beta_{2.13} = \frac{e}{g+e}$$

그리고 예측변인 X_1과 X_2가 투입되어 있는 회귀식에 예측변인 X_3을 추가적으로 투입함으로써 준거변인 Y에 대한 총 설명량은 [b+c+e+f+h]/[b+c+e+f+h+k]로 변화하게 된다.

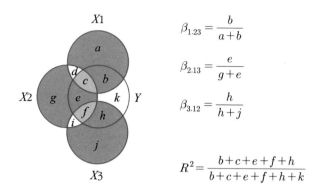

$$\beta_{1.23} = \frac{b}{a+b}$$

$$\beta_{2.13} = \frac{e}{g+e}$$

$$\beta_{3.12} = \frac{h}{h+j}$$

$$R^2 = \frac{b+c+e+f+h}{b+c+e+f+h+k}$$

[그림 19-9] 예측변인 X_3 추가 투입 후의 X_2의 고유예측량 및 R^2의 변화

위계적 중다회귀분석의 이러한 절차적 특성으로 인해 표준적 중다회귀분석에서 예측변인 간 공통설명량으로 처리되는 분산이 위계적 중다회귀분석에서는 회귀식에 먼저 투입되는 예측변인의 고유설명량으로 우선 귀속되기 때문에, 위계적 중다회귀분석 절차에서는 예측변인들이 투입되는 단계에 따라 이미 선행 단계에서 투입된 예측변인들의 고유예측량을 나타내는 회귀계수의 크기가 변화하는 것으로 나타날 수 있다.

이제 앞에서 표준중다회귀분석 절차에서 사용된 자료를 SPSSwin 프로그램의 위계적 중다회귀분석 절차에 따라 분석하기 위한 위계적 단계별 절차와 분석결과를 통해 단계별 예측력의 변화와 중다회귀계수의 구체적인 변화를 살펴보도록 하겠다. 연구자는 연구목적에 따라 의도적으로 예측변인을, ① **가족 수** → ② **가계 수입 정도** → ③ **자동차 보유 수** 순으로 투입하면서 사용하고 있는 가구별 신용카드 수에 대한 예측력의 변화와 정도를 알아보기로 하였다.

SPSS를 이용한 위계적 중다회귀분석 실시 절차

1. **A**nalyze → **R**egression → **L**inear 순으로 클릭한다.

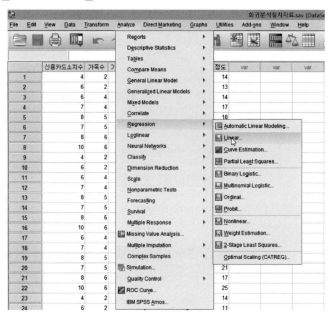

2. **Dependent**에 준거변인을, 그리고 결정된 투입 순서에 따라 첫 번째 예측변인인 가족 수 변인을 **Independent**에 이동시킨다. 그리고 **N**ext를 클릭한다.

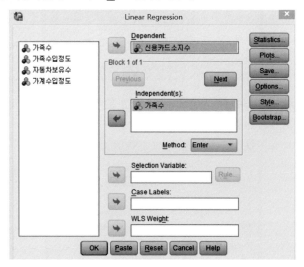

3. 결정된 투입 순서에 따라 두 번째 예측변인 가계 수입 정도 변인을 **Independent**에 이동시킨다. 그리고 **Next**를 클릭한다.

4. 결정된 투입 순서에 따라 세 번째 예측변인 자동차 보유 수 변인을 **Independent**로 이동시킨다. 그리고 **Statistics**를 클릭한다.

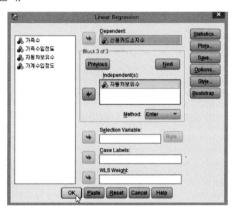

5. **Linear Regression Statistics** 메뉴창에서 필요한 분석 항목을 선택한다. 그리고 **Continue**를 클릭한다.

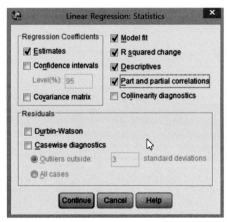

6. **L**inear **Regression Statistics** 메뉴창에서 **OK**를 클릭한다.

산출 결과

Variables Entered/Removed[a]

Model	Variables Entered	Variables Removed	Method
1	가족 수[b]	.	Enter
2	가계 수입 정도[b]	.	Enter
3	자동차 보유 수[b]	.	Enter

a. Dependent Variable: 신용카드 소지 수
b. All requested variables entered.

Variables Entered/Removed 산출표에 3단계에 걸쳐 예측변인이 투입되었고, 그리고 각 단계별로 어떤 예측변인이 분석에 투입되었는지 보여 주고 있다.

Model Summary

Model	R	R Square	Adjusted R Square	Std. Error of the Estimate	Change Statistics R Square Change	F Change	df1	df2	Sig. F Change
1	.859[a]	.738	.735	.815	.738	276.205	1	98	.000
2	.879[b]	.773	.769	.762	.035	15.135	1	97	.000
3	.892[c]	.795	.789	.728	.022	10.149	1	96	.002

a. Predictors: (constant), 가족 수
b. Predictors: (constant), 가족 수, 가계 수입 정도
c. Predictors: (constant), 가족 수, 가계 수입 정도, 자동차 보유 수

앞의 산출도표 **Model Summary**에서 볼 수 있는 바와 같이, 연구자가 정해준 순서에 따라 3단계에 걸쳐 예측변인이 하나씩 회귀모델에 추가적으로 투입되었음을 보여 주고 있다. 단계 1에서 **가족 수** 변인을 투입한 결과, 준거변인의 분산을 73.8%(R Square) 설명한 것으로 나타났으며, 단계 2에서 **가계 수입 정도** 변인이 추가적으로 투입되었고 준거변인 분산에 대한 설명 비율이 3.5%(R Square Change=.035) 추가적으로 증가되어 총 설명 비율이 .773으로 나타나있다. 마지막 단계

3에서 **자동차 보유 수** 변인을 추가적으로 투입한 결과, R Square Change=.022로서 총 설명 비율이 .773 → .795로 증가한 것으로 나타났다.

Coefficients^a

Model		Unstandardized Coefficients		Standardized Coefficients	t	Sig.	Correlations		
		B	Std. Error	Beta			Zero-order	Partial	Part
1	(Constant)	2.860	.269		10.634	.000			
	가족 수	.982	.059	.859	16.619	.000	.859	.859	.859
2	(Constant)	2.061	.325		6.348	.000			
	가족 수	.708	.089	.620	7.923	.000	.859	.627	.383
	가계 수입 정도	.115	.030	.304	3.890	.000	.792	.367	.188
3	(Constant)	1.590	.344		4.626	.000			
	가족 수	.681	.086	.596	7.928	.000	.859	.629	.366
	가계 수입 정도	.113	.028	.298	3.990	.000	.792	.377	.184
	자동차 보유 수	.349	.109	.150	3.186	.002	.312	.309	.147

a. Dependent Variable: 신용카드 소지 수

산출도표 **Coefficients**에는 각 단계별 회귀방정식의 표준화 및 비표준화 회귀계수가 추정되어 있다. 단계 1의 경우, $\beta_{가족\,수}$ =.859로 나타났다. 단계 2에서 가계 수입 정도 변인을 투입한 결과, 산출도표 **Model Summary**에서 볼 수 있는 바와 같이 준거변인의 설명량이 3.5%(R Square Change) 추가적으로 증가되어 총 예측량이 73.8% → 77.3%(R Square)로 증가된 것으로 나타났으며, 가족 수 예측변인의 표준회귀계수는 $\beta_{가족\,수}$ =.620 그리고 가계 수입 정도 $\beta_{가계\,수입\,정도}$ =.304로 나타났다. 마지막으로, 단계 3에서 **자동차 보유 수** 변인을 투입한 결과, 각 예측변인의 표준회귀계수는 $\beta_{가족\,수}$ =.596, $\beta_{가계\,수입\,정도}$ =.298, 그리고 $\beta_{자동차\,보유\,수}$ =.150으로 나타났다.

위계적 중다회귀분석은 표준중다회귀분석과 달리 이론적 또는 실제적 목적에 따라 예측변인들을 하나씩 투입하면서 단계별 회귀모델의 전반적인 예측력의 변화와 함께 새로 투입되는 예측변인이 이미 회귀모델 속에 투입되어 있는 예측변인들에게 어떤 영향을 미치게 되는지를 확인하려는 데 관심을 두고 있다. 따라서 위계적 중다회귀분석 절차를 사용하여 중다회귀모델을 분석할 경우, 중다회귀분석의 연구목적이 반드시 예측변인 투입 순서에 따른 단계별 예측력의 변화와 크기에 관한 것이어야 한다. 그래서 연구자는 예측변인들의 투입 순서를 왜 그렇게 정했는지, 그리고 투입 순서에 따라 어떤 변화를 기대하고 있는지를 분명히 밝힐 수 있어야 한다.

3) 단계적 중다회귀분석 절차

위계적 회귀분석 절차는 연구목적에 따라, 그리고 변인들 간의 상관관계의 정도를 충분히 검토하여 필요한 예측변인들을 선택한 다음 중다회귀모델을 설정하고, 그리고 이론적

또는 실제적 필요성에 근거하여 투입 순서를 정한 다음 투입 순서에 따른 예측력의 변화와 예측변인들의 예측력을 나타내는 회귀계수의 변화를 관찰하려는 데 관심을 두고 있다고 했다. 따라서 위계적 중다회귀분석 절차에서는 예측변인의 선택이 분석 전에 충분한 이론적 고려 또는 실제적 필요성에 따라 설정된 위계적 순서에 따라 이루어지기 때문에 선택된 모든 예측변인이 정해진 투입 순서에 따라 모두 투입될 때까지 단계적으로 분석이 진행된다.

위계적 중다회귀분석의 경우와 달리, 연구자가 문헌 고찰과 실제적 경험을 통해 준거변인의 예측에 도움이 될 것으로 기대되는 예측변인을 여러 개 파악한 다음 통계적 분석을 통해 가능한 한 가장 적은 수의 예측변인을 선택하여 준거변인을 적절한 수준까지 예측할 수 있는 회귀방정식을 탐색하고자 한다고 생각해 보자. 여러 개의 예측변인 중에서 이론적 또는 실제적 필요성에 의해 특별히 선호하거나 회귀방정식에 반드시 포함시키고자 하는 변인 (들)이 없고 표준중다회귀분석이나 위계적 중다회귀분석과 같이 모든 예측변인을 포함하는 회귀방정식의 예측력에 관심이 없다면, 예측변인의 선택과 투입 순서를 결정하기 위한 가장 합리적인 투입 기준은 바로 준거변인에 대한 각 예측변인의 예측력일 것이다. 그리고 가장 효과적인 예측변인들만을 포함하는 중다회귀방정식을 도출한 다음, 도출된 중다회귀방정식의 예측력과 회귀방정식에 포함된 예측변인들 간의 상대적 예측력을 알고 싶어 할 것이다. 이와 같이 통계적으로 분석된 예측변인들의 예측력을 근거로 예측변인들을 하나씩 선택하여 회귀분석에 투입한다. 그리고 새로 투입되는 예측변인이 통계적으로 유의할 만큼 모델의 예측력을 더 이상 증가시킬 수 없을 때까지 계속한다. 그래서 추가적으로 투입된 예측변인이 회귀방정식의 예측력을 통계적으로 유의할 만큼 증가시키지 못하면 분석은 그 단계에서 중단된다. 이러한 중다회귀분석 절차를 단계적 중다회귀분석 절차라 부른다.

단계 1 최초 투입 변인을 결정하기 위해 각 예측변인과 준거변인 간의 단순상관 정도를 파악한다.

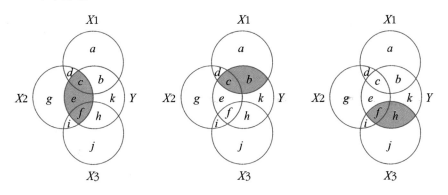

[그림 19-10] 준거변인과 예측변인 간의 단순상관 정도

[그림 19-10]에서 볼 수 있는 바와 같이, 단계 1에서 세 개의 예측변인 중 X_2가 준거변인과 가장 높은 상관을 가지는 것으로 파악되었기 때문에 X_2을 투입할 경우 준거변인을 가장 많이 설명할 수 있을 것으로 기대할 수 있다. 그래서 단계 1에서 X_2를 가장 먼저 투입하여 단순회귀방정식 $\hat{Y} = B_1 X_2 + B_0$을 추정한다. 예측변인 X_2를 투입할 경우, 다음 그림에서 볼 수 있는 바와 같이 예측변인 X_2의 예측력을 나타내는 회귀계수 β_2는 $[c+e+f]$ / $[c+d+e+f+g+i]$로 추정되어 나타나고, 준거변인 Y의 총 분산 $[b+c+e+f+h+k]$ 중에서 $[c+e+f]$만큼이 예측변인 X_2에 의해 설명되고 $[b+h+k]$만큼이 잔여분산으로 남게 된다.

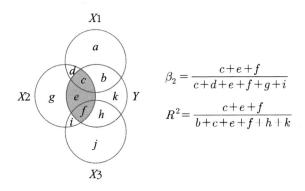

$$\beta_2 = \frac{c+e+f}{c+d+e+f+g+i}$$

$$R^2 = \frac{c+e+f}{b+c+e+f+h+k}$$

[그림 19-11] 예측변인 X_2 투입 후 설명된 준거변인 분산과 잔차분산 정도

단계 2 모델에 포함되지 않고 모델 밖에서 대기하고 있는 예측변인 X_1과 X_3 중 어떤 변인을 투입할 경우, 예측변인 X_2에 의해 설명되지 않고 남아 있는 준거변인의 잔차분산(b+k+h)을 추가적으로 가장 많이 설명할 수 있는지를 통계적으로 검토한다. 이를 위해 이미 회귀방정식에 투입된 예측변인을 통제한 상태에서, 즉 준거변인과 대기 중인 각 예측변인으로부터 이미 모델에 투입되어 있는 예측변인에 의해 설명될 수 있는 분산을 제거(partial out)한 후에 준거변인의 잔차와 모델 밖에 대기 중인 각 예측변인의 잔차 간의 상관 정도를 계산한다. 이렇게 얻어진 상관계수를 부분상관계수(partial correlation coefficient)라 부르며, 율(Yule, 1907)에 의해 이 용어가 처음 사용되었다. 부분상관계수는 모델 밖에 남아 있는 주어진 예측변인을 추가적으로 투입할 경우에 전 단계에서 남겨진 잔차분산을 어느 정도 추가적으로 설명할 수 있는지를 말해 준다. 부분상관계수를 제곱하여 얻어진 값은 주어진 예측변인을 추가적으로 투입할 경우에 준거변인의 총 분산이 아닌 전 단계의 잔차분산 중 몇 %를 설명할 수 있는지를 나타낸다.

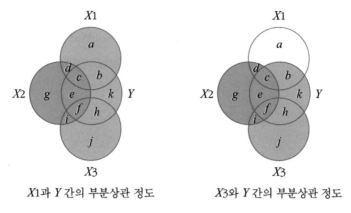

X1과 Y 간의 부분상관 정도   X3와 Y 간의 부분상관 정도

[그림 19-12] 모델 밖의 예측변인과 준거변인 간의 부분상관

　따라서 예측변인 X_2가 준거변인 Y와 예측변인 X_1에 미치는 영향을 통제한 후에 준거변인 Y의 잔차와 예측변인 X_1의 잔차 간의 상관 정도를 나타내는 부분상관계수는 일반적으로 $r_{Y1.2}$과 같이 나타내고 $r_{Y1.2}^2 = \dfrac{b}{a+b}$이며, 이는 준거변인의 $[b]/[b+h+k]$에 해당된다. 그리고 예측변인 X_2가 준거변인 Y와 예측변인 X_3에 미치는 영향을 통제한 후에 준거변인 Y의 잔차와 예측변인 X_3의 잔차 간 상관 정도를 나타내는 부분상관계수는 일반적으로 $r_{Y3.2}$과 같이 나타내고 $r_{Y3.2}^2 = h/[h+j]$이기 때문에, 이는 준거변인의 $[h]/[b+h+k]$에 해당된다. 지금까지 모델 밖에 남아 있는 두 예측변인 X_1과 X_3의 부분상관계수를 살펴본 결과, 예측변인 X_3의 부분상관계수가 예측변인 X_1의 부분상관계수보다 크기 때문에 단계 2에서 예측변인 X_3이 추가적으로 투입된다.

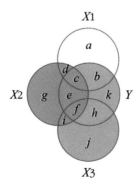

[그림 19-13] 예측변인 X_3 투입 후의 설명된 준거변인 분산과 잔차분산 정도

　준거변인 Y에 대한 예측변인 X_3의 고유설명력을 나타내는 회귀계수는 $\beta_3 = [h]/[h+j]$로 나타낼 수 있다. X_3을 추가적으로 투입함으로써 준거변인의 잔차분산 $[b+h+k]$ 중에

서 $[h]$만큼이 추가적으로 설명될 수 있기 때문에, 준거변인의 총 분산에 대한 설명량은 $[c+e+f+h]/[b+c+e+f+h+k]$로 증가할 것으로 기대할 수 있다. 예측변인 X_3이 새롭게 회귀식에 투입됨으로써 예측변인 X_2의 준거변인 Y에 대한 예측력을 나타내는 회귀계수도 $\beta_2 = [c+e]/[c+d+e+g]$로 다시 조정되어 추정된다.

단계 3 마지막으로, 모델 밖에 남아 있는 마지막 예측변인 X_1을 추가적으로 투입하여 최종적인 중다회귀방정식의 예측량과 회귀계수를 추정한다. 이미 예측변인 X_2과 X_3가 투입되어 있는 회귀방정식에 X_1를 추가적으로 투입할 경우 준거변인의 잔차분산 $[b+k]$ 중에서 [b]만큼 추가적으로 설명될 수 있으며, 예측변인 X_1의 고유예측력을 나타내는 회귀계수는 $\beta_1 = [b]/[a+b]$가 된다.

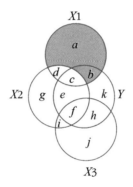

[그림 19-14] 예측변인 X_1 투입 후 설명된 준거변인 분산과 잔차분산 정도

예측변인 X_1이 새롭게 회귀식에 투입됨으로써 예측변인 X_2의 준거변인 Y에 대한 예측력을 나타내는 회귀계수는 다시 $\beta_2 = [e]/[e+g]$로 조정되어 추정된다. 그리고 예측변인 X_1, X_2, X_3에 의해 설명된 준거변인의 총 분산은 $[b+c+e+f+h]/[b+c+e+f+h+k]$로 증가하게 된다. 지금까지 설명된 단계적 중다회귀분석을 위계적 중다회귀분석에서 사용된 동일한 자료에 실시하여 얻어진 구체적인 산출 결과를 통해 단계별 변화를 구체적으로 살펴보겠다.

SPSS를 이용한 단계적중다회귀분석 실시 절차

1. **A**nalyze → **R**egression → **L**inear 순으로 클릭한다.

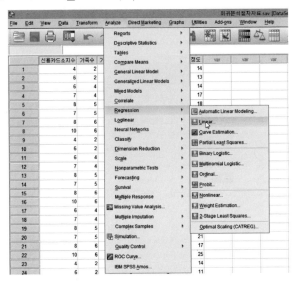

2. **Dependent**에 준거변인을, 그리고 **I**ndependent에 예측변인을 이동시킨다.
   그리고 **S**tatistics를 클릭한다.

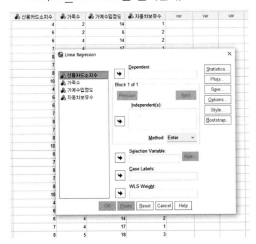

3. **Linear Regression Statistics** 메뉴창에서 필요한 분석 항목을 선택한다.
   그리고 **Continue**를 클릭한다.

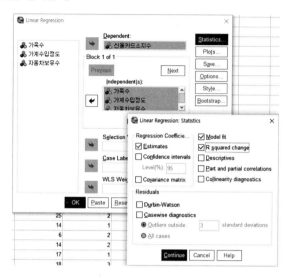

4. **Method** 메뉴에서 **Stepwise** 항목을 선택한다. 그리고 **OK**를 클릭한다.

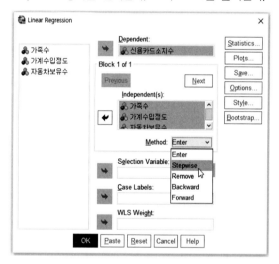

단계별 중다회귀분석 산출 결과

Correlations

		신용카드 소지 수	가족 수	가계 수입 정도	자동차 보유 수
Pearson Correlation	신용카드 소지 수	1.000	.859	.724	.312
	가족 수	.859	1.000	.821	.190
	가계 수입 정도	.724	.821	1.000	.105
	자동차 보유 수	.312	.190	.105	1.000
Sig. (1–tailed)	신용카드 소지 수	.	.000	.000	.001
	가족 수	.000	.	.000	.029
	가계 수입 정도	.000	.000	.	.150
	자동차 보유 수	.001	.029	.150	.
N	신용카드 소지 수	100	100	100	100
	가족 수	100	100	100	100
	가계 수입 정도	100	100	100	100
	자동차 보유 수	100	100	100	100

앞의 **Corelations** 상관행렬표는 준거변인과 예측변인 그리고 예측변인들 간의 상관 정도와 통계적 유의성 검정을 위해 필요한 p값을 제공해 주고 있다. 상관행렬표로부터 어떤 예측변인이 준거변인과 어느 정도의 상관을 지니고 있는지 그리고 어떤 예측변인이 가장 상관이 높은지를 알 수 있다. 앞의 산출 결과표에서 볼 수 있는 바와 같이, 준거변인(신용카드 소지 수)과 예측변인(가족 수, 가계 수입 정도, 자동차 보유 수)들 간의 상호 상관계수를 추정한 결과, 세 개의 예측변인 중 가족 수 변인이 상대적으로 가장 높은 상관($r = .859$)을 가지는 것으로 나타났다.

Variables Entered/Removed[a]

Model	Variables Entered	Variables Removed	Method
1	가족 수	.	Stepwise (Criteria: Probability-of-F-to-enter ⟨= .050, Probability-of-F-to-remove ⟩=.100).
2	자동차 보유 수	.	Stepwise (Criteria: Probability-of-F-to-enter ⟨= .050, Probability-of-F-to-remove ⟩=.100).

a. Dependent Variable: 신용카드 소지 수

앞의 **Variables Entered/Removed** 산출표는 단계적 중다회귀분석이 몇 단계까지 진행되었고 각 단계에서 어떤 예측변인이 투입되었는지 보여 주고 있다. 산출도표의 **Method**에는 각 단계별로 투입되는 새로운 예측변인이 기존의 회귀방정식의 예측력을 통계적으로 유의할 만큼 추가적으

로 증가시킬 수 있는지를 검정하기 위해 사용하는 검정통계량 F와 유의수준을 보여 주고 있다. 새로 투입되는 예측변인은 유의수준 .05 수준에서 통계적으로 유의할 만큼 예측력을 증가시킬 수 있어야 하고, 그리고 모델 속의 예측변인이 통계적으로 유의할 만큼 준거변인의 예측에 기여할 수 없을 경우 모델에서 제거될 수도 있다. 모델 속의 예측변인의 고유예측력이 유의수준 .10 수준에서 유의하지 않을 경우 모델에서 제거됨을 보여 주고 있다.

Model Summary

Model	R	R Square	Adjusted R Square	Std. Error of the Estimate	Change Statistics				
					R Square Change	F Change	df1	df2	Sig. F Change
1	.859[a]	.738	.735	.815	.738	276.205	1	98	.000
2	.872[a]	.761	.756	.782	.023	9.350	1	97	.003

a. Predictors: (constant), 가족 수
b. Predictors: (constant), 가족 수, 자동차 보유 수

앞의 **Model Summary** 산출표는 단계적 중다회귀분석이 진행되면서 진행된 각 단계에서 회귀모델의 예측력이 어느 정도인지 말해 주는 R^2값, 전 단계에 비해 어느 정도의 예측력이 증가되었는지 보여 주는 *R Square Change*값, 그리고 증가된 예측력의 통계적 유의성을 검정하기 위한 p값인 *Sig. F Change*값을 보여 주고 있다. 앞의 산출 결과표 **Model Summary**에서 볼 수 있는 바와 같이, 예측변인이 세 개임에도 불구하고 단계적 중다회귀분석이 2단계까지만 진행되고 중단되었음을 보여 주고 있다. 단계 1에서 가족 수 변인을 투입한 결과, 준거변인의 분산이 73.8%(R Square) 설명되었음을 보여 주고 있다. 그리고 단계 2에서 자동차 보유 수를 투입한 결과, 준거변인의 분산이 추가적으로 2.3%(R Square Change=.023) 증가되어 전체 설명량은 73.8%→76.1%로 증가했음을 보여 주고 있다. 가계 수입 정도 변인은 이미 가족 수와 자동차 보유 수 변인이 이미 투입되어 있는 회귀방정식에 추가적으로 투입해도 잔차분산을 통계적 유의할 만큼 추가적으로 설명할 수 없는 것으로 나타났기 때문에 분석이 단계 2에서 중단되었음을 보여 주고 있다.

ANOVA[a]

Model		Sum of Squares	df	Mean Square	F	Sig.
1	Regression	183.465	1	183.465	276.205	.000[b]
	Residual	65.095	98	.664		
	Total	248.560	99			
2	Regression	189.188	2	94.594	154.544	.000[b]
	Residual	59.372	97	.612		
	Total	248.560	99			

a. Dependent Variable: 신용카드 소지 수
b. Predictors: (Constant), 가족 수
c. Predictors: (Constant), 가족 수, 자동차 보유 수

앞의 **ANOVA** 산출표는 단계적 중다회귀분석이 진행되면서 진행된 각 단계에서 회귀모델의 예측력에 대한 통계적 유의성을 검정하기 위한 *F*값과 p값인 *Sig.*값을 보여 주고 있다.

Coefficients[a]

Model		Unstandardized Coefficients		Standardized Coefficients	t	Sig.	Correlations		
		B	Std. Error	Beta			Zero-order	Partial	Part
1	(Constant)	2.860	.269		10.634	.000			
	가족 수	.982	.059	.859	16.619	.000	.859	.859	.859
2	(Constant)	2.359	.306		7.716	.000			
	가족 수	.948	.058	.830	16.415	.000	.859	.858	.815
	자동차 보유 수	.359	.117	.155	3.058	.003	.312	.297	.152

a. Dependent Variable: 신용카드 소지 수

앞의 **Coefficients** 산출표는 단계적 중다회귀분석이 진행되면서 진행된 각 단계에 포함된 예측변인의 비표준화 계수와 표준화 계수를 제공해 주고 있다. 그리고 각 회귀계수의 통계적 유의성 검정을 위한 통계량(t), p(*Sig.*), 그리고 회귀모델 속에 포함된 다른 예측변인들의 영향을 통제한 후 추정된 예측변인과 준거변인 간의 상관 정도를 나타내는 준부분상관계수(part correlation coefficient)와 부분상관계수(partial correlation coefficient)를 보여 주고 있다. 산출 결과표 **Coefficients**에서 볼 수 있는 바와 같이, 단계 1에서 가족 수 변인을 먼저 투입한 결과, 표준화 회귀계수가 $\beta_{가족 수}$ = .859로서 준거변인과 가족 수 변인간의 단순상관계수 r = .859와 동일한 것으로 나타났다.

Excluded Variables[a]

Model		Beta In	t	Sig.	Partial Correlation	Collinearity Statistics Tolerance
1	가계 수입 정도	.058[b]	.634	.527	.064	.326
	자동차 보유 수	.155[b]	3.058	.003	.297	.964
2	가계 수입 정도	.083[b]	.946	.347	.096	.324

a. Dependent Variable: 신용카드 소지 수
b. Predictors in the Model: (Constant), 가족 수
c. Predictors in the Model: (Constant), 가족 수, 자동차 보유 수

그리고 산출 결과표 **Excluded variables**에 나타나 있는 바와 같이, 준거변인의 분산 중 가족 수 변인에 의해 설명된 분산을 제외한 잔차분산(1-.738=.262)에 대한 아직 회귀식에 투입되지 않은 두 예측변인들의 설명력을 나타내는 부분상관계수**가** 가계 수입 정도=.064, 자동차 보유 수=.297로 나타났다. 그래서 단계 2에서는 자동차 보유 수가 가계 수입 정도보다 더 높은 부분상관계수를 나타내고 있기 때문에 자동차 보유 수 변인이 투입되었다. 단계 2에서 자동차 보유 수 변인을 추가적으로 투입할 경우, 부분상관계수가 .297이므로 잔차분산(.262) 중에서 .088(.297^2)% 가 설명되었음을 알 수 있다. 그래서 (.262*.088)=.023이므로 단계 2의 R Square Change=.023으로 나타나 있다. 마지막으로, 단계 3에서 예측변인 가계 수입 정도 변인을 추가적으로 투입하기 위해 부분상관계수를 추정한 결과 $r_{Y.X_{가계 수입 정도}(가족 수 \cdot 자동차 보유 수)}$ = .096로서 추가적으로 투입해도 회귀방정식의 예측력을 통계적으로 유의할 만큼 증가시킬 수 없는 것으로 나타났다. 그래서 단계 2에서 분석을 중단하고 가족 수와 자동차 보유 수 변인만을 포함하는 중다회귀방정식을 최종 회귀방정식으로 설정한다.

신용카드 소지 수=2.359+.948*가족 수+.359*자동차 보유 수

　　지금까지 구체적 자료의 분석을 통해 위계적 중다회귀분석 절차적 특성을 살펴본 결과, 위계적 중다회귀분석과 단계적 중다회귀분석에서 모두 예측변인이 단계별로 하나씩 투입되면서 회귀모델의 예측력과 회귀계수의 변화를 관찰한다는 점에서 형식적인 공통점을 지니고 있다고 볼 수 있다. 그러나 분석의 목적에 있어서 두 절차 간에 몇 가지 본질적인 차이가 있음을 알 수 있다. 첫째, 위계적 중다회귀분석 절차에서는 회귀분석을 하기 전에 이론적 또는 실제적 필요성에 적합한 특정한 변인들이 선택된다. 따라서 연구자는 자신이 선택한 예측변인들의 선택 근거를 연구 논문에서 제시할 수 있어야 하고, 예측변인들의 투입 순서에 대한 근거도 밝힐 수 있어야 한다. 그리고 자신이 선택한 예측변인들로 설정된 중다회귀모델이 설정 오류를 범하지 않도록 예측변인들 간의 이론적 관계에 대한 충분한 고찰이 선행되어야 한다.

　　반면에 단계적 중다회귀분석 절차에서는 준거변인과의 상관이 있는 것으로 밝혀졌거나 이론적으로 상관이 있을 것으로 기대되는 불특정 다수 변인들을 예측변인으로 중다회귀모델의 예측변인으로 설정한 다음, 통계적 분석을 통해 준거변인의 예측에 기여할 수 있는 변인들을 단계별로 하나씩 추가해 간다. 따라서 단계적 중다회귀분석 절차에서는 어떤 변인들이 최종적인 중다회귀방정식에 포함될 것인지 사전에 알 수 없으며, 분석이 종료된 후에 알 수 있다. 그리고 최종적인 회귀방정식에 포함된 예측변인들은 단순히 통계적 판단에 의해서만 선택된 것이기 때문에 얻어진 중다회귀방정식의 회귀계수의 부호와 크기의 타당성을 살펴보고 최종 모델의 타당성을 판단해야 한다.

　　셋째, 단계적 중다회귀분석에서 예측변인들의 예측력을 근거로 투입 순서가 결정되기 때문에 최종 회귀모델 속에 포함된 예측변인들의 표준화 회귀계수의 비교를 통해 예측변인 간 상대적 예측력을 판단할 수 있다. 그러나 위계적 중다회귀분석에서는 대부분의 경우 예측변인의 투입 순서가 이론적 또는 실제적 필요성에 의해 결정되기 때문에 이론적 투입 순서와 준거변인에 대한 예측변인들의 예측력의 크기의 순서가 일치하지 않을 경우 예측변인들 간의 상대적 예측력의 비교는 의미가 없다.

5　비표준화 중다회귀계수와 표준화 중다회귀계수

　　중다회귀모델에 설정된 예측변인들과 준거변인 간의 예측적 관계를 나타내는 중다회귀방정식이 어떤 중다회귀분석 절차를 통해 도출되건 최소제곱 기준의 수학적 기준을 만족하는 조건하에서 중다회귀방정식이 구해지면,

$$\hat{Y} = a + b_1 X_1 + b_2 X_2 \cdots\cdots b_k X_k$$

단순회귀모델과 마찬가지로, 두 가지 형태로 중다회귀방정식을 나타낸다. 첫째, 준거변인과 예측변인 간의 선형적 관계를 원점수 단위로 표현되는 B 계수이며, 이를 비표준화 회귀계수(unstandardized regression coefficient)라 부르며 회귀방정식 $\hat{Y} = a + b_1 X_1 + b_2 X_2$ $\cdots\cdots b_k X_k$을 다음과 같이 나타낸다.

$$\hat{Y} = B_1 X_1 + B_2 X_2 \cdots\cdots + B_k X_k + B_0$$

둘째, 예측변인과 준거변인 간의 관계를 원점수가 아닌 Z점수(평균=0, 표준편차=1) 단위로 표현되는 β계수이며, 이를 표준화 회귀계수(unstandardized regression coefficient)라 부른다. 두 변인의 측정치를 표준점수인 Z점수(평균=0, 표준편차=1)로 변환할 경우, 회귀식의 절편이 0이 되기 때문에 표준화 회귀식은 다음과 같다.

$$Z_{\hat{Y}} = \beta_1 Z_{X_1} + \beta_2 Z_{X_2} \cdots\cdots \beta_k Z_{X_k}$$

중다회귀계수의 의미와 중다회귀분석 결과를 정확히 해석하기 위해서는 중다회귀모델하에서 각 예측변인의 회귀계수가 구해지는 분석 과정에 대한 이해가 필요하다. 단순회귀모델의 경우와 달리, 예측변인이 두 개 이상 포함되어 있기 때문에 만약 [그림 19-7]의 B의 경우처럼 예측변인들 간에 상관이 존재할 경우 준거변인을 중복적으로 예측하게 될 수도 있다. 그래서 각 예측변인들은 모델하의 다른 예측변인들이 먼저 준거변인을 예측하고 남은 잔차 중에서 자신만이 고유하게 예측할 수 있는 정도만큼만 예측(잔차분산 설명)할 수밖에 없다. 예컨대, [그림 19-15]에서 예측변인 X_1 예측력을 나타내는 회귀계수 B_1은 모델 속의 다른 예측변인 X_2가 준거변인 Y에 대한 예측력을 먼저 제거(통제)한 다음 나머지 잔차 중 예측변인 X_1만이 고유하게 예측할 수 있는 정도를 나타낸다. 즉, 예측변인 X_2가 준거변인 Y에 미치는 영향을 통제한 다음 준거변인 Y에 대한 예측변인 X_1의 고유한 예측력을 의미한다. 마찬가지로, 회귀계수 B_2는 준거변인 Y에 대한 예측변인 X_1의 예측력을 먼저

통제한 다음, 잔차 중에서 예측변인 X_2에 의해 고유하게 예측할 수 있는 예측력을 의미한다.

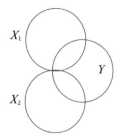 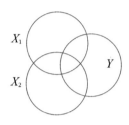

A. 예측변인 간 상관이 없는 경우   B. 예측변인 간 상관이 있는 경우

[그림 19-15] 예측변인 간 상관의 유무에 따른 두 경우

따라서 [그림 19-15 A]와 같이 예측변인들 간에 상관이 존재하지 않을 경우에는 각 예측변인들의 준거변인에 대한 예측력은 다른 예측변인에 의해 전혀 통제를 받지 않고 각 예측변인과 준거변인 간의 상관 정도만큼 그대로 예측력을 나타내는 회귀계수로 나타나게 된다.

이와 같이 중다회귀모델의 경우 준거변인에 대한 각 예측변인들의 예측력을 나타내는 회귀계수는 모델 속의 다른 모든 예측변인이 준거변인에 미치는 영향력을 먼저 통제한 후에 얻어지는 고유의 예측력을 나타내기 때문에, 예측변인들 간에 상관이 .80 이상 높을 경우 서로 통제하고 통제받는 과정을 통해 고유의 예측력이 아주 미미한 것으로 추정되거나 수학적 조건의 위배로 인해 회귀계수가 추정될 수 없거나 정확하게 추정될 수 없는 심각한 통계적 오류로 나타나게 된다.

1) 비표준화 회귀계수의 해석

한 연구자가 학습동기(X_1)와 지능(X_2)을 예측변인으로 하고 학업 성취도를 준거변인으로 하여 중다회귀모델 $\hat{Y} = B_0 + B_1 X_1 + B_2 X_2$ 을 설정한 다음, 중다회귀분석을 통해 다음과 같이 비표준회귀방정식을 얻었다고 가정하자.

$$\widehat{\text{학업 성적}} = 20.5 + 2.5 X_{\text{학습동기}} + 3.6 X_{\text{지능}}$$

이 회귀방정식의 회귀계수는 비표준화 계수이기 때문에 학생들의 지능을 통제한 상태에서 학습동기 점수가 1점(측정단위) 증가하면 학업 성취도가 2.5점(측정단위) 증가하는 것으로 해석할 수 있다. 그리고 학생들의 학습동기를 통제한 상태에서 지능이 1점 증가하면 학업 성적은 3.6점 증가하는 것으로 해석할 수 있다. 비표준화 계수는 각 변인의 실제 측정단위를 나타내기 때문에 서로 척도가 다를 수 있다. 따라서 학업 성적에 대한 학습동기와 지능 중에서 어느 예측변인이 준거변인인 학업 성취도를 더 잘 예측할 수 있는지 상대적 예측력을 비교하고자 할 경우 비표준화 회귀계수를 사용할 수 없다. 중다회귀모델에서 비표준화 회귀계수는 주어진 예측변인의 단위변화량에 따른 준거변인의 단위변화량을 나타내기 때문에 단위변화량의 변화를 이용하여 예측변인과 준거변인 간의 예측적 관계(변화의 크기와 성질)를 해석하고, 그리고 예측변인의 예측력의 통계적 유의성을 검정하기 위한 목적으로 이용한다.

2) 표준화 회귀계수의 해석

앞에서 언급한 바와 같이 준거변인에 대한 예측변인들 간의 상대적 예측력을 비교하고자 할 경우, 예측변인들을 측정하기 위해 사용된 측정 도구의 척도가 서로 다르기 때문에 비표준화 회귀계수를 이용하여 직접 비교할 수 없다. 따라서 예측력의 상대적 크기를 비교하기 위해 모든 변인의 측정단위를 표준점수 단위로 변환하여 얻어진 회귀방정식 $Z_{\hat{Y}} = \beta_1 Z_{X_1} + \beta_2 Z_{X_2}$의 표준화 회귀계수를 사용해야 한다. 앞에서 제시한 동일한 자료로부터 표준화 회귀계수를 추정한 결과, 다음과 같이 얻어졌다고 가정하자.

$$Z_{\text{학업 성적}} = 0.2 Z_{\text{학습동기}} + 0.8 Z_{\text{지능}}$$

단순회귀모델에서 언급한 바와 같이, 표준회귀계수는 주어진 예측변인이 1표준편차 변화할 때 준거변인의 표준편차 단위변화 정도를 나타낸다. 따라서 학습동기 변인의 표준회귀계수 $\beta_1 = 0.2$의 의미는 학생들의 지능을 통제할 경우 학습동기가 1표준편차 변화할 때 학업 성적은 0.2표준편차 정도 변화함을 의미한다. 이와 같이 표준편차 단위로 나타낸 변화량은 실제 단위가 아닌 비교 목적을 위해 변환된 표준단위이기 때문에 변화량에 대한 의미를 이해하기 어렵다. 그래서 표준회귀계수는 해석의 목적이 아닌 예측변인들 간 상대적 예측력을 비교하기 위한 목적으로 사용된다. 앞의 분석 결과에서 볼 수 있는 바와 같이, 지능의 표준화 회귀계수 $\beta_2 = 0.8$은 학습동기의 표준화 회귀계수 $\beta_1 = 0.2$보다 더 크기 때문에 지능이 학습동기보다 학업 성취도 예측에 더 기여하는 것으로 해석할 수 있다. 물론 표본 자료에서 얻어진 회귀계수일 경우, 통계적 검정을 통해 회귀계수 간 차이를 확인해야 한다.

6 중다결정계수 R^2과 조정된 중다결정계수 $_{Adj.}R^2$

중다회귀분석의 주요 목적 중의 하나는 주어진 예측변인들로부터 준거변인을 어느 정도 예측할 수 있는지를 알아보려는 데 있다. 준거변인과 상관이 있는 예측변인들이 회귀모델 속에 많이 설정될수록 (예측변인들 간에 상관이 완벽하지 않는 한) 회귀모델의 예측력은 증가 할 것이다. 예측변인을 사용하지 않을 경우, 준거변인을 가장 잘 예측할 수 있는 측정치는 바로 준거변인의 평균이라고 했다. 그러나 평균을 사용할 경우, 제18장에서 설명한 바와 같 이 $\sum (y_i - \overline{y})^2$ 만큼의 예측 오류를 범하게 된다.

$$SS_T = \sum_{i}^{N} (y_i - \overline{y})^2$$

회귀모델에서는 준거변인의 평균을 가지고 준거변인을 예측할 때보다 준거변인과 상관 이 있는 예측변인을 이용하여 예측할 경우 예측의 오차가 감소(예측력이 증가)되기를 기대하 는 것이다. 다시 말하면, 준거변인의 평균 $\overline{y}$ 보다 예측변인에 의해 예측된 $\widehat{Y}_i$가 y_i에 더 근 접한 값으로 얻어질 수 있기를 기대하는 것이다. 그리고 준거변인과 상관이 있는 (단, 다른 예측변인들 간에 상관이 완벽하지 않는 한) 예측변인의 수가 증가할수록 예측된 $\widehat{Y}_i$가 y_i에 더 근접할 것으로 기대하는 것이다.

$$\sum_{i}^{N} (y_i - \overline{y})^2 = \sum_{i}^{N} (\widehat{Y}_i - \overline{y})^2 + \sum_{i}^{N} (y_i - \widehat{Y}_i)^2$$
$$(1) \qquad\qquad (2) \qquad\qquad (3)$$

그래서 잠재적 총 예측량 $\sum (y_i - \overline{y})^2$ 중에서 예측변인들에 의해 설명된 예측량을 나타 내는 $\sum (\widehat{Y}_i - \overline{y})^2$의 값은 증가하고, 반면에 $\sum (\widehat{Y}_i - \overline{y})^2$이 증가한 만큼 예측변인들에 의 해 설명되지 않은 예측오차량 $\sum (y_i - \widehat{Y}_i)^2$은 감소하게 된다. $\sum (y_i - \widehat{Y}_i)^2$는 예측변인들 을 사용해도 여전히 예측할 수 없는 예측오차제곱합이며 SS_E(sum of squared error)이며 잔 차제곱합(sum of squared residuals)이라 부르기도 한다고 했다.

$$SS_E = \sum (y_i - \widehat{Y}_i)^2 = (n-1)(S_y^2 - \frac{S_{xy}^2}{S_x^2})$$

만약 예측변인들에 의해 예측된 $\hat{Y}$와 Y간의 단순상관계수가 $r_{\hat{Y}Y} = |1.00|$이라면, $SS_E = 0$이기 때문에 $SS_T = SS_R$가 되어 준거변인의 평균을 예측치로 사용할 때 발생되는 모든 오차량을 주어진 예측변인들을 사용할 경우 완벽하게 설명할 수 있음을 의미한다. 만약 예측변인과 준거변인 간 상관계수가 $r_{\hat{Y}Y} = 0$이라면, $SS_R = \sum (\widehat{Y}_i - \overline{y})^2 = 0$이 되어 준거변인의 평균을 예측치로 사용할 때 존재하는 총 오차량이 예측변인들을 사용해도 전혀 감소되지 않음을 의미한다. 만약 예측변인과 준거변인 간 상관계수가 $0 < |r_{xy}| < 1.00$일 경우에는, 총 제곱합 중에서 일부는 예측변인들에 의해 설명되고 나머지는 모델 밖의 다른 변인들에 의해 설명될 수 있는 잔차로 남게 된다.

$$
\left.\begin{array}{c} X_1 \\ X_2 \\ \\ X_k \end{array}\right\} \qquad \hat{Y} \longrightarrow Y
$$

각 회귀계수의　　　　회귀모델의
유의성 검정　　　　　유의성 검정

$r_{\hat{Y}Y}$을 회귀분석에서 R로 나타낸다. 그리고 R^2은 SS_T 중에서 SS_R가 차지하는 비율을 나타내며 결정계수(coefficient of determination)라 부른다. 그리고, 특히 중다회귀모델에서 k개의 예측변인들과 준거변인 간의 선형적 상관의 강도를 나타내는 R^2을 중다결정계수 (multiple coefficient of determination)라 부른다.

$$R^2 = \frac{\text{예측변인들을 사용할 경우의 감소된 오차량}}{\text{평균을 사용할 경우의 총 오차량}}$$

$$= \frac{\text{회귀제곱합}}{\text{총 제곱합}}$$

$$R^2 = \frac{SS_R}{SS_T} = \frac{\sum_i^N (\widehat{Y}_i - \overline{y})^2}{\sum_i^N (y_i - \overline{y})^2} \quad (0 \leq R^2 \leq 1)$$

그래서 R^2이 클수록 주어진 회귀모델의 적합도(goodness-of-fit)가 양호한 것으로 평가된다. 일반적으로, 회귀식에 추가되는 예측변인의 수가 증가할수록 오차제곱합이 감소하는 만큼 회귀제곱합이 증가한다. 그래서, 예컨대 $k = 2$인 중다회귀모델의 R^2보다 $k = 5$인 중다회귀모델의 R^2이 더 높게 나타날 수 있다. 만약 $k = 5$인 중다회귀모델의 R^2이 $k = 2$인 중다회귀모델의 R^2과 동일하거나 아주 미미할 정도로 높다면, 모델의 간명성의 측면에서 볼 때 $k = 2$인 중다회귀모델을 더 적합한 모델로 평가할 수 있을 것이다. 예측변인의 수를 추가적으로 증가시킴으로써 증가되는 R^2의 크기가 무시해도 좋을 만큼 미미하거나 실제적 효과를 기대할 수 없다면, 단순히 R^2이 더 큰 회귀모델을 더 적합한 모델로 평가하는 것은 타당하지 않을 것이다. 그래서 예측변인의 개수가 서로 다른 회귀모델의 예측력을 비교할 경우, 단순히 R^2의 크기를 비교하는 것이 타당하지 않기 때문에 단순히 예측변인의 개수의 증가에 따른 R^2의 증대 효과를 배제한 어떤 조정된 R^2이 필요하다. 중다회귀모델의 자유도는 $df = n - k - 1$이기 때문에 예측변인의 수가 증가한 만큼 $df = n - k - 1$도 증가하게 된다. 특히 예측변인의 수 k가 사례 수 n에 비해 상대적으로 클수록 R^2의 값은 대단히 비현실적으로 큰 값으로 얻어질 수 있다. 예컨대, 단순회귀모델에서 $n = 2$일 경우를 생각해 보자. 설상가상으로 예측변인과 준거변인 간의 관계가 선형적 관계가 아닌 2차 또는 3차 곡선 관계일 경우라도, $n = 2$일 경우 두 점을 연결하는 선은 직선만이 가능하기 때문에 두 점을 연결하는 회귀선은 자료에 완벽하게 적합한 것으로 나타날 것이며 $R^2 = 1$로 얻어질 것이다. 이러한 이유 때문에 사례 수 n과 예측변인의 개수 k를 고려한 조정된 자유도 조정결정계수(coefficient of determination adjusted for degree of freedom)가 필요하다.

$$_{Adj.}R^2 = 1 - \frac{SS_E(n-k-1)}{SS_T(n-1)}$$

$$= 1 - (1 - R^2) * \frac{n-1}{n-k-1}$$

$_{Adj.}R^2$의 공식에서 $n - 1/n - k - 1$값은 1보다 크기 때문에 사례 수 n이 작을 경우 R^2값은 $_{Adj.}R^2$값보다 크게 얻어지며, 예측변인의 수가 증가할수록 그 차이도 더 증가할 것이다. 그러나 n이 증가할수록 R^2은 $_{Adj.}R^2$과 유사해지며, 사례 수가 아주 클 경우 예측변인의 수가 증가해도 R^2과 $_{Adj.}R^2$간에는 거의 차이가 없는 것으로 나타날 것이다. $SPSS$를 통해 중다회귀분석을 실시할 경우, 다음과 같이 중다결정계수를 제공해 준다.

Model Summary

Model	R	R Square	Adjusted R Square	Std. Error of the Estimate	Change Statistics				
					R Square Change	F Change	df1	df2	Sig. F Change
1	.798ª	.637	.615	4.636	.637	28.100	3	48	.000

a. Predictors: (constant), 선수 학습, 학습동기, 지능

이 산출 결과에서 볼 수 있는 바와 같이, 지능, 학습동기, 선수 학습 변인을 예측변인으로 하여 준거변인인 학업 성취도를 예측한 결과, $R^2 = .637$, $_{Adj.}R^2 = .615$로 나타났다. 따라서 $R^2 = .637$의 의미는 지능, 학습동기, 선수 학습 변인을 예측변인으로 하여 준거변인인 학업 성취도를 예측할 경우 학업 성취도의 분산의 약 63.7%를 설명할 수 있음을 의미한다. 마찬가지로, $_{Adj.}R^2 = .615$은 지능, 학습동기, 선수 학습 변인을 예측변인으로 하여 준거변인인 학업 성취도를 예측할 경우 학업 성취도의 분산의 약 61.5%를 설명할 수 있음을 의미한다. 앞에서 언급한 바와 같이, $_{Adj.}R^2 = .615$은 중다회귀모델의 모집단에 대한 적합도를 감안하여 자유도를 고려했기 때문에 $R^2 = .637$보다 더 정확한 추정값으로 볼 수 있다.

7 중다회귀계수 B_j의 추론

회귀모델 속에 설정된 예측변인의 수가 k개일 경우, 중다회귀모델은 $\hat{Y} = B_1 X_1 + B_2 X_2 + \cdots\cdots B_k X_k + B_0$이며 잠정적인 추론 대상인 모집단 회귀계수는 $B_1, B_2, \cdots\cdots B_k$가 된다. 연구자의 연구목적에 따라 모든 모집단 회귀계수를 추론할 수도 있고, 특정한 모집단 회귀계수 B_j의 추론에만 관심을 가질 수도 있다.

1) 중다회귀계수 $\hat{B}_j$의 표집분포

일단 추론하고자 하는 모집단 회귀계수가 정해지면, 연구자는 표본 자료에서 계산된 ① 표본회귀계수 $\hat{B}_j$와, ② $\hat{B}_j$의 표집분포의 표준오차를 이용하여 모수치 B_j를 추론한다. 따라서 표본 자료를 통해 계산된 통계치 $\hat{B}_j$로부터 모수치 B_j를 추론하기 위해서 주어진 표집 크기 n에 따라 발생될 수 있는 다양한 크기의 표집오차와 각 크기별 표집오차의 발생 확

률이 정의된 표본 $\hat{B}_j$의 표집분포가 필요하다.

제18장에서 설명한 바와 같이, 모집단 회귀계수가 B_j인 모집단에서 표집 크기 n인 표본을 무작위로 추출한 다음 표본회귀계수 $\hat{B}_j$을 계산한다. 그리고 다시 표본을 모집단으로 복귀시킨 다음 동일한 절차에 따라 표집 크기 n인 표본을 추출하고 또 다른 $\hat{B}_j$을 계산한다. 이러한 절차를 수없이 반복하면 반복된 수만큼의 $\hat{B}_j$값들을 얻을 수 있을 것이다(중심극한정리). 반복적 확률 실험을 통해 얻어진 표본 $\hat{B}_j$값들의 확률분포는 중심극한정리에 따라, 정규분포를 따르며 이 확률분포를 표본회귀계수 $\hat{B}_j$의 표집분포(sampling distribution of $\hat{B}_1$)라 부른다. 그리고 $\hat{B}_j$표집분포의 표준오차는 다음과 같다.

$$\text{평균 } E(\hat{B}_j) = B_j\text{이고,}$$

$$\text{표준오차가 } SE_{\hat{B}_j} = \sqrt{\frac{\sigma^2}{\sum(x_i - \overline{x})^2}}$$

분산 σ^2은 모집단 모수이기 때문에 대부분의 경우 그 값이 알려져 있지 않다. 그래서 대부분의 경우, 표본에서 계산된 불편향 추정치인 $\hat{S}^2$값을 대체하여 사용한다.

$$SE_{\hat{B}_1} = \sqrt{\frac{s^2}{\sum(x_i - \overline{x})^2}}$$

$$\text{여기서, } \hat{S}^2 = \frac{SS_E}{n-k-1} = \frac{\sum(y_i - \hat{Y}_i)^2}{n-k-1}$$

$$= \frac{(n-1)(S_y^2 - \frac{S_{xy}^2}{S_x^2})}{n-k-1}$$

모수 σ^2 대신 표본통계량 $\hat{S}^2$을 대체하여 B_j 표집분포의 표준오차 $SE_{\hat{B}_j}$를 추정할 경우, B_j값들의 표집분포는 정규분포가 아닌 표집의 크기에 따라 민감하게 반응하는 t분포 중에서 자유도 $df = n-k-1$의 t분포를 따른다.

2) 중다회귀계수 B_j의 추정 절차

예측변인의 수가 k개인 중다회귀모델에서 예측변인 X_j의 모집단 회귀계수 B_j를 구간 추정한다고 가정해 보자.

단계 1 표본 자료에서 통계량인 회귀계수 $\hat{B}_j$를 계산

중다회귀계수 $\hat{B}_j$의 간편 계산 공식인 $\hat{B}_j = S_{xy}/S_x^2$을 이용하여 표본통계량 $\hat{B}_j$을 계산한다.

$$\hat{B}_j = S_{xy}/S_x^2$$

$$S_{xy} = \frac{1}{n-1}\left[\sum_{i=1}^n x_i y_i - \frac{\sum_{i=1}^n x_i \sum_{i=1}^n y_i}{n}\right]$$

$$S_x^2 = \frac{1}{n-1}\left[\sum_{i=1}^n x_i^2 - \frac{(\sum_{i=1}^n x_i)^2}{n}\right]$$

단계 2 B_j 추정을 위해 사용해야 할 표집분포 파악

모집단 회귀계수 B_j에 대한 아무런 정보가 없을 경우, B_j가 어떤 값을 가지는지 표본회귀계수 $\hat{B}_j$부터 확률적으로 추정하기 위해 연구자는 반드시 $\hat{B}_j$의 표집분포인 정규분포와 $_{n-k-1}t$분포 중 어느 하나를 자신의 연구상황에 따라 선택하여 표집분포로 사용해야 한다. 대부분의 경우, 모집단 σ^2의 값이 알려져 있지 않기 때문에 표본 자료에서 계산된 $\hat{S}^2$을 $\hat{B}_j$표집분포의 표준오차를 계산하기 위해 사용해야 한다. 이 경우, $\hat{B}_j$의 표집분포는 정규분포를 따르지 않고 $_{n-k-1}t$ 분포를 따른다.

단계 3 $\hat{B}_j$의 표집분포의 표준오차 계산

표집분포의 표준오차의 계산은 두 가지 경우로 나뉜다. 모집단 분산 σ^2가 알려져 있는 경우에는 모집단 분산 σ^2을 이용하여 다음과 같이 $\hat{B}_j$의 표집분포의 표준오차(SE_{B_j})를 계산한다.

$$SE_{\hat{B}_j} = \sqrt{\dfrac{\sigma^2}{\displaystyle\sum_{i=1}^{n}(x_i - \overline{x})^2}}$$

그러나 모집단 표준편차 σ^2을 모르는 경우에는 표본에서 계산된 표준편차 $\hat{S}^2$를 대체하여 표집분포의 표준오차 $SE_{\hat{B}_j}$을 계산한다.

$$SE_{\hat{B}_j} = \sqrt{\dfrac{\hat{S}^2}{\displaystyle\sum_{i=1}^{n}(x_i - \overline{x})^2}}$$

단계 4 신뢰구간 추정을 위해 사용할 신뢰수준 p 결정

일단 통계량이 계산되고 표집분포의 표준오차가 계산되면, 계산된 통계량 $\hat{B}_j$로부터 모수치 B_j에 대한 신뢰구간 추정치를 구하기 위해 필요한 신뢰수준(90%, 95%, 99%)을 결정한다.

90% 신뢰수준을 선택할 경우: $p = .90$

95% 신뢰수준을 선택할 경우: $p = .95$

99% 신뢰수준을 선택할 경우: $p = .99$

단계 5 $\alpha = 1 - p$ 파악

연구자가 원하는 신뢰수준(90%, 95%, 99%)에 따라 대응되는 신뢰계수(.90, .95, .99)가 정해지면, 신뢰구간 추정량을 계산하기 위해 $\alpha = 1 - p$에 의해 필요한 α값을 파악한다.

90% 신뢰수준을 선택할 경우: $\alpha = 1 - .90 = .10$

95% 신뢰수준을 선택할 경우: $\alpha = 1 - .95 = .05$

99% 신뢰수준을 선택할 경우: $\alpha = 1 - .99 = .01$

단계 6 $\alpha/2$ 값 계산

주어진 신뢰수준에 해당되는 α값이 파악되면, 설정될 신뢰구간 추정량의 하한계와 상한계에 해당되는 값을 계산하기 위해 $\alpha/2$을 파악한다.

90% 신뢰수준을 선택할 경우: $\alpha/2 = .10/2 = .05$

95% 신뢰수준을 선택할 경우: $\alpha/2 = .05/2 = .025$

99% 신뢰수준을 선택할 경우: $\alpha/2 = .01/2 = .005$

단계 7 표집분포(Z분포 또는 $_{n-k-1}t$분포)에서 $\alpha/2$에 해당되는 $Z_{\alpha/2}$값 또는

$_{n-k-1}t_{\alpha/2}$값 파악

모집단 σ^2를 알고 있을 경우에는 표준확률분포인 Z분포를 표집분포로 사용하여 $\alpha/2$에 해당되는 $Z_{\alpha/2}$값을 파악한다. 그러나 모집단 σ^2를 모를 경우에는 $_{n-k-1}t$분포를 표집분포로 사용하여 $\alpha/2$에 해당되는 $_{n-k-1}t_{\alpha/2}$값을 파악한다.

• 표집분포가 Z분포일 경우

Z분포에서 $\alpha/2$에 해당되는 $Z_{\alpha/2}$값을 파악한다.

90% 신뢰수준을 선택할 경우: $\alpha/2 = .05$, $Z_{.05} = 1.645$

95% 신뢰수준을 선택할 경우: $\alpha/2 = .025$, $Z_{.025} = 1.960$

99% 신뢰수준을 선택할 경우: $\alpha/2 = .005$, $Z_{.005} = 2.575$

• 표집분포가 t분포일 경우

$df = n-k-1$인 $_{n-k-1}t$분포에서 $\alpha/2$에 해당되는 $_{n-k-1}t_{\alpha/2}$값을 파악한다.

단계 8 설정된 신뢰구간 추정량 계산

• 표집분포가 Z분포일 경우

○ 90% 신뢰구간: $\hat{B}_j - Z_{.05}*SE_{\hat{B}_j} \leq B_j \leq \hat{B}_j + Z_{.05}*SE_{\hat{B}_j}$

○ 95% 신뢰구간: $\hat{B}_j - Z_{.025}*SE_{\hat{B}_j} \leq B_j \leq \hat{B}_j + Z_{.025}*SE_{\hat{B}_j}$

○ 99% 신뢰구간: $\hat{B}_j - Z_{.005}*SE_{\hat{B}_j} \leq B_j \leq \hat{B}_j + Z_{.005}*SE_{\hat{B}_j}$

• 표집분포가 t분포일 경우

○ 90% 신뢰구간: $\hat{B}_j - {}_{n-k-1}t_{.05}*SE_{\hat{B}_j} \leq B_j \leq \hat{B}_j + {}_{n-k-1}t_{.05}*SE_{\hat{B}_j}$

○ 95% 신뢰구간: $\hat{B}_j - {}_{n-k-1}t_{.025}*SE_{\hat{B}_j} \leq B_j \leq \hat{B}_j + {}_{n-k-1}t_{.025}*SE_{\hat{B}_j}$

○ 99% 신뢰구간: $\hat{B}_j - {}_{n-k-1}t_{.005}*SE_{\hat{B}_j} \leq B_j \leq \hat{B}_j + {}_{n-k-1}t_{.005}*SE_{\hat{B}_j}$

다음 〈표 A〉는 $n=22$을 대상으로 측정된 $k=3$인 중다회귀모델의 가상적인 자료이다. SPSS를 이용하여 각 예측변인의 B 계수를 추정하고 각 회귀계수에 대한 95% 신뢰구간 추정치를 설정하시오.

〈표 A〉 중다회귀분석을 위한 가상적인 자료

사례	X_1	X_2	X_3	Y	사례	X_1	X_2	X_3	Y
1	56	89	78	65	12	67	110	65	92
2	54	121	89	90	13	89	105	54	90
3	67	111	99	88	14	78	89	50	89
4	56	98	65	81	15	76	98	48	88
5	87	78	56	76	16	80	100	67	90
6	80	89	78	66	17	92	99	54	78
7	65	130	99	98	18	56	86	52	76
8	76	145	89	99	19	99	115	65	88
9	76	123	90	93	20	98	125	67	93
10	78	145	98	99	21	89	129	79	94
11	55	152	96	98	22	98	130	89	96

3) 중다회귀계수 B_j에 대한 가설검정 절차 및 방법

중다회귀모델의 경우에는 예측변인이 두 개 이상 존재하기 때문에 중다회귀모델하의 각 예측변인이 준거변인을 선형적 관계로 예측할 수 있는지를 검정해야 할 검정 대상이 될 수 있다. 모수 B_j의 크기에 대한 아무런 정보가 없을 경우, 앞에서 설명한 구간 추정 절차에 따라 표본에서 계산된 $\hat{B}_j$과 표집에 따른 표준오차의 크기를 고려하여 B_j의 크기를 탐색적으로 구간 추정한다. 그러나 만약 경험적 또는 이론적 근거를 통해 모수 B_j가 특정한 값을 가질 것으로 기대될 경우, 과연 B_j가 기대한 것과 같은 값을 가지는지를 확인하기 위해 가설검정 절차를 통해 표본회귀계수 $\hat{B}_j$를 검정한다. 대부분의 경우, 회귀계수 B_j의 유의성 여부, 즉 $B_j=0$ 여부가 가설검정의 대상이 된다.

단계1 모집단 회귀계수 B_j에 대한 연구문제의 진술

모집단 회귀계수 $B_j(j=1,2,3\cdots\cdots k)$에 대한 연구문제는 두 가지 경우로 나누어 볼 수 있다.

첫째, 모델하의 각 예측변인의 예측력 유무에 의문을 제기할 경우, 예측변인의 예측 방향 (정적 또는 부적)과 관계없이 "예측변인 X_j은 준거변인 Y를 유의하게 예측할 수 있는가?(학습동기는 학업 성적을 유의하게 예측할 수 있는가?)"와 같이 예측 유무에 대한 연구문제를 제기할 수 있다. 예컨대, 세 개의 예측변인(X_1, X_2, X_3)이 설정된 중다회귀모델의 경우, 연구문제를 각 예측변인별로 구체적으로 다음과 같이 진술할 수 있다

예측변인 X_1은 준거변인 Y를 예측할 수 있는가?
예측변인 X_2은 준거변인 Y를 예측할 수 있는가?
예측변인 X_3은 준거변인 Y를 예측할 수 있는가?

둘째, 예측변인의 예측 유무와 함께 예측의 방향에 구체적인 의문을 제기할 경우, ① "예측변인의 점수가 높을수록 준거변인의 점수도 높을 것인가?" 또는, ② "예측변인의 점수가 높을수록 준거변인의 점수가 낮을 것인가?"와 같이 예측 방향(정적 또는 부적)을 나타내는 구체적인 연구문제를 제기할 수 있다. 예컨대, X_1, X_2는 준거변인 Y와 정적인 관계를 기대하고, 그리고 X_3는 Y와 부적인 관계를 기대할 경우 연구문제를 다음과 같이 진술할 수 있다.

예측변인 X_1의 점수가 증가할수록 준거변인 Y의 점수도 증가할 것인가?
예측변인 X_2의 점수가 증가할수록 준거변인 Y의 점수도 증가할 것인가?
예측변인 X_3의 점수가 증가할수록 준거변인 Y의 점수는 감소할 것인가?

학습동기가 증가할수록 학업 성취도가 증가할 것인가?
학업적 자아개념이 증가할수록 학업 성취도가 증가할 것인가?
부모의 학습 관여 정도가 증가할수록 학업 성취도가 감소할 것인가?

단계2 모집단 회귀계수 B_j에 대한 연구가설 설정

첫째, "연구문제가 예측변인 X_j는 준거변인 Y를 예측할 수 있는가?"의 형태로 제기될 경우, 이는 모집단 회귀계수 B_j가 0이 아님을 의미한다. 따라서 연구자는 "예측변인 X_j는 준

거변인 Y를 예측할 수 있을 것이다$(B_j \neq 0)$." 가설과 "예측변인 X_j는 준거변인 Y를 예측할 수 없을 것이다$(B_j = 0)$." 가설 중에서 이론적 · 경험적 지지를 많이 받는 가설을 연구가설로 설정하게 된다.

둘째, 연구문제가 "예측변인 X_j의 점수가 증가할수록 준거변인 Y의 점수도 증가하는 가?"의 형태로 제기될 경우, 이는 모집단 회귀계수 $B_j > 0$임을 의미한다. 따라서 연구자는 "예측변인 X_j의 점수가 증가할수록 준거변인 Y의 점수도 증가할 것이다$(B_j > 0)$." 가설과 "예측변인 X_j의 섬수가 증가할수록 준거변인 Y의 점수는 증가하지 않을 것이다$(B_j \leq 0)$." 가설 중 이론적 · 경험적 근거에 의해 많은 지지를 받는 가설을 연구가설로 설정한다.

셋째, 연구문제가 "예측변인 X_j의 점수가 증가할수록 준거변인 Y의 점수는 감소하는 가?"의 형태로 제기될 경우, 이는 모집단 회귀계수 $B_j < 0$임을 의미한다. 따라서 연구자는 "예측변인 X_j의 점수가 증가할수록 준거변인 Y의 점수는 감소할 것이다$(B_j < 0)$." 가설과 "예측변인 X_j의 점수가 증가할수록 준거변인 Y의 점수는 감소하지 않을 것이다$(B_j \geq 0)$." 가설 중 이론적 · 경험적 근거에 의해 많은 지지를 받는 가설을 연구가설로 설정한다.

단계 3 모집단 회귀계수 B_j에 대한 통계적 가설 설정

연구문제에 대한 연구가설이 설정되면, 연구자는 설정된 연구가설의 진위 여부를 통계적으로 검정하기 위해 다음과 같이 영가설과 대립가설로 이루어진 통계적 가설을 설정한다. 영가설은 직접적인 통계적 검정의 대상이고, 대립가설은 영가설이 기각될 경우 대안으로 수용될 연구문제에 대한 잠정적인 해답이다.

영가설이 등가설일 경우	영가설이 부등가설일 경우
$H_0 : B_j = 0$ $H_A : B_j \neq 0$	$H_0 : B_j \leq 0$ $H_A : B_j > 0$ 또는 $H_0 : B_j \geq 0$ $H_A : B_j < 0$

단계 4 통계적 검정을 위한 표준 표집분포 선정

표집분포는 중심극한정리에 따라 모집단 분산 σ^2를 알 수 있을 경우에는,

평균$=0$

$$SE_{\hat{B}_j} = \sqrt{\dfrac{\sigma^2}{\sum\limits_{i=1}^{n}(x_i - \overline{X})^2}}$$

인 정규분포를 따르고, 그리고 모집단 분산 σ^2를 모를 경우는,

$$평균 = 0$$

$$SE_{\hat{B}_j} = \dfrac{\sqrt{\hat{S}^2}}{\sum\limits_{i=1}^{n}(x_i - \overline{X})^2}$$

이고 $df = n - k - 1$인 t분포를 따르게 된다.

단계 5 검정통계량 계산

표본 자료에서 직접 계산된 표본회귀계수 $\hat{B}_j$을 표준 표집분포(t 또는 Z)하의 점수인 검정통계량으로 변환한다. $H_0 : B_j = 0$이므로 검정통계량을 계산하기 위한 공식은 다음과 같다.

σ^2을 알고 있을 경우	S^2을 사용할 경우
$Z = \dfrac{\hat{B}_j}{\sqrt{SE_{\hat{B}_j}}}$	$t = \dfrac{\hat{B}_j}{\sqrt{SE_{\hat{B}_j}}}$
$SE_{\hat{B}_j} = \sqrt{\dfrac{\sigma^2}{\sum\limits_{i=1}^{n}(x_i - \overline{X})^2}}$	$SE_{\hat{B}_j} = \sqrt{\dfrac{\hat{S}^2}{\sum\limits_{i=1}^{n}(x_i - \overline{X})^2}}$

단계 6 유의수준 α 결정

적절한 유의수준 α가 선정되면, 연구자는 유의수준을 이용하여 ① 기각역 방법과 ② p값 방법 중 어느 하나를 선택하여 구체적인 통계적 검정을 실시한다.

부등가설일 경우	등가설일 경우
α로 설정한다.	$\alpha/2$로 설정한다.

● 기각역 방법을 이용한 통계 검정 ●

단계 7 임계치 파악 및 기각역 설정

기각역 방법은 적절한 표준 표집분포표(Z분포 또는 t분포)에서 유의수준 α에 해당되는 Z값 또는 t값을 파악하여 기각역 설정을 위한 임계치로 사용한다.

- Z분포를 이용한 양측 검정($H_0 : B_j = 0$, $H_A : B_j \neq 0$)

  Z분포에서 $\alpha/2$에 해당되는 $Z_{\alpha/2}$값을 파악하여 임계치로 사용하며 기각역은 검정통계치 $|Z| \geq Z_{\alpha/2}$가 된다.

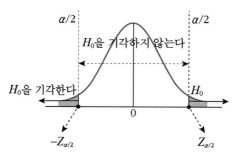

- Z분포를 이용한 단측 검정: ($H_0 : B_j \geq 0$, $H_A : B_j < 0$)

  Z분포에서 α에 해당되는 $-Z_\alpha$값을 파악하여 임계치로 사용하며 기각역은 검정통계치 $Z \leq -Z_\alpha$가 된다.

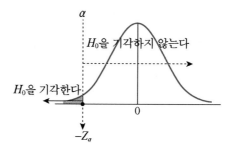

- Z분포를 이용한 단측 검정: ($H_0 : B_j \leq 0$, $H_A : B_j > 0$)

  Z분포에서 α에 해당되는 Z_α값을 파악하여 임계치로 사용하며 기각역은 검정통계치 $Z \leq Z_\alpha$가 된다.

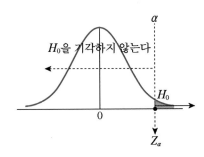

- t분포를 이용한 양측 검정: ($H_0 : B_j = 0$, $H_A : B_j \neq 0$)

  $df = n - k - 1$인 t분포에서 $\alpha/2$에 해당되는 $_{n-k-1}t_{\alpha/2}$값을 파악하여 임계치로 사용하며 기각역은 검정통계치 $|t| \leq {}_{n-k-1}t_{\alpha/2}$가 된다.

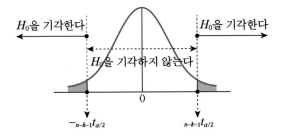

- t분포를 이용한 단측 검정: ($H_0 : B_j \geq 0$, $H_A : B_j < 0$)

  $df = n - k - 1$의 t분포에서 α에 해당되는 $-{}_{n-k-1}t_{\alpha}$값을 파악하여 임계치로 사용하며 기각역은 검정통계치 $t \leq -{}_{n-k-1}t_{\alpha}$가 된다.

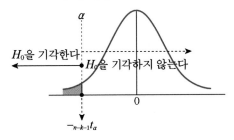

- t분포를 이용한 단측 검정: ($H_0 : B_j \leq 0$, $H_A : B_j > 0$)

  $df = n - k - 1$의 t분포에서 α에 해당되는 $_{n-k-1}t_{\alpha}$값을 파악하여 임계치로 사용하며 기각역은 검정통계치 $t \geq {}_{n-k-1}t_{\alpha}$가 된다.

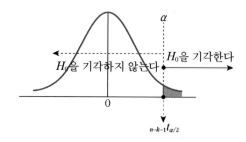

계산된 검정통계치가 임계치를 기준으로 설정된 기각역에 속하는 값일 경우, H_0을 기각하고 H_A을 채택하는 통계적 결정을 내린다. 그러나 계산된 검정통계치가 임계치를 기준으로 설정된 기각역에 속하지 않을 경우에는 H_0을 기각하지 않는 통계적 결정을 내린다.

- Z분포를 이용한 양측 검정: $H_0 : B_j = 0$, $H_A : B_j \neq 0$

  검정통계치 $|Z| \geq Z_{\alpha/2}$이면, H_o을 기각하고 H_A을 채택한다.

  검정통계치 $|Z| < Z_{\alpha/2}$이면, H_o을 기각하지 않는다.

- t분포를 이용한 양측 검정: $H_0 : B_j = 0$, $H_A : B_j \neq 0$

  검정통계치 $|t| \geq {}_{n-k-1}t_{\alpha/2}$이면, H_o을 기각하고 H_A을 채택한다.

  검정통계치 $|t| < {}_{n-k-1}t_{\alpha/2}$이면, H_o을 기각하지 않는다.

- Z분포를 이용한 단측 검정:
  ① $H_o : B_j \leq 0$, $H_A : B_j > 0$일 경우,

  　검정통계치 $Z \geq Z_\alpha$이면, H_o을 기각하고 H_A을 채택한다.

  　검정통계치 $Z < Z_\alpha$이면, H_o을 기각하지 않는다.

  ② $H_o : B_j \geq 0$, $H_A : B_j < 0$일 경우,

  　검정통계치 $Z \leq -Z_\alpha$이면, H_o을 기각하고 H_A을 채택한다.

  　검정통계치 $Z > -Z_\alpha$이면, H_o을 기각하지 않는다.

- t분포를 이용한 단측 검정:
  ① $H_o : B_j \leq 0$, $H_A : B_j > 0$일 경우,

  　검정통계치 $t \geq {}_{n-k-1}t_\alpha$이면, H_o을 기각하고 H_A을 채택한다.

  　검정통계치 $t < {}_{n-k-1}t_\alpha$이면, H_o을 기각하지 않는다.

② $H_o : B_j \geq 0$, $H_A : B_j < 0$일 경우,

검정통계치 $t \leq -_{n-k-1}t_\alpha$이면, H_o을 기각하고 H_A을 채택한다.

검정통계치 $t > -_{n-k-1}t_\alpha$이면, H_o을 기각하지 않는다.

● p값을 이용한 통계 검정 ●

단계 7 검정통계치의 확률값 p 파악

검정통계치가 계산되면, 선정된 표준 표집분포하에서 주어진 검정통계치가 순수하게 표집의 오차에 의해 얻어질 확률 p값을 파악한다.

Z분포일 경우	t분포일 경우
검정통계치 $Z = \dfrac{\hat{B_j}}{\sqrt{SE_{\hat{B_j}}}}$ 에 해당되는 p값 파악	검정통계치 $t = \dfrac{\hat{B_j}}{\sqrt{SE_{\hat{B_j}}}}$ 에 해당되는 p값 파악

단계 8 통계적 유의성 검정

● 양측 검정의 경우: $H_o : B_j = 0$, $H_A : B_j \neq 0$

　$p \leq \alpha/2$이면, H_o을 기각하고 H_A을 채택한다.

　$p > \alpha/2$이면, H_o을 기각하지 않는다.

● 단측 검정의 경우: $H_0 : B_j \geq 0$, $H_A : B_j < 0$ 또는 $H_0 : B_j \leq 0$, $H_A : B_j > 0$

　$p \leq \alpha$이면, H_0을 기각하고 H_A을 채택한다.

　$p > \alpha$이면, H_0을 기각하지 않는다.

단계 9 통계적 검정 결과 해석

통계적 검정에서, ① 영가설($H_o : B_j = 0$)이 기각되지 않을 경우, 예측변인 X_j와 준거변인 Y 간의 관계를 선형적 회귀모델에 의해 통계적으로 유의할 만큼 예측할 수 없음을 의미한다. 이러한 통계적 검정 결과는 선형적 관계로 설정된 회귀모델이 통계적으로 유의할 만큼 적합한 모델이 아님을 의미하는 것이지 반드시 예측변인이 준거변인을 예측할 수 없음을 의미하는 것이 아님을 알아야 한다. 만약 측정 자료 속의 예측변인 X_j와 준거변인 Y 간의 관계가 선형 관계가 아니고 비선형 관계일 경우, 당연히 통계적 검정에서 $H_0 : B_j = 0$이 기각되는 것으로 나타난다. 그래서 $H_0 : B_j = 0$이 기각될 경우, 통계적 검정 결과를 해석하면서 예측변인 X_j와 준거변인 Y 간의 관계가 어쩌면 선형 관계가 아니고 비선형적 관계(2차,

3차……)일 수도 있음을 배제하지 않아야 한다. ② 영가설($H_o : B_j = 0$)이 기각될 경우, 측정된 자료 속에 존재하는 예측변인 X_j와 준거변인 Y 간의 관계를 선형적 회귀모델에 의해 통계적으로 유의할 만큼 예측할 수 있음을 의미한다. 즉, 준거변인의 평균 $\overline{Y}$를 가지고 예측할 경우보다 예측변인 X_j와 준거변인 Y 간의 선형적 관계를 이용하여 예측할 경우에 준거변인을 더 정확하게 예측할 수 있음을 의미한다. 이러한 결과는 선형적 관계의 회귀모델에 의해 예측변인으로부터 준거변인을 통계적으로 유의하게 예측할 수도 있음을 의미하는 것이지만, 그렇다고 해서 선형적 회귀모델이 유일한 최적 예측 모델임을 의미하는 것은 아니다. 즉, 준거변인의 평균을 가지고 준거변인을 예측할 경우보다 예측변인 X를 가지고 선형적 관계로 예측할 경우에 준거변인을 통계적으로 유의할 만큼 더 예측할 수 있음을 의미하며, 어쩌면 선형 모델보다 비선형 모델이 자료에 더 적합한 모델일 수도 있음에 유의해서 결과를 해석해야 한다.

예제 19-3

한 연구자는 학습자의 학습동기, 지능, 선수 학습 정도를 예측변인으로 하고 학업 성취도를 준거변인으로 하여 중다회귀모델을 설정한 다음, 예측변인으로 설정된 학습자의 학습동기, 지능, 선수 학습 정도 변인의 학업 성취도에 대한 예측력을 알아보고자 하였다. $n=100$명을 대상으로 예측변인과 준거변인을 측정한 다음 SPSS를 이용하여 중다회귀분석을 실시한 결과, 다음과 같이 나타났다고 가정하자.

Model		Unstandardized Coefficients		Standardized Coefficients		
		B	Std. Error	Beta	t	Sig.
1	(Constant)	−73.838	8.907		−8.290	.000
	지능	.814	.094	.685	8.702	.000
	학습동기	.253	.203	.083	1.248	.215
	선수 학습	.887	.206	.230	4.295	.000

예측변인인 학습자의 학습동기, 지능, 선수 학습 정도 변인이 학업 성취도를 통계적으로 유의하게 예측할 수 있는 것으로 판단할 수 있는지 유의수준 .05에서 p값을 이용한 방법으로 통계적 유의성을 검정하시오.

---

4) 중다회귀모델의 유의성 검정 절차 및 방법

앞에서 설명한 중다회귀계수 B_j에 대한 유의성 검정은 각 예측변인의 준거변인에 대한 선형적 관계에 따른 예측력을 검정하는 것이었다. 그래서 각 예측변인과 준거변인 간에 선형적 관계가 통계적적으로 유의한지를 검정하였다. 그러나 중다회귀모델의 유의성을 검정한다는 의미는 k개의 예측변인으로 구성된 회귀방정식의 예측력에 대한 전반적인 통계적 판단이다. 앞에서 중다회귀모델의 적합도, 즉 추정된 회귀방정식의 예측력을 측정하기 위해 중다결정계수인 R^2 또는 조정된 중다결정계수 $_{Adj.}R^2$에 대해 알아보았다. 그러나 R^2이나 $_{Adj.}R^2$은 중다회귀분석을 통해 추정된 회귀방정식의 예측력을 통계적으로 검정하기 위한 통계량으로 사용할 수 없다는 제약을 지니고 있다. 즉, 영가설 $H_0 : \rho^2 = 0$을 직접 검정하기 위한 통계적 기준으로 R^2을 사용하기 어렵기 때문에 제18장에서 소개한 분산분석을 통해 회귀제곱평균(MS_R: Mean Square Regression)과 오차제곱평균(MS_E: Mean Square Error)을 분석한 다음 F비를 구하고, 그리고 구해진 F비의 통계적 유의성을 검정하는 방식으로 중다회귀방정식의 전반적인 예측력에 대한 통계적 유의성을 검정할 수 있다. 이해를 돕기 위해 다음의 가상적인 연구의 예를 통해 중다회귀모델의 유의성 검정 절차 및 방법에 대해 설명하겠다. 예컨대, 한 연구자가 학습자의 학습동기, 지능, 선수 학습 정도를 예측변인으로 하고 학업 성취도를 준거변인으로 하여 중다회귀모델을 설정한 다음, 예측변인으로 설정된 학습자의 학습동기, 지능, 선수 학습 정도 변인의 학업 성취도에 대한 예측력을 알아보고자 한다고 가정하자. 이를 위해 연구자는 $n = 52$명을 대상으로 예측변인과 준거변인을 측정하였다. 그리고 유의수준 .05에서 회귀방정식의 유의성을 검정하려고 한다고 가정하자.

단계 1 연구문제의 진술

중다회귀모델에서 모든 예측변인이 준거변인을 유의하게 해석할 수는 없지만, 최소한 한 개의 예측변인이라도 준거변인을 유의하게 예측할 수 있다면(특정한 한 개의 예측변인의 회귀계수 $B_j \neq 0$이면) 전체 회귀방정식은 준거변인을 유의하게 예측할 수 있게 된다. 물론 모든 예측변인의 회귀계수가 유의하지 않을 경우 회귀모델의 예측력은 유의하지 않게 나타난다. 따라서 회귀모델의 예측력을 검정한다는 것은 주어진 회귀모델 속에 설정된 예측변인들 중 최소한 한 개의 예측변인들의 회귀계수라도 유의하게 준거변인을 예측할 수 있는지 알아보려는 것으로 볼 수 있다. 연구문제는 일반적으로 다음과 같이 진술할 수 있다.

"예측변인 $X_1, X_2 \cdots X_k$으로부터 준거변인 Y를 유의하게 예측할 수 있는가?"

ex. 학습자들의 지능, 학습동기, 그리고 선수 학습 정도로부터 학업 성취도를 예측할 수 있는가?

단계 2 연구가설 설정

일단 연구문제가 명확하게 진술되면 연구문제를 서술문으로, 그리고 시제를 미래형으로 진술하면 자연스럽게 두 개의 가설이 진술된다.

① 예측변인 $X_1, X_2 \cdots X_k$로부터 준거변인 Y를 유의하게 예측할 수 있을 것이다.

⇒ 학습자들의 지능, 학습동기 그리고 선수 학습 정도로부터 학업 성취도를 예측할 수 있을 것이다.

② 예측변인 $X_1, X_2 \cdots X_k$로부터 준거변인 Y를 유의하게 예측할 수 없을 것이다.

⇒ 학습자들의 지능, 학습동기 그리고 선수 학습 정도로부터 학업 성취도를 예측할 수 없을 것이다.

연구자는 두 개의 가설 중에서 이론적 · 경험적 지지를 많이 받는 가설을 자신의 연구가설로 설정한다.

단계 3 통계적 가설 설정

연구가설의 내용은 "최소한 한 개의 $B_j \neq 0$"를 의미하기 때문에 통계적 가설의 영가설(H_0)과 대립가설(H_A)은 다음과 같이 설정된다.

$$H_0 : B_1 = B_2 = \cdots\cdots B_k = 0$$
$$H_A : \text{최소한 한 개의 } B_j \neq 0$$

단계 4 검정통계량 계산 결과를 분산분석표로 정리

분산분석을 통해 회귀제곱합(SS_R)과 오차제곱합(SS_E)을 계산한 다음, 각각의 자유도로 나누어 회귀제곱평균(MS_R)과 오차제곱합(MS_E)을 구한다. 그리고 통계량 $F = MS_R / MS_E$를 계산하고 그 결과를 중다회귀모델의 분산분석표로 요약하여 정리한다. 대부분의 통계분석 전문 프로그램은 분산분석표를 산출해 준다.

• 분산분석 실시

$$SS_T = SS_R + SS_E$$

$$SS_T = \sum_{i=1}^{n} (Y_i - \overline{Y})^2, \ SS_R = \sum_{i=1}^{n} (\widehat{Y}_i - \overline{Y})^2, \ SS_E = \sum_{i=1}^{n} (Y_i - \widehat{Y}_i)^2$$

$$df_T = df_R + df_E$$

$$df_T = n - 1, df_R = k, df_E = n - k - 1$$

$$MS_R = \sum_{i=1}^{n} (\widehat{Y}_i - \overline{Y})^2 / k, \; MS_E = \sum_{i=1}^{n} (Y_i - \widehat{Y}_i)^2 / n - k - 1$$

- 통계량 F비 계산

$$F = \frac{MS_R}{MS_E}$$

- 분산분석표 작성

〈중다회귀분석의 분산분석 결과 요약표 양식〉

Sources	df	SS	MS	F
Regression	k	$SS_R = \sum_{i=1}^{n} (\widehat{Y}_i - \overline{Y})^2$	SS_R/k	MS_R/MS_E
Residuals	$n-k-1$	$SS_E = \sum_{i=1}^{n} (Y_i - \widehat{Y}_i)^2$	$SS_E/n-k-1$	
	$n-1$	$SS_T = \sum_{i=1}^{n} (Y_i - \overline{Y})^2$		

단계 5 통계적 검정을 위한 표집분포 선정

통계량 $F = MS_R/MS_E$이므로 표본통계량 F의 표집분포는 분자의 $df = k$, 분모의 $df = n - k - 1$인 $F_{(k, n-k-1)}$분포이다.

단계 6 유의수준 α 결정

연구의 성격을 고려하여 적절한 유의수준(.05, .01, .001)을 결정한다. 본 가상적인 연구의 경우, 유의수준은 .05로 설정된다. 적절한 유의수준 α가 선정되면 연구자는 유의수준을 이용하여 ① 기각역 방법과 ② p값 방법 중 어느 하나를 선택하여 구체적인 통계적 검정을 실시한다.

● 기각역 방법을 이용한 통계 검정 ●

단계 7 임계치 파악 및 기각역 설정

기각역 방법은 $df = (k, n-k-1)$인 F분포에서 유의수준 α에 해당되는 $F_{\alpha(k, n-k-1)}$값을 파악하여 기각역 설정을 위한 임계치로 사용한다.

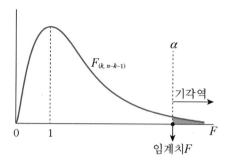

통계적 유의성 검정

계산된 검정통계치가 임계치를 기준으로 설정된 기각역에 속하는 값일 경우, H_0을 기각하고 H_A을 채택하는 통계적 결정을 내린다. 그러나 계산된 통계치가 임계치를 기준으로 설정된 기각역에 속하지 않을 경우에는 H_0을 기각하지 않는 통계적 결정을 내린다.

검정통계치 $F \geq F_{\alpha(k,\,n-k-1)}$이면, H_0을 기각하고 H_A을 채택한다.

검정통계치 $F < F_{\alpha(k,\,n-k-1)}$이면, H_0을 기각하지 않는다.

• p값을 이용한 통계 검정 •

검정통계치 F의 확률값 p 파악

검정통계치 F가 계산되면, $F_{(k,\,n-k-1)}$ 표집분포하에서 검정통계치가 (영가설하에서) 순수하게 표집의 오차에 의해 얻어질 확률 p값을 파악한다.

$$F = \frac{MS_R}{MS_E} \text{에 해당되는 } p \text{값 파악}$$

통계적 유의성 검정

$p \leq \alpha$이면, H_o을 기각하고 H_A을 채택한다.

$p > \alpha$이면, H_o을 기각하지 않는다.

통계적 검정 결과 해석

통계적 검정에서, ① 영가설이 기각되지 않을 경우, 중다회귀모델 속에 설정된 예측변인들로부터 준거변인 Y를 선형적 회귀모델에 의해 통계적으로 유의할 만큼 예측할 수 없음을 의미한다. 이러한 통계적 검정 결과는 선형적 관계로 설정된 회귀모델이 통계적으로 유의할 만큼 적합한 모델이 아님을 의미하는 것이지, 예측변인이 준거변인을 예측할 수 없음을 의미하는 것이 아님을 알아야 한다. 만약 측정 자료 속의 예측변인 X_j와 준거변인 Y 간의 관계가 선형 관계가 아니고 비선형 관계일 경우, 당연히 통계적 검정에서 영가설이 가각되는 것으로 나타난다. 그래서 영가설이 기각될 경우, 통계적 검정 결과를 해석하면서 예측변인 X_j와 준거변인 Y 간의 관계가 어쩌면 선형 관계가 아니고 비선형적 관계(2차, 3차 ⋯)일 수도 있음을 배제하지 않아야 한다. ② 영가설이 기각될 경우, 준거변인의 평균 $\overline{Y}$를 가지고 준거변인을 예측할 경우보다 k개의 예측변인들로부터 준거변인 Y를 예측할 경우에 준거변인을 더 정확하게 예측할 수 있음을 의미한다. 이러한 결과는 선형적 관계의 회귀모델에 의해 예측변인으로부터 준거변인을 통계적으로 유의하게 예측할 수도 있음을 의미하는 것이지만, 그렇다고 해서 선형적 회귀모델이 유일한 최적의 예측 모델임을 의미하는 것은 아니다. 즉, 준거변인의 평균을 가지고 준거변인을 예측할 경우보다 k개의 예측변인들을 가지고 선형적 관계로 예측할 경우에 준거변인을 통계적으로 유의할 만큼 더 예측할 수 있음을 의미하며, 어쩌면 선형 모델보다 비선형 모델이 자료에 더 적합한 모델일 수도 있음에 유의해서 결과를 해석해야 한다.

영가설이 기각될 경우, 구체적으로 어떤 예측변인들이 준거변인을 통계적으로 유의하게 예측할 수 있는지 알아보기 위해서는 t검정을 통해 각 중다회귀계수의 통계적 유의성을 검정하면 된다. 만약 위의 F검정에서 통계적으로 유의하지 않는 것으로 나타날 경우, 주어진 중다회귀방정식의 예측력이 통계적으로 유의한 예측력을 가지지 못함을 의미하기 때문에, 중다회귀모델 속에 설정된 어떤 예측변인도 준거변인에 대한 예측력이 없음을 의미한다.

예제 19-4

한 연구자가 교사의 다문화 이해, 반편견 인식, 다문화교육 인식을 예측변인으로 하고 다문화 교수효능감을 준거변인으로 하여 중다회귀모델을 설정한 다음 예측변인으로 설정된 다문화 이해, 반편견 인식, 다문화교육 인식 변인이 교사들의 다문화 교수효능감에 대한 예측력을 알아보기 위해 $n=515$명을 대상으로 예측변인과 준거변인을 측정하였다. 그리고 분산분석을 실시한 결과, 다음과 같이 나타났다. 유의수준 .05에서 회귀방정식의 유의성을 검정하시오.

ANOVA[a]

Model		Sum of Squares	df	Mean Square	F	Sig.
1	Regression	24.722	3	8.241	46.227	.000[b]
	Residual	91.094	511	.178		
	Total	115.816	514			

a. Dependent Variable: 다문화 교수효능감
b. Predictors: (constant), 다문화교육 인식, 반편견 인식, 다문화 이해

8 중다회귀모델의 억제 효과

회귀모델 속에 여러 개의 예측변인을 동시에 포함시켜 다룰 수 있는 중다회귀모델에서 예측변인과 준거변인 간의 관계는 모델 속의 다른 변인들의 효과를 통제한 상태에서 얻어진 결과이기 때문에 회귀모델 속의 다른 예측변인들의 존재는 특정 예측변인과 준거변인 간의 이론적 관계를 정확하게 추정할 수 있도록 할 수도 있지만, 경우에 따라 오히려 모델 속에 필요 없는 예측변인을 포함시킴으로써 관심하의 예측변인이 준거변인에 미치는 효과를 왜곡시킬 수도 있다. 따라서 연구자는 회귀모델 속에 포함시킬 예측변인의 선정과 관련하여 필요 없는 변인을 예측변인으로 포함시킴으로 인해 야기되는 포함 오류(inclusion error)와 꼭 필요한 예측변인을 회귀방정식에 포함시키지 않아서 야기되는 생략 오류(omission error)를 범할 수 있으며, 이를 회귀모델의 설정 오류라 부른다.

실제 연구에서 연구자는 자신의 연구에 반드시 포함시켜야 할 변인과 포함시키지 말아야 할 변인들을 모두 파악할 수도 없고 모두 회귀방정식에 포함시킬 수도 없기 때문에 중다회귀모델을 다루는 어떤 연구라도 설정 오류에서 완전히 자유로울 수 없으며, 모든 회귀모델은 정도의 차이는 있겠지만 어느 정도 설정 오류를 범하고 있다고 할 수 있다. 회귀모델 속에 특정 변인을 포함시킬 경우와 생략할 경우, 기존의 예측변인이 준거변인에 미치는 영향을 나타내는 회귀계수가 어떻게 변하는지에 대한 이해를 돕기 위해 다음의 가상적인 예를 통해 살펴보겠다.

〈표 19-1〉에서 볼 수 있는 바와 같이, 예측변인 X_1과 준거변인 Y 간의 상관은 .70이다. 회귀방정식에 예측변인 X_1만을 포함시켜 단순회귀분석을 실시한 결과, 단순회귀방정식의

경우 회귀계수 $\beta_1 = r_{x1.y}$이므로 $\beta_1 = .70$로 나타났음을 알 수 있다. 이제 기존의 예측변인 이외에 예측변인 X_2를 회귀방정식에 포함시켜 중다회귀분석을 실시한 결과, 예측변인 X_1 과 예측변인 X_2 간의 상관 정도에 따라 예측변인 X_1의 회귀계수의 크기가 달라짐을 알 수 있다. 즉, r_{12}의 크기가 증가할수록 β_1의 크기가 작아짐을 알 수 있다.

〈표 19-1〉 예측변인들 간의 상관 정도에 따른 회귀계수의 변화

| 경우 | 예측변인 | 두 변인 모두를 포함한 회귀분석 | |
		β_1	$R_{Y.12}$
$r_{12} = .00$	X_1	.70	.74
	X_2	.50	
$r_{12} = .20$	X_1	.63	.63
	X_2	.38	
$r_{12} = .40$	X_1	.60	.55
	X_2	.26	

Note. 위의 모든 경우에 변인 X_2를 생략된 변인으로 간주함.
$r_{y1} = .70, r_{y2} = .50.$

 이러한 결과는 X_2 같은 예측변인을 회귀모델에서 생략할 경우, 회귀방정식에 포함되어 있는 기존의 예측변인들의 회귀계수의 크기가 과대 추정되는 경향이 있음을 보여 준다. 그러나 회귀방정식에 포함된 예측변인의 회귀계수가 항상 과대 추정되는 것은 아니며, 경우에 따라 과소 추정되기도 하고 회귀계수의 부호가 다르게 나타나기도 한다. 실제의 연구에서 대개의 경우 과대 추정 현상이 과소 추정 현상보다 더 자주 일어난다(회귀방정식 속에 포함된 예측변인과 생략된 예측변인이 여러 개일 경우). 포함된 예측변인, 생략된 예측변인, 그리고 준거변인 간의 관계의 성질에 따라 어떤 예측변인의 회귀계수는 과대 추정으로 나타나고, 그리고 어떤 예측변인의 회귀계수는 과소 추정된 결과로 아주 복잡하게 나타날 수도 있다. 특히 회귀방정식에서 다른 예측변인들의 존재 여부에 따라 어떤 예측변인의 표준화 회귀계수의 크기가 예측변인과 준거변인 간의 상관계수보다 크게 나타나거나($|\beta_1| > r_{x1.y}$), 표준회귀계수의 값이 1보다 크게 얻어지거나($\beta_1 > 1.00$) 회귀계수와 상관계수 간의 서로 부호가 다르게 나타날 경우, 예측변인 간에 억제 효과가 존재한다고 말한다. 억제 효과는 부적 억제 효과, 고전적 억제 효과 그리고 상호적 억제 효과의 세 가지 형태로 나타난다.

1) 부적 억제 효과

한 연구자가 심리치료량과 우울증 정도로부터 자살 시도 횟수를 예측하기 위해 피험자들로부터 세 변인을 측정한 다음 변인들 간의 단순상관계수를 추정한 결과, 예측변인 X_1(심리치료의 양)과 준거변인 Y(자살 시도 횟수) 간의 단순상관계수를 추정한 결과는 $r_{x1.y} = .19$이고 예측변인 X_2(우울증 정도)와 준거변인 간의 단순상관은 $r_{x2.y} = .49$이다. 그리고 두 예측변인 간의 상관은 $r_{x1.x2} = .70$으로 나타났다.

심리치료량과 자살 시도 횟수 간의 단순상관계수가 $r_{x1.y} = .19$로 정적 상관이 있는 것으로 나타났기 때문에, 예측변인 X_1을 이용하여 단순회귀분석을 실시할 경우 회귀계수 β_1은 역시 .19로 나타날 것이다. 이는 심리치료를 많이 받을수록 자살 시도를 더 많이 하는 것으로 예측하게 된다. 실제 예측변인 X_1과 준거변인 Y 간의 이론적 관계의 성질은 부적인 관계이기 때문에 상관계수 $r_{x1.y}$나 단순회귀분석에서 얻어진 예측변인 X_1의 회귀계수 β_1은 두 변인 간의 이론적 관계를 정확히 추정해 주지 못함을 알 수 있다. 두 변인의 관계가 회귀방정식에 포함시키지 않은 다른 예측변인들의 효과가 β_1 속에 잠입되어 두 변인 간의 이론적 관계의 성질과 크기를 왜곡시키고 있음을 짐작할 수 있다.

실제 심리치료는 자살 시도를 직접적으로 감소시키는 요인이라기보다 자살을 시도하게 만드는 우울증과 같은 보다 직접적인 원인을 감소시키는 치료 행위이기 때문에, 우울증과 같은 제3변인의 효과를 통제해야만 심리치료 정도와 자살 시도 횟수 간의 이론적 관계를 타당하게 파악해 낼 수 있을 것이다. 즉, 우울증이 심리치료량을 증가시키고 동시에 우울증이 자살적 충동을 자주 유발시키기 때문에 심리치료량과 자살 시도 횟수 간의 상관 정도에서 우울증의 효과를 통제하면 심리치료량과 자살 시도 횟수 간의 이론적 관계가 보다 정확하게 나타날 것이다.

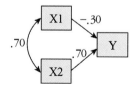

[그림 19-16] 부적 억제 효과의 예

[그림 19-16]에서 볼 수 있는 바와 같이, 심리치료량 변인과 우울증 정도 변인을 모두 예측변인으로 회귀방정식에 포함시켜 분석한 결과 회귀계수 $\beta_{x1.y} = -.30$으로 나타났고, 동시에 피험자들의 심리치료량을 통제한 결과 "우울증 정도" 변인의 회귀계수 $\beta_{x2.y} = .70 >$

$r_{x2 \cdot y} = .49$로 나타났다. 이 예에서 볼 수 있는 바와 같이 이론적으로 반드시 고려해야 할 변인을 회귀방정식에 포함시킴으로써 기존의 회귀방정식에 포함되어 있던 예측변인의 회귀계수의 크기는 물론 관계의 성질까지 타당하게 추정되어짐을 알 수 있으며, 이는 통계적으로 볼 때 새로 투입되는 제3변인이 기존의 예측변인과 준거변인 간의 관계에 대한 정보를 양적으로, 그리고 질적으로 교정해 줌을 알 수 있다.

2) 고전적 억제 효과

한 연구자가 두 개의 예측변인(X_1, X_2)으로부터 한 개의 준거변인(Y)을 예측하기 위해 예측변인과 준거변인을 측정한 다음 변인들 간의 단순상관계수를 추정한 결과 $r_{x1 \cdot y} = 0.00$, $r_{x2 \cdot y} = .60$, $r_{x1 \cdot x2} = .50$으로 나타났다. 예측변인 X_1과 준거변인 Y 간의 상관계수가 $.00$으로 나타났기 때문에, 상관계수의 크기만을 고려할 때 만약 예측변인 X_1만을 사용하여 단순회귀분석을 실시한다면 회귀계수 $\beta_1 = 0.00$으로 얻어질 것이고, 따라서 예측변인 X_1으로부터 준거변인 Y를 전혀 설명할 수 없는 것으로 해석하게 될 것이다. 그리고 단순상관계수를 추정할 경우에는 변인 X_1과 Y 간에 상관이 없다는 해석을 하게 될 것이다. 다음 자료는 예측변인 X_1과 함께 예측변인 X_2를 회귀방정식에 포함시켜 중다회귀분석을 실시한 결과이다.

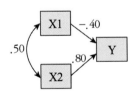

[그림 19-17] 고전적 억제 효과의 예

[그림 19-17]의 중다회귀분석 결과에서 볼 수 있는 바와 같이, 예측변인 X_1의 회귀계수 $\beta_1 = -.40$으로 나타났다. 즉, 예측변인 X_2의 효과를 통제했을 경우 예측변인 X_1의 회귀계수(상관계수)가 0.00에서 $-.40$로 달라졌음을 주목하기 바란다. 이러한 억제 효과 현상을 고전적 억제 효과라 부른다. 이는 두 변인 간의 이론적 관계가 $r = 0.00$ 속에 묻혀 있다가 다른 변인의 효과를 통제한 결과 본 모습을 드러낸 것으로 볼 수 있으며, 이는 두 변인 간에 상관이 비록 0으로 나타날 경우라도 항상 두 변인 간에 인과관계가 없는 것으로 해석하지 말아야 함을 보여 주고 있다.

3) 상호적 억제 효과

한 연구자가 두 개의 예측변인(X_1, X_2)으로부터 한 개의 준거변인(Y)을 예측하기 위해 예측변인과 준거변인을 측정한 다음 변인들 간의 단순상관계수를 추정한 결과 $r_{x1.y} = 0.49$, $r_{x2.y} = .05$로 나타났다. 두 예측변인 X_1과 X_2가 모두 준거변인 Y와 정적인 상관을 보이고 있기 때문에, 논리적으로 두 예측변인 간에는 정적 상관이 있을 것으로 기대할 수 있다. 다음 자료는 예측변인 X_1과 함께 예측변인 X_2를 회귀방정식에 포함시켜 중다회귀분석을 실시한 결과이다.

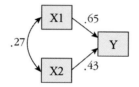

[그림 19-18] 상호적 억제 효과의 예

[그림 19-18]의 중다회귀분석 결과에서 볼 수 있는 바와 같이, 두 예측변인 간에 상관이 $r = -.27$로 부적 상관이 있는 것으로 나타났다. 이와 같이 준거변인 간에는 모두 정적 상관을 가지는 예측변인들이 회귀분석에서 부적 상관이 있는 것으로 나타날 경우, 두 예측변인 간에 상호적 억제 효과가 존재한다고 말한다.

지금까지 두 개 이상의 예측변인이 다루어지는 중다회귀모델에서 예측변인들 간에 나타날 수 있는 세 가지 유형의 억제 효과 현상을 통해 알 수 있는 바와 같이, 회귀모델 속에 반드시 포함시켜야 할 예측변인을 연구자의 실수로 포함시키지 않거나 또는 포함시키지 말아야 할 변인을 예측변인으로 회귀방정식에 포함시키게 될 경우, 관심하의 주요 예측변인과 준거변인 간의 이론적 관계의 크기가 과대 또는 과소 추정되거나 관계의 성질이 질적으로 다르게 얻어질 수 있다는 것이다. 따라서 회귀모델을 연구모델로 다루려는 연구자는 사전에 철저한 선행연구결과와 이론적 고찰을 통해 회귀모델의 설정 오류를 낳을 수 있는 변인들의 존재를 탐색/확인해야 한다. 물론 앞에서 언급한 바와 같이, 회귀모델을 구성하는 어떤 연구자라도 설정 오류 관련 변인들의 존재를 완벽하게 확인할 수 없기 때문에 모든 회귀모델은 정도의 차이가 있을 뿐 현실적으로 어느 정도 설정 오류를 범할 수밖에 없다. 그러나 철저한 문헌 고찰을 통해 설정 오류를 피하기 위해 노력한 만큼 우리는 정확하고 타당한 회귀모델을 설정할 수 있게 되는 것이다.

9 중다회귀분석과 표본의 크기

    표본의 수가 회귀모델의 수보다 작을 경우, 수학적으로 회귀식의 추정이 불가능하다. 연구모델로서 여러 개의 예측변인이 설정되는 중다회귀모델이 설정되면, 신뢰롭고 타당한 회귀분석 결과를 얻기 위해 표집의 수를 얼마로 할 것인가를 결정해야 한다. 표집의 크기는 통계적 유의성 검정 결과의 검정력(power)과 분석 결과의 일반화 가능성에 직접 영향을 미친다. 중다회귀분석에서 표집의 크기는 연구자의 의도에 따라 통제할 수 있는 요인들 중에서 아마 가장 영향력이 큰 요인이라 할 수 있다.

    표집 크기는 회귀분석의 적절성과 통계적 검정력에 직접적인 영향을 미친다. 예컨대, $n < 20$ 정도로 작은 표집 크기의 표집은 단순회귀분석의 경우에는 적절할 수도 있다. 단순회귀분석의 경우라도 표집 크기가 20 미만일 경우에는 표집오차가 크기 때문에 예측변인과 준거변인 간의 관계를 나타내는 값이 아주 클 경우에만 유의한 것으로 파악된다. 마찬가지로, 표집 크기가 $n > 1000$ 정도로 아주 클 경우에는 통계적 유의성 검정이 과다하게 민감하게 되어 아주 작은 값이라도 거의 모든 값이 통계적으로 유의하게 판단된다. 그래서 표집 크기가 아주 클 경우에는 통계적 유의성 결과와 함께 실제적 유의성(practical significance)의 정도를 함께 고려해서 해석해야 한다.

    중다회귀분석에 있어서 검정력은 특정한 표집 크기(예컨대, $n = 100$)와 유의수준(예컨대, $\alpha = .01$)에서 특정한 수준의 예측력을 나타내는 R^2값(예컨대, $R^2 = .60$)이나 회귀계수를 통계적으로 유의한 것으로 밝혀낼 수 있는 확률(예컨대, $p = .80$)을 의미한다. 사회과학연구 분야에서는 통계적 검정력은 일반적으로 .80을 사용하고 있다.

    〈표 19-2〉는, ① 표본 크기, ② 유의수준, 그리고 ③ 예측변인의 수가 R^2의 유의성 판단 확률에 어떻게 상호영향을 주고받는지를 보여 주고 있다. 표의 내용은 주어진 표집 크기, 유의수준, 그리고 예측변인의 수를 고려할 때 R^2값이 통계적으로 유의하게 판단될 확률이 .80이 되기 위해 요구되는 R^2의 최소수준을 보여 주고 있다.

    예컨대, 〈표 19-2〉에서 볼 수 있는 바와 같이 만약 표집 크기 $n = 100$이고 예측변인의 수가 5개인 중다회귀분석에서 통계적 검정력 = .80의 조건하에서 얻어진 R^2이 유의수준 $\alpha = .01$수준에서 통계적으로 유의한 것으로 판단되기 위해 요구되는 최소한의 R^2은 .16임을 알 수 있다. 즉, 최소한 $R^2 > 16$일 경우에 주어진 중다회귀방정식의 R^2이 검정력 .80의 수준에서 통계적으로 유의한 것으로 판단된다는 것이다.

〈표 19-2〉 예측변인의 수와 표집 크기에 따른 검정력 .80을 위해 필요한 R^2의 최소값

구분	유의수준 $\alpha = .01$				유의수준 $\alpha = .05$			
표집 크기	2	5	10	20	2	5	10	20
20	45	56	71	NA	39	48	64	NA
50	23	29	36	49	19	23	29	42
100	13	16	20	26	10	12	15	21
250	5	7	8	11	4	5	6	8
500	3	3	4	6	3	4	5	9
1,000	1	2	2	3	1	1	2	2

일반적으로, 중다회귀석을 통해 신뢰로운 R^2과 회귀계수를 얻기 위해서 예측변인의 수 : 표집의 수=1 : 20을 권장하고 있다. 모집단을 대상으로 표집의 크기를 달리하면서 R^2과 회귀계수를 추정한 결과, 표집의 크기가 작을 경우 표집할 때마다 얻어진 추정치들의 크기가 높은 변동성을 보이고 표집의 크기가 증가할수록 표집할 때마다 얻어지는 추정치들의 변동성이 낮아지는 것으로 나타났으며, 대체로 예측변인의 수 : 표집의 크기가 1 : 20 정도가 될 경우 몇 번을 반복해서 표집을 해도 얻어진 추정치의 크기가 큰 변화 없이 안정된 값으로 얻어진 지는 것으로 나타났다. 이러한 연구결과에 근거해서 중다회귀분석에서 신뢰로운 추정치를 얻기 위해서 표집의 크기를 예측변인의 수 : 표집의 크기=1 : 20 정도가 되도록 하도록 권장하고 있다.

부록

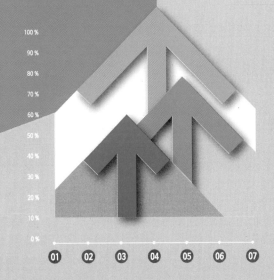

부록 A. 단위정규분포

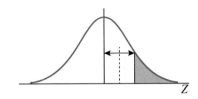

z	0.00	0.01	0.02	0.03	0.04	0.05	0.06	0.07	0.08	0.09
0.0	0.5000	0.4960	0.4920	0.4880	0.4840	0.4801	0.4761	0.4721	0.4681	0.4641
0.1	0.4602	0.4562	0.4522	0.4483	0.4443	0.4404	0.4364	0.4325	0.4286	0.4247
0.2	0.4207	0.4168	0.4129	0.4090	0.4052	0.4013	0.3974	0.3936	0.3897	0.3859
0.3	0.3821	0.3783	0.3745	0.3707	0.3669	0.3632	0.3594	0.3557	0.3520	0.3483
0.4	0.3446	0.3409	0.3372	0.3336	0.3300	0.3264	0.3228	0.3192	0.3156	0.3121
0.5	0.3085	0.3050	0.3015	0.2981	0.2946	0.2912	0.2877	0.2843	0.2810	0.2776
0.6	0.2743	0.2709	0.2676	0.2643	0.2611	0.2578	0.2546	0.2514	0.2483	0.2451
0.7	0.2420	0.2389	0.2358	0.2327	0.2296	0.2266	0.2236	0.2206	0.2177	0.2148
0.8	0.2119	0.2090	0.2061	0.2033	0.2005	0.1977	0.1949	0.1922	0.1894	0.1867
0.9	0.1841	0.1814	0.1788	0.1762	0.1736	0.1711	0.1685	0.1660	0.1635	0.1611
1.0	0.1587	0.1562	0.1539	0.1515	0.1492	0.1469	0.1446	0.1423	0.1401	0.1379
1.1	0.1357	0.1335	0.1314	0.1292	0.1271	0.1251	0.1230	0.1210	0.1190	0.1170
1.2	0.1151	0.1131	0.1112	0.1093	0.1075	0.1056	0.1038	0.1020	0.1003	0.0985
1.3	0.0968	0.0951	0.0934	0.0918	0.0901	0.0885	0.0869	0.0853	0.0838	0.0823
1.4	0.0808	0.0793	0.0778	0.0764	0.0749	0.0735	0.0721	0.0708	0.0694	0.0681
1.5	0.0668	0.0655	0.0643	0.0630	0.0618	0.0606	0.0594	0.0582	0.0571	0.0559
1.6	0.0548	0.0537	0.0526	0.0516	0.0505	0.0495	0.0485	0.0475	0.0465	0.0455
1.7	0.0446	0.0436	0.0427	0.0418	0.0409	0.0401	0.0392	0.0384	0.0375	0.0367
1.8	0.0359	0.0351	0.0344	0.0336	0.0329	0.0322	0.0314	0.0307	0.0301	0.0294
1.9	0.0287	0.0281	0.0274	0.0268	0.0262	0.0256	0.0250	0.0244	0.0239	0.0233
2.0	0.0228	0.0222	0.0217	0.0212	0.0207	0.0202	0.0197	0.0192	0.0188	0.0183
2.1	0.0179	0.0174	0.0170	0.0166	0.0162	0.0158	0.0154	0.0150	0.0146	0.0143
2.2	0.0139	0.0136	0.0132	0.0129	0.0125	0.0122	0.0119	0.0116	0.0113	0.0110
2.3	0.0107	0.0104	0.0102	0.0099	0.0096	0.0094	0.0091	0.0089	0.0087	0.0084
2.4	0.0082	0.0080	0.0078	0.0075	0.0073	0.0071	0.0069	0.0068	0.0066	0.0064
2.5	0.0062	0.0060	0.0059	0.0057	0.0055	0.0054	0.0052	0.0051	0.0049	0.0048
2.6	0.0047	0.0045	0.0044	0.0043	0.0041	0.0040	0.0039	0.0038	0.0037	0.0036
2.7	0.0035	0.0034	0.0033	0.0032	0.0031	0.0030	0.0029	0.0028	0.0027	0.0026
2.8	0.0026	0.0025	0.0024	0.0023	0.0023	0.0022	0.0021	0.0021	0.0020	0.0019
2.9	0.0019	0.0018	0.0018	0.0017	0.0016	0.0016	0.0015	0.0015	0.0014	0.0014
3.0	0.0013	0.0013	0.0013	0.0012	0.0012	0.0011	0.0011	0.0011	0.0010	0.0010
3.1	0.0010	0.0009	0.0009	0.0009	0.0008	0.0008	0.0008	0.0008	0.0007	0.0007
3.2	0.0007	0.0007	0.0006	0.0006	0.0006	0.0006	0.0006	0.0005	0.0005	0.0005
3.3	0.0005	0.0005	0.0005	0.0004	0.0004	0.0004	0.0004	0.0004	0.0004	0.0003
3.4	0.0003	0.0003	0.0003	0.0003	0.0003	0.0003	0.0003	0.0003	0.0003	0.0002
3.5	0.0002	0.0002	0.0002	0.0002	0.0002	0.0002	0.0002	0.0002	0.0002	0.0002
3.6	0.0002	0.0002	0.0001	0.0001	0.0001	0.0001	0.0001	0.0001	0.0001	0.0001
3.7	0.0001	0.0001	0.0001	0.0001	0.0001	0.0001	0.0001	0.0001	0.0001	0.0001
3.8	0.0001	0.0001	0.0001	0.0001	0.0001	0.0001	0.0001	0.0001	0.0001	0.0001
3.9	0.0000	0.0000	0.0000	0.0000	0.0000	0.0000	0.0000	0.0000	0.0000	0.0000

부록 B. t분포표

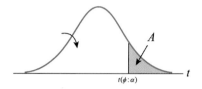

α 자유도 $n-1$	A					
	0.10	0.05	0.025	0.01	0.005	0.0005
1	3.078	6.314	12.706	31.821	63.657	636.619
2	1.886	2.920	4.303	6.965	9.925	31.598
3	1.638	2.353	3.182	4.541	5.841	12.924
4	1.533	2.132	2.776	3.747	4.604	8.610
5	1.476	2.015	2.571	3.365	4.032	6.869
6	1.440	1.943	2.447	3.143	3.707	5.959
7	1.415	1.895	2.365	2.998	3.499	5.408
8	1.397	1.860	2.306	2.896	3.355	5.041
9	1.383	1.833	2.262	2.821	3.250	4.781
10	1.372	1.812	2.228	2.764	3.169	4.587
11	1.363	1.796	2.201	2.718	3.106	4.437
12	1.356	1.782	2.179	2.681	3.055	3.318
13	1.350	1.771	2.160	2.650	3.012	4.221
14	1.345	1.761	2.145	2.624	2.977	4.140
15	1.341	1.753	2.131	2.602	2.947	4.073
16	1.337	1.746	2.120	2.583	2.921	4.015
17	1.333	1.740	2.110	2.567	2.898	3.965
18	1.330	1.734	2.101	2.552	2.878	3.922
19	1.328	1.729	2.093	2.539	2.861	3.833
20	1.325	1.725	2.086	2.528	2.845	3.850
21	1.323	1.721	2.080	2.518	2.831	3.819
22	1.321	1.717	2.074	2.508	2.819	3.792
23	1.319	1.714	2.069	2.500	2.807	3.767
24	1.318	1.711	2.064	2.492	2.797	3.745
25	1.316	1.708	2.060	2.485	2.787	3.725
26	1.315	1.706	2.056	2.479	2.779	3.707
27	1.314	1.703	2.052	2.473	2.771	3.690
28	1.313	1.701	2.048	2.467	2.763	3.674
29	1.311	1.699	2.045	2.462	2.756	3.659
30	1.310	1.697	2.042	2.457	2.750	3.646
40	1.303	1.684	2.021	2.423	2.704	3.551
60	1.296	1.671	2.004	2.390	2.660	3.460
120	1.289	1.658	1.980	2.358	2.617	3.373
∞	1.282	1.645	1.960	2.326	2.576	3.291

부록 C. χ^2분포표

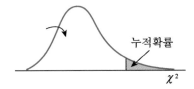

누적확률 자유도 df	0.995	0.900	0.975	0.950	0.900	0.100	0.050	0.025	0.010	0.005
1	0.04393	0.03157	0.03982	0.02393	0.0158	2.71	3.84	5.02	6.63	7.88
2	0.0100	0.0201	0.0506	0.103	0.211	4.61	5.99	7.38	9.21	10.60
3	0.072	0.115	0.216	0.352	0.584	6.25	7.81	9.35	11.34	12.84
4	0.207	0.297	0.484	0.711	1.064	7.78	9.49	11.14	13.28	14.86
5	0.412	0.554	0.831	1.145	1.61	9.24	11.07	12.83	15.09	16.75
6	0.676	0.872	1.24	1.64	2.20	10.64	12.59	14.45	16.81	18.55
7	0.989	1.24	1.69	2.17	2.83	12.02	14.07	16.01	18.48	20.28
8	1.34	1.65	2.18	2.83	3.49	13.36	15.51	17.53	20.09	21.96
9	1.73	2.09	2.70	3.33	4.17	14.68	16.92	19.02	21.67	23.59
10	2.16	2.56	3.25	3.94	4.87	15.99	18.31	20.48	23.21	25.19
11	2.60	3.05	3.82	4.57	5.58	17.28	19.68	21.92	24.73	26.76
12	3.07	3.57	4.40	5.23	6.30	18.55	21.03	23.34	26.22	28.30
13	3.57	4.11	5.01	5.89	7.04	19.81	22.36	24.71	27.69	29.82
14	4.07	4.66	5.63	6.57	7.79	21.06	23.68	26.12	29.14	31.32
15	4.60	5.23	6.26	7.26	8.55	22.31	25.00	27.49	30.58	32.80
16	5.14	5.81	6.91	7.96	9.31	23.54	26.30	28.85	32.00	34.27
17	5.70	6.41	7.56	8.67	10.09	24.77	27.59	30.19	33.41	35.72
18	6.26	7.01	8.23	9.39	10.86	25.99	28.87	31.53	34.81	37.16
19	6.84	7.63	8.91	10.12	11.65	27.20	30.14	32.85	36.19	38.58
20	7.43	8.26	9.59	10.85	12.44	28.41	31.41	34.17	37.57	40.00
21	8.03	8.90	10.28	11.59	13.24	29.62	32.67	35.48	38.93	41.40
22	8.64	9.54	10.98	12.34	14.04	30.81	33.92	36.78	40.29	42.80
23	9.26	10.20	11.69	13.09	14.85	32.01	35.17	38.08	41.64	44.18
24	9.89	10.86	12.40	13.85	15.66	33.20	36.42	39.36	42.98	45.66
25	10.52	11.52	13.12	14.61	16.47	34.38	37.65	40.65	44.31	46.93
26	11.16	12.20	13.84	15.38	17.29	35.56	38.89	41.92	45.64	48.29
27	11.81	12.88	14.57	16.15	18.11	35.74	40.11	43.19	46.96	49.64
28	12.46	13.56	15.31	16.93	18.94	37.92	41.34	44.46	48.28	50.99
29	13.12	14.26	16.05	17.71	19.77	39.09	42.56	45.72	49.59	52.34
30	13.79	14.95	16.79	18.49	20.60	40.26	43.77	46.98	50.89	53.67
40	20.71	22.16	24.43	26.51	29.05	51.81	55.76	59.34	63.69	66.77
50	27.99	29.17	32.33	34.76	37.69	63.17	67.50	71.42	76.15	79.49
60	35.53	37.48	49.48	43.19	46.46	74.40	79.08	83.30	88.38	91.95
70	43.28	45.44	48.76	51.74	55.33	85.53	90.53	95.02	100.4	104.2
80	51.17	53.54	57.15	60.39	64.28	96.58	101.9	106.0	112.3	113.6
90	51.20	61.75	65.65	69.13	73.29	107.6	113.1	118.1	124.1	128.3
100	67.33	70.06	74.22	77.93	82.36	118.5	124.3	129.6	153.8	140.2

부록 D. F분포표

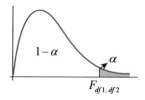

df_2	α	df_1								
		1	2	3	4	5	6	7	8	9
1	0.10	39.9	49.5	53.6	55.8	57.2	58.2	58.9	59.4	59.9
	0.05	161	200	216	225	230	234	237	239	241
	0.025	648	800	864	900	922	937	948	957	963
	0.01	4,052	5,000	5,403	5,625	5,764	5,859	5,928	5,981	6,022
2	0.10	8.53	9.00	9.16	9.24	9.29	9.33	9.35	9.37	9.38
	0.05	18.5	19.0	19.2	19.2	19.3	19.3	19.4	19.4	19.4
	0.025	38.5	39.0	39.2	39.3	39.3	39.3	39.4	39.4	39.4
	0.01	88.5	99.0	99.2	99.2	99.3	99.3	99.4	99.4	99.4
3	0.10	5.54	5.46	5.39	5.34	5.31	5.28	5.27	5.25	5.24
	0.05	10.1	9.55	9.28	9.12	9.01	8.94	8.89	8.85	8.81
	0.025	17.4	16.0	15.4	15.1	14.9	14.7	14.6	14.5	14.5
	0.01	34.1	30.8	29.5	28.7	28.2	27.9	27.7	27.5	27.3
4	0.10	4.54	4.32	4.19	4.11	4.05	4.01	3.98	3.95	3.94
	0.05	7.71	6.94	6.59	6.39	6.26	6.16	6.09	6.04	6.00
	0.025	12.2	10.7	9.98	9.60	9.36	9.20	9.07	8.98	8.90
	0.01	16.3	13.3	12.1	11.4	11.0	10.7	10.5	10.3	10.2
5	0.10	3.78	3.46	3.29	3.18	3.11	3.05	3.01	2.98	2.96
	0.05	6.99	5.14	4.76	4.53	4.39	4.28	4.21	4.15	4.10
	0.025	8.81	7.26	6.23	6.23	5.99	5.82	5.70	5.60	5.52
	0.01	13.7	10.9	9.15	9.15	8.75	8.47	8.26	8.10	7.98
6	0.10	3.59	3.26	3.07	2.96	2.88	2.83	2.78	2.75	2.72
	0.05	6.99	5.14	4.87	4.53	4.39	4.28	4.21	4.15	4.10
	0.025	8.81	7.26	6.60	6.23	5.99	5.82	5.70	5.60	5.52
	0.01	13.7	10.9	9.78	9.15	8.75	8.47	8.26	8.10	7.98
7	0.10	3.59	3.26	3.07	2.96	2.88	2.83	2.78	2.75	2.72
	0.05	5.59	4.74	4.35	4.12	3.97	3.87	3.79	3.73	3.68
	0.025	8.07	6.54	5.89	5.52	5.29	5.12	4.99	4.90	4.82
	0.01	12.2	9.55	8.45	7.85	7.46	7.19	6.99	6.84	6.72
8	0.10	3.46	3.11	2.92	2.81	2.73	2.67	2.62	2.59	2.56
	0.05	5.32	4.46	4.07	3.84	3.69	3.58	3.50	3.44	3.39
	0.025	7.57	6.06	5.42	5.05	4.82	4.65	4.53	4.43	4.36
	0.01	11.3	8.65	7.59	7.01	6.63	6.37	6.18	6.03	5.91
9	0.10	3.36	3.01	2.81	2.69	2.61	2.55	2.51	2.47	2.44
	0.05	5.12	4.26	3.86	3.63	3.48	3.37	3.29	3.23	3.18
	0.025	7.21	5.71	5.08	4.72	4.48	4.32	4.20	4.10	4.03
	0.01	10.6	8.02	6.99	6.42	6.06	5.80	5.61	5.47	5.35

10	0.10	3.29	2.92	2.73	2.61	2.52	2.46	2.41	2.38	2.35
	0.05	4.96	4.10	3.71	3.48	3.33	3.22	3.14	3.07	3.02
	0.025	6.94	5.46	4.83	4.47	4.24	4.07	3.95	3.85	3.78
	0.01	10.0	7.56	6.55	5.99	5.64	5.39	5.20	5.06	4.94
11	0.10	3.23	2.86	2.66	2.54	2.45	2.39	2.34	2.30	2.27
	0.05	4.84	3.98	3.59	3.36	3.20	3.09	3.01	2.95	2.90
	0.025	6.72	5.26	4.63	4.28	4.04	3.88	3.76	3.66	3.59
	0.01	9.65	7.21	6.22	5.67	5.32	5.07	4.89	4.74	4.63
12	0.10	3.18	2.81	2.61	2.48	2.39	2.33	2.28	2.24	2.21
	0.05	4.75	3.89	3.49	3.26	3.11	3.00	2.91	2.85	2.80
	0.025	6.55	5.10	4.47	4.12	3.89	3.73	3.61	3.51	3.44
	0.01	9.33	6.93	5.95	5.41	5.06	4.82	4.64	4.50	4.39
13	0.10	3.14	2.76	2.56	2.43	2.35	2.28	2.23	2.20	2.16
	0.05	4.67	3.81	3.41	3.18	3.03	2.92	2.83	2.77	2.71
	0.025	6.41	4.97	4.35	4.00	3.77	3.60	3.48	3.39	3.31
	0.01	9.07	6.70	5.74	5.21	4.86	4.62	4.44	4.30	4.19
14	0.10	3.10	2.73	2.52	2.39	2.31	2.24	2.19	2.15	2.12
	0.05	4.60	3.74	3.34	3.11	2.96	2.85	2.76	2.70	2.65
	0.025	6.30	4.86	4.24	3.89	3.66	3.50	3.36	3.29	3.26
	0.01	8.86	6.51	5.56	5.04	4.69	4.46	4.28	4.14	4.03
15	0.10	3.07	2.70	2.49	2.36	2.27	2.21	2.16	2.12	2.09
	0.05	4.54	3.68	3.29	3.06	2.90	2.79	2.71	2.64	2.59
	0.025	6.20	4.77	4.15	3.80	3.58	3.41	3.29	3.20	3.12
	0.01	8.68	6.36	5.42	4.89	4.56	4.32	4.14	4.00	3.89
16	0.10	3.05	2.67	2.46	2.33	2.24	2.18	2.13	2.09	2.06
	0.05	4.49	3.63	3.24	3.01	2.85	2.74	2.66	2.59	2.54
	0.025	6.12	4.69	4.08	3.73	3.50	3.34	3.22	3.12	3.05
	0.01	8.53	6.23	5.29	4.77	4.44	4.20	4.03	3.89	3.78
17	0.10	3.03	2.64	2.44	2.31	2.22	2.15	2.10	2.06	2.03
	0.05	4.45	3.59	3.20	2.96	2.81	2.70	2.61	2.55	2.49
	0.025	6.04	4.62	4.01	3.66	3.44	3.28	3.16	3.06	2.98
	0.01	8.40	6.11	5.18	4.67	4.34	4.10	3.93	3.79	3.68
18	0.10	3.01	2.62	2.42	2.29	2.20	2.13	2.08	2.04	2.00
	0.05	4.41	3.55	3.16	2.93	2.77	2.66	2.58	2.51	2.46
	0.025	5.98	4.56	3.95	3.61	3.38	3.22	3.10	3.01	2.93
	0.01	8.29	6.01	5.09	4.58	4.25	4.01	3.84	3.71	3.60
19	0.10	2.99	2.61	2.40	2.27	2.18	2.11	2.06	2.02	1.98
	0.05	4.38	3.52	3.13	2.90	2.74	2.63	2.54	2.48	2.42
	0.025	5.92	4.51	3.90	3.56	3.33	3.17	3.05	2.96	2.88
	0.01	8.18	5.93	5.01	4.50	4.17	3.94	3.77	3.63	3.52

20	0.10	2.97	2.59	2.38	2.25	2.16	2.09	2.04	2.00	1.96
	0.05	4.35	3.49	3.10	2.87	2.71	2.60	2.51	2.45	2.39
	0.025	5.87	4.46	3.86	3.51	3.29	3.13	3.01	2.91	2.84
	0.01	8.10	5.85	4.94	4.43	4.10	3.87	3.70	3.56	3.46
24	0.10	2.93	2.54	2.33	2.19	2.10	2.04	1.98	1.94	1.91
	0.05	4.26	3.40	3.01	2.78	2.62	2.51	2.42	2.36	2.30
	0.025	5.72	4.32	3.72	3.38	3.15	2.99	2.87	2.78	2.70
	0.01	7.82	5.61	4.72	4.22	3.90	3.67	3.50	3.36	3.26
30	0.10	2.88	2.49	2.28	2.14	2.05	1.98	1.93	1.88	1.85
	0.05	4.17	3.32	2.92	2.69	2.53	2.42	2.33	2.27	2.21
	0.025	5.57	4.18	3.59	3.25	3.03	2.87	2.75	2.65	2.57
	0.01	7.56	5.39	4.51	4.02	3.70	3.47	3.30	3.17	3.07
60	0.10	2.79	2.39	2.18	2.04	1.95	1.87	1.82	1.77	1.74
	0.05	4.00	3.15	2.76	2.53	2.37	2.25	2.17	2.10	2.04
	0.025	5.29	3.93	3.34	3.01	2.79	2.63	2.51	2.41	2.33
	0.01	7.08	4.98	4.13	3.65	3.34	3.12	2.95	2.82	2.72
120	0.10	2.75	2.36	2.13	1.99	1.90	1.82	1.77	1.72	1.68
	0.05	3.92	3.07	2.68	2.45	2.29	2.18	2.09	2.02	1.96
	0.025	5.15	3.80	3.23	2.89	2.67	2.52	2.39	2.30	2.22
	0.01	7.08	4.98	4.13	3.65	3.34	3.12	2.95	2.82	2.72
∞	0.10	2.71	2.30	2.08	1.94	1.85	1.77	1.72	1.67	1.63
	0.05	3.84	3.00	2.60	2.37	2.21	2.10	2.01	1.94	1.88
	0.025	5.02	3.69	3.12	2.79	2.57	2.41	2.29	2.19	2.11
	0.01	6.63	4.61	3.78	3.32	3.02	2.80	2.64	2.51	2.41

df_2	α	\multicolumn{10}{c}{df_1}									
		10	11	12	15	20	24	30	60	120	∞
1	0.10	60.2	60.5	6.07	61.2	61.7	62.0	62.3	62.8	63.1	63.3
	0.05	242	243	244	246	248	249	250	252	253	254
	0.025	969	973	977	985	993	997	1,001	1,010	1,014	1,018
	0.01	6,056	6,082	6,106	6,157	6,209	6,235	6,261	6,313	6,339	6,366
2	0.10	9.39	9.40	9.41	9.42	9.44	9.45	9.46	9.47	9.48	9.49
	0.05	19.4	19.4	19.4	19.4	19.4	19.5	19.5	19.5	19.5	19.5
	0.025	39.4	39.4	39.4	39.4	39.5	39.5	39.5	39.5	39.5	39.5
	0.01	99.4	99.4	99.4	99.4	99.4	99.5	99.5	99.5	99.5	99.5
3	0.10	5.23	5.22	5.22	5.20	5.18	5.18	5.17	5.15	5.14	5.13
	0.05	8.79	8.76	8.74	8.70	8.66	8.64	8.62	8.57	8.55	8.53
	0.025	14.4	14.4	14.3	14.3	14.2	14.1	14.1	14.0	14.0	13.9
	0.01	27.2	27.1	27.1	26.9	26.7	26.6	2.65	26.3	26.2	26.1
4	0.10	3.92	3.91	3.90	3.87	3.84	3.83	3.82	3.79	3.78	3.76
	0.05	5.96	5.94	5.91	5.85	5.80	5.77	5.75	5.69	5.66	5.63
	0.025	8.84	8.80	8.75	8.66	8.56	8.51	8.46	8.36	8.31	3.26
	0.01	14.5	14.4	14.4	14.2	14.0	13.9	13.8	13.7	13.6	13.5
5	0.10	3.30	3.28	3.27	3.24	3.21	3.19	3.17	3.14	3.12	3.11
	0.05	4.74	4.71	4.68	4.62	4.56	4.53	4.50	4.43	4.40	4.37
	0.025	6.62	6.57	6.52	6.43	6.33	6.28	6.23	6.12	6.07	6.02
	0.01	10.1	9.96	9.89	9.72	9.55	9.47	9.38	9.20	9.11	9.02
6	0.10	2.94	2.92	2.90	2.87	2.84	2.82	2.80	2.76	2.74	2.72
	0.05	4.06	4.03	4.00	3.94	3.87	3.84	3.81	3.74	3.70	3.67
	0.025	5.46	5.41	5.27	5.27	5.17	5.12	5.07	4.96	4.90	4.85
	0.01	7.87	7.79	7.72	7.56	7.40	7.31	7.23	7.06	6.97	6.88
7	0.10	2.70	2.68	2.67	2.63	2.59	2.58	2.56	2.51	2.49	2.47
	0.05	3.64	3.60	3.57	3.51	3.44	3.41	3.38	3.30	3.27	3.23
	0.025	4.76	4.71	4.67	4.57	4.47	4.42	4.36	4.25	4.20	4.14
	0.01	6.62	6.54	6.47	6.31	6.16	6.07	5.99	5.82	5.74	5.65
8	0.10	2.54	2.52	2.50	2.46	2.42	2.40	2.38	2.34	2.32	2.29
	0.05	3.35	3.31	3.28	3.22	3.15	3.12	3.08	3.01	2.97	2.93
	0.025	4.30	4.25	4.20	4.10	4.00	3.95	3.89	3.78	3.73	3.67
	0.01	5.81	5.73	5.67	5.52	5.36	5.28	5.20	5.03	4.95	4.86
9	0.10	2.42	2.40	2.38	2.34	2.30	2.28	2.25	2.21	2.18	2.16
	0.05	3.14	3.10	3.07	3.01	2.94	2.90	2.86	2.79	2.75	2.71
	0.025	3.96	3.91	3.87	3.77	3.67	3.61	3.56	3.45	3.39	3.33
	0.01	5.26	5.18	5.11	4.96	4.81	4.73	4.65	4.48	4.40	4.31
10	0.10	2.32	2.30	2.28	2.24	2.20	2.18	2.16	2.11	2.08	2.06
	0.05	2.98	2.94	2.91	2.84	2.77	2.74	2.70	2.62	2.58	2.54
	0.025	3.72	3.67	3.62	3.52	3.42	3.37	3.31	3.20	3.14	3.08
	0.01	4.85	4.77	4.71	4.56	4.41	4.33	4.25	4.08	4.00	3.91

11	0.10	2.25	2.23	2.21	2.17	2.12	2.10	2.08	2.03	1.99	1.97
	0.05	2.85	2.82	2.79	2.72	2.65	2.61	2.57	2.49	2.43	2.40
	0.025	3.53	3.48	3.43	3.33	3.23	3.17	3.12	3.00	2.94	2.88
	0.01	4.54	4.46	4.40	4.25	4.10	4.02	3.94	3.78	3.66	3.60
12	0.10	2.19	2.17	2.15	2.10	2.06	2.04	2.01	1.96	1.93	1.90
	0.05	2.75	2.72	2.69	2.62	2.54	2.51	2.47	2.38	2.34	2.30
	0.025	3.37	3.32	3.28	3.18	3.07	3.02	2.96	2.85	2.79	2.72
	0.01	4.30	4.22	4.16	4.01	3.86	3.78	3.70	3.54	3.45	3.36
13	0.10	2.14	2.12	2.10	2.05	2.01	1.98	1.96	1.90	1.86	1.85
	0.05	2.67	2.63	2.60	2.53	2.46	2.42	2.38	2.30	2.23	2.21
	0.025	3.25	3.20	3.15	3.05	2.95	2.89	2.84	2.72	2.66	2.60
	0.01	4.10	4.02	3.96	3.82	3.66	3.59	3.51	3.34	3.22	3.17
14	0.10	2.10	2.08	2.05	2.01	1.96	1.94	1.91	1.86	1.83	1.80
	0.05	2.60	2.57	2.53	2.46	2.39	2.35	2.31	2.22	2.18	2.13
	0.025	3.15	3.10	3.05	2.95	2.84	2.79	2.73	2.61	2.55	2.49
	0.01	3.94	3.86	3.38	3.66	3.51	3.43	3.35	3.18	3.09	3.00
15	0.10	2.06	2.04	2.02	1.97	1.92	1.90	1.87	1.82	1.79	1.76
	0.05	2.54	2.51	2.48	2.40	2.33	2.29	2.25	2.16	2.11	2.07
	0.025	3.06	3.01	2.96	2.86	2.76	2.70	2.64	2.52	2.46	2.40
	0.01	3.80	3.73	3.67	3.52	3.37	3.29	3.21	3.05	2.96	2.87
16	0.10	2.03	2.01	1.99	1.94	1.89	1.87	1.84	1.78	1.75	1.72
	0.05	2.49	2.46	2.42	2.35	2.28	2.24	2.19	2.11	2.06	2.01
	0.025	2.99	2.94	2.89	2.79	2.68	2.63	2.57	2.45	2.38	2.32
	0.01	3.69	3.62	3.55	3.41	3.26	3.18	3.10	2.93	2.84	2.75
17	0.10	2.00	1.98	1.96	1.91	1.86	1.84	1.81	1.75	1.72	1.69
	0.05	2.45	2.41	2.38	2.31	2.23	2.19	2.15	2.06	2.01	1.96
	0.025	2.92	2.87	2.82	2.72	2.62	2.56	2.50	2.38	2.32	2.25
	0.01	3.59	3.52	3.46	3.31	3.16	3.08	3.00	2.83	2.75	2.65
18	0.10	1.98	1.96	1.93	1.89	1.84	1.81	1.78	1.72	1.69	1.66
	0.05	2.41	2.37	2.34	2.27	2.19	2.15	2.11	2.02	1.97	1.92
	0.025	2.87	2.82	2.77	2.67	2.56	2.50	2.44	2.32	2.26	2.19
	0.01	3.51	3.43	3.37	3.23	3.08	3.00	2.92	2.75	2.66	2.57
19	0.10	1.96	1.94	1.91	1.86	1.81	1.79	1.76	1.70	1.67	1.63
	0.05	2.38	2.34	2.31	2.23	2.16	2.11	2.07	1.98	1.93	1.88
	0.025	2.82	2.77	2.72	2.62	2.51	2.45	2.39	2.27	2.20	2.13
	0.01	3.43	3.36	3.30	3.15	3.00	2.92	2.84	2.67	2.58	2.49
20	0.10	1.94	1.92	1.89	1.84	1.79	1.77	1.74	1.68	1.64	1.61
	0.05	2.35	2.31	2.28	2.20	2.12	2.08	2.04	1.95	1.90	1.84
	0.025	2.77	2.72	2.68	2.57	2.46	2.41	2.35	2.22	2.16	2.09
	0.01	3.37	3.29	3.23	3.09	2.94	2.86	2.78	2.61	2.52	2.42

24	0.10	1.88	1.85	1.83	1.78	1.73	1.70	1.67	1.61	1.57	1.53
	0.05	2.25	2.21	2.18	2.11	2.03	1.98	1.94	1.84	1.79	1.73
	0.025	2.64	2.59	2.54	2.44	2.33	2.27	2.21	2.08	2.01	1.94
	0.01	3.17	3.09	3.03	2.89	2.74	2.66	2.58	2.40	2.31	2.21
30	0.10	1.82	1.79	1.77	1.72	1.67	1.64	1.61	1.54	1.50	1.46
	0.05	2.16	2.13	2.09	2.01	1.93	1.89	1.84	1.74	1.68	1.62
	0.025	2.51	2.46	2.41	2.31	2.20	2.14	2.07	1.94	1.87	1.79
	0.01	2.98	2.91	2.84	2.70	2.55	2.47	2.39	2.21	2.11	2.01
60	0.10	1.71	1.68	1.66	1.60	1.54	1.51	1.48	1.40	1.35	1.29
	0.05	1.99	1.95	1.92	1.84	1.75	1.70	1.65	1.53	1.47	1.39
	0.025	2.27	2.22	2.17	2.06	1.94	1.88	1.82	1.67	1.58	1.48
	0.01	2.63	2.56	2.50	2.35	2.20	2.12	2.03	1.84	1.73	1.60
120	0.10	1.65	1.62	1.60	1.55	1.48	1.45	1.41	1.32	1.26	1.19
	0.05	1.91	1.87	1.83	1.75	1.66	1.61	1.55	1.43	1.35	1.25
	0.025	2.16	2.11	2.05	1.94	1.82	1.76	1.69	1.53	1.43	1.31
	0.01	2.47	2.40	2.34	2.19	2.03	1.95	1.86	1.66	1.53	1.38
∞	0.10	1.60	1.57	1.55	1.49	1.42	1.38	1.34	1.24	1.17	1.00
	0.05	1.83	1.79	1.75	1.67	1.57	1.52	1.46	1.32	1.22	1.00
	0.025	2.05	2.00	1.94	1.83	1.71	1.64	1.57	1.39	1.27	1.00
	0.01	2.32	2.25	2.18	2.04	1.88	1.79	1.70	1.47	1.32	1.00

부록 E. Fisher Z 변환표

r	z'	r	z'
0.00	0.0000	0.50	0.5493
0.01	0.0100	0.51	0.5627
0.02	0.0200	0.52	0.5763
0.03	0.0300	0.53	0.5901
0.04	0.0400	0.54	0.6042
0.05	0.0500	0.55	0.6184
0.06	0.0601	0.56	0.6328
0.07	0.0701	0.57	0.6475
0.08	0.0802	0.58	0.6625
0.09	0.0902	0.59	0.6777
0.10	0.1003	0.60	0.6931
0.11	0.1104	0.61	0.7089
0.12	0.1206	0.62	0.7250
0.13	0.1307	0.63	0.7414
0.14	0.1409	0.64	0.7582
0.15	0.1511	0.65	0.7753
0.16	0.1614	0.66	0.7928
0.17	0.1717	0.67	0.8107
0.18	0.1820	0.68	0.8291
0.19	0.1923	0.69	0.8480
0.20	0.2027	0.70	0.8673
0.21	0.2132	0.71	0.8872
0.22	0.2237	0.72	0.9076
0.23	0.2342	0.73	0.9287
0.24	0.2448	0.74	0.9505
0.25	0.2554	0.75	0.9730
0.26	0.2661	0.76	0.9962
0.27	0.2769	0.77	1.0203
0.28	0.2877	0.78	1.0454
0.29	0.2986	0.79	1.0714
0.30	0.3095	0.80	1.0986
0.31	0.3205	0.81	1.1270
0.32	0.3316	0.82	1.1568

0.33	0.3428	0.83	1.1881
0.34	0.3541	0.84	1.2212
0.35	0.3654	0.85	1.2562
0.36	0.3769	0.86	1.2933
0.37	0.3884	0.87	1.3331
0.38	0.4001	0.88	1.3758
0.39	0.4118	0.89	1.4219
0.40	0.4236	0.90	1.4722
0.41	0.4356	0.91	1.5275
0.42	0.4477	0.92	1.5890
0.43	0.4599	0.93	1.6584
0.44	0.4722	0.94	1.7380
0.45	0.4847	0.95	1.8318
0.46	0.4973	0.96	1.9459
0.47	0.5101	0.97	2.0923
0.48	0.5230	0.98	2.2976
0.49	0.5361	0.99	2.6467

부록 F. 포아송분포표(누적값)

x	μ								
	0.1	0.2	0.3	0.4	0.5	0.6	0.7	0.8	0.9
0	0.9048	0.8187	0.7408	0.6730	0.6065	0.5488	0.44966	0.4493	10.4006
1	0.9953	0.9825	0.9631	0.9384	0.9098	0.8781	0.8442	0.8088	0.7725
2	0.9998	0.9989	0.9964	0.9921	0.9856	0.9767	0.9659	0.9526	0.9371
3	1.0000	0.9999	0.9997	0.9992	0.9982	0.9966	0.9942	0.9909	0.9865
4		1.0000	1.0000	0.9999	0.9998	0.9996	0.9992	0.9986	0.9977
5				1.0000	1.0000	1.0000	0.9999	0.9998	0.9997
6							1.0000	1.0000	1.0000

x	μ								
	1.0	1.5	2.0	2.5	3.0	3.5	4.0	4.5	5.0
0	0.3679	0.2231	0.1353	0.0821	0.0498	0.0302	0.0183	0.0111	0.0067
1	0.7358	0.5578	0.4060	0.2873	0.1991	0.1359	0.0916	0.0611	0.0404
2	0.9197	0.8088	0.6767	0.5438	0.4232	0.3208	0.2381	0.1736	0.1247
3	0.9810	0.9344	0.8571	0.7576	0.6472	0.5366	0.4335	0.3423	0.2650
4	0.9963	0.9814	0.9473	0.8912	0.8153	0.7254	0.6288	0.5321	0.4405
5	0.9994	0.9955	0.9834	0.9580	0.9161	0.8576	0.7851	0.7029	0.6160
6	0.9999	0.9991	0.9965	0.9858	0.9665	0.9347	0.8893	0.8311	0.7622
7	1.0000	0.9998	0.9989	0.9958	0.9881	0.9733	0.9486	0.9134	0.8666
8		1.0000	0.9998	0.9989	0.9962	0.9901	0.9786	0.9597	0.9319
9			1.0000	0.9997	0.9989	0.9967	0.9919	0.9829	0.9682
10				0.9999	0.9997	0.9990	0.9972	0.9933	0.9863
11				1.0000	0.9999	0.9997	0.9991	0.9976	0.9945
12					1.0000	0.9999	0.9997	0.9992	0.9980
13						1.0000	0.9999	0.9997	0.9993
14							1.0000	0.9999	0.9998
15								1.0000	0.9999
16									1.0000

x	μ								
	5.5	6.0	6.5	7.0	7.5	8.0	8.5	9.0	9.5
0	0.0041	0.0025	0.0015	0.0009	0.0006	0.0003	0.0002	0.0001	0.0001
1	0.0266	0.0174	0.0113	0.0073	0.0047	0.0030	0.0019	0.0012	0.0008
2	0.0884	0.0620	0.0430	0.0296	0.0203	0.0138	0.0093	0.0062	0.0042
3	0.2017	0.1512	0.1118	0.0818	0.0591	0.0424	0.0301	0.0212	0.0149
4	0.3575	0.2851	0.2237	0.1730	0.1321	0.0996	0.0744	0.0550	0.0403
5	0.5289	0.4457	0.3690	0.3007	0.2414	0.1912	0.1496	0.1157	0.0885
6	0.6860	0.6063	0.5265	0.4497	0.3782	0.3134	0.2562	0.2068	0.1649
7	0.8095	0.7440	0.6728	0.5987	0.5246	0.4530	0.3856	0.3239	0.2687
8	0.8944	0.8472	0.7916	0.7291	0.6620	0.5925	0.5231	0.4557	0.3918
9	0.9462	0.9161	0.8774	0.8305	0.7764	0.7166	0.6530	0.5874	0.5218
10	0.9747	0.9574	0.9332	0.9015	0.8622	0.8159	0.7634	0.7060	0.6453
11	0.9890	0.9799	0.9661	0.9466	0.9208	0.8881	0.8487	0.8030	0.7520
12	0.9955	0.9912	0.9840	0.9730	0.9573	0.9362	0.9091	0.8758	0.8364
13	0.9983	0.9964	0.9929	0.9872	0.9784	0.9658	0.9486	0.9261	0.8981
14	0.9994	0.9986	0.9970	0.9943	0.9897	0.9827	0.9726	0.9585	0.9400
15	0.9998	0.9995	0.9988	0.9976	0.9954	0.9918	0.9862	0.9780	0.9665
16	0.9999	0.9998	0.9996	0.9990	0.9980	0.9963	0.9934	0.9889	0.9823
17	1.0000	0.9999	0.9998	0.9996	0.9992	0.9984	0.9970	0.9947	0.9911
18		1.0000	0.9999	0.9999	0.9997	0.9994	0.9987	0.9976	0.9957
19			1.0000	1.0000	0.9999	0.9997	0.9995	0.9989	0.9980
20					1.0000	0.9999	0.9998	0.9996	0.9991
21						1.0000	0.9999	0.9998	0.9996
22							1.0000	0.9999	0.9999
23								1.0000	0.9999
24									1.0000

x	μ								
	10.0	11.0	12.0	13.0	14.0	15.0	16.0	17.0	18.0
0	0.0000	0.0000	0.0000	0.0000	0.0000	0.0000	0.0000	0.0000	0.0000
1	0.0005	0.0002	0.0001	0.0002	0.0001	0.0002	0.0001	0.0002	0.0001
2	0.0028	0.0012	0.0005	0.0010	0.0005	0.0009	0.0004	0.0007	0.0003
3	0.0103	0.0049	0.0023	0.0037	0.0018	0.0028	0.0014	0.0021	0.0010
4	0.0293	0.0151	0.0076	0.0107	0.0055	0.0076	0.0040	0.0054	0.0029
5	0.0671	0.0375	0.0203	0.0259	0.0142	0.0180	0.0100	0.0126	0.0071
6	0.1301	0.0786	0.0458	0.0540	0.0316	0.0374	0.0220	0.0261	0.0154
7	0.2202	0.1432	0.0895	0.0998	0.0621	0.0699	0.0433	0.0491	0.0304
8	0.3328	0.2320	0.1550	0.1658	0.1094	0.1185	0.0774	0.0847	0.0549
9	0.4579	0.3405	0.2424	0.2517	0.1757	0.1848	0.1270	0.1350	0.0917
10	0.5830	0.4599	0.3472	0.3532	0.2600	0.2676	0.1931	0.2009	0.1426
11	0.6968	0.5793	0.4616	0.4631	0.3585	0.3632	0.2745	0.2808	0.2081
12	0.7916	0.6887	0.5760	0.5730	0.4644	0.4657	0.3675	0.3715	0.2867
13	0.8645	0.7813	0.6815	0.6751	0.5704	0.5681	0.4667	0.4677	0.3750
14	0.9165	0.8540	0.7720	0.7636	0.6694	0.6641	0.5660	0.5640	0.4686
15	0.9513	0.9074	0.8444	0.8355	0.7559	0.7489	0.6593	0.6550	0.5622
16	0.9730	0.9441	0.8987	0.8905	0.8272	0.8195	0.7423	0.7363	0.6509
17	0.9857	0.9678	0.9370	0.9302	0.8826	0.8752	0.8122	0.8055	0.7307
18	0.9928	0.9823	0.9626	0.9573	0.9235	0.9170	0.8682	0.8615	0.7991
19	0.9965	0.9907	0.9787	0.9750	0.9521	0.9469	0.9108	0.9047	0.8551
20	0.9984	0.9953	0.9884	0.9859	0.9712	0.9673	0.9418	0.9367	0.8989
21	0.9993	0.9977	0.9939	0.9924	0.9833	0.9805	0.9633	0.9594	0.9317
22	0.9997	0.9990	0.9970	0.9960	0.9907	0.9888	0.9777	0.9748	0.9554
23	0.9999	0.9995	0.9985	0.9980	0.9950	0.9938	0.9869	0.9848	0.9718
24	1.0000	0.9998	0.9993	0.9990	0.9974	0.9967	0.9925	0.9912	0.9827
25		0.9999	0.9997	0.9995	0.9987	0.9983	0.9959	0.9950	0.9897
26		1.0000	0.9999	0.9998	0.9994	0.9991	0.9978	0.9973	0.9941
27			0.9999	0.9999	0.9997	0.9996	0.9989	0.9986	0.9967
28			1.0000	1.0000	0.9999	0.9998	0.9994	0.9993	0.9982
29					0.9999	0.9999	0.9997	0.9996	0.9990
30					1.0000	1.0000	0.9999	0.9998	0.9995
31							0.9999	0.9999	0.9998
32							1.0000	1.0000	0.9999
33									0.9999
34									1.0000
35									
36									
37									

스튜던트범위 통계치(.05)

자유도	평균의 수													
	2.00	3.00	4.00	5.00	6.00	7.00	8.00	9.00	10.00	11.00	12.00	13.00	14.00	15.00
2.00	6.08	8.33	9.80	10.88	11.73	12.43	13.03	13.54	13.99	14.39	14.75	15.08	15.37	15.65
3.00	4.50	5.91	6.82	7.50	8.04	8.48	8.85	9.18	9.46	9.72	9.95	10.15	10.35	10.52
4.00	3.93	5.04	5.76	6.29	6.71	7.05	7.35	7.60	7.83	8.03	8.21	8.37	8.52	8.66
5.00	3.64	4.60	5.22	5.67	6.03	6.33	6.58	6.80	6.99	7.17	7.32	7.47	7.60	7.72
6.00	3.46	4.34	4.90	5.30	5.63	5.90	6.12	6.32	6.49	6.65	6.79	6.92	7.03	7.14
7.00	3.34	4.16	4.68	5.06	5.36	5.61	5.82	6.00	6.16	6.30	6.43	6.55	6.66	6.76
8.00	3.26	4.04	4.53	4.89	5.17	5.40	5.60	5.77	5.92	6.05	6.18	6.29	6.39	6.48
9.00	3.20	3.95	4.41	4.76	5.02	5.24	5.43	5.59	5.74	5.87	5.98	6.09	6.19	6.28
10.00	3.15	3.88	4.33	4.65	4.91	5.12	5.30	5.46	5.60	5.72	5.83	5.93	6.03	6.11
11.00	3.11	3.82	4.26	4.57	4.82	5.03	5.20	5.35	5.49	5.61	5.71	5.81	5.90	5.98
12.00	3.08	3.77	4.20	4.51	4.75	4.95	5.12	5.26	5.39	5.51	5.61	5.71	5.80	5.88
13.00	3.06	3.73	4.15	4.45	4.69	4.88	5.05	5.19	5.32	5.43	5.53	5.63	5.71	5.79
14.00	3.03	3.70	4.11	4.41	4.64	4.83	4.99	5.13	5.25	5.36	5.46	5.55	5.64	5.71
16.00	3.00	3.65	4.05	4.33	4.56	4.74	4.90	5.03	5.15	5.26	5.35	5.44	5.52	5.59
18.00	2.97	3.61	4.00	4.28	4.49	4.67	4.82	4.96	5.07	5.17	5.27	5.35	5.43	5.50
20.00	2.95	3.58	3.96	4.23	4.45	4.62	4.77	4.90	5.01	5.11	5.20	5.28	5.36	5.43
24.00	2.92	3.53	3.90	4.17	4.37	4.54	4.68	4.81	4.92	5.01	5.10	5.18	5.25	5.32
40.00	2.86	3.44	3.79	4.04	4.23	4.39	4.52	4.63	4.73	4.82	4.90	4.98	5.04	5.11
60.00	2.83	3.40	3.74	3.98	4.16	4.31	4.44	4.55	4.65	4.73	4.81	4.88	4.94	5.00
120.00	2.80	3.36	3.68	3.92	4.10	4.24	4.36	4.47	4.56	4.64	4.71	4.78	4.84	4.90

스튜던트범위 통계치(.01)

자유도	평균의 수													
	2.00	3.00	4.00	5.00	6.00	7.00	8.00	9.00	10.00	11.00	12.00	13.00	14.00	15.00
2.00	14.03	19.02	22.29	24.72	26.63	28.20	29.53	30.68	31.69	32.59	33.39	34.13	34.80	35.42
3.00	8.26	10.62	12.17	13.32	14.24	15.00	15.64	16.20	16.69	17.13	17.52	17.88	18.21	18.52
4.00	6.51	8.12	9.17	9.96	10.58	11.10	11.54	11.93	12.26	12.57	12.84	13.09	13.32	13.53
5.00	5.70	6.98	7.81	8.42	8.91	9.32	9.67	9.97	10.24	10.48	10.70	10.89	11.07	11.24
6.00	5.24	6.33	7.03	7.56	7.97	8.32	8.61	8.87	9.10	9.30	9.48	9.65	9.81	9.95
7.00	4.95	5.92	6.54	7.01	7.37	7.68	7.94	8.17	8.37	8.55	8.71	8.86	9.00	9.12
8.00	4.74	5.64	6.20	6.63	6.96	7.24	7.47	7.68	7.86	8.03	8.18	8.31	8.44	8.55
9.00	4.60	5.43	5.96	6.35	6.66	6.91	7.13	7.33	7.50	7.65	7.78	7.91	8.03	8.13
10.00	4.48	5.27	5.77	6.14	6.43	6.67	6.88	7.05	7.21	7.36	7.49	7.60	7.71	7.81
11.00	4.39	5.15	5.62	5.97	6.25	6.48	6.67	6.84	6.99	7.13	7.25	7.36	7.46	7.56
12.00	4.32	5.05	5.50	5.84	6.10	6.32	6.51	6.67	6.81	6.94	7.06	7.17	7.26	7.36
13.00	4.26	4.96	5.40	5.73	5.98	6.19	6.37	6.53	6.67	6.79	6.90	7.01	7.10	7.19
14.00	4.21	4.89	5.32	5.63	5.88	6.08	6.26	6.41	6.54	6.66	6.77	6.87	6.96	7.05
16.00	4.13	4.79	5.19	5.49	5.72	5.92	6.08	6.22	6.35	6.46	6.56	6.66	6.74	6.82
18.00	4.07	4.70	5.09	5.38	5.60	5.79	5.94	6.08	6.20	6.31	6.41	6.50	6.58	6.65
20.00	4.02	4.64	5.02	5.29	5.51	5.69	5.84	5.97	6.09	6.19	6.28	6.37	6.45	6.52
24.00	3.96	4.55	4.91	5.17	5.37	5.54	5.68	5.81	5.92	6.02	6.11	6.19	6.26	6.33
30.00	3.89	4.45	4.80	5.05	5.24	5.40	5.54	5.65	5.76	5.85	5.93	6.01	6.08	6.14
40.00	3.82	4.37	4.70	4.93	5.11	5.26	5.39	5.50	5.60	5.69	5.76	5.83	5.90	5.96
60.00	3.76	4.28	4.59	4.82	4.99	5.13	5.25	5.36	5.45	5.53	5.60	5.67	5.73	5.78
120.00	3.70	4.20	4.50	4.71	4.87	5.01	5.12	5.21	5.30	5.37	5.44	5.50	5.56	5.61

부록 H. Cochran의 C

	k=비교하고자 하는 변량의 수(α=.05)										
N	2	3	4	5	6	7	8	9	10	12	15
5	.906	.746	.629	.544	.480	.431	.391	.358	.331	.288	.242
6	.877	.707	.590	.507	.445	.397	.360	.329	.303	.262	.220
7	.853	.677	.560	.478	.418	.373	.336	.307	.282	.244	.203
8	.833	.653	.537	.456	.398	.354	.319	.290	.267	.230	.191
9	.816	.633	.518	.439	.382	.338	.304	.277	.254	.219	.182
10	.801	.617	.502	.424	.368	.326	.293	.266	.244	.210	.174
11	.789	.603	.489	.412	.357	.315	.283	.257	.235	.202	.167
12	.777	.590	.477	.401	.347	.306	.275	.249	.228	.195	.161
13	.767	.580	.467	.392	.339	.299	.267	.242	.222	.190	.157
14	.757	.570	.458	.384	.331	.292	.261	.237	.216	.185	.153
15	.749	.561	.450	.377	.325	.286	.256	.231	.211	.181	.149
16	.741	.554	.443	.370	.319	.280	.251	.227	.207	.177	.146
17	.734	.547	.437	.365	.314	.276	.246	.223	.203	.174	.143
18	.728	.540	.431	.359	.309	.271	.242	.219	.200	.170	.140
19	.772	.534	.425	.354	.304	.267	.238	.215	.197	.168	.138
20	.717	.529	.421	.350	.300	.264	.235	.212	.194	.165	.135
21	.712	.524	.416	.346	.297	.260	.232	.209	.191	.163	.133
22	.707	.519	.412	.342	.293	.257	.229	.207	.188	.160	.132
23	.702	.515	.408	.339	.290	.254	.226	.204	.186	.158	.130
24	.698	.511	.404	.335	.287	.251	.224	.202	.184	.157	.128
25	.694	.507	.401	.332	.284	.249	.222	.200	.182	.155	.127
26	.691	.504	.398	.330	.282	.247	.219	.199	.180	.153	.125
27	.687	.500	.395	.327	.279	.224	.217	.196	.178	.152	.124
28	.684	.497	.392	.324	.277	.242	.215	.194	.177	.150	.123
29	.681	.494	.389	.322	.275	.240	.214	.193	.175	.149	.122
30	.678	.491	.387	.320	.273	.238	.212	.191	.174	.148	.121
32	.672	.486	.382	.315	.269	.235	.209	.188	.171	.145	.119
34	.667	.481	.378	.312	.266	.232	.206	.185	.169	.143	.117
36	.662	.477	.374	.308	.263	.229	.203	.183	.166	.141	.115
38	.658	.473	.370	.305	.260	.227	.201	.181	.164	.139	.114
40	.654	.469	.367	.302	.257	.224	.199	.179	.163	.138	.112
42	.651	.466	.364	.299	.255	.222	.197	.177	.161	.136	.111
44	.647	.463	.361	.297	.253	.220	.195	.175	.159	.135	.110
46	.644	.460	.359	.295	.251	.218	.193	.174	.158	.134	.109
48	.641	.457	.357	.293	.249	.216	.192	.172	.156	.132	.108
50	.638	.454	.354	.290	.247	.215	.190	.171	.155	.131	.107
145	.581	.403	.309	.251	.212	.183	.162	.145	.131	.110	.089
∞	.500	.333	.250	.167	.143	.125	.111	.100	.083	.066	.050

참고문헌

문수백(2008). 실험설계 분석의 이해와 활용. 서울: 학지사.

문수백(2013). 학위논문 작성을 위한 연구방법의 실제. 서울: 학지사.

Arnold, H. (1982). Moderator variables: A clarification of conceptual, analytical, and psychometric issues. *Organizational Behavioral and Human Performance*, 29, 143-174.

Bartlett, M. S. (1937). Properties of sufficiency and statistical tests. *Proceedings of the Royal Society of London*. 160, 268-282.

Blood, M., & Mullett, G. (1977). *Where have all moderator gone?* The perils of type II error. Technical report I, College of Industrial Management, Georgia Institute of Technology, Atlanta.

Bobko, P. (1986). A solution to some dilema when testing hypotheses about ordinal interactions. *Journal of Applies Psychology*, 71, 323-326.

Bobko, P. (2001). *Correlation and Regression* (2nd ed.). Beverly Hills: SAGE.

Champoux, J., & Peters, W. (1987). Form, effect size, and power in moderated regression analysis. *Journal of Occupational Psychology*, 60, 245-255.

Cochran, W. G. (1941). The distribution of the largest of a set of estimated variances as a fraction of their total. *Annals of Eugenics*, 11, 47-52.

Cohen, J. (2000). *Statistical power analysis for the behavioral sciences* (2nd ed.), New York: Academic Press.

Cohen, J. (1983). Applied Multiple Regression /Correlation Analysis for the behavioral Sciences, 2nd ed. Hillsdale, N.J: Lawrence Erlbaum.

Cronbach, L. J. (1987). Statistical test for moderator variables: Flaws in analyses recently propose. *Psychological Bulletin*, 102, 414-417.

Crocker, L., & Algina, J. (1986). *Introduction to Classical and Modren Test Theory*. New York: Holt Rinehart & Winston.

Curran, P. J., West, S. G., & Finch, J. F. (1977). The robustness of test statistics to nonnormality and specification error in confirmatory factor analysis. *Psychological Methods*, 1, 16-29.

Daniel, C., & Wood, F. S. (1980). *Fitting Equations to Data*, 2nd Ed. Wiley, New York.

DeCarlo, L. T.(1997). On the meaning and use of kurtosis. *Psychological Methods*, 2, 292-307.

Draper, N. R., & Smith, H. (1981). Applied Regression Analysis, John Wiley & Sons, Inc., New York.

Gocka, E. (1974). Coding for correlation and regression. *Educational and psychological Measurement*, 34, 771-783.

Hartley, H. O. (1950). The maximum F-ratio as short-cut test for heterogeneity of variance. *Biometrika*, 37, 308-312.

Hays, W. L. (1994). *Statistics for the social sciences* (5th ed.). New York: Holt Reinehart and Winston.

Isaac, S., & Michael, W. B. (1985). *Handbook in Research and Evaluation.* San Diego, CA: Chandler Publishing Company Co.

Kerlinger, F. N. (1988). *Foundations of Behavioral Research*, New York: Holt Rinehart and Winston.

Levene, H. (1960). Robust tests for equality of variancs. In. I. Olkin et al. (Eds.). *Contributions to probability and statistics.* Stanford: Stanford University Press, 278–292.

Morris, J., Sherman, J., & Mansfield, E. (1986). Failure to detect moderating effects with ordinary least squared moderated multiple regression: Some reasons and remedy, *Psychological Bulletin*, 99, 282–288.

Mosteller, F., & Tukey, J. W. (1977). "Data analysis including statistics," in G. Lindzey and E. Aroson, (Eds.), *Handbook of Social Psychology*, 2. Addison–Wesley, Reading, Mass.

Neter, J., Wasserman, W., & Kunter, M. H. (1985). *Applied Linear Statistical Models: Regression, Analysis of variance, and Experimental Designs.* (2nd Ed.). New York: IRWIN.

Norton, D. W. (1952). *An empirical investigation of the effect of non-normality and heterogeneity upon the F test of analysis of variance.* Doctoral dissertation, Iowa State University.

Russell, C., & Bobko, P. (1992). Moderated regression analysis and Likert scales; Too coarse for comfort, *Journal of Applied psychology*, 77, 336–342.

Southwood, K. (1978). Substantive theory and statistical interaction: Five models, *American Journal of Sociology*, 83, 1154–1203.

Stevens, S. S. (1951). *Handbook of Experimental Psychology.* New York: John Wiley.

Wise, S., Peter, L., & O'Connor, E. (1984). Identifying moderator variables using multiple regression: A reply to Darrow and Kahl. *Journal of Management*, 10, 227–236.

Zedeck, S. (1971). Problem with the use of Moderator variables. *Psychological Bulletin*, 76, 295–310.

저자 소개

문 수 백(Moon, Soo-Back)

경북대학교 사범대학 교육학과 졸업
The University of Alabama, 교육심리 전공 M.A.
The University of Alabama, 심리측정 및 평가 전공 Ph.D.
The University of Alabama, 응용통계학 전공

〈연구방법 관련 주요 저서〉
정의적 특성의 사정(교육과학사, 1989)
실험설계 분석의 이해와 활용(학지사, 1999)
SAS를 이용한 실험연구 자료의 분석 · 해석(중앙적성출판사, 1996)
SPSSS를 이용한 실험연구 자료의 분석 · 해석(학지사, 1997)
학위논문 작성을 위한 연구방법의 실제(학지사, 2003)
구조방정식모델링의 이해와 활용(학지사, 2009)
기초통계학의 이해(신정, 2019)

비전공자를 위한

통계분석의 원리와 실제
Principles and practice of statistical analysis for non-majority

2021년 8월 15일 1판 1쇄 인쇄
2021년 8월 25일 1판 1쇄 발행

지은이 • 문수백
펴낸이 • 김진환
펴낸곳 • (주) 학지사

04031 서울특별시 마포구 양화로 15길 20 마인드월드빌딩
대표전화 • 02)330-5114   팩스 • 02)324-2345
등록번호 • 제313-2006-000265호

홈페이지 • http://www.hakjisa.co.kr
페이스북 • https://www.facebook.com/hakjisa

ISBN 978-89-997-2474-9   93310

정가 29,000원

출판 · 교육 · 미디어기업 학지사

간호보건의학출판 학지사메디컬 www.hakjisamd.co.kr
심리검사연구소 인싸이트 www.inpsyt.co.kr
학술논문서비스 뉴논문 www.newnonmun.com
교육연수원 카운피아 www.counpia.com